人工智能与大数据系列

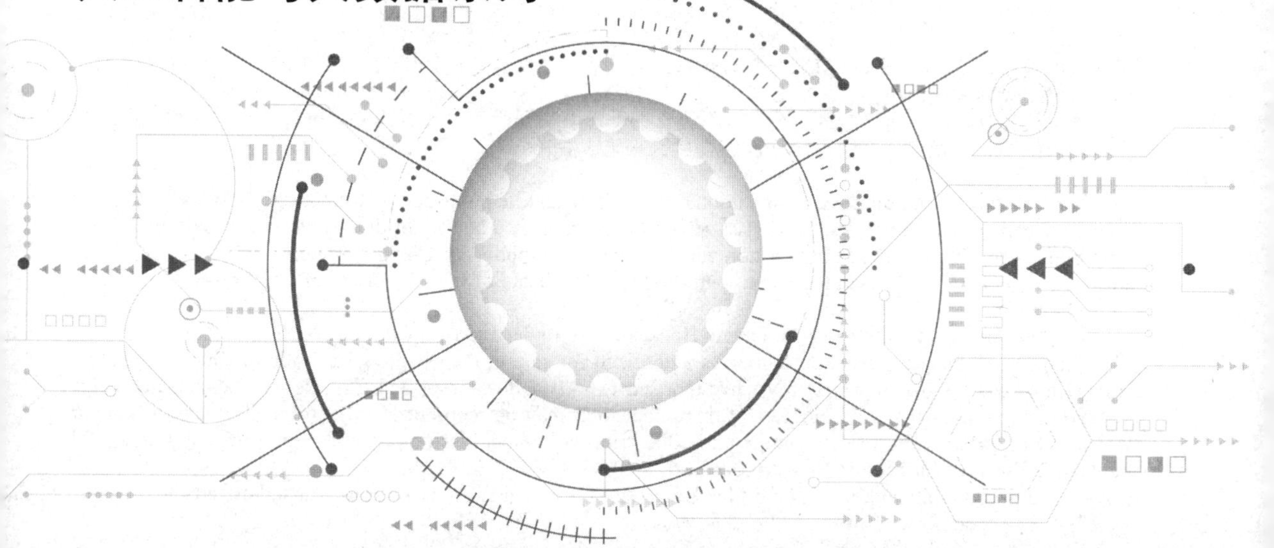

机器学习基础

[加] Hui Jiang（江　辉）◎著

郭　涛　刘志红◎译

電子工業出版社
Publishing House of Electronics Industry
北京 · BEIJING

内 容 简 介

本书以简洁明了的方式介绍了机器学习的概念、算法和原理，在理论方面避免了繁重的数学机制和过多的细节，并通过 Python 和 MATLAB 对其算法进行了实现。本书主要分为两部分，第一部分是机器学习所涉及的数学基础、基础理论和机器学习基础；第二部分是常见的机器学习讲解和实现，主要涉及常见的生成式模型和判别式模型。

本书浅显易懂，并提供大量的配图，不仅有助于理解机器学习的重要思想，更有助于感受和体会这个学科领域的魅力，使得自己的付出都能够得到回报。

图书在版编目（CIP）数据

机器学习基础 / (加) 江辉著 ; 郭涛等译. -- 北京 :
电子工业出版社, 2025. 1. -- ISBN 978-7-121-49243-3
Ⅰ. TP181
中国国家版本馆 CIP 数据核字第 2024SB9886 号

责任编辑：刘志红（lzhmails@163.com）　　特约编辑：李　姣
印　　刷：三河市良远印务有限公司
装　　订：三河市良远印务有限公司
出版发行：电子工业出版社
　　　　　北京市海淀区万寿路 173 信箱　邮编　100036
开　　本：787×980　1/16　印张：28.25　字数：632.8 千字
版　　次：2025 年 1 月第 1 版
印　　次：2025 年 1 月第 1 次印刷
定　　价：169.80 元

凡所购买电子工业出版社图书有缺损问题，请向购买书店调换。若书店售缺，请与本社发行部联系，联系及邮购电话：（010）88254888，88258888。
质量投诉请发邮件至 zlts@phei.com.cn，盗版侵权举报请发邮件至 dbqq@phei.com.cn。
本书咨询联系方式：18614084788，lzhmails@163.com。

大道至简。

——达·芬奇（Leonardo da Vinci）

译者序

近年来，机器学习、深度学习和人工智能备受学术界和产业界关注，对机器学习感兴趣的人越来越多，尤其是国家出台了《新一代人工智能发展规划》，从国家战略角度部署了发展三步走战略目标。从此，人工智能在学术界和产业界都被推向了高潮，而机器学习是人工智能的主要研究内容。20 世纪 80 年代，机器学习开始兴起，从理论方面得到了积累。已有的神经网络、支持向量机和随机森林等算法是机器学习经典算法，也是机器学习者必须要掌握的基本知识和技能。

国际上关于机器学习的书籍主要分为两类，一类从介绍机器学习理论具体技术的角度展开，重点介绍机器学习的理论自身，对常见机器学习算法进行讨论，或者重点介绍某个具体的机器学习理论，例如，迁移学习、元学习等相关主题的专著。另一类是从算法实现采用的 Python 相关库的角度。例如，Scikit-learn，Keras 和 PyTorch，这些书为初学者和有志于从事机器学习的人员带来了一定的挑战。

本书试图为有志于从事机器学习的读者提供一本机器学习基础入门参考书。本书注重机器学习基础，为读者提供机器学习的基础知识，方便读者系统地深入学习机器学习。本书是 Hui Jiang 总结近些年教学经验和科研成果，精心编写的教科书，涵盖了机器学习的大量主题。本书以简洁明了的方式介绍了机器学习的概念、算法和原理，在理论方面避免了繁重的数学机制和过多的细节，并通过 Python 和 MATLAB 对其算法进行了实现。本书主要分为两部分，第一部分是机器学习所涉及的数学基础、基础理论和机器学习基础，第二部分是常见的机器学习讲解和实现，主要涉及常见的生成式模型和判别式模型。本书是适用于机器学习初学者和对该领域感兴趣的人员的教材。无论是研究深度学习，还是迁移学习和元学习等前沿技术，读者应该至少提前系统地学习机器学习基础知识。然而，机器学习学之不易，学习过程难免产生焦虑感，容易陷入困局。本书浅显易懂，并提供了大量的配图，不仅有助于理解机器学习的重要思想，更有助于感受和体会这个学科领域的魅力，使得自己的付出都能够得到回报。

在翻译本书的过程中，我得到了很多人的帮助。电子科技大学外国语学院康奕，对外经济贸易大学英语学院许瀚，西南交通大学外国语学院周宇健和吉林财经大学外国语学院张煜琪等都参与了本书审校工作。我以本书作为参考教材，对人工智能和机器学习等主题进行了公益培训。这一过程中不断地查阅资料，获得各位参与人员的反馈，使我有机会对本书中的翻译细节进行了修正。感谢他们在这个过程中所做的工作。最后，感谢电子工业出版社的编辑们，他们做了大量的编辑和校对工作，有效提升了本书质量。

由于本书涉及的内容范围较广，深度较深，加上译者翻译水平有限，翻译过程中难免有错漏之处，欢迎各位读者在阅读过程中将本书参考源码问题和勘误提交至 E-mail（guotao3s@163.com）交流。

郭　涛

2024 年 11 月

前　言

机器学习曾经是一个细分领域，起源于电子工程中的模式识别和计算机科学中的人工智能。今天，机器学习已经发展成为一个多样化的学科，涵盖数学、科学和工程领域的各种主题。由于计算机的广泛使用和其功能的增强，机器学习几乎在所有工程领域都有大量的相关应用，对社会产生了巨大影响。特别是，随着近年来深度学习的蓬勃发展，学术界和工业界每年都有成千上万的新研究人员和从业者联手解决机器学习及其应用问题。机器学习已成为许多大学最受欢迎的高级选修课之一，在所有计算机科学和电气工程专业的高年级本科生和研究生中需求甚广。近年来，机器学习、深度学习和数据科学领域的工业职位数量急剧增加，并且由于互联网和个人设备中具有大量可用数据，这一趋势有望持续至少 10 年。

本书撰写原因

市面上已经有很多精心编写的机器学习教科书，其中大部分都详尽地涵盖了机器学习的大量主题。但在教授机器学习课程时，我发现这些教科书对初学者来说太具有挑战性了，书中所呈现的主题范围广泛，并且涉及大量的技术细节。许多初学者难以掌握繁重的数学符号和方程式，还有人则沉浸在技术细节中，无法领会这些机器学习方法的本质。

本书旨在以简洁明了的方式呈现基本的机器学习概念、算法和原理，没有繁重的数学机制和过多的细节。我在主题选择方面一直有所侧重，以便可以在介绍性课程中涵盖所有内容，而不是使其全面到足以涉及所有机器学习主题。我选择只主要介绍与监督学习相关的相对成熟的主题，这些主题不仅是机器学习领域的基础，而且意义重大，足以在学术界和工业界产生影响。换句话说，研究者已经针对这些主题提出了一些令人满意且可行的解决方案，因此学习这些主题不仅可以解决模拟问题（toy problem），还可以解决许多现实世界中出现的有趣问题。同时，我尝试省略围绕中心主题的许多小问题，这样一来，初学者就不会被纯技术细节分散注意力。

我没有逐一单独介绍选定的主题，而是尝试将所有机器学习主题组织成一个连贯的结构，让读者对整个领域有一个全局的认识。所有主题都排列成连贯的组，各个章节专门介绍每个组中所有逻辑相关的方法。阅读每一章后，读者可以立即了解它们之间的区别和相关性，并知道这些方法如何融入机器学习的大局。

本书还旨在反映该领域的最新进展。详细探讨了几个重要的近期技术，例如，已经主导了许多自然语言处理任务的 Transformers，在学习大型和深度神经网络中流行的批量归一化和 ADAM 优化，以及最近流行的深度生成模型，如变分自编码器（VAE）和生成对抗网络（GAN）。

对于本书中的所有主题，我提供了足够的技术深度，以专业的方式解释动机、原则和方法论。我尽可能地使用严谨的数学运算，从头开始推导出机器学习方法，以突出它们背后的核心思想。对于批判性的理论结果，本书提供了许多重要的定理和一些简单的证明。第 2 章全面回顾了构建现代机器学习方法的重要数学主题和方法。然而，读者确实需要在微积分、线性代数和概率与统计方面具有良好的积累，才能理解本书中的说明和讨论。在整本书中，我也尽最大努力使用简洁一致的数学符号来呈现所有技术内容，并将本书中的所有算法表示为简明的线性代数公式，使用支持向量化的编程语言（如 Python 或 MATLAB）几乎可以将这些公式逐行转换为高效代码。

本书读者对象

本书主要是为机器学习入门课程编写的教科书，学习对象为计算机科学、计算机软件、电气工程专业的高年级本科生，或因研究自己领域的问题而对基础机器学习方法感兴趣的科学、工程、应用数学专业的一年级研究生。希望本书能成为一本有用的自学书或参考书，供希望应用机器学习方法解决自身问题的研究人员，以及希望了解流行的机器学习方法背后的概念和原理的行业从业者使用。鉴于已有大量可免费获得的机器学习软件和工具包，编写代码来运行相当复杂的机器学习算法通常并不困难。然而，在许多情况下，人们需要了解这些算法背后的原理和数学知识来进行微调，以便为手头的任务提供最佳结果。

在线资源

本书附带以下 GitHub 库：

https://github.com/iNCML/MachineLearningBook

上述网站为本书提供多种辅助材料，包括：

◆ 每一章节对应的授课幻灯片；

◆ 部分实验室项目（Python 或 MATLAB）的代码示例。

同时，读者和教师也可以通过上述 GitHub 库以“问题”（issues）的形式提供对本书的反馈、建议和评论。我将尽可能回复这些问题。

本书使用方法

我努力使本书保持简洁，并且只涵盖每个选定主题的最重要问题。建议读者按顺序阅读所有章节，因为我已尽力将广泛的机器学习主题安排在一个连贯的结构中。对于每一种机器学习方法，都在正文中完整介绍了动机、主要思想、概念、方法和算法，有时还会留下大量问题和额外的技术细节或扩展作为章末练习。读者可以按照这些环节选择性地进行练习，以实践文本中讨论的主要思想。

◆ **一个学期的课程**

在计算机科学、工程或应用数学专业课程的第 4 学年，教师可以将本书用作主要或备用教科书，教授一学期有关机器学习的标准入门课程（10～12 周）。建议按顺序讲授以下主题：

第 1 章 导论（0.5 周）

第 2 章 数学基础（1.5 周）

第 4 章 特征提取（1 周）

第 5 章 统计学习理论（0.5 周）

- 5.1 判别模型的制定
- 5.2 可学习性

第 6 章 线性模型（1.5 周）

第 7 章 学习通用判别模型（1 周）

- 7.1 学习判别模型的通用框架
- 7.2 岭回归和 LASSO
- 7.3 矩阵分解

第 8 章 神经网络（2 周）

第 9 章 集成学习（1 周）

第 10 章 生成模型概述（1 周）

第 11 章 单峰模型（1 周）

- 11.1 高斯模型
- 11.2 多项式模型
- 11.3 马尔可夫链模型

第 12 章 混合模型（1 周）

- 12.1 构建混合模型
- 12.2 期望最大化方法
- 12.3 高斯混合模型

◆ **为期一年的完整课程**

教师也可以将本书用作主要或备用教科书，教授为期一年的机器学习完整课程（20～24 周），以平衡判别模型和生成模型的内容。本书前半部分侧重于数学准备和判别模型，后半部分充分介绍生成模型中的各种主题，包括第 13 章混合模型、第 14 章贝叶斯学习和第 15 章图模型。

若时间紧张，教师可以跳过一些非必选主题，例如，4.3 节流形学习、7.4 节字典学习、11.4 节广义线性模型、12.4 节隐马尔可夫模型和 14.4 节高斯过程。

◆ **自学**

强烈建议所有自学的读者按顺序通读本书。这样可以自然地从一个主题过渡到另一个主题，通常是从简单的主题逐渐过渡到困难的主题。在不影响对其他部分的理解的情况下，读者可以根据自己的兴趣，选择跳过以下任何一个高级话题：

- 4.3 流形学习
- 7.4 字典学习
- 11.4 广义线性模型
- 12.4 隐马尔可夫模型
- 14.4 高斯过程

致谢

编写教科书是一项非常具有挑战性的任务。在众人的支持和帮助下本书才得以完成。

本书中的大部分内容来自作者多年来在加拿大多伦多约克大学电气工程和计算机科学系教授机器学习课程时使用的讲义。感谢约克大学长期以来对我教学和研究的支持。

我还要感谢 Zoubin Ghahramani、David Blei 和 Huy Vu 允许在本书中使用他们的材料。

许多人通过校对初稿并提出宝贵意见和建议，极大地提高了本书的质量，其中包括：Dong Yu、Kelvin Jiang、Behnam Asadi、Jian Pan、William Fu、Xiaodan Zhu、Chao Wang、Jiebo Luo、Hanjia Lyu、JoyceLuo、Qiang Huo、Chunxiao Zhou、Wei Zhang、Maria KoshKina 和 Zhuoran Li。我特别感谢他们所有人！

最后，我要感谢我的家人 Iris、Kelvin 及我的父母，感谢他们在我撰写本书的整个过程中及我的职业和生活中给予无尽的支持和爱。

Hui Jiang
安大略，多伦多
2020 年 8 月

符　号

以下列举正文中使用的一些符号。

$\boldsymbol{\mu}$	多元高斯的均值向量
$\boldsymbol{\Sigma}$	多元高斯的协方差矩阵
$E[\cdot]$	期望值或均值
$E_x[\cdot]$	X 的期望值
$\boldsymbol{H}$	模型空间
$\mathbf{N}$	自然数集
$\mathbf{R}$	实数集
$\boldsymbol{R}^n$	n 维实向量集
$\boldsymbol{R}^{m\times n}$	$m\times n$ 个实数矩阵的集合
$\boldsymbol{W}$	神经网络中所有参数的集合
$\boldsymbol{S}$	样本协方差矩阵
$\boldsymbol{w}*\boldsymbol{x}$	$\boldsymbol{w}$ 和 $\boldsymbol{x}$ 的卷积和
$\boldsymbol{w}\cdot\boldsymbol{x}$	两个向量 $\boldsymbol{w}$ 和 $\boldsymbol{x}$ 的内积
$\boldsymbol{w}\odot\boldsymbol{x}$	$\boldsymbol{w}$ 和 $\boldsymbol{x}$ 的元素相乘
$\boldsymbol{w}$	权重向量
$\boldsymbol{x}$	特征向量
$\nabla f(x)$	函数 $f(x)$的梯度
$\Pr(A)$	事件 A 的概率
$\lVert\boldsymbol{w}\rVert$向量	$\boldsymbol{w}$ 的范数（或 L_2 范数）
$\lVert\boldsymbol{w}\rVert_P$ 向量	$\boldsymbol{w}$ 的 L_p 范数
$f(x;\theta)$	x 的函数，参数为 θ
$f_\theta(x)$	参数为 θ 的 x 函数
$l(\theta)$	模型参数 θ 的对数似然函数

$p(x,y)$	x 和 y 的联合分布
$p(y\|x)$	给定 x 的 y 的条件分布
$p_\theta(x)$	参数为 θ 的 x 的概率分布
$Q(\boldsymbol{W};x)$	给定数据 x 的模型参数 $\boldsymbol{W}$ 的目标函数
θ	模型参数

一般符号规则总结

符　　号	意　　义	例　　子
小写字母	标量	x, y, n, m, x_i, x_{ij}
	函数	$f(\cdot), p(\cdot), g(\cdot), h(\cdot)$
小写字母 粗体	列向量	$\boldsymbol{w}, \boldsymbol{x}, \boldsymbol{y}, \boldsymbol{z}, \boldsymbol{a}, \boldsymbol{b}$ $\boldsymbol{\mu}, \boldsymbol{v}$
大写字母	随机变量	X、Y、X_i、X_j
	函数	$Q(\cdot), \varphi(\cdot, \cdot)$
大写字母 粗体	矩阵	$\boldsymbol{A}, \boldsymbol{W}, \boldsymbol{S}$ $\boldsymbol{\Sigma}, \boldsymbol{\phi}$
大写字母 黑版粗体	一组数字	$\mathbb{N}, \mathbb{R}$
	一组参数	$\mathbb{B}$、$\mathbb{W}$、$\mathbb{V}$
大写字母 花体	一组数据	$\mathscr{D}$，$\mathscr{D}_N$

目　录

判 别 模 型

生成模型

第1章

导　论

本章将简要回顾机器学习领域在过去几十年中如何发展成为计算机科学与工程的主要学科。之后，将采用描述性的方法，并通过一些简单的例子来介绍机器学习的基本概念和一般原理，让读者对机器学习有一个全面的了解，并对本书将介绍的主题抱有一定期望。最后，列举机器学习中的高级主题以结束本介绍性章节，这些主题目前是机器学习社区中的活跃研究主题。

1.1 什么是机器学习

自数十年前问世以来，一方面，数字计算机所具有的前所未有的计算和数据存储能力一直令人惊叹。另一方面，除了计算和存储等基本技能，人们对研究计算机的发展上限也非常感兴趣。由此引发的最有趣的问题是，人造数字计算机机器是否可以执行通常需要人类智能的复杂任务。例如，是否可以教计算机玩国际象棋和围棋等复杂的棋盘游戏，转录和理解人类语音，将文本文档从一种语言翻译成另一种语言，以及自动驾驶汽车等。这些研究工作通常被归类为人工智能（AI）[1]领域下的计算机科学与工程的广泛学科。然而，人

[1] 1956年，约翰·麦卡锡（John McCarthy）在达特茅斯学院的一个研讨会上首次提出人工智能（AI）一词，约翰·麦卡锡是麻省理工学院的计算机科学家和人工智能领域的创始人。

工智能是一个定义松散的术语，是一个通俗用语，用来描述模仿与人类思维相关的认知功能（例如，学习、感知、推理和解决问题）的计算机。传统上，人们倾向于遵循与计算机编程相同的思想来处理人工智能任务，因为人们相信可以编写一个大型程序来教计算机完成任何复杂的任务。粗略地说，这样的程序本质上由大量的“if-then”语句组成，用于指示计算机在特定条件下采取特定动作。这些“if-then”语句通常被称为“规则”。人工智能系统中的所有规则统称为“知识库”，因为这些规则通常是根据人类专家的知识人工建立的。此外，一些数学工具，如逻辑和图，也可以作为更高级的知识表示方法，应用到一些人工智能系统中。一旦建立知识库，就可以使用一些众所周知的搜索策略来探索知识库中所有可用的规则，从而为每个观察做出决策。这些方法通常被称为符号方法。符号方法在人工智能的早期阶段占主导地位，因为数学合理的推理算法通过透明的决策过程可得出一些高度可解释的结果，例如，20 世纪 70 年代和 20 世纪 80 年代流行的专家系统。

这些基于知识（或基于规则）的符号方法成功的关键在于如何在知识库中构建所有必要的规则。不幸的是，事实证明，这对于任何现实任务来说都是一个不可逾越的障碍。首先，使用一些精心制定的规则明确表达人类知识并不简单。例如，当看到一张猫的图片时，人们可以立即辨认出那是一只猫，但很难说清是用什么规则做出判断。第二，现实世界通常非常复杂，要想涵盖任意真实场景中的所有情况，需要无数的规则。手动构建这些规则繁琐而又艰难。第三，更糟糕的是，随着知识库中规则数量的增加，维护这些规则变得并不现实。例如，在某些条件下一些规则可能相互矛盾，而人们通常没有很好的方法在庞大的知识库中检测这些矛盾。此外，每当人们需要对特定规则进行调整时，这种更改可能会影响许多其他规则，而这些规则也不容易识别。第四，基于规则的符号系统很难根据部分信息做出决策，往往无法处理决策过程中的不确定性。众所周知，部分信息和不确定性都不是人类智能的主要障碍。

另一方面，人工智能的另一种方法是设计学习算法，通过算法，计算机可以利用经验自动提高其在任何特定人工智能任务上的能力[163]。过去的经验作为“训练数据”提供给学习算法，供算法学习。这些学习算法的设计受到不同策略的驱动，这些策略涵盖从生物启发的学习机器[198,203,204]到基于概率的统计学习方法[9,38,56,111]。自 20 世纪 80 年代以来，对这些自动学习算法的研究迅速成为人工智能中一个突出的子领域，被称为机器学习。自动学习的本质在于可以防止机器学习出现上述符号方法的缺点。与基于知识的符号方法相反，数据驱动的机器学习算法更多地关注如何自动利用训练数据来构建一些数学模型，以便在没有明确编程的情况下做出决策①。在机器学习算法的帮助下，构建人工智能系统的主要难题已经从极具挑战性的人工知识表示任务转移到了相对可行的数据收集过程。20世纪七八十年代，一些现实世界的人工智能应用程序取得了初步成功（例如，语音识别和机器翻译），在此之后，人工智能领域发生了重大范式转变，即数据驱动的机器学习方法取代了传统的基于规则的符号方法，成为人工智能的主流方法论。随着现代计算机计算能力的不断提高，机器学习在几乎所有工程领域都有大量相关应用，对社会产生了巨大影响。

图 1.1　构建机器学习系统的流程示意图（包括数据收集、特征生成和模型训练三个主要步骤）

如图 1.1 所示，构建成功的机器学习系统的流程通常包括三个关键步骤。在第一阶段，人们需要收集足够数量的训练数据，作为计算机可以从中学习的先前经验。理想情况下，收集训练数据应在与系统最终部署的相同条件下进行。以这种方式收集的数据通常被称为域内数据。许多学习算法还需要人工标注者手动标记数据，以促进学习算法。因此，在实践中收集域内训练数据是一个相当昂贵的过程。然而，机器学习系统在任何实际任务中的最终性能在很大程度上取决于可用的域内训练数据量。在大多数情况下，访问更多域内数据是提高所有实际应用程序性能的最有效的方法。在第二阶段，人们通常需要应用一些特定领域的程序来从原始数据中提取特征。特征要简洁，但也要保留原始数据中最重要的信息。特征提取过程需要根据数据的性质和领域知识手动设计，通常会因领域而异。例如，表示语音信号的特征应该基于人们对语音本身的理解，应该与表示图像的特征截然不同。在最后的阶段，人们选择一种学习算法，根据从训练数据中提取的特征表示，来构建一些数学模型。过去几十年的机器学习研究为人们提供了广泛的选择，包括使用哪些学习算法和构建哪些模型。本书的主要目的是系统地介绍机器学习方法的不同选择。这些学习方法中的大多数都适用于各种问题和应用，并且通常独立于领域知识。因此，大多数学习方法及其对应的模型都可以以通用的方式引入，而不限于任何特定的应用。

① 1959 年，亚瑟·塞缪尔（Arthur Samuel）在文章[210]中首次提出机器学习一词，亚瑟·塞缪尔是 IBM 研究员和人工智能领域的先驱。

1.2 机器学习的基本概念

在本节中，将通过几个简单的例子来解释一些常见的术语，以及机器学习中广泛使用的几个基本概念。

一般来说，以输入和输出的系统视图来检查任何机器学习（ML）问题都是很有用的，如图 1.2 所示。对于手头的任何机器学习问题，了解其输入和输出分别是什么非常重要。例如，在语音识别问题中，系统的输入是麦克风捕获的语音信号，输出是信号中嵌入的单词/句子。在英-法机器翻译问题中，输入是英文文本文档，输出是对应的法文翻译。在自动驾驶问题中，输入是摄像头和各种传感器捕捉到的汽车周围场景的视频和信号，输出是产生的控制信号，用于引导方向盘和刹车。

图 1.2　任意机器学习问题的系统视图

图 1.2 中的系统视图还可以帮助人们解释几个流行的机器学习术语。

1.2.1 分类与回归

根据系统输出的类型，机器学习问题可以分为两大类。若输出是连续的，即它可以在一个区间内取任意实际值，则称其为回归问题。若输出是离散的，即只能从有限数量的预定义选择中取一个值，则称其为分类问题。①例如，语音识别是一个分类问题，因为必须使用语言中存在的有限数量的单词来构建输出。另一方面，图像生成是一个回归问题，因为输出图像的像素可以采用任意值。分类问题和回归问题的解决方式在原理上基本相似，但通常它们在问题描述中的处理方式上略有不同。

1.2.2 监督学习与无监督学习

众所周知，所有机器学习方法首先都需要收集训练数据。监督学习处理那些可以在数

① 在一些机器学习问题中，输出是结构化对象，这些问题被称为结构化学习（又名结构化预测）[10]。例如，输出是二叉树或遵循特定语法规则的句子等情况。

据收集中访问输入和输出（见图 1.2）的问题。换句话说，监督学习中的训练数据由输入—输出对组成。我们知道训练数据中每个输入对应的输出，该输出可以作为监督信号来指导学习算法。监督学习方法在机器学习中得到了很好的研究，只要有足够数量的可用输入—输出对，通常就能保证良好的性能。然而，为监督学习收集输入—输出对通常需要人工标注，这在实践中可能会很昂贵。

相比之下，无监督学习方法处理的是在收集训练数据时只能访问图 1.2 中输入的问题。一个优秀的无监督学习算法应该能够找出一些标准，仅使用所有可能输入的信息将相似的输入组合在一起，两个输入只有在预期产生相同的输出标签时才被称为相似。无监督学习[①]的困难之处在于，如何在输出标签不可用时知道哪些输入是相似的。由于缺乏监督信息，无监督学习更加困难。在无监督学习中，收集训练数据通常更为便宜，因为它不需要额外的人力来用相应的输出标记每个输入。然而，无监督学习在很大程度上仍然是机器学习中一个悬而未决的问题。我们迫切需要良好的无监督学习策略，从而有效地从未标记的数据中进行学习。

在上述两个极端之间可以采用折中方法，在训练时将少量标记数据与大量未标记数据结合起来。这些学习方法通常被称为半监督学习。在其他情况下，若图 1.2 中的真实输出太难获取或获取太过昂贵，可以使用其他现成的信息作为学习中的一些弱监督信号，这些信息仅与真实输出部分相关。这些方法被称为弱监督学习[②]。

1.2.3 简单模型与复杂模型

在机器学习中，在训练数据上运行学习算法来构建一些用于决策的数学模型。在选择用于学习的具体模型时，通常必须在简单模型和复杂模型之间做出明智的选择。模型的复杂性取决于模型的函数形式及自由参数的数量。一般来说，线性模型为简单模型，非线性模型为复杂模型，因为相比于线性模型，非线性模型可以捕获更复杂的数据分布模式。[③]简单模型需要的计算资源更少，并且即使是从相对小得多的数据集中学习，也十分可靠。在很多情况下，可以对简单模型进行完整的理论分析，从而更好地了解底层的学习过程。然而，随着可用训练数据变得越来越多，简单模型的性能通常会很快饱和。在许多实际情况

① 在许多情况下，无监督学习也称为聚类。
② 人们都知道在文本文档中标注每个单词的确切含义困难且昂贵。然而，由于语言学中的分布假设，即“意义相近的词会出现在相似的文本片段中”，周围的词可以作为弱监督信号来学习词的含义。见例 7.3.2。
③ 将在第 6 章介绍线性模型，在第 8 章介绍非线性模型。

下，简单模型的性能处于中等水平，因为它们无法处理复杂的模式，而这在所有现实世界的应用中几乎是常态。另一方面，复杂模型在学习中需要的计算资源更多，要想更可靠地学习此类模型，需要准备更多的训练数据。由于函数形式复杂，许多复杂模型没有任何理论分析。因此，学习复杂模型通常是一个非常棘手的黑盒测试过程，需要运用许多无法解释的技巧才能得到最佳结果。

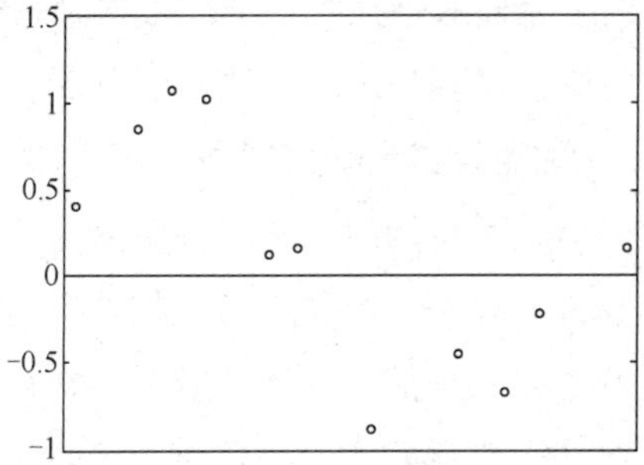

图 1.3　曲线拟合问题（可以将其视为机器学习中的回归问题）

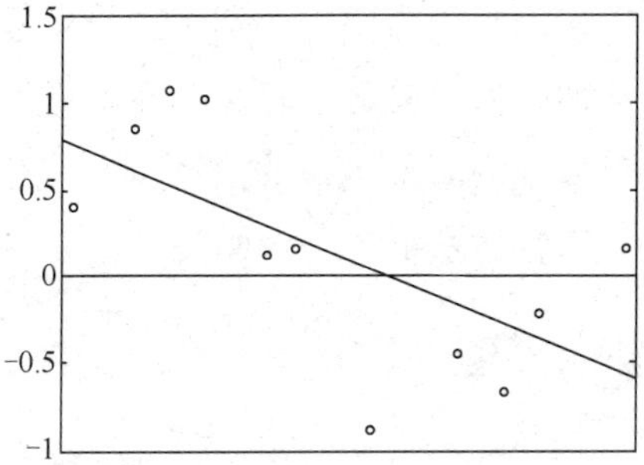

图 1.4　使用线性模型解决图 1.3 曲线拟合问题

例 1.2.1　曲线拟合

已知存在一个未知函数 $y = f(x)$。假设只能在几个孤立点观察到其函数值，如图 1.3 中的圆圈所示。展示如何确定区间内所有其他点的值。

这是数学中标准的曲线拟合问题，需要构造一条曲线或数学函数，以最好地拟合这些观察点。从机器学习的角度来看，该曲线拟合问题是一个回归问题，因为它需要估计区间中任意 x 的连续函数值 y。观察到的点作为该回归问题的训练数据。由于可以访问训练数据中的输入 x 和输出 y，因此这是一个监督学习问题。

首先，假设为该问题构建一个线性函数：

$$f(x) = a_0 + a_1 x$$

通过确定两个未知系数的学习过程（这将在后面的章节中介绍），可以构建如图 1.4 所示的最佳拟合线性函数。从图中可以看到，此最佳拟合线性函数产生的值与大多数观察到的点大不相同，并且未能捕捉到训练数据中显示的“上下摆动模式”。这表明线性模型对于此任务可能过于简单。事实上，还可以选择一个更复杂的模型来轻松解决这个问题。这里自然会选择使用高阶多项式函数。假设选择如下所示的四阶多项式函数：

$$f(x) = a_0 + a_1 x + a_2 x^2 + a_3 x^3 + a_4 x^4$$

在确定上述所有 5 个未知系数后，可以找到最佳拟合的四阶多项式函数，如图 1.5 所示。从图中可以看到，尽管在观察点处产生的值仍然略有不同，但该模型更好地捕捉了数据中的模式。

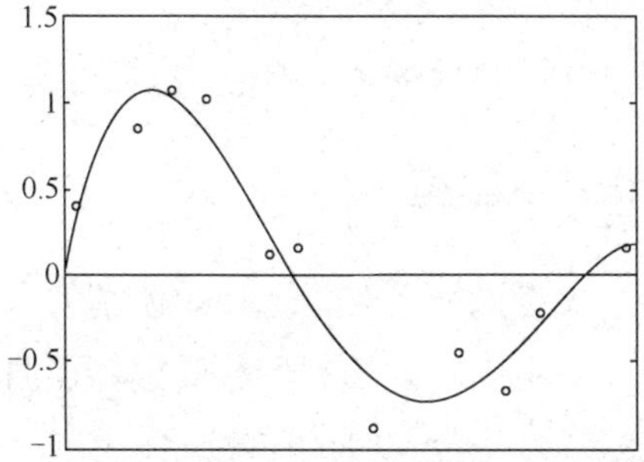

图 1.5　对例 1.2.2 曲线拟合问题使用四阶多项式函数

例 1.2.2　水果识别

假设要教计算机根据观察到的一些特征（如大小、颜色、形状和味道）来识别不同的水果。考虑一个适合用于此的模型。

这是一个典型的分类问题，因为输出是离散的：即输出必须是已知的水果（如苹果、葡萄……）。在众多选择中，可以为这个分类问题运用如图 1.6 所示的树结构模型。在此模型中，每个内部节点都和一个二元问题相联系，这个二元问题与特征的某一方面有关，每个叶节点对应一类水果。每个未知对象的决策过程都很简单：首先从根节点开始，针对未知对象提出相关问题。根据这个问题的答案向下移动到不同的子节点。重复此过程直到到达叶节点。到达的叶节点的类标签是未知对象的分类结果。该模型在其他文献中通常被称为决策树。若决策树是根据人类知识手动构建的，那么它只是一种在知识库中表示各种规则的便捷方式。但是，若能够从训练数据中自动学习到这样的树模型，该模型就会被认为是机器学习中一种有趣的方法，称为决策树。[①]

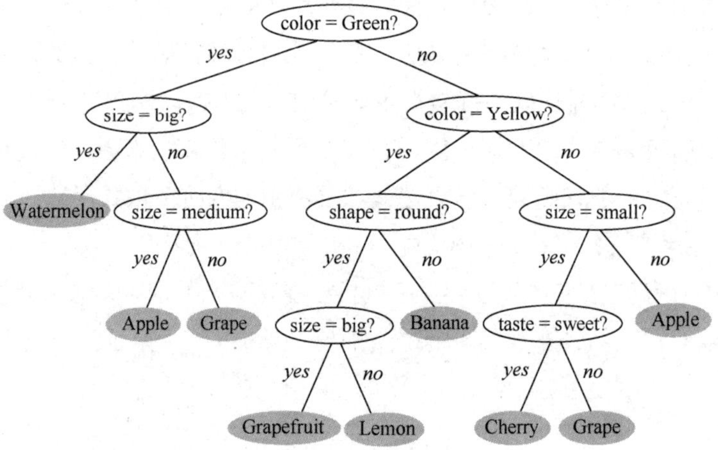

图 1.6　根据一些测量特征使用决策树识别各种水果

1.2.4　参数模型与非参数模型

机器学习问题有两种不同类型的模型可以选择。所谓的参数模型（又名有限维模型）采用假定函数形式，并完全由一组固定的模型参数确定。在曲线拟合示例中，一旦选择使用线性模型（或四阶多项式模型），参数模型就可以完全由两个（或五个）系数确定。根据定义，线性模型和多项式模型都是参数模型。相比之下，所谓的非参数模型（也称为无分布模型）不假设底层模型的函数形式，更重要的是，这种模型的复杂度不是固定的，可能取决于可用数据。换句话说，非参数模型不能完全由固定数量的参数确定。如上面的决策树就是一个典型的非参数模型。当使用决策树时，不假设模型的函数形式，树的大小通常也不固定。若有更多的训练数据，便可以构建一个更大的决策树。另一个著名的非参数模型是直方图。当使用直方图来估计数据分布时，不会限制分布的形状，并且直方图会随着可用样本增加而发生显著变化。

一般来说，参数模型比非参数模型更容易处理，因为人们总是可以专注于估计任何参数模型的一组固定参数。相比于在不知道其形式的情况下估计模型，参数估计问题总要简单得多。

① 将在第 9 章介绍决策树的理论。

1.2.5 过拟合与欠拟合

所有机器学习方法都依赖于训练数据。直观地说，训练数据包含人们想要通过模型学习的某些规律的重要信息，其非正式说法为信号分量。另一方面，训练数据也不可避免地包含一些不相关甚至分散注意力的信息，称为噪声分量。噪声的一个主要来源是任意有限的随机样本集所表现出的采样变化。若从相同的分布中将一些样本随机抽取两次，就无法获得相同的样本。这种变化在概念上可以看作是收集到的数据中的噪声成分。当然，噪声也可能来自测量错误或记录错误。一般来说，可以从概念上将任何收集的训练数据表示为两个分量的组合：

数据=信号+噪声

图 1.7 也说明了这种概念，从图中可以看到，信号分量代表数据中的某些规律，而噪声分量代表一些不可预测的高度波动的残差。一旦在脑海中有了这个概念视图，就可以很容易地理解机器学习中的两个重要概念，即欠拟合和过拟合。[①]

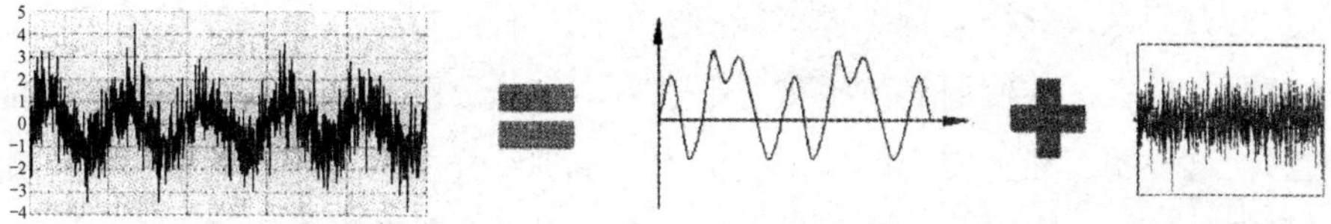

图 1.7 从概念上将数据视为信号和噪声分量的结合体

假设从一组训练数据中学习了一个简单模型。若使用的模型太过简单而无法捕获信号分量中的所有规律，那么即使在训练数据中，学习模型也会产生非常差的结果，更不用说在任意未知的数据中了，这通常被称为欠拟合。图 1.4 清楚地显示了欠拟合的情况，其中线性函数太过简单，无法捕获给定数据点中明显的“上下摆动模式”。另一方面，若使用的模型过于复杂，学习过程可能会迫使强大的模型完美拟合随机噪声分量，同时试图捕捉信号分量中的规律。此外，完美拟合噪声分量可能会阻碍模型捕获信号分量中的所有规律，因为在使用复杂模型时，高度波动的噪声会使学习结果更加分散。更糟糕的是，完美拟合噪声分量毫无用处，因为在另一组数据样本中，人们将面临完全不同的噪声分量。这将导致机器学习中臭名昭著的过拟合现象。继续以曲线拟合为例，假设使用 10 阶多项式来拟合

① 将在第 5 章正式介绍过拟合背后的理论。

图 1.3 中的给定数据点。在学习了所有 11 个系数之后，可以在图 1.8 中展示最佳拟合的 10 阶多项式模型。如图 1.8 所示，这个模型完美地拟合了所有给定的训练样本，但表现失控。直觉告诉人们，与图 1.5 中的模型相比，它对数据的解释要差得多。

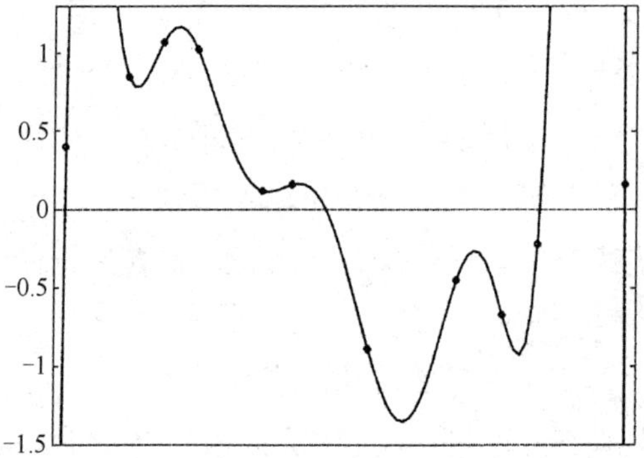

图 1.8　对上述曲线拟合问题使用 10 阶多项式函数

（由于在学习过程中发生了过拟合，因此最佳拟合模型表现失控）

不仅是回归问题，分类问题中也可能出现欠拟合和过拟合。如图 1.9 所示的简单的分类问题中有两个分类，若使用简单模型进行学习，会导致图 1.9（a）中两个类之间存在直线分离边界，这说明存在欠拟合的情况，因为很多训练样本都位于边界的错误一侧。另一方面，若我们在学习中使用复杂模型，最终可能会得到一个复杂的分离边界，如图 1.9（b）所示。这意味着过拟合的情况出现，因为这个边界完美地分离了所有训练样本，但不是对数据的自然解释。最后，在这三种情况中，图 1.9（c）中的模型似乎对数据集提供了最好的解释。

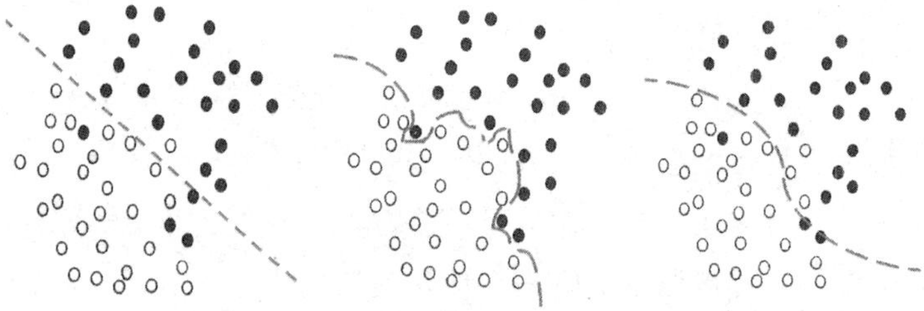

（a）欠拟合　　（b）过拟合　　（c）拟合

图 1.9　两类二元分类问题中的欠拟合和过拟合（颜色表示类标签）

在任何机器学习问题中，都应尽可能避免欠拟合和过拟合情况发生，因为二者都会以某种方式损害学习性能。如果学习性能即使在训练集中也不令人满意，就会发生欠拟合。可以通过增加模型复杂度轻松解决欠拟合问题，即增加自由参数的数量或更改为更复杂的模型。另一方面，若注意到学习性能在训练集中的表现近乎完美，但在另一个未知评估集中表现相当差，则为过拟合问题。类似地，可以通过增加更多训练数据或降低模型复杂度，或在学习过程中使用所谓的正则化技术来减轻机器学习中的过度拟合。①

1.2.6 偏差-方差权衡

一般而言，机器学习算法在未知数据集上的总预期误差可以根据来源分解为以下两类：

◆ 由于欠拟合而导致的偏差

由于使用模型中的错误假设，偏差误差量化了学习模型在捕获信号分量中所有规律方面的不足。高偏差表明，由于底层方法的固有弱点，学习模型总是会错过数据中的一些重要规律。如图 1.10 所示，在概念上，每个点表示通过在相等大小的随机训练集上运行相同的学习方法获得的学习模型。对于真正与学习目标相关的信号分量中的规律而言，高偏差误差意味着学习模型与规律匹配不佳。

◆ 由于过拟合导致的方差

方差是由在训练数据时对小波动的学习敏感性而导致的误差。换句话说，当学习模型被迫错误地捕获噪声分量中的随机性时，方差量化了学习方法的过拟合误差。如图 1.10 所示，当方差很大时，由于每个训练集包含不同的噪声分量，所有学习结果都会以不同的方式随机偏离真实目标。高方差表明学习模型与信号分量中的规律匹配较弱，因为在不同情况下，学习模型会随机偏离真实的学习目标。

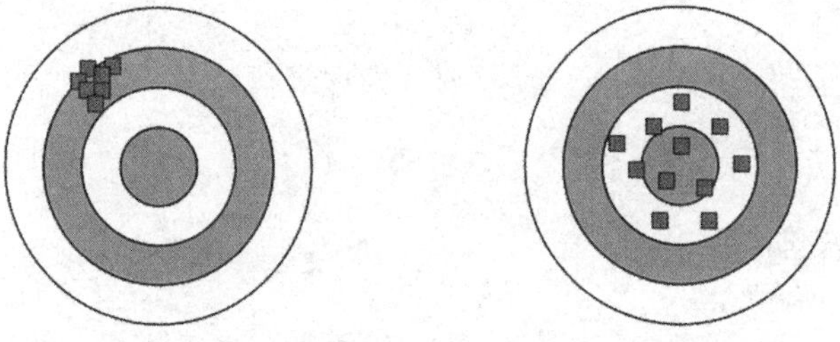

图 1.10 机器学习中的高偏差误差与高方差，其中每个方块代表随机训练集中学习的模型，圆心表示要学习的真实规律（图片来源：塞巴斯蒂安·拉施卡（Sebastian Raschka）/ CC-BY-SA-4.0）

① 将在第 7 章正式讨论正则化。

准确地说，可以证明，学习算法的平均误差在数学上可以进行如下分解：

$$学习误差=偏差^2+方差$$

如图 1.11 所示，当从固定数量的训练数据中选择一种特定的方法来学习给定问题时，不能同时减少上述两种错误来源。一方面，当选择简单模型时，欠拟合会导致方差通常较低，但偏差误差较高。另一方面，当选择复杂模型时，偏差误差会减少，但过度拟合会导致更高的方差。这种现象通常被称为机器学习中的偏差-方差权衡。对于任何特定的学习问题，通常可以调整模型复杂度，找到引起总学习误差最低的最佳模型选择。①

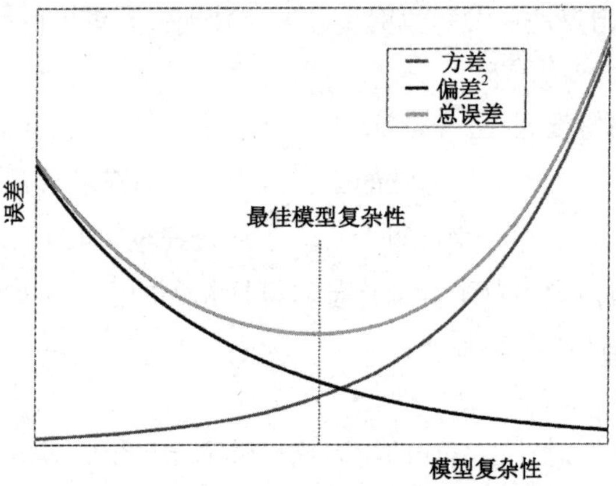

图 1.11　通过选择机器学习中的最佳模型复杂度来管理偏差-方差权衡

1.3 机器学习的一般原则

本节将介绍机器学习中的几个一般原则，为理解机器学习中的一些基本思想提供重要的见解。

1.3.1 奥卡姆剃刀

奥卡姆剃刀是哲学和科学中解决问题的一般原则。奥卡姆剃刀有时可以被解释为“最简单的解决方案很可能是正确的解决方案”。在机器学习的背景下，奥卡姆剃刀意味着在模

① 将在例 2.2.2 中正式证明偏差和方差分解：

$$误差=偏差^2+方差$$

型选择中对简单性的偏好。若观察到两个不同的模型在训练数据上的性能相似，人们应该更喜欢更简单的模型而不是更复杂的模型。此外，最小描述长度（MDL）原则[196]是机器学习中奥卡姆剃刀的一个形式，该原则指出所有机器学习方法旨在找到数据中的规律，而描述该规律的最佳模型（或假设），其压缩数据的能力也最强。

1.3.2 没有免费午餐定理

在机器学习的背景下，没有免费午餐定理[57,218,251]指出，对于所有可能的学习问题，没有一种学习方法普遍优于其他方法。给定任意两种机器学习算法，若用它们来学习能想象到的所有可能的问题，这两种算法的平均性能肯定是一样的。或者更糟糕的是，它们的平均性能并不比随机猜测好。

以上面的曲线拟合问题为例，解释没有免费午餐定理的合理之处。根据图 1.3 所示的训练样本，目标是学习一个模型来预测其他 x 点的函数值。无论使用什么学习方法，最终都会得到一个估计模型，如图 1.12 中的曲线所示。因为除了训练样本，人们对真值函数 $y = f(x)$ 一无所知，所以从理论上讲，真值函数 $y = f(x)$ 可以对一个新点取任意值，而这个值不在训练集当中。当使用估计模型来预测一些新点的函数值（比如 x_1 和 x_2）时，很容易看出，若真值函数 $y = f(x)$ 恰好产生“好”值（如图 1.12 中的圆点所示），那么估测模型也会产生良好预测。然而，我们总是可以想象另一种情况，即真实函数产生“坏”值（如图 1.12 中的方块所示），那么估计模型也将给出非常差的预测。无论使用什么学习算法来估计模型，这都适用。若对真实函数在所有可能场景下的任意估测模型的预测性能取平均值，就会发现平均性能接近随机猜测，因为对于每个好的预测案例，也可以提出一个糟糕的预测案例。

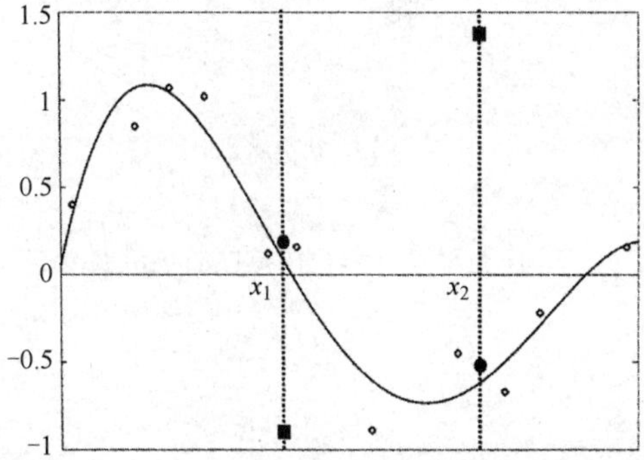

图 1.12　简单曲线拟合问题中的没有免费午餐定理：当使用估计模型（曲线）来预测 x_1 和 x_2 处的函数值时，模型对某些目标函数（圆点）效果很好，但是同时，对于其他函数（方块）的效果不佳。

简单来说，没有免费午餐定理说明没有机器学习算法可以仅从训练数据中学习到任何有用的东西。若机器学习方法对某些问题很有效，则该方法必定明确或隐含地使用了训练数据之外的其他潜在问题知识。

1.3.3 平滑世界定律

尽管前面提到了没有免费午餐定理，但许多机器学习方法在实践中蓬勃发展的一个根本原因是我们的物理世界总是平滑的。由于现实中存在的硬约束（如能源和电力），宏观世界中的任何物理过程在本质上都是平滑的，例如，音频、图像、视频等。并且，人们的直觉和感知都是建立在平滑世界定律之上的。因此，若使用机器学习来解决现实世界中出现的任何问题，平滑世界定律总是适用的，这大大简化了许多学习问题。

例如，如图 1.13 所示，假设训练集包含空间中三个点的物理过程测量值，即 x、y 和 z，其中 x 和 y 相距很远，而 x 和 z 相距很近。若需要学习一个模型来预测 x 和 y 之间浅灰色区域的过程，这会是一个难题，因为在这个相当大的范围内，训练数据没有为此问题和其他难以预测的问题提供任何信息。另一方面，若需要在两个相邻点之间的蓝色区域预测这个过程，就应该相对简单，因为在给定两个观察点 x 和 z 的情况下，平滑世界定律很大程度上限制了这个有限范围中的过程行为。事实上，通过简单地在 x 和 z 处插入这两个观察结果，可以构建一些机器学习模型，来在深灰色区域中给出相当准确的预测。准确的预测精度实际上取决于底层过程的平滑度。在机器学习中，这种平滑度通常使用利普希茨连续（Lipschitz continuity）的概念①或最近的带宽限制（bandlimitedness）概念进行数学量化[114]。

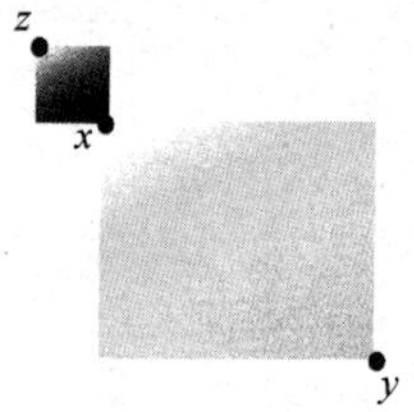

图 1.13 为什么平滑世界定律可以简化机器学习问题

① 若对于任意两个 x_1 和 x_2，存在实常数 $L>0$，则称函数 $f(x)$ 是利普希茨连续的，

$$\left|f(x_1)-f(x_2)\right| \leqslant L\left|x_1-x_2\right|$$

总是成立。

回到图 1.12 所示没有免费午餐定理的例子。若有足够的训练样本来确保所有样本之间的差距足够小，那么没有免费午餐定理假设的许多“坏”值实际上就不会出现，因为它们违反了平滑世界定律。因此，当人们在实践中只取所有可能情况的平均值，合适的机器学习方法会比随机猜测获得更好的预测精度。

此外，平滑世界定律立即为机器学习提出了一个简单的策略。对于任何未知观察结果，若搜索训练集中所有已知样本，则可以根据训练集中最近邻的样本对未知样本进行预测。这引出著名的最近邻（NN）算法。为了处理训练集中一些可能的异常值，可以将该算法扩展为更具健壮性的版本，即 *k*-最近邻（*k*-NN）算法。

例 1.3.1　用于分类的 *k*-最近邻（*k*-NN）

对于每个未知对象，搜索整个训练集以找到前 k 个最近邻，其中 k 是一个需要预先手动指定的小正整数。未知对象的类标签由这 k 个最近邻域的多数票决定。若选择 $k=1$，则对象被简单地分配到单个最近邻的类别。

上述 *k*-NN 方法在概念上简单直观，可以基于任何给定的训练集在整个空间中产生决策边界，如图 1.14 所示。在许多情况下，简单的 *k*-NN 方法可以产生令人满意的分类性能。一般来说，*k*-NN 方法的成功取决于两个因素：

- 是否有一个很好的相似性度量来正确计算空间中任意两个对象之间的距离。这个话题通常是在机器学习的一个子领域进行研究，称为度量学习[135,253]。
- 训练集中是否有足够的样本来充分覆盖空间中的所有区域。

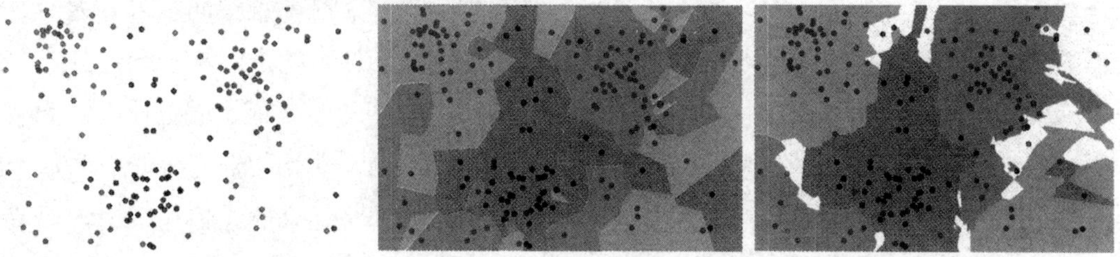

i）3 类数据（用深浅灰度标注）；　ii）1-NN 的边界（$k=1$）；　iii）5-NN 的边界（$k=5$）；

（图片来源：Agor153/CC-BY-SA-3.0）

图 1.14　用于分类的 *k*-最近邻（*k*-NN）算法的决策边界：

对于需要多少样本来确保 *k*-NN 方法的良好性能而言，一些理论分析[218]表明，若人们想要实现低于 ε（$0<\varepsilon<1$）的错误率，*k*-NN 算法所需的训练样本最小数量 N 随着空间的

维数呈指数增长[①]，记为 d，其表示如下：

$$N \propto \left(\frac{\sqrt{d}}{\varepsilon}\right)^{d+1}$$

假设需要 100 个样本来实现低维空间中的问题的错误率 $\varepsilon = 0.01$（例如 $d = 3$）。但是对于更高维空间中的某些类似问题，需要大量的训练样本才能达到相同的性能。例如，对于 10 维空间中的类似问题，可能需要大约 2×10^8 个训练样本；而对于 100 维空间中的类似问题，可能需要大约 7×10^{123} 个训练样本。显然，对于任何实际系统来说，这些数字都大得令人望而却步。这个结果表明 k-NN 方法可以有效地解决低维空间中的问题，但当问题的维数增加时就会遇到挑战。事实上，这个问题不仅限于 k-NN 方法，还暗示了机器学习中的另一个普遍原则，即维度灾难。

1.3.4 维度灾难

在机器学习中，维度灾难是指在高维空间中的学习困境。如 k-NN 示例所示，随着学习问题维度的增长，底层空间的体积呈指数增长。这通常需要成倍增加的训练数据和计算资源量，以确保所有学习方法的有效性。此外，对三维物理世界的直觉在高维度上经常失效[54]。若距离度量不再可靠且与预期相反，基于相似性的推理在高维度上会崩溃。例如，若将许多样本均匀地放置在高维空间中的一个单位超立方体内，事实证明这些样本中的大多数更靠近超立方体的面，而不是它们的近邻。

然而，维度灾难预测的最坏情况通常发生在数据均匀分布在高维空间中时。大多数现实世界的学习问题都涉及高维数据，但好消息是，现实世界的数据永远不会均匀分布于高维空间中。这种观察结果通常被称为非均匀性祝福[54]。非均匀性祝福本质上使人们能够使用合理数量的训练数据和计算资源有效地学习这些高维问题。非均匀数据分布表明数据的所有维度不是独立的，而是高度相关的，以至于许多维度都是冗余的。换句话说，即使丢弃很多维度，数据分布的很多信息也不会丢失。这个想法激发了一组机器学习方法，即降维。或者，高维空间中的非均匀分布也表明真实数据仅集中在线性子空间或低维非线性子空间中，这通常被称为流形。[②]在机器学习中，所谓的流形学习旨在识别这种高维数据聚集的低维拓扑空间。

① 参见练习 Q1.1。
② 将在第 4 章正式讨论各种降维方法和流形学习。

1.4 机器学习中的高级主题

本书的目标是只介绍机器学习的基本原理和方法，主要侧重于完善的监督学习方法。第 3 章将进一步勾勒出这些主题。本节将简要列出本书未完全涵盖的其他机器学习高级主题。这些简短的总结是感兴趣的读者在未来研究中进一步探索这些主题的切入点。

1.4.1 强化学习

强化学习是机器学习中的一个领域，主要关于教计算机智能体在与未知环境的长期交互过程中采取最佳动作。与标准的监督学习不同，强化学习环境中的学习智能体不会从环境中得到任何关于每一步最佳动作的强监督。相反，智能体只是偶尔收到一些数字奖励（正值或负值）。强化学习的目标是了解在每个条件下应该采取什么动作（通常称为策略），以便在长期内最大化累积奖励这一概念。传统上，一些数值表用于表示每个策略下各种动作的预期累积奖励，从而引出所谓的 Q 学习[246]。最近，神经网络已被用作函数逼近器来计算预期的累积奖励。这些方法有时被称为深度强化学习（又名深度 Q 学习）[164]。

强化学习代表了一个通用的学习框架，但它被认为是一项极具挑战性的任务，因为学习智能体必须学习如何仅基于弱奖励信号探索潜在的巨大搜索空间。在神经网络的帮助下，深度强化学习方法最近在几个封闭式游戏设置中获得了一些显著的成功，例如 Atari 视频游戏[165]和古老的棋盘游戏 Go[222]，但仍然不清楚它如何扩展这些方法以应对现实世界环境中的开放式任务。

1.4.2 元学习

元学习（又名学会学习）是机器学习的一个子领域，研究如何设计自动学习算法以提高现有学习算法的性能，或者根据之前学习实验的一些元数据来学习算法本身。元数据可能包括超参数设置①、模型结构（例如，流程组合或网络架构）、学习的模型参数、准确性、训练时间及学习任务的其他可测量属性[239]。接下来，另一个被称为元学习器的优化器，用于从元数据中学习，以提取知识并指导搜索新任务的最佳模型。

① 学习算法的超参数是必须在自动学习之前手动指定的参数，如 k-NN 算法中 k 的值。

1.4.3 因果推断

众所周知，人类经常根据因果关系来合理化世界，即变量或事件之间的所谓因果关系。另一方面，典型的机器学习方法只能研究数据中的统计相关性。众所周知，相关性不等于因果性。因果推理是机器学习的一个领域，侧重于在变量之间绘制因果关系的过程，以便人们更好地了解物理世界[181,182,184]。

1.4.4 其他高级主题

迁移学习[188]是机器学习中的另一个子领域，专注于如何有效地使已经学会在某个领域表现良好的现有机器学习模型适应到不同但相关的领域。因此，它也被称为域自适应[19,142]，最初在 20 世纪 80 年代[37,76,143]被广泛应用于研究语音识别中的语者适应。

在线学习方法[104]侧重于训练数据按顺序可用的场景。在这种情况下，每个数据样本都用于在模型可用时立即更新模型。理想情况下，在线学习方法不需要在模型更新后存储先前所有的数据，因此它也可以用于某些在计算上不可能对整个数据集进行训练的学习问题。

主动学习方法[58,217]研究机器学习的一种特殊情况，在这种情况下，学习算法可以交互地询问教师以获得所需输入的必要监督信息。主动学习的目标是充分利用主动查询，以最有效的方式学习模型。

模仿学习技术[105]旨在针对给定任务模仿人类行为。通过学习观察和动作之间的映射，训练学习智能体来执行一些演示中的任务。与强化学习一样，模仿学习也旨在学习如何在未知环境中做出惯序决策。不同之处在于，模仿学习是通过观察一些演示来学习，而不是通过最大化累积奖励来学习。因此，模仿学习通常用于难以指定适当奖励信号的情况。

练习

1.1 k-NN 方法是参数化的还是非参数化的？并做出解释。

1.2 若存在实常数 $L > 0$，则称实值函数 $f(x)$（$x \in \mathbf{R}$）是 Lipschitz 连续的，对于任意两点 $x_1 \in \mathbf{R}$ 和 $x_2 \in \mathbf{R}$，

$$\left|f\left(x_1\right)-f(x_2)\right| \leqslant L\left|x_1-x_2\right|$$

上述式子总是成立。若 $f(x)$可微，证明 $f(x)$是 Lipschitz 连续的，当且仅当

$$\left|f'(x)\right| \leqslant L$$

对所有 $x \in \mathbf{R}$ 成立。

第2章

数学基础

在深入研究任何特定的机器学习方法之前，首先回顾数学和统计学中的一些重要主题，因为它们构成了几乎所有机器学习方法的基础。这里将特别介绍一些线性代数、概率和统计、信息论和数学优化方面的相关主题。本章将强调理解后续章节所需的数学知识，同时提供许多示例，以帮助读者了解本书中使用的符号。此外，我们已尽最大努力使本章的内容尽可能自成一体，以便读者无需参考其他材料即可学习。建议所有读者先阅读本章，以便熟悉数学背景及书中的符号。

2.1 线性代数

2.1.1 向量和矩阵

标量是单个数字，通常用小写字母表示，如 x 或 n。还可以使用 $x \in \mathbf{R}$ 来表示 x 是实数值标量，使用 $n \in \mathbf{N}$ 表示 n 是自然数。向量是按顺序排列的数字列表，用粗体的小写字母表示，如 $\boldsymbol{x}$ 或 $\boldsymbol{y}$。向量中的所有数字都可以在行或列中对齐，相应地称为行向量或列向量。我们使用 $\boldsymbol{x} \in \mathbf{R}^n$ 来表示 $\boldsymbol{x}$ 是一个包含 n 个实数的 n 维向量。在整本书中，根据惯例在列中编写向量，如：

$$\boldsymbol{x}=\begin{bmatrix}x_1\\x_2\\\vdots\\x_n\end{bmatrix}\quad \boldsymbol{y}=\begin{bmatrix}y_1\\y_2\\\vdots\\y_m\end{bmatrix}$$

矩阵是一组排列在二维数组中的数字，通常用粗体的大写字母表示，如 $\boldsymbol{A}$ 或 $\boldsymbol{B}$。例如，包含 m 行 n 列的矩阵称为 $m\times n$ 矩阵，表示为：

$$\boldsymbol{A}=\begin{bmatrix}a_{11}&a_{12}&\cdots&a_{1n}\\a_{21}&a_{22}&\cdots&a_{2n}\\\vdots&\vdots&&\vdots\\a_{m1}&a_{m2}&\cdots&a_{mn}\end{bmatrix}$$

使用 $\boldsymbol{A}\in\mathbf{R}^{m\times n}$ 来表示 $\boldsymbol{A}$ 是一个包含所有实数的 $m\times n$ 矩阵。①

2.1.2 作为矩阵乘法的线性变换

初学者的一个常见问题是为什么需要向量和矩阵，以及可以用它们做什么。很容易发现，向量可以被视为特殊矩阵。但是，必须强调，向量和矩阵在数学中代表不同的概念。若将向量中的每个数字解释为沿轴的坐标，则可以将 n 维向量视为 n 维空间中的一个点。反过来，每个轴都可以被视为对象某个特定特征的测量值。换句话说，向量可以被视为数学中表示对象的一种抽象方式。另一方面，矩阵表示空间中所有点的运动，即将空间中的任意点移动到另一个空间中的不同位置的特定方式。换句话说，可以将矩阵视为将对象表示从一个空间转换到另一个空间的特殊方式。更重要的是，实现这种运动的确切算法需要利用矩阵运算，称为矩阵乘法，其定义如下：

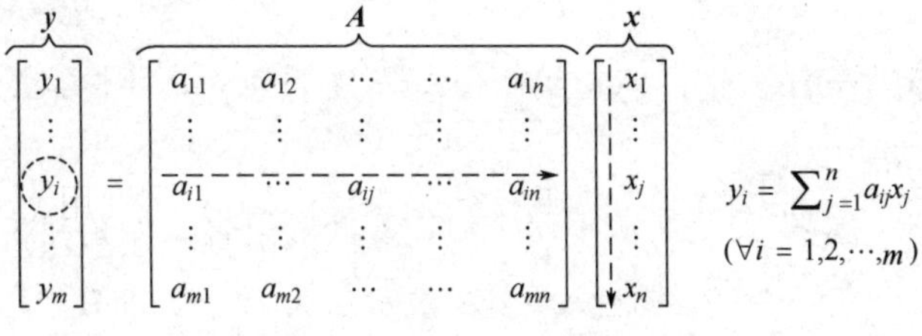

图 2.1 使用矩阵乘法实现线性变换

将上述内容简称为 $\boldsymbol{y}=\boldsymbol{A}\boldsymbol{x}$。使用矩阵乘法，第一个空间 $\mathbf{R}^n$ 中的任意点 $\boldsymbol{x}$ 被转换为不同

① 采取同样的方法，可以将一组数字排列成三维或更高维的数组，通常称为张量。

空间 $\mathbf{R}^m$ 中的另一个点 $\boldsymbol{y}$。$\boldsymbol{x}$ 和 $\boldsymbol{y}$ 之间的精确映射取决于矩阵 $\boldsymbol{A}$ 中的所有数字。若 $\boldsymbol{A}$ 是 $\mathbf{R}^{n\times n}$ 中的方阵，则这种映射也可以看作是将一个点 $\boldsymbol{x}\in\mathbf{R}^n$ 变换为同一空间 $\mathbf{R}^n$ 中的另一个点 $\boldsymbol{y}$。

但是，上述矩阵乘法不能实现两个空间之间的任意映射。矩阵乘法实际上可以只实现所有可能映射的子集，称为线性变换。如图 2.2 所示，线性变换是从第一个空间 $\mathbf{R}^n$ 到另一个空间 $\mathbf{R}^m$ 的映射，必须满足两个条件：（1）$\mathbf{R}^n$ 中的原点映射到 $\mathbf{R}^m$ 中的原点；（2）$\mathbf{R}^n$ 中的每条直线总是映射到 $\mathbf{R}^m$ 中的一条直线（或单个点）。不满足这两个条件的其他映射被称为非线性变换，必须通过其他方法而不是矩阵乘法来实现。

上述矩阵乘法方法可以在两个矩阵之间进行。例如，可以有

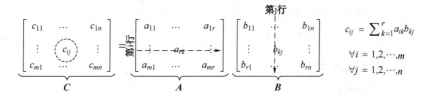

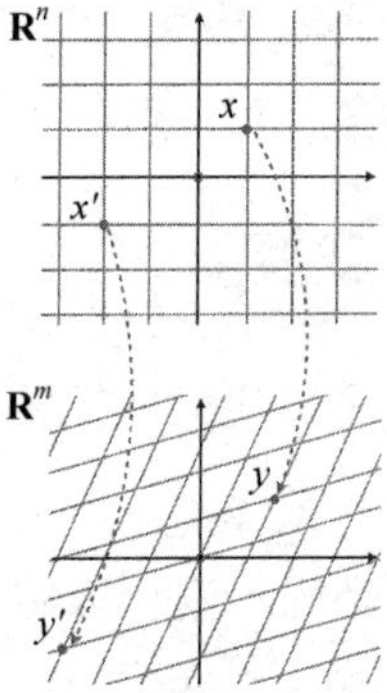

图 2.2　通过线性变换将一个点从一个空间 $\mathbf{R}^n$ 映射到另一个空间 $\mathbf{R}^m$

$$\underbrace{\begin{bmatrix} c_{11} & \cdots & c_{1n} \\ \vdots & c_{ij} & \vdots \\ c_{m1} & \cdots & c_{mn} \end{bmatrix}}_{\boldsymbol{C}} = \text{第}i\text{行}\underbrace{\begin{bmatrix} a_{11} & \cdots & a_{1r} \\ \vdots & a_{rk} & \vdots \\ a_{m1} & \cdots & a_{mr} \end{bmatrix}}_{\boldsymbol{A}} \overset{\text{第}j\text{行}}{\underbrace{\begin{bmatrix} b_{11} & \vdots & b_{1n} \\ \vdots & b_{kj} & \vdots \\ b_{r1} & \vdots & b_{rn} \end{bmatrix}}_{\boldsymbol{B}}} \qquad \begin{aligned} c_{ij} &= \textstyle\sum_{k=1}^{r} a_{ik}b_{kj} \\ \forall i &= 1,2,\cdots,m \\ \forall j &= 1,2,\cdots,n \end{aligned}$$

我们将其简称为 $\boldsymbol{C}$=$\boldsymbol{AB}$。请注意，第一个矩阵 $\boldsymbol{A}$ 的列号必须与第二个矩阵 $\boldsymbol{B}$ 的行号匹配，以便它们可以相乘。

从概念上讲，上述矩阵乘法对应于两个线性变换的组合。如图 2.3 所示，$\boldsymbol{A}$ 表示从第一个空间 $\mathbf{R}^n$ 到第二个空间 $\mathbf{R}^r$ 的线性变换，$\boldsymbol{B}$ 表示从第二个空间 $\mathbf{R}^r$ 到第三个空间 $\mathbf{R}^m$ 的另一个线性变换。矩阵乘法 $\boldsymbol{C}$=$\boldsymbol{AB}$ 组合了这两个变换，导出从第一个空间 $\mathbf{R}^n$ 到第三个空间 $\mathbf{R}^m$ 的直接线性变换。由于此过程必须经过中间的相同空间，因此这两个矩阵必须如上所述在维度上相互匹配。

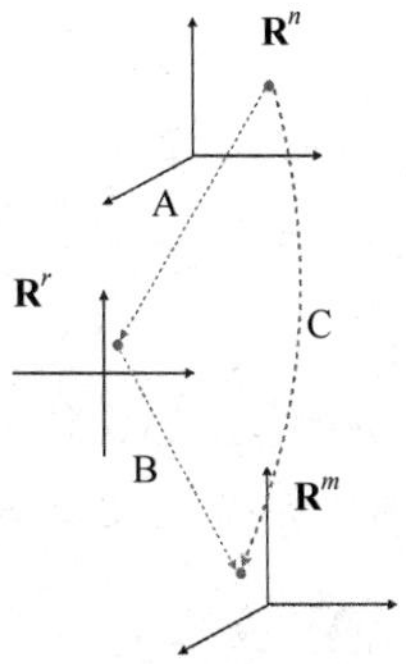

图 2.3 通过矩阵乘法将两个线性变换组合成另一个线性变换

2.1.3 基本矩阵运算

矩阵 $\boldsymbol{A}$ 的转置是一个运算符，它在矩阵的对角线上翻转矩阵，使所有行变成列，列变成行。新矩阵可表示为 $\boldsymbol{A}^{\mathrm{T}}$。若 $\boldsymbol{A}$ 是一个 $m \times n$ 矩阵，则 $\boldsymbol{A}^{\mathrm{T}}$ 是一个 $n \times m$ 矩阵。

$$\boldsymbol{A}=\begin{bmatrix} a_{11} & a_{12} & \cdots & \cdots & a_{1n} \\ \vdots & \vdots & \vdots & \vdots & \vdots \\ a_{i1} & \cdots & a_{ij} & \cdots & a_{in} \\ \vdots & \vdots & \vdots & \vdots & \vdots \\ a_{m1} & a_{m2} & \cdots & \cdots & a_{mn} \end{bmatrix} \Rightarrow \boldsymbol{A}^{\mathrm{T}}=\begin{bmatrix} a_{11} & a_{21} & \cdots & \cdots & a_{m1} \\ \vdots & \vdots & \vdots & \vdots & \vdots \\ a_{1i} & \cdots & a_{ji} & \cdots & a_{mi} \\ \vdots & \vdots & \vdots & \vdots & \vdots \\ a_{1n} & a_{2n} & \cdots & \cdots & a_{mn} \end{bmatrix}$$

$$\boldsymbol{w}=\begin{bmatrix} w_1 \\ w_2 \\ \vdots \\ w_n \end{bmatrix} \Rightarrow \boldsymbol{w}^{\mathrm{T}}=\begin{bmatrix} w_1 & w_2 & \cdots & w_n \end{bmatrix}$$ ①

对于任意方阵 $\boldsymbol{A} \in \mathbf{R}^{n \times n}$，可以为它计算一个实数，称为行列式，记为$|\boldsymbol{A}|(\in \mathbf{R})$。众所周知，方阵 $\boldsymbol{A}$ 表示从 $\mathbf{R}^n$ 到 $\mathbf{R}^n$ 的线性变换，它将原空间中的任意单位超立方体变换为新空间中的多面体。行列式$|\boldsymbol{A}|$表示新空间中多面体的体积。

---

① 已知有

$$(\boldsymbol{A}^{\mathrm{T}})^{\mathrm{T}}=\boldsymbol{A}$$
$$(\boldsymbol{AB})^{\mathrm{T}}=\boldsymbol{B}^{\mathrm{T}}\boldsymbol{A}^{\mathrm{T}}$$
$$(\boldsymbol{A} \pm \boldsymbol{B})^{\mathrm{T}}=\boldsymbol{A}^{\mathrm{T}} \pm \boldsymbol{B}^{\mathrm{T}}$$

当且仅当

$$\boldsymbol{A}^{\mathrm{T}}=\boldsymbol{A}$$

方阵 $\boldsymbol{A}$ 是对称的。

我们经常用 $\boldsymbol{I}$ 来表示一个特殊的方阵，称为单位矩阵①，它的对角线全是 1，其余部分全是 0。对于一个方阵 $\boldsymbol{A}$，若能找到另一个方阵，则将其记为 $\boldsymbol{A}^{-1}$，且满足

$$\boldsymbol{A}^{-1}\boldsymbol{A}=\boldsymbol{A}\boldsymbol{A}^{-1}=\boldsymbol{I}$$

则称 $\boldsymbol{A}^{-1}$ 为 $\boldsymbol{A}$ 的逆矩阵。

任意两个 n 维向量之间的内积（例如，$\boldsymbol{w}\in\mathbf{R}^n$ 和 $\boldsymbol{x}\in\mathbf{R}^n$）被定义为它们之间所有元素乘法的总和，表示为 $\boldsymbol{w}\cdot\boldsymbol{x}(\in\mathbf{R})$。可以使用矩阵转置和乘法进一步表示内积，如下所示：

$$\boldsymbol{w}\cdot\boldsymbol{x}\triangleq\sum_{i=1}^{n}w_i x_i=\boldsymbol{w}^{\mathrm{T}}\boldsymbol{x}=\boldsymbol{x}^{\mathrm{T}}\boldsymbol{w}$$

向量 $\boldsymbol{w}$ 的范数（又名 L_2 范数），表示为 $\|\boldsymbol{w}\|$，被定义为与自身内积的平方根。范数 $\|\boldsymbol{w}\|$ 表示向量 $\boldsymbol{w}$ 在欧几里得空间中的长度。②

$$\|\boldsymbol{w}\|^2=\boldsymbol{w}\cdot\boldsymbol{w}=\sum_{i=1}^{n}w_i^2=\boldsymbol{w}^{\mathrm{T}}\boldsymbol{w}$$

例 2.1.1 给定两个 n 维向量，$\boldsymbol{x}\in\mathbf{R}^n$ 和 $\boldsymbol{z}\in\mathbf{R}^n$，和一个 $n\times n$ 矩阵 $\boldsymbol{A}\in\mathbf{R}^{n\times n}$，使用以下矩阵乘法重新将范数参数化：

$\|\boldsymbol{z}-\boldsymbol{x}\|^2$ 和 $\|\boldsymbol{z}-\boldsymbol{A}\boldsymbol{x}\|^2$

$\|\boldsymbol{z}-\boldsymbol{x}\|^2=(\boldsymbol{z}-\boldsymbol{x})^{\mathrm{T}}(\boldsymbol{z}-\boldsymbol{x})=(\boldsymbol{z}^{\mathrm{T}}-\boldsymbol{x}^{\mathrm{T}})(\boldsymbol{z}-\boldsymbol{x})=\boldsymbol{z}^{\mathrm{T}}\boldsymbol{z}+\boldsymbol{x}^{\mathrm{T}}\boldsymbol{x}-2\boldsymbol{z}^{\mathrm{T}}\boldsymbol{x}$

---

①

$$\boldsymbol{I}=\begin{bmatrix}1&0&\cdots&0\\0&1&\vdots&0\\\vdots&\vdots&\ddots&\vdots\\0&0&\cdots&1\end{bmatrix}$$

对于任何 $\boldsymbol{A}\in\mathbf{R}^{n\times n}$，有

$$\boldsymbol{A}\boldsymbol{I}=\boldsymbol{I}\boldsymbol{A}=\boldsymbol{A}$$

可以验证

$$\left|\boldsymbol{A}^{-1}\right|=\frac{1}{|\boldsymbol{A}|}$$

②

$$\boldsymbol{w}=\begin{bmatrix}w_1\\w_2\\\vdots\\w_n\end{bmatrix}\quad\boldsymbol{x}=\begin{bmatrix}x_1\\x_2\\\vdots\\x_n\end{bmatrix}$$

$$\|z-Ax\|^2=(z-Ax)^{\mathrm{T}}(z-Ax)=(z^{\mathrm{T}}-x^{\mathrm{T}}A^{\mathrm{T}})(z-Ax)=z^{\mathrm{T}}z+x^{\mathrm{T}}A^{\mathrm{T}}Ax-2z^{\mathrm{T}}Ax$$ ①

例 2.1.2 给定一个 n 维向量 $\boldsymbol{x}\in\mathbf{R}^n$，比较 $\boldsymbol{x}^{\mathrm{T}}\boldsymbol{x}$ 与 $\boldsymbol{x}\boldsymbol{x}^{\mathrm{T}}$。

首先可以证明

$$\boldsymbol{x}^{\mathrm{T}}\boldsymbol{x}=\begin{bmatrix}x_1 & x_2 & \cdots & x_n\end{bmatrix}\begin{bmatrix}x_1\\ x_2\\ \vdots\\ x_n\end{bmatrix}=\sum_{i=1}^{n}x_i^2$$

另一方面，还有

$$\boldsymbol{x}\boldsymbol{x}^{\mathrm{T}}=\begin{bmatrix}x_1\\ x_2\\ \vdots\\ x_n\end{bmatrix}\begin{bmatrix}x_1 & x_2 & \cdots & x_n\end{bmatrix}=\begin{bmatrix}x_1^2 & x_1x_2 & \cdots & x_1x_n\\ x_1x_2 & x_2^2 & \cdots & x_2x_n\\ \vdots & \vdots & & \vdots\\ x_1x_n & x_2x_n & \cdots & x_n^2\end{bmatrix}$$

因此，$\boldsymbol{x}\boldsymbol{x}^{\mathrm{T}}$ 实际上是一个 $n\times n$ 对称矩阵。

方阵 $\boldsymbol{A}\in\mathbf{R}^{n\times n}$ 的迹被定义为 $\boldsymbol{A}$ 的主对角线上所有元素之和，记为 $\mathrm{tr}(\boldsymbol{A})$，这里有

$$\mathrm{tr}\,(\boldsymbol{A})=\sum_{i=1}^{n}a_{ii}$$

可以在上面的例子中验证 $\boldsymbol{x}^{\mathrm{T}}\boldsymbol{x}=\mathrm{tr}(\boldsymbol{x}\boldsymbol{x}^{\mathrm{T}})$。②

2.1.4 特征值和特征向量

给定一个方阵 $\boldsymbol{A}\in\mathbf{R}^{n\times n}$，若能找到一个非零向量 $\boldsymbol{u}\in\mathbf{R}^n$，满足

---

① 可以验证：

$$\boldsymbol{z}^{\mathrm{T}}\boldsymbol{x}=\boldsymbol{x}^{\mathrm{T}}\boldsymbol{z}$$
$$\boldsymbol{z}^{\mathrm{T}}\boldsymbol{A}\boldsymbol{x}=\boldsymbol{x}^{\mathrm{T}}\boldsymbol{A}^{\mathrm{T}}\boldsymbol{z}$$

因为有以下内容：

1. 每个问题的两边都是对称的，因为把左边转置到右边。
2. 它们都是标量。

② 对于任意两个矩阵，$\boldsymbol{A}\in\mathbf{R}^{m\times n}$ 和 $\boldsymbol{B}\in\mathbf{R}^{m\times n}$，可以验证

$$\begin{aligned}\mathrm{tr}\,(\boldsymbol{A}^{\mathrm{T}}\boldsymbol{B})&=\mathrm{tr}\,(\boldsymbol{A}\boldsymbol{B}^{\mathrm{T}})\\&=\mathrm{tr}\,(\boldsymbol{B}\boldsymbol{A}^{\mathrm{T}})=\mathrm{tr}\,(\boldsymbol{B}^{\mathrm{T}}\boldsymbol{A})\\&=\sum_{i=1}^{m}\sum_{j=1}^{n}a_{ij}b_{ij}\end{aligned}$$

对任意两个矩阵（$\boldsymbol{X}\in\mathbf{R}^{n\times n}$, $\boldsymbol{Y}\in\mathbf{R}^{n\times n}$），都可以验证

$$\mathrm{tr}\,(\boldsymbol{X}\boldsymbol{Y})=\mathrm{tr}\,(\boldsymbol{Y}\boldsymbol{X})$$

$$\boldsymbol{Au} = \lambda \boldsymbol{u}$$

其中，λ 是标量。这里称 $\boldsymbol{u}$ 为 $\boldsymbol{A}$ 的特征向量，λ 为对应于 $\boldsymbol{u}$ 的特征值。已知方阵 $\boldsymbol{A}$ 可以被视为一种线性变换，它将空间 $\mathbf{R}^n$ 中的任意点映射到同一空间中的另一个点。特征向量 $\boldsymbol{u}$ 表示空间中的一个特殊点，其方向不会因该线性变换而改变。根据相应的特征值 λ，它可以沿原始方向拉伸或收缩。若特征值 λ 为负，则映射后翻转到相反的方向。特征值和特征向量完全由矩阵 $\boldsymbol{A}$ 本身决定，被认为是矩阵 $\boldsymbol{A}$ 的固有特性。

例 2.1.3 已知 $\boldsymbol{A}\in\mathbf{R}^{n\times n}$，假设可以找到 n 个正交特征向量 $\boldsymbol{u}_i(i=1,2,\cdots,n)$① 为：

$$\boldsymbol{Au}_i = \lambda_i \boldsymbol{u}_i \quad (\text{assuming } \|\boldsymbol{u}_i\|^2 = 1)$$

其中，i 是 $\boldsymbol{u}_i$ 对应的特征值。证明矩阵 $\boldsymbol{A}$ 可以被分解。

首先，将上述方程的两边逐列对齐：

$$\begin{bmatrix} | & | & & | \\ \boldsymbol{Au}_1 & \boldsymbol{Au}_2 & \cdots & \boldsymbol{Au}_n \\ | & | & & | \end{bmatrix} = \begin{bmatrix} | & | & & | \\ \lambda_1\boldsymbol{u}_1 & \lambda_2\boldsymbol{u}_2 & \cdots & \lambda_n\boldsymbol{u}_n \\ | & | & & | \end{bmatrix}$$

接下来，可以将 $\boldsymbol{A}$ 从左侧移出，并根据乘法法则将右侧排列成两个矩阵：

$$\boldsymbol{A}\underbrace{\begin{bmatrix} | & | & & | \\ \boldsymbol{u}_1 & \boldsymbol{u}_2 & \cdots & \boldsymbol{u}_n \\ | & | & & | \end{bmatrix}}_{\boldsymbol{U}} = \underbrace{\begin{bmatrix} | & | & & | \\ \boldsymbol{u}_1 & \boldsymbol{u}_2 & \cdots & \boldsymbol{u}_n \\ | & | & & | \end{bmatrix}}_{\boldsymbol{U}}\underbrace{\begin{bmatrix} \lambda_1 & 0 & \cdots & 0 \\ 0 & \lambda_2 & \cdots & 0 \\ \vdots & \vdots & \ddots & \vdots \\ 0 & 0 & \cdots & \lambda_n \end{bmatrix}}_{\boldsymbol{A}}$$

构造矩阵 $\boldsymbol{U}\in\mathbf{R}^{n\times n}$ 需要使用所有特征向量作为列，$\boldsymbol{A}\in\mathbf{R}^{n\times n}$ 是一个对角矩阵②，所有特征值都在主对角线上对齐。因为所有的特征向量都被归一化为 1 并且正交，所以有

$$\boldsymbol{u}_i^{\mathrm{T}}\boldsymbol{u}_j = \begin{cases} 1 & i = j \\ 0 & i \neq j \end{cases}$$

因此，可以证明 $\boldsymbol{U}^{\mathrm{T}}\boldsymbol{U} = 1$。这意味着 $\boldsymbol{U}^{-1}=\boldsymbol{U}^{\mathrm{T}}$。若从右边乘以上面的等式，最终得出

$$\boldsymbol{A} = \boldsymbol{UAU}^{\mathrm{T}}$$ ③

① 任意两个向量 $\boldsymbol{u}_i$ 和 $\boldsymbol{u}_j$ 是正交的，当且仅当

$$\boldsymbol{u}_i \cdot \boldsymbol{u}_j = 0$$

② 对角矩阵只在主对角线上有非零元素。

③ 特征值的概念可以扩展到非方阵，引出所谓的奇异值的概念。类似地，非方阵 $\boldsymbol{A}\in\mathbf{R}^{m\times n}$ 可以使用奇异值分解（SVD）方法分解。（相关更多信息，请参阅第 7.3 节。）

若 $\boldsymbol{x}^{\mathrm{T}}\boldsymbol{A}\boldsymbol{x}>0$（或$\geqslant 0$）对任何 $\boldsymbol{x}\in\mathbf{R}^n$ 成立，则称方阵 $\boldsymbol{A}\in\mathbf{R}^{n\times n}$ 为正定（或半正定），表示为 $\boldsymbol{A}>0$（或 $\boldsymbol{A}\geqslant 0$）。若对称矩阵 $\boldsymbol{A}$ 的所有特征值都为正（或非负），则为正定（或半定）矩阵。

2.1.5 矩阵演算

在数学中，矩阵微积分是一种专门的符号，用于对向量或矩阵进行多变量微积分。若 y 是一个涉及向量 $\boldsymbol{x}$（或矩阵 $\boldsymbol{A}$）所有元素的函数，则将 $\frac{\partial y}{\partial \boldsymbol{x}}\left(或\frac{\partial y}{\partial \boldsymbol{A}}\right)$ 定义为与 $\boldsymbol{x}$（或 $\boldsymbol{A}$）大小相同的向量（或矩阵），其中每个元素被定义为 y 相对于 $\boldsymbol{x}$（或 $\boldsymbol{A}$）中相应元素的偏导数。假设给定

$$\boldsymbol{x}=\begin{bmatrix} x_1 \\ x_2 \\ \vdots \\ x_n \end{bmatrix},\quad \boldsymbol{A}=\begin{bmatrix} a_{11} & a_{12} & \cdots & a_{1n} \\ a_{21} & a_{22} & \cdots & a_{2n} \\ \vdots & \vdots & & \vdots \\ a_{m1} & a_{m2} & \cdots & a_{mn} \end{bmatrix}$$

那么有

$$\frac{\partial y}{\partial \boldsymbol{x}} \triangleq \begin{bmatrix} \frac{\partial y}{\partial x_1} \\ \frac{\partial y}{\partial x_2} \\ \vdots \\ \frac{\partial y}{\partial x_n} \end{bmatrix},\quad \frac{\partial y}{\partial \boldsymbol{A}} \triangleq \begin{bmatrix} \frac{\partial y}{\partial a_{11}} & \frac{\partial y}{\partial a_{12}} & \cdots & \frac{\partial y}{\partial a_{1n}} \\ \frac{\partial y}{\partial a_{21}} & \frac{\partial y}{\partial a_{22}} & \cdots & \frac{\partial y}{\partial a_{2n}} \\ \vdots & \vdots & & \vdots \\ \frac{\partial y}{\partial a_{m1}} & \frac{\partial y}{\partial a_{m2}} & \cdots & \frac{\partial y}{\partial a_{mn}} \end{bmatrix}$$

例 2.1.4 给定 $\boldsymbol{x}\in\mathbf{R}^n$ 和 $\boldsymbol{A}\in\mathbf{R}^{n\times n}$，给出等式：

$$\frac{\partial}{\partial \boldsymbol{x}}\left(\boldsymbol{x}^{\mathrm{T}}\boldsymbol{A}\boldsymbol{x}\right)=\boldsymbol{A}\boldsymbol{x}+\boldsymbol{A}^{\mathrm{T}}\boldsymbol{x} \qquad \frac{\partial}{\partial \boldsymbol{A}}\left(\boldsymbol{x}^{\mathrm{T}}\boldsymbol{A}\boldsymbol{x}\right)=\boldsymbol{x}\boldsymbol{x}^{\mathrm{T}}$$

表示 $y=\boldsymbol{x}^{\mathrm{T}}\boldsymbol{A}\boldsymbol{x}$，有

$$\boldsymbol{y}=\begin{bmatrix} x_1 & \cdots & x_n \end{bmatrix}\begin{bmatrix} a_{11} & \cdots & a_{1n} \\ \vdots & & \vdots \\ a_{n1} & \cdots & a_{nn} \end{bmatrix}\begin{bmatrix} x_1 \\ \vdots \\ x_n \end{bmatrix}=\sum_{i=1}^{n}\sum_{j=1}^{n} x_i a_{ij} x_j$$

对于任何 $t\in\{1,2,\cdots,n\}$，可以计算

$$\frac{\partial y}{\partial x_t}=\underbrace{\sum_{j=1}^{n}a_{tj}x_j}+\underbrace{\sum_{i=1}^{n}x_i a_{it}}\text{，当 } i=t\text{，当 } j=t$$

若将 $\boldsymbol{Ax}+\boldsymbol{A}^{\mathrm{T}}\boldsymbol{x}$ 表示为列向量[①]：

$$\boldsymbol{Ax}+\boldsymbol{A}^{\mathrm{T}}\boldsymbol{x}=\begin{bmatrix}z_1 & z_2 & \cdots & z_n\end{bmatrix}^{\mathrm{T}}$$

对于任何 $t\in\{1,2,\cdots,n\}$，我们可以计算

$$z_t=\sum_{j=1}^{n}a_{tj}x_j+\sum_{i=1}^{n}x_i a_{it}$$

因此，证明了 $\frac{\partial}{\partial \boldsymbol{x}}\left(\boldsymbol{x}^{\mathrm{T}}\boldsymbol{Ax}\right)=\boldsymbol{Ax}+\boldsymbol{A}^{\mathrm{T}}\boldsymbol{x}$。

类似地，可以计算

$$\frac{\partial y}{\partial a_{ij}}=x_i x_j \quad (\forall i,j\in\{1,2,\cdots,n\})$$

有

$$\frac{\partial \boldsymbol{y}}{\partial \boldsymbol{A}}=\begin{bmatrix}x_1^2 & x_1x_2 & \cdots & x_1x_n\\ x_1x_2 & x_2^2 & \cdots & x_2x_n\\ \vdots & \vdots & & \vdots\\ x_1x_n & x_2x_n & \cdots & x_n^2\end{bmatrix}$$

如例 2.1.2 所示，上述矩阵等于 $\boldsymbol{xx}^{\mathrm{T}}$。至此，已经证明了 $\frac{\partial}{\partial \boldsymbol{A}}\boldsymbol{x}^{\mathrm{T}}\boldsymbol{Ax}=\boldsymbol{xx}^{\mathrm{T}}$ 成立。

在下面的框中，列出了本书其余部分将使用的所有矩阵微积分恒等式。建议读者查阅以备参考。

① $\boldsymbol{Ax}+\boldsymbol{A}^{\mathrm{T}}\boldsymbol{x}=\begin{bmatrix}z_1\\ z_2\\ \vdots\\ z_n\end{bmatrix}$

用于机器学习的矩阵微积分恒等式

$$\frac{\partial}{\partial \boldsymbol{x}}\left(\boldsymbol{x}^{\mathrm{T}}\boldsymbol{x}\right)=2\boldsymbol{x}$$

$$\frac{\partial}{\partial \boldsymbol{x}}\left(\boldsymbol{x}^{\mathrm{T}}\boldsymbol{y}\right)=\boldsymbol{y}$$

$$\frac{\partial}{\partial \boldsymbol{x}}\left(\boldsymbol{x}^{\mathrm{T}}\boldsymbol{A}\boldsymbol{x}\right)=\boldsymbol{A}\boldsymbol{x}+\boldsymbol{A}^{\mathrm{T}}\boldsymbol{x}$$

$$\frac{\partial}{\partial \boldsymbol{x}}\left(\boldsymbol{x}^{\mathrm{T}}\boldsymbol{A}\boldsymbol{x}\right)=2\boldsymbol{A}\boldsymbol{x}\quad(\text{symmetric } \boldsymbol{A})$$

$$\frac{\partial}{\partial \boldsymbol{A}}\left(\boldsymbol{x}^{\mathrm{T}}\boldsymbol{A}\boldsymbol{y}\right)=\boldsymbol{x}\boldsymbol{y}^{\mathrm{T}}$$

$$\frac{\partial}{\partial \boldsymbol{A}}\left(\boldsymbol{x}^{\mathrm{T}}\boldsymbol{A}^{-1}\boldsymbol{y}\right)=-\left(\boldsymbol{A}^{\mathrm{T}}\right)^{-1}\boldsymbol{x}\boldsymbol{y}^{\mathrm{T}}\left(\boldsymbol{A}^{\mathrm{T}}\right)^{-1}\quad(\text{square } \boldsymbol{A})$$

$$\frac{\partial}{\partial \boldsymbol{A}}(\ln|\boldsymbol{A}|)=\left(\boldsymbol{A}^{-1}\right)^{\mathrm{T}}=\left(\boldsymbol{A}^{\mathrm{T}}\right)^{-1}\quad(\text{square } \boldsymbol{A})$$

$$\frac{\partial}{\partial \boldsymbol{A}}\left(\operatorname{tr}(\boldsymbol{A})\right)=\boldsymbol{I}\quad(\text{square } \boldsymbol{A})$$

2.2 概率与统计

概率是一种处理不确定性的数学工具。概率是一个介于 0 和 1 之间的实数，用来表示某个事件在实验中发生的可能性。事件发生的概率越高，该事件发生的可能性就越大。样本空间被定义为实验中所有可能结果的集合。样本空间的任何子集都可以被视为一个事件。空事件的概率为 0，整个样本空间的概率为 1。例如，在只掷一次 6 面均匀的骰子的实验中，样本空间总共包含 6 个结果{1,2,⋯,6}。可以为这个实验定义很多事件，例如，*A*=“观察偶数”，*B*=“观察数字 6”，*C*=“观察自然数”，*D*=“观察负数”，可以很容易地计算出这些事件的概率为 Pr(*A*)=1/2，Pr(*B*)=1/6，Pr(*C*)=1 和 Pr(*D*)=0。

2.2.1 随机变量和分布

随机变量是研究数学中随机现象的正式工具。随机变量被定义为其值取决于随机实验结果的变量。换句话说，随机变量可以根据实验结果以不同的概率取不同的值。根据随机变量可以取的所有可能值，随机变量被分为两类，即离散随机变量和连续随机变量。离散随机变量只能取一组有限的不同值。例如，若定义一个随机变量 X 来表示在上述掷骰子实验中观察到的数字，则 X 是一个离散随机变量，只能取 6 个不同的值。另一方面，连续随机变量可以取无数个可能的值。例如，若定义另一个随机变量 Y 来表示温度计的温度测量值，则 Y 是连续随机变量，因为它可以取任何实数值。

若想完全指定一个随机变量，必须为它规定两个成分：（1）它的域：随机变量可以取的所有可能值的集合；（2）它的概率分布：随机变量取每个可能值的可能性有多大。在概率论中，这两个成分通常以概率函数为特征。

对于任意离散随机变量 X，可以使用所谓的概率质量函数（p.m.f.）指定这两个成分，该函数定义在 X 的域上，即 $\{x_1, x_2,\cdots\}$，如下所示：

$$p(x) = \Pr(X = x) \qquad \text{对于所有 } x \in \{x_1, x_2,\cdots\}$$

若对域中所有值的 $p(x)$ 求和，它满足归一化约束：

$$\sum_x p(x) = 1 \tag{2.1}$$

概率质量函数可以简单用表格表示。见注释[①]，该表表示随机变量 X 的简单概率质量函数，在表中指定的概率值中，X 可以采用四个不同的值，即 $\{x_1,x_2,x_3,x_4\}$。

对于任何连续随机变量，人们无法定义其取单个值的概率。对于所有值，此概率最终将为零，因为连续随机变量可以采用无限数量的不同值。在概率论中，改为考虑连续随机变量落在任何区间内的概率。例如，给定一个连续随机变量 X 和其域内的任何区间 $[a,b]$，尝试计算概率 $\Pr(a \leqslant X \leqslant b)$，这一概率通常是非零的。如图 2.4 所示，这里定义了一个函数 $p(x)$，使得这个概率等于函数 $p(x)$ 下 a 和 b 之间的阴影区域的面积。换句话说，有

$$\Pr(a \leqslant X \leqslant b) = \int_a^b p(x)\mathrm{d}x$$

对于随机变量域内的任何区间[a,b]均成立。通常称 $p(x)$ 为 X 的概率密度函数(p.d.f.)[②]（原因

①

x	x_1	x_2	x_3	x_4
$p(x)$	0.4	0.3	0.2	0.1

随机变量 x 的（p.d.f）在表中指定的概率中取四个不同的值（即 x_1、x_2、x_3、x_4）。

② 根据定义，有

$$p(x) = \lim_{\Delta x \to 0} \frac{\Pr(x \leqslant X \leqslant x + \Delta x)}{\Delta x} = \frac{\text{probability}}{\text{interval}} = \text{probability density}$$

见注释)。若选择整个域作为区间，根据定义，上述概率必定为 1。因此，这里有归一化约束

$$\int_{-\infty}^{+\infty} p(x)\mathrm{d}x = 1 \tag{2.2}$$

对于任何的概率密度函数都成立。[①]

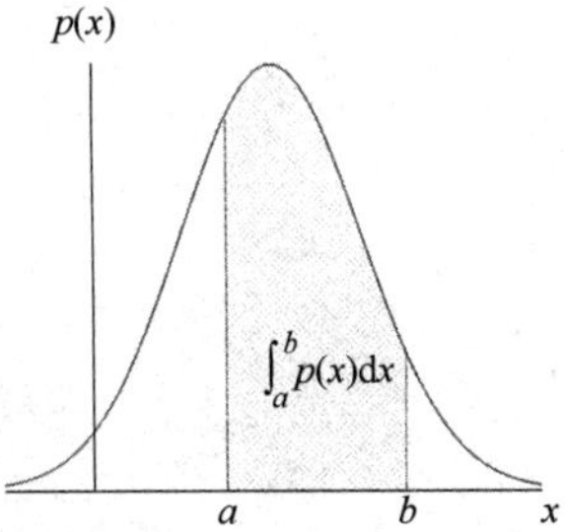

图 2.4　连续随机变量的简单概率密度函数(p.d.f.)在（−∞, +∞）内的取值

2.2.2　期望值：均值、方差和矩

众所周知，随机变量完全由其概率分布函数确定。换句话说，概率分布函数给出了随机变量的全部信息，人们能够根据概率分布函数对其任意统计量进行计算。在这里，看看如何根据概率密度函数和概率质量函数，计算随机变量的一些重要统计信息。此后，可以使用 $p(x)$来表示离散随机变量的概率质量函数，给连续随机变量的概率密度函数。

给定一个连续随机变量 X，对于任意函数 $f(X)$的随机变量，可以定义 $f(X)$的期望如下：

$$E[f(X)] = \int_{-\infty}^{+\infty} f(x)p(x)\mathrm{d}x$$

若 X 是离散随机变量，可以用求和代替积分：

$$E[f(X)] = \sum_x f(x)p(x)$$

由于 X 是一个随机变量，因此函数 $f(X)$在不同概率下会产生不同的值。期望值 $E[f(X)]$

---

① 除了概率密度函数，还可以为任何连续随机变量 X 定义另一个概率函数为

$$F(x) = \Pr(X \leqslant x) \quad (\forall x)$$

这通常被称为累积分布函数（c.d.f.)。根据定义，有

$$\lim_{x\to-\infty} F(x) = 0 \quad \lim_{x\to+\infty} F(x) = 1$$

和

$$F(x) = \int_{-\infty}^{x} p(x)\mathrm{d}x$$

$$p(x) = \frac{\mathrm{d}}{\mathrm{d}x}F(x)$$

代表所有可能的 $f(X)$值的平均数。依靠期望值，可以为随机变量定义一些统计量。例如，随机变量的均值定义为随机变量本身的期望值，即 $E[X]$。随机变量的 r 阶矩定义为其 r 阶幂的期望值，即 $E[X^r]$（对任意 $r \in N$）。随机变量的方差定义为：

$$\operatorname{var}(X) = E\left[(X - E[X])^2\right]$$

直观地说，随机变量的均值表示其分布的中心，而方差则表示它可能偏离中心程度的平均值。

例 2.2.1 对于任意随机变量 X①，证明

$$\operatorname{var}(X) = E[X^2] - (E[X])^2$$

$$\begin{aligned}\operatorname{var}(X) &= E[(X - E[X])^2] = E[X^2 - 2 \cdot X \cdot E[X] + (E[X])^2] \\ &= E[X^2] - 2E[X] \cdot E[X] + (E[X])^2 \\ &= E[X^2] - (E[X])^2\end{aligned}$$

接下来，重新审视第 1 章中讨论的偏差-方差权衡的一般原则。任何机器学习问题基本上都需要从一些训练数据中估计一个模型。真实模型通常未知但固定，可表示为 f。因此，可以将真实模型 f 视为未知常数。想象一下，可以多次重复模型估计。每次随机收集一些训练数据，并运行相同的学习算法，以得出估计值，表示为 $\hat{f}$ 。可将估计值 $\hat{f}$ 视为一个随机变量，因为每次可能会根据所使用的训练数据得出不同的估计，这些数据在一个集合与另一个集合之间是不同的。一般来说，人们感兴趣的是估计 $\hat{f}$ 和真正的模型 f 之间的平均学习误差：

$$\text{error} = E[(\hat{f} - f)^2]$$

学习方法的偏差被定义为真实模型与从该方法得出的所有可能估计值的平均值之间的差异：

$$\text{bias} = |f - E[\hat{f}]|$$

估计的方差定义为：

$$\text{variance} = \operatorname{var}(\hat{f}) = E\left[(\hat{f} - E[\hat{f}])^2\right]$$

① 对于任何与 X 无关的常数 c，很容易证明

$$E[c] = c$$

$$E[c \cdot X] = c \cdot E[X]$$

$E[X]$可以看作是一个常数，因为它是任何随机变量 X 的固定值。

例 2.2.2 偏差-方差权衡

证明偏差和方差分解有下式成立：

误差=偏差 ^{2}+方差

$$\begin{aligned}\text{error} &= E[(f-\hat{f})^2] = E\left[(f-E[\hat{f}]-\hat{f}+E[\hat{f}])^2\right] \\ &= E\left[(f-E[\hat{f}])^2\right] + E[(\hat{f}-E[\hat{f}])^2] - 2\cdot \cancel{E[(f-E[\hat{f}])(\hat{f}-E[\hat{f}])]} \\ &= \underbrace{(f-E[\hat{f}])^2}_{\text{bias}^2} + \underbrace{E\left[(\hat{f}-E[\hat{f}])^2\right]}_{\text{variance}}\end{aligned}$$ ①

2.2.3 联合、边际和条件分布

已经讨论了单个随机变量的概率函数，若需要同时考虑多个随机变量，同样可以在它们各自域的乘积空间中为它们定义一些概率函数。②

若有多个离散随机变量，可以在其域的乘积空间中定义一个多元函数，如下所示：

$$p(x,y)=\Pr(X=x,Y=y) \quad \forall x\in\{x_1,x_2,\cdots\}, y\in\{y_1,y_2,\cdots\}$$

其中，$p(x,y)$通常被称为两个随机变量 X 和 Y 的联合分布。离散随机变量的联合分布也可以用一些多维表格来表示。例如，注释③中显示了两个离散随机变量 X 和 Y 的联合分布 $p(x,y)$，其中每个条目表示 X 和 Y 取相应值的概率。若对联合分布中的所有条目求和，它必须满足归一化约束 $\Sigma_x\Sigma_y p(x,y)=1$。

---

① 因为 f 和 $E[\hat{f}]$都是常数，因此

$$\begin{aligned}& E[(f-E[\hat{f}])(\hat{f}-E[\hat{f}])] \\ &= (f-E[\hat{f}])E[\hat{f}-E[\hat{f}]] \\ &= (f-E[\hat{f}])\cancel{(E[\hat{f}]-E[\hat{f}])} = 0 \\ &= 0\end{aligned}$$

② 假设两个随机变量 X 和 Y 的域是

$$X\in\{x_1,x_2\}, \quad Y\in\{y_1,y_2\}$$

X 和 Y 的乘积空间包括所有对，如：

$$\{(x_1,y_1),(x_1,y_2),(x_2,y_1),(x_2,y_2)\}$$

③

$y\backslash x$	x_1	x_2	x_3
y_1	0.03	0.24	0.17
y_2	0.23	0.11	0.22

对于多个连续随机变量，可以遵循相同的概率密度函数定义联合分布，如图 2.5 所示，以确保它们落入其乘积空间中任何区域 Ω 的概率可以通过以下多重积分计算：

$$\Pr((x,y)\in\Omega)=\iint_{\Omega}p(x,y)\mathrm{d}x\mathrm{d}y$$

类似地，若在整个空间上整合联合，需要满足归一化约束条件 $\int_{-\infty}^{+\infty}\int_{-\infty}^{+\infty}p(x,y)\mathrm{d}x\mathrm{d}y=1$ 。

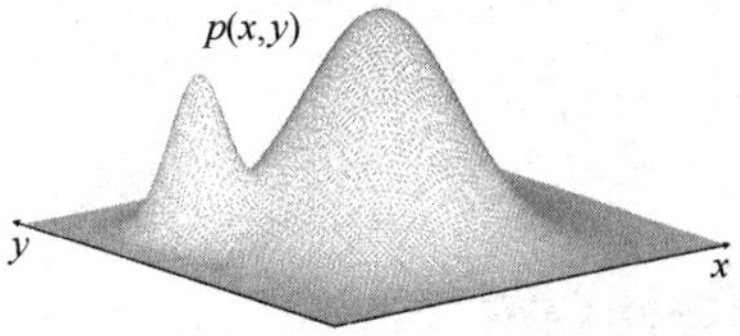

图 2.5　两个连续随机变量 $p(x,y)$联合分布的(p.d.f.)

联合分布完全确定所有潜在的随机变量。根据联合分布中应该能够推导出每个潜在随机变量的所有信息。可以通过边缘化的操作，从多个随机变量的联合分布中推导出这些随机变量的任何子集的分布函数。子集的派生分布通常被称为边缘分布。边缘分布是通过边缘化所有不相关的随机变量而导出的，即对每个连续随机变量进行积分或对每个离散随机变量求和。例如，给定两个随机变量 $p(x,y)$的联合分布，可以通过边缘化另一个随机变量来推导出一个随机变量的边缘分布：

若 y 是连续随机变量，则

$$p(x)=\int_{-\infty}^{+\infty}p(x,y)\mathrm{d}y$$

或，若 y 是离散随机变量，则

$$p(x)=\sum_{y}p(x,y)$$

上述边缘分布可以应用于任何联合分布，以推导出人们感兴趣的任何随机变量子集的边缘分布。上述边缘分布通常被称为概率求和法则。

此外，可以进一步定义多个随机变量之间的所谓条件分布[①]。例如，给定 y 时 x 的条件分布定义为：

① 若 x 是一个离散的随机变量，则有

$$p(x\mid y)=\frac{p(x,y)}{p(y)}=\frac{p(x,y)}{\sum_{x}p(x,y)}$$

$$p(x|y) \triangleq \frac{p(x,y)}{p(y)} = \frac{p(x,y)}{\int p(x,y)\mathrm{d}x}$$

条件分布 $p(x|y)$是 x 的函数，仅描述当 y 给定或已知时 x 的分布情况①。使用条件分布，可以计算当 Y 给定为 $Y=y_0$ 时，$f(X)$的条件期望值

$$E_X\left[f(X)|\ Y=y_0\right] = \int_{-\infty}^{+\infty} f(x)\cdot p(x|y_0)\mathrm{d}x$$

例 2.2.3 假设两个连续随机变量 X 和 Y 的联合分布是 $p(x,y)$，比较 X 的正则均值，即 $E[X]$，以及当 $Y=y_0$ 时 X 的条件均值，即 $E_x[x|Y=y_0]$。

$$E[X] = \int_{-\infty}^{+\infty} x\cdot p(x)\mathrm{d}x = \int_{-\infty}^{+\infty}\int_{-\infty}^{+\infty} x\cdot p(x,y)\mathrm{d}x\mathrm{d}y$$

$$E_X\left[X|Y=y_0\right] = \int_{-\infty}^{+\infty} x\cdot p(x|y_0)\mathrm{d}x = \int_{-\infty}^{+\infty} x\cdot \frac{p(x,y_0)}{p(y_0)}\mathrm{d}x$$

$$= \frac{\int_{-\infty}^{+\infty} x\cdot p(x,y_0)\mathrm{d}x}{\int_{-\infty}^{+\infty} p(x,y_0)\mathrm{d}x}$$

由此可以看到，两种均值都可以从联合分布中计算，但它们是两个不同的数量。

当且仅当随机变量 X 和 Y 的联合分布 $p(x,y)$可以被分解为它们自己的边际分布的乘积时，两个随机变量 X 和 Y 是独立的：

$$p(x,y) = p(x)p(y) \quad (\forall x,y)$$

根据上述条件分布的定义，可以看出，当且仅当 $p(x|y)=p(x)$对所有 y 都成立时，X 和 Y 是独立的。

对于任意两个随机变量 X 和 Y②，可以定义协方差

$$\begin{aligned}\mathrm{cov}(X,Y) &= E[(X-E[X])(Y-E[Y])] \\ &= \int_{-\infty}^{+\infty}\int_{-\infty}^{+\infty}(x-E[X])(y-E[Y])p(x,y)\mathrm{d}x\mathrm{d}y\end{aligned}$$

若 $\mathrm{cov}(x,y)=0$，则随机变量 X 和 Y 不相关。请注意，不相关性是比独立性弱得多的条件。若两个随机变量是独立的，可以根据上面的定义证明它们一定是不相关的。然而，反

① 若 X 离散，则

$$E_X\left[f(X)|\ Y=y_0\right] = \sum_x f(x)\cdot p(x|\ y_0)$$

② 若 X 和 Y 离散，则

$$\mathrm{cov}(X,Y) = \sum_x\sum_y (x-E[X])(y-E[Y])p(x,y)$$

过来说，通常情况并非如此。

根据条件分布的概念，可以通过遵循多个随机变量的特定顺序来分解任意联合分布①。例如，有

$$p(x_1,x_2,x_3,x_4,\cdots)=p(x_1)p(x_2\mid x_1)p(x_3\mid x_1,x_2)p(x_4\mid x_1,x_2,x_3)\cdots$$

请注意，只要每个变量的概率取决于顺序中当前变量之前的所有先前变量，就有许多不同的方法可以正确分解所有联合分布。在概率论中，因式分解法则通常被称为概率的乘法法则，也是概率的一般乘积法则。

当有大量随机变量的联合分布时，为方便符号表示，经常将一些相关的随机变量分组为随机向量，就可将其表示为随机向量的联合分布：

$$p(\underbrace{x_1,x_2,x_3}_{\boldsymbol{x}},\underbrace{y_1,y_2,y_3,y_4}_{\boldsymbol{y}})=p(\boldsymbol{x},\boldsymbol{y})$$

可以使用与上面相同的法则来类似地推导出随机向量的边际和条件分布，如下所示：

$$p(\boldsymbol{x})=\int p(\boldsymbol{x},\boldsymbol{y})\mathrm{d}\boldsymbol{y} \text{ ②}$$

$$p(\boldsymbol{x}\mid\boldsymbol{y})\triangleq\frac{p(\boldsymbol{x},\boldsymbol{y})}{p(\boldsymbol{y})}$$

随机向量 $\boldsymbol{x}$ 的均值是一个向量，表示为 $E[\boldsymbol{x}]$：

$$E[\boldsymbol{x}]=\int \boldsymbol{x}p(\boldsymbol{x})\mathrm{d}\boldsymbol{x}=\iint \boldsymbol{x}p(\boldsymbol{x},\boldsymbol{y})\mathrm{d}\boldsymbol{x}\mathrm{d}\boldsymbol{y} \text{ ③}$$

两个随机向量 $\boldsymbol{x}$ 和 $\boldsymbol{y}$ 之间的协方差变成一个矩阵，通常它被称为协方差矩阵：

$$\begin{aligned}\operatorname{cov}(\boldsymbol{x},\boldsymbol{y})&=E\left[(\boldsymbol{x}-E[\boldsymbol{x}])(\boldsymbol{y}-E[\boldsymbol{y}])^{\mathrm{T}}\right]\\&=\iint(\boldsymbol{x}-E[\boldsymbol{x}])(\boldsymbol{y}-E[\boldsymbol{y}])^{\mathrm{T}}p(\boldsymbol{x},\boldsymbol{y})\mathrm{d}\boldsymbol{x}\mathrm{d}\boldsymbol{y}\end{aligned}$$

---

① 例如，还可以这样做

$$p(x_1,x_2,x_3,x_4,\cdots)=p(x_3)p(x_1\mid x_3)$$
$$p(x_4\mid x_1,x_3)p(x_2\mid x_1,x_3,x_4)\cdots$$

② 若 $\boldsymbol{y}$ 是离散的，则有

$$p(\boldsymbol{x})=\sum_{\boldsymbol{y}}p(\boldsymbol{x},\boldsymbol{y})$$

③ 若 $\boldsymbol{x}$ 和 $\boldsymbol{y}$ 都是离散的，有

$$E[\boldsymbol{x}]=\sum_{\boldsymbol{x}}\sum_{\boldsymbol{y}}\boldsymbol{x}p(\boldsymbol{x},\boldsymbol{y})$$

$$\operatorname{cov}(\boldsymbol{x},\boldsymbol{y})=\sum_{\boldsymbol{x}}\sum_{\boldsymbol{y}}(\boldsymbol{x}-E[\boldsymbol{x}])(\boldsymbol{y}-E[\boldsymbol{y}])^{\mathrm{T}}p(\boldsymbol{x},\boldsymbol{y})$$

最后，上述概率的一般乘积法则同样也可以应用于分解随机向量的联合分布。①

2.2.4 常见概率分布

首先回顾一些经常用于表示随机变量分布的流行概率函数。对于每一个概率函数，不仅要知道它们的函数形式，还要理解它们可以用来描述什么物理现象。此外，需要在数学公式中明确区分参数和随机变量，并正确识别底层随机变量的域（即分布的假设），以及参数的有效范围。

1．二项式分布

二项式分布是 N 个独立二元实验序列中结果数量的离散概率分布。每个二元实验都有两个不同的结果。使用二项式分布来计算从所有 N 个实验中观察到一个特定结果 $r(r\in\{0,1,\cdots,N\})$次的概率。例如，当一枚硬币连续抛 N 次时，看到 r 次正面的概率。当用一个离散随机变量 X 来表示一个结果的个数，假设在一个实验中观察到这个结果的概率是 $p\in[0,1]$，二项分布可采用以下等式表示：

$$B(r\mid N,p)\triangleq \Pr(X=r)=\frac{N!}{r!(N-r)!}p^r(1-p)^{N-r}$$

其中，N 和 p 表示分布的两个参数。二项式分布的一些关键属性总结如下：

◆ 参数：$N\in N$ 和 $p\in[0,1]$。

◆ 假设：随机变量的定义域是 $r\in\{0,1,\cdots,N\}$。

◆ 均值和方差：$E[X]=\boldsymbol{Np}$ 和 $\mathrm{var}(X)=Np(1-p)$。

◆ 归一化约束：$\sum_{r=0}^{N}B(r\mid N,p)=1$。

如图 2.6 所示为一个二项式分布的例子，$p=0.7$ 且 $N=20$。②

2．多项式分布

当每个实验不是二元而是有 m 个不同的结果时，多项式分布可以被视为二项式分布的扩展。在每个实验中，观察到所有可能结果的概率表示为$\{p_1,p_2,\cdots,p_{\mathrm{m}}\}$，其中有归一化约束$\sum\limits_{i=1}^{m}p_i=1$，当独立地重复实验 N 次时，引入 m 个不同的随机变量来表示来自所有 N

---

① $p(\boldsymbol{x},\boldsymbol{y},\boldsymbol{z})=p(\boldsymbol{x})p(\boldsymbol{y}\mid\boldsymbol{x})p(\boldsymbol{z}\mid\boldsymbol{x},\boldsymbol{y})$

② 当只做一个二元实验时($N=1$)，

$$B(r\mid N=1,p)=p^r(1-p)^{1-r}$$

它也被称为伯努利分布，其中 $r\in\{0,1\}$。

个实验的每个结果的数量，即$\{X_1,X_2,\cdots,X_m\}$。这 m 个随机变量的联合分布是多项式分布，计算如下：

$$\begin{aligned}&\mathrm{Mult}\left(r_1,r_2,\cdots,r_m \mid N,p_1,p_2,\cdots,p_m\right)\\&\triangleq \Pr\left(X_1=r_1,X_2=r_2,\cdots,X_m=r_m\right)\\&=\frac{N!}{r_1!r_2!\cdots r_m!}p_1^{r_1}p_2^{r_2}\cdots p_m^{r_m}\end{aligned}$$

其中，$\sum_{i=1}^{m} ri=N$ 成立，因为总共进行了 N 次实验。

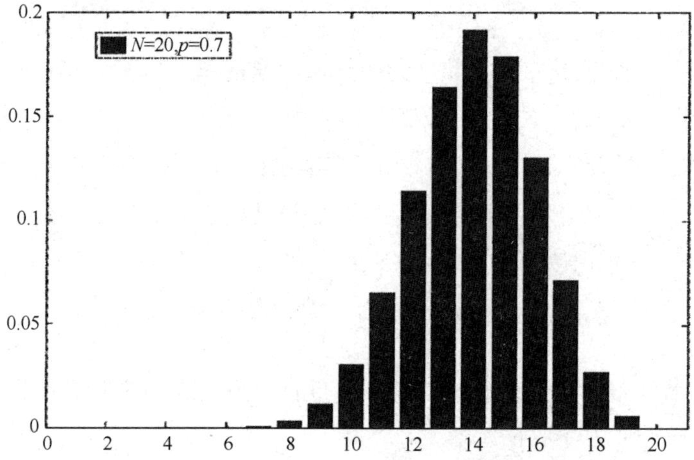

图 2.6　二项式分布 $B(r\mid N,p)p=0.7$ 和 $N=20$

将多项式分布的一些性质总结为：

◆ 参数：$N\in\mathbf{N}$；对于所有 $i=1,2,\cdots,m$，$0\leqslant p_i\leqslant 1$，$\sum_{i=1}^{m}p_i=1$。

◆ 假设（m 个随机变量的域）[①]：$r\in\{0,1,\cdots N\}$（$i=1,\cdots,m$）和 $\sum_{i=1}^{m}r_i=N$。

◆ 平均值、方差和协方差：

$$E\left[X_i\right]=Np_i,\quad \mathrm{var}\left(X_i\right)=Np_i\left(1-p_i\right)\quad(\forall i)$$

① 当只进行一项实验（N=1）时，

$$\begin{aligned}&\mathrm{Mult}\left(r_1,\cdots,r_m \mid N=1,p_1,\cdots,p_m\right)\\&=p_1^{r_1}p_2^{r_2}\cdots p_m^{r_m}\end{aligned}$$

这也被称为分类分布，其中有 $r\in\{0,1\}$ 和

$$\sum_{i=1}^{m}r_i=1$$

$$\operatorname{cov}\left(X_i, X_j\right) = -Np_i p_j \quad (\forall i, j)$$

◆ 归一化约束：

$$\sum_{r_1 \cdots r_m} \text{Mult}\left(r_1, r_2, \cdots, r_m \mid N, p_1, p_2, \cdots, p_m\right) = 1$$

接下来将介绍多项式分布是机器学习中为离散随机变量构建所有统计模型的主要构建块。

3．β 分布

β 分布用于描述一个连续随机变量 X，采用类似概率的值 $x \in \mathbf{R}$ 和 $0 \leqslant x \leqslant 1$。$\beta$ 分布采用以下函数形式表示：

$$\text{Beta}\,(x \mid \alpha, \beta) = \frac{\Gamma(\alpha+\beta)}{\Gamma(\alpha)\Gamma(\beta)} x^{\alpha-1}(1-x)^{\beta-1} \text{①},$$

其中，$\Gamma(\cdot)$表示 γ 函数，α 和 β 是 β 分布的两个正参数。同样，可以总结 β 分布的一些关键属性如下：

◆ 参数：$\alpha > 0$ 和 $\beta > 0$。

◆ 假设（连续随机变量的域）：

$$x \in \mathbf{R} \text{ 和 } 0 \leqslant x \leqslant 1$$

◆ 均值和方差：

$$E[X] = \frac{\alpha}{\alpha+\beta} \qquad \text{var}\,(X) = \frac{\alpha\beta}{(\alpha+\beta)^2(\alpha+\beta+1)}$$

◆ 归一化约束：

$$\int_0^1 \text{beta}\,(x \mid \alpha, \beta)\mathrm{d}x = 1$$

由此可以发现，β 分布与二项式分布具有相同的函数形式，二者仅在交换参数和随机变量的角色方面有所不同。因此，这两个分布称为彼此共轭。从这个意义上说，β 分布可以看作是参数 p 在二项式分布中的分布。我们即将了解到，这个观点在贝叶斯学习中扮演着重要的角色（参见第 14 章）。

根据两个参数 α 和 β 的选择，β 分布的表现非常不同。如图 2.7 所示，当两个参数都大于 1 时，β 分布是 0 到 1 之间的单峰钟形分布。在这种情况下，分布的模式可以计算为

---

① Γ 函数定义为：

$$\Gamma(x) = \int_0^{+\infty} t^{x-1}\mathrm{e}^{-t}\mathrm{d}t \quad (\forall x > 0)$$

$\Gamma(x)$ 通常被认为是阶乘到非整数的一般化，这是由于以下性质：$\Gamma(x+1) = x\Gamma(x)$

$\frac{\alpha-1}{\alpha+\beta-2}$。当一个参数大于 1 而另一个小于 1 时，$\beta$ 分布变成单调分布，特别是当 $0<\alpha<1<\beta$ 时，单调递减，若 $0<\beta<1<\alpha$，则单调递增。最后，若两个参数都小于 1，则 β 分布在 0 和 1 之间是双峰的，在两端达到峰值。

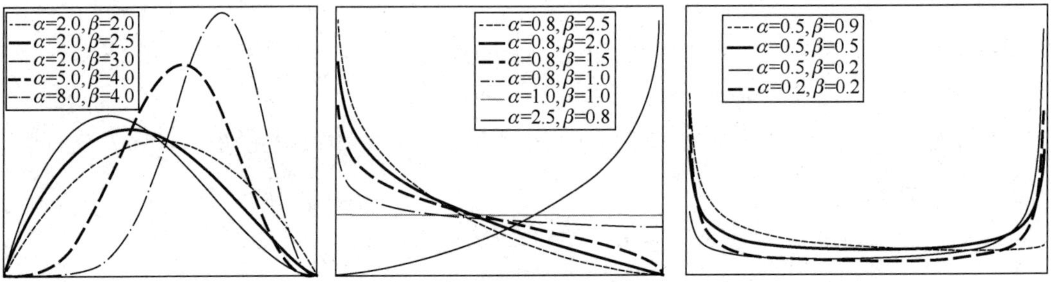

i）$\alpha>1$ 和 $\beta>1$　　ii）$0<\alpha<1<\beta$ 或 $0<\beta<1<\alpha$　　iii）$0<\alpha,\beta<1$

图 2.7　当两个参数 α 和 β 取不同值时的一些 β 分布

4．狄利克雷分布

狄利克雷分布是 β 分布的多元推广，用于描述一些连续随机变量$\{X_1,X_2,\cdots,X_m\}$，取一组完整的互斥事件的概率值。因此，这些随机变量的值总和为 1，因为这些事件是完备的。例如，若在掷骰子的实验中使用一些有偏差的骰子，可以定义六个随机变量，每个变量代表在掷骰子时观察到每个数字的概率。对于每个有偏差的骰子，这六个随机变量采用不同的概率，但每个骰子的总和总是为 1。则可以假设这六个随机变量服从狄利克雷分布。

一般来说，狄利克雷分布采用以下函数形式：

$$\begin{aligned}&\mathrm{Dir}\,(p_1,p_2,\cdots,p_m\,|\,r_1,r_2,\cdots,r_m)\\&=\frac{\Gamma(r_1+\cdots+r_m)}{\Gamma(r_1)\cdots\Gamma(r_m)}p_1^{r_1-1}p_2^{r_2-1}\cdots p_m^{r_m-1},\end{aligned}$$

其中，$\{r_1,r_2,\cdots,r_m\}$表示分布的 m 个正参数。同样，狄利克雷分布的一些关键属性总结如下：

◆ 参数：$r_i>0(i=1,\cdots,m)$

◆ 假设：m 个随机变量的域是一个 m 维单坠形，可以表示为

$$0<p_i<1(\forall i=1,\cdots,m)\text{，}\sum_{i=1}^{m}p_i=1$$

例如，图 2.8 展示了当 m=3 时，三个随机变量$\{p_1,p_2,p_3\}$的狄利克雷分布的三维坠形。

◆ 均值、方差和协方差：

$$E[X_i]=\frac{r_i}{r_0}\qquad \mathrm{var}(X_i)=\frac{r_i(r_0-r_i)}{r_0^2(r_0+1)}$$

$$\mathrm{cov}\left(X_i, X_j\right) = -\frac{r_i r_j}{r_0^2\left(r_0 + 1\right)}$$

其中，$r_0 = \sum_{i=1}^{m} r_i$

◆ 归一化约束在单坠形内部成立：

$$\int \cdots \int_{p_1 \cdots p_m} \mathrm{Dir}\left(p_1, p_2, \cdots p_m \mid r_1, r_2, \cdots, r_m\right) \mathrm{d}p_1 \cdots \mathrm{d}p_m = 1$$

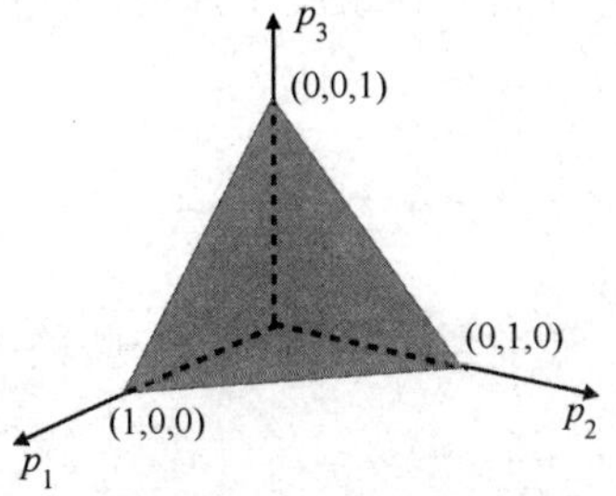

图 2.8　3 个随机变量狄利克雷分布的 3 维单坠形插图

狄利克雷分布的形状很大程度上取决于其参数的选择。如图 2.9 所示，绘制了上述三角形单坠形中三个典型参数选择的狄利克雷分布。一般来说，若选择所有参数都大于 1，那么狄利克雷分布是一个以单坠形某处为中心的单峰分布。在这种情况下，分布的模式位于 $[\hat{p}_1, \hat{p}_m, \dots, \hat{p}_m]^\mathrm{T}$，对于所有 $i = 1, 2, \cdots, m$，$\hat{p}_i = \dfrac{r_i - 1}{r_0 - m}$。若强制参数值相同，则会导致对称分布以单坠形的中心为中心。另一方面，若选择所有参数都小于 1，则会导致分布仅在单坠形的顶点和边缘附近产生大概率质量。验证顶点或边对应于一些随机变量 p_i 取零值的情况非常容易。换句话说，这种参数选择有利于随机变量的稀疏选择，导致所谓的稀疏狄利克雷分布。

i）常规：$\alpha_1=2.0$，$\alpha_2=4.0$，$\alpha_3=10.0$　　ii）对称：$\alpha_1=\alpha_2=\alpha_3=4.0$　　iii）稀疏：$\alpha_1=0.7$，$\alpha_2=0.8$，$\alpha_3=0.9$

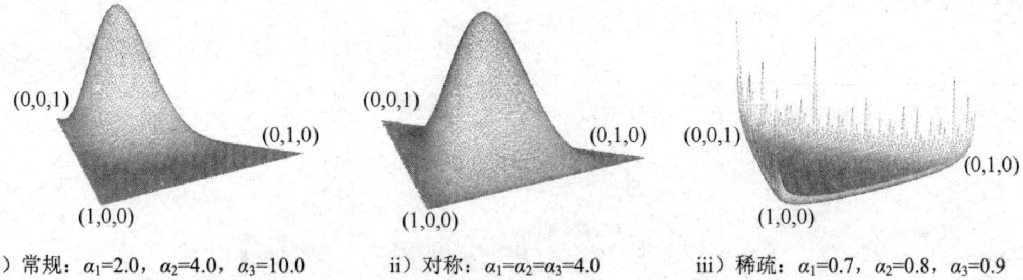

图 2.9　具有各种参数选择的 3-D 单坠形中的三个狄利克雷分布

此外，还可以确定狄利克雷分布与多项式分布具有相同的函数形式。因此，这两个分布也是彼此共轭的。类似地，狄利克雷分布可以被视为多项式分布的所有参数的分布。由于多项式分布是所有离散随机变量统计模型的主要构建块，因此狄利克雷分布通常被称为离散随机变量所有分布中的一个分布。与 β 分布类似，狄利克雷分布在多项式相关模型的贝叶斯学习中也起着重要作用（参见第 14 章）。

5．高斯分布

单变量高斯分布（又名正态分布）通常用于描述一个连续随机变量 X，X 可以取 $\mathbf{R}$ 中的任何实数值。高斯分布的一般形式是

$$\mathcal{N}(x \mid \mu, \sigma^2) = \frac{1}{\sqrt{2\pi\sigma^2}} \mathrm{e}^{-\frac{(x-\mu)^2}{2\sigma^2}}$$

其中，μ 和 σ^2 是两个参数。单变量高斯分布的一些关键属性总结如下：①

- 参数：$\mu \in \mathbf{R}$ 和 $\sigma^2 > 0$。
- 假设：随机变量的域是 $x \in \mathbf{R}$。
- 均值和方差：

$$E[X] = \mu \text{，} \quad \operatorname{var}(X) = \sigma^2$$

- 归一化约束：

$$\int_{-\infty}^{+\infty} \mathcal{N}(x \mid \mu, \sigma) \mathrm{d}x = 1$$

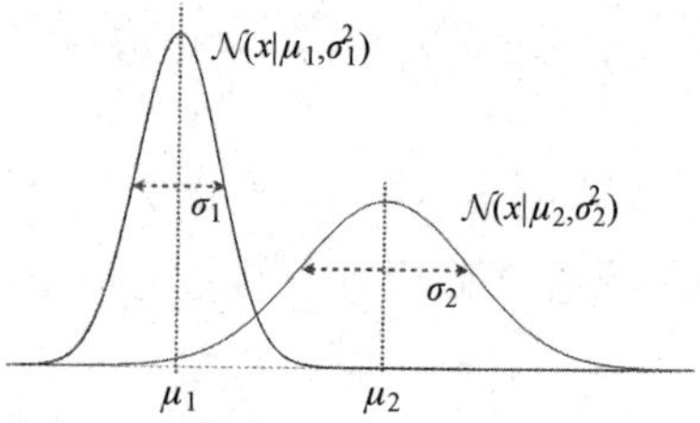

图 2.10　具有各种参数（$\sigma_2 > \sigma_1$）的两个单变量高斯分布

---

① 与单变量高斯分布相关的几个重要恒等式：

$$\int_{-\infty}^{+\infty} \mathrm{e}^{-\frac{(x-\mu)^2}{2\sigma^2}} \mathrm{d}x = \sqrt{2\pi\sigma^2}$$

$$\int_{-\infty}^{+\infty} x \mathrm{e}^{-\frac{(x-\mu)^2}{2\sigma^2}} \mathrm{d}x = \mu\sqrt{2\pi\sigma^2}$$

$$\int_{-\infty}^{+\infty} x^2 \mathrm{e}^{-\frac{(x-\mu)^2}{2\sigma^2}} \mathrm{d}x = \left(\sigma^2 + \mu^2\right)\sqrt{2\pi\sigma^2}$$

高斯分布是常见的单峰钟形曲线。如图 2.10 所示，第一个参数 μ 等于均值，表示分布的中心，而第二个参数 σ 等于标准差，表示分布的分布。

6．多元高斯分布

多元高斯分布扩展了单变量高斯分布，可以表示多个连续随机变量$\{X_1,X_2,\cdots,X_n\}$的联合分布，每个变量可以取任何实数 **R**。若将这些随机变量安排为一个 n 维随机向量，多元高斯分布采取以下紧凑形式：

$$\mathcal{N}(\boldsymbol{x}\mid\boldsymbol{\mu},\boldsymbol{\Sigma})=\frac{1}{\sqrt{(2\pi)^n\mid\boldsymbol{\Sigma}\mid}}e^{-\frac{(x-\boldsymbol{\mu})^{\mathrm{T}}\boldsymbol{\Sigma}^{-1}(x-\boldsymbol{\mu})}{2}},$$

其中，向量 $\mu\in\mathbf{R}^n$ 和对称矩阵 $\boldsymbol{\Sigma}\in\mathbf{R}^{n\times n}$ 表示分布的两个参数。请注意，多元高斯分布中的指数计算如下：

$$[(\boldsymbol{x}-\boldsymbol{\mu})^{\mathrm{T}}]_{1\times d}[\boldsymbol{\Sigma}^{-1}]_{d\times d}[\boldsymbol{x}-\boldsymbol{\mu}]_{d\times 1}=[\cdot]_{1\times 1},$$

多元高斯分布的一些关键属性总结如下：①

◆ 参数：$\boldsymbol{\mu}\in\mathbf{R}^n$，且 $\boldsymbol{\Sigma}\in\mathbf{R}^{n\times n}>0$ 为对称正数。

◆ 假设：所有随机变量的定义域：$\boldsymbol{x}\in\mathbf{R}^n$。

◆ 均值向量和协方差矩阵：

$$E[\boldsymbol{x}]=\boldsymbol{\mu},\quad \mathrm{cov}(\boldsymbol{x},\boldsymbol{x})=\boldsymbol{\Sigma}$$

因此，第一个参数 $\boldsymbol{\mu}$ 称为均值向量，第二个参数 $\boldsymbol{\Sigma}$ 称为协方差矩阵。逆协方差矩阵 $\boldsymbol{\Sigma}^{-1}$ 通常被称为精度矩阵。

◆ 归一化约束：

$$\int\mathcal{N}(\boldsymbol{x}\mid\boldsymbol{\mu},\boldsymbol{\Sigma})\mathrm{d}\boldsymbol{x}=1$$

◆ 这些 n 的任何边际分布或条件分布随机变量也是呈高斯分布的。

如图 2.11 所示，多元高斯分布是 n 维空间中的单峰分布，以平均向量 $\boldsymbol{\mu}$ 为中心。分布的形状取决于协方差矩阵 $\boldsymbol{\Sigma}$ 的特征值（全部为正）。

本节不做过多赘述，将在附录 A 中对其他概率分布进行介绍，包括均匀分布、泊松分布、伽马分布、逆威夏特分布和冯米塞斯-费舍尔分布，以供读者参考。

---

① 一些与多元高斯相关的重要恒等式：

$$\int\mathcal{N}(\boldsymbol{x}\mid\boldsymbol{\mu},\boldsymbol{\Sigma})\mathrm{d}\boldsymbol{x}=1$$

$$\int\boldsymbol{x}\mathcal{N}(\boldsymbol{x}\mid\boldsymbol{\mu},\boldsymbol{\Sigma})\mathrm{d}\boldsymbol{x}=\boldsymbol{\mu}$$

$$\int\boldsymbol{x}\boldsymbol{x}^{\mathrm{T}}\mathcal{N}(\boldsymbol{x}\mid\boldsymbol{\mu},\boldsymbol{\Sigma})\mathrm{d}\boldsymbol{x}=\boldsymbol{\Sigma}+\boldsymbol{\mu}\boldsymbol{\mu}^{\mathrm{T}}$$

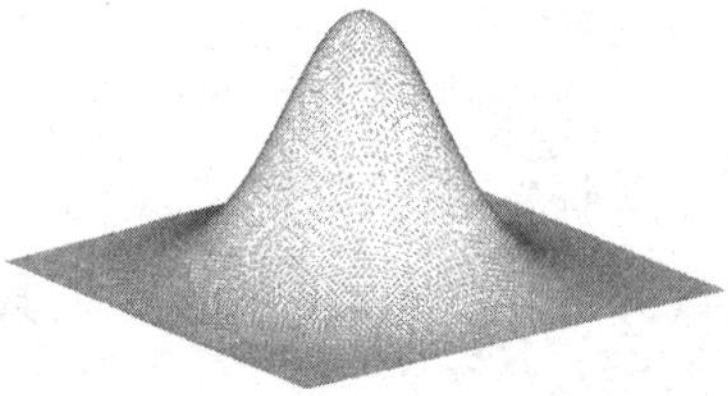

图 2.11 二维空间中的单峰多元高斯分布

2.2.5 随机变量的变换

假设有一组 n 个连续的随机变量，表示为$\{X_1,X_2,\cdots,X_n\}$。若我们将它们的值排列为向量 $\boldsymbol{x}\in\mathbf{R}^n$，则可以将其联合分布（p.d.f.）表示为 $p(x)$。若应用一些变换将它们转换为另一组 n 连续随机变量，如下所示：

$$\begin{aligned} Y_1 &= f_1(X_1,X_2,\cdots,X_n) \\ Y_2 &= f_2(X_1,X_2,\cdots,X_n) \\ &\vdots \\ Y_n &= f_n(X_1,X_2,\cdots,X_n) \end{aligned}$$

类似地排列新随机变量$\{Y_1,Y_2,\cdots,Y_n\}$的值，作为另一个向量 $\boldsymbol{y}\in\mathbf{R}^n$，并进一步将上述变换表示为单个向量值和多元函数：①

$$\boldsymbol{y}=f(\boldsymbol{x}) \quad (\boldsymbol{x}\in\mathbf{R}^n, \boldsymbol{y}\in\mathbf{R}^n)$$

若这个函数是连续可微且可逆的，可以将其反函数表示为 $\boldsymbol{x}=f^{1}(\boldsymbol{y})$。在这些条件下，能够轻松推导出这些新随机变量的联合分布，即 $p(y)$。

首先需要为上述逆变换 $\boldsymbol{x}=f^{-1}(\boldsymbol{y})$定义所谓的雅可比矩阵，如下所示：

①

$$\boldsymbol{x}=\begin{bmatrix} x_1 \\ x_2 \\ \vdots \\ x_n \end{bmatrix} \xrightarrow{f} \boldsymbol{y}=\begin{bmatrix} y_1 \\ y_2 \\ \vdots \\ y_n \end{bmatrix}$$

$$\boldsymbol{y}=\begin{bmatrix} y_1 \\ y_2 \\ \vdots \\ y_n \end{bmatrix} \xrightarrow{f^{-1}} \boldsymbol{x}=\begin{bmatrix} x_1 \\ x_2 \\ \vdots \\ x_n \end{bmatrix}$$

$$J(y)=\left[\frac{\partial x_i}{\partial y_j}\right]_{n\times n}=\begin{bmatrix}\frac{\partial x_1}{\partial y_1} & \frac{\partial x_1}{\partial y_2} & \cdots & \frac{\partial x_1}{\partial y_1}\\ \frac{\partial x_2}{\partial y_1} & \frac{\partial x_2}{\partial y_2} & \cdots & \frac{\partial x_2}{\partial y_n}\\ \vdots & \vdots & \ddots & \vdots\\ \frac{\partial x_n}{\partial y_1} & \frac{\partial x_n}{\partial y_2} & \cdots & \frac{\partial x_n}{\partial y_n}\end{bmatrix}$$

新随机变量的联合分布导数可以是

$$p(\boldsymbol{y})=|\boldsymbol{J}(\boldsymbol{y})|\,p(\boldsymbol{x})=|\boldsymbol{J}(\boldsymbol{y})|\,p\left(f^{-1}(\boldsymbol{y})\right), \tag{2.3}$$

其中，$|\boldsymbol{J}(\boldsymbol{y})|$表示上述雅可比矩阵的行列式。

例 2.2.4 假设 n 个连续的联合分布（p.d.f.）随机变量以 $p(\boldsymbol{x})$（$\boldsymbol{x}\in\mathbf{R}^n$）的形式给出，我们使用 $n\times n$ 正交矩阵 $\boldsymbol{U}$ 将 $\boldsymbol{x}$ 线性变换为另一组 n 个随机变量，$\boldsymbol{y}=\boldsymbol{U}\boldsymbol{x}$。证明在这种情况下 $p(\boldsymbol{y})=p(\boldsymbol{x})$。

$$\boldsymbol{y}=\boldsymbol{U}\boldsymbol{x}\Rightarrow\boldsymbol{x}=\boldsymbol{U}^{-1}\boldsymbol{y}$$

根据正交矩阵①的定义可知 $\boldsymbol{U}^{-1}=\boldsymbol{U}^{\mathrm{T}}$。此外，由于反函数是线性的，因此可以验证雅可比矩阵

$$\boldsymbol{J}(\boldsymbol{y})=\boldsymbol{U}^{-1}=\boldsymbol{U}^{\mathrm{T}}$$

由于 $\boldsymbol{U}$ 是一个正交矩阵，因此$|\boldsymbol{U}^{\mathrm{T}}|=|\boldsymbol{U}|=1$。由于$|\boldsymbol{J}(\boldsymbol{y})|=1$，可以根据上面的结果推导出 $p(\boldsymbol{y})=p(\boldsymbol{x})$

通过这个例子得到的一个有趣的结论是，一些随机变量的任何正交线性变换都不会影响它们的联合分布。

2.3 信息论

信息论由克劳德·香农（Claude Shannon）于 1948 年创立，是一门研究信息量化、存储和交流的学科。在过去的几十年里，它在现代通信及工程和计算机科学的许多其他应用

① 正方矩阵 $\boldsymbol{U}$ 是一个正交方阵，其列（或行）向量归一化为 $\boldsymbol{I}$ 且彼此正交，也就是说

$$\boldsymbol{U}^{\mathrm{T}}\boldsymbol{U}=\boldsymbol{U}\boldsymbol{U}^{\mathrm{T}}=\boldsymbol{I}$$

正交矩阵表示旋转坐标系的特殊线性变换。

中发挥了关键作用。本节将从机器学习的角度回顾信息论，只着重探讨与机器学习相关的概念和结果，特别是互信息[220]和 Kullback-Leibler（KL）散度[136]。

2.3.1 信息和熵

信息论中的第一个基本问题是如何定量量化信息。解决这个问题的最大进展归功于香农使用了概率的绝妙想法。一条消息传递的信息量完全取决于查看这条消息的概率，而不是它的真实内容或其他任何原因。这种做法使人们能够建立一个通用的数学框架来处理独立于应用领域的信息。据香农所说，若观察到事件 A 的概率为 $\Pr(A)$，则该事件 A 传递的信息量计算如下：

$$I(A) = \log_2\left(\frac{1}{\Pr(A)}\right) = -\log_2(\Pr(A))$$

当使用二进制对数 log2(·)时，计算信息的单位是 bit。香农对信息的定义是直观的，并且与日常经验一致。一个小概率事件会令人感到吃惊，因为它包含更多信息，而每天发生的普通事件并没有告诉我们任何新的东西。

香农的想法可以扩展到测量随机变量的信息。众所周知，一个随机变量在不同的概率下可能取不同的值，可以将离散随机变量 X 的熵定义为信息对其取不同值的期望值：①

$$H(X) = \mathbb{E}\left[-\log_2 \Pr(X = x)\right] = -\sum_x p(x)\log_2 p(x),$$

其中，$p(x)$是 X 的概率质量函数。直观地说，熵 $H(X)$代表与随机变量 X 相关的不确定性量，即需要完全解析这个随机变量的信息量。

例 2.3.1 计算一个二进制随机变量 X 的熵，在 p 的概率中取 $x = 1$，在 $1 - p$ 的概率中取 $x = 0$②，其中 $p \in [0,1]$。

① 连续随机变量 X 的熵类似地定义为

$$\begin{aligned} H(X) &= E\left[-\log_2 p(x)\right] \\ &= -\int_x p(x)\log_2 p(x)\mathrm{d}x \end{aligned}$$

其中，$p(x)$表示 X 的概率密度函数。

②

x	1	0
$p(x)$	p	$1-p$

有 $0 \times \log_2 0 = 0$

$$H(X)=-\sum_{x=0,1}p(x)\log_2 p(x)=-p\log_2 p-(1-p)\log_2(1-p)$$

图 2.12 展示了 $H(X)$作为 p 的函数，这表明当 $p=1$ 或 $p=0$ 时，$H(X)=0$。在这些情况下，熵 $H(X)$等于 0，因为当 $p=1$（或 $p=0$）时 X 肯定取值为 1（或 0）。另一方面，当 $p=0.5$ 时，X 达到最大熵值。在这种情况下，X 包含最高级别的不确定性，因为它可能同等地取任何一个值。

例 2.3.2　计算遵循高斯分布 $N(x\mid u_0,\sigma_0^2)$连续随机变量 X 的熵。[①]

$$\begin{aligned}H(X)&=\int_x \mathcal{N}\left(x\mid\mu_0,\sigma_0^2\right)\log_2\mathcal{N}\left(x\mid\mu_0,\sigma_0^2\right)\mathrm{d}x\\&=\frac{\log_2(\mathrm{e})}{2}\int_x\left[\log\left(2\pi\sigma_0^2\right)+\frac{\left(x-\mu_0\right)^2}{\sigma_0^2}\right]\mathcal{N}\left(x\mid\mu_0,\sigma_0^2\right)\mathrm{d}x\\&=\frac{1}{2}\left[\log_2\left(2\pi\sigma_0^2\right)+\log_2(\mathrm{e})\right]=\frac{1}{2}\log_2\left(2\pi\mathrm{e}\sigma_0^2\right)\end{aligned}$$

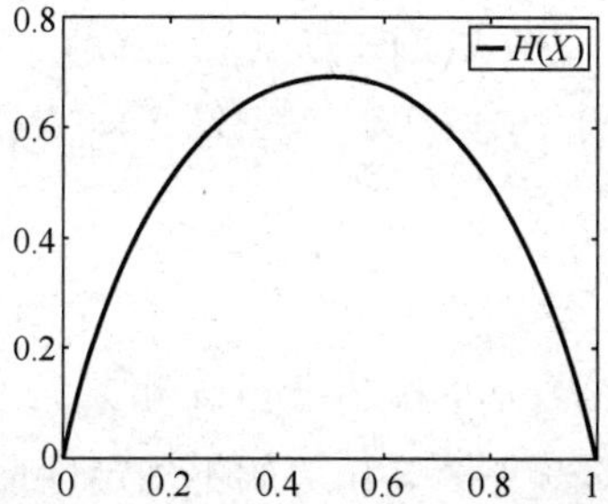

图 2.12　以熵 $H(X)$作为二元随机变量的 p 函数

高斯变量熵仅取决于其方差。较大的方差表示较高的熵，因为随机变量分散得更广。请注意，高斯变量的熵可能会在其方差非常小时变为负，即 $\sigma_0^2<1/2\pi\mathrm{e}$。

熵的概念可以根据它们的联合分布进一步扩展到多个随机变量。例如，假设两个离散随机变量 X 和 Y 的联合分布被给出为 $p(x,y)$，可以为它们定义联合熵如下：

$$H(X,Y)=E_{X,Y}\left[-\log_2\Pr(X=x,Y=y)\right]=-\sum_x\sum_y p(x,y)\log_2 p(x,y)$$

① 如何解决这个问题，请参考单变量高斯的恒等式。

$$\log\mathcal{N}(\mu_0,\sigma_0^2)=\frac{\log_2\mathcal{N}(\mu_0,\sigma_0^2)}{\log_2(\mathrm{e})}$$

直观地说，联合熵表示与这两个随机变量相关的不确定性总量，即需要解析这两个随机变量的信息总量。

此外，可以根据它们的条件分布 $p(y \mid x)$ 为两个随机变量 X 和 Y 定义所谓的条件熵，如下所示：[①]

$$H(Y \mid X) = E_{X,Y}\left[-\log_2 \Pr(Y=y \mid X=x)\right] = -\sum_x \sum_y p(x,y)\log_2 p(y \mid x)$$

直观地说，条件熵 $H(Y \mid X)$ 表示数量 X 已知后与 Y 相关的不确定性，也就是说，即使在 X 已知之后，仍然需要解析 Y 的信息量。类似地，可以根据条件分布 $p(x|y)$ 定义条件熵 $H(X \mid Y)$ 为：

$$H(Y \mid X) = E_{X,Y}\left[-\log_2 \Pr(Y=y \mid X=x)\right] = -\sum_x \sum_y p(x,y)\log_2 p(y \mid x)$$

同理，$H(X \mid Y)$ 表示已知 Y 后与 X 相关的不确定性量，即已知 Y 后，仍需要解析 X 的信息量。[②]

若两个随机变量 X 和 Y 是独立的，则

$$H(X,Y) = H(X) + H(Y)$$

$$H(X \mid Y) = H(X) \quad H(Y \mid X) = H(Y)$$ [③]

2.3.2 互信息

正如人们所了解的，熵 $H(X)$ 表示与随机变量 X 相关的不确定性量，条件熵 $H(X|Y)$ 表示已知另一个随机变量 Y 后，与同一变量 X 相关的不确定性量。因此，$H(X)-H(X|Y)$ 的差代表了在 Y 已知前后 X 不确定性的减少。换句话说，它表示另一个随机变量 Y 可以为 X 提供的

---

① 若 X 和 Y 是连续随机变量，通过替换总和来计算它们的联合熵

$$H(X,Y) = -\iint p(x,y)\log_2 p(x,y)\mathrm{d}x\mathrm{d}y$$

② 若 X 和 Y 是连续的，则

$$H(Y \mid X) = -\iint p(x,y)\log_2 p(y \mid x)\mathrm{d}x\mathrm{d}y$$

和

$$H(X \mid Y) = -\iint p(x,y)\log_2 p(x \mid y)\mathrm{d}x\mathrm{d}y$$

③ 参见习题 Q2.10。

信息量。人们通常将这种不确定性的减少定义为这两个随机变量之间的互信息变量：[①]

$$
\begin{aligned}
I(X,Y) &= H(X) - H(X \mid Y) \\
&= \sum_x \sum_y p(x,y) \log_2 \left(\frac{p(x,y)}{p(x)p(y)} \right)
\end{aligned}
$$

当然，还有其他几种方法来衡量两个随机变量之间不确定性的减少，它们都会引起与上面定义的相同的互信息。[②]

$$
\begin{aligned}
I(X,Y) &= H(Y) - H(Y \mid X) \\
&= H(X) + H(Y) - H(X,Y)
\end{aligned}
$$

一般来说，可以在图 2.13 中概念性地描述所有这些量之间的关系。图 2.13 可用于可视化与互信息相关的所有方程。

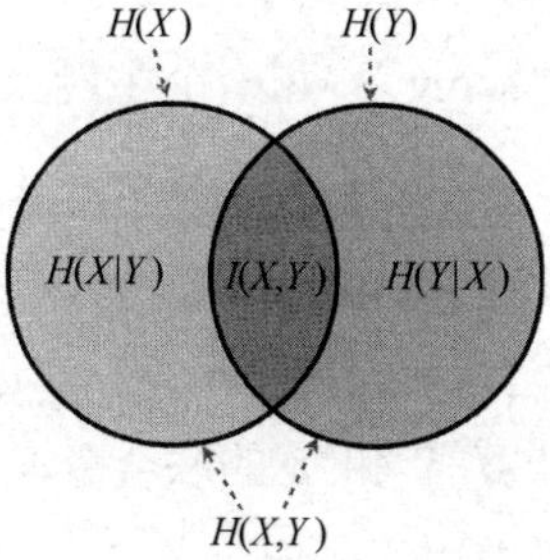

图 2.13　互信息与熵、联合熵和条件熵相关性图示说明

互信息的几个重要性质总结如下：

◆ 互信息是对称的，即 $I(X,Y) = I(Y,X)$。

◆ 互信息总是非负的，即 $I(X,Y) \geqslant 0$。

◆ 当且仅当 X 和 Y 独立时，$I(X,Y) = 0$ 成立。

从互信息的定义中验证对称性的第一个性质非常容易。将在下一节证明另外两个性质。可以看出，互信息对于任何随机变量都是非负的。相比之下，熵仅对于离散随机变量是非负的，对于连续随机变量则可能会变成负数（见例 2.3.2）。

最后，通过一个例子来说明在机器学习中如何使用互信息进行特征选择。

---

① 若 X 和 Y 是连续的，

$$
I(X,Y) = \iint p(x,y) \log_2 \frac{p(x,y)}{p(x)p(y)} \mathrm{d}x\mathrm{d}y
$$

② 参见练习 Q2.11。

例 2.3.3　关键字选择的互信息

在许多现实世界的文本分类任务中，人们经常需要在构建分类模型之前过滤掉文本文档中的非信息性单词。互信息通常用作流行的数据驱动标准来选择信息丰富的关键词。

假设想要构建一个文本分类器来自动将一篇新闻文章分类到预定义的主题之中，例如，体育、政治、商业、科学等。首先，需要从每一个类别中收集一些新闻文章。然而，这些新闻文章通常包含大量不同的词。若保留文本文档中使用的所有单词，肯定会使模型学习过程复杂化。此外，在自然语言中，有很多常用词随处可见，因此它们在区分新闻主题方面提供不了太多信息。自然语言处理中，在初始预处理阶段过滤掉所有非信息性单词是一种常见的做法。为此，互信息被用作计算每个单词与新闻主题之间相关性的常用标准。

正如人们所了解的，互信息是为随机变量定义的。在实际计算互信息之前，需要指定随机变量。首先选择一个词（如“score”）和一个主题（如“sports”），并定义两个二元随机变量：

$X\in\{0,1\}$：文档的主题是否为“sports”。

$Y\in\{0,1\}$：文档是否包含单词“score”。

可以遍历整个文本语料库来计算 X 和 Y 的联合分布，见注释[①]。表中的概率根据每个案例的计数计算得出。例如，可以做以下计算

$$p(X=1,Y=1)=\frac{\#\text{of docs with topic "sports" and containing score}}{\text{total}\#\text{of docs in the corpus}}$$

$$p(X=1,Y=0)=\frac{\#\text{of docs with topic "sports" but not containing score}}{\text{total}\#\text{of docs in the corpus}}$$

$$p(X=0,Y=0)=\frac{\#\text{of docs without topic "sports" and not containing score}}{\text{total}\#\text{of docs in the corpus}}$$

①

$p(x,y)$	$y=0$	$y=1$	$p(x)$
$x=0$	0.80	0.02	0.82
$x=1$	0.11	0.07	0.18
$p(y)$	0.91	0.09	

$$p(X=0,Y=1)=\frac{\#\text{of docs without topic "sports" but containing score}}{\text{total}\#\text{of docs in the corpus}}$$ ①

一旦计算了联合分布的所有概率，互信息 $I(X,Y)$可以计算为

$$I(X,Y)=\sum_{x\in\{0,1\}}\sum_{y\in\{0,1\}}p(x,y)\log_2\frac{p(x,y)}{p(x)p(y)}=0.126$$

上述互信息 $I(X,Y)$反映了词“score”和主题“sports”之间的交互。若对单词“what”和主题“sports”重复上述过程，可以得到对应的 $I(X,Y)$=0.00007。从这两个案例中可以看出，对于体育这个话题，“score”一词比“what”的信息量要大得多。最后，只需要对所有单词和主题的组合重复上述互信息计算步骤，并过滤掉所有对全部主题产生低互信息值的单词即可。

2.3.3 KL 散度

Kullback-Leibler（KL）散度是衡量具有相同支持度的两个概率分布之间差异的标准。给定任意两个分布，例如 $p(x)$和 $q(x)$，若它们的基础随机变量的域相同，则 KL 散度定义为整个域上两个分布之间的对数差异的期望值：

$$\mathrm{KL}(p(x)\|q(x))\triangleq E_{x\sim p(x)}\left[\log\left(\frac{p(x)}{q(x)}\right)\right]$$ ②

请注意，期望值是根据 KL 散度中的第一个分布计算的。因此，KL 散度不是对称的，即 $\mathrm{KL}(q(x)\|p(x))\neq\mathrm{KL}(p(x)\|q(x))$。

---

①
$$\begin{aligned}&I(X,Y)=\\&0.80\times\log_2\frac{0.80}{0.82\times0.91}\\&+0.02\times\log_2\frac{0.02}{0.82\times0.09}\\&+0.11\times\log_2\frac{0.11}{0.18\times0.91}\\&+0.07\times\log_2\frac{0.07}{0.18\times0.09}\\&=0.126\end{aligned}$$

② $\log\left(\frac{p(x)}{q(x)}\right)=\log p(x)-\log q(x)$

对于离散随机变量，可以计算 KL 散度为①

$$\mathrm{KL}(p(x)\| q(x))=\sum_{x} p(x)\log\left(\frac{p(x)}{q(x)}\right)$$

另一方面，若随机变量是连续的，KL 散度可以用积分计算：

$$\mathrm{KL}(p(x)\| q(x))=\int p(x)\log\left(\frac{p(x)}{q(x)}\right)\mathrm{d}x$$

关于 KL 散度的性质，从数理统计中得到以下结果：

定理 2.3.1 KL 散度总是非负的：

$$\mathrm{KL}\left(p(x)\| q(x)\right)\geqslant 0$$

此外，当且仅当 $p(x)=q(x)$几乎在域中任何位置恒成立时，$\mathrm{KL}(p(x)\| q(x))=0$ 成立。

证明：

第 1 步：回顾 Jensen 不等式

首先回顾一下 Jensen 不等式[114]，因为这个定理可以从 Jensen 不等式推导出来。如图 2.14 所示，若函数图形上任意两点之间的线段位于图形上方或与图形相交，则实数函数被称为凸函数。若$f(x)$是凸函数，对于任意两点 x_1 和 x_2，有

$$f\left(\varepsilon x_1+(1-\varepsilon)x_2\right)\leqslant \varepsilon f\left(x_1\right)+(1-\varepsilon)f\left(x_2\right)$$

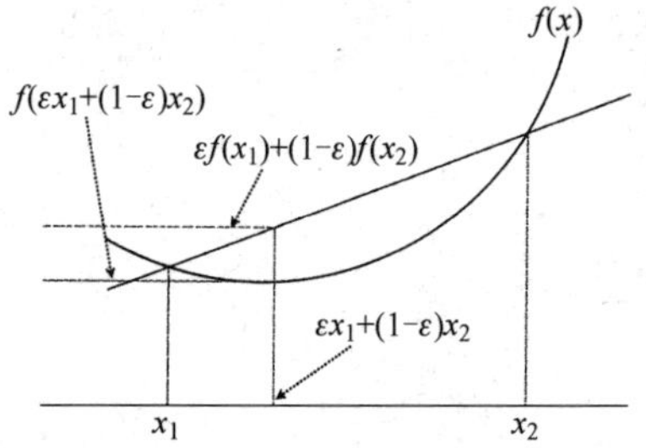

图 2.14 凸函数两点的 Jensen 不等式（图片来源：EliOsherovich/CC-BY-SA-3.0）

对于任何 $\varepsilon\in[0,1]$。Jensen 不等式将“凸函数的割线位于函数图上方”的陈述从两点推

① 根据定义，有

$$\begin{aligned}&\mathrm{KL}(q(x)\| p(x))\\ &\triangleq \mathbb{E}_{x\sim q(x)}\left[\log\left(\frac{q(x)}{p(x)}\right)\right]\end{aligned}$$

广到任意数量的点。在概率论的背景下，Jensen 不等式指出，若 X 是一个随机变量且 $f(\cdot)$ 是一个凸函数，那么有

$$f(E[X]) \leqslant E[f(X)]$$

这里省略了 Jensen 不等式的完整证明，因为它过于复杂，在本书中不做讨论。

第 2 步：显示函数-log(x)是严格的凸函数

我们知道，若处处都有正的二阶导数，则所有二次可微函数均为凸函数。很容易证明 $-\log(x)$具有正导数[①]（见注释）。

第 3 步：将 Jensen 不等式应用于-log(x)

$$\begin{aligned}\mathrm{KL}(p(x)\,\|\,q(x)) &= E_{x\sim p(x)}\left[\log\left(\frac{p(x)}{q(x)}\right)\right] = E_{x\sim p(x)}\left[-\log\left(\frac{q(x)}{p(x)}\right)\right] \\ &\geqslant -\log\left(E_{x\sim p(x)}\left[\frac{q(x)}{p(x)}\right]\right) = -\log\left(\int \cancel{p(x)}\,\frac{q(x)}{\cancel{p(x)}}\mathrm{d}x\right) \\ &= -\log\int q(x)\mathrm{d}x = -\log(1) = 0\end{aligned}$$[②]

根据 Jensen 不等式，当且仅当 $\log\left(\frac{p(x)}{q(x)}\right)$ 为一个常数时等式成立。由于 $p(x)$和 $q(x)$都满足归一化的条件，因此域中几乎所有 $\frac{p(x)}{q(x)}=1$ 。

由于上述定理中所述的性质，KL 散度通常用于衡量一个概率分布与另一个参考概率分布的不同之处，类似于空间中两点的欧几里德距离。直观地说，KL 散度 $\mathrm{KL}(q(x)\|p(x))$表示当用另一个分布 $q(x)$替换一个概率分布 $p(x)$时丢失的信息量。然而，必须注意到 KL 散度不符合正式的统计度量标准，因为 KL 散度不是对称的，并且不满足三角不等式。

在机器学习的上下文中，当使用简单的统计模型 $q(x)$来近似复杂的模型 $p(x)$时，KL 散度通常用作损失度量。在这种情况下，可以通过最小化它们之间的 KL 散度来导出最佳拟合的简单模型，可表示为 $q^*(x)$：

$$q^*(x) = \arg\min_{q(x)} \mathrm{KL}(q(x)\,\|\,p(x))$$

上面找到的最佳拟合模型 $q^*(x)$是最优的，因为当复杂模型被简单模型近似时，丢失的

---

① 对于所有 $x>0$。有

$$\frac{\mathrm{d}^2}{\mathrm{d}x^2}(-\log(x)) = \frac{1}{x^2} > 0$$

② $q(x)$满足归一化约束，因为它是一个概率分布。

信息量最少。将在第 13 章和第 14 章中进一步讨论这个内容。

最后，互信息 $I(X,Y)$ 还可以转换为以下形式的 KL 散度：

$$I(X,Y) = \mathrm{KL}\,(p(x,y) \| p(x)p(y))$$

这个等式首先证明互信息 $I(X,Y)$ 总是非负的，因为它是一种特殊的 KL 散度。还可以看到，当且仅当 $p(x,y)=p(x)p(y)$ 对所有 x 和 y 都成立时，$I(X,Y)=0$，即 X 和 Y 是独立的。因此，互信息可以看作是从随机变量独立的假设中获得的信息增益。

例 2.3.4 计算具有共同方差 σ^2 的两个单变量高斯分布之间的 KL 散度：$N(x|\mu_1,\sigma^2)$ 和 $N(x|\mu_2,\sigma^2)$。

$$\begin{aligned}
&\mathrm{KL}\left(\mathcal{N}\left(x|\ \mu_1,\sigma^2\right) \| \mathcal{N}\left(x|\ \mu_2,\sigma^2\right)\right) \\
&= \int \mathcal{N}\left(x|\ \mu_1,\sigma^2\right) \log \frac{\mathcal{N}\left(x|\ \mu_1,\sigma^2\right)}{\mathcal{N}\left(x|\ \mu_2,\sigma^2\right)} \mathrm{d}x \text{ ①} \\
&= -\frac{1}{2\sigma^2} \int \mathcal{N}\left(x|\ \mu_1,\sigma^2\right) \left[\left(\mu_1^2 - \mu_2^2\right) - 2x\left(\mu_1 - \mu_2\right)\right] \mathrm{d}x \\
&= -\frac{1}{2\sigma^2} \left[\left(\mu_1^2 - \mu_2^2\right) - 2\mu_1\left(\mu_1 - \mu_2\right)\right] = \frac{\left(\mu_1 - \mu_2\right)^2}{2\sigma^2}
\end{aligned}$$

由此可以看到，KL 散度是非负的，并且只有当这两个高斯分布相同，即 $\mu_1=\mu_2$ 时才等于 0。

2.4 数学优化

工程和科学中的许多实际问题要求人们在一系列可行的选择中找到最合适的候选方案，以最佳方式满足某些设计标准。这些问题可以看作是数学中的一个普遍问题，被称为数学优化（或简称为优化）。在优化问题中，人们总是从一个标准开始，并制定一个目标函数，该函数可以从数量上衡量所有可选用函数的潜在标准。优化问题是通过找到满足以下条件的变量来解决的，即在所有可行的选择中最大化或最小化目标函数的变量。选择的可行性通常由优化问题中的一些约束指定。接下来将介绍所有数学优化问题的一般等式及一

① 注意 $\int x\mathcal{N}\left(x \mid \mu_1,\sigma^2\right)\mathrm{d}x = \mu_1$。

些相关概念和术语。之后将在几个典型场景下讨论关于一般优化问题最优条件的一些分析结果。正如人们看到的，对于许多简单的优化问题，可以根据这些最优条件轻松地推导出闭形解。然而，对于实际应用中出现的其他复杂优化问题，人们将不得不依靠数值方法，以迭代的方式推导出令人满意的解。下面将进一步介绍一些在机器学习中发挥重要作用的流行数值优化方法，如各种梯度下降方法。

2.4.1 一般形式

首先假设优化问题中的每个候选方案都可以由一组自由变量指定，这些自由变量共同表示为向量 $\boldsymbol{x}\in\mathbf{R}^n$，目标函数为 $f(\boldsymbol{x})$。对可行选择的各种约束总是可以用 $\boldsymbol{x}$ 的另一组函数来描述，其中可能有等式约束和/或不等式约束。不失一般性，任何数学优化问题都可以表述如下：①

$$\boldsymbol{x}^* = \arg\min_{\boldsymbol{x}} f(\boldsymbol{x}) , \tag{2.4}$$

使得

$$h_i(\boldsymbol{x}) = 0 \quad (i = 1,2,\cdots,m) , \tag{2.5}$$

$$g_j(\boldsymbol{x}) \leqslant 0 \quad (j = 1,2,\cdots,n) \tag{2.6}$$

如上，等式（2.5）中的 m 个等式约束和等式（2.6）中的 n 个不等式约束共同定义了自由变量 $\boldsymbol{x}$ 的可行集 Ω。假设这些约束是以可行的方式指定的，因此最终的可行集 Ω 是非空的。优化问题本质上要求搜索 Ω 中 $\boldsymbol{x}$ 的所有值，以产生使 Ω 中的目标函数最小化的最佳值 x^*。

上述公式足以概括几乎所有的优化问题。然而，如果不进一步假设目标函数 $f(\boldsymbol{x})$和所有约束函数的适应性$\{h_i(\boldsymbol{x}),g_j(\boldsymbol{x})\}$，上述优化问题通常无法解决[172]。在数学优化的历史上，线性规划是第一类得到广泛研究的优化问题。若上述式子中的所有函数，包括 $f(\boldsymbol{x})$和$\{h_i(\boldsymbol{x}),g_j(\boldsymbol{x})\}$，都是线性②或仿射③的，则称上述优化为线性规划问题。线性规划问题很容易解决，并且研究者已经开发了大量有效的数值方法，来解决各种具有合理理论保证的线性

---

① 若需要最大化 $f(\boldsymbol{x})$，将其转换为最小化：

$$\arg\min_{x} f(\boldsymbol{x}) \Leftrightarrow \arg\min_{x} - f(\boldsymbol{x})$$

同理还有

$$g_j(\boldsymbol{x}) \geqslant 0 \Leftrightarrow -g_j(\boldsymbol{x}) \leqslant 0$$

② 线性函数的形式为 $y = \boldsymbol{a}^{\mathrm{T}}\boldsymbol{x}$ 。

③ 仿射函数采用以下形式： $y = \boldsymbol{a}^{\mathrm{T}}\boldsymbol{x} + b$ 。

规划问题。

在过去的几十年中，数学优化的研究主要集中在一组更一般的优化问题上，称为凸优化[28,170]。若目标函数$f(\boldsymbol{x})$是凸函数，则上述优化称为凸优化问题（见图 2.14），并且所有约束定义的可行集 Ω 是一个凸集①（见注释）。所有凸优化问题都有一个很好的特性，即局部最优解也一定是全局最优解。因此，许多局部搜索算法可以有效地解决凸优化问题，理论上也可以保证以合理的速度收敛。与线性规划相比，凸优化代表了更广泛的优化问题，包括线性规划、二次规划、二阶锥规划和半定规划。许多现实世界的问题都可以表述为或近似为凸优化问题。由此看到，凸优化在机器学习中也起着重要作用。许多有用模型的学习问题实际上是凸优化问题。凸优化的优良特性确保这些模型可以在实践中有效地学习。

2.4.2 最优条件

首先回顾 $\boldsymbol{x}^*$的必要条件和充分条件，其中 $\boldsymbol{x}^*$是方程（2.4）中优化问题的最优解。这些最优性条件不仅能让人们在理论上更好地理解优化问题，而且有助于推导出一些相对简单问题的闭形解。接下来将讨论方程（2.4）中优化问题在三种不同场景下的最优性条件，即在没有任何约束下、仅在等式约束下，以及在等式和不等式约束下。

1．无约束优化

首先从没有任何约束的最小化目标函数的情况开始。一般来说，一个无约束的优化问题可以表示如下：

$$\boldsymbol{x}^* = \arg\min_{\boldsymbol{x}\in\mathbf{R}^n} f(\boldsymbol{x}) \tag{2.7}$$

对于任何函数$f(\boldsymbol{x})$，可以定义以下概念，这些概念都与等式（2.7）的最优性条件相关：

◆ 全局最小值（最大值）

若$f(\hat{\boldsymbol{x}})\leqslant f(\boldsymbol{x})$（或$f(\hat{\boldsymbol{x}})\geqslant f(\boldsymbol{x})$）对函数域中的任何 $\boldsymbol{x}$ 成立，则称点 $\hat{\boldsymbol{x}}$ 是$f(\boldsymbol{x})$的全局最小值（或最大值），见图 2.15。

◆ 局部最小值（最大值）

若$f(\hat{\boldsymbol{x}})\leqslant f(\boldsymbol{x})$（或$f(\hat{\boldsymbol{x}})\geqslant f(\boldsymbol{x})$）对局部邻域内的所有 $\boldsymbol{x}$ 成立，则称点 $\hat{\boldsymbol{x}}$ 是$f(\boldsymbol{x})$的局部最小值（或最大值），即对于某些$\in>0$，$\|\boldsymbol{x}-\hat{\boldsymbol{x}}\|\leqslant\in$，如图 2.15 所示。所有局部最小值和最大值点也称为局部极值点。

① 若称一个集合为凸集合，则对于集合中的任意两个点，连接它们的线段完全位于集合内。

◆ 驻点

若函数 $f(\boldsymbol{x})$是可微的，可以计算关于 $\boldsymbol{x}$ 中每个元素的偏导数。这些偏导数通常排列为所谓的梯度向量，表示如下：

$$\nabla f(\boldsymbol{x}) \triangleq \frac{\partial f(\boldsymbol{x})}{\partial \boldsymbol{x}} = \begin{bmatrix} \dfrac{\partial f(\boldsymbol{x})}{\partial x_1} \\ \dfrac{\partial f(\boldsymbol{x})}{\partial x_2} \\ \vdots \\ \dfrac{\partial f(\boldsymbol{x})}{\partial x_n} \end{bmatrix}$$ ①

可以为函数域中的任何 $\boldsymbol{x}$ 计算梯度。若梯度$\nabla f(\boldsymbol{x})$非零，则它指向函数值在 $\boldsymbol{x}$ 处增长最快的方向。另一方面，若在 $\hat{\boldsymbol{x}}$ 处所有偏导数为零，则称其为$f(\boldsymbol{x})$的驻点，即梯度在 $\hat{\boldsymbol{x}}$ 处消失：

$$\nabla f(\boldsymbol{x})\big|_{\boldsymbol{x}=\hat{\boldsymbol{x}}} \triangleq \nabla f(\hat{\boldsymbol{x}}) = 0$$

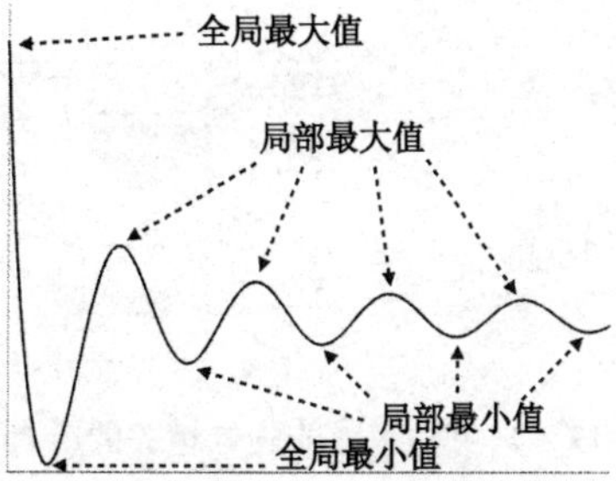

图 2.15　全局最小（最大）值点与局部最小（最大）值点

◆ 临界点

如果点 $\hat{\boldsymbol{x}}$ 是一个驻点或梯度未定义的点，则它是函数的临界点。对于一般函数，临界点包括函数不可微的所有驻点和所有奇异点。另一方面，若函数处处可微，每个临界点也是一个驻点。

①

$$\boldsymbol{x} = \begin{bmatrix} x_1 \\ x_2 \\ \vdots \\ x_n \end{bmatrix}$$

◆ 鞍点

若点 $\hat{x}$ 是临界点但不是函数 $f(\boldsymbol{x})$ 的局部极值点，则称为鞍点。多元函数的高维面上通常有大量的鞍点，如图 2.16 所示。

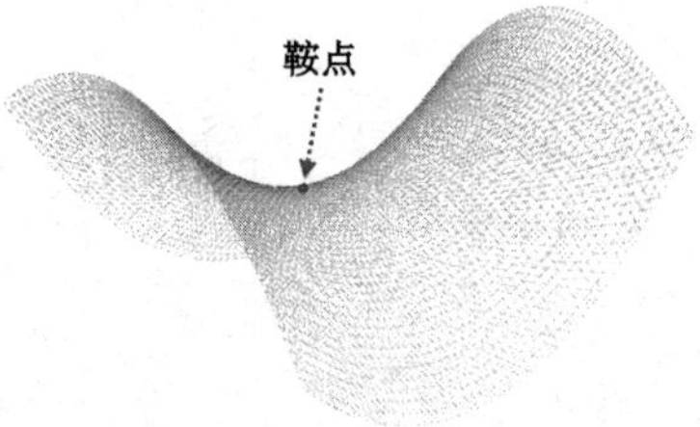

图 2.16　$f(x,y)=x^2-y^2$ 表面上 $x=0, y=0$ 处的鞍点（它不是一个极端点，但可以验证梯度在该点消失）

此外，图 2.17 总结了上述所有可微函数概念之间的关系。

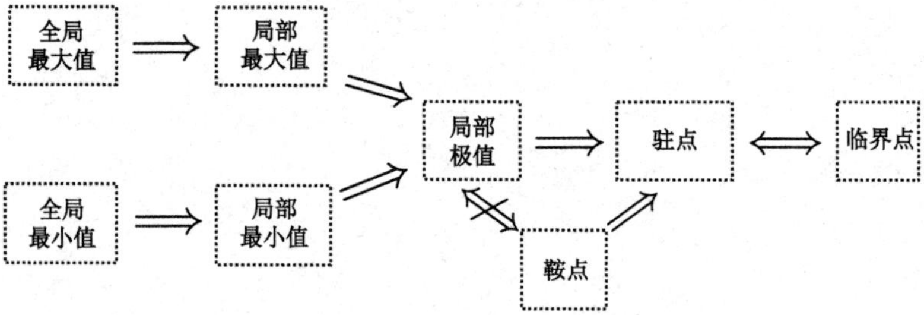

图 2.17　与可微函数的驻点相关的所有概念

（1）A $\Rightarrow$ B 表示 A 是 B。

（2）A $\not\Leftrightarrow$ B 表示 A 和 B 不相同（不相交）。

（3）A $\Leftrightarrow$ B 表示 A 和 B 是等价的。

严格来说，只有全局最小值才能构成等式（2.7）中优化问题的最优解。全局优化方法旨在为等式（2.7）中的优化问题找到全局最小值。然而，对于大多数目标函数来说，寻找全局最优点是一项极具挑战性的任务，其中计算复杂度通常随着自由变量的数量呈指数增长。因此，人们经常不得不放松，采取局部优化策略，局部优化算法只能为等式（2.7）中的优化问题找到局部最小值。

对于任何可微目标函数，都有以下局部最优解的必要条件。

定理 2.4.1　（无约束优化的必要条件）

设目标函数 $f(\boldsymbol{x})$ 处处可微。若 $\boldsymbol{x}^*$ 是等式（2.7）的局部最小值，那么 $\boldsymbol{x}^*$ 一定是一个驻点，

即梯度在 $\boldsymbol{x}^*$ 处消失，因为 $\nabla f(\boldsymbol{x}^*)=0$。

这个定理提出了一个简单的策略来解决等式（2.7）中的所有无约束优化问题。若要计算目标函数 $\nabla f(\boldsymbol{x})$ 的梯度，可以通过求解来使梯度消失：

$$\nabla f(\boldsymbol{x})=0$$

这产生一组 n 个方程。若能显式地求解这些方程，那么其解可能是原始无约束优化问题的局部最优解。由于上述定理只陈述了一个必要条件，所以找到的解可能是原问题的局部最大值或鞍点。在实践中，将不得不验证通过梯度消失找到的解决方案是否确实是原始问题的真正局部最小值。

若目标函数是二次可微的，可以基于二阶导数建立更强的最优化条件。特别地，可以在以下 $n\times n$ 矩阵中计算目标函数 $f(x)$ 的所有二阶偏导数：

$$\boldsymbol{H}(\boldsymbol{x})=\left[\frac{\partial^2 \boldsymbol{f}(\boldsymbol{x})}{\partial \boldsymbol{x}_i \partial \boldsymbol{x}_j}\right]_{n\times n}=\begin{bmatrix} \frac{\partial^2 f(\boldsymbol{x})}{\partial \boldsymbol{x}_1^2} & \frac{\partial^2 f(\boldsymbol{x})}{\partial x_1 \partial x_2} & \cdots & \frac{\partial^2 f(\boldsymbol{x})}{\partial x_1 \partial x_n} \\ \frac{\partial^2 f(\boldsymbol{x})}{\partial x_1 \partial x_2} & \frac{\partial^2 f(\boldsymbol{x})}{\partial x_2^2} & \cdots & \frac{\partial^2 f(\boldsymbol{x})}{\partial x_2 \partial x_n} \\ \vdots & \vdots & \ddots & \vdots \\ \frac{\partial^2 f(\boldsymbol{x})}{\partial x_1 \partial x_n} & \frac{\partial^2 f(\boldsymbol{x})}{\partial x_2 \partial x_n} & \cdots & \frac{\partial^2 f(\boldsymbol{x})}{\partial x_n^2} \end{bmatrix}$$

其中，$\boldsymbol{H}(\boldsymbol{x})$ 通常称为 Hessian 矩阵。与梯度类似，可以计算任意点 x 处的 Hessian 矩阵，以获得两倍可微函数。Hessian 矩阵 $\boldsymbol{H}(\boldsymbol{x})$ 描述函数曲面 $f(x)$ 在 x 处的局部曲率。

若通过梯度消失得到一个驻点 $\nabla f(\boldsymbol{x}^*)=0$，则可以检查 $\boldsymbol{x}^*$ 处的 Hessian 矩阵，了解更多关于 x^* 的信息。若 $\boldsymbol{H}(\boldsymbol{x}^*)$ 包含正负特征值（既非正定也非负定），则 $\boldsymbol{x}^*$ 必定是一个鞍点，如图 2.16 所示，其中函数值沿某些方向增大，沿其他方向减小。若 $\boldsymbol{H}(\boldsymbol{x}^*)$ 包含所有正特征值（正定），则 $\boldsymbol{x}^*$ 是严格孤立的局部最小值，其中函数值沿所有方向增加，如图 2.18 所示。若 $\boldsymbol{H}(\boldsymbol{x}^*)$ 只包含正特征值和零特征值（半正定），$\boldsymbol{x}^*$ 仍然是局部最小值，但它位于图 2.18 中的平坦谷，其中函数值沿着零特征值保持不变。最后，若 Hessian 矩阵也消失，即 $\boldsymbol{H}(\boldsymbol{x}^*)=0$，则 $\boldsymbol{x}^*$ 位于函数曲面的平台上。

基于 Hessian 矩阵，可以为等式（2.7）的任何局部最优解建立以下二阶必要条件或充分条件，如下所示。

定理 2.4.2 （二阶必要条件）假设目标函数 $f(x)$ 是二次可微的，若 $\boldsymbol{x}^*$ 是等式（2.7）的局部最小值，则

$$\nabla f(\boldsymbol{x}^*)=0,\quad \boldsymbol{H}(\boldsymbol{x}^*)\geqslant 0$$

定理 2.4.3 （二阶充分条件）假设目标函数 $f(x)$ 是二次可微的，若 x^* 满足

$$\nabla f(\boldsymbol{x}^*)=0,\quad \boldsymbol{H}(\boldsymbol{x}^*)>0$$

则 x^* 是等式 2.7 的一个孤立局部最小值。

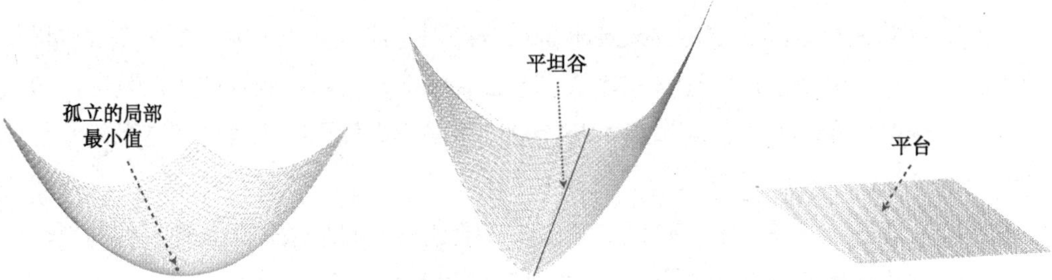

（1）孤立最小值：$\boldsymbol{H}(\boldsymbol{x})>0$　（2）平坦谷：$\boldsymbol{H}(\boldsymbol{x})\geqslant 0$ 和 $\boldsymbol{H}(\boldsymbol{x})\neq 0$　（3）平台：$\boldsymbol{H}(\boldsymbol{x})=0$

图 2.18　驻点的几种不同场景，其中表面的曲率由 Hessian 矩阵表示

定理 2.4.1、2.4.2 和 2.4.3 的证明很简单，将作为练习 Q2.13。

2．等式约束

现在进一步讨论仅在等式约束下优化问题的最优性条件，例如

$$\boldsymbol{x}^* = \arg\min_x f(\boldsymbol{x}), \tag{2.8}$$

使得

$$h_i(\boldsymbol{x})=0 \quad (i=1,2,\cdots,m) \tag{2.9}$$

一般来说，目标函数 $f(\mathrm{x})$ 的驻点通常不再是最优解，因为这些驻点可能不满足等式(2.9)中的约束。拉格朗日乘数法在等式约束下为上述优化建立了一个一阶必要条件，如下所示：

定理 2.4.4 （拉格朗日必要条件）设等式（2.9）中的目标函数 $f(\boldsymbol{x})$ 和所有约束函数 $\{h_i(\boldsymbol{x})\}$ 都是可微的。若一个 $\boldsymbol{x}^*$ 是等式（2.8）中问题的局部最优解，那么这些函数的梯度在 x^* 处线性相关：

$$\nabla f(\boldsymbol{x}^*)+\sum_{i=1}^{m}\lambda_i \nabla h_i(\boldsymbol{x}^*)=0$$

其中，$\lambda_i \in \mathbf{R}(i=1,2,\cdots,m)$ 被称为拉格朗日乘数。

可以通过图 2.19 中的一个简单示例直观地解释拉格朗日必要条件，该例中在一个等式约束 $h(x,y)=0$ 下最小化两个变量的函数，即 $f(x,y)$（绘制为曲线）。观察约束曲线上的任意点 A，负梯度（即 $-\nabla f(x,y)$）指向函数值下降最快的方向，$\nabla h(x,y)$ 表示曲线的范数向量在

A 处。假设想沿着约束曲线移动 A 以进一步减小函数值，总是可以将负梯度投影到垂直于范数向量的切平面。若沿着这个投影方向稍微移动 A，函数值会相应减少。因此，A 不可能是原始优化问题的局部最优点。我们可以继续移动 A 直到 B 点，这里的负梯度在范数向量的同一空间中，因此上述投影不再可能。这表明 B 可能是局部最优点，可以验证拉格朗日条件在 B 处成立。

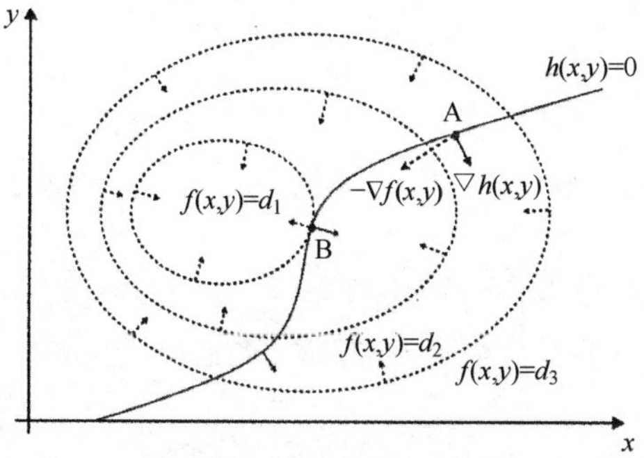

图 2.19　两个自由变量的目标函数 $f(x,y)$的拉格朗日必要条件
（在一个等式约束 $h(x,y)=0$ 下与等高线一起显示，绘制为曲线）

$$\min_{x,y} f(x,y)$$

使得

$$h(x,y)=0\text{。}$$

拉格朗日必要条件提出了一种便捷方法，可以处理等式（2.8）和等式（2.9）中所有优化问题中的等式约束。对于每个等式约束 $h_i(x)=0$，这里引入一个新的自由变量 λ，称为拉格朗日乘数，并构造所谓的拉格朗日函数：①

$$L\left(x,\{\lambda_i\}\right)=f(x)+\sum_{i=1}^{m}\lambda_i h_i(x)$$

如果可以针对原始变量 x 和所有拉格朗日乘数优化拉格朗日函数，则可以导出等式(2.8)

---

①

$$\min_{x,\{\lambda_i\}} L(x,\{\lambda_i\})$$
$$\Rightarrow \frac{\partial L(x,\{\lambda_i\})}{\partial x}=0$$

这进一步引出定理 2.4.4 中相同的拉格朗日条件：

$$\nabla f(x)+\sum_{i=1}^{m}\lambda_i \nabla h_i(x)=0$$

中原始约束优化的解。可以看到，拉格朗日函数可以帮助将约束优化问题转换为无约束优化问题。

如图 2.20 所示，计算空间 $\boldsymbol{x}_0 \in \mathbf{R}^n$ 到超平面 $\boldsymbol{w}^{\mathrm{T}}\boldsymbol{x}+b=0$ 的距离，其中 $\boldsymbol{w} \in \mathbf{R}^n$ 和 $b \in \mathbf{R}$ 已给定。

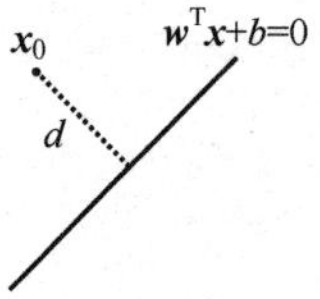

图 2.20　从任意点 $\boldsymbol{x}_0$ 到超平面 $\boldsymbol{w}^{\mathrm{T}}\boldsymbol{x}+b=0$ 的距离

可以将这个问题表述为以下约束优化问题：

$$d^2 = \min_x \|\boldsymbol{x} - \boldsymbol{x}_0\|^2,$$

使得

$$\boldsymbol{w}^{\mathrm{T}}\boldsymbol{x} + b = 0$$

为上述等式约束引入拉格朗日乘数 λ，并进一步构造拉格朗日函数为：

$$\begin{aligned}L(\boldsymbol{x},\lambda) &= \|\boldsymbol{x} - \boldsymbol{x}_0\|^2 + \lambda(\boldsymbol{w}^{\mathrm{T}}\boldsymbol{x} + b) \\ &= (\boldsymbol{x} - \boldsymbol{x}_0)^{\mathrm{T}}(\boldsymbol{x} - \boldsymbol{x}_0) + \lambda(\boldsymbol{w}^{\mathrm{T}}\boldsymbol{x} + b)\end{aligned}$$

$$\frac{\partial L(\boldsymbol{x},\lambda)}{\partial \boldsymbol{x}} = 0 \Rightarrow 2(\boldsymbol{x} - \boldsymbol{x}_0) + \lambda \boldsymbol{w} = 0$$

$$\Rightarrow \boldsymbol{x}^* = \boldsymbol{x}_0 - \frac{\lambda^*}{2}\boldsymbol{w}$$

将其代入约束 $\boldsymbol{w}^{\mathrm{T}}\boldsymbol{x}^*+b=0$，可以求解 $\boldsymbol{\lambda}^*$为：

$$\lambda^* = \frac{2(\boldsymbol{w}^{\mathrm{T}}\boldsymbol{x}_0 + b)}{\boldsymbol{w}^{\mathrm{T}}\boldsymbol{w}} = \frac{2(\boldsymbol{w}^{\mathrm{T}}\boldsymbol{x}_0 + b)}{\|\boldsymbol{w}\|^2}$$

最后，有

$$d^2 = \|\boldsymbol{x}^* - \boldsymbol{x}_0\|^2 = \frac{\lambda^{*2}}{4}\|\boldsymbol{w}\|^2 = \frac{|\boldsymbol{w}^{\mathrm{T}}\boldsymbol{x}_0 + b|^2}{\|\boldsymbol{w}\|^2}$$

$$\Rightarrow d = \frac{|\boldsymbol{w}^{\mathrm{T}}\boldsymbol{x}_0 + b|}{\|\boldsymbol{w}\|}$$

3．不等式约束

在这一部分将研究如何为方程（2.4）①（见注释）中的一般优化问题建立最优性条件，其中涉及等式和不等式约束。

首先，遵循与之前类似的想法，为每个等式约束函数引入一个拉格朗日乘数 $\lambda_i(\forall i)$，并为每个不等式约束函数引入一个非负的拉格朗日乘数 $v_j \geqslant 0(\forall j)$，构造一个拉格朗日函数，如下：

$$L\left(\boldsymbol{x},\left\{\lambda_i,v_j\right\}\right)=f(\boldsymbol{x})+\sum_{i=1}^{m}\overbrace{\lambda_i h_i(\boldsymbol{x})}^{=0}+\sum_{j=1}^{n}\overbrace{v_j g_j(\boldsymbol{x})}^{\leqslant 0}$$
$$\leqslant f(\boldsymbol{x}) \quad (\forall \boldsymbol{x}\in\Omega)$$

由于约束 $v_j \geqslant 0(\forall j)$，上述拉格朗日是可行集 Ω 中原始目标函数 $f(x)$的下界。我们可以进一步最小化 Ω 内的原始变量 $\boldsymbol{x}$，②从而导出所有拉格朗日乘数的函数：

$$L^*\left(\left\{\lambda_i,v_j\right\}\right)=\inf_{\boldsymbol{x}\in\Omega} L\left(\boldsymbol{x},\left\{\lambda_i,v_j\right\}\right)$$

该函数通常称为拉格朗日对偶函数。根据上述定义，可以很容易地证明对偶函数也是原始目标函数的下界：

$$L^*\left(\left\{\lambda_i,v_j\right\}\right)\leqslant L\left(\boldsymbol{x},\left\{\lambda_i,v_j\right\}\right)\leqslant f(\boldsymbol{x}) \quad (\boldsymbol{x}\in\Omega)$$

换句话说，对于 Ω 中的所有 $\boldsymbol{x}$，拉格朗日对偶函数都低于原始目标函数 $f(\boldsymbol{x})$。假设 $\boldsymbol{x}^*$ 是等式（2.4）中原始优化问题的最优解，仍然有

$$L^*\left(\left\{\lambda_i,v_j\right\}\right)\leqslant f\left(\boldsymbol{x}^*\right) \tag{2.10}$$

有趣的是，当进一步优化所有拉格朗日乘数，使对偶函数最大化，以尽可能缩小上述差距时，这导致了一个新的优化问题，如下：

$$\left\{\lambda_i^*,v_j^*\right\}=\arg\max_{\left\{\lambda_i,v_j\right\}} L^*\left(\left\{\lambda_i,v_j\right\}\right),$$

使得

$$v_j \geqslant 0 \quad (j=1,2,\cdots,n)$$

---

①

$$\boldsymbol{x}^*=\arg\min_{x} f(\boldsymbol{x})$$

使得

$$h_i(\boldsymbol{x})=0 \quad (i=1,2,\cdots,m)$$
$$g_j(\boldsymbol{x})\leqslant 0 \quad (j=1,2,\cdots,n)$$

假设所有这些约束为 $\boldsymbol{x}$ 定义了一个非空的可行集，表示为 Ω。

② inf 是 min 对开放集的概括。

这个新的优化问题称为拉格朗日对偶问题。相反，等式（2.4）中的原始优化问题称为原始问题。根据等式（2.10），可以立即推导出

$$L^*\left(\left\{\lambda_i^*, v_j^*\right\}\right) \leqslant f\left(\boldsymbol{x}^*\right)$$

若最初的主要问题是凸优化，并且满足一些次要的资格条件（例如 Slater 的条件[223]），则上述差距为零，等式

$$L^*\left(\left\{\lambda_i^*, v_j^*\right\}\right) = f\left(\boldsymbol{x}^*\right)$$

成立，则称为强对偶。当强对偶成立时，$\boldsymbol{x}^*$和$\{\lambda_i^*, v_j^*\}$形成拉格朗日 $L(x,\{\boldsymbol{\lambda}_i,\boldsymbol{v}_j\})$的鞍点，如图 2.21 所示，其中拉格朗日量相对于 $\boldsymbol{x}$ 增加，但相对于$\{\boldsymbol{\lambda}_i,\boldsymbol{v}_j\}$减少。在这种情况下，主要问题和对偶问题是等价的，因为它们在鞍点处的最优解相同。

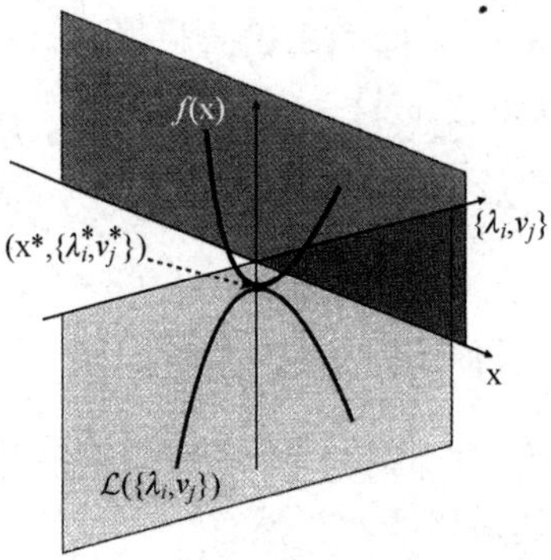

图 2.21　拉格朗日函数鞍点上出现的强对偶

当强对偶成立时，有

$$\begin{aligned} f\left(\boldsymbol{x}^*\right) = L^*\left(\left\{\lambda_i^*, v_j^*\right\}\right) &\leqslant L\left(\boldsymbol{x}^*, \left\{\lambda_i^*, v_j^*\right\}\right) \\ &= f\left(\boldsymbol{x}^*\right) + \sum_{i=1}^{m} \underbrace{\lambda_i^* h_i\left(\boldsymbol{x}^*\right)}_{=0} + \sum_{j=1}^{n} v_j^* g_j\left(\boldsymbol{x}^*\right) \end{aligned}$$

由上可知，$\sum_{j=1}^{n} v_j^* g_j\left(\boldsymbol{x}^*\right) \geqslant 0$。另一方面，根据定义，我们有 $v_j^* g_j\left(\boldsymbol{x}^*\right) \leqslant 0$，其中所有 $j = 1,2,\cdots,n$。这些结果进一步提出所谓的互补松弛条件：

$$v_j^* g_j\left(\boldsymbol{x}^*\right) = 0 \quad (j = 1,2,\cdots,n)$$

最后，总结上述所有结果，将其称为 Karush-Kuhn-Tucker（KKT）条件[123,134]，如下述定理：

定理 2.4.5　（KKT 必要条件）若 x^*和$\{\lambda_i^*, v_j^*\}$形成拉格朗日函数 $L(x,\{\lambda_i, v_j\})$的鞍点，

则 $\boldsymbol{x}^*$是等式（2.4）中问题的最优解。鞍点满足以下条件：

1. 平稳性

$$\nabla f\left(\boldsymbol{x}^*\right)+\sum_{i=1}^{m}\lambda_i^*\nabla h_i\left(\boldsymbol{x}^*\right)+\sum_{j=1}^{n}v_j^*\nabla g_j\left(\boldsymbol{x}^*\right)=0$$

2. 可行性

$$h_i\left(\boldsymbol{x}^*\right)=0,\quad g_j\left(\boldsymbol{x}^*\right)\leqslant 0\quad(\forall i=1,2,\cdots,m;j=1,2,\cdots,n)$$

3. 对偶可行性

$$v_j^*\geqslant 0\quad(\forall j=1,2,\cdots,n)$$

4. 互补松弛性

$$v_j^*g_j\left(\boldsymbol{x}^*\right)=0\quad(\forall j=1,2,\cdots,n)$$

接下来将通过一个例子，展示如何应用 KKT 条件来解决不等式约束下的优化问题。

例 2.4.2 已知 $\boldsymbol{w}\in\mathbf{R}^n$，$\boldsymbol{b}\in\mathbf{R}$，计算从点 $x_0\in\mathbf{R}^n$ 到半空间 $\boldsymbol{w}^{\mathrm{T}}\boldsymbol{x}+\boldsymbol{b}\leqslant 0$ 在空间 $\boldsymbol{x}\in\mathbf{R}^n$ 中的距离。

与例 2.4.1 类似，可以将此问题表述为以下约束优化问题：

$$d^2=\min_{\boldsymbol{x}}\left\|\boldsymbol{x}-\boldsymbol{x}_0\right\|^2,$$

使得

$$\boldsymbol{w}^{\mathrm{T}}\boldsymbol{x}+b\leqslant 0$$

为上述不等式约束引入拉格朗日乘数 v。与例 2.4.1 不同，由于这是一个不等式约束，因此具有互补松弛性和对偶可行性条件：

$$v^*\left(\boldsymbol{w}^{\mathrm{T}}\boldsymbol{x}^*+b\right)=0,\quad v^*\geqslant 0$$

因此，可以得出结论，最优解 x*和 v*必须是以下两种情况之一：

$$\text{(a) } v^*\geqslant 0,\quad \boldsymbol{w}^{\mathrm{T}}\boldsymbol{x}^*+b=0$$

$$\text{(b) } v^*=0,\quad \boldsymbol{w}^{\mathrm{T}}\boldsymbol{x}^*+b\leqslant 0$$

情况（a）中，$\boldsymbol{w}^{\mathrm{T}}x^*+b=0$ 必须成立。可以用与例 2.4.1 相同的方式根据平稳性条件导出：

$$L(\boldsymbol{x},v)=\left\|\boldsymbol{x}-\boldsymbol{x}_0\right\|^2+v\left(\boldsymbol{w}^{\mathrm{T}}\boldsymbol{x}+\boldsymbol{b}\right),$$

$$\frac{\partial L(\boldsymbol{x},v)}{\partial\boldsymbol{x}}=0\Rightarrow v^*=\frac{2\left(\boldsymbol{w}^{\mathrm{T}}\boldsymbol{x}_0+\boldsymbol{b}\right)}{\|\boldsymbol{w}\|^2}$$

若 $\boldsymbol{w}^{\mathrm{T}}\boldsymbol{x}_0+\boldsymbol{b}\geqslant 0$，对应于半空间不包含 x_0 的情况〔见图 2.22（a）〕，在这种情况下 $v^*\geqslant 0$。

这会导致与例 2.4.1 相同的问题发生。对于这种情况，最终可以得出 $d=\dfrac{\boldsymbol{w}^T\boldsymbol{x}_0+\boldsymbol{b}}{\boldsymbol{w}}$。然而，若 $\boldsymbol{w}^{\mathrm{T}}\boldsymbol{x}_0+\boldsymbol{b}<0$，对应于半空间包含 $\boldsymbol{x}_0$ 的情况〔见图 2.22（b)〕，那么由上述分析得知 $v^*<0$。这个结果是无效的，因为它违反了对偶可行性条件。

情况（b）中，$v^*=0$ 并且 $\boldsymbol{w}^{\mathrm{T}}\boldsymbol{x}^*+\boldsymbol{b}\leqslant 0$ 恒成立。将 $v^*=0$ 代入上述平稳性条件后，我们可以立即导出 $\boldsymbol{x}^*=\boldsymbol{x}_0$ 和 $d=0$。对于图 2.22（b）的半空间包含 $\boldsymbol{x}_0$ 的情况，这是正确的结果。

最后，可以将上述结果总结如下：

$$d=\begin{cases}\dfrac{\boldsymbol{w}^{\mathrm{T}}\boldsymbol{x}_0+\boldsymbol{b}}{\|\boldsymbol{w}\|} & \text{if} \quad \boldsymbol{w}^{\mathrm{T}}\boldsymbol{x}_0+\boldsymbol{b}\geqslant 0\\ 0 & \text{if} \quad \boldsymbol{w}^{\mathrm{T}}\boldsymbol{x}_0+\boldsymbol{b}\leqslant 0\end{cases}$$

（a）$\boldsymbol{x}_0$ 不在半空间中　　（b）$\boldsymbol{x}_0$ 在半空间中

图 2.22　计算点 $\boldsymbol{x}_0$ 到半空间 $\boldsymbol{w}^{\mathrm{T}}\boldsymbol{x}^*+b\leqslant 0$ 的距离时的两种情况

2.4.3　数值优化方法

对于实际应用中出现的许多优化问题，基于最优性条件的分析方法并不总能产生有用的闭形解。对于这些实际问题，必须依赖数值方法，以迭代的方式推导出合理的解决方案。根据在每次迭代中使用的信息，这些数值方法可以大致分为几类，即零阶方法、一阶方法和二阶方法。本节将简要回顾每个类别中的一些常用方法，但主要关注机器学习中最常用的一阶方法。为简单起见，将采用无约束优化问题

$$\arg\min_{\boldsymbol{x}\in\mathbf{R}^n} f(\boldsymbol{x})$$

作为一个例子来介绍这些数值方法，但许多数值方法可以很容易地适应处理约束。①

1．零阶方法

零阶方法只依赖于目标函数的零阶信息，即函数值 $f(x)$。通常需要为 $f(x)$ 中的所有自由变量建立一个坐标网格，然后使用网格搜索策略，对每个点的函数值进行穷举，直到找到

① 例如，可以将一个无约束梯度投影到所有一阶方法的可行集，从而引出所谓的投影梯度下降法。

满意的解。该方法虽然简单，但由于网格中点的数量随自由参数的数量呈指数增长，因此受到维数灾难的影响。在机器学习中，零阶方法主要用于变量数较少（少于 10）的情况，如超参数优化。

2．一阶方法

一阶方法可以访问目标函数的零阶和一阶信息，即函数值 $f(\boldsymbol{x})$ 和梯度 $\nabla f(\boldsymbol{x})$。正如我们所了解的，梯度 $\nabla f(x)$ 指向函数值在 x 处增长最快的方向。如图 2.23 所示，从函数面上的任意一点开始，若沿着负梯度的方向移动足够小的步长，函数值一定会或多或少地减少。可以不断重复这个步骤，直到收敛到任意驻点为止。这个想法引出了一种简单的迭代优化方法，称为梯度下降（又名最速下降），如算法 2.1 所示。

算法 2.1　梯度下降方法

randomly choose $\mathbf{x}^{(0)}$, and set η_0

set $n = 0$

while not converged **do**

　　update：$\mathbf{x}^{(n+1)} = \mathbf{x}^{(n)} - \eta_n \nabla f(\mathbf{x}^{(n)})$

　　adjust：$\eta_n \rightarrow \eta_{n+1}$

　　$n = n + 1$

end while

由于梯度不能告诉我们应该沿着方向移动多少，所以每次移动必须手动指定的步长 η_n。梯度下降法的关键是如何正确选择每次迭代的步长。若步长太小，则需要运行太多更新才能到达任意驻点，收敛会很慢。若步长太大，每次更新都可能超过目标，导致出现图 2.24 所示的波动。当接近一个驻点时，通常需要使用更小的步长来确保收敛。因此，需要按照时间表在每次迭代结束时调整步长。当我们从任意起点 $\boldsymbol{x}^{(0)}$ 运行梯度下降算法 2.1 时，会在函数曲面上生成轨迹 $\boldsymbol{x}^{(0)},\boldsymbol{x}^{(1)},\boldsymbol{x}^{(2)},\cdots\cdots$ 逐渐收敛到一个目标函数的驻点。如图 2.23 所示，每个轨迹严重依赖于初始点。换句话说，若从不同的初始点 $\boldsymbol{x}^{(0)}$ 开始，最终可能会得到不同的解决方案。选择一个好的初始点是保证梯度下降成功的另一个关键因素。

梯度下降法在概念上很简单，只需要使用梯度，几乎任何有意义的目标函数都可以轻松计算。因此，梯度下降法成为了一种在实践中非常流行的数值优化方法。若目标函数平滑且可微，则可以从理论上证明，只要在每次迭代中使用足够小的步长，梯度下降算法就

可以保证收敛到一个驻点（见练习 Q2.15）[①]。但是，收敛速度相对较慢（亚线性速度）。若想要达到$\|\nabla f(\boldsymbol{x}^{(n)})\| \leqslant \varepsilon$，就至少需要运行$O\left(\frac{1}{\varepsilon^2}\right)$次迭代。然而，若我们能对目标函数做出更强的假设，比如 $f(\boldsymbol{x})$是凸的，至少两次可微，其导数足够平滑，就可以证明，若使用足够小的步长，梯度下降算法可以保证收敛到局部最小 $\boldsymbol{x}^*$。在这些条件下，梯度下降法可以实现更快的收敛率（线性速率）。若想达到$\|\boldsymbol{x}^{(n)} - \boldsymbol{x}^*\| \leqslant \varepsilon$，只需要运行大约$O(\ln\frac{1}{\varepsilon})$次迭代。

---

① 若一个序列$\{\boldsymbol{x}_k\}$收敛到极限$\boldsymbol{x}^*$：$\lim_{k\to\infty}\boldsymbol{x}_k = \boldsymbol{x}^*$。收敛速度定义为

$$\mu = \lim_{k\to\infty}\frac{\left|\boldsymbol{x}_{k+1} - \boldsymbol{x}^*\right|}{\left|\boldsymbol{x}_k - \boldsymbol{x}^*\right|}$$

收敛性被称为：

若$\mu = 0$则是超线性。
若$0 < \mu < 1$则是线性。
若$\mu = 1$则是次线性。

例 1：一个指数衰减误差序列：

$$\left|\boldsymbol{x}_k - \boldsymbol{x}^*\right| = C\rho^k,$$

其中 $0<\rho<1$。可以验证它的收敛速度是线性的，因为

$$\mu = \frac{\left|\boldsymbol{x}_{k+1} - \boldsymbol{x}^*\right|}{\left|\boldsymbol{x}_k - \boldsymbol{x}^*\right|} = \rho$$

对于任何容差$\varepsilon > 0$，若想实现$|\boldsymbol{x}_k - \boldsymbol{x}^*| \leqslant \epsilon$，则必须访问$x_k$

$$k \geqslant \frac{\ln C + \ln\frac{1}{\epsilon}}{\ln\frac{1}{\rho}} \approx O\left(\ln\frac{1}{\epsilon}\right)$$

例 2：对于另一个序列衰减误差：

$$\left|\boldsymbol{x}_k - \boldsymbol{x}^*\right| = \frac{C}{\sqrt{k}},$$

它的收敛速度是次线性的

$$\mu = \lim_{k\to\infty}\frac{\sqrt{k}}{\sqrt{k+1}} = 1$$

为了取得$\left|\boldsymbol{x}_k - \boldsymbol{x}^*\right| \leqslant \varepsilon$，需要

$$k \geqslant \frac{C^2}{\epsilon^2} \approx O\left(\frac{1}{\epsilon^2}\right)$$

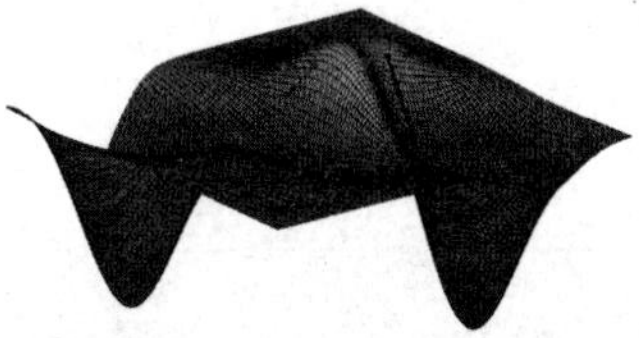

图 2.23　梯度下降法，其中两个轨迹表示算法使用的两个初始点

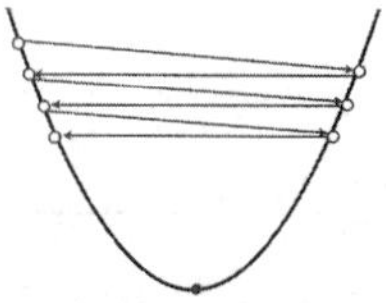

图 2.24　大步长如何影响梯度下降法的收敛性

在机器学习中，经常需要优化一个目标函数，这个目标函数可以分解为许多同类项的和：

$$f(\boldsymbol{x})=\sum_{i=1}^{N} f_i(\boldsymbol{x})$$

例如，目标函数 $f(\boldsymbol{x})$ 表示训练集中所有样本测量到的总损耗，每个 $f_i(\boldsymbol{x})$ 表示每个训练样本测量到的损耗。若使用梯度下降算法 2.1 最小化这个目标函数，在每次迭代中，我们需要遍历所有的训练样本来计算梯度，如下：

$$\nabla f(\boldsymbol{x})=\sum_{i=1}^{N} \nabla f_i(\boldsymbol{x})$$

若训练集很大，上面的步骤就会非常昂贵。为了解决这个问题，通常采用随机近似策略来计算梯度，使用随机选择的样本 k 将梯度近似为 $\nabla f_k(\boldsymbol{x})$，而不是对所有样本求和。这种思想引出著名的随机梯度下降（SGD）方法[24]，如算法 2.2 所示。

在算法 2.2 中，每个 $(\boldsymbol{x})$ 可以被视为一种噪声估计的真正梯度 $\nabla f_k(\boldsymbol{x})$。由于 $\nabla f_k(\boldsymbol{x})$ 可以在 SGD 中以相对便宜的方式计算，因此我们可以使用比常规梯度下降法小得多的步长运行更多的迭代。通过这种方式，SGD 算法可以在更短的训练时间内收敛到一个合理的解。此外，许多经验结果表明，在梯度估计中，小的噪声甚至有助于收敛到更好的解，因为小的噪声会帮助算法摆脱较差的局部极小值或鞍点。

算法 2.2　随机梯度下降方法

randomly choose $\mathbf{x}^{(0)}$, and set η_0

set $n = 0$

while not converged **do**

　randomly choose a sample k

　update: $\mathbf{x}^{(n+1)} = \mathbf{x}^{(n)} - \eta_n \nabla f_k(\mathbf{x}^{(n)})$

adjust: $\eta_n \rightarrow \eta_n + 1$

$n = n + 1$

end while

沿着这样的思路，算法 2.3 中提出了增强的 SGD 版本，其中在每个步骤中使用单个样本，并根据随机选择的样本的小子集估计梯度。每个子集通常称为小批量。小批量中的样本每次都是随机选择的，以确保所有训练样本的访问权限均等。在被称为小批量 SGD 的算法 2.3 中，可以选择所有小批量来控制向每个梯度注入多少噪声。

算法 2.3　小批量 SGD

randomly choose $\mathbf{x}^{(0)}$, and set η_0

set $n = 0$

while not converged **do**

randomly shuffle all training samples into mini-batches

for each mini-batch B **do**[①]

update: $\mathbf{x}^{(n+1)} = \mathbf{x}^{(n)} - \frac{\eta_n}{|B|} \sum_{k \in B} \nabla f_k(\mathbf{x})$

adjust: $\eta_n \rightarrow \eta_{n+1}$

$n = n + 1$

end for

end while

小批量 SGD 算法是一种非常灵活的优化方法，总是可以适当地选择几个关键参数，例如，小批量的大小、初始学习率和在每一步结束时调整学习率的策略，以便使优化过程收敛到大量实际问题的合理解。因此，小批量 SGD 通常被认为是机器学习中最流行的优化方法之一。

3．二阶方法

二阶优化方法需要利用目标函数的零阶、一阶和二阶信息，即函数值 $f(\boldsymbol{x})$、梯度 $\nabla f(\boldsymbol{x})$ 和 Hessian 矩阵 $\boldsymbol{H}(\boldsymbol{x})$。

① $|B|$ 表示 B 中样品的数量。

对于多元函数$f(\boldsymbol{x})$，可以使用泰勒定理，将其围绕任意不动点$\boldsymbol{x}_0$展开，如下所示：

$$f(\boldsymbol{x})=f(\boldsymbol{x}_0)+(\boldsymbol{x}-\boldsymbol{x}_0)^{\mathrm{T}}\nabla f(\boldsymbol{x}_0)+\frac{1}{2}(\boldsymbol{x}-\boldsymbol{x}_0)^{\mathrm{T}}\boldsymbol{H}(\boldsymbol{x}_0)(\boldsymbol{x}-\boldsymbol{x}_0)+o\left(\|\boldsymbol{x}-\boldsymbol{x}_0\|^2\right)$$

若忽略所有高阶项，则可以通过使梯度$\boldsymbol{x}^*$消失来推导出驻点，①如下所示：

$$\nabla f(\boldsymbol{x})=\frac{\partial f(\boldsymbol{x})}{\partial \boldsymbol{x}}=0\Rightarrow \boldsymbol{x}^*=\boldsymbol{x}_0-\boldsymbol{H}^{-1}(\boldsymbol{x}_0)\nabla f(\boldsymbol{x}_0)$$

若$f(\boldsymbol{x})$是二次函数，则无论从哪里开始，都可以用上面的等式一步推导出驻点。对于一般目标函数$f(\boldsymbol{x})$，仍然可以在迭代算法中（如算法 2.1 所示）使用以下更新法则

$$\boldsymbol{x}^{(n+1)}=\boldsymbol{x}^{(n)}-\boldsymbol{H}^{-1}\left(\boldsymbol{x}^{(n)}\right)\nabla f\left(\boldsymbol{x}^{(n)}\right)$$

这引出了牛顿法。若目标函数是凸的，至少有两次可微，并且其导数足够平滑，牛顿法就能保证函数收敛到局部最小值$\boldsymbol{x}^*$，并且可以达到超线性率。若想要实现$\|\boldsymbol{x}^{(n)}-\boldsymbol{x}^*\|\leqslant\in$，只需要运行大约$O(\ln\frac{1}{\in})$次迭代。

牛顿法在计算收敛所需的迭代次数方面很快。然而，实际上牛顿法中的每次迭代都非常昂贵，因为它涉及计算、维护，甚至求逆 Hessian 矩阵。大多数机器学习问题不可能处理 Hessian 矩阵，因为通常在$\boldsymbol{x}$中有大量自由变量。这就是在机器学习中很少使用牛顿法的原因。除此之外，有许多称为拟牛顿方法的近似二阶方法，它们旨在以某些方式近似 Hessian 矩阵，例如，使用一些对角矩阵或块对角矩阵来逼近真实的 Hessian，以便在上述更新等式中实现矩阵求逆。流行的拟牛顿方法包括 DFP[64]、BFGS[64]、Quickprop[60]和 Hessian-free 方法[157,173]。

练习

Q2.1　给定两个矩阵，$\boldsymbol{A}\in\mathbf{R}^{m\times n}$和$\boldsymbol{B}\in\mathbf{R}^{m\times n}$，证明

① 首先计算梯度：

$$\nabla f(\boldsymbol{x})=\frac{\partial f(\boldsymbol{x})}{\partial \boldsymbol{x}}=\nabla f(\boldsymbol{x}_0)+\boldsymbol{H}(\boldsymbol{x}_0)(\boldsymbol{x}-\boldsymbol{x}_0)$$

然后消除梯度$\nabla f(\boldsymbol{x})=0$：

$$\begin{aligned}&\nabla f(\boldsymbol{x}_0)+\boldsymbol{H}(\boldsymbol{x}_0)(\boldsymbol{x}-\boldsymbol{x}_0)=0\\&\Rightarrow \boldsymbol{x}^*=\boldsymbol{x}_0-\boldsymbol{H}^{-1}(\boldsymbol{x}_0)\nabla f(\boldsymbol{x}_0)\end{aligned}$$

$$\mathrm{tr}\,(\boldsymbol{A}^{\mathrm{T}}\boldsymbol{B})=\mathrm{tr}\,(\boldsymbol{A}\boldsymbol{B}^{\mathrm{T}})=\mathrm{tr}\,(\boldsymbol{B}\boldsymbol{A}^{\mathrm{T}})=\mathrm{tr}\,(\boldsymbol{B}^{\mathrm{T}}\boldsymbol{A})=\sum_{i=1}^{m}\sum_{j=1}^{n}a_{ij}b_{ij}$$

其中，a_{ij} 和 b_{ij} 分别表示矩阵 $\boldsymbol{A}$ 和 $\boldsymbol{B}$ 中的一个元素。

Q2.2　对任意两个平方矩阵，$\boldsymbol{X}\in\mathbf{R}^{n\times n}$, $\boldsymbol{Y}\in\mathbf{R}^{n\times n}$, 证明

a）$\mathrm{tr}(\boldsymbol{XY})=\mathrm{tr}(\boldsymbol{YX})$，且

b）若 $\boldsymbol{X}$ 可逆，$\mathrm{tr}(\boldsymbol{X}^{-1}\boldsymbol{YX})=\mathrm{tr}(\boldsymbol{Y})$

Q2.3　给定任意 $2\times m$ 向量，$\boldsymbol{x}_i\in\mathbf{R}^n$ 和 $\boldsymbol{y}_i\in\mathbf{R}^n$ 对于所有 $i=1,2,\cdots,m$，验证求和 $\sum_{i=1}^{m}\boldsymbol{x}_i\boldsymbol{x}_i^{\mathrm{T}}$ 和 $\sum_{i=1}^{m}\boldsymbol{x}_i\boldsymbol{y}_i^{\mathrm{T}}$ 可以矢量化为以下矩阵乘法：

$$\sum_{i=1}^{m}\boldsymbol{x}_i\boldsymbol{x}_i^{\mathrm{T}}=\boldsymbol{XX}^{\mathrm{T}}\text{，}\quad\sum_{i=1}^{m}\boldsymbol{x}_i\boldsymbol{y}_i^{\mathrm{T}}=\boldsymbol{XY}^{\mathrm{T}}$$

其中，$\boldsymbol{X}=[\boldsymbol{x}_1,\boldsymbol{x}_2,\cdots,\boldsymbol{x}_m]\in\mathbf{R}^{n\times m}$ 和 $\boldsymbol{Y}=[y_1,y_2,\cdots,y_m]\in\mathbf{R}^{n\times m}$

Q2.4　给定 $\boldsymbol{x}\in\mathbf{R}^n$ 和 $\boldsymbol{A}\in\mathbf{R}^{m\times n}(m<n)$,

a）证明 $\boldsymbol{z}^{\mathrm{T}}\boldsymbol{AX}=tr(z\boldsymbol{x}^{\mathrm{T}}\boldsymbol{A})$

b）计算导数 $\dfrac{\partial}{\partial\boldsymbol{x}}\|z-\boldsymbol{Ax}\|^2$

c）计算导数 $\dfrac{\partial}{\partial\boldsymbol{A}}\|z-\boldsymbol{Ax}\|^2$

Q2.5　对于任意矩阵 $\boldsymbol{A}\in\mathbf{R}^{m\times n}$，若使用 $\boldsymbol{a}_i(i=1,2,\cdots,n)$表示矩阵 $\boldsymbol{A}$ 的第 i 列，使用 $g_{ij}=|\cos\theta_{ij}|=\dfrac{|a_i\cdot a_j|}{\|a_i\|\|a_j\|}$ 表示任意两个向量 a_i 和 a_j（$1\leqslant i,j\leqslant n$）夹角 θ_{ij} 的绝对余弦，则有

$$\frac{\partial}{\partial\boldsymbol{A}}\left(\sum_{i=1}^{n}\sum_{j=i+1}^{n}g_{ij}\right)=(\boldsymbol{D}-\boldsymbol{B})\boldsymbol{A}$$

其中，$\boldsymbol{D}$ 是一个 $n\times n$ 矩阵，其元素计算为 $d_{ij}=\dfrac{\mathrm{sign}(a_i\cdot a_j)}{\|a_i\|\|a_j\|}$（$1\leqslant i,j\leqslant n$），$\boldsymbol{B}$ 是一个 $n\times n$ 对角矩阵，其对角元素计算为 $b_{ii}=\dfrac{\sum_{j=1}g_{ij}}{\|a_i\|^2}$（$1\leqslant i\leqslant n$）。

Q2.6　给定 m 个离散随机变量的多项式分布为

$$\begin{aligned}\Pr(X_1=r_1,X_2=r_2,\cdots,X_m=r_m)&=\mathrm{Mult}(r_1,r_2,\cdots,r_m|\ N,p_1,p_2,\cdots,p_m)\\&=\frac{N!}{r_1!r_2!\cdots r_m!}p_1^{r_1}p_2^{r_2}\cdots p_m^{r_m}\end{aligned}$$

a）证明多项式分布满足求和约束 $\boldsymbol{\Sigma}_{X1,\cdots,Xm}\Pr(X_1=r_1,X_2=r_2,\cdots,X_m=r_m)=1$。

b）显示导出每个 $X_i(\forall i=1,2,\cdots,m)$的均值和方差，以及任意两个 X_i 和 X_j 的协方差 $(\forall i,j=1,2,\cdots,m)$。

Q2.7 假设 m 个连续随机变量$\{X_1,X_2,\cdots,X_m\}$服从狄利克雷分布：

$$\mathrm{Dir}(p_1,p_2,\cdots,p_m \mid r_1,r_2,\cdots,r_m)=\frac{\Gamma(r_1+\cdots+r_m)}{\Gamma(r_1)\cdots\Gamma(r_m)}p_1^{r_1-1}\times p_2^{r_2-1}\times\cdots\times p_m^{r_m-1}$$

得出以下结果：

$$\mathbb{E}[X_i]=\frac{r_i}{r_0}\quad \mathrm{var}(X_i)=\frac{r_i(r_0-r_i)}{r_0^2(r_0+1)}\quad \mathrm{cov}(X_i,X_j)=-\frac{r_ir_j}{r_0^2(r_0+1)}$$

我们表示 $r_0=\sum_{i=1}^m r_i$。

提示：$\Gamma(x+1)=x\cdot\Gamma(x)$。

Q2.8 假设 n 个连续随机变量$\{X_1,X_2,\cdots,X_n\}$共同遵循多元高斯分布 $N(\boldsymbol{x}\mid\mu,\boldsymbol{\Sigma})$。

a）对于任何随机变量 $X_i(\forall i)$，导出其边际分布 $p(X_i)$。

b）对于任意两个随机变量 X_i 和 $X_j(\forall i,j)$，导出条件分布 $p(X_i\mid X_j)$

c）对于这些随机变量 S 的任何子集，导出 S 的边际分布。

d）假设将所有 n 个随机变量拆分为两个不相交的子集 S_1 和 S_2，导出条件分布 $p(S_1\mid S_2)$。

Q2.9 假设随机向量 $\boldsymbol{x}\in\mathbf{R}^n$ 遵循多变量高斯分布，即 $p(x)=N(x\mid\mu,\boldsymbol{\Sigma})$。若我们应用可逆线性变换将 $\boldsymbol{x}$ 转换成另一个随机向量 $\boldsymbol{y}=\boldsymbol{A}\boldsymbol{x}+\boldsymbol{b}(\boldsymbol{A}\in\mathbf{R}^{n\times n}$ 和 $\boldsymbol{B}\in\mathbf{R}^n)$，证明联合分布 $p(y)$ 也为多元高斯分布。计算其均值向量和协方差矩阵。

Q2.10 两个随机变量 X 和 Y 是独立的，当且仅当以下等式之一成立：

$$H(X,Y)=H(X)+H(Y)$$
$$H(X\mid Y)=H(X)$$
$$H(Y\mid X)=H(Y)$$

Q2.11 证明互信息满足：

$$\begin{aligned}I(X,Y)&=H(X)-H(X\mid Y)\\&=H(Y)-H(Y\mid X)\\&=H(X)+H(Y)-H(X,Y)\end{aligned}$$

Q2.12 假设一个随机向量 $\boldsymbol{x}=\begin{bmatrix}x_1\\x_2\end{bmatrix}$服从二元高斯分布：$N(x\mid\mu,\boldsymbol{\Sigma})$，其中 $\boldsymbol{\mu}=\begin{bmatrix}\mu_1\\\mu_2\end{bmatrix}$是均值向量，$\boldsymbol{\Sigma}=\begin{bmatrix}\sigma_1^2 & \rho\sigma_1\sigma_2\\\rho\sigma_1\sigma_1 & \sigma_2^2\end{bmatrix}$是协方差矩阵。推导出计算 x_1 和 x_2 之间互信息的等式，即 $I(x_1,x_2)$。

Q2.13　给定两个多元高斯分布：$N(x \mid \boldsymbol{\mu}_1, \boldsymbol{\Sigma}_1)$和$N(x \mid \boldsymbol{\mu}_2, \boldsymbol{\Sigma}_2)$，其中$\boldsymbol{\mu}_1$和$\boldsymbol{\mu}_2$是均值向量，$\boldsymbol{\Sigma}_1$和$\boldsymbol{\Sigma}_2$是协方差矩阵，推导出计算这两个高斯分布之间的 KL 散度的等式。

Q2.14　证明定理 2.4.1、2.4.2 和 2.4.3。

Q2.15　计算$\boldsymbol{x}_0 \in \mathbf{R}^n$到：

a）单位球的表面的距离：$\| \boldsymbol{x} \| = 1$

b）一个单位球的距离$\| \boldsymbol{x} \| \leqslant 1$

c）椭圆面的距离$\boldsymbol{x}^{\mathrm{T}} \boldsymbol{A} \boldsymbol{x} = 1$，其中$\boldsymbol{A} \in \mathbf{R}^{n \times n}$且$\boldsymbol{A} \succ 0$

d）卵形的距离$\boldsymbol{x}^{\mathrm{T}} \boldsymbol{A} \boldsymbol{x} \leqslant 1$，其中$\boldsymbol{A} \in \mathbf{R}^{n \times n}$且$\boldsymbol{A} \succ 0$

Q2.16　假设一个可微的目标函数$f(x)$是利普希茨连续的，即存在一个实常数$L > 0$，对任意两点x_1和x_2，$\| \| f(x_1) - f(x_2) \| \leqslant L \| x_1 - x_2 \| \|$总是成立。证明梯度下降算法 2.1 总是收敛到一个稳定点，即$\lim\limits_{n \to \infty} \nabla f(x^{(n)})$，只要使用的所有步长足够小，即可满足要求$\eta_n < \dfrac{1}{L}$。

第 3 章

监督机器学习（简介）

在面向应用的上下文中谈论机器学习时，通常指的是监督机器学习，因为它被认为是迄今为止最成熟的机器学习技术，已经在许多现实世界的任务中产生了重大的商业影响。在大数据和大模型的条件下，当人们可以访问大量标记的训练数据及足够的计算资源来构建非常大的模型时，监督机器学习被视为一个已经解决的问题，因为现在的监督学习①方法在这些场景下产生的性能令人满意。本章首先从高层次概述所有监督学习方法，建立一个整体了解，技术细节将在后续章节中介绍。

3.1 概述

从技术角度来看，处理机器学习问题的标准流程包括五个步骤，每个步骤都需要做出关键选择，每个机器学习问题这些关键选择组成。

第 1 步：特征提取②（可选）

导出紧凑且不相关的特征来表示原始数据。

所有机器学习技术都严重依赖训练数据。为了构建性能良好的机器学习系统，在与最终部署系统相同（或足够接近）的条件下收集足够（实际上永远不够，越多越好）的域内

① 请参阅第 1.2.2 节中监督学习的定义。

② 特征提取将在第 4 章讨论。

训练样本至关重要。然而，从大多数现实世界应用程序中收集的原始数据具有高维度，并且维度总是高度相关的。为了方便后续步骤，有时可能会应用某些自动**降维方法**①来推导出更紧凑且不相关的特征，以此表示原始数据。或者，可以探索领域知识，从原始数据中手动提取代表性特征，这在本质上极具启发性，通常被称为**特征工程**②。

值得一提的是，最近许多基于神经网络的深度学习方法展示了直接将高维原始数据作为输入的强大能力，完全绕过了作为显式步骤的特征提取。这些方法通常被称为**端到端学习**③，目前仍在积极研究中。

第 2 步：从清单 A 中选择合适的模型

根据给定问题的性质，从清单 A 列出的候选模型中选择一个好的机器学习模型。

几十年来，机器学习一直是一个活跃的研究领域，并为各种数据类型和问题提供了丰富的模型选择。列表 A 中编制了一份在文献中得到广泛研究的模型列表，这些模型都非常具有影响力。本书区分了这两类模型，即**判别模型**和**生成模型**④。

监督机器学习问题处理标注数据，其中每个输入样本由其特征向量 $\mathbf{x}\in\mathbf{R}^d$ 表示，被记为理想的目标输出 y。判别模型对这个学习问题采取确定性方法。简单地假设所有输入样本及其相应的输出标签都是由一个未知但固定的目标函数生成的，即 $y=f(x)$。不同的判别模型试图从不同的函数族中估计目标函数，范围包括从简单的线性函数和双线性/二次函数到神经网络（作为通用函数近似器）。另一方面，生成模型对这个学习问题采用概率方法。假设输入 x 和输出 y 都是随机变量，遵循未知的联合分布，即 $p(x,y)$。联合分布一经估计，输入 x 和输出 y 之间的关系便可以基于相应的条件分布 $p(y|x)$来确定。生成模型旨在从给定的训练数据中估计联合数据分布。不同的生成模型从不同的概率模型系列中搜索未知联合分布的最佳估计，范围包括从简单的均匀模型（高斯/多项）和复杂的混合/纠缠模型到非常通用的图模型。特别地，一些先进的概率模型可以对序列数据进行建模，如马尔可夫链模型、隐马尔可夫模型和状态空间模型。

清单 A：机器学习模型

◆ 判别模型：

- 线性模型（第 6 章）

---

① 参见第 4.1.3 节中的降维。
② 参见第 4.1.1 节中的特征工程。
③ 参见第 8.5 节中的端到端学习。
④ 判别模型的定义见 5.1 节，生成模型的定义见 10.1 节。

- 矩阵分解、字典学习（第 7.3 节、第 7.4 节）
- 逻辑 sigmoid 函数、softmax 函数、probit 模型（第 6.4 节）
- 非线性内核（第 6.5.3 节）
- 决策树（第 9.1.1 节）
- 神经网络（第 8 章）：

  * Full-connection neural networks (FCNNs)

  * Convolutional neural networks (CNNs)

  * Recurrent neural networks (RNNs)

  * Long short-term memory (LSTM)

  * Transformers, and so on

◆ 生成模型：

- 高斯模型（第 11.1 节）
- 多项式模型（第 11.2 节）
- 马尔可夫链模型（第 11.3 节）
- 混合模型（第 12 章）

  *高斯混合模型（第 12.3 节）

  *隐马尔可夫模型（第 12.4 节）
- 纠缠模型（第 13 章）
- 深度生成模型（第 13.4 节）

  *变分自编码器（第 13.4.1 节）

  *生成对抗网络（第 13.4.2 节）
- 图模型（第 15 章）

  *贝叶斯网络（第 15.2 节）（如朴素贝叶斯模型，LDA）

  *马尔可夫随机场（第 15.3 节）（如 CFR，RBM）
- 高斯过程（第 14.4 节）
- 状态空间（动态）模型[121]

第 3 步：从清单 B 中选择一个学习标准

从清单 B 中选择一个合适的学习标准和（如有必要）一个正则化项，形成模型参数的目标函数。

清单 B：机器学习标准

◆ 判别模型：

- 判别模型的制定（第 5.1 节）
- 最小分类误差（第 6.3 节）
- 线性支持向量机（第 6.5.1 节）
- 基于 L_p 范数的正则化（第 7.1.2 节）
- 损失函数（第 8.3.1 节）

◆ 生成模型：

- 最大似然性（第 10.4.1 节）
- 条件随机场（第 15.3.2 节）
- 最大化后验估计（第 14.1.2 节）
- 最大边际似然（第 14.2.1 节）
- 变分贝叶斯（VB）方法（第 14.3.2 节）

对于判别模型，一旦约束了要从中学习的函数族，就已经知道所选模型的函数形式，而未确定的事项已减少到与所选模型相关的未知参数。可以选择某些标准来衡量所选模型在训练数据中的一些经验错误计数，将其作为未知模型参数的函数。衡量训练误差的常见方法包括平方误差、分类误差、交叉熵等。此外，为了对抗过拟合，在许多情况下，还可能引入一些与正则化相关的惩罚项，使学习不那么激进，例如最大值保证项、最小 L_p 范数项。

对于生成模型，一旦限制了用于学习未知联合分布的概率模型族，唯一的未知事物同样被简化为概率模型的参数。在这些情况下，可以选择一些与可能性相关的标准来衡量所选概率模型与给定训练数据的匹配程度，该数据被认为是从未知联合分布中随机抽取的。选择的似然度量本质上是未知模型参数的函数。若有必要，还可以添加一些正则化项来缓解学习中的过拟合，例如贝叶斯先验。

第 4 步：从清单 C 中选择一个优化算法

考虑导出目标函数的特点，从清单 C 中使用合适的优化算法来学习模型参数。

一旦确定了目标函数，机器学习就变成了一个标准的优化问题，需要对目标函数未知模型参数进行最大化或最小化。不幸的是，大多数机器学习问题都没有闭形解。必须依靠一些数值方法迭代优化目标函数，以导出模型参数。在很多情况下，可以使用一些通用的优化方法，如梯度下降法和拟牛顿法。对于某些特定模型，可以选择使用一些更高效的专用算法，如 EM、线搜索、ADMM。

对于许多现实世界的问题，必须使用非常大的模型来容纳大量的训练数据，这一步通常会导致一些极大规模的优化问题，可能涉及数百万甚至数十亿的自由变量。选择合适的优化方法时，要关注优化方法在运行时间和内存消耗方面是否足够有效。这就是最简单的优化方法（如随机梯度下降（SGD）及其变体）能够在实践中蓬勃发展的原因。

清单 C：优化方法

◆ 网格搜索（第 2.4.3 节）

◆ 梯度下降（第 2.4.3 节）

◆ 随机梯度下降（SGD）（第 2.4.3 节）

◆ 次梯度法

◆ 牛顿法（第 2.4.3 节）

◆ 拟牛顿方法（第 2.4.3 节）：

- quickprop, R-prop
- BFGS, L-BFGS

◆ 期望最大化方法（第 12.2 节）

◆ 顺序行搜索

◆ 交替方向乘法器法（ADMM）

◆ 梯度提升（第 9.3.1 节）

第 5 步：经验评估和（可选）理论保证

使用留存数据对学习模型的性能进行经验评估，并在可能的情况下，从理论上保证学习方法是否/为什么可以收敛到一个好的解决方案，以及学习模型是否/为什么可以很好地泛化到所有未知的数据上。

机器学习的最终目标是学习良好的模型，这些模型不是在给定的训练数据中表现良好，而是在所有未见过的样本中表现良好，这些样本在统计上与训练数据相似。在实践中，学习模型的性能总是可以根据保留的数据集进行经验评估，而上述步骤不会使用该数据集。保留的测试集应该与机器学习系统最终运行的真实条件相匹配。测试集也需要足够大，以提供具有统计意义的结果。最后，不应重复使用同样的测试集来评估相同的学习方法，因为这可能会导致过拟合。

实证评估很容易，但由于许多原因，实证评估可能并不完全令人满意。若有可能，最好寻求强有力的理论保证，确保学习方法是否及为什么收敛到一个好的解决方案，以及学习模型是否及为什么可以很好地泛化到所有可能的未知的数据上。对于许多常用的机器学习方法而言，严格的理论分析具有挑战性，但应该得到进一步的重视和研究，成为机器学习中的关键研究目标。

3.2 实例探究

每个机器学习问题都包含从上述清单（清单 A、清单 B 和清单 C）中做出的三个关键选择。当然，并非这些清单中的所有组合都具有技术意义。接下来将重点介绍在过去几十年中广泛研究的一些流行的机器学习方法，并解释如何从这三个维度为这些具有代表性的机器学习方法做出好的选择。

◆ 线性回归[①]=（线性模型）×（最小二乘误差）

线性回归采用最简单的模型形式和最易处理的标准来衡量损失，因此具有简单的闭形解。线性回归可能是最直接的机器学习方法。它适用于小数据集，其结果可以直观解释。因此，线性回归在金融、经济学和其他社会科学中发挥着重要作用。

◆ 岭回归[②]=（线性模型）×（最小二乘误差+最小 L_2 范数）

岭回归是一种正则化方法，它在线性回归公式的基础上施加一个简单的最小 L_2 范数。岭回归也可以导出一个简单的闭形解。它可能有助于缓解具有大量参数的线性回归中的一些估计问题，如过度拟合。

◆ LASSO[③]=（线性模型）×（最小二乘误差+最小 L_1 范数）（次梯度下降）

LASSO 代表最小绝对收缩和选择算子，是另一种正则化回归分析，通过在线性回归之上施加最小 L_1 范数展开运作。由于 L_1 范数不是严格可微的，我们可以使用次梯度方法来解决。由于 L_1 范数正则化，LASSO 产生回归分析的稀疏解，因此 LASSO 可用于变量选择和惩罚估计。

---

① 参见第 6.2 节中的线性回归。
② 参见第 7.2 节中的岭回归。
③ 参见第 7.2 节中的 LASSO 回归。

◆ 逻辑回归[①]=（线性模型+逻辑 sigmoid 函数）×（最大似然）×（梯度下降）

将线性模型嵌入逻辑 sigmoid 函数，以生成 0 到 1 之间的类概率输出，这些输出可以组合起来为任何给定的训练集生成似然函数。由于 sigmoid 函数具有非线性，人们不得不依赖梯度下降法来迭代求解逻辑回归。逻辑回归对于许多简单的 2 类二元分类问题特别有用，这些问题涉及大量源自特征工程的特征。

◆ 线性 SVM[②]=（线性模型）×（最大边际）×（梯度下降）

线性 SVM 基于最大边界准则估计线性模型，相当于最小 L_2 范数，用于线性可分的 2 类分类问题。SVM 公式简洁，因为它拥有独特的全局最优解，可以通过许多优化方法轻松找到，如梯度下降。

◆ 非线性 SVM[③]=（非线性内核+线性模型）×（最大边际）×（梯度下降）

非线性 SVM 使用著名的核技巧，在线性 SVM 公式的顶部引入非线性核函数。因此，非线性 SVM 可能会形成高度非线性的边界，以分离类别。内核技巧的美妙之处在于，非线性 SVM 与线性 SVM 在数学方面都很简单。因此，非线性 SVM 可以通过与梯度下降相同的优化方法来求解。

◆ 软 SVM[④]=（内核+线性模型）×（最小线性误差+最大边际）×（梯度下降）

软 SVM 将常规 SVM 扩展到一些硬分类模式问题，其中不同的类不是线性可分的。软 SVM 将最大边际标准与线性可容忍最小误差计数相结合。线性误差专用项以这样一种方式被引入，即组合目标函数仍然保持具有唯一全局最优解的良好特性。因此，软 SVM 仍然可以使用与常规 SVM 类似的优化方法进行数值求解。

◆ 矩阵分解[⑤]=（双线性模型）×（最小二乘误差+最小 L_2 范数）×（梯度下降）

矩阵分解使用双线性模型，根据两个低秩矩阵的乘积，重新构建一个非常大的矩阵。在推荐系统中，这种方法引出一类所谓的协同过滤算法，其中大矩阵是部分观察到的用户-项交互矩阵。可以通过最小化重构误差和一些 L_2 正则化项，使用梯度下降方法，学习两个低秩矩阵。这种方法也用于自然语言处理，被称为向量空间模型或潜在语义分析，其中大矩阵来自大文本语料库计算的术语文档矩阵。

---

① 参见第 6.4 节和第 11.4 节中的逻辑回归。
② 参见 6.5.1 节中的线性 SVM。
③ 参见 6.5.3 节中的非线性 SVM。
④ 参见 6.5.2 节中的软 SVM。
⑤ 参见 7.3 节中的矩阵分解。

◆ 字典学习[①]=（双线性模型）×（最小二乘误差+最小 L_1 范数）×（梯度下降）

字典学习也被称为稀疏表示学习或稀疏近似。它非常简单，即基于一个巨大的字典和一些稀疏代码来重建所有现实世界的观察。这里通常使用双线性模型将大字典与稀疏代码相结合，以生成每个真实的观察结果。通过在可容忍的重构误差范围内最小化代码的 L_1 范数，从多个观测值中联合学习大字典和稀疏代码。与 LASSO 类似，这里强加 L_1 范数，以确保学习代码的稀疏性。在实践中，稀疏编码可用于学习视觉或声学信号的表示，例如图像、语音、音频。

◆ 主题建模[②]=（潜在狄利克雷分配）×（最大边际似然）×（EM 算法）

主题模型采用特殊结构的图模型对文本文档进行建模，称为潜在狄利克雷分配（LDA）。LDA 的层次结构有助于发现文本文档集合中出现的抽象主题。LDA 的参数可以通过最大化所谓的边际似然来估计，其中所有中间变量首先被边际化。LDA 的边际似然包含一些难以处理的积分，而边际似然的下限则使用一种称为期望最大化（EM）算法的特定优化方法，以迭代方式进行优化。LDA 是一种流行的图模型，迄今为止已在某些现实世界应用中展现出实际影响。

◆ 提升树[③]=（决策树）×（最小二乘误差）×（梯度提升）

提升树是一种流行的集成学习方法，基于著名的梯度提升算法训练大量决策树，其中每个新的基础模型都沿着模型空间中的函数梯度进行估计，所有基础模型最后组合为最终决策的集成模型。几种提升树的方法在各种实际机器学习任务上展现了出色的性能，包括回归和分类问题。在提升回归树中，最小二乘误差常被用作梯度提升的目标函数。

◆ 深度学习[④]=（神经网络）×（最小交叉熵误差）×（SGD 或其变体）

深度学习是目前机器学习的主要方法，已经在许多现实世界的人工智能问题中表现出前所未有的影响。深度学习依赖于人工神经网络，可以通过优化特殊的交叉熵误差函数来估计其未知权重。神经网络可以灵活地排列成复杂的结构，由为某些特定目的设计的各种基本结构组成，例如，用于通用函数近似的全连接多层结构、用于权重共享和局部建模的卷积结构、循环结构，以及用于捕获长跨度依赖的序列建模和注意力结构。此外，通过简单地扩展其深度和宽度，神经网络在容纳大量训练数据集方面表现出了出色的能力。无论

① 参见 7.4 节中的字典学习。
② 参见第 15.2.6 节中的主题建模。
③ 参见第 9.3.3 节中的提升树。
④ 参见第 8 章中的深度学习。

使用什么网络结构，学习都可以通过一种非常简单的基于 SGD 的迭代方法来完成，即所谓的误差反向传播。当然，学习竞争性神经网络的成功也很大程度上取决于许多工程技巧，目前还无法完全解释。最后，神经网络也被批评为黑盒方法，因为不能被人类直观地理解或解释学习网络。目前，许多与神经网络相关的理论问题仍然悬而未决，在深度学习方面需要进行更认真的研究工作。

第 4 章

特征提取

本章将讨论一些与机器学习管道中的特征提取相关的重要问题。正如人们所知，特征提取通常因任务而异，因为它需要领域知识才能为手头的任何特定类型的原始数据提取良好的表示。本章将简要介绍一些特征提取中的一般概念，然后重点介绍在构建成功的机器学习系统中发挥重要作用，且与领域无关的降维方法。还将讨论从线性方法到非线性方法的各种降维方法及其背后的关键思想。

4.1 特征提取：概念

一般来说，特征提取涉及三个不同但相关的主题，即特征工程、特征选择和降维。将在此一一简要介绍。

4.1.1 特征工程

特征工程是使用领域知识从原始数据中提取新变量（通常被称为特征）的过程，可以促进机器学习问题中的模型构建。例如，经常在所有频段上使用归一化的短时能量分布即所谓的 mel-frequency 倒谱（MFC）[49]来表示语音、音乐和其他音频信号。尺度不变的特征变换（SIFT）[149]可以用来检测局部特征，以表示计算机视觉中的图像。人们经常使用所谓的词袋特征[91]来表示自然语言处理和信息检索中的文本文档。一般来说，若不了解每种数据类型的特征，就无法完全理解这些特定领域的特征。接下来以相对直观的词袋特征为例，说明如何提取特征向量来表示原始数据。

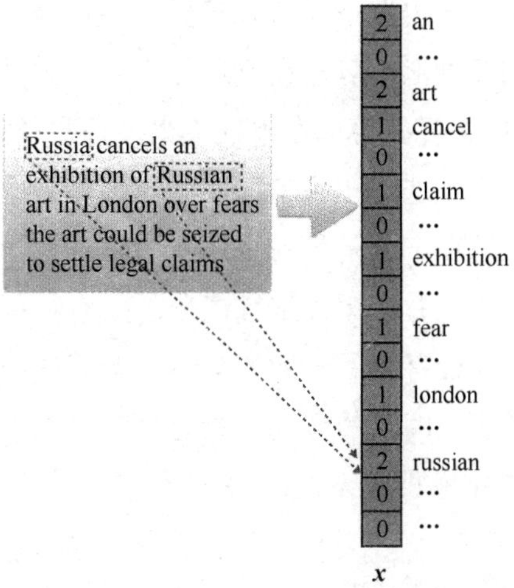

图 4.1　将文本文档表示为固定大小的词袋特征向量

例 4.1.1　文本文档的词袋特征

假设可以忽略词序和语法结构，展示如何将文本文档表示为词袋。

首先，必须指定一个词汇表，该词汇表包括语料库中所有文档使用的所有不同单词。对于每个文档，忽略内部语言结构，如词序和语法，只保留每个单词在文档中出现的次数。如图 4.1 所示，任何长度可变的文档总是可以用所有大小固定的单词计数向量表示，记为 $\boldsymbol{x}$，通常称为词袋特征。词袋特征向量 $\boldsymbol{x}$ 的维数等于词汇表中不同单词的数量，在真实文本文档中，其数量可以达到数十万甚至数百万。此外，可以根据每个单词在不同文档中出现的频率对普通词袋特征进行归一化，从而产生所谓的词频-逆文档频率（tf-idf）特征[117]。tf-idf 特征向量与普通词袋特征向量具有相同的维度，但赋予更有意义的词更多的权重。此外，一些序数编码方案，例如固定大小的变长编码方法（FOFE）[264]，也可用于增强普通词袋特征，以保留每个文本文档中的词序信息。

在特征工程中，提取各种特征之后，通常需要使用适当的缩放方法对每个独立特征的动态范围进行归一化，以确保特征向量中的所有维度都为零均值和单位方差。这个简单的归一化步骤已被证实可以明显促进模型学习中的优化过程。

4.1.2 特征选择

若从上述特征工程过程中导出的不同特征数量太多，通常必须降低特征向量的维数，以避免造成维数灾难，并减轻过拟合以提高泛化能力。这样做的前提是一些手动提取的特征可能是多余的或不相关的，这样就可以在不损失太多信息的情况下去除其中的一些特征。

在机器学习中，特征选择是选择相关特征的子集，将其用于模型构建，并丢弃其他特征的过程[87]。特征选择算法旨在产出最佳特征子集，使用搜索技术提出不同的特征组合，并依靠评估措施对每个特征子集的有用性进行评分。所有特征选择策略通常分为三类：包装器、过滤器和嵌入方法。在最有效的过滤方法中，一般倾向于使用快速代理度量来对每个特征子集进行评分。选择代理度量的方式计算速度快，同时仍能捕获特征的有用性，例如互信息（见例 2.3.3）和皮尔逊相关系数①（见注释）。

4.1.3 降维

与特征选择相反，降维是指代另一组技术，它们利用映射函数将高维特征向量转换为低维特征向量，同时保留原始高维空间中尽可能多的分布信息。由于前面提到的“非均匀性的祝福”，知道这对于实际应用中产生的高维特征向量总是可能的。

如图 4.2 所示，函数 $f(\cdot)$：$\mathbf{R}^n \to \mathbf{R}^m$ 将 n 维空间中的任意点映射到 m 维空间中的点，其中 $m \ll n$。可以对 $f(\cdot)$使用不同的函数形式，如线性函数、分段线性函数或其他一般非线性函数。另一方面，还需要根据映射过程中保留的信息来选择学习标准。根据选择，最终可以在机器学习中使用各种不同的降维方法。下面将根据几个典型类别介绍一些具有代表性的方法。

---

① 对于任意两个随机变量 x 和 y，皮尔逊相关系数等于两个变量的协方差除以它们的标准差的乘积。

$$\rho = \frac{\mathrm{cov}(x,y)}{\sigma_x \sigma_y} = \frac{E\left[(x-\mu_x)(y-\mu_y)\right]}{\sigma_x \sigma_y}$$

μ_x：x 的平均值
μ_y：y 的平均值
o_x：x 的标准差
o_y：y 的标准差

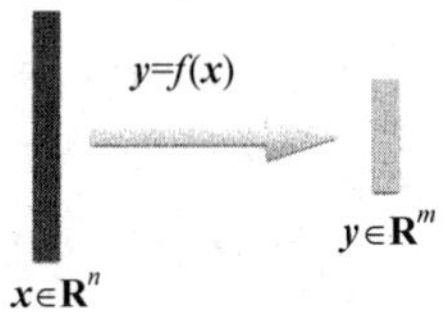

图 4.2 使用映射函数 $f(\cdot)$ 将高维特征向量转换为低维特征向量的降维方法

4.2 线性降维

本节首先介绍最简单的降维方法，即线性降维。这种方法会使对图 4.2 中线性映射函数的使用受限。众所周知，任何从 $\mathbf{R}^n$ 到 $\mathbf{R}^m$ 的线性函数都可以用 $m \times n$ 矩阵 $\boldsymbol{A}$ 表示如下：

$$\boldsymbol{y} = f(\boldsymbol{x}) = \boldsymbol{A}\boldsymbol{x}^{①},$$

其中，$\boldsymbol{A} \in \mathbf{R}^{m \times n}$ 表示该线性函数需要的所有参数估计。下面将介绍两种以不同方式估计矩阵 $\boldsymbol{A}$ 的常用方法。

4.2.1 主成分分析

主成分分析（PCA）可能是机器学习中最常用的线性降维技术[185,103]。先用一个简单的例子来解释主成分分析背后的主要思想。假设在二维空间中有一些特征向量分布，如图 4.3 所示。若想用线性方法来降维，本质上就是把这些二维向量投影到空间中的一条直线上。每条直线由一个方向向量表示。图 4.3 展示了两个正交的方向向量，表示为 $\boldsymbol{w}_1$ 和 $\boldsymbol{w}_2$。若将所有二维特征向量投影到这两个方向中的每一个，最终会使用两种不同的线性方法将所有特征向量投影到一维空间中。图 4.3 中的示例显示了这两种投影之间的显著差异。当人们

①

$$\underbrace{\begin{bmatrix} y_1 \\ \vdots \\ y_m \end{bmatrix}}_{\boldsymbol{y}} = \underbrace{\begin{bmatrix} a_{11} & \cdots & a_{1n} \\ \vdots & a_{ij} & \vdots \\ a_{m1} & \cdots & a_{mn} \end{bmatrix}}_{\boldsymbol{A}} \underbrace{\begin{bmatrix} x_1 \\ \vdots \\ x_n \end{bmatrix}}_{\boldsymbol{x}}$$

将所有向量投影到 $\boldsymbol{w}_1$ 的方向时，所有的投影都沿着 $\boldsymbol{w}_1$ 的线广泛散布。换句话说，在一维空间中沿着 $\boldsymbol{w}_1$ 线方向的投影具有更大的方差。另一方面，若将所有二维向量投影到 $\boldsymbol{w}_2$ 的方向上，所有投影都会在一个小区间内大量聚集。这表明沿 $\boldsymbol{w}_2$ 线方向的投影具有较小的方差。提问一个有趣的问题，在保留所有原始二维向量的分布信息方面，哪种投影方式更好？答案是实现更大方差的投影。当人们将向量从二维空间投影到一维空间时，或多或少将不得不丢弃一些关于原始数据分布的信息。然而，实现较大方差的投影往往比产生较小方差的投影保持更多的变化。若投影的方差较小，则意味着空间中的单个点可以更好地表示这些投影，即这些投影的均值。这说明它在数据分布上保留的信息较少。

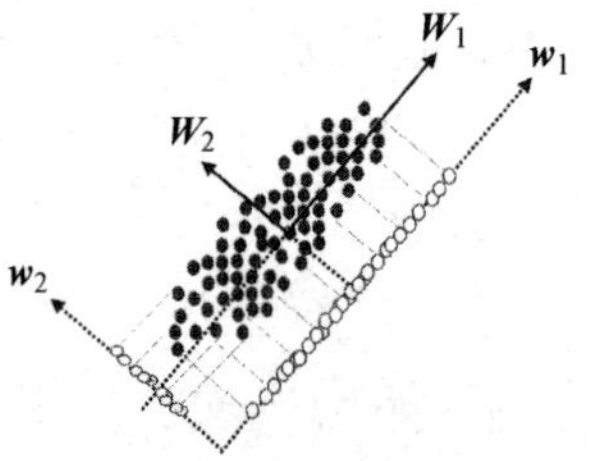

图 4.3　二维空间中主成分分析的简单示例每个点表示一个二维特征向量，每个圆圈表示一个一维子空间中的投影

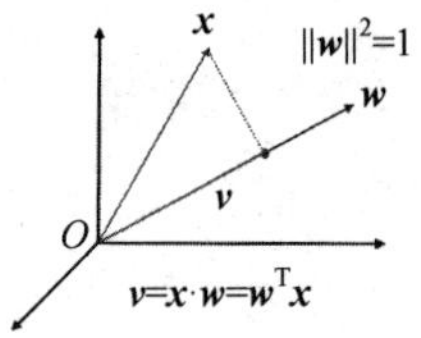

图 4.4　将高维向量 $\boldsymbol{x}$ 投影到由方向向量 $\boldsymbol{w}$ 指定的直线

主成分分析的目的是在空间中寻找一些可以达到最大方差的正交投影方向。这些方向通常被称为原始数据分布的主成分。主成分分析将使用这些主成分作为基向量构造线性子空间以进行降维。接下来将首先看看如何找到最大化投影方差的主成分。

如图 4.4 所示，假设要将 n 维空间 $\boldsymbol{x}\in\mathbf{R}^n$ 中的向量投影到一维空间中，即由方向向量 $\boldsymbol{w}$ 指示的线。进一步假设方向向量 $\boldsymbol{w}$ 是单位长度：

$$\|\boldsymbol{w}\|^2=\boldsymbol{w}^{\mathrm{T}}\boldsymbol{w}=1 \tag{4.1}$$

若我们将 $\boldsymbol{x}$ 投影到 $\boldsymbol{w}$ 的直线上，它在直线上的坐标记为 v，可以通过这两个向量的内积计算①（见注释）：

$$v = \boldsymbol{x} \cdot \boldsymbol{w} = \boldsymbol{w}^{\mathrm{T}} \boldsymbol{x} \tag{4.2}$$

假设在 n 维空间中给定了一组 N 个向量：

$$\mathscr{D} = \{\boldsymbol{x}_1, \boldsymbol{x}_2, \cdots, \boldsymbol{x}_N\}$$

研究如何为 $\mathscr{D}$ 中的所有向量找到达到最大投影方差的方向。若将 $\mathscr{D}$ 中的所有向量投影到 $\boldsymbol{w}$ 的一条线上，根据式（4.2），投影在这条线上的坐标如下：

$$\{v_1, v_2, \cdots, v_N\},$$

其中，$v_i = \boldsymbol{w}^{\mathrm{T}} x_i$，对于所有 $i = 1,2,\cdots,N$。可以计算这些投影坐标的方差为

$$\sigma^2 = \frac{1}{N}\sum_{i=1}^{N}(v_i - \overline{v})^2,$$

其中，$\overline{v} = \frac{1}{N}\sum_{i=1}^{N} v_i$ 表示这些投影坐标的平均值。可以验证②（见注释）

$$\overline{v} = \boldsymbol{w}^{\mathrm{T}} \overline{\boldsymbol{x}},$$

其中，$\overline{x} = \frac{1}{N}\sum_{i=1}^{N} x_i$ 表示 $\mathscr{D}$ 中所有向量的均值。

可以进一步计算上述方差如下：

---

① 若在图 4.4 中用 θ 表示 x 和 w 之间的角度，则

$$v = \|\boldsymbol{x}\|\cos\theta$$

根据欧几里得空间内积的定义，有

$$\cos\theta = \frac{\boldsymbol{x} \cdot \boldsymbol{w}}{\|\boldsymbol{x}\|\|\boldsymbol{w}\|}$$

因此，由于 $\|\boldsymbol{w}\| = 1$，故

$$v = \frac{\boldsymbol{x} \cdot \boldsymbol{w}}{\|\boldsymbol{w}\|} = \boldsymbol{x} \cdot \boldsymbol{w}$$

②

$$\begin{aligned}\overline{v} &= \frac{1}{N}\sum_{i=1}^{N} v_i = \frac{1}{N}\sum_{i=1}^{N} \boldsymbol{w}^{\mathrm{T}} \boldsymbol{x}_i \\ &= \boldsymbol{w}^{\mathrm{T}}\left[\frac{1}{N}\sum_{i=1}^{N} \boldsymbol{x}_i\right] = \boldsymbol{w}^{\mathrm{T}} \overline{\boldsymbol{x}}\end{aligned}$$

$$\begin{aligned}\sigma^2 &= \frac{1}{N}\sum_{i=1}^{N}(v_i - \overline{v})(v_i - \overline{v}) \\ &= \frac{1}{N}\sum_{i=1}^{N}(\boldsymbol{w}^{\mathrm{T}}\boldsymbol{x}_i - \boldsymbol{w}^{\mathrm{T}}\overline{\boldsymbol{x}})(\boldsymbol{w}^{\mathrm{T}}\boldsymbol{x}_i - \boldsymbol{w}^{\mathrm{T}}\overline{\boldsymbol{x}})^{①} \\ &= \frac{1}{N}\sum_{i=1}^{N}\boldsymbol{w}^{\mathrm{T}}(\boldsymbol{x}_i - \overline{\boldsymbol{x}})\boldsymbol{w}^{\mathrm{T}}(\boldsymbol{x}_i - \overline{\boldsymbol{x}}) \\ &= \frac{1}{N}\sum_{i=1}^{N}\boldsymbol{w}^{\mathrm{T}}(\boldsymbol{x}_i - \overline{\boldsymbol{x}})(\boldsymbol{x}_i - \overline{\boldsymbol{x}})^{\mathrm{T}}\boldsymbol{w} \\ &= \boldsymbol{w}^{\mathrm{T}}[\underbrace{\frac{1}{N}\sum_{i=1}^{N}(\boldsymbol{x}_i - \overline{\boldsymbol{x}})(\boldsymbol{x}_i - \overline{\boldsymbol{x}})^{\mathrm{T}}}_{\boldsymbol{S}}]\boldsymbol{w},\end{aligned}$$

其中，矩阵 $\boldsymbol{S}\in\mathbf{R}^{n\times n}$ 是数据集 $\mathscr{D}$ 的样本协方差矩阵。②主成分可以通过最大化上述方差得到如下：

$$\widehat{\boldsymbol{w}} = \arg\max_{\boldsymbol{w}} \boldsymbol{w}^{\mathrm{T}}\boldsymbol{S}\boldsymbol{w},$$

使得

$$\boldsymbol{w}^{\mathrm{T}}\boldsymbol{w} = 1$$

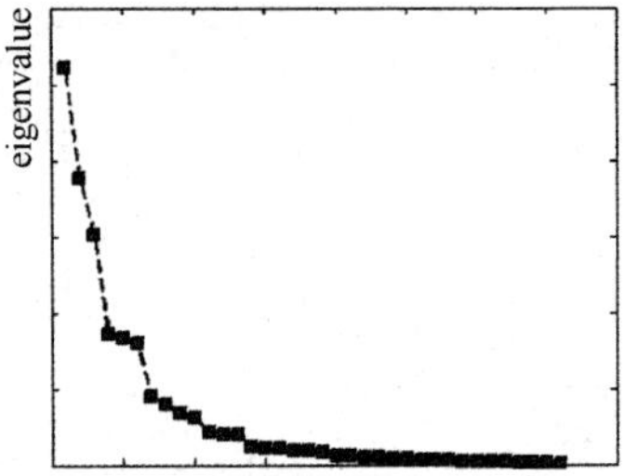

图 4.5　样本协方差矩阵的所有 n 个特征值的分布

进一步为上述等式约束引入拉格朗日乘数 λ.，并推导出 $\boldsymbol{w}$ 的拉格朗日数为

$$L(\boldsymbol{w}) = \boldsymbol{w}^{\mathrm{T}}\boldsymbol{S}\boldsymbol{w} + \lambda\cdot(1 - \boldsymbol{w}^{\mathrm{T}}\boldsymbol{w})$$

---

① 注意

$$\boldsymbol{w}^{\mathrm{T}}\boldsymbol{x} = \boldsymbol{x}^{\mathrm{T}}\boldsymbol{w}$$

对任何二维 n 维向量 $\boldsymbol{w}$ 和 $\boldsymbol{x}$ 都成立。

②

$$\boldsymbol{S} = \frac{1}{N}\sum_{i=1}^{N}(\boldsymbol{x}_i - \overline{\boldsymbol{x}})(\boldsymbol{x}_i - \overline{\boldsymbol{x}})^{\mathrm{T}} \tag{4.3}$$

可以计算关于 $\boldsymbol{w}$ 的偏导数为[①]

$$\frac{\partial L(\boldsymbol{w})}{\partial \boldsymbol{w}} = 2\boldsymbol{S}\boldsymbol{w} - 2\lambda \boldsymbol{w}$$

上面的梯度 $\frac{\partial L(w)}{\partial x} = 0$ 消失后，可以得出主成分 $\widehat{\boldsymbol{w}}$ 必须满足以下条件：

$$\boldsymbol{S}\widehat{\boldsymbol{w}} = \lambda \widehat{\boldsymbol{w}}\text{。}$$

换句话说，主成分 $\widehat{\boldsymbol{w}}$ 必须是样本协方差矩阵 $\boldsymbol{S}$ 的特征向量，而拉格朗日乘数 λ 等于相应的特征值。在一个 n 维空间中，最多可以有 n 个这样的正交特征向量。当将这些特征向量中的任何一个代入上述目标函数时，可以得出投影方差等于相应的特征值：

$$\sigma^2 = \widehat{\boldsymbol{w}}^{\mathrm{T}}\boldsymbol{S}\widehat{\boldsymbol{w}} = \widehat{\boldsymbol{w}}^{\mathrm{T}}\lambda\widehat{\boldsymbol{w}} = \lambda\cdot\|\widehat{\boldsymbol{w}}\|^2 = \lambda$$

这个结果表明，若想要最大化投影方差，只需使用对应于最大特征值的特征向量。

可以进一步将此结果扩展到将向量 $\boldsymbol{x}\in\mathbf{R}^n$ 映射到低维空间 $\mathbf{R}^m$（$m \ll n$）的情况（参见练习 Q4.1）。在这种情况下，应该使用对应于 $\boldsymbol{S}$ 的前 m 个最大特征值的 m 个特征向量，表示为 $\{\hat{w}_1, \hat{w}_2, \cdots, \hat{w}_m\}$，在映射函数 $\boldsymbol{y} = \boldsymbol{A}x$ 中构造矩阵 $\boldsymbol{A}$：

$$\boldsymbol{A} = \begin{bmatrix} - & \widehat{\boldsymbol{w}}_1^{\mathrm{T}} & - \\ - & \widehat{\boldsymbol{w}}_2^{\mathrm{T}} & - \\ & \vdots & \\ - & \widehat{\boldsymbol{w}}_m^{\mathrm{T}} & - \end{bmatrix}_{m\times n},$$

其中，每个特征向量形成 $\boldsymbol{A}$ 的一行。

当有足够数量的训练样本即 $N \geqslant n$ 时，样本协方差矩阵 $\boldsymbol{S}$ 是对称的，并且具有满秩。因此，可以为对应 n 个非零特征值的 $\boldsymbol{S}$ 计算 n 个不同的相互正交的特征向量。如图 4.5 所示，当按从大到小的顺序绘制典型样本协方差矩阵 $\boldsymbol{S}$ 的所有特征值时，可以看到前几个分量通常支配总方差。因此，我们总是可以使用少量的顶级特征向量来构建一个主成分分析矩阵，该矩阵可以保留原始数据分布中很大一部分总方差。在主成分分析映射之后，$\boldsymbol{y}$ 成为原始高维向量 $\boldsymbol{x}$ 在低维线性子空间中的紧凑表示。

---

① 请注意，有

$$\frac{\partial}{\partial \boldsymbol{x}}\left(\boldsymbol{x}^{\mathrm{T}}\boldsymbol{x}\right) = 2\boldsymbol{x}$$

$$\frac{\partial}{\partial \boldsymbol{x}}\left(\boldsymbol{x}^{\mathrm{T}}A\boldsymbol{x}\right) = 2A\boldsymbol{x} \quad (\text{symmetric } \boldsymbol{A})$$

在这里，我们可以将整个主成分分析过程总结为：

主成分分析过程

假设训练数据为 $\mathscr{D}=\{x_1,x_2,\cdots,x_N\}$，

1. 计算等式（4.3）中的样本协方差矩阵 $\boldsymbol{S}$
2. 计算 $\boldsymbol{S}$ 的前 m 个特征向量
3. 用一行特征向量形成 $\boldsymbol{A}\in\mathbf{R}^{m\times n}$
4. 对于任意 $\boldsymbol{x}\in\mathbf{R}^n$，将其映射到 $\boldsymbol{y}\in\mathbf{R}^m$，因为 $y=\boldsymbol{Ax}$。

最后，考虑如何根据主成分分析表示 $\boldsymbol{y}$ 重建原始 $\boldsymbol{x}$。首先，假设在主成分分析矩阵 $\boldsymbol{A}$ 中保持所有特征向量，在这种情况下，$m=n$，$\boldsymbol{A}$ 是一个 $n\times n$ 正交矩阵①，并且主成分分析映射对应于 n 维的旋转空间。因此，可以根据 $\boldsymbol{y}$ 完美地将 $\boldsymbol{x}$ 重构为如下：

$$\tilde{\boldsymbol{x}}=\boldsymbol{A}^{\mathrm{T}}\boldsymbol{y}=\underbrace{\boldsymbol{A}^{\mathrm{T}}\boldsymbol{A}}_{\boldsymbol{I}}\boldsymbol{x}=\boldsymbol{x}\text{。}$$

然而，在常规的主成分分析过程中，降低维数通常不会将所有特征向量都保留在 $\boldsymbol{A}$ 中。在这种情况下，$\boldsymbol{A}$ 是一个 $m\times n$ 矩阵。为简单起见，仍然可以使用相同的等式

$$\tilde{\boldsymbol{x}}=\boldsymbol{A}^{\mathrm{T}}\boldsymbol{y}\text{。}$$

根据 m 维主成分分析表示 $\boldsymbol{y}$ 重建 n 维向量。然而，可以看到，在这种情况下②（见注释）$\tilde{\boldsymbol{x}}\neq\boldsymbol{x}$。换句话说，由于截断的特征向量，我们无法完美地恢复原始高维向量，如图 4.6 所示。

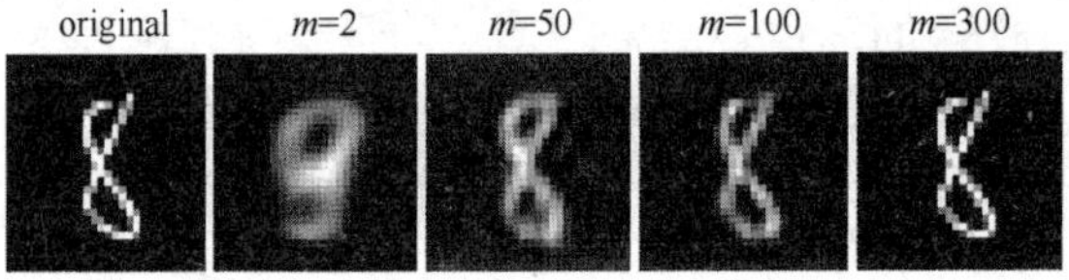

图 4.6　根据一些低维 PCA 投影（$m=2,50,100,300$）重建图像（$n=784$）（由 HuyVu 提供）

其中，手写数字的原始图像大小为 $28\times28=784$，已经展示了一些来自其低维主成分分析投影的重建图像（$m=2,50,100,300$）。当 m 小时，只能恢复数字的主要形状，而丢失

① 当 $m=n$ 时，$\boldsymbol{A}$ 是正交矩阵，因此，有：

$$\boldsymbol{A}^{\mathrm{T}}\boldsymbol{A}=\boldsymbol{I}$$

然而，当 $m<n$ 时，$\boldsymbol{A}$ 是一个 $m\times n$ 矩阵，$\boldsymbol{A}^{\mathrm{T}}\boldsymbol{A}$ 仍然是一个 $n\times n$ 矩阵，但可以验证

$$\boldsymbol{A}^{\mathrm{T}}\boldsymbol{A}\neq\boldsymbol{I}$$

② 有关从 $\boldsymbol{y}$ 重建 $\boldsymbol{x}$ 的更好方法，请参阅练习 Q4.3。

$$\tilde{\boldsymbol{x}}=\boldsymbol{A}^{\mathrm{T}}\boldsymbol{y}+(\boldsymbol{I}-\boldsymbol{A}^{\mathrm{T}}\boldsymbol{A})\bar{\boldsymbol{x}}$$

了原始图像的许多精细细节。

当将高维向量投影到低维空间时，可以通过最小化总失真，推导出上述主成分分析方法的等式有所不同。如图 4.7 所示，当人们将一个高维向量 x_i 投影到由方向向量 $\boldsymbol{w}$ 表示的直线上时，实质上，这里引入了由 e_i 表示的失真误差。可以通过搜索最佳投影方向 $\boldsymbol{w}$ 来制定主成分分析，以确保在训练集上最小化引入的总误差。这个等式产生的结果与之前讨论过的内容相同。请参阅练习 Q4.2 和 Q4.3，了解有关此等式的更多详细信息。

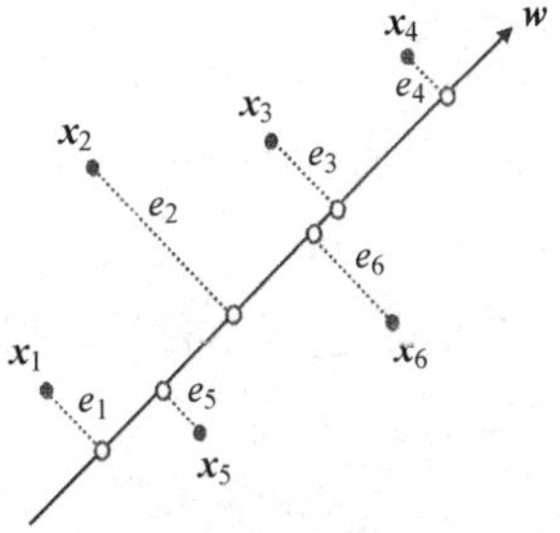

图 4.7 PCA 最小失真误差等式

4.2.2 线性判别分析

众所周知，主成分分析旨在沿着主成分投影高维数据以最大化方差。在某些情况下，当已知数据来自几个不同的类时，可能希望将数据投影到低维空间中，以使不同类之间的间隔最大化。一般来说，主成分分析无法实现这个目标。例如，假设来自两个不同类别的一些特征向量（用颜色标记）如图 4.8 所示分布。若使用主成分分析方法，则数据将被投影到 PCA 线，于是所有向量的方差被最大化。正如所看到的，方差沿着这个方向最大化，但是两个类别被映射到同一个区域，并且在降维后变得高度重叠。从保持类分离的角度来看，这种投影方向并不理想。另一方面，若沿着另一条 LDA 线投影数据，则可以在低维空间中很好地保持两个类之间的分离。

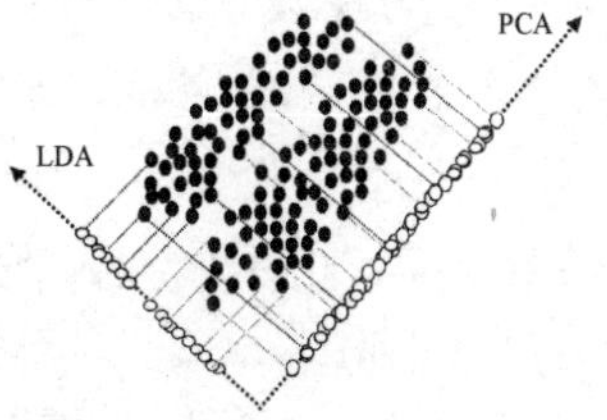

图 4.8 在一个简单的两类示例中比较主成分分析（PCA）与线性判别分析（LDA），其中不同的颜色表示每个特征向量的类标签

这里介绍一种通用的方法来推导可以实现不同类之间最大分离的投影方向。假设所有高维向量都来自 K 个不同的类。基于给定的类标签，首先将所有向量划分为 K 个子集，表示为 $\boldsymbol{C}_1$，$\boldsymbol{C}_2$，…，$\boldsymbol{C}_k$，然后计算每个子集的均值向量和样本协方差矩阵，如下所示：

$$\boldsymbol{\mu}_k = \frac{1}{|\boldsymbol{C}_k|}\sum_{\boldsymbol{x}_i \in \boldsymbol{C}_k} \boldsymbol{x}_i \text{ ①}$$

$$\boldsymbol{S}_k = \frac{1}{|\boldsymbol{C}_k|}\sum_{\boldsymbol{x}_i \in \boldsymbol{C}_k} (\boldsymbol{x}_i - \boldsymbol{\mu}_k)(\boldsymbol{x}_i - \boldsymbol{\mu}_k)^{\mathrm{T}}$$

对于所有 $k = 1,2,\cdots,K$。

若仍然采用上述的线性投影方法，将所有向量投影到一条方向向量 $\boldsymbol{w}$ 中。若想实现不同类之间的最大类分离，从概念上，来自同一类的所有投影应该接近，而不同的类应该映射到一些相距较远的区域。为了同时满足这两个目标，Fisher 的线性判别分析（LDA）[64] 旨在通过最大化以下比率来导出投影方向 $\boldsymbol{w}$：

$$\max_{\boldsymbol{w}} \underbrace{\frac{\boldsymbol{w}^{\mathrm{T}}\boldsymbol{S}_b\boldsymbol{w}}{\boldsymbol{w}^{\mathrm{T}}\boldsymbol{S}_w\boldsymbol{w}}}_{J(\boldsymbol{w})}$$

分子用所谓的类间散布矩阵 $\boldsymbol{S}_b \in \mathbf{R}^{n\times n}$ 来衡量不同类之间的分离，根据所有类的均值向量计算为

$$\boldsymbol{S}_b = \sum_{k=1}^{K} |\boldsymbol{C}_k|(\boldsymbol{\mu}_k - \boldsymbol{\mu})(\boldsymbol{\mu}_k - \boldsymbol{\mu})^{\mathrm{T}} \text{ ②},$$

其中，μ 表示来自所有不同类别的所有向量的均值向量。

同时，分母用所谓的类内散布矩阵 $\boldsymbol{S}_w \in \mathbf{R}^{n\times n}$ 来衡量来自同一类的所有投影的接近程度，定义为所有个体样本协方差矩阵的总和：

$$\boldsymbol{S}_w = \sum_{k=1}^{K} \boldsymbol{S}_k$$

此外，可以验证最大化上述比率 $J(\boldsymbol{w})$ 等效于以下约束优化问题（见右图）：

① $|C_k|$表示子集 C_k 中向量的数量。

② 假设 $\boldsymbol{w}_1$ 是最大化比率 $\boldsymbol{J}(\boldsymbol{w})$ 但 $\boldsymbol{w}_1^{\mathrm{T}}\boldsymbol{S}_w\boldsymbol{w}_1 \neq 1$ 的解。我们总是可以缩放 $\boldsymbol{w}_1$

$$\boldsymbol{w}_2 = \alpha\boldsymbol{w}_1$$

使 $\boldsymbol{w}_2^{\mathrm{T}}\boldsymbol{S}_w\boldsymbol{w}_2 = 1$。这种缩放不会改变 $\boldsymbol{J}(\boldsymbol{w})$ 的值，因为缩放因子 α 从分子和分母中抵消。因此，约束

$$\boldsymbol{w}^{\mathrm{T}}\boldsymbol{S}_w\boldsymbol{w} = 1$$

不影响优化问题，因为缩放后的 $\boldsymbol{w}_2$ 和 $\boldsymbol{w}_1$ 效果一样。

$$\boldsymbol{w}^* = \arg\max_{w} \boldsymbol{w}^{\mathrm{T}} \boldsymbol{S}_b \boldsymbol{w} ,$$

使得

$$\boldsymbol{w}^{\mathrm{T}} \boldsymbol{S}_w \boldsymbol{w} = 1$$

使用与拉格朗日乘数相同的方法，我们可以推导出上述线性判别分析问题的解必须是矩阵 $\boldsymbol{S}_w^{-1}\boldsymbol{S}_b$ 的特征向量（参见练习 Q4.4）。因此，除非我们根据另一个 $n \times n$ 矩阵 $\boldsymbol{S}_w^{-1}\boldsymbol{S}_b$ 计算特征向量，否则线性判别分析与上述主成分分析过程非常相似。

例如，图 4.9 将线性判别分析与主成分分析进行比较，它们在二维空间中的投影绘制为 4、7、8 三个手写数字的约 28×28 张图像。可以发现，因为线性判别分析可以利用有关类标签的信息，线性判别分析投影可以实现比 PCA 更好的类分离。

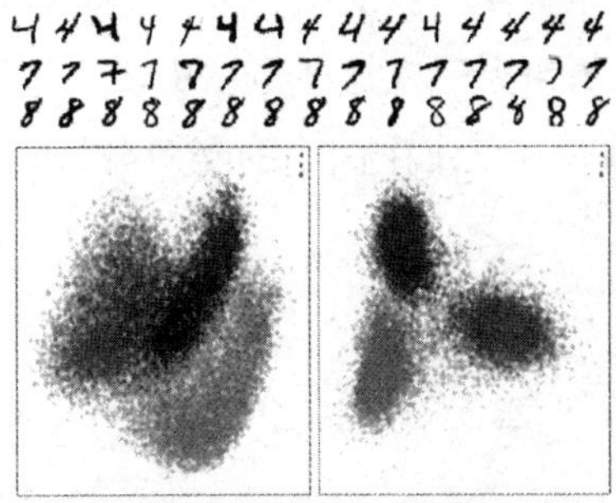

图 4.9 使用 PCA 和 LDA 将手写数字如 4、7 和 8 的一些图像投影到二维空间（由 HuyVu 提供）

最后，由于需要类标签，线性判别分析可以看作一种用于降维的监督学习方法，而主成分分析由于可以从未标记的数据中导出主成分，被视为是一种无监督学习方法。它们之间的另一个主要区别是，因为类间散布矩阵 $\boldsymbol{S}_b$ 没有满秩，所以线性判别分析最多只能找到 K-1[①] 个投影方向。类间散布矩阵 $\boldsymbol{S}_b$ 仅根据 K 个不同的类相关均值向量推导而来，我们可以验证它的秩不能超过 K-1。因此，矩阵 $\boldsymbol{S}_w^{-1}\boldsymbol{S}_b$ 的秩也不超过 K-1，所以在线性判别分析中，最多只能推导出 K-1 个相互正交的特征向量，对应 K-1 个非零特征值。

① K：数据中不同类别的数量。

4.3 非线性降维（Ⅰ）：流形学习

降维的线性方法通常概念直观，计算简单。例如，主成分分析和线性判别分析都可以用闭形解来解决。然而，只有当一些线性子空间很好地捕获数据分布中的低维结构时，线性方法才有意义。例如，在图 4.10 中可以看到数据分布在一维非线性结构中，但不能用任何直线来精确表示它。必须使用非线性降维方法来捕捉这种结构。在数学中，这种低维拓扑空间中的非线性结构通常被称为流形。

本节将从流形学习的文献中介绍一些具有代表性的非线性方法。这些方法尝试使用一些非参数方法来识别潜在的低维流形，在这些方法中，不假设非线性的函数形式映射函数 $f(\cdot)$，而是直接估计所有高维向量在低维空间中的坐标 y。下一节将介绍一种使用神经网络来近似非线性映射函数的参数化方法。

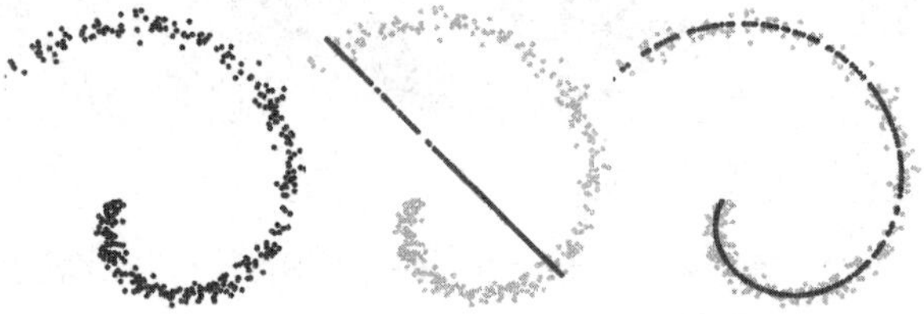

图 4.10　对于高维向量分布在低维非线性拓扑空间中的情况，非线性降维方法的说明

4.3.1 局部线性嵌入

局部线性嵌入（LLE）[201]旨在用分段线性方法捕获流形。在流形中的任意小邻域内，假设数据可以通过线性函数进行局部建模。如图 4.11 所示，高维空间中的任何向量 $\boldsymbol{x}_i$ 都可以根据足够小的邻域内的一些邻近向量线性重建，记为 N_i，如下所示：

$$\boldsymbol{x}_i \approx \sum_{j \in N_i} w_{ij} \boldsymbol{x}_j ,$$

其中，w_{ij} 表示当使用 x_j 重建 x_i 时的线性贡献权重。只有邻域 N_i 内的附近向量的权重是非零的。在 LLE 中，一种指定邻域 N_i 的便捷方法是使用 $\boldsymbol{x}_i$ 的 k 个最近邻。进一步假设每个邻域中所有邻近向量的总贡献是恒定的，即 $\sum_j w_{ij} = 1$。所有成对的权重都可通过最小化所有 $\boldsymbol{x}_i$

的总重建误差来获得：

$$\{\hat{w}_{ij}\} = \arg\min_{\{w_{ij}\}} \sum_i \| \boldsymbol{x_i} - \sum_{j \in N_i} w_{ij} \boldsymbol{x_j} \|^2 ,$$

使得 $\sum_j w_{ij} = 1 (\forall i)$。

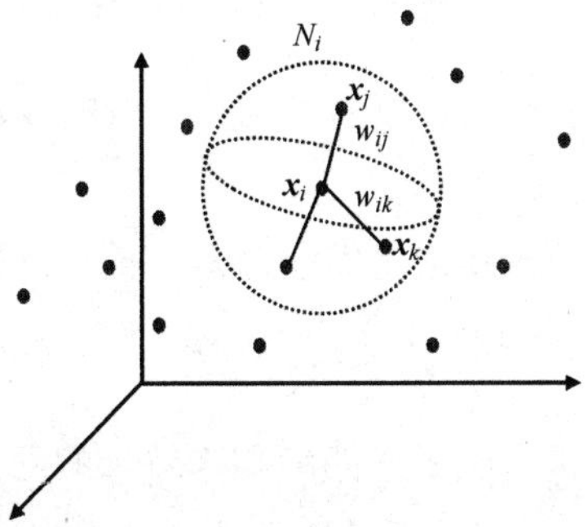

图 4.11　局部线性嵌入（LLE）在高维空间的局部线性结构示意图

此外，将所有高维向量映射到低维空间时，尝试在高维空间中保持局部线性结构。换句话说，我们假设在高维空间中获得的所有成对线性权重 $\{\hat{w}_{ij}\}$ 可以直接应用于低维空间，以相同的线性方式将它们的投影局部关联，如图 4.12 所示。基于这个假设，可以通过最小化低维空间中的重构误差推导出所有低维投影：

$$\{\hat{\boldsymbol{y}}_i\} = \arg\min_{\{\hat{\boldsymbol{y}}_i\}} \sum_i \| \boldsymbol{y_i} - \sum_{j \in N_i} \hat{w}_{ij} \boldsymbol{y_j} \|^2$$

有趣的是，上面的两个优化问题都可以用闭形解来解决（参见练习 Q4.5）。这使得局部线性嵌入成为最有效的非线性降维方法之一。

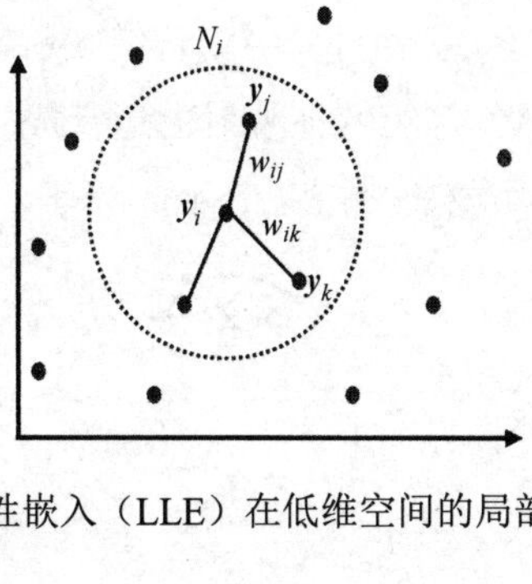

图 4.12　局部线性嵌入（LLE）在低维空间的局部线性结构示意图

4.3.2 多维缩放

所谓的多维缩放（MDS）[161]背后的关键思想是，将高维向量投影到低维空间时保留所有成对距离。若两个向量在高维空间中相邻，那么它们在低维空间中的投影也应该很接近，反之亦然。

在多维缩放中，首先使用度量来计算所有高维向量的成对距离，例如，计算所有 i 和 j 的欧几里得距离 $d_{ij}=\|x_i - x_j\|$。

接下来，通过最小化相应成对距离之间的总差，推导出低维空间中所有投影坐标：

$$\{\hat{\boldsymbol{y}}_i\} = \arg\min_{\{\boldsymbol{y}_i\}} \sum_i \sum_{j>i} (\|\boldsymbol{y}_i - \boldsymbol{y}_j\| - d_{ij})^2$$

上述优化的一个主要问题是它侧重于匹配相距较远的向量，因为长距离在上述目标函数中的贡献比短距离大得多。一个简单的解决方法是使用 Sammon 映射[211]对距离差异进行归一化，以增加附近对的权重：

$$\{\hat{\boldsymbol{y}}_i\} = \arg\min_{\{\boldsymbol{y}_i\}} \sum_i \sum_{j>i} \left(\frac{\|\boldsymbol{y}_i - \boldsymbol{y}_j\| - d_{ij}}{d_{ij}} \right)^2$$

在多维缩放中没有可以解决上述优化问题的简单方法，人们将不得不选用数值优化方法，如梯度下降法。因此，多维缩放的计算复杂度相当高。

另一个改进多维缩放的有趣想法是所谓的等距特征映射（Isomap）方法[235]，我们只计算高维空间中附近向量的成对距离。这些邻近的向量在高维空间中进一步连接形成稀疏图，如图 4.13 所示。图中的每条边都由相应的成对距离加权。对于任何一对相距很远的向量，例如 ***A*** 和 ***B***，计算它们之间的距离需要使用加权图中的最短路径（灰色实线），而不是空间中它们之间的直接距离（灰色虚线）。由此，等距特征映射可以显着提高捕获数据分布中的局部结构的能力。我们还注意到，等距特征映射的运行成本甚至比常规多维缩放还要高，因为遍历大图来计算最短路径的成本非常高。

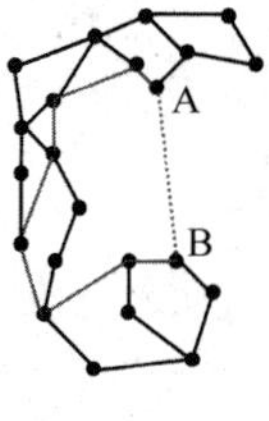

图 4.13　使用加权图计算等距特征映射中相距较远向量之间距离（A 和 B 之间的距离需计算图中的最短路径（灰色实线），而不是空间中的直接距离（灰色虚线）

4.3.3 随机邻域嵌入

随机邻域嵌入（SNE）[98]是一种概率局部映射方法，依赖于从局部距离计算的一些成对条件概率。首先，对于任意两个高维向量 $\boldsymbol{x}_i$ 和 $\boldsymbol{x}_j(i \neq j)$，使用高斯核定义条件概率如下：

$$p_{ij} = \frac{\exp(-\gamma_i \| \boldsymbol{x}_i - \boldsymbol{x}_j \|^2)}{\sum_k \exp(-\gamma_i \| \boldsymbol{x}_i - \boldsymbol{x}_k \|^2)}\text{①} \quad (\forall i, ji \neq j),$$

其中，γ_i 是需要手动指定的控制参数。直观地说，可以将 p_{ij} 视为选择 $\boldsymbol{x}_j$ 作为 $\boldsymbol{x}_i$ 邻居的概率。由于归一化的约束，$P_i = \{p_{ij} \mid \forall j\}$ 形成多项式分布。

类似地，可以将基于低维空间中的投影的成对条件概率定义为

$$q_{ij} = \frac{\exp(-\| y_i - y_j \|^2)}{\sum_k \exp(-\| y_i - y_k \|^2)} \quad (\forall i, j)$$

这里，$Q_i = \{q_{ij} \mid \forall_j\}$ 也形成多项式分布。随机邻域嵌入背后的关键思想是，通过最小化这些多项式分布之间的 KL 散度来导出所有低维投影：

$$\{\hat{\boldsymbol{y}}_i\} = \arg\min_{\{y_i\}} \sum_i \text{KL}^{②}(P_i \| Q_i)$$

$$= \arg\min_{\{y_i\}} \sum_i \sum_j p_{ij} \ln \frac{p_{ij}}{q_{ij}}$$

必须再次依靠迭代数值方法来解决这个优化问题。

t 分布随机邻域嵌入（t-SNE）方法[150]是 SNE 的扩展。t 分布随机邻域嵌入没有使用尖锐的高斯核，而是使用具有单自由度的重尾学生 t 分布来定义低维空间中的条件概率：

$$q_{ij} = \frac{(1 + \| y_i - y_j \|^2)^{-1}}{\sum_{k \neq i} (1 + \| y_i - y_k \|^2)^{-1}} \quad (\forall i, j)$$

当我们使用 t 分布随机邻域嵌入将高维数据投影到二维或三维的低维空间时，会发现 t 分布随机邻域嵌入特别擅长显示聚类。因此，t 分布随机邻域嵌入是一种非常常用的数据可视化工具。例如，当我们使用 t 分布随机邻域嵌入为图 4.14 中的三个手写数字 4、7 和 8

① 函数

$$\Phi(\boldsymbol{x}_i, \boldsymbol{x}_j) = \exp(-\gamma \| \boldsymbol{x}_i - \boldsymbol{x}_j \|^2)$$

因类似于高斯分布而被称为高斯核。

② KL 散度参见第 2.3.3 节。

绘制图像时，它显示出比图 4.9 中的两种线性方法更好的聚类效果。

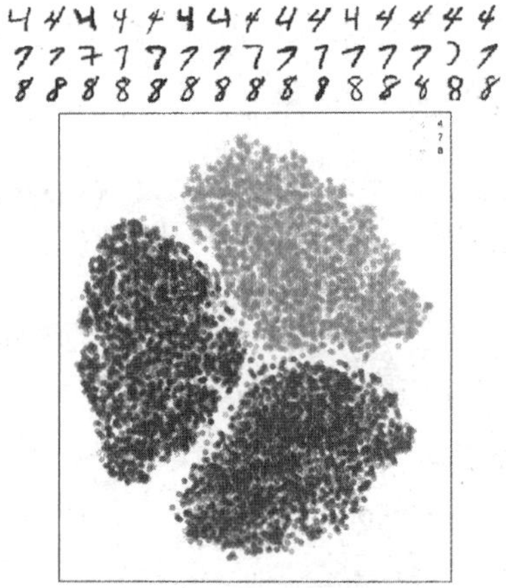

图 4.14　使用 t 分布随机邻域嵌入将手写数字 4、7 和 8 的一些图像投影到二维空间（由 Huy Vu 提供）

4.4　非线性降维（II）：神经网络

本节将简要介绍另一组非线性降维方法，这些方法使用神经网络来近似图 4.2 中的一般非线性映射函数 $f(\cdot)$。与 4.3 节讨论的非参数流形学习方法相反，这些方法可以被视为非线性降维的参数方法，因为非线性映射函数可以由神经网络确定，而神经网络又完全由固定的神经网络指定一组参数，即网络中的所有连接权重。由于第 8 章才会全面介绍神经网络，因此本节只描述使用神经网络进行非线性降维的基本思想。读者需要参考第 8 章来了解网络结构配置和参数学习的实现细节。

4.4.1　自编码器

如图 4.15 所示，自动编码器[132]依赖于两个神经网络：一个作为编码器，另一个作为解码器。编码器网络充当图 4.2 中的非线性映射函数 $y=f(\mathbf{x})$，将高维向量 $\mathbf{x}$ 映射到低维空间 $\mathbf{y}$。另一方面，解码器网络旨在学习逆变换，以从其低维表示中恢复原始高维向量：$\hat{\mathbf{x}}=f(\mathbf{y})$。编码器和解码器网络均通过最小化输入和输出之间的差异联合训练，即$\|\hat{\mathbf{x}}-\mathbf{x}\|^2$。这种方式可以帮助从未标记的数据中学习自动编码器，使其成为非线性降维的无监督学习方法。因此，自编码器可以被视为主成分分析[11]的非线性扩展。

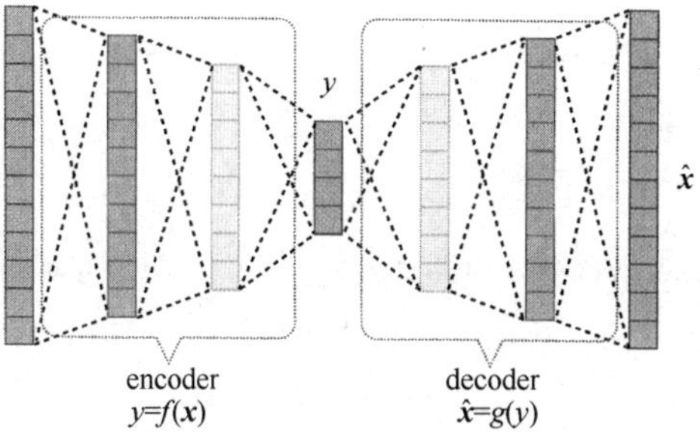

图 4.15　使用神经网络作为编码器和解码器，学习如何将高维向量 $\boldsymbol{x}$ 投影到低维空间 y 的自编码器

4.4.2　瓶颈特征

若可以访问数据的类标签，就可以构建一个深度神经网络来将高维向量 x 映射到它们对应的类标签中。如图 4.16 所示，可以有意在深度网络中间插入一个窄层，通常被称为瓶颈层。使用标签数据训练整个深度网络后，可以使用网络的第一部分（瓶颈层之前）作为非线性映射函数，将所有高维向量转换为低维表示：$y=f(\boldsymbol{x})$，其中 y 通常称为瓶颈（BN）特征。与线性判别分析类似，人们需要使用类标签来学习瓶颈特征提取器。因此，可以将瓶颈特征视为线性判别分析的非线性扩展。瓶颈特征已成功用于学习语音识别中语音信号的紧凑表示[94,86]。

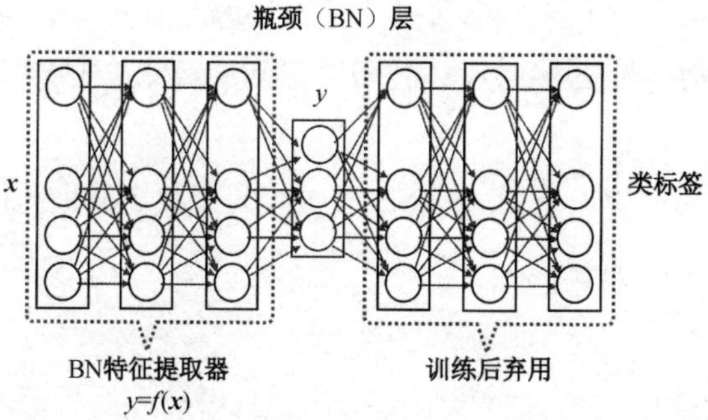

图 4.16　在深度神经网络中使用瓶颈层，学习如何将高维向量 $\boldsymbol{x}$ 投影到低维空间 y

实验室项目一

本项目将应用多种特征提取方法。可以选择使用自己惯用的任何编程语言。但只可使

用库进行线性代数运算，如矩阵乘法、矩阵求逆、矩阵分解等，此项目中，不得使用任何现有的机器学习、统计工具包、库，或任何开源代码。

在本项目中，将使用 MNIST 数据集[142]。MNIST 数据集是一个手写数字集，包含 60000 张训练图像和 10000 张测试图像。每个图像的大小为 28 × 28。MNIST 数据集可以从 http://yann.lecun.com/exdb/mnist/下载。在项目中，为简单起见，只需使用像素作为以下方法的原始特征。

a）使用所有三个数字（4、7 和 8）的训练图像来估计主成分分析投影矩阵，然后在等式（4.5）中绘制这些图像的总失真误差，作为使用的主成分分析维度（如 2、10、50、100、200、300）的函数。此外，按从大到小的顺序绘制样本协方差矩阵的所有特征值，在主成分分析中至少必须使用多少维才能保持数据总方差的 98%？

b）使用所有三个数字（“4”、“7” 和 “8”）的训练图像来估计所有可能的线性判别分析维度的线性判别分析投影矩阵。在这种情况下，你可以使用的最大线性判别分析尺寸是多少？为什么？

c）使用主成分分析和线性判别分析将所有图像投影到二维空间中，并以不同的颜色绘制每个数字以进行数据可视化。将这两种线性方法与流行的非线性方法进行比较，即 t 分布随机邻域嵌入（https://lvdmaaten.github.io/tsne/）。你不需要应用 t 分布随机邻域嵌入，可以直接从网站下载 t 分布随机邻域嵌入代码，并将其在你的数据上运行，以与主成分分析和线性判别分析进行比较。根据你得到的结果，解释这三种方法在数据可视化方面有何不同。

d）若有足够的计算资源，使用 MNIST 中所有十个数字的训练图像重复上述步骤。

练习

Q4.1 用归纳法证明 m 维主成分分析对应于线性投影，该线性投影由 m 个最大特征值对应的样本协方差矩阵 $\boldsymbol{S}$ 的 m 个特征向量定义。使用拉格朗日乘数来强制执行正交性约束。

Q4.2 最小误差等式（I）下的主成分分析推导：等式化图 4.7 中每个距离 e_i，并搜索 $\boldsymbol{w}$ 以最小化总误差 $\sum_i e_i^2$。

Q4.3 推导最小误差等式（II）下的主成分分析：给定 n 维空间中的一组 N 向量：$\mathscr{D}=\{x_1,x_2,\cdots,x_N\}$（$x_i \in \mathbf{R}^n$），搜索基向量 $\{w_j \in \mathbf{R}^n | j=1,2,\cdots,n\}$ 的完整正交集，满足

$\boldsymbol{w}_j^{\mathrm{T}}\boldsymbol{w}_{j'}=\begin{cases}1 & j=j'\\0 & j\neq j'\end{cases}$。已知每个 $\mathscr{D}$ 中数据点 x_i 可以由这组基向量表示为 $\boldsymbol{x}_i=\sum_{j=1}^{n}(w_j^{\mathrm{T}}x_i)w_j$。

我们的目标是使用仅包含 $m<n$ 维的表示来近似 x_i:

$$\tilde{\boldsymbol{x}}_i=\sum_{j=1}^{m}(\boldsymbol{w}_j^{\mathrm{T}}\boldsymbol{x}_i)w_j+\overbrace{\sum_{j=m+1}^{n}b_j\boldsymbol{w}_j}^{\text{residual}} \tag{4.4}$$

其中，残差中的 $\{b_j\mid j=m+1,\cdots,n\}$ 是 $\mathscr{D}$ 中所有数据点的共同偏差。若最小化总失真误差

$$E=\sum_{i=1}^{N}\|\boldsymbol{x}_i-\tilde{\boldsymbol{x}}_i\|^2 \tag{4.5}$$

对于 $\{\boldsymbol{w}_1,\boldsymbol{w}_2,\cdots,\boldsymbol{w}_m\}$ 和 $\{b_j\}$，可以

a）证明 m 个最优基向量 $\{\boldsymbol{w}_j\}$ 在主成分分析中得到相同的矩阵 $\boldsymbol{A}$。

b）证明使用等式（4.4）中的最优偏差 $\{b_j\}$ 得出新的重建等式，将 m 维主成分分析投影 $y=\boldsymbol{A}x$ 转换为原始 x，如下所示：

$$\tilde{\boldsymbol{x}}=\boldsymbol{A}^{\mathrm{T}}\boldsymbol{y}-(\boldsymbol{I}-\boldsymbol{A}^{\mathrm{T}}\boldsymbol{A})\bar{\boldsymbol{x}}$$

其中，$\bar{x}=\frac{1}{N}\sum_{i=1}^{N}x_i$ 表示 $\mathscr{D}$ 中所有训练样本的均值。

Q4.4 使用拉格朗日乘数法推导出线性判别分析的解。

Q4.5 推导出局部线性嵌入中两个误差最小化问题的闭形解。

判别模型

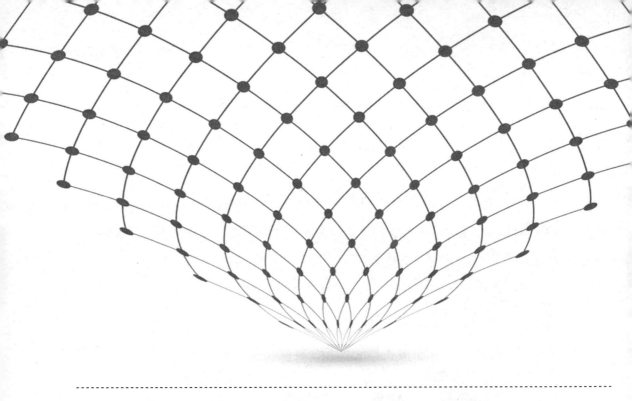

第 5 章

统计学习理论

在详细介绍任何特定的判别模型之前，本章将首先介绍一个通用框架，正式描述所有判别模型。接下来将介绍统计学习理论中的一些重要概念和结果，用于回答一些与使用判别模型的机器学习方法相关的基本问题。

5.1 判别模型的制定

任何机器学习（ML）模型都可以被视为一个系统[①]，以特征向量 $\boldsymbol{x}$ 作为输入，并生成目标标签 $\boldsymbol{y}$ 作为输出。这里进一步假设输入向量 $\boldsymbol{x}$ 是来自输入空间的 n 维向量，表示为 $\boldsymbol{X}$，因此我们有 $\boldsymbol{x}\in\boldsymbol{X}$。$\boldsymbol{X}$ 可以是：（1）用于无约束连续输入的 $\mathbf{R}^n$；（2）用于受约束连续输入的超立方体$[0,1]^n$；（3）离散输入的有限集或可数集。不失一般性，我们假设输出 $\boldsymbol{y}$ 是标量，来自输出空间，表示为 $\boldsymbol{Y}$。机器学习问题被称为回归问题还是分类问题，取决于输出 y 是连续的还是离散的。

对于所有判别模型，总是假设输入 $\boldsymbol{x}$ 是随机变量，来自未知的概率分布 $p(\boldsymbol{x})$，即 $\boldsymbol{x}\sim p(\boldsymbol{x})$。然而，对于每个输入 $\boldsymbol{x}$，对应的输出 y 是由一个未知的确定性函数生成的，即 $y=\bar{f}(\boldsymbol{x})$，通

①

常称为目标函数。[1]当在机器中使用任意判别模型学习时，我们的目标是基于由有限数量的样本对组成的训练集，从预先指定的函数族（称为模型空间 $\boldsymbol{H}$，又名假设空间）中学习目标函数：

$$\mathscr{D}_N=\{(\boldsymbol{x}_i,y_i)\mid i=1,\cdots,N\},$$

其中，$\boldsymbol{x}_i$ 是从分布 $p(\boldsymbol{x})$ 中抽取的独立样本，即 $\boldsymbol{x}_i \sim p(\boldsymbol{x})$，并且对于所有 $i=1,2,\cdots,N$，$y_i=\bar{f}(x_i)$[2]。模型空间 $\boldsymbol{H}$ 可以是任何有效的函数空间，例如所有线性函数、所有二次函数、多项式函数或所有 L^{p} 函数。

由于目标函数是未知的，在机器学习中可以做的就是在 $\boldsymbol{H}$ 内部找到目标函数的最佳估计。为此需要引入一个损失函数 $l(y,y')$，指定我们在机器学习中计算误差的方式。对于模式分类问题，计算任何数据集的误分类误差总数是可行的：当模型预测的类别与真实标签不同时，计为一个误差，否则计为零误差。在这种情况下，通常采用所谓的 0-1 损失函数：

$$l(y,y')=\begin{cases}0 & (y=y')\\ 1 & (y\neq y')\end{cases} \tag{5.1}$$

另一方面，对于回归问题，可以使用所谓的平方误差损失函数来计算预测偏差：

$$l(y,y')=(y-y')^2\text{。} \tag{5.2}$$

基于选定的损失函数 $l(y,y')$，对于任何候选模型 $f\in\boldsymbol{H}$，可以通过两种不同的方式计算 f 和目标函数 $\bar{f}$ 之间的平均损失。第一种方式基于训练集 $\mathscr{D}_N$ 中的所有样本进行计算，通常称为经验损失（也称为经验风险、样本内误差）：

$$R_{\mathrm{emp}}(f\mid\mathscr{D}_N)=\frac{1}{N}\sum_{i=1}^{N}l(y_i,f(\boldsymbol{x}_i)), \tag{5.3}$$

其中，我们知道对所有 i，$y_i=\bar{f}(x_i)$。第二种是为整个输入空间中的所有可能样本进行计算，即所谓的预期风险：

$$R(f)=E_{\boldsymbol{x}\sim p(\boldsymbol{x})}[l(\bar{f}(\boldsymbol{x}),f(\boldsymbol{x}))]=\int_{\boldsymbol{x}\in\boldsymbol{X}}l(\bar{f}(\boldsymbol{x}),f(\boldsymbol{x}))p(\boldsymbol{x})\mathrm{d}\boldsymbol{x} \tag{5.4}$$

很容易看出 $R(f)\neq R_{\mathrm{emp}}(f\mid\mathscr{D}_N)$。预期风险 $R(f)$ 表示损失函数在整个输入空间上的真实预期，而 $R_{\mathrm{emp}}(f\mid\mathscr{D}_N)$ 表示训练集上损失函数的样本均值。若对 $x_i\sim p(\boldsymbol{x})$ 进行采样，并为所有 i 生成 $y_i=\bar{f}(\boldsymbol{x}_i)$，那么根据大数定律，有

---

① 有关生成模型，参见第 10.1 节。对比它们的基本假设。

② 参见第 151 页的定义 L^{p} 函数。

$$\lim_{N\to\infty} R_{\text{emp}}(f \mid \mathscr{D}_N) = R(f) \tag{5.5}$$

5.2 可学习性

机器学习的最终目标是基于有限训练集的学习有效模型，这些模型在相同的训练数据中表现一般，但在任何新的未见样本中表现良好，这些样本在统计上与训练数据（对于任何 $\boldsymbol{x}\sim p(\boldsymbol{x})$相似）。理想情况下，应该在 $\boldsymbol{H}$ 内部寻找一个模型 $f(\cdot)$，它会产生尽可能低的预期损失 $R(f)$。然而，这不是一个可行的任务，因为 $R(f)$在实践中是不可计算的。注意，式（5.4）中的 $R(f)$涉及两个未知项，即目标函数 $f(\cdot)$和真实数据分布 $p(x)$。

若没有替代方案，对于任何机器学习问题，都必须在 $\boldsymbol{H}$ 中寻找一个能够产生低经验损失 $R_{\text{emp}}(f \mid \mathscr{D}_N)$的模型 f，因为 $R_{\text{emp}}(f \mid \mathscr{D}_N)$可以仅基于训练集 $\mathscr{D}_N$ 计算。例如，可以在 $\boldsymbol{H}$ 中寻找一个产生最低经验损失 $R_{\text{emp}}(f \mid \mathscr{D}_N)$的模型：

$$f^* = \arg\min_{f\in \boldsymbol{H}} R_{\text{emp}}(f \mid \mathscr{D}_N) \tag{5.6}$$

一般来说，这种经验风险最小化（ERM）很容易实现。例如，可以采用简单的数据库方法。

例 5.2.1 使用无界数据库进行朴素记忆：

首先将 D_N 中的所有训练样本(x_i,y_i)存储到一个大型数据库中。将数据库视为已学模型。对于任何新的样本 x，查询数据库：若在 $x_i = x$ 时找到一个精确匹配(x_i,y_i)，则返回相应的 y_i 作为输出；否则将返回未知或随机猜测作为输出。

例 5.2.1 中的记忆方法为任何 $\mathscr{D}_N$ 给出了尽可能低的 $R_{\text{emp}}(f \mid \mathscr{D}_N) = 0$，只要数据库大到足以容纳所有训练样本即可。然而，我们不认为这种方法是一种好的机器学习方法，因为它除了给定的样本之外什么也学不到。

例 5.2.1 表明仅凭经验风险最小化不足以保证有意义的学习。当最小化或降低经验风险时，若可以确保预期风险也最小化或至少显着降低，那么这个问题是可学习的。否则，每当经验风险降低，预期风险始终保持不变甚至变得更糟，那么这个问题是不可学习的。显然，可学习性取决于差距

$$\left| R(f^*) - R_{\text{emp}}(f^* \mid \mathscr{D}_N) \right|, \tag{5.7}$$

其中，f^*表示在上述经验风险最小化程序中找到的模型。

5.3 泛化边界

对于模型空间中的任何固定模型，即 $f \in \boldsymbol{H}$，差距

$$\left|R(f)-R_{\text{emp}}(f \mid \mathscr{D}_N)\right|$$

可以根据等式（5.8）中的霍夫丁不等式[①]计算。假设采用式（5.1）中的 0-1 损失函数进行模式分类，则数量 $l(\bar{f}(x),f(x))$可以看作一个二元随机变量，取 0 到 1 中任何 x。在 $l(\bar{f}(x),f(x))$和 $p(x)$替换 X 后，使用式（5.8）中的数据分布 $p(x)$，则可以得出

$$\Pr\left[\left|R(f)-R_{\text{emp}}(f \mid \mathscr{D}_N)\right|>\epsilon\right] \leqslant 2e^{-2N\epsilon^2} \tag{5.9}$$

注意，由于使用 0-1 损失函数，$0 \leqslant l(\bar{f}(\boldsymbol{x}),f(\boldsymbol{x})) \leqslant 1$ 对任何 $\boldsymbol{x}$ 成立。

然而，式（5.9）适用于 $\boldsymbol{H}$ 中的固定模型，但不适用于从经验风险最小化导出的 f^*，因为 f^*取决于 $\mathscr{D}_N$。对于大小同为 N 的不同训练集，即使为经验风险最小化运行相同的优化算法，经验风险最小化也可能会在 $\boldsymbol{H}$ 中得到不同的模型。为了推导出 $\boldsymbol{H}$ 中任意模型的界限，必须考虑以下统一偏差：

$$B(N,\boldsymbol{H})=\sup_{f\in\boldsymbol{H}}\left|R(f)-R_{\text{emp}}(f \mid \mathscr{D}_N)\right|, \tag{5.10}$$

因为只要 $f^* \in \boldsymbol{H}$，就会有$|R(f^*)-R_{\text{emp}}(f^* \mid \mathscr{D}_N)| \leqslant B(N,\boldsymbol{H})$。由此可以看到，$B(N,\boldsymbol{H})$取决于所选模型空间 $\boldsymbol{H}$。接下来，将考虑如何为两种不同类型的 $\boldsymbol{H}$ 推导出 $B(N,\boldsymbol{H})$。

5.3.1 有限模型空间：$|\boldsymbol{H}|$

假设模型空间 $\boldsymbol{H}$ 由有限数量的不同模型组成，表示为 $\boldsymbol{H}=\{f_1,f_2,\cdots,f_{|\boldsymbol{H}|}\}$，其中$|\boldsymbol{H}|$表示

---

① 霍夫丁不等式：
假设$\{x_1,x_2,\ldots,x_N\}$是随机变量 X 的 N 个独立同分布样本，对于所有 $i=1,2,\cdots,N$，分布函数为 $p(x)$，$a \leqslant x_i \leqslant b$。$\forall_\epsilon>0$，则

$$\Pr\left[\left|E[X]-\frac{1}{N}\sum_{i=1}^{N}x_i\right|>\epsilon\right] \leqslant 2e^{-\frac{2N\epsilon^2}{(b-a)^2}} \tag{5.8}$$

$\boldsymbol{H}$ 中所有不同模型的数量。根据式（5.10）中 $B(N,\boldsymbol{H})$ 的定义，$\forall\epsilon>0$，若 $B(N,\boldsymbol{H})>\epsilon$ 成立，则表示在 $\boldsymbol{H}$ 中至少存在一个模型 f_i 必须满足

$$\left|R(f_i)-R_{\text{emp}}(f_i\mid\mathscr{D}_N)\right|>\epsilon$$

换句话说，若 $B(N,\boldsymbol{H})>\epsilon$ 成立，则等价于

$$\left|R(f_1)-R_{\text{emp}}(f_1\mid\mathscr{D}_N)\right|>\epsilon \quad \text{or} \quad \left|R(f_2)-R_{\text{emp}}(f_2\mid\mathscr{D}_N)\right|>\epsilon \quad \text{or} \quad \cdots$$

$$\cdots \text{ or } \left|R(f_{|\boldsymbol{H}|})-R_{\text{emp}}(f_{|\boldsymbol{H}|}\mid\mathscr{D}_N)\right|>\epsilon$$

众所周知，式（5.9）中的界限对 $\boldsymbol{H}$ 中的每个 f_i 都成立，基于不等式（5.11）中的联合界限[①]可以立即推导出

$$\Pr(B(N,\boldsymbol{H})>\epsilon)\leqslant 2\,|\boldsymbol{H}|\,e^{-2N\epsilon^2} \text{ ②} \tag{5.12}$$

将上述各式重新排列，相当于

$$\Pr(B(N,\boldsymbol{H})\leqslant\epsilon)\geqslant 1-2\,|\boldsymbol{H}|\,e^{-2N\epsilon^2}$$

这意味着 $B(N,\boldsymbol{H})\leqslant\epsilon$ 成立的概率至少为 $1-2\,|\boldsymbol{H}|\,e^{-2N\epsilon^2}$。

若表示 $\sigma=2\|\boldsymbol{H}\|e^{-2N\epsilon^2}$，导致 $\epsilon=\sqrt{\dfrac{ln|\boldsymbol{H}|+ln\dfrac{2}{\sigma}}{2N}}$，那么同样的内容可以表示为不同的形式：

$$B(N,\boldsymbol{H})\leqslant\sqrt{\frac{\ln|\boldsymbol{H}|+\ln\dfrac{2}{\delta}}{2N}}$$

成立的概率至少为 $1-\sigma$（$\forall\sigma\in(0,1]$）。

由于 $f^*\in\boldsymbol{H}$，我们有 $R(f^*)-R_{\text{emp}}(f^*|\mathscr{D}_N)|\leqslant B(N,\boldsymbol{H})$。基于 $B(N,\boldsymbol{H})$ 的上界，我们可以得出 $R(f^{*}{}_{\leftarrow})$ 的上界如下：

---

① 联合边界：
对于可数的事件集 $A_1,A_2,\cdots$，有

$$\Pr\left(\bigcup_i A_i\right)\leqslant\sum_i\Pr(A_i) \tag{5.11}$$

② 对于任何 ϵ，有

$$\Pr(B(N,\boldsymbol{H})\leqslant\epsilon)+$$
$$\Pr(B(N,\boldsymbol{H})>\epsilon)=1。$$

$$R(f^*) \leqslant R_{\text{emp}}(f^* \mid \mathscr{D}_N) + \sqrt{\frac{\ln|\boldsymbol{H}| + \ln\frac{2}{\delta}}{2N}} \tag{5.13}$$

成立概率的至少为$1-\delta$。这是对有限模型空间的第一个泛化界限。若基于N个样本的训练集在有限模型空间上执行 ERM，预期风险和最小经验风险之间的差距最多为$O\left(\sqrt{\frac{\ln|\boldsymbol{H}|}{N}}\right)$。如果选择一个大模型空间，实现的经验风险 $R_{\text{emp}}(f^*|\mathscr{D}_N)$可能更低，但差距也可能会扩大。另一方面，若选择一个小的模型空间，实现的经验风险$R_{\text{emp}}(f^*|\mathscr{D}_N)$可能会更高，但差距一定会更小。

5.3.2 无限模型空间：VC 维

若模型空间$\boldsymbol{H}$是连续的，由无限数量的不同模型组成，则上述泛化界不成立，因为联合界不能像不等式（5.12）那样直接应用。基本的直观判断是这样的：若给定了所有的训练样本，那么并不是连续模型空间$\boldsymbol{H}$中的每个模型都会在分离这些样本方面产生影响。例如，如图 5.1 所示，每个颜色阴影区域内的所有模型都以相同的方式分隔这些数据样本（绘制为点），因此每个颜色阴影区域内的所有模型对该数据集来说都应仅计为一个有效模型。所以，无限模型空间的泛化界限应仅取决于有效模型的最大数量，而不是所有可能模型的总数。

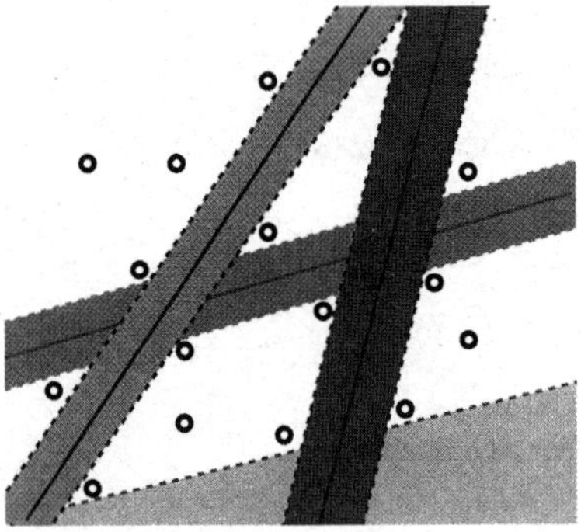

图 5.1　所有训练样本都绘制为空间中的点（每个阴影区域内的所有模型都以相同的方式分离这些样本）

Vapnik-Chervonenkis（VC）理论[242,243,25]用于计算连续模型空间中有效模型的总数，以分离有限数量的数据样本。为此目的开发的流行工具是所谓的 VC 维。VC 维是基于粉碎数据集的概念定义的：给定N个样本的数据集，对于这N个样本的每一个可能的标签组合，

若总能从 ***H*** 中找到至少一个模型来生成这个标签组合，则称 ***H*** 粉碎了这个数据集。在二元分类中，每个样本可以有 2 个可能的标签，对于每 N 个样本，总共有 2^N 个可能的标签组合。若能从 ***H*** 中找到一个模型来生成这 2^N 个可能的标签组合中的每一个，则称 ***H*** 会粉碎这组 N 个样本。例如，若假设 ***H*** 是一个二维线性模型空间，包含二维空间中的所有直线，给定图 5.2 中的一组 3 个点，总共有 $2^3=8$ 个可能的标签组合。如图 5.2 所示，至少可以找到一条直线来分隔这 3 个点，以生成每种可能的标签组合。

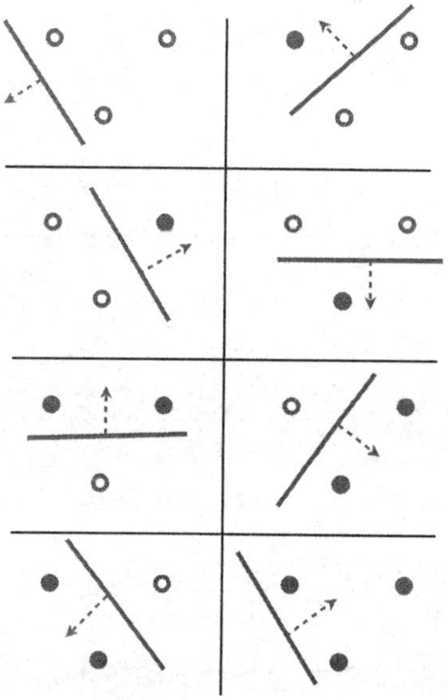

图 5.2　一组 3 个数据点被 ***H*** 打散，由所有二维线性模型组成

H 的 VC 维定义为 ***H*** 可以粉碎的最大点数。若已知 ***H*** 的 VC 维为 H，则表示 ***H*** 至少可以粉碎一组 H 点（不需粉碎所有集合的 H 个点），但不能粉碎任何一组 H+1 个点。

例 5.3.1　二维线性模型 VC 维为 3。为什么？

1. 二维线性模型可以粉碎一组 3 点，如图 5.2 所示。

2. 若另一组 3 个点在一条直线上对齐。所有的二维线性模型实际上都不能粉碎这个集合。验证，并解释它不能粉碎这个集合的原因。

3. 若在二维空间中有 4 个点，请验证无论如何安排，二维线性模型都不能粉碎任意的 4 个点。

这个例子的一般扩展是，$\mathbf{R}^n$ 中线性模型的 VC 维数是 $n+1$。VC 维是一个很好的单一数值度量，可以方便地量化模型空间 $\boldsymbol{H}$ 的整体建模能力。简单模型的 VC 维小，而复杂模型的 VC 维大。然而，在实践中，对于大多数复杂模型，如神经网络，仍然很难准确估计 VC 维数。对于许多在机器学习中实际有用的模型，有以下经验法则：

$$\text{VC dimension} \approx \text{number of free parameters}$$ ①

如文献[242,243,25]所示，一旦知道模型空间 $\boldsymbol{H}$ 的 VC 维数为 H，对于一组 N 个点，$\boldsymbol{H}$ 中的有效模型总数的上界为

$$\begin{cases} = 2^N & \text{if } N < H \\ \leqslant \left(\dfrac{eN}{H}\right)^H & \text{if } N \geqslant H \end{cases}$$

随着数据规模的增加，$\boldsymbol{H}$ 中有效模型的数量仅对小数据集呈指数增长，并且在其规模超过 $\boldsymbol{H}$ 的 VC 维度后，以多项式增长的速度减慢。基于此结果，针对 $\boldsymbol{H}$ 的 VC 泛化约束为可以推导出 $\boldsymbol{H}$ 的 VC 维数如[240,241]：

$$R(f^*) \leqslant R_{\text{emp}}(f^* \mid \mathscr{D}_N) + \sqrt{\frac{8H\left(\ln\dfrac{2N}{H}+1\right)+8\ln\dfrac{4}{\delta}}{N}} \quad (5.14)$$ ②

概率至少为 $1-\delta$（$\forall\delta \in (0,1)$），对于任何大数据集（$N \geqslant H$）成立。在这种情况下，预期风险与最小化风险之间的差距为 $O\left(\sqrt{\dfrac{H}{N}}\right)$。

上述 VC 界限的一个显著优点是它完全与问题无关，并且同一界限适用于所有数据分布。然而，这也可能是主要缺点，因为大多数问题的界限都非常松散。

例 5.3.2　VC 泛化界的限制

1. 案例 A：假设使用 $N=1000$ 个数据样本（特征维度为 100）来学习线性分类器（$H=101$）。假设我们观察到训练误差率为 1%，而在一个大的留存集中的测试误差率为 2.4%。现设置 $\delta=0.001$（有 99.9%的可能是正确的），并使用上面的 VC 界限来估计预期损失。有

$$R(f^*) \leqslant 0.01 + \mathbf{1.8123} = 182.23\% \quad (\gg 2.4\%)$$

2. 案例 B：与案例 A 相同，但 $N=10000$，测试误差率为 1.1%。

$$R(f^*) \leqslant 0.01 + \mathbf{0.7174} = 72.74\% \quad (\gg 1.1\%)$$

---

① 有很多例外存在。例如，模型空间：$y=f(x)=\sin(x/a)$ 和一个参数 $a \in \mathbf{R}$ 的 VC 维为无穷，因为当 a 趋近于 0，函数 $f(x)$ 会剧烈变化。

② 这里跳过了在不等式（5.14）中推导结果所需要的一些烦琐的细节。感兴趣的读者可参考[25,210]。

3. 案例 C：与案例 A 相同，但特征维度为 1000（因此 $H=1001$），测试误差率为 3.8%。

$$R(f^*) \leqslant 0.01 + \mathbf{3.690} = 370.0\% \quad (\gg 3.8\%)$$

上述测试误差率可以很好地估计每种情况下的预期风险 $R(f)$，因为这些测试误差率评估于一些相当大的未见数据集之中。例 5.3.2 清楚地显示了 VC 界限在实际问题中的松散程度。在某些情况下，预测的上界甚至超出了 0-1 损失的自然范围[0,1]。这些案例解释了为什么上述 VC 界限具有一种简明的形式，这种形式可以在理论上直观解释，但无法对现实世界的问题产生任何影响。这需要在这些领域进行更多的研究工作，以便为真实的机器学习问题推导出更严格的泛化界限（可能是特定于问题的）。

现总结强调上述理论分析的主要结论：

◆ 经验风险最小化并不总能产生能够很好地泛化未知数据的良好机器学习模型。

◆ 一般来说，我们有

$$\text{预期风险} \leqslant \text{预期风险经验损失} + \text{代界}$$

◆ 泛化界限取决于经验风险最小化中选择的模型空间。

当使用简单模型时，泛化界限相对严格，但可能无法实现足够低的经验损失。当使用复杂模型时，可以很容易地减少经验损失，但同时必须应用所谓的正则化技术来控制泛化。正则化的中心思想是强制执行一些约束，以确保经验风险最小化仅在 $\boldsymbol{H}$ 的一个子空间上进行，而不是在 $\boldsymbol{H}$ 的整个允许空间上进行。由此，经验风险最小化中考虑的有效模型总数间接减少，泛化界限也是如此。在接下来的章节中，将展示如何将经验风险最小化与正则化相结合，以实际估计常用的判别模型，如线性模型和神经网络。

练习

Q5.1　基于 VC 维的概念，解释为什么例 5.2.1 中使用无界数据库的记忆方法是不可学习的。

Q5.2　估计以下简单模型空间的 VC 维数：

a）N 个不同模型的模型空间，$\{A_1,A_2,\cdots,A_N\}$

b）实线上的区间$[a,b]$，$a\leqslant b$

c）实线上的两个区间$[a,b]$和$[c,d]$，其中 $a\leqslant b\leqslant c\leqslant d$

d）$\mathbf{R}^2$ 中的圆形

e）$\mathbf{R}^2$ 中的三角形

f）$\mathbf{R}^2$ 中的凸起

g）$\mathbf{R}^d$ 中的封闭球

h）$\mathbf{R}^d$ 中的矩形

Q5.3　在第 5.1 节指定的机器学习问题中，使用 f^* 表示从等式（5.6）中的经验风险最小化程序获得的模型：

$$f^* = \arg\min_{f \in \boldsymbol{H}} R_{\text{emp}}(f \mid \mathscr{D}_N)$$

并使用 $\hat{f}$ 表示模型空间 $\boldsymbol{H}$ 中可能的最佳模型，即

$$\hat{f} = \arg\min_{f \in \boldsymbol{H}} R(f)$$

进一步假设未知目标函数表示为 $\bar{f}$。根据定义，有 $R(\bar{f})=0$ 和 $R_{\text{emp}}(\bar{f} \mid \mathscr{D}_N) = 0$。

可以将机器学习中的几种误差定义如下：

◆ 泛化误差 E_{g}：

$$E_{\text{g}} = \left| R(f^*) - R_{\text{emp}}(f^* \mid \mathscr{D}_N) \right|$$

◆ 估计误差 E_{e}：

$$E_{\text{e}} = \left| R(f^*) - R(\hat{f}) \right|$$

◆ 近似误差 E_{a}：

$$E_{\text{a}} = | R(\hat{f}) - R(\bar{f}) | = R(\hat{f})$$

用文字解释上述误差的物理意义。

在 5.3 节中已经证明了 $E_{\text{g}} \leqslant B(N, \boldsymbol{H})$，其中 $B(N, \boldsymbol{H})$ 是等式（5.10）中定义的泛化界。在本练习中，证明以下性质：

a）$R(f^*) \leqslant E_{\text{e}} + E_{\text{a}}$

b）$R_{\text{emp}}(f^* \mid \mathscr{D}_N) \leqslant E_{\text{g}} + E_{\text{e}} + E_{\text{a}}$

c）$E_{\text{e}} \leqslant 2 \cdot B(N, \boldsymbol{H})$

第6章

线性模型

本章首先关注一系列最简单的判别模型函数，即线性模型，同时关注线性函数 $y=\boldsymbol{w}^{\mathrm{T}}\boldsymbol{x}$ 和仿射函数 $y=\boldsymbol{w}^{\mathrm{T}}\boldsymbol{x}+b$，因为两者在大多数机器学习问题中表现相似。①在本书中，线性函数和仿射函数都属于线性模型。本章主要以简单的两类二元分类问题为例，讨论如何使用不同的机器学习方法解决线性模型的二元分类问题，并在每节末尾简要讨论如何将其扩展以处理多类问题。最后，简要介绍了著名的核技巧，该方法可以将线性模型扩展为非线性模型。

一般来说，二元分类问题如下所示。假设一组训练数据为：

$$\mathscr{D}_N=\left\{(\boldsymbol{x}_i,\boldsymbol{y}_i)\mid i=1,2,\cdots,N\right\}$$

其中，每个特征向量都是一个 d 维向量 $\boldsymbol{x}_i\in\mathbf{R}^d$，每个二进制标签 $y_i\in\{+1,-1\}$ 对于一类等于+1，对于另一类等于−1。根据 $\mathscr{D}_N$，我们需要学习一个 $\boldsymbol{w}\in\mathbf{R}^d$ 且 $b\in\mathbf{R}$ 的线性模型 $y=\boldsymbol{w}^{\mathrm{T}}\boldsymbol{x}+b$（或）来将两类问题分离。基于已知数据集 $\mathscr{D}_N$，假设以下两种情景（见图 6.1）：

1. 线性可分情况，其中至少存在一个线性超平面，以完全分离训练集中的所有样本。
2. 线性不可分情况，其中不存在能完全分离所有样本的线性超平面。

① 函数 $y=\boldsymbol{w}^{\mathrm{T}}\boldsymbol{x}+b$ 通常被称为仿射函数，因为它并不完全满足线性函数的定义（如 0 输入对应 0 输出）。然而，仿射函数可以在高维空间中重新表示为线性函数。例如，表示出 $\bar{\boldsymbol{x}}=[\boldsymbol{x};1]$ 和 $\bar{\boldsymbol{w}}=[\boldsymbol{w};b]$，可以得到 $y=\boldsymbol{w}^{\mathrm{T}}\boldsymbol{x}+b=\bar{\boldsymbol{w}}^{\mathrm{T}}\bar{\boldsymbol{x}}$。

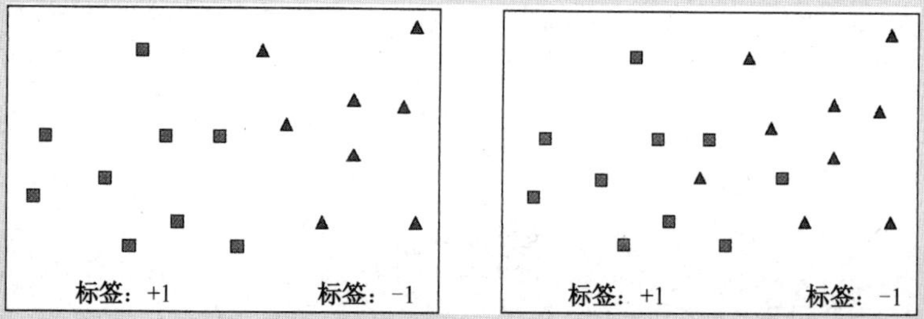

图 6.1　在二元分类中的线性可分（左）和不可分（右）情况，每个样本绘制为一个点，颜色表示类别标签

接下来将讨论如何使用不同的学习算法来学习这两种情景的线性模型。这些算法包括先前的感知机、简单线性回归、最小分类误差估计、常用的逻辑回归和著名的支持向量机（SVM）。我们将着重介绍这些学习方法之间的差异，并讨论它们的优缺点。

6.1 感知机

感知机是最早的机器学习算法之一，最初由 F. Rosenbaltt 于 1957 年提出[200]。A. Novikoff 在 1962 年[176]也为线性可分情况建立了坚实的理论保证。由于其相对简单，随即在该领域引发了热议，并最终在 20 世纪 60 年代初开启了神经网络的第一次繁荣时代。

感知机是一种简单的迭代算法，用于从训练集 $\mathscr{D}_N$ 中学习线性模型，从而将两类问题分开。根据线性函数的符号，线性模型可用于将任何输入 $\boldsymbol{x}$ 分配给两类问题之一：

$$y = \text{sign}\,(\boldsymbol{w}^{\mathrm{T}}\boldsymbol{x}) = \begin{cases} +1 & \boldsymbol{w}^{\mathrm{T}}\boldsymbol{x} > 0 \\ -1 & \text{其他} \end{cases} \tag{6.1}$$

感知机算法如算法 6.1 所示。首先，它初始化线性模型的权重向量。然后使用线性模型对训练集中的所有样本进行迭代：每当发现错误，算法根据简单规则立即更新权重向量。整个过程会一直持续，直到训练集中没有错误。如果训练集是线性可分的，则感知机算法保证在有限次数更新后终止，并返回一个线性模型，该模型可以完美地对训练集进行分类（有关原因，请参阅下面的讨论）。

算法 6.1　感知机

initialize $\mathbf{w}^{(0)}=0, n=0$

loop

　randomly choose a sample $(\mathbf{x}_i, y_i)$ in $\mathscr{D}_N$

　calculate the actual output $h_i=\operatorname{sign}(\mathbf{w}^{(n)^{\mathrm{T}}}\mathbf{x}_i)$

　if upon a mistake: $h_i=y_i$ **then**

　　$\mathbf{w}^{(n+1)}=\mathbf{w}^{(n)}+y_i\mathbf{x}_i$

　　$n=n+1$

　else if no mistake is found **then**

　　return $\mathbf{w}^{(n)}$ and terminate

　end if

end loop

尽管感知机算法是 60 多年前创建的首批主要机器学习算法之一，但它显然与许多现代学习算法有一些相似之处。然而，有两个重要的区别值得一提。首先，感知机算法不依赖于任何超参数。①该算法能够以不同的方式扫描训练集，并产生不同的更新序列，但所更新的公式中不需要超参数。如此一来，与许多严重依赖敏感超参数的现代学习方法相比，这种学习变得简单且可重复。其次，至少在存在最优解的线性可分情况中，理论上可以保证感知机算法终止并返回其中一个最优解。感知机算法的理论证明非常直观简洁，被认为是学习理论方面的一项开创性工作。虽然该算法只考虑了一些非常简单的情况，但证明中运用的许多数学技术（例如，边界）仍然适用于最近的许多机器学习理论工作。

下面简要介绍了这项重要工作，并试图让读者领略学习算法的理论分析。

如果给定了训练集 $\mathscr{D}_N$，总是可以规范化所有特征向量，以确保它们都位于一个单位球体内：

$$\|\mathbf{x}_i\|\leqslant 1 \quad \forall i=\{1,2,\cdots,N\} \tag{6.2}$$

此外，如果训练集 $\mathscr{D}_N$ 是线性可分的，这意味着两类样本之间存在一定的差距。这个差距在数学上可以定义为一个最佳分离超平面，从所有训练样本中获得最大边距，如图 6.2 所示。这个最大边距超平面表示为 $\hat{\mathbf{w}}^{\mathrm{T}}\mathbf{x}=0$，对于每个线性可分集是唯一的。此外，$\hat{\mathbf{w}}$ 被缩放为单位长度（$\|\hat{\mathbf{w}}\|=1$）。请注意，当 $\hat{\mathbf{w}}$ 按实数缩放时，超平面的位置不会改变。

① 在机器学习中，超参数是一个参数，其值必须在学习过程开始之前手动设置。

根据图 6.3 所示几何图形中计算点到超平面距离的公式，可以表示分离边距 γ 如下：

$$\gamma = \min_{\boldsymbol{x}_i \in \mathscr{D}_N} \frac{|\hat{\boldsymbol{w}}^{\mathrm{T}} \boldsymbol{x}_i|}{\|\hat{\boldsymbol{w}}\|} = \min_{\boldsymbol{x}_i \in \mathscr{D}_N} |\hat{\boldsymbol{w}}^{\mathrm{T}} \boldsymbol{x}_i| \tag{6.3}$$

如果训练集 $\mathscr{D}_N$ 是线性可分的，那么存在最优最大边距超平面 $\hat{\boldsymbol{w}}$，并且两类之间的差距可以定量测量为 2γ。

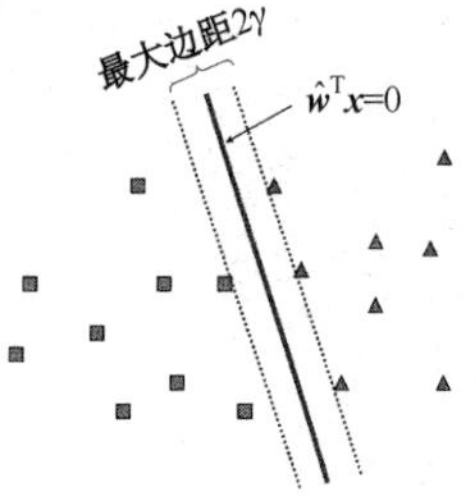

图 6.2　最佳分离超平面可从所有数据样本中获得最大分离边距

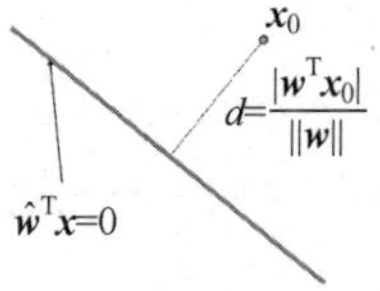

图 6.3　点到超平面的距离公式（请参阅例 2.4.1）

定理 6.1.1　如果感知机算法在线性可分的训练集 $\mathscr{D}_N$ 上运行，那么 $\mathscr{D}_N$ 上错误最多为 $1/\gamma^2$。换句话说，感知机算法将在最多 $[1/\gamma^2]$ 次更新后终止，并返回一个完全分离 $\mathscr{D}_N$ 的超平面。

证明：

步骤 1：

根据等式（6.3）中边距的定义，对任意 $\boldsymbol{x}_i \in \mathscr{D}_N$，有

$$|\hat{\boldsymbol{w}}^{\mathrm{T}} \boldsymbol{x}_i| \geqslant \gamma$$

由于 $\hat{\boldsymbol{w}}$ 完全分离于 $\mathscr{D}_N$ 的中所有样本，因此可以通过乘以其标签来去除绝对符号：

$$y_i \hat{\boldsymbol{w}}^{\mathrm{T}} \boldsymbol{x}_i \geqslant \gamma \quad \forall i, (\boldsymbol{x}_i, y_i) \in \mathscr{D}_N \tag{6.4}$$

步骤 2：

当在 $\mathscr{D}_N$ 上运行感知机算法时，记录算法所犯的所有错误（所有样本和标签对），如下：

$$\mathscr{M} = \{(\boldsymbol{x}^{(1)}, y^{(1)}), (\boldsymbol{x}^{(2)}, y^{(2)}), \cdots, (\boldsymbol{x}^{(M)}, y^{(M)})\},$$

其中每一组均来源于 $\mathscr{D}_N$，错误的数量为 M。M 的值可能会很大，因为 $\mathscr{D}_N$ 中相同的样本可能会在 $\mathscr{M}$ 中重复被记录。

根据等式（6.4），可得

$$\sum_{n \in \mathscr{M}} y^{(n)} \hat{\boldsymbol{w}}^{\mathrm{T}} \boldsymbol{x}^{(n)} \geqslant M \cdot \gamma \tag{6.5}$$

继续推导可以得到

$$\begin{aligned}
\boldsymbol{M}\cdot\gamma &\leqslant \sum_{n\in\mathcal{M}} y^{(n)}\hat{\boldsymbol{w}}^{\mathrm{T}}\boldsymbol{x}^{(n)} \\
&= \hat{\boldsymbol{w}}^{\mathrm{T}}\left(\sum_{n\in\mathcal{M}} y^{(n)}\boldsymbol{x}^{(n)}\right) \\
&\leqslant \|\hat{\boldsymbol{w}}\|\cdot\left\|\sum_{n\in\mathcal{M}} y^{(n)}\boldsymbol{x}^{(n)}\right\| \quad (\text{Cauchy-Schwarz inequality})^{①} \\
&= \left\|\sum_{n\in\mathcal{M}} y^{(n)}\boldsymbol{x}^{(n)}\right\| \quad (\|\hat{\boldsymbol{w}}\|=1 \text{ by definition})
\end{aligned} \tag{6.6}$$

步骤 3：

感知机算法中，每个错误 $(\boldsymbol{x}^{(n)}, y^{(n)})$ 用于更新权重向量，得到 $\boldsymbol{w}^{(n+1)}$：

$$\boldsymbol{w}^{(n+1)} = \boldsymbol{w}^{(n)} + y^{(n)}\boldsymbol{x}^{(n)}$$

由此，可得到

$$\begin{aligned}
&\left\|\sum_{n\in\mathcal{M}} y^{(n)}\boldsymbol{x}^{(n)}\right\| = \left\|\sum_{n\in\mathcal{M}}\left(\boldsymbol{w}^{(n+1)} - \boldsymbol{w}^{(n)}\right)\right\| = \left\|\boldsymbol{w}^{(M+1)} - \boldsymbol{w}^{(0)}\right\|^{②} = \left\|\boldsymbol{w}^{(M+1)}\right\| \\
&= \sqrt{\left\|\boldsymbol{w}^{(M+1)}\right\|^2} = \sqrt{\sum_{n\in\mathcal{M}}\left(\left\|\boldsymbol{w}^{(n+1)}\right\|^2 - \left\|\boldsymbol{w}^{(n)}\right\|^2\right)} \\
&= \sqrt{\sum_{n\in\mathcal{M}}\left(\left\|\boldsymbol{w}^{(n)} + y^{(n)}\boldsymbol{x}^{(n)}\right\|^2 - \left\|\boldsymbol{w}^{(n)}\right\|^2\right)} \\
&= \sqrt{\sum_{n\in\mathcal{M}}\left(\cancel{\left\|\boldsymbol{w}^{(n)}\right\|^2} + \underbrace{2y^{(n)}\boldsymbol{w}^{(n)\mathrm{T}}\boldsymbol{x}^{(n)}}_{<0} + \overbrace{\cancel{(y^{(n)})^2}}^{(\pm1)^2}\left\|\boldsymbol{x}^{(n)}\right\|^2 - \left\|\boldsymbol{w}^{(n)}\right\|^2\right)}^{③} \\
&< \sqrt{\sum_{n\in\mathcal{M}}\left\|\boldsymbol{x}^{(n)}\right\|^2} \leqslant \sqrt{M}^{④}
\end{aligned} \tag{6.7}$$

---

① 柯西·施瓦茨（Cauchy-Schwarz）不等式：

$$|\boldsymbol{u}^{\mathrm{T}}\boldsymbol{v}| \leqslant \|\boldsymbol{u}\|\cdot\|\boldsymbol{v}\|$$

② 注意，这里初始化 $\boldsymbol{w}^{(0)}=0$。

③ 根据定义，$(\boldsymbol{x}^{(n)}, y^{(n)})$ 被模型 $\boldsymbol{w}^{(n)}$评定为一个错误，由此可得

$$y^{(n)}(\boldsymbol{w}^{(n)})^{\mathrm{T}}\boldsymbol{x}^{(n)} < 0$$

否则，这不是一个错误。

④ 标准化数据后，可得 $\|\boldsymbol{x}^{(n)}\|^2 < 1$。

步骤 4：

通过结合等式（6.6）和等式（6.7），可以得到

$$M \cdot \gamma \leqslant \left\| \sum_{n \in \mathcal{M}} y^{(n)} \boldsymbol{x}^{(n)} \right\| < \sqrt{M}$$

最后，可推导得

$$M < (1/\gamma)^2$$

换句话说，该算法所犯错误的总数不能超过$(1/\gamma)^2$。

总之，如果在线性可分数据集上运行感知机算法，理论上可以保证算法的收敛性。该算法将收敛到某个将两类完全分开的超平面。模型更新的总数不能超过上限$(1/\gamma)^2$，其中2γ表示两类训练样本之间的最小差距。注意，收敛模型不一定是图 6.2[221]中的最大边距超平面 $\hat{\boldsymbol{w}}$。另一方面，可以稍微修改感知机算法 6.4，以近似实现最大分离边距，从而产生所谓的边距感知机算法（更多详细信息，请参阅练习 Q6.2）。然而，如果数据集不是线性可分的，那么感知机算法的行为不可预测，算法可能会反复更新模型，并且永远不会终止（更多信息，请参阅 Freund 和 Schapire[69]）。

接下来将讨论适用于不可分情况的线性模型的其他机器学习方法。

6.2 线性回归

线性回归是解决高维函数拟合问题的常用方法，但仍然可以将线性回归的思想应用于分类问题。如下文所示，线性回归的优点是模型估计相对简单，可以通过闭形解来解决，而无须使用迭代算法。

线性回归的基本思想是建立从输入特征向量 $\boldsymbol{x}$ 到输出目标 $y = \boldsymbol{w}^{\mathrm{T}}\boldsymbol{x}$ 的线性映射。两类分类的唯一区别在于输出目标是二元的： $y = \pm 1$ 。估计映射函数的常用标准是最小化给定训练集中的总平方误差，如下所示：

$$\boldsymbol{w}^* = \arg\min_{\boldsymbol{w}} E(\boldsymbol{w}) = \arg\min_{\boldsymbol{w}} \sum_{i=1}^{N} (\boldsymbol{w}^{\mathrm{T}}\boldsymbol{x}_i - y_i)^2 \text{ ,} \tag{6.8}$$

其中，当使用线性模型根据其相应输入构造每个输出时，目标函数 $E(\boldsymbol{w})$ 测量训练集中①的总重建误差。

① 这种学习标准被称为最小平方误差或最小均方误差。

通过构建以下两个矩阵：

$$\boldsymbol{X}=\begin{bmatrix}\boldsymbol{x}_1^{\mathrm{T}}\\ \boldsymbol{x}_2^{\mathrm{T}}\\ \vdots\\ \boldsymbol{x}_N^{\mathrm{T}}\end{bmatrix}_{N\times d}\qquad \boldsymbol{y}=\begin{bmatrix}y_1\\ y_2\\ \vdots\\ y_N\end{bmatrix}_{N\times 1}$$

可将目标函数 $E(\boldsymbol{w})$ 表示如下：

$$\begin{aligned}E(\boldsymbol{w})&=\|\boldsymbol{X}\boldsymbol{w}-\boldsymbol{y}\|^2=(\boldsymbol{X}\boldsymbol{w}-\boldsymbol{y})^{\mathrm{T}}(\boldsymbol{X}\boldsymbol{w}-\boldsymbol{y})\\&=\boldsymbol{w}^{\mathrm{T}}\boldsymbol{X}^{\mathrm{T}}\boldsymbol{X}\boldsymbol{w}-2\boldsymbol{w}^{\mathrm{T}}\boldsymbol{X}^{\mathrm{T}}\boldsymbol{y}+\boldsymbol{y}^{\mathrm{T}}\boldsymbol{y}\end{aligned}$$

通过减小梯度 $\dfrac{\partial E(\boldsymbol{w})}{\partial \boldsymbol{w}}$，可以得到

$$2\boldsymbol{X}^{\mathrm{T}}\boldsymbol{X}\boldsymbol{w}-2\boldsymbol{X}^{\mathrm{T}}\boldsymbol{y}=0$$

接下来，推导线性回归问题的闭形解，如下：

$$\boldsymbol{w}^*=(\boldsymbol{X}^{\mathrm{T}}\boldsymbol{X})^{-1}\boldsymbol{X}^{\mathrm{T}}\boldsymbol{y}\,,\tag{6.9}$$

其中，需要反转 $d\times d$ 矩阵 $\boldsymbol{X}^{\mathrm{T}}\boldsymbol{X}$，这对高维问题来说相当复杂。[①]

一旦线性模型 $\boldsymbol{w}^*$ 按照如等式（6.9）所示进行估计，就可以根据线性函数符号为任意数据 $\boldsymbol{x}$ 指定一个标签：

$$y=\mathrm{sign}(\boldsymbol{w}^{*\mathrm{T}}\boldsymbol{x})=\begin{cases}+1 & \boldsymbol{w}^{*\mathrm{T}}\boldsymbol{x}>0\\ -1 & \text{其他}\end{cases}\tag{6.10}$$

使用闭形解可以轻松解决线性回归问题，但它在分类问题上可能不会有良好表现。主要是由于训练模型中使用的平方误差与分类目标不匹配。对于分类问题，主要关注的是减小误分类误差，而不是减少重建错误。下面几节内容将讨论其他机器学习方法，可以以特定方式测量误分类误差。

6.3 最小分类误差

对于分类问题，经验风险最小化建议最小化训练集上的 0-1 误分类误差。本节将讨论如何构造一个合理的目标函数来计算 0-1 训练错误。

① 在实践中，人们经常使用梯度下降法来解决线性回归问题，以避免矩阵求逆。请参阅练习 Q6.6。

如果使用等式（6.10）中的分类规则，在给定任何线性模型 $f(\boldsymbol{x})=\boldsymbol{w}^{\mathrm{T}}\boldsymbol{x}$ 的情况下，对于训练集中的每个训练样本 $(\boldsymbol{x}_i,\boldsymbol{y}_i)$，是否会产生误分类误差实际上取决于以下数量：

$$-\boldsymbol{y}_i\boldsymbol{w}^{\mathrm{T}}\boldsymbol{x}_i=\begin{cases}>0 & \Rightarrow \text{ misclassification}\\ <0 & \Rightarrow \text{ correct classification}\end{cases} \tag{6.11}$$

该量可嵌入阶跃函数 $H(\cdot)$ 中（见图 6.4），将 $(\boldsymbol{x}_i,\boldsymbol{y}_i)$ 的 0-1 误分类误差计算为 $H(-\boldsymbol{y}_i\boldsymbol{w}^{\mathrm{T}}\boldsymbol{x}_i)$。此外，可以对训练集中的所有样本进行求和，得出以下目标函数：

$$E_0(\boldsymbol{w})=\sum_{i=1}^{N}H(-y_i\boldsymbol{w}^{\mathrm{T}}\boldsymbol{x}_i)$$

此函数严格统计任意给定模型 $\boldsymbol{w}$ 的 0-1 训练错误，这个目标函数极难优化，因为除了原点，阶跃函数 $H(\cdot)$ 的导数几乎处处为 0。解决这个问题的一个常见技巧是使用平滑函数来近似阶跃函数。最好的候选方法是著名的 S 形函数（sigmoid function，又称逻辑 S 形函数，logistic sigmoid）：

$$l(x)=\frac{1}{1+\mathrm{e}^{-x'}}, \tag{6.12}$$

S 形函数 $l(x)$ 在任何地方都是可微的，只要斜率足够大（通过缩放 x），它就可以很好地近似阶跃函数，如图 6.5 所示。

如果在前面的目标函数中使用 S 形函数 $l(\cdot)$ 来代替阶梯函数 $H(\cdot)$，则可推导出一个微分目标函数，如下所示：

$$E_1(\boldsymbol{w})=\sum_{i=1}^{N}l(-\boldsymbol{y}_i\boldsymbol{w}^{\mathrm{T}}\boldsymbol{x}_i), \tag{6.13}$$

其中，$l(-\boldsymbol{y}_i\boldsymbol{w}^{\mathrm{T}}\boldsymbol{x}_i)$ 是介于 0 和 1 之间的量①，有时被称为软误差，而不是阶跃函数测量的 0 或 1 硬误差。因此，目标函数 $E_1(\boldsymbol{w})$ 实际上测量训练集上的总软误差。最小化 $E_1(\boldsymbol{w})$ 的学习算法通常称为最小分类误差（MCE）方法。可以很容易计算出 $E_1(\boldsymbol{w})$ 的梯度如下：

---

① 请注意，$l(-\boldsymbol{y}_i\boldsymbol{w}^{\mathrm{T}}\boldsymbol{x}_i)$ 中的减号可以与 $\boldsymbol{w}$ 合并，这样等式得以简化，但不会改变学习的模型。在这种情况下，

$$E_1(\boldsymbol{w})=\sum_{i=1}^{N}l(\boldsymbol{y}_i\boldsymbol{w}^{\mathrm{T}}\boldsymbol{x}_i)$$

$$\begin{aligned}\frac{\mathrm{d}l(x)}{\mathrm{d}x}&=\frac{\mathrm{e}^{-x}}{(1+\mathrm{e}^{-x})^2}\\&=l(x)(1-l(x))\end{aligned} \tag{6.14}$$

$$\frac{\partial E_1(\boldsymbol{w})}{\partial \boldsymbol{w}} = \sum_{i=1}^{N} y_i l(\boldsymbol{y}_i \boldsymbol{w}^{\mathrm{T}} \boldsymbol{x}_i)(1 - l(\boldsymbol{y}_i \boldsymbol{w}^{\mathrm{T}} \boldsymbol{x}_i))\boldsymbol{x}_i \tag{6.15}$$

在最小分类误差中，该梯度基于任何梯度下降或随机梯度下降（SGD）方法，用于迭代地最小化软误差$(\boldsymbol{w})$。

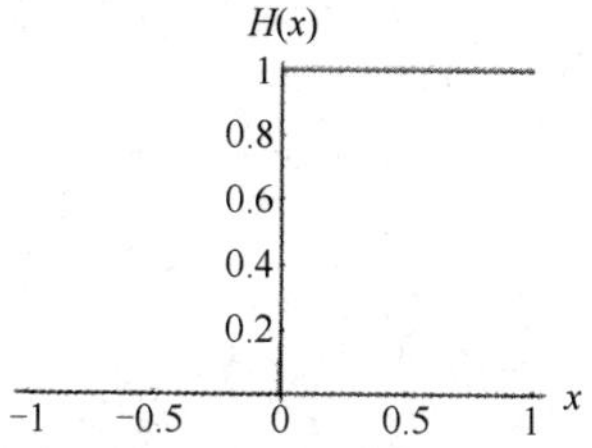

图 6.4　阶跃函数 $H(\boldsymbol{x})$

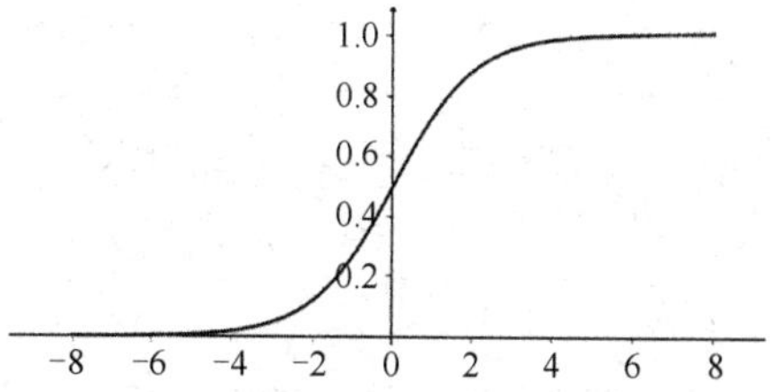

图 6.5　S 形函数 $l(x)$

6.4　逻辑回归

对于许多实际的分类任务，逻辑回归是一种非常流行且简单的方法。在特征工程中，逻辑回归广泛应用于人工导出特征向量的情况。逻辑回归可以在几种情况下得出（见 11.4 节）。本节将证明逻辑回归实际上与前一节中描述的 MCE 方法密切相关。

在最小分类误差方法中，式（6.13）中的量 $l(-\boldsymbol{y}_i \boldsymbol{w}^{\mathrm{T}} \boldsymbol{x}_i)$ 被解释为对一个训练样本进行错误分类的软错误计数。因为$l(-\boldsymbol{y}_i \boldsymbol{w}^{\mathrm{T}} \boldsymbol{x}_i)$是介于 0 和 1 之间的实数，所以也可以将其视为使用模型 $\boldsymbol{w}$ 在训练样本$(\boldsymbol{x}_i, \boldsymbol{y}_i)$上出错的概率。在这种情况下，对$(\boldsymbol{x}_i, \boldsymbol{y}_i)$进行正确分类的概率等于$1 - l(-\boldsymbol{y}_i \boldsymbol{w}^{\mathrm{T}} \boldsymbol{x}_i) = l(\boldsymbol{y}_i \boldsymbol{w}^{\mathrm{T}} \boldsymbol{x}_i)$。假设训练集中的所有样本都是独立恒等分布(i.i.d.)的，则对训练集中的所有样本进行正确分类的联合概率可以表示为：[①]

①

$$\begin{aligned} 1 - l(-x) &= 1 - \frac{1}{1 + \mathrm{e}^x} \\ &= \frac{\mathrm{e}^x}{1 + \mathrm{e}^x} \\ &= \frac{1}{\mathrm{e}^{-x} + 1} \\ &= l(x)。 \end{aligned}$$

$$L(\boldsymbol{w})=\prod_{i=1}^{N} l(y_i\boldsymbol{w}^{\mathrm{T}}\boldsymbol{x}_i)$$

逻辑回归旨在学习线性模型 $\boldsymbol{w}$，以最大化正确分类的联合概率。因为对数是单调函数，所以它等价于最大化

$$\ln L(\boldsymbol{w})=\sum_{i=1}^{N}\ln l(\boldsymbol{y}_i\boldsymbol{w}^{\mathrm{T}}\boldsymbol{x}_i) \tag{6.16}$$

接下来可以推导逻辑回归的梯度，如下所示：

$$\frac{\partial \ln L(\boldsymbol{w})}{\partial \boldsymbol{w}}=\sum_{i=1}^{N} y_i(1-l(y_i\boldsymbol{w}^{\mathrm{T}}\boldsymbol{x}_i))\boldsymbol{x}_i \tag{6.17}$$

而梯度下降法或随机梯度下降法可用最小化 $-\ln L(\boldsymbol{w})$ 来推导逻辑回归的解。

当我们比较式（6.14）中的最小分类误差梯度和式（6.17）中的逻辑回归梯度时，可以注意到二者密切相关。然而，如图 6.6 所示，最小分类误差梯度权重（深色）表明最小分类误差学习更多地关注边界情况，其中 $|y_i\boldsymbol{w}^{\mathrm{T}}\boldsymbol{x}_i|$ 接近于 0，因为只有决策边界附近的训练样本才会产生较大的梯度。另一方面，逻辑回归的梯度权重（浅色）表明，逻辑回归为所有误分类样本生成了显著的梯度，其中 $\boldsymbol{w}^{\mathrm{T}}\boldsymbol{x}_i$ 很小。因此，逻辑回归可能对训练集中的异常值非常敏感。一般来说，逻辑回归产生更大的梯度，因此它可能比最小分类误差方法更快收敛。

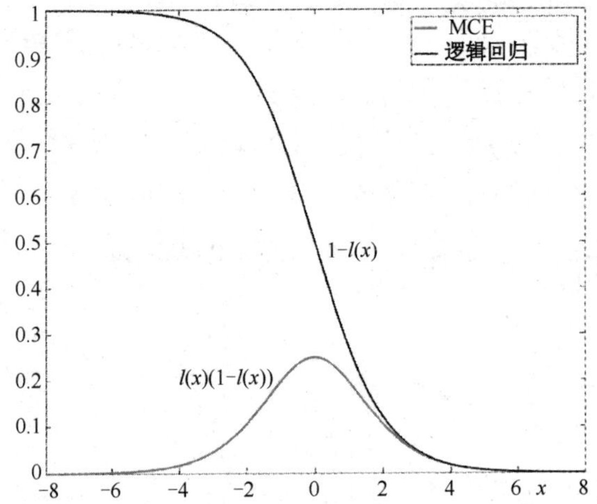

图 6.6　最小分类误差方法和逻辑回归的梯度权重对比

最后，可以使用以下从 $\boldsymbol{x}(\in \boldsymbol{R}^n)$ 到 $\boldsymbol{z}(\in \boldsymbol{R}^n)$ 的函数，简单地替换之前的 S 形函数，将之前的逻辑回归和最小分类误差训练公式扩展到多类分类问题：

$$z_i = \frac{\mathrm{e}^{x_i}}{\sum_{j=1}^{n} \mathrm{e}^{x_j}} \quad \forall i = \{1, 2, \cdots, n\}, \tag{6.18}$$

其中，所有输出均为正，并满足归一化约束。该函数传统上称为 softmax 函数[36,35]。其输出表现为 n 类上的离散概率分布。有关如何推导多类问题的最小分类误差方法和逻辑回归，请参考练习 Q6.4 和 Q6.5。

6.5 支持向量机

本节将介绍支持向量机（SVM），这是一系列重要的判别模型。支持向量机的最初概念源于推导线性可分情况下的最大边距分离超平面，类似于我们讨论的感知机算法。与感知机不同，支持向量机的强大之处在于它可以很好地扩展到复杂场景。首先，引入所谓的软边距，并将其推广到不可分的情况，即软支持向量机公式。其次，使用核技巧将支持向量机公式从线性模型扩展到非线性模型，预先选择的非线性核函数可以应用于线性模型之前的数据。支持向量机的好处在于，所有这些不同的支持向量机公式实际上最终都会得到相同的优化问题，即二次规划。由于二次规划在理论上保证具有凸性，因此该问题可以被完美解决。更重要的是，对支持向量机公式的深入研究实际上为判别模型提供了一个更通用的学习框架，将在第 7 章详细讨论。

6.5.1 线性支持向量机

已知对于线性可分的情况，人们可以使用简单的感知机算法，推导出一个完美分离训练样本的超平面。此外还知道，感知机算法通常不会导出图 6.2 所示的最大边距超平面 $\boldsymbol{w}$。初始支持向量机公式中的核心问题是如何设计一种学习方法，以便在任何线性可分的情况下导出该最大边距超平面。根据几何学，对于任何线性可分的情况，都只存在一个这样的最大边距超平面。如图 6.7 所示，对于分离训练样本，最大边距超平面（深色）等同于感知机发现的任何其他超平面（浅色），因为所有超平面都达到最低经验损失。然而，当对看不见的数据进行分类时，这种最大边距超平面往往会显示出一些优势。例如，它实现了与所有训练样本的最大分离距离，因此它可能对数据中的噪声更具健壮性，数据中的小扰动不太可能促使它们越过决策边界，导致错误分类。此外，在处理新的看不见的数据时，这种最大边距超平面具有比其他超平面更好的泛化能力，因为它的泛化边界更紧密。

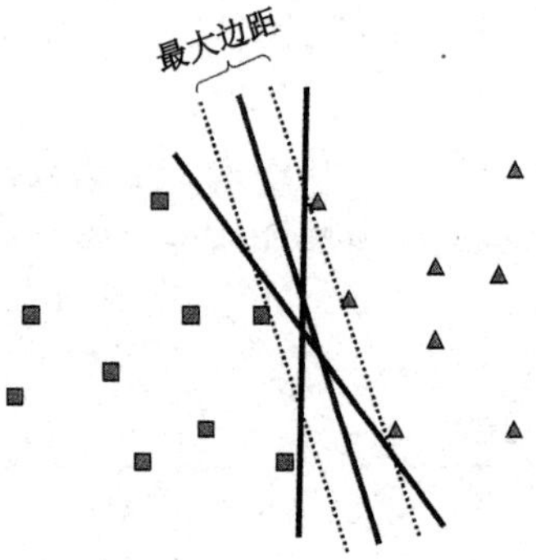

图 6.7　最大边距超平面（深色）与其他超平面（浅色）完美分离样本

这里首先推导了初始的支持向量机公式，称为线性支持向量机，它可以找到任何线性可分情况下的最大分离超平面。为了与文献中的大多数支持向量机推导保持一致，将使用仿射函数 $y = \boldsymbol{w}^{\mathrm{T}}\boldsymbol{x} + b$，而非支持向量机的线性函数 $y = \boldsymbol{w}^{\mathrm{T}}\boldsymbol{x}$。当然，从数学的角度来讲，两者之间的差异很小。

众所周知，从任意样本 $\boldsymbol{x}_i$ 到超平面 $y = \boldsymbol{w}^{\mathrm{T}}\boldsymbol{x} + b$ 的距离记为 $\dfrac{\left|\boldsymbol{w}^{\mathrm{T}}\boldsymbol{x}_i + b\right|}{\|\boldsymbol{w}\|}$。如果这个样本被超平面正确分类，我们可以使用其标签 y_i 来去除分子中的绝对值符号，如 $\dfrac{y_i(\boldsymbol{w}^{\mathrm{T}}\boldsymbol{x}_i + b)}{\|\boldsymbol{w}\|}$。如果超平面 $y = \boldsymbol{w}^{\mathrm{T}}\boldsymbol{x} + b$ 在线性可分训练集 $\mathscr{D}_N$ 中完美地分离所有样本，则该超平面与所有样本的最小分离距离可表示为：

$$\gamma = \min_{\boldsymbol{x}_i \in \mathscr{D}_N} \frac{y_i(\boldsymbol{w}^{\mathrm{T}}\boldsymbol{x}_i + b)}{\|\boldsymbol{w}\|}$$

通过搜索最大边距距离可以找到这个最大边距超平面，引出以下最大最小优化问题：

$$\left\{\boldsymbol{w}^*, b^*\right\} = \arg\max_{\boldsymbol{w},b} \gamma = \arg\max_{\boldsymbol{w},b} \min_{\boldsymbol{x}_i \in \mathscr{D}_N} \frac{y_i(\boldsymbol{w}^{\mathrm{T}}\boldsymbol{x}_i + b)}{\|\boldsymbol{w}\|} \tag{6.19}$$

如果将未知的最大边距 γ 视为一个新的自由变量，则可以将以前的最大最小优化问题重新表述为一个标准约束优化问题，如下所示：

Problem **SVM 0**:

$$\max_{\gamma,w,b} \gamma$$

subject to

$$\frac{y_i(\boldsymbol{w}^{\mathrm{T}}\boldsymbol{x}_i+b)}{\|\boldsymbol{w}\|} \geqslant \gamma \quad \forall i \in \{1,2,\cdots,N\}$$

解决 SVM0 优化问题的难点如下：（1）SVM0 包含大量约束，每个约束对应于 $\mathscr{D}_N$ 中的一个训练样本；（2）每个约束包含两个复杂部分的一小部分。

接下来，看看如何应用一些数学技巧，将这个优化问题简化为更容易处理的格式。首先，如果在超平面 $y=\boldsymbol{w}^{\mathrm{T}}\boldsymbol{x}+b$ 中用任意实数同时缩放 $\boldsymbol{w}$ 和 b，超平面在空间中的位置不会被改变。对于最大边距超平面，可以适当地缩放{$\boldsymbol{w}$，b}，以确保两侧最近的数据点生成 $\boldsymbol{w}^{\mathrm{T}}\boldsymbol{x}+b=\pm1$，如图 6.8 所示。在这种情况下，最大边距等于两个平行超平面之间的距离（显示为两条虚线）；$2\gamma=\frac{2}{\|\boldsymbol{w}\|}$（因为距离公式中的分子在缩放后等于 1）。此外，最大化边距 2γ 与最小化 $\|\boldsymbol{w}\|^2=\boldsymbol{w}^{\mathrm{T}}\boldsymbol{w}$ 相同。最后，$2\gamma=\frac{2}{\|\boldsymbol{w}\|}$ 成立的另一个条件是，对于训练集中的所有 $\boldsymbol{x}_i$，确保没有任何训练样本位于这两条虚线之间，即 $y_i(\boldsymbol{w}^{\mathrm{T}}\boldsymbol{x}_i+b)\geqslant1$。

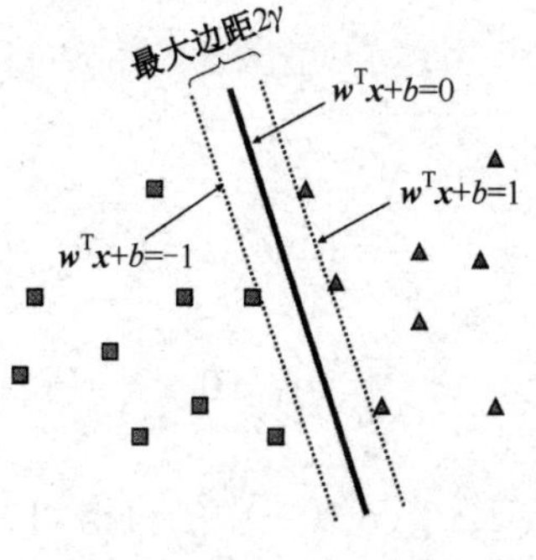

图 6.8　缩放最大边距超平面

综上所述，将 SVM0 的优化问题转化为以下等效优化问题：

Problem **SVM 1**:

$$\min_{\boldsymbol{w},b}\frac{1}{2}\boldsymbol{w}^{\mathrm{T}}\boldsymbol{w}$$

subject to

$$y_i(\boldsymbol{w}^{\mathrm{T}}\boldsymbol{x}_i+b)\geqslant 1 \quad \forall i\in\{1,2,\cdots,N\}$$ ①

为了消除 SVM1 中的大量约束，我们考虑了 SVM1 的拉格朗日对偶性。对于 SVM1 中的每个不等式约束，引入一个拉格朗日乘子 $\alpha_i\geqslant 0(\forall i\in\{1,2,\cdots,N\})$，并导出拉格朗日函数，如下所示：

$$L(\boldsymbol{w},b,\{\alpha_i\})=\frac{1}{2}\boldsymbol{w}^{\mathrm{T}}\boldsymbol{w}+\sum_{i=1}^{N}\alpha_i(1-y_i(\boldsymbol{w}^{\mathrm{T}}\boldsymbol{x}_i+b)) \tag{6.20}$$

通过最小化 $\boldsymbol{w}$ 和 b 上的拉格朗日函数，可以得到拉格朗日对偶函数：

$$L^*(\{\alpha_i\})=\inf_{\boldsymbol{w},b}L(\boldsymbol{w},b,\{\alpha_i\})$$

在这种情况下，可以减小以下梯度，以闭形解导出拉格朗日对偶函数：

$$\begin{aligned}&\frac{\partial}{\partial\boldsymbol{w}}L(\boldsymbol{w},b,\{\alpha_i\})=0\\&\Rightarrow\boldsymbol{w}-\sum_{i=1}^{N}\alpha_i y_i\boldsymbol{x}_i=0\\&\Rightarrow\boldsymbol{w}^*=\sum_{i=1}^{N}\alpha_i y_i\boldsymbol{x}_i\end{aligned} \tag{6.21}$$

$$\begin{aligned}&\frac{\partial}{\partial b}L(\boldsymbol{w},b,\{\alpha_i\})=0\\&\Rightarrow\sum_{i=1}^{N}\alpha_i y_i=0\end{aligned} \tag{6.22}$$

将式（6.21）和式（6.22）代入式（6.20）中的拉格朗日函数，可得拉格朗日对偶函数，如下所示：

① 为方便标记，在 SVM1 中添加 $\frac{1}{2}$，将在后面展示。

$$L^*(\{\alpha_i\}) = \sum_{i=1}^{N}\alpha_i - \frac{1}{2}\sum_{i=1}^{N}\sum_{j=1}^{N}\alpha_i\alpha_j y_i y_j \boldsymbol{x}_i^{\mathrm{T}}\boldsymbol{x}_j \tag{6.23}$$

如有必要，请参阅注释，了解中间步骤。[①]

如果引入下列向量和矩阵：

$$\boldsymbol{\alpha} = \begin{bmatrix}\alpha_1\\ \vdots\\ \alpha_N\end{bmatrix}_{N\times 1}$$

$$\boldsymbol{y} = \begin{bmatrix}y_1\\ \vdots\\ y_N\end{bmatrix}_{N\times 1}$$

$$\boldsymbol{1} = \begin{bmatrix}1\\ \vdots\\ 1\end{bmatrix}_{N\times 1}$$

---

① 1．已知

$$\frac{1}{2}\boldsymbol{w}^{\mathrm{T}}\boldsymbol{w} = \frac{1}{2}\left(\sum_{i=1}^{N}\boldsymbol{\alpha}_i\boldsymbol{y}_i\boldsymbol{x}_i\right)^{\mathrm{T}}\sum_{i=1}^{N}\boldsymbol{\alpha}_i\boldsymbol{y}_i\boldsymbol{x}_i = \frac{1}{2}\sum_{i=1}^{N}\sum_{j=1}^{N}\boldsymbol{\alpha}_i\boldsymbol{\alpha}_j\boldsymbol{y}_i\boldsymbol{y}_j\boldsymbol{x}_i^{\mathrm{T}}\boldsymbol{x}_j$$

2．根据式（6.22），

$$b\sum_{i=1}^{N}\boldsymbol{\alpha}_i\boldsymbol{y}_i = 0$$

3．由此可得

$$-\sum_{i=1}^{N}\boldsymbol{\alpha}_i\boldsymbol{y}_i\boldsymbol{w}^{\mathrm{T}}\boldsymbol{x}_i = -\boldsymbol{w}^{\mathrm{T}}\sum_{i=1}^{N}\boldsymbol{\alpha}_i\boldsymbol{y}_i\boldsymbol{x}_i = -\left(\sum_{i=1}^{N}\boldsymbol{\alpha}_i\boldsymbol{y}_i\boldsymbol{x}_i\right)^{\mathrm{T}}\sum_{i=1}^{N}\boldsymbol{\alpha}_i\boldsymbol{y}_i\boldsymbol{x}_i = -\sum_{i=1}^{N}\sum_{j=1}^{N}\boldsymbol{\alpha}_i\boldsymbol{\alpha}_j\boldsymbol{y}_i\boldsymbol{y}_j\boldsymbol{x}_i^{\mathrm{T}}\boldsymbol{x}_j$$

以及

$$\boldsymbol{Q}=\left[Q_{ij}\right]_{N\times N}=\left[\boldsymbol{y}\boldsymbol{y}^{\mathrm{T}}\right]_{N\times N}\odot\begin{bmatrix}\boldsymbol{x}_1^{\mathrm{T}}\boldsymbol{x}_1 & \cdots & \boldsymbol{x}_1^{\mathrm{T}}\boldsymbol{x}_N\\ \vdots & \boldsymbol{x}_i^{\mathrm{T}}\boldsymbol{x}_j & \vdots\\ \boldsymbol{x}_N^{\mathrm{T}}\boldsymbol{x}_1 & \cdots & \boldsymbol{x}_N^{\mathrm{T}}\boldsymbol{x}_N\end{bmatrix}_{N\times N}$$ ①

其中，$\odot$表示元素相乘（见注释），可以将拉格朗日对偶函数表示为以下二次形式：

$$L^*(\alpha)=\boldsymbol{1}^{\mathrm{T}}\boldsymbol{\alpha}-\frac{1}{2}\boldsymbol{\alpha}^{\mathrm{T}}\boldsymbol{Q}\boldsymbol{\alpha}$$

因为 SVM1 满足强对偶条件，因此它相当于在式（6.22）的约束下（即 $\boldsymbol{y}^{\mathrm{T}}\boldsymbol{\alpha}=0$，以及对于所有 i，$\alpha_i\geqslant 0$），对(w.r.t.) α 最大化拉格朗日对偶函数。因此，对于支持向量机，同样有以下的对偶问题：

Problem **SVM2**:

$$\max_{\alpha} 1^{\mathrm{T}}\alpha-\frac{1}{2}\alpha^{\mathrm{T}}\boldsymbol{Q}\alpha$$

subject to

$$\boldsymbol{y}^{\mathrm{T}}\alpha=0$$
$$\alpha\geqslant 0$$

SVM2 问题是一个标准的二次规划问题，可以由许多现成的优化器直接解决。6.5.4 节介绍了 SVM 二次规划的具体方法。一旦找到 SVM2 的解决方案，如：

---

①

$$\boldsymbol{x}=\begin{bmatrix}x_1\\x_2\\\vdots\\x_N\end{bmatrix}_{N\times 1}\quad \boldsymbol{y}=\begin{bmatrix}y_1\\y_2\\\vdots\\y_N\end{bmatrix}_{N\times 1}$$

$$\boldsymbol{x}\odot\boldsymbol{y}=\begin{bmatrix}x_1y_1\\x_2y_2\\\vdots\\x_Ny_N\end{bmatrix}_{N\times 1}$$

$$\left[a_{ij}\right]_{M\times N}\odot\left[b_{ij}\right]_{M\times N}=\left[a_{ij}b_{ij}\right]_{M\times N}$$

$$\boldsymbol{\alpha}^* = \begin{bmatrix} \alpha_1^* \\ \alpha_2^* \\ \vdots \\ \alpha_N^* \end{bmatrix}$$

则最大边距超平面可以用$\boldsymbol{\alpha}^*$来构建。根据等式（6.21），可得

$$\boldsymbol{w}^* = \sum_{i=1}^{N} \boldsymbol{\alpha}_i^* \boldsymbol{y}_i \boldsymbol{x}_i$$

接下来了解$\boldsymbol{\alpha}^*$的一个重要性质——SVM2 的最优解通常是稀疏的。换句话说，$\boldsymbol{\alpha}^*$通常只包含少量非零元素，而$\boldsymbol{\alpha}^*$中的大多数元素实际上是零。这可以用 SVM1 和 SVM2 中素对偶问题的 Karush-Kuhn-Tucker（KKT）条件来解释。如果在式（6.20）中找到了拉格朗日方程的最优解，记为$\boldsymbol{w}^*,\boldsymbol{b}^*,\boldsymbol{\alpha}^*,\forall i \in \{1,2,\cdots,N\}$，可以得到以下互补松弛条件：

$$\boldsymbol{\alpha}_i^*(1 - \boldsymbol{y}_i \boldsymbol{w}^{*\mathrm{T}} \boldsymbol{x}_i - \boldsymbol{y}_i \boldsymbol{b}^*) = 0 \tag{6.24}$$

换句话说，对于任何i，为得到最优解，$\boldsymbol{\alpha}_i^* = 0$和$y_i(\boldsymbol{w}^{*\mathrm{T}}\boldsymbol{x}_i + b) = 1$二者之一必须成立。如图 6.8 所示，只有少量位于两条虚线中的样本满足$y_i(\boldsymbol{w}^{*\mathrm{T}}\boldsymbol{x}_i + b) = 1$；因此，它们相应的$\boldsymbol{\alpha}_i^* \neq 0$。对于位于边距范围之外的其他样本（即$y_i(\boldsymbol{w}^{*\mathrm{T}}\boldsymbol{x}_i + b) > 1$），相应的$\boldsymbol{\alpha}_i^* = 0$。因此，最大边距超平面$\boldsymbol{w}^*$仅取决于位于任意虚线上的样本，因为它们是唯一具有非零$\boldsymbol{\alpha}_i^*$的样本。这些训练样本称为支持向量。其余的训练样本不会影响最大边距超平面，因为它们都有$\boldsymbol{\alpha}_i^* = 0$。这说明了，即使从训练集中移除这些样本，最终也会得到相同的线性支持向量机的最大边距超平面。当然，在进行优化之前，人们通常不知道哪些样本是支持向量。SVM2 中的二次规划将帮助人们识别哪些训练样本是支持向量，哪些不是。

由于支持向量机的最终解只依赖于少量的训练样本，因此支持向量机有时称为稀疏模型或稀疏机器。直观地说，稀疏模型通常不容易出现异常值和过度拟合等情况。

最后，确定最大边距超平面的偏差b^*。在得到问题 SVM2 的最优解$\boldsymbol{\alpha}^*$后，可以选择任意非零元素$\boldsymbol{\alpha}^* > 0$。根据式（6.24），相应的样本$(\boldsymbol{x}_i, y_i)$必须是一个满足$y_i(\boldsymbol{w}^{*\mathrm{T}}\boldsymbol{x}_i + \boldsymbol{b}) = 1$的支持向量。[①]因此，计算$b^*$如下：

$$\boldsymbol{b}^* = \boldsymbol{y}_i - \boldsymbol{w}^* \boldsymbol{x}_i \text{。} \tag{6.25}$$

---

① 若$y_i \in \{+1,-1\}$，

$$y_i(\boldsymbol{w}^{*\mathrm{T}}\boldsymbol{x}_i + b^*) = 1$$
$$\Rightarrow \boldsymbol{w}^{*\mathrm{T}}\boldsymbol{x}_i + b^* = y_i$$

6.5.2 软支持向量机

前面讨论的线性支持向量机公式仅适用于线性可分数据。如果训练样本不是线性可分的，则不存在最大边距超平面。然而，基于软边距这一概念，用于模拟的支持向量机可以扩展到不可分的情况。

如图 6.9 所示，如果不能用严格的边距度量完美地分离所有训练样本，那么可以允许一些样本跨越边距（如虚线所示）。在这种情况下，这将为训练集中的每个样本引入一个非负误差项。对于每个穿过边距边界的样本，误差项 ξ 用于测量其通过边距边界的距离。对于位于边距边界正确一侧的样本，其误差项应为 0。对于每个超平面 $y = \boldsymbol{w}^{\mathrm{T}}\boldsymbol{x} + b$，引入软边距概念是为了说明两件事：（1）与之前相同，超平面的边距等于两条虚线之间的距离（见图 6.9）；（2）该超平面在整个训练集上引入的总误差。软支持向量机公式旨在优化两者的线性组合；也就是说，尽可能地最大化边距，同时尽量减少引入的总误差。如此一来，软支持向量机可以应用于任何训练集。如果训练集是线性可分的，则可能会产生与线性 SVM 公式相同的最大边距超平面。但如果训练集是不可分离的，则软支持向量机公式仍然会产生一个优化软边距的超平面。

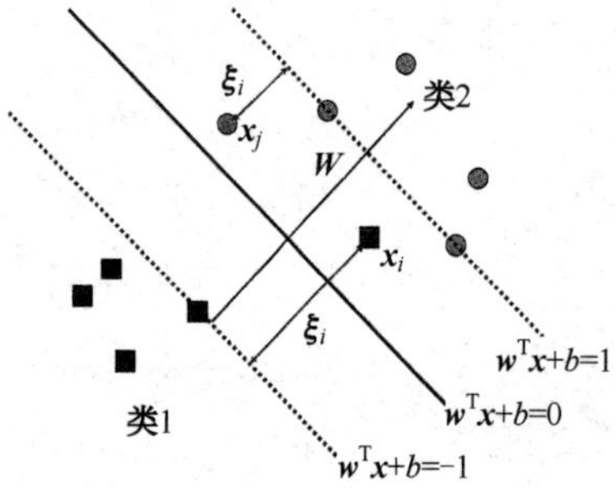

图 6.9 SVM 的软边距公式

稍微扩展 SVM1 公式，考虑目标函数中的软边距之后，发现软支持向量机公式的主要问题如下：

问题 **SVM3**:

$$\min_{\boldsymbol{w},b,\xi_i} \frac{1}{2}\boldsymbol{w}^{\mathrm{T}}\boldsymbol{w} + C^{①}\sum_{i=1}^{N}\xi_i$$

满足

$$y_i(\boldsymbol{w}^{\mathrm{T}}\boldsymbol{x}_i + b) \geqslant 1 - \xi_i \text{ and } \xi_i \geqslant 0 \quad \forall i \in \{1,2,\cdots,N\}$$

① C 是超参数，用于权衡软边距中的边距和误差项。

通过运用与先前同样的拉格朗日技巧，推导软支持向量机公式的对偶问题如下：

问题 **SVM4**:

$$\max_{\alpha} \boldsymbol{1}^{\mathrm{T}}\boldsymbol{\alpha}^{①} - \frac{1}{2}\boldsymbol{\alpha}^{\mathrm{T}}\boldsymbol{Q}\boldsymbol{\alpha}$$

满足

$$\boldsymbol{y}^{\mathrm{T}}\boldsymbol{\alpha} = 0$$

$$0 \leqslant \boldsymbol{\alpha} \leqslant C$$

根据 SVM3 推导 SVM4 将作为练习 Q6.7。令人惊讶的是，用于软 SVM 的 SVM4 几乎与 SVM2 相同。唯一的区别是 $\boldsymbol{\alpha}$ 中的每个对偶变量当前都限制在一个闭合区间 $[0,C]$ 中。当然，可以使用与解决 SVM2 相同的优化器来解决 SVM4。此外，SVM4 的解决方案也将是稀疏的，并且将仅包含少量支持向量的非零 $\boldsymbol{\alpha}_i^*$，在这种情况下，支持向量被定义为位于虚线上 $(0<\boldsymbol{\alpha}_i^*<C)$ 的样本或引入非零误差 $\xi_i(\boldsymbol{\alpha}_i^*=C)$ 的样本。详情请参阅练习 Q6.7。

6.5.3 非线性支持向量机②：核技巧

支持向量机公式的一个局限性是，我们只能学习一个线性模型来分离输入空间中的两个类。当然，在很多情况下，特别是对于一些实际中的难题，我们感兴趣的是学习一些用于模式分类的非线性分离边界。这样做的一个有趣的想法是，我们首先使用精心选择的非线性函数 $\hat{\boldsymbol{x}}=h(\boldsymbol{x})$，将原始输入 $\boldsymbol{x}$ 映射到另一个更高维度的特征空间。如图 6.10 所示，尽管原始数据集在原始输入空间中是线性不可分的，但在更高的维度空间中，它可能成为线性可分的。从概念上讲，这很可能发生，由于模型参数的增加，我们更有能力在更高维空间中应用线性模型。如果映射函数 $h(\boldsymbol{x})$ 是可逆的，由于其引入了非线性，高维空间中的线性边界实际上对应于原始输入空间中的非线性边界。

非线性支持向量机的关键思想是，首先选择一个非线性函数 $h(\boldsymbol{x})$，将每个输入 $\boldsymbol{x}_i$ 映射到更高维空间中的 $h(\boldsymbol{x}_i)$，然后按照与之前相同的支持向量机过程，在映射的特征空间中导

① 这里我们使用

$$0<\boldsymbol{\alpha}<C$$

表示向量 $\boldsymbol{\alpha}$ 中的每个元素都约束在 $[0,C]$ 中。

② 请注意，非线性支持向量机不再是线性模型。本章介绍非线性支持向量机模型，是因为它们与线性支持向量机高度相关，并且可以使用相同的优化方法进行求解。

出最大边距（或软边距）超平面。人们仍然在映射特征空间中解决这种支持向量机公式的对偶问题。如式（6.23）所示，支持向量机公式的对偶问题只取决于任意两个训练样本的内积（即 $\boldsymbol{x}_i^{\mathrm{T}}\boldsymbol{x}_j$）。在这种情况下，它对应于特征空间中任意两个映射向量的内积（即 $h^{\mathrm{T}}(\boldsymbol{x}_i)h(\boldsymbol{x}_j)$）。换句话说，只要知道如何计算 $h^{\mathrm{T}}(\boldsymbol{x}_i)h(\boldsymbol{x}_j)$，我们就能够构造对偶程序，在高维特征空间中学习 SVM 模型，然后在原始输入空间中导出相应的非线性模型。因此无需知道 $h(\boldsymbol{x}_j)$ 的确切形式。

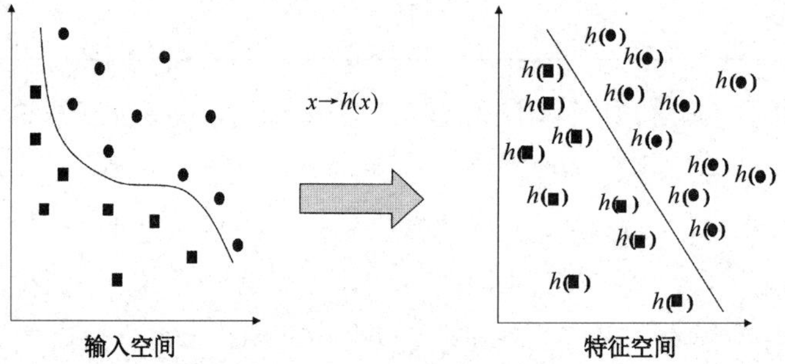

图 6.10　非线性支持向量机从输入空间到高维特征空间的非线性映射函数

在许多情况下，最好直接指定 $h^{\mathrm{T}}(\boldsymbol{x}_i)h(\boldsymbol{x}_j)$ 而非 $h(\boldsymbol{x}_j)$，$h^{\mathrm{T}}(\boldsymbol{x}_i)h(\boldsymbol{x}_j)$ 通常称为核函数，表示为

$$\Phi(\boldsymbol{x}_i,\boldsymbol{x}_j)=h^{\mathrm{T}}(\boldsymbol{x}_i)h(\boldsymbol{x}_j)$$

因为 $h(\boldsymbol{x}_j)$ 是从低维空间到高维空间的映射，所以直接指定通常是不方便且低效的。另一方面，核函数是从低维空间中的两个输入到 $\boldsymbol{R}$ 中一个实数的函数映射；因此，指定核函数比映射函数本身方便得多。从理论上讲，我们可以将任何函数指定为核函数 $\Phi(\boldsymbol{x}_i,\boldsymbol{x}_j)$，只要它满足所谓的 Mercer 条件①（见注释）。如果 $\Phi(\boldsymbol{x}_i,\boldsymbol{x}_j)$ 满足 Mercer 条件，即使人们无法明确知道映射函数，但它总是对应于一个有效的映射函数 $h(\boldsymbol{x}_j)$ [45]。

实际上，人们通常为 $\Phi(\boldsymbol{x}_i,\boldsymbol{x}_j)$ 选择以下函数之一：

- 线性核：

$$\Phi(\boldsymbol{x}_i,\boldsymbol{x}_j)=\boldsymbol{x}_i^{\mathrm{T}}\boldsymbol{x}_j$$

---

① Mercer 条件：
对于输入空间中的任意一组 $N\gamma$ 个样本（例如 $\{\boldsymbol{x}_1,\boldsymbol{x}_2\cdots,\boldsymbol{x}_N\}$），如果以下 $N\times N$ 矩阵 $[\Phi(\boldsymbol{x}_i,\boldsymbol{x}_j)]_{N\times N}$ 总是对称且正定的，则称 $\Phi(\boldsymbol{x}_i,\boldsymbol{x}_j)$ 满足 Mercer 条件。

- 多项式核：

$$\Phi(\boldsymbol{x}_i,\boldsymbol{x}_j)=(\boldsymbol{x}_i^{\mathrm{T}}\boldsymbol{x}_j)^p \text{ 或 } \Phi(\boldsymbol{x}_i,\boldsymbol{x}_j)=(\boldsymbol{x}_i^{\mathrm{T}}\boldsymbol{x}_j+1)^p$$

- 高斯（或径向基函数）[①]核：

$$\Phi(\boldsymbol{x}_i,\boldsymbol{x}_j)=\exp(-\gamma\|\boldsymbol{x}_i-\boldsymbol{x}_j\|^2)$$

其中，γ 是控制高斯分布方差的超参数。可以证明径向基函数核对应于一个从输入空间到具有无限维的特征空间的映射。请参阅练习 Q6.10。

此外，还可以设计许多其他核函数来处理特殊的数据类型，如序列和图。这种将线性支持向量机扩展为非线性支持向量机的核心技术实际上可以被应用于许多机器学习方法，可以将一些成熟的线性方法扩展到非线性情况。因此，它在文献中被称为核技巧[②]。

有趣的是，一旦应用了核技巧，非线性支持向量机公式将导致与 SVM4 相同的优化问题。唯一的区别是，使用选定的核函数 $\Phi(\boldsymbol{x}_i,\boldsymbol{x}_j)$ 计算 $\boldsymbol{Q}$ 矩阵，如下所示：

$$\boldsymbol{Q}=\left[Q_{ij}\right]_{N\times N}=\left[\boldsymbol{y}\boldsymbol{y}^{\mathrm{T}}\right]_{N\times N}\odot\begin{bmatrix}\Phi(\boldsymbol{x}_1,\boldsymbol{x}_1) & \cdots & \Phi(\boldsymbol{x}_1,\boldsymbol{x}_N)\\ \vdots & \Phi(\boldsymbol{x}_i,\boldsymbol{x}_j) & \vdots\\ \Phi(\boldsymbol{x}_N,\boldsymbol{x}_1) & \cdots & \Phi(\boldsymbol{x}_N,\boldsymbol{x}_N)\end{bmatrix}_{N\times N}$$

一旦发现二次规划的最优解为稀疏的 $\boldsymbol{\alpha}^*=\left[\alpha_1^*,\cdots,\alpha_N^*\right]^{\mathrm{T}}$，就可以相应地构造非线性支持向量机模型。对于任何新的输入 $\boldsymbol{x}$，输出计算如下[③]（见注释）：

$$y=\operatorname{sign}\left(\sum_{i=1}^{N}\alpha_i^* y_i\Phi(\boldsymbol{x}_i,\boldsymbol{x})+b^*\right) \tag{6.26}$$

与式（6.25）类似，可以基于任何支持向量计算偏差 b^*，其中 $\alpha_k^*\neq 0$ 及 $\alpha_k^*\neq C$，如下：

$$b^*=y_k-\sum_{i=1}^{N}\alpha_i^* y_i\Phi(\boldsymbol{x}_i,\boldsymbol{x}_k)$$

---

① RBF 核代表径向基函数核。

② 核技巧在机器学习中的另一个应用是核 PCA 方法，详见 Scholkopf 等人[216]的介绍。

③ 在这种情况下，首先按照如下方式构造特征空间中的支持向量机：

$$\boldsymbol{w}^*=\sum_{i=1}^{N}\alpha_i^* y_i h(\boldsymbol{x}_i)$$

可得到

$$\begin{aligned}y&=(\boldsymbol{w}^*)^{\mathrm{T}}h(\boldsymbol{x})+b^*\\&=\sum_{i=1}^{N}\alpha_i^* y_i\Phi(\boldsymbol{x}_i,\boldsymbol{x})+b^*\end{aligned}$$

例如，如果我们使用径向基函数核计算一些硬二元分类数据集的矩阵 $\boldsymbol{Q}$，式（6.26）的最终分离边界如图 6.11 所示。很明显，因为使用非线性径向基函数核函数，输入空间中两个类之间的分离边界是高度非线性的。这种分离边界的复杂性还表明，如果使用合适的核函数，非线性支持向量机实际上是非常强大的模型。

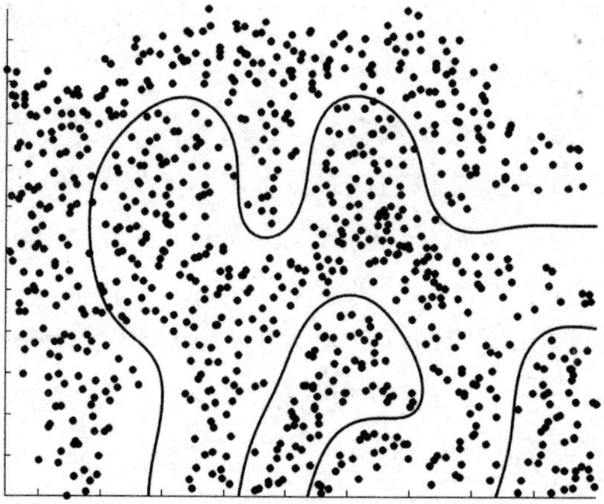

图 6.11　使用径向基函数核的非线性支持向量机的分离边界[41]

6.5.4　求解二次规划

先前已经讨论过，各种支持向量机公式都会导致求解某些类型的稠密二次规划，如下所示：

$$\min_{\alpha} \overbrace{\frac{1}{2}\boldsymbol{\alpha}^{\mathrm{T}}\boldsymbol{Q}\boldsymbol{\alpha}-\boldsymbol{1}^{\mathrm{T}}\boldsymbol{\alpha}}^{L(\alpha)},$$

满足 $\boldsymbol{y}^{\mathrm{T}}\boldsymbol{\alpha}=0$，$0 \leqslant \boldsymbol{\alpha} \leqslant C$，其中

$$\boldsymbol{\alpha}=\begin{bmatrix}\alpha_1\\ \vdots \\ \alpha_N\end{bmatrix}_{N\times 1},$$

是优化变量，以下矩阵是根据训练数据建立的：

$$\boldsymbol{y}=\begin{bmatrix}y_1\\ \vdots \\ y_N\end{bmatrix}_{N\times 1} \qquad \boldsymbol{1}=\begin{bmatrix}1\\ \vdots \\ 1\end{bmatrix}_{N\times 1}$$

$$\boldsymbol{Q}=\left[Q_{ij}\right]_{N\times N}=\left[\boldsymbol{y}\boldsymbol{y}^{\mathrm{T}}\right]_{N\times N}\odot^{①}\begin{bmatrix}\Phi(\boldsymbol{x}_1,\boldsymbol{x}_1) & \cdots & \Phi(\boldsymbol{x}_1,\boldsymbol{x}_N)\\ \vdots & \Phi(\boldsymbol{x}_i,\boldsymbol{x}_j) & \vdots \\ \Phi(\boldsymbol{x}_N,\boldsymbol{x}_1) & \cdots & \Phi(\boldsymbol{x}_N,\boldsymbol{x}_N)\end{bmatrix}_{N\times N}$$

以此作为一个例子，在算法 6.2 中使用一个简单的投影梯度下降法来解决这个二次规划问题。在每一步中，首先计算目标函数 $L(\boldsymbol{\alpha})$ 的梯度，然后将其投影到超平面 $\boldsymbol{y}^{\mathrm{T}}\boldsymbol{\alpha}=0$，以确保更新后的参数始终满足约束。

这种简单的优化方法只适用于小规模的支持向量机问题。大规模支持向量机问题中 $\boldsymbol{Q}$ 矩阵可能会变得非常大，但有许多其他高效内存的方法。其中一个例子是坐标下降算法，即一次只优化一个 α_i。在这种情况下，不需要一直将整个矩阵 $\boldsymbol{Q}$ 保存在内存中。另一个例子可参考练习 Q6.12，其中介绍了一种称为序列最小优化（SMO）[188]的流行优化方法。这种方法在文献中专为支持向量机提出，旨在同时优化两种变量 $\boldsymbol{\alpha}_i$ 和 $\boldsymbol{\alpha}_j$。

算法 6.2　SVM 的投影梯度下降算法

initialize $\boldsymbol{\alpha}^{(0)}$, and $n=0$

while not converged **do**

（1）compute the gradient:

$$\nabla L(\boldsymbol{\alpha}^{(n)})=\boldsymbol{Q}\boldsymbol{\alpha}^{(n)}-1$$

（2）project the gradient to the hyperplane $\boldsymbol{y}^{\mathrm{T}}\boldsymbol{\alpha}=0$:

$$\tilde{\nabla}L(\boldsymbol{\alpha}^{(n)})=\nabla L(\boldsymbol{\alpha}^{(n)})-\frac{\boldsymbol{y}^{\mathrm{T}}\nabla L(\boldsymbol{\alpha}^{(n)})}{\|\boldsymbol{y}\|^2}\boldsymbol{y}$$

（3）projected gradient descent:

$$\boldsymbol{\alpha}^{(n+1)}=\boldsymbol{\alpha}^{(n)}-\eta_n{}^{②}\cdot\tilde{\nabla}L(\boldsymbol{\alpha}^{(n)})$$

（4）clip$[0,C]$ to $\boldsymbol{\alpha}^{(n+1)}$ ③

---

① $\odot$ 表示两个大小相等的矩阵之间的元素相乘。

② η_n 表示梯度下降中使用的步长。

③ 在第（4）步中分割 $\boldsymbol{\alpha}^{(n+1)}$ 的一种简单方式：
对于所有 $i=1,\cdots,N$

$$\boldsymbol{\alpha}_i^{(n+1)}=\begin{cases}0 & \text{if } \alpha_i^{(n+1)}<0\\ C & \text{if } \alpha_i^{(n+1)}>C\end{cases}$$

同样，分割 $\boldsymbol{\alpha}^{(n+1)}$ 的更佳方式请参阅练习 Q6.11。

(5) $n = n + 1$

end while

6.5.5 多类支持向量机

尽管之前介绍的支持向量机公式仅限于两类二元分类问题，但它们可以很容易地扩展到解决多类模式分类问题。一种简单的方法是构造许多二元支持向量机。例如，建立一个二元支持向量机来分离多类问题中的每一类，这称为一对一策略。或者，可以构建一个二元支持向量机，将每个类与所有其他类分开，称为一对所有策略。在决策阶段，针对所有二元支持向量机测试一个新的未知输入，最终的决策基于所有二元分类器中的多数投票结果。该方法简单有效，但较麻烦的一点是需要维护大量的二元支持向量机。参阅[189]可了解另一种组合多个二元支持向量机以解决多类问题的方法。另一种方法是重新定义多类情况下的边距或软边距，并直接将支持向量机学习公式扩展到多类问题；更多细节请参见 Weston 和 Watkins[250]及 Crammer 和 Singer[46]。

总之，人们已经经历了一个漫长的过程，为各种场景推导出了几种支持向量机公式。可以看到，核技巧大大增强了支持向量机模型的能力。支持向量机模型的优点在于，所有不同的公式都会导致相同的二次规划问题，可以由同一个优化器来解决。另一个优点是，学习支持向量机只涉及少量超参数，例如 C，并且通常对所选核函数只多使用一到两个超参数。因此，支持向量机的学习过程实际上非常简单，如下框所示。

支持向量机学习步骤（总结）

给定一个训练集 $\mathscr{D}_N = \{(\boldsymbol{x}_1, y_1), (\boldsymbol{x}_2, y_2), \cdots, (\boldsymbol{x}_N, y_N)\}$：

1. 选取一个核函数 $\Phi(\boldsymbol{x}_i, \boldsymbol{x}_j)$。
2. 根据 $\mathscr{D}_N$ 和 $\Phi(\boldsymbol{x}_i, \boldsymbol{x}_j)$ 构建矩阵 $\boldsymbol{Q}$，$\boldsymbol{y}$ 和 $\boldsymbol{e}$。
3. 求解二次规划问题，获得

$$\alpha^* = \left[\alpha_1^*, \cdots \alpha_N^*\right]^{\mathrm{T}} \text{ 和 } b^*$$

4. 如下所示，评价学习模型：

$$y = \operatorname{sign}\left(\sum_{i=1}^{N} \alpha_i^* y_i \Phi(\boldsymbol{x}_i, \boldsymbol{x}) + b^*\right)$$

实验室项目二

在此项目中，人们将实现几种模式分类的判别模型。可以选择使用自己习惯的任何编程语言。只可使用库进行线性代数运算，如矩阵乘法、矩阵求逆、矩阵分解等。不能使用任何现有的机器学习、统计工具包、库，以及该项目的任何开源代码。为了练习本章中学习的各种算法，最好自己进行大多数模型学习和测试算法。这就是此项目的目的所在。

同时，将在本项目中使用 MNIST 数据集[142]，这是一个手写数字集，包含 60 000 个训练图像和 10 000 个测试图像。每张图片的大小是 28×28。MNIST 数据集可以从 http://yann.lecun.com/exdb/mnist/下载。为了简单起见，在这个项目中你只需使用像素作为以下模型的原始特征。

a．线性回归

使用线性回归方法构建线性分类器，根据数字 5 和 8 的所有训练数据分离这两个数字。评估构建模型的性能。对数字 6 和 7 的重复上述步骤，并讨论为什么其性能不同于数字 5 和 8。

b．最小分类误差和逻辑回归

使用最小分类误差方法和逻辑回归建立两个线性模型，根据数字 5 和 8 的所有训练数据分离这两个数字。比较最小分类误差和逻辑回归在训练集和测试集上的性能，并讨论这两种学习方法的差异。人们可以选择使用任何迭代优化算法。不要只调用任何现成的优化器：请自己实现优化器。

c．支持向量机

使用数字 5 和 8 的所有训练数据，学习使用线性支持向量机和非线性支持向量机（带高斯径向基函数核）的两个二元分类器，并比较和讨论这两个数字的线性支持向量机和非线性支持向量机方法的性能和效率。然后使用一对一策略为所有 10 个数字构建二元支持向量机分类器，并在保留的测试图像中报告最佳分类性能。不要调用任何现成的优化器。使用算法 6.2 中的投影梯度下降或练习 Q6.12 中的序列最小优化方法，自己实现支持向量机优化器。

练习

Q6.1 将感知机算法扩展到仿射函数 $y = \boldsymbol{w}^{\mathrm{T}}\boldsymbol{x} + b$；此外，修改定理 6.1.1 的证明，以适应偏差项 b。

Q6.2 给定训练集 $\mathscr{D}$ 及分离边距 γ_0，当 $y\boldsymbol{w}^{(n)\mathrm{T}}\boldsymbol{x} < 0$ 时，原始感知机算法会预测一个错误。在 6.1 节中讨论过，该算法收敛到一个线性分类器，可以完全分离 $\mathscr{D}$，但不需要达到最大边距。边距感知机算法扩展了算法，使感知机算法中的边距近似最大化，当 $\dfrac{y\boldsymbol{w}^{(n)\mathrm{T}}\boldsymbol{x}}{\| y\boldsymbol{w}^{(n)}\|} < \dfrac{\gamma}{2}$ 时被视为一个错误，当 $\gamma < 0$ 时被视为一个参数。证明，如果 $\gamma < \gamma_0$，则边距感知机算法所产生的错误量最大为 $8/\gamma_0^2$。

Q6.3 给定一个训练集 $\mathscr{D}_N = \{\boldsymbol{x}_i, y_i \mid i = 1, 2, \cdots N\}$，其中对所有 i，$\boldsymbol{x}_i \in \mathbf{R}^n$ 且 $y_i \in \{+1, -1\}$。假设我们想要使用二次函数 $y = \boldsymbol{x}^{\mathrm{T}}\boldsymbol{A}\boldsymbol{x} + \boldsymbol{b}^{\mathrm{T}}\boldsymbol{x} + c$，其中 $\boldsymbol{A} \in \mathbf{R}^{n\times n}$，$\boldsymbol{b} \in \mathbf{R}^n$ 且 $\boldsymbol{c} \in \mathbf{R}$，在 $\mathscr{D}_N$ 中从每个输入 $\boldsymbol{x}_i$ 映射到每个输出 y_i，这通常称为二次回归。根据最小二乘误差准则，推导出估计所有参数 $\{\boldsymbol{A}, \boldsymbol{b}, \boldsymbol{c}\}$ 的闭形公式。

Q6.4 扩展 6.3 节中的最小分类误差方法，以处理涉及 $K > 2$ 类的模式分类问题。

Q6.5 扩展 6.4 节中的逻辑回归方法，以处理涉及 $K > 2$ 类的模式分类问题。

Q6.6 推导随机梯度下降算法，优化以下线性模型：

a．线性回归

b．逻辑回归

c．最小分类误差

d．线性支持向量机（问题 SVM1）

e．软支持向量机（问题 SVM3）

Q6.7 基于拉格朗日对偶函数，展示推导软支持向量机对偶问题的步骤：

a．从 SVM3 导出 SVM4。

b. 解释如何确定哪些训练样本是软支持向量机中的支持向量。哪些支持向量位于边界上？哪些支持向量引入了非零误差项？

c．为导出软支持向量机的 b^*（也考虑所有非零的 α_i 等于 C 的情况）。

Q6.8 针对以下核函数，使用向量化方法（仅涉及向量/矩阵运算，无任何循环或求和），推导出计算支持向量机公式中矩阵 $\boldsymbol{Q}$ 的有效方法：

a．线性核函数

b．多项式核函数

c．径向基函数核函数

Q6.9 表明二阶多项式核（即 $\Phi(\boldsymbol{x}_i,\boldsymbol{x}_j)=(\boldsymbol{x}_i^{\mathrm{T}}\boldsymbol{x}_j+1)^2$ ）对应于以下从 $\mathbf{R}^d$ 到 $\mathbf{R}^{d(d+1)}$ 的映射函数 $h(\boldsymbol{x})$：

$$\boldsymbol{x}=\begin{bmatrix}x_1\\x_2\\\vdots\\x_d\end{bmatrix}\mapsto\begin{bmatrix}x_1^2\\\vdots\\x_d^2\\\sqrt{2}x_1x_2\\\vdots\\\sqrt{2}x_{d-1}x_d\\\sqrt{2}x_1\\\vdots\\\sqrt{2}x_d\end{bmatrix}$$

然后，考虑一个三阶多项式核的映射函数和一个一般的 p 阶多项式核。

Q6.10 给出对应于径向基函数核的映射函数（即 $\Phi(\boldsymbol{x}_i,\boldsymbol{x}_j)=\exp(-\frac{1}{2}\|\boldsymbol{x}_i-\boldsymbol{x}_j\|^2)$ ）。

Q6.11 算法 6.2 并非最优，因为它试图在每次迭代中交替满足两个约束。更好的方法是在每一步计算一个最佳步长 η^*，它满足两个约束：

$$\eta^*=\arg\max_{\eta}\eta,$$

其中

$$0\leqslant\alpha^{(n)}-\eta\cdot\tilde{\nabla}L(\alpha^{(n)})\leqslant C$$
$$0\leqslant\eta\leqslant\eta_n。$$

使用 KKT 条件导出闭形解，以计算最佳步长 η^* 。

Q6.12 在问题 SVM4 中，如果只优化两个乘子 α_i 和 α_j，并保持所有其他乘子不变，则可以导出更新 α_i 和 α_j 的闭形解。这个想法便是著名的用于支持向量机的序列最小优化，它在每次迭代中只选择两个子类进行更新。导出闭形解，更新问题 SVM4 中的任意两个 α_i 和 α_j。

第 7 章

学习通用判别模型

第 5 章已经讨论过，当从给定的训练样本中学习判别模型时，如果严格遵循经验风险最小化的思想，并且认为经验风险最小化是唯一的学习目标，那么可能不会得到最佳性能，而是得到过度拟合。本章介绍了一个更通用的判别模型学习框架，即最小化正则化经验风险。该模型讨论了为不同的学习任务制定正则化经验风险的各种方法，并解释了正则化对机器学习的重要性。此外，它还介绍了如何将这种通用方法应用于几个有趣的机器学习任务，例如，正则化线性回归（岭及最小绝对收缩和选择算法 [LASSO]）、矩阵分解和字典学习。

7.1 学习判别模型的通用框架

首先，回顾一下软支持向量机公式的主要问题①（见注释），即 6.5.2 节中讨论的 SVM3

① 软支持向量机（SVM3）的主要问题：

$$\min_{w,b,\xi_i} \frac{1}{2}\boldsymbol{w}^{\mathrm{T}}\boldsymbol{w} + C\sum_{i=1}^{N}\xi_i ,$$

满足

$$y_i(\boldsymbol{w}^{\mathrm{T}}\boldsymbol{x}_i + b) \geqslant 1 - \xi_i \text{ 且 } \xi_i \geqslant 0$$
$$\forall i \in \{1, 2\cdots, N\}$$

问题。基于 SVM3 中每个变量 ξ_i（对于所有 $i=1,2\cdots,N$）的两个约束条件，则有

$$\xi_i \geqslant 1 - y_i(\boldsymbol{w}^{\mathrm{T}}\boldsymbol{x}_i + b)$$

$$\xi_i \geqslant 0$$

可以将这两个不等式等价组合成一个紧凑的表达式，如下所示：

$$\xi_i \geqslant \max(0, 1 - y_i(\boldsymbol{w}^{\mathrm{T}}\boldsymbol{x}_i + b))$$

定义一个新函数：

$$H_1(x) = \max(0, 1-x),$$

通常这被称为铰链函数。如图 7.1 所示，铰链函数 $H_1(x)$ 是一个单调非递增的分段线性函数。可以用铰链函数表示每一个 ξ_i，如下所示：

$$\xi_i \geqslant H_1(y_i(\boldsymbol{w}^{\mathrm{T}}\boldsymbol{x}_i + b))$$ ①

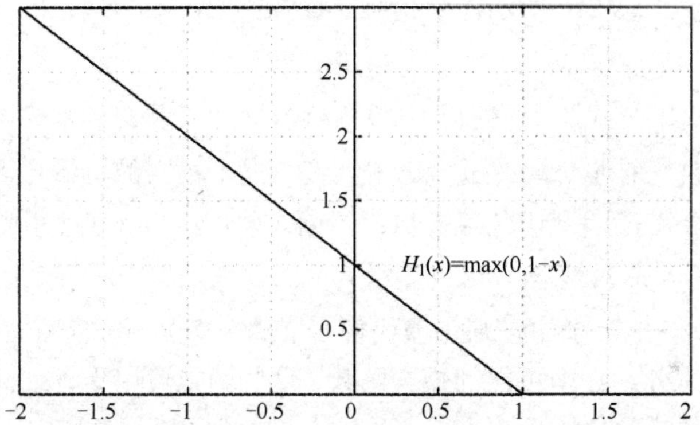

图 7.1 铰链函数 $H_1(x)$

如 SVM3 所示，因为在目标函数中最小化了所有的总和 ξ_i，最小化将迫使所有 ξ_i 取铰链函数指定的下界。因此，可以立即在 SVM3 中推导出每一个 ξ_i 的最佳值，如下所示：

$$\xi_i^* = H_1(y_i(\boldsymbol{w}^{\mathrm{T}}\boldsymbol{x}_i + b)) \quad \forall i = 1, 2, \cdots, N$$ ①

① 回想一下二元分类设置，如式（6.11）所示，$y_i(\boldsymbol{w}^{\mathrm{T}}\boldsymbol{x}_i + b)$ 表示训练样本 $(\boldsymbol{x}_i, y_i)$ 是否引起误分类误差：

$$(\boldsymbol{w}^{\mathrm{T}}\boldsymbol{x}_i + b)\begin{cases} < 0 & \Rightarrow \text{错误分类} \\ > 0 & \Rightarrow \text{正确的分类} \end{cases}$$

因此，$H_1(y_i(\boldsymbol{w}^{\mathrm{T}}\boldsymbol{x}_i + b))$ 表示用铰链函数 $H_1(\cdot)$ 作为损失函数计算错误的一种特殊方法。

在将这些最优值 ξ_i 代入 SVM3 后，由于 $\boldsymbol{w}^{\mathrm{T}}\boldsymbol{w}=\|\boldsymbol{w}\|^2$，可以将软支持向量机问题转化为以下无约束优化问题：

$$\min_{\boldsymbol{w},b}[\underbrace{\sum_{i=1}^{N}H_1(y_i(\boldsymbol{w}^{\mathrm{T}}\boldsymbol{x}_i+b))}_{\text{经验损失}}+\underbrace{\lambda\cdot\|\boldsymbol{w}\|^2}_{\text{正则化项}}], \tag{7.1}$$

其中，正则化参数 λ 是用于平衡正则化项贡献的超参数。

这个公式提供了另一个审视软支持向量机模型的视角。在软支持向量机中，人们基本上通过最小化正则化经验损失来学习线性模型，包括两项：

1．当使用铰链函数作为损失函数进行评估时，所有训练样本的常规经验损失总和项。

2．基于模型参数 L_2 范数的正则化项。

如 6.5.5 节的问题 SVM1 所示，至少对于线性模型，最大边距的标准相当于在学习中应用范数正则化。

更重要的是，这个公式还为我们学习各种机器学习问题的判别模型提供了一个十分通用的框架。可能会改变前述公式的至少三个维度，提出不同的机器学习问题。首先，可以用更复杂的模型代替式（7.1）中的线性模型，如双线性模型（见 7.3 节和 7.4 节）、二次模型或神经网络（见第 8 章）。第二，可以使用其他的损失函数，而不是铰链损失函数 $H_1(x)$。第三，可以考虑施加其他类型的正则化项代替 L_2 范数。例如，可以将它推广到各种 $p>0$ 的一般 L_p 范数。接下来介绍许多可能的损失函数，这些函数可用于评估式（7.1）中的经验损失及其优缺点。接下来，本章讨论了正则化有助于避免过拟合的原因，以及当 L_p 范数用作 ML 中的正则化项时，所有 $p>0$ 的 L_p 范数的性质。

7.1.1　机器学习中的常见损失函数

如果检查第 6 章中讨论的所有目标函数，可以很容易地导出这些机器学习方法中使用的潜在损失函数。例如，考虑式（6.16）中逻辑回归的目标函数，我们可以确定逻辑回归中使用的损失函数为 $-\ln l(x)=\ln(1+\mathrm{e}^{-x})$。同样地，对于式（6.8）中线性回归的目标函数，可以推导出其损失函数实际上是二次函数 $(1-x)^2$ ①（原因见注释）。表 7.1 总结了许多机器

① 给定 $y_i\in\{+1,-1\}$，容易证明：

$$\begin{aligned}&(y_i-(\boldsymbol{w}^{\mathrm{T}}\boldsymbol{x}_i+b))^2\\=&(1-y_i(\boldsymbol{w}^{\mathrm{T}}\boldsymbol{x}_i+b))^2\end{aligned}$$

学习中评估经验风险常用的损失函数。鼓励感兴趣的读者验证这些结果。

表 7.1 在不同的机器学习方法中使用不同的损失函数

机器学习方法	损失函数
—	0-1 损失：$H(x)=\begin{cases}1 & x\leqslant 0\\0 & x>0\end{cases}$
感知机	校正线性损失：$H_0(x)=\max(0,-x)$
最小分类误差	S 形损失：$l(x)=\dfrac{1}{1+e^x}$
逻辑回归	逻辑损失：$H_{lg}(x)=\ln(1+e^{-x})$
线性回归	平方损失：$H_2(x)=(1-x)^2$
软支持向量机	铰链损失：$H_1(x)=\max(0,1-x)$
推进	指数损失：$H_e(x)=e^{-x}$

此外，图 7.2 绘制了这些损失函数以供比较。损失函数指定了机器学习问题中计算错误的方法，在构造机器学习问题目标函数时起着重要作用。在为机器学习任务选择损失函数时需要考虑下述几个问题。首先，需要考虑损失函数[①]本身是否为凸函数。如果选择一个凸损失函数，很可能将整个学习表述为一个更容易解决的凸优化问题。在表 7.1 所示的损失函数中，人们可以很容易地验证它们中的大多数实际上是凸函数，除了最小分类误差中的 0-1 损失和 S 形损失函数 $l(x)$。选择损失函数时需要考虑的第二个问题是单调非递增性质，即一个良好的损失函数应该随 $x\to-\infty$ 单调递增，而 $x>0$ 时应该接近 0。换言之，一个良好的损失函数应该惩罚误分类误差，并奖励正确的分类。如图 7.2 所示，除线性回归的二次损失在时 $x>1$ 递增，大多数损失函数 $H_2(x)$ 确实是单调非递增的。这解释了为什么线性回归通常不能在分类中产生良好的性能，因为它可能会惩罚 $x>1$ 的正确分类。另一方面，当 $x\to-\infty$ 时，一些损失函数显著增长，如指数损失 $H_e(x)$。这种

① 如果函数图上任意两点之间的线段位于图的上方或与图相交，则函数为凸函数。

特性可能会使学习模型在训练数据中容易出现异常值，因为它们的错误计数可能会主导潜在的目标函数。

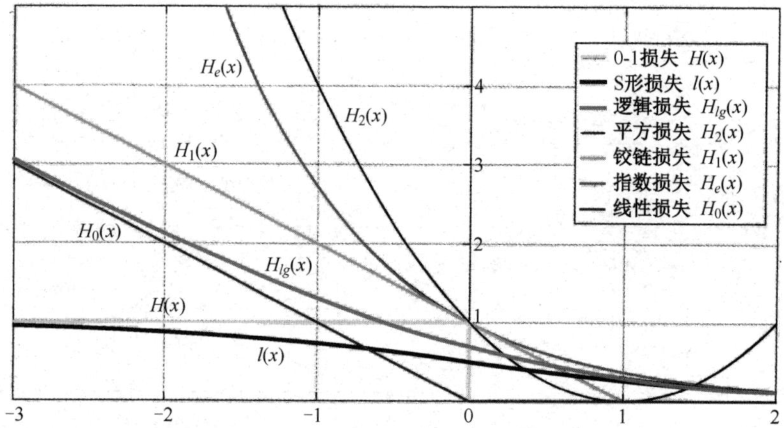

图 7.2　各种机器学习方法中的常用损失函数

7.1.2　基于 L_p 范数的正则化

首先考虑正则化项在式（7.1）中所起的作用，然后研究如何将其推广到更通用的机器学习正则化方法中去。

一般来说，当使用合适的正则化参数 λ 时，式（7.1）中的无约束优化问题与以下约束优化问题有些相似：

$$\min_{\boldsymbol{w},b}\sum_{i=1}^{N}H_1(y_i(\boldsymbol{w}^{\mathrm{T}}\boldsymbol{x}_i+b)),$$

满足

$$\|\boldsymbol{w}\|^2\leqslant 1$$

显然，正则化项导致其只在约束区域，而非整个有效模型空间中学习模型。在这种情况下，约束区域位于单位超球体内。根据第 5 章的理论分析，当模型空间受到约束时，本质上限制了学习问题中考虑的有效模型的总数。这将间接收紧泛化界限，最终防止学习模型过度拟合。

如前所示，当在学习目标函数中使用范数正则化项 L_2 [①]时，本质上强制学习仅在模型空间的超球体内搜索最优模型。一种自然的推广正则化思想的方法是考虑对其他一些 $p>0$ 的更通用的 L_p 范数。对于任何正实数 $p>0$，L_p 范数定义如下：

$$\|\boldsymbol{w}\|_p=\left(|w_1|^p+|w_2|^p+\cdots+|w_n|^p\right)^{\frac{1}{p}}$$

当 $p=2$ 时，L_2 范数是普通的欧几里得范数。考虑一些特殊情况也很有趣，如 $p=1$，$p=0$，$p=\infty$。如果使用 L_p 范数作为式（7.1）中的正则化项，本质上只将模型学习约束在模型空间中的以下单位 L_p 超球体内：

$$\|\boldsymbol{w}\|_p\leqslant 1$$

例如，图 7.3 绘制了在几个典型 p 值的三维空间中，单位 L_p 超球体的外观。当 p 取这些特殊值时，可以直接验证图 7.3 中单位 L_p 超球体的形状。例如，$\|\boldsymbol{w}\|_\infty=1$ 对应于高维空间中的单位超立方体，$\|\boldsymbol{w}\|_2=1$ 代表规则超球面，$\|\boldsymbol{w}\|_1=1$ 代表高维空间中的八面体形状。值得注意的是，当 p 减小到 0 时，单位 L_p 超球体会缩小。当 $p=0$ 时，$\|\boldsymbol{w}\|_0=1$ 沿所有坐标轴退化为仅在原点相交的一些孤立线段。换句话说，当在机器学习中使用 L_p 正则化项时，较小的 p 值通常意味着施加的正则化更强。

L_p 超球体的另一个重要性质是，$\|\boldsymbol{w}\|_p\leqslant 1$ 在 $p\geqslant 1$ 时表示一个凸集，但在 $0\leqslant p\leqslant 1$ 时为非凸集。当连接集合中任意两点的线段完全位于集合内时，集合为凸集。因此，$p=1$ 通常是实践中使用的最小 p 值，因为 $0\leqslant p\leqslant 1$ 时的非凸性给基础优化过程带来了巨大挑战。

L_1 正则化的一个有趣特性是，它通常会导致一些稀疏解。图 7.4 显示了使用 L_1 正则化和 L_2 正则化优化二次目标函数时的差异。当使用 L_1 正则化时，约束优化的最优解通常出现

---

① L_2 范数：

$$\|\boldsymbol{w}\|_2=\sqrt{|w_1|^2+\cdots+|w_n|^2}$$

L_1 范数：

$$\|\boldsymbol{w}\|_1=|w_1|+\cdots+|w_n|$$

L_0 范数：

$$\|\boldsymbol{w}\|_0=|w_1|^0+\cdots+|w_n|^0$$

注意 $\|\boldsymbol{w}\|_0\ (\in \boldsymbol{Z})$ 等于 $\boldsymbol{w}$ 中非零元素的数量。

L_∞ 范数：

$$\|\boldsymbol{w}\|_\infty=\max\left(|w_1|,\cdots,|w_n|\right)$$

注意 $\|\boldsymbol{w}\|_\infty$ 等于 $\boldsymbol{w}$ 中所有元素的最大值。

在 L_1 超球体的一个顶点上，因为梯度下降可能会在平面上滑动，直到到达顶点为止。由于这些顶点的某些坐标为 0，因此对应于一些稀疏解。另一方面，如果使用 L_2 正则化，约束优化通常在两个二次曲面之间的切向接触点完成，通常对应于稠密解。

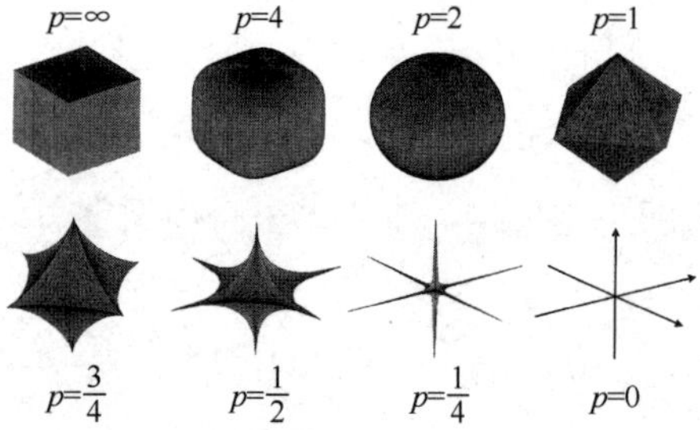

图 7.3　在一些典型 p 值的三维空间中，$\|\boldsymbol{w}\|_p \leqslant 1$ 时的单位 L_p 超球体

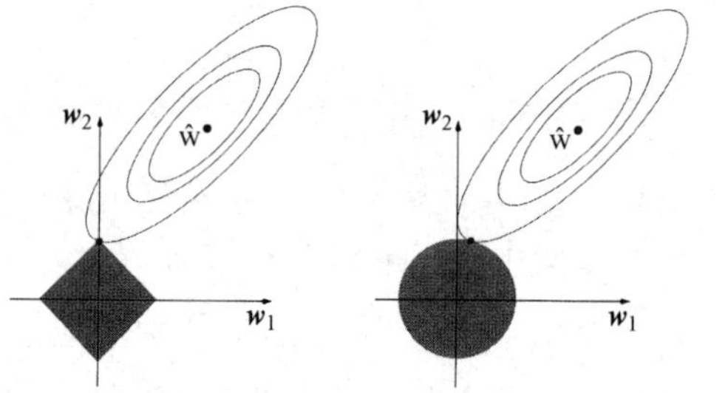

图 7.4　L_1 和 L_2 二次优化问题中的正则化区别

另一种解释正则化导致稀疏性的方法是考虑 L_1 范数的梯度：

$$\frac{\partial \|\boldsymbol{w}\|_1}{\partial w_i} = \mathrm{sgn}(w_i) = \begin{cases} 1 & w_i > 0 \\ 0 & w_i = 0 \\ -1 & w_i < 0 \end{cases} \tag{7.2}$$

由于任意模型参数 w_i 的梯度大小保持不变（$w_i = 0$ 时除外），因此梯度下降算法将不断减小所有小参数的大小，直到它们实际变为 0。另一方面，L_2 范数的梯度计算为：

$$\frac{\partial \|\boldsymbol{w}\|_2^2}{\partial w_i} = 2w_i$$

随着 w_i 接近于 0，其梯度也变得更小。换句话说，L_2 正则化倾向于修改远离 0 的 w_i 值，而不是已经很小的 w_i 值。因此，L_2 正则化通常会得到包含许多小但非零 w_i 的解。

本章接下来将介绍如何应用正则化经验风险最小化的一般思想来学习一些有趣的机器学习问题判别模型。

7.2　岭回归与 LASSO

在 6.2 节中研究了一个标准的线性回归问题，其中线性函数通过最小化重建误差来拟合给定的训练集，重建误差用平方损失函数来测量。对于这个标准线性回归，可以导出一个闭形解。本节将介绍如何将 L_p 范数正则化应用于标准线性回归问题。当需要根据相对较小的训练集估计高维线性模型时，正则化在线性回归中尤为重要。

首先，当 L_2 范数正则化被用于线性回归时，会引起统计学中所谓的岭回归[87]。得益于 L_2 正则化，岭回归有助于在模型参数的数量较大时推导更可靠的估计值。与 6.2 节中的设置类似，线性函数 $y = \boldsymbol{w}^{\mathrm{T}} \boldsymbol{x}$ 用于拟合训练集：$\mathscr{D}_N = \{\boldsymbol{x}_i, y_i \mid i = 1, 2, \cdots N\}$。在岭回归中，通过最小化以下正则化经验损失来估计模型参数 $\boldsymbol{w}$：

$$\boldsymbol{w}_{\text{ridge}}^* = \arg\min_{\boldsymbol{w}} \left[\sum_{i=1}^{N} (\boldsymbol{w}^{\mathrm{T}} \boldsymbol{x}_i - y_i)^2 + \lambda \cdot \| \boldsymbol{w} \|_2^2 \right]$$

在进行类似于 6.2 节的处理后，可以得出岭回归的闭形解，如下所示：

$$\boldsymbol{w}_{\text{ridge}}^* = (\boldsymbol{X}^{\mathrm{T}} \boldsymbol{X} + \lambda \cdot \boldsymbol{I})^{-1} \boldsymbol{X}^{\mathrm{T}} \boldsymbol{y} \tag{7.3}$$

其中，$\boldsymbol{I}$ 表示单位矩阵，岭参数 λ 作为一个正常数，移动对角线以稳定矩阵 $\boldsymbol{X}^{\mathrm{T}} \boldsymbol{X}$ 的条件数。①

其次，将范数正则化应用于线性回归会引出统计学中另一个著名的方法，最小绝对收缩和选择算法（LASSO）[236]。LASSO 通过最小化以下正则化经验损失，估计模型参数：

$$\boldsymbol{w}_{\text{laso}}^* = \arg\min_{\boldsymbol{w}} \underbrace{\left[\frac{1}{2} \sum_{i=1}^{N} (\boldsymbol{w}^{\mathrm{T}} \boldsymbol{x}_i - y_i)^2 + \lambda \cdot \| \boldsymbol{w} \|_1 \right]}_{Q_{\text{lasso}}(\boldsymbol{w})} \tag{7.4}$$

但由于目标函数并非处处可微，因此不存在解决该优化问题的闭形解。必须使用某些迭代梯度下降法，如次梯度法或坐标下降法，来计算 $\boldsymbol{w}_{\text{laso}}^*$ ②。在 L_1 范数正则化的帮助下，LASSO 通常会得到稀疏解。因此，LASSO 可以凭借其强大的 L_1 正则化提高线性回归模型的准确性。同时，导出的稀疏解通常选择特征子集，而不是使用所有特征，这可以更好地解释潜在回归问题。

---

① 方矩阵的条件数定义为其最大特征值与最小特征值之比。具有高条件数的矩阵被称为病态矩阵。

② LASSO 目标函数的梯度可以表示为：

$$\frac{\partial Q_{\text{lasso}}(\boldsymbol{w})}{\partial \boldsymbol{w}} = \left(\sum_{i=1}^{N} \boldsymbol{x}_i \boldsymbol{x}_i^{\mathrm{T}} \right) \boldsymbol{w} - \sum_{i=1}^{N} y_i \boldsymbol{x}_i + \lambda \cdot \operatorname{sgn}(\boldsymbol{w}),$$

其中，$\operatorname{sgn}(\cdot)$ 表示式（7.2）中的三值符号函数。在坐标下降法[75]中，在每个时间点，根据计算的梯度选择并更新 $\boldsymbol{w}$ 中的元素 w_i。重复这个过程，直到收敛。

7.3 矩阵分解

由于现实世界的许多应用需要人们把一个大的矩阵分解成两个较小矩阵的乘积，因此矩阵分解成为解决许多重要现实世界问题的技术基础。众所周知，许多传统的线性代数方法可以用来分解矩阵，比如著名的奇异值分解（SVD）。在奇异值分解中，一个 $n \times m$ 矩阵 $\boldsymbol{X}$（假设 $n > m$）可以分解为三个矩阵的乘积：

$$[\boldsymbol{X}]_{n\times m} = [\boldsymbol{U}]_{n\times m}[\boldsymbol{\Sigma}]_{m\times m}[\boldsymbol{V}]_{m\times m'},$$

其中，$\boldsymbol{U} \in \mathbf{R}^{n\times m}$，$\boldsymbol{V} \in \mathbf{R}^{m\times m}$，且 $\boldsymbol{\Sigma}$ 为 $m \times m$ 对角矩阵，其非零对角元素称为 $\boldsymbol{X}$ 的奇异值。我们可以将 $\boldsymbol{\Sigma}$ 与 $\boldsymbol{U}$ 或 $\boldsymbol{V}$ 合并，使 $\boldsymbol{X}$ 分解为两个矩阵的乘积，如下所示：

$$[\boldsymbol{X}]_{n\times m} = [\boldsymbol{U}]_{n\times m}[\boldsymbol{V}]_{m\times m}$$

这种情况下，矩阵 $\boldsymbol{U}$ 和 $\boldsymbol{V}$ 并不比 $\boldsymbol{X}$ 小很多。然而，$\boldsymbol{U}$ 和 $\boldsymbol{V}$ 的大小可以根据 $\boldsymbol{\Sigma}$ 中这些奇异值进行调整。如图 7.5 所示，如果只保留最重要的奇异值 $k(\ll m)$，而忽略 $\boldsymbol{\Sigma}$ 中其他较小的正弦值，则最终会截断 $\boldsymbol{U}$ 中相应的列和 $\boldsymbol{V}$ 中相应的行。这样，通过两个更小的矩阵的乘积，就能近似原始 $n \times m$ 矩阵 $\boldsymbol{X}$：

$$[\boldsymbol{X}]_{n\times m} \approx [\boldsymbol{U}]_{n\times k}[\boldsymbol{V}]_{k\times m} (k \ll m, k \ll n)$$

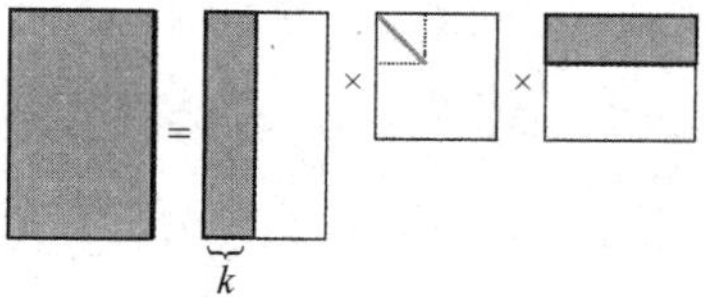

图 7.5　使用奇异值分解和截断奇异值分解来分解 $n \times m$ 矩阵 $\boldsymbol{X}$

这种方法通常被称为截断奇异值分解，是一种以近似方式将一个巨大的矩阵分解为两个小得多的矩阵的传统方法。

此处首先考虑两个有趣的、来源于某些现实世界的应用问题，需要使用矩阵分解技术来解决。第一个例子是著名的协同过滤，它是大多数在线推荐系统的核心技术。第二个例子是自然语言处理中的潜在语义分析。

例 7.3.1　用于推荐的协同过滤

在许多在线电子商务平台中，如果平台能够跟踪用户和产品之间的所有历史交易（例如，哪个用户购买了哪些产品，或者哪个用户评价了[喜欢或不喜欢]哪些电影），那么这些信息非常有助于平台了解用户和产品的特征。根据历史数据，该平台将能够开发自动方法，向每个用户推荐相关产品，以增加收入。自动推荐背后的核心技术是矩阵分解，在本书中通常称为协同过滤[197]。

在协同过滤中，首先用一个巨大的用户产品矩阵 $\boldsymbol{X}$ 表示所有历史交易，如图 7.6 所示。$\boldsymbol{X}$ 的每一行代表一个不同的用户，每一列代表一个不同的产品。$\boldsymbol{X}$ 中的每个元素表示用户和产品之间的交易（例如，该用户购买该产品的次数）。我们想把这个大的稀疏矩阵分解成两个小的密集矩阵的乘积，$\boldsymbol{U}$ 和 $\boldsymbol{V}$，如图 7.6 所示。$\boldsymbol{U}^{\mathrm{T}}$ 的每一行向量都可视为每个用户的紧凑表示。通过计算这些行向量之间的距离，能够知道这些用户之间的相似性。类似地，$\boldsymbol{V}$ 的每列向量都可以视为产品的紧凑表示，列向量之间的距离表示这些产品之间的相似性。基于这些相似性度量，平台能够向用户推荐一些与该用户以前购买的产品相似的产品，或者推荐一些与该用户相似的其他用户以前购买的产品。

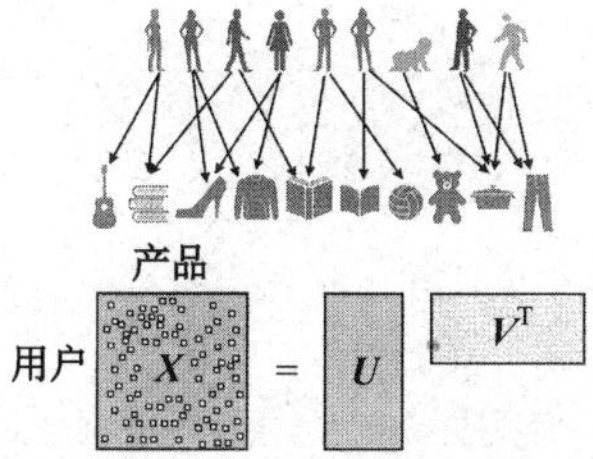

图 7.6 推荐的协同过滤的图示

例 7.3.2 潜在语义分析

潜在语义分析（LSA）是一种在自然语言过程中学习单词和文档的语义表示的技术[50]。潜在语义分析背后的关键假设是语言学中的分布假设，即“意义相近的词会出现在相似的文本中”[91]。

如图 7.7 所示，首先从一个大型文本语料库中构造一个 word 文档矩阵 $\boldsymbol{X}$。矩阵 $\boldsymbol{X}$ 的行代表一种语言中的唯一单词，列代表语料库中的所有文档。$\boldsymbol{X}$ 中的元素包含每个文档的字数或其他标准化频率度量[240]。类似地，假设我们可以将大矩阵 $\boldsymbol{X}$ 分解为 $\boldsymbol{U}$ 和 $\boldsymbol{V}$ 的乘积。$\boldsymbol{U}^{\mathrm{T}}$ 中的每个行向量都可以视为一个单词的紧凑语义表示，它们之间的距离表示不同单词之间的语义相似性。在语料库中，所有其他向量的长度通常都是固定的。

原则上，如前所述，线性代数中的传统奇异值分解算法可用于分解任何矩阵①。然而，当人们将奇异值分解方法应用于实际问题时，会遇到几个困难，如例 7.3.1 和例 7.3.2 所示。首先，传统的奇异值分解算法在运行时间和内存使用方面计算量都很大。现实应用中产生的大多数矩阵都非常大。例如，在协同过滤的情况下，拥有数亿用户和数十万产品是正常的。在这种情况下，用户-产品矩阵通常非常稀疏，但却非常大。在这些巨大的稀疏矩阵上运行标准奇异值分解算法效率可能非常低。其次，许多源于实际应用的矩阵通常是部分观测的。换句话说，我们只知道矩阵 $\boldsymbol{X}$ 中的一些元素，其余的元素缺失或未知。例如，如果矩阵 $\boldsymbol{X}$ 用于表示许多电影中大量用户的评分（喜欢或不喜欢），我们不能期望每个用户对所有电影进行评分，因为他们可能没有机会观看大多数电影。没有哪种线性代数方法可以用来分解部分观测矩阵。此外，如果我们可以将部分观测矩阵 $\boldsymbol{X}$ 分解为两个较小的矩阵 $\boldsymbol{U}$ 和 $\boldsymbol{V}$，基本上就已经填充了 $\boldsymbol{X}$ 中的所有缺失元素，因为任何缺失元素都可以通过 $\boldsymbol{U}$ 中的行向量和 $\boldsymbol{V}$ 中的列向量的乘积来估计。因此，部分观测矩阵的分解有时也称为矩阵完成。

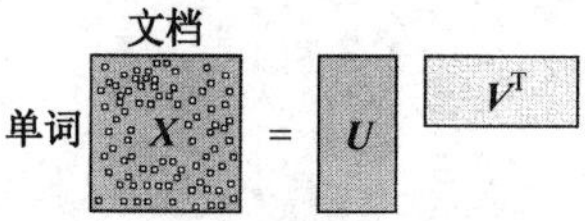

图 7.7　学习语义词表示的潜在语义分析

接下来，将矩阵分解表述为机器学习问题，其中矩阵 $\boldsymbol{X}$ 或其观测部分视为训练数据，两个较小的矩阵 $\boldsymbol{U}$ 和 $\boldsymbol{V}$ 视为待学习的未知参数[131]。由此将看到，对于大型稀疏矩阵，这个机器学习问题的解决方案往往比传统的奇异值分解方法更有效，更重要的是，它同样适用于完全观测矩阵和部分观测矩阵。

给定一个如图 7.8 所示的 $n \times m$ 矩阵 $\boldsymbol{X}$，想学习两个矩阵 $\boldsymbol{U}(\in \mathbf{R}^{k\times n})$ 和 $\boldsymbol{V}(\in \mathbf{R}^{k\times m})$ 来近似 $\boldsymbol{X}$ 为

$$\boldsymbol{X} \approx \boldsymbol{U}^{\mathrm{T}}\boldsymbol{V},$$

其中，k 是一个超参数，通常 $k \ll n,m$。如果 $\boldsymbol{X}$ 是部分观测的，将 $\boldsymbol{X}$ 中所有观测元素的指数表示为一个集合 $\Omega=\{(i,j)\}$。②此外，我们用 Ω_i^c 表示 $\boldsymbol{X}$ 的 i 行中观察元素的所有列索引，并使用 Ω_j^c 表示 $\boldsymbol{X}$ 的第 j 列中观察元素的所有行索引，如图 7.9 所示。

如果希望 $\boldsymbol{U}^{\mathrm{T}}\boldsymbol{V}$ 尽可能接近 $\boldsymbol{X}$，可以定义 $\boldsymbol{X}$ 中所有观察元素的平方损失：

① 在 $n\times m$ 矩阵上进行奇异值分解的时间复杂度为 $O(n^2m+nm^2+m^3)$。

② 若 $\boldsymbol{X}$ 完全观测，则 Ω 只包含所有元素指数。

$$\sum_{(i,j)\in\Omega}(\boldsymbol{x}_{ij}-\boldsymbol{u}_i^{\mathrm{T}}\boldsymbol{v}_j)^2,$$

其中，$\boldsymbol{u}_i$ 表示$\boldsymbol{U}$中的第i列向量，$\boldsymbol{v}_j$ 表示$\boldsymbol{V}$中的第j列向量。

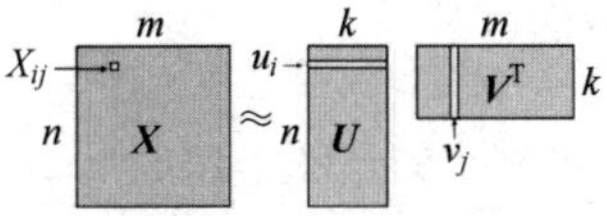

图 7.8　矩阵分解作为机器学习问题

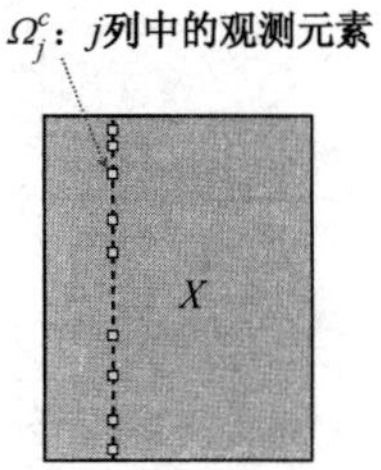

图 7.9　j 列中所有观测元素的行指数表示为Ω_j^c

此外，可以对$\boldsymbol{U}$和$\boldsymbol{V}$的所有行向量施加L_2范数正则化。因此可以将该矩阵分解问题的目标函数表示为：

$$\boldsymbol{Q}(\boldsymbol{U},\boldsymbol{V})=\sum_{(i,j)\in\Omega}(x_{ij}-\boldsymbol{u}_i^{\mathrm{T}}\boldsymbol{v}_j)^2+\lambda_1\sum_{i=1}^{n}\|\boldsymbol{u}_i\|_2^2+\lambda_2\sum_{j=1}^{m}\|\boldsymbol{v}_j\|_2^2$$

在这个机器学习问题中，本质上，我们试图学习所谓的双线性函数[①]来拟合$\boldsymbol{X}$的所有观测元素。目标函数是基于均方误差和L_2范数正则化构造的。由于双线性函数引入非凸性，因此$\boldsymbol{u}_i$和$\boldsymbol{v}_j$的联合优化并不容易。然而，如果固定$\boldsymbol{U}$或$\boldsymbol{V}$，则双线性函数具有很好的线性性质。因此，如果一次只优化一个变量，它将成为一个相当简单的凸优化问题。换句话说，可以推导出一个简单的公式，以交替的方式求解$\boldsymbol{u}_i$和$\boldsymbol{v}_j$。例如，请考虑当所有的$\boldsymbol{u}_i$和其他$\boldsymbol{v}_j$确定时，如何解决只有一个特定的$\boldsymbol{v}_j$。

如图 7.10 所示，在我们仅收集$\boldsymbol{v}_j$的相关项后，之前的优化问题可以简化为$\boldsymbol{v}_j$的岭回归问题：

$$\arg\min_{\boldsymbol{v}_j}\sum_{i\in\Omega_j^c}(\boldsymbol{x}_{ij}-\boldsymbol{u}_i^{\mathrm{T}}\boldsymbol{v}_j)^2+\lambda_2\cdot\|\boldsymbol{v}_j\|_2^2$$

① 如果$\boldsymbol{U}$和$\boldsymbol{V}$都是自由变量，

$$\boldsymbol{X}=\boldsymbol{U}^{\mathrm{T}}\boldsymbol{V}$$

是双线性函数，这是二次函数的一种特殊形式。之所以叫双线性函数，是因为当$\boldsymbol{U}$和$\boldsymbol{V}$固定时，它将变为线性函数。

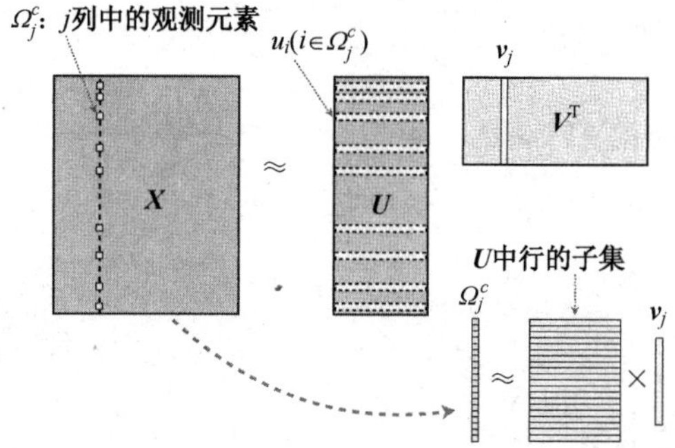

图 7.10 求解矩阵分解的另一种方法[195]（只求解 $\boldsymbol{V}$ 中的一列向量）

与式（7.3）类似，该优化问题可通过以下闭形解来解决：

$$\boldsymbol{v}_j=\left(\sum_{i\in\Omega_j^c}\boldsymbol{u}_i\boldsymbol{u}_i^{\mathrm{T}}+\lambda_2\boldsymbol{I}\right)^{-1}\left(\sum_{i\in\Omega_j^c}x_{ij}\boldsymbol{u}_i\right)$$

同样，如果假设其他向量是固定的，则可以对任何特定的 $\boldsymbol{u}_i$ 求解如下：

$$\boldsymbol{u}_i=\left(\sum_{j\in\Omega_i^r}\boldsymbol{v}_j\boldsymbol{v}_j^{\mathrm{T}}+\lambda_1\boldsymbol{I}\right)^{-1}\left(\sum_{j\in\Omega_i^r}x_{ij}\boldsymbol{v}_i\right)$$

综上所述，算法 7.1 是完整的算法，用于分解任何部分观测到的矩阵 $\boldsymbol{X}$。请注意，如果有更多处理器可用，则算法 7.1 可以在分布式计算系统中并行运行。在每次迭代中，我们并行地更新不同处理器上的所有 $\boldsymbol{u}_i$（或所有 $\boldsymbol{v}_j$）。然而，算法 7.1 中的每次更新都要求反转 $k\times k$ 矩阵，其计算复杂度为 $O(k^3)$。当 k 很大时，这会变得非常昂贵。

算法 7.1 矩阵分解的交替算法

set $t=0$

randomly initialize $\boldsymbol{v}_j^{(0)}(j=1,2,\cdots,m)$

while not converged **do**

for $i=1,2,\cdots,n$ **do**

$$\boldsymbol{u}_i^{(t+1)}=\left(\sum_{j\in\Omega_i^c}\boldsymbol{v}_j^{(t)}(\boldsymbol{v}_j^{(t)})^{\mathrm{T}}+\lambda_1\boldsymbol{I}\right)^{-1}\left(\sum_{j\in\Omega_i^c}x_{ij}\boldsymbol{v}_j^{(t)}\right)$$

end for

for $j=1,2,\cdots,m$ **do**

$$\boldsymbol{v}_i^{(t+1)} = \left(\sum_{i\in\Omega_j^c}\boldsymbol{u}_i^{(t+1)}(\boldsymbol{u}_i^{(t+1)})^{\mathrm{T}} + \lambda_2\boldsymbol{I}\right)^{-1}\left(\sum_{i\in\Omega_j^c}x_{ij}\boldsymbol{u}_j^{(t+1)}\right)$$

end for

$t = t + 1$

end while

相关文献中还提出了其他更有效的算法来解决矩阵分解问题。例如，可以使用随机梯度下降（SGD）来驱动更快的算法。在每次迭代中，选择一个随机元素 $x_{ij}(\in\Omega)$，并根据梯度下降分别更新其对应的 $\boldsymbol{u}_i$ 和 $\boldsymbol{v}_j$。在这种情况下，可以非常有效地计算 $\boldsymbol{u}_i$ 或 $\boldsymbol{v}_j$ 的梯度，而无需使用矩阵求逆。感兴趣的读者可以参见练习 Q7.6。

7.4 字典学习

字典学习[202,157]，也称为稀疏表示学习，是一种针对高维数据的表示学习方法。字典学习利用了稀疏性，稀疏性普遍存在于现实世界中自然发生的大多数信号中。基本假设是，所有真实世界的数据都可以分解为一个可能很大但有限的字典中的许多基本元素。字典中的每个元素都称为原子。即使这个字典可能包含大量的原子，每个数据样本也只能由字典中的几个原子构成。每个数据样本都需要使用字典中不同的原子子集，但任意样本的每个子集都相当小。此外，信号处理中压缩感知（也称为稀疏采样）方法的成功应用也支持了这一假设[39,67]。例如，世界上可能存在大量的物体。然而，当人们拍摄自然场景时，通常只看到一些相干的物体出现在其中。拍摄另一个自然场景时，可能会看到其他一些物体。一般来说，在同一场景中出现大量不相干对象是不正常的。

特别是，如图 7.11 所示，进一步假设每个数据样本 $\boldsymbol{x}(\in\mathbf{R}^d)$ 可以表示为字典 $\boldsymbol{D}(\in\mathbf{R}^{d\times n})$ 中所有原子的线性组合，字典基于非常稀疏的代码 $\boldsymbol{\alpha}(\in\mathbf{R}^d)$，其中大多数元素为 0。我们通常使用大字典（$n\gg d$）。即

$$\boldsymbol{x} = \begin{bmatrix} | & & | \\ \boldsymbol{d}_1 & \cdots & \boldsymbol{d}_n \\ | & & | \end{bmatrix}_{d\times n}\begin{bmatrix}\alpha_1\\ \vdots \\ \alpha_n\end{bmatrix} = \boldsymbol{D}\alpha\ ,$$

其中，$\boldsymbol{D}$ 中的每个列向量（即 $\boldsymbol{d}_i\in\mathbf{R}^d\ (i=1,2,\cdots,n)$）表示字典中的一个原子。稀疏代

码 $\boldsymbol{\alpha}$ 可用作表示原始数据输入 $\boldsymbol{x}$ 的特征向量。此外，由于 $\boldsymbol{\alpha}$ 只包含少数非零元素，因此可视为原始数据 $\boldsymbol{x}$ 的直观解释。在实践中，字典本身必须与这些来自可用训练数据的稀疏代码一起学习。

假设一个训练集为 $\{\boldsymbol{x}_1,\boldsymbol{x}_2,\cdots,\boldsymbol{x}_N\}$，将所有训练集的未知稀疏码表示为 $\{\boldsymbol{\alpha}_1,\boldsymbol{\alpha}_2,\cdots,\boldsymbol{\alpha}_N\}$，可以将所有训练样本及其稀疏码分别表示为 $d\times N$ 矩阵和 $n\times N$ 矩阵，如下所示：

$$\boldsymbol{X}=\begin{bmatrix} | & & | \\ \boldsymbol{x}_1 & \cdots & \boldsymbol{x}_N \\ | & & | \end{bmatrix}_{d\times N} \quad \boldsymbol{A}=\begin{bmatrix} | & & | \\ \alpha_1 & \cdots & \alpha_N \\ | & & | \end{bmatrix}_{n\times N}$$

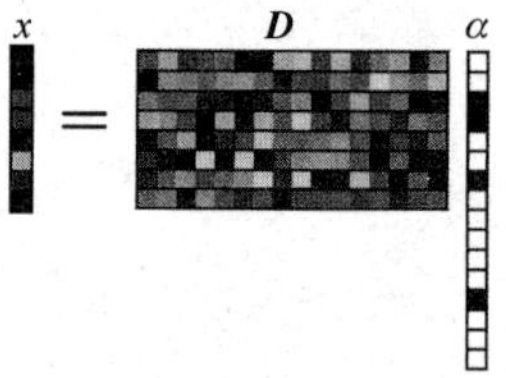

图 7.11 稀疏编码将每个数据样本表示为字典和稀疏代码的线性组合

与矩阵分解类似，可以将字典学习描述为一个机器学习问题，其中 $\boldsymbol{D}$ 和 $\boldsymbol{A}$ 都是从给定的训练样本 $\boldsymbol{X}$ 中联合学习的。在这种情况下，可以使用均方误差来测量每个数据样本与其稀疏代码之间的损失。还对字典中的每个原子施加 L_2 范数正则化以减轻过度拟合，并对每个代码施加 L_1 范数正则化以提高稀疏性。因此，字典学习中的最终优化问题可以表述为：

$$\arg\min_{\boldsymbol{D},\boldsymbol{A}} \underbrace{\frac{1}{2}\sum_{i=1}^{N}\|\boldsymbol{x}_i-\boldsymbol{D}\boldsymbol{\alpha}_i\|_2^2+\lambda_1\sum_{i=1}^{N}\|\boldsymbol{\alpha}_i\|_1+\frac{\lambda_2}{2}\sum_{j=1}^{n}\|\boldsymbol{d}_j\|_2^2}_{Q(\boldsymbol{D},\boldsymbol{A})}$$ ①

与矩阵分解类似，还可以在字典学习中使用双线性模型，将字典和稀疏代码结合起来生成原始数据。这里的不同之处在于使用了不同的正则化项，在这种情况下促进了稀疏性。

接下来，考虑梯度下降算法来解决字典学习的优化问题。首先，可以计算每个稀疏代码 $\boldsymbol{\alpha}_i$ 的梯度（对于所有 $i=1,2,\cdots,N$），如下所示：

$$\frac{\partial Q(\boldsymbol{D},\boldsymbol{A})}{\partial\boldsymbol{\alpha}_i}=\boldsymbol{D}^{\mathrm{T}}\boldsymbol{D}\boldsymbol{\alpha}_i-\boldsymbol{D}^{\mathrm{T}}\boldsymbol{x}_i+\lambda_1\cdot\operatorname{sgn}(\boldsymbol{\alpha}_i) \tag{7.5}$$

① 为方便标记，此处添加 $\frac{1}{2}$。

如果把这个等式的左边作为一列，形成所有 $\boldsymbol{\alpha}_i$ 的矩阵，可得到 $\frac{\partial Q(\boldsymbol{D},\boldsymbol{A})}{\partial \boldsymbol{A}}$。类似地，可以将相应的右侧填充到另一个矩阵中，并最终得出：

$$\frac{\partial Q(\boldsymbol{D},\boldsymbol{A})}{\partial \boldsymbol{A}} = \boldsymbol{D}^{\mathrm{T}}\boldsymbol{D}\boldsymbol{A} - \boldsymbol{D}^{\mathrm{T}}\boldsymbol{X} + \lambda_1 \cdot \operatorname{sgn}(\boldsymbol{A}),$$

其中，sgn(·)将式（7.2）应用于向量或矩阵元素。

类似地，我们可以计算 $\boldsymbol{D}$ 的梯度①，如下所示：

$$\frac{\partial Q(\boldsymbol{D},\boldsymbol{A})}{\partial \boldsymbol{D}} = \boldsymbol{D}\boldsymbol{A}\boldsymbol{A}^{\mathrm{T}} - \boldsymbol{X}\boldsymbol{A}^{\mathrm{T}} + \lambda_2 \cdot \boldsymbol{D}$$

使用这些计算出的梯度，可以得到一个完整的梯度下降算法，根据算法 7.2 中的所有训练数据 $\boldsymbol{X}$ 学习字典 $\boldsymbol{D}$。

一旦根据前面描述的训练数据学习了字典 $\boldsymbol{D}$，对于不在训练集中的任意新数据 $\boldsymbol{x}$，可以通过解决以下优化问题来推导其稀疏代码 $\boldsymbol{\alpha}$：

$$\boldsymbol{\alpha}^* = \arg\min_{\alpha} \underbrace{\frac{1}{2}\|\boldsymbol{x} - \boldsymbol{D}\boldsymbol{\alpha}\|_2^2 + \lambda_1 \cdot \|\boldsymbol{\alpha}\|_1}_{Q'(\boldsymbol{\alpha})}$$

这个问题类似于式（7.4）中的 LASSO 问题，可以用梯度下降法或坐标下降法解决，如 7.2 节所述。参考式（7.5），可以计算前一个目标函数的梯度，如下所示：

$$\frac{\partial Q'(\alpha)}{\partial \alpha} = \boldsymbol{D}^{\mathrm{T}}\boldsymbol{D}\alpha - \boldsymbol{D}^{\mathrm{T}}\boldsymbol{x} + \lambda_1 \cdot \operatorname{sgn}(\alpha)$$

最后，可以使用任何梯度下降方法，迭代地导出稀疏代码 $\boldsymbol{\alpha}^*$。

---

① 注意，我们可能重新参数化

$$\begin{aligned}&\|\boldsymbol{x}_i - \boldsymbol{D}\boldsymbol{\alpha}_i\|_2^2 \\ &= (\boldsymbol{D}\boldsymbol{\alpha}_i - \boldsymbol{x}_i)^{\mathrm{T}}(\boldsymbol{D}\boldsymbol{\alpha}_i - \boldsymbol{x}_i)\end{aligned}$$

$$Q(\boldsymbol{D},\boldsymbol{A}) = \frac{1}{2}\sum_{i=1}^{N}(\boldsymbol{D}\alpha_i - x_i)^{\mathrm{T}}(\boldsymbol{D}\boldsymbol{\alpha}_i - x_i) + \frac{\lambda_2}{2}\sum_{i=1}^{n}\|d_j\|_2^2 + \cdots$$

$$\Rightarrow \frac{\partial Q(\boldsymbol{D},\boldsymbol{A})}{\partial \boldsymbol{D}} = \sum_{i=1}^{n}(\boldsymbol{D}\boldsymbol{\alpha}_i - x_i)\boldsymbol{\alpha}_i^{\mathrm{T}} + \lambda_2\boldsymbol{D}$$

$$= D\underbrace{\sum_{i=1}^{N}\boldsymbol{\alpha}_i\boldsymbol{\alpha}_i^{\mathrm{T}}}_{\boldsymbol{A}\boldsymbol{A}^{\mathrm{T}}} - \underbrace{\sum_{i=1}^{N}x_i\boldsymbol{\alpha}_i^{\mathrm{T}}}_{\boldsymbol{X}\boldsymbol{A}^{\mathrm{T}}} + \lambda_2\boldsymbol{D}$$

（请参阅练习 Q2.3。）

算法 7.2　字典学习梯度下降法

set $t=0$ and η_0

randomly initialize $\boldsymbol{D}^{(0)}$ 和 $\boldsymbol{A}^{(0)}$

while not converged **do**

update $\boldsymbol{A}$：

$$\boldsymbol{A}^{(t+1)}=\boldsymbol{A}^{(t)}-\eta_t((\boldsymbol{D}^{(t)})^{\mathrm{T}}\boldsymbol{D}^{(t)}\boldsymbol{A}^{(t)}-(\boldsymbol{D}^{(t)})^{\mathrm{T}}\boldsymbol{X}+\lambda_1\cdot\mathrm{sgn}(\boldsymbol{A}^{(t)}))$$

update $\boldsymbol{D}$：

$$\boldsymbol{D}^{(t+1)}=\boldsymbol{D}^{(t)}-\eta_t(\boldsymbol{D}^{(t)}\boldsymbol{A}^{(t+1)}(\boldsymbol{A}^{(t+1)})^{\mathrm{T}}-\boldsymbol{X}(\boldsymbol{A}^{(t+1)})^{\mathrm{T}}+\lambda_2\cdot\boldsymbol{D}^{(t)})$$

adjust $\eta_t\rightarrow\eta_{t+1}$

$$t=t+1$$

end while

实验室项目三

在这个项目中，将使用一个名为英文维基百科 Dump[156,146]的文本语料库来构建文档-单词矩阵，然后使用潜在语义分析技术对矩阵进行分解，导出单词表示，也称为单词嵌入或单词向量。首先，根据皮尔逊相关系数，使用派生词向量调查不同词之间的语义相似性，皮尔逊相关系数是通过比较词向量之间的余弦距离和 WordSim353 数据集中人类指定的相似性分数获得的（http://www.cse.yorku.ca/~hj/wordsim353_human_scores.txt）[62]。此外，使用 t 分布随机邻域嵌入（t-SNE）方法，在二维空间中可视化派生词向量，以检查英语单词之间的语义关系。在这个项目中，你将实现几个 ML 方法来分解大型稀疏矩阵，以研究如何为自然语言处理生成有意义的单词表示。

a．使用小型 enwiki8 数据集（下载网址 http://www.cse.yorku.ca/~hj/enwiki8.txt.zip）来构建一个文档词频矩阵，如图 7.7 所示。在这个实验中，应该将一行中的每个段落都视为一个文档。为 enwiki8 中前 10000 个最频繁的单词和 WordSim353 中的所有单词构建一个稀疏格式的矩阵。

b．首先，使用线性代数库中的标准奇异值分解过程分解稀疏文档单词矩阵，并将其截断为 $k=20,50,100$ 。检查奇异值分解的运行时间和内存消耗。

c．实现交替算法 7.1，对 $k=20,50,100$ 的文档单词矩阵进行分解。检查此方法的运行时间和内存消耗。

d．在练习 Q7.6 中实施随机梯度下降方法。对 $k = 20, 50, 100$ 的文档单词矩阵进行分解。检查运行时间和内存消耗。

e．根据与一些人类指定的相似性分数的相关性，调查先前导出的词向量的质量。对于 WordSim353 中的每对单词，计算它们的单词向量之间的余弦距离，然后计算这些余弦距离与人类得分之间的皮尔逊相关系数，将学习超参数调整为更高的相关性。

f．使用 t 分布随机邻域嵌入方法，通过将每个集合投影到二维空间，可视化 enwiki8 中前 300 个最常见单词以前单词表示。调查这 300 个单词是如何分布的，并检查语义相关的单词在空间中是否更近，并阐述理由。

g．参考文献[240]，基于正点相互信息（PPMI）重建文档单词矩阵。重复前面的步骤，查看性能提高了多少。

h．如果有足够的计算资源，请优化实验，并在更大的数据集 enwiki9 上运行前面的步骤（http://www.cse.yorku.ca/~hj/enwiki8.txt.zip），用以研究更大的文本语料库能将派生词表示的质量提高多少。

练习

Q7.1　解释为什么感知机中的损失函数为校正线性损失函数 $H_0(x)$，最小分类误差中的损失函数为 S 形损失函数 $l(x)$。

Q7.2　推导公式（7.3）中岭回归的闭形解。

Q7.3　推导并比较以下两种变量的岭回归解：

a．约束规范

$$\min_{\boldsymbol{w}} \sum_{i=1}^{N} (\boldsymbol{w}^{\mathrm{T}} \boldsymbol{x}_i - y_i)^2 ,$$

满足

$$\| \boldsymbol{w} \|_2^2 \leqslant 1$$

b．尺度规范

$$\min_{\boldsymbol{w}} \left[\sum_{i=1}^{N} \left(\boldsymbol{w}^{\mathrm{T}} \boldsymbol{x}_i - y_i \right)^2 + \lambda \cdot \| \boldsymbol{w} \|_2^2 \right] ,$$

其中，$\lambda > 0$ 是预设常数。

Q7.4 坐标下降算法旨在每次针对一个自由变量优化目标函数。推导求解 LASSO 的坐标下降算法。

Q7.5 推导求解岭回归和 LASSO 的梯度下降法。

Q7.6 除了交替算法 7.6，推导随机梯度下降算法来解决任意稀疏矩阵 $\boldsymbol{X}$ 的矩阵分解。假设 $\boldsymbol{X}$ 很大，但非常稀疏。

Q7.7 在一个小数据集上运行线性回归、岭回归和 LASSO（例如，波士顿住房数据集；https://www.cs.toronto.edu/~delve/data/boston/bostonDetail.html），对从这些方法获得的回归模型进行实验比较。

第8章

神经网络

第 6 章讨论了机器学习任务中学习线性模型的各种方法，并描述了如何使用核技巧将其扩展到一些特定的非线性模型中。第 7 章给出了学习判别模型的通用框架。接下来，要讨论一个有趣的问题，即如何以通用的方式学习非线性判别模型。实现这一想法的最佳途径是探索高次多项式函数。然而，在大多数机器学习问题中，人们通常处理高维特征向量，而多元多项式函数深受维数困扰。因此，只有二次函数偶尔应用于特定设置下的某些机器学习任务，如矩阵分解和稀疏编码。除此之外的其他高阶多项式函数在机器学习中很少使用。

另一方面，理论证明人工神经网络（ANN）代表了一系列丰富的非线性模型，最近已成功地应用于机器学习，尤其是监督学习。人工神经网络最初受到动物和人类的生物神经元网络的启发，但也拥有一些强大的数学推理理论支持。例如，在一些较小的条件下，已证明结构良好且足够大的神经网络可以近似某些已知函数族中的任意函数，如连续函数或 L^p 函数①，达到任意精度。这些函数族非常通用，几乎包括我们在实际应用中可能遇到的所有现实函数（线性或非线性）。此外，人工神经网络非常灵活，

① 如果函数 $f(\boldsymbol{x})$ 的 p－范数（$p>0$）有限，则称其为 L^p 函数；即：

$$\int_{\boldsymbol{x}} |f(\boldsymbol{x})|^p \, \mathrm{d}\boldsymbol{x} < \infty$$

例如，$p=2$ 的 L^2 函数空间为希尔伯特空间。它包括所有可能的非线性函数，只要是有限域，能量有限或有界的函数。可以肯定地说，由物理过程产生的任何函数都属于 L^2。

可以构造许多结构来容纳各种类型的真实数据，例如，静态模式、多维输入和序列数据。在当今强大计算资源的支持下，可以从大量训练数据中可靠地学习大规模神经网络，从而在从语音识别、图像分类到机器翻译的许多实际任务中产生优异的性能。目前，神经网络已经成为监督学习的主要机器学习模型。在深度学习的保护伞下，人们提出了许多深层和多层结构，用于神经网络的各种实际应用，涉及语音/音乐/音频、图像/视频、文本和其他感官数据等领域。

本章讨论了与人工神经网络相关的各种主题，包括基本公式、网络构造的常见构造块、流行的网络结构、基于自动微分的误差反向传播学习算法，以及微调超参数的一些关键工程技巧。

8.1 人工神经网络

人工神经网络的发展在很大程度上受到了动物和人类生物神经元网络的启发。大多数动物和人类的生物神经网络是巨大的，由大量被称为神经元的细胞组成。人们相信大脑中巨大的神经网络会影响智力。但仍然不清楚这些大型神经元网络如何作为一个整体运作，但每个神经元的行为是已知的。如图 8.1 所示，每个神经元通过轴突和树突与网络中数百数千的其他神经元相连。最重要的是，每个连接的强度取决于可以被调节或学习的突触。每个神经元通过这些加权连接接收来自其他神经元的脉冲信号，然后非线性地组合和处理它们，以生成输出信号（帮助或阻碍放电），该信号将被发送到其他连接的神经元，如图 8.2 所示。单个生物神经元的功能相当简单，但整个神经元网络可以通过大量神经元的集体活动来执行极其复杂的函数。整个神经元网络的整体函数在很大程度上取决于这些神经元的连接方式和强度。人工神经网络的核心思想是为计算机建立数学模型，模拟生物神经元网络的行为，从而实现人工智能。

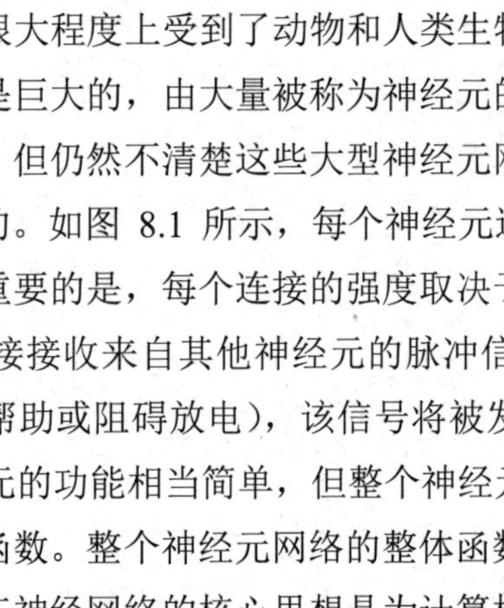

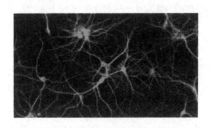

图 8.1　部分生物神经网络的的图示

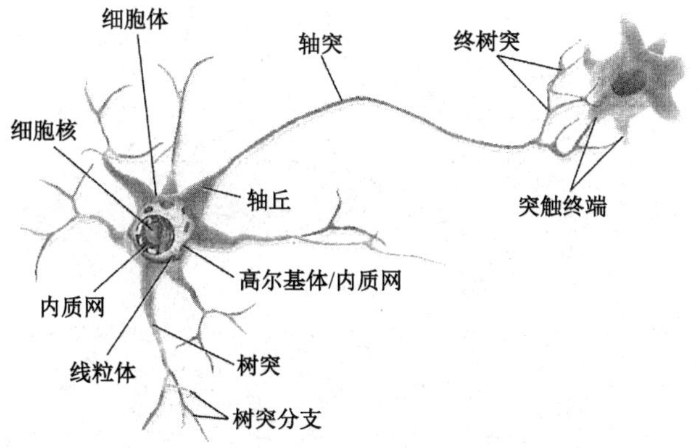

图 8.2　生物神经元的图示（图片来源：BruceBlaus/CC-BY-3.0.）

8.1.1　人工神经网络的基本公式

模拟的第一步是使用计算模型来模拟计算机中的每个生物神经元。基于上述生物神经元的行为，研究者们已经提出了一个简单的数学模型进行模拟，该数学模型通常称为人工神经元（下文简称神经元）。如图 8.3 所示，每个神经元接受多个输入（例如，$\boldsymbol{x}=[x_1;x_2;\cdots;x_m]$），并使用一些可调参数（例如，一些权重 $\boldsymbol{w}=[w_1;w_2;\cdots;w_m]$ 和偏差 b）计算这些输入的线性加权和。加权和通过一个非线性激活函数 $\phi(\cdot)$ 生成该神经元的输出 y。把以上结合起来，我们可以将每个神经元的计算表示为 $y=\phi(\boldsymbol{w}^{\mathrm{T}}\boldsymbol{x}+b)$。如果使用图 6.4 中的阶跃函数作为激活函数，则该神经元的行为与第 6.1 节中讨论的感知机模型完全相同。像这样的单个神经元的建模能力非常有限，因为感知机模型只适用于简单的情况，如线性可分类。早在 20 世纪 60 年代，人们就已经知道，通过以某种方式组合多个神经元可以显著增强建模能力。然而，算法 6.4 中的简单感知机算法不能扩展到一组神经元，简单的基于梯度的优化方法也不能用于学习多个级联神经元，因为除了原点，阶跃函数的导数几乎处处为 0。直到研究人员[249,204]意识到神经元中的阶跃函数可以被一些更合适的非线性函数所取代，例如 S 形函数和双曲正切函数（tanh），多个神经元的学习问题才得以解决（见图 8.4）。该学习算法的关键思想（目前称为反向传播）类似于第 6.3 节中讨论的最小分类误差，即用更平滑的近似值代替步长函数。可微函数，如 S 形或 tanh 函数，通常用于近似阶跃函数，以便计算所有神经元参数的梯度。

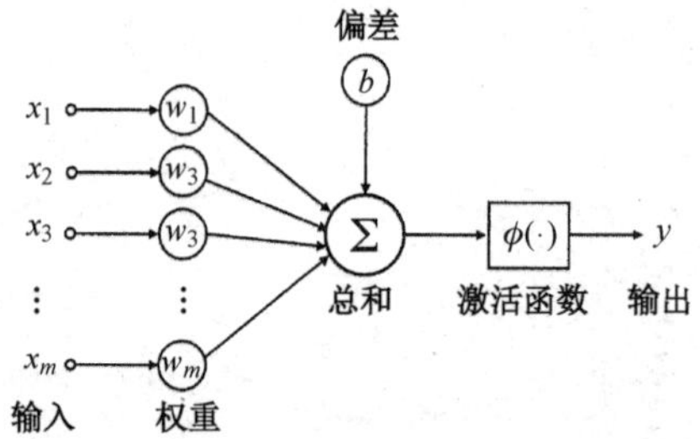

图 8.3　人工神经元：模拟生物神经元的简单数学模型

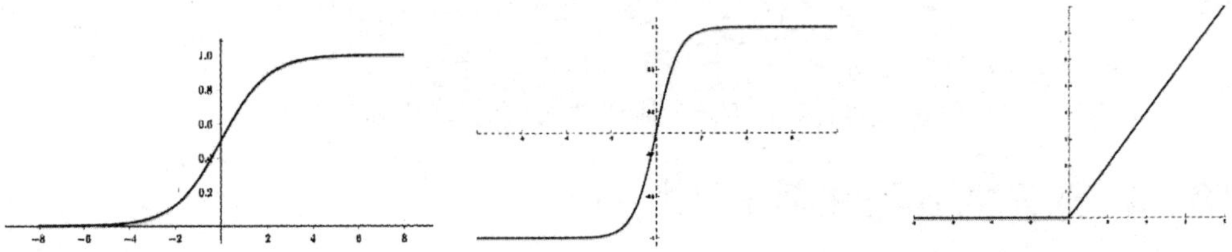

S形函数：$y=\frac{1}{1+e^{-x}}$　　双曲正切函数：$y=\frac{e^x-e^{-x}}{e^x+e^{-x}}$　　校正线性函数：$y=\max(0,x)$

图 8.4　用于人工神经网络的一些流行的非线性激活函数

最近，一个新的非线性激活函数 $y=\max(0,x)$ 已被提出用于人工神经网络[111,168,82]，称为校正线性（ReLU）函数（见图 8.4）。ReLU 函数是一个凸分段线性函数。最初提出 ReLU 激活函数是十分令人惊讶的，因为该函数实际上是无界的。而事实上，这并不是问题，因为在实践中输入 x 总是有界的，所以只有 ReLU 函数的中心部分是相关的。ReLU 激活函数的优点是，它通常会形成比其他激活函数更大的梯度，这在学习非常大和深入的神经网络时变得极其重要。因此，ReLU 函数已成为神经网络中非线性激活函数的主要选择。

在知道如何构建单个神经元后，将能够通过连接多个神经元来构建人工神经网络。这样做时，每个神经元将其他神经元的输出或外部世界的信息作为自己的输入，继而用自己的参数处理所有输入，生成单个输出，然后作为另一个输入发送到另一个神经元，或作为整体结果发送到外部世界。我们可以按照任意结构连接大量的神经元，形成一个非常大的神经网络。如果将该神经网络视为一个整体，如图 8.5 所示，它可以作为一个多元向量值函数，将输入向量 $\boldsymbol{x}$ 映射到输出向量 $\boldsymbol{y}$。在机器学习的背景下，输入向量表示与观察到的模式相关的一些特征，而输出代表该模式的一些目标标签。

在介绍可用于系统地构建大型神经网络的各种可能结构之前，人们可能想问一个基本问题：如果构建一个构建模型只需要组合一些相对简单的神经元，那么构建模型可能会变得多么强大？为了回答这个问题，需简要回顾 20 世纪 90 年代初发展起来的有关神经网络表达能力的一些理论结果。结论非常惊人：只要有资源使用尽可能多的所需神经元，并将其以一种有意义的方式连接起来，就可以建立一个神经网络来近似众多函数族中的任何函数。这项工作在文献中通常称为通用近似理论。

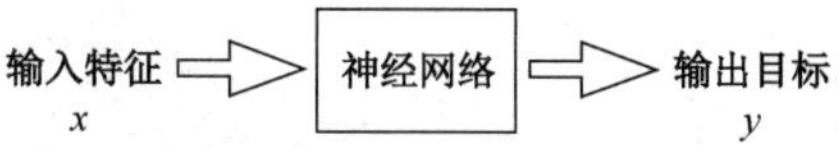

图 8.5　神经网络主要用作任意输入 $\boldsymbol{x}$ 和输出 $\boldsymbol{y}$ 之间的函数近似器

8.1.2　数学证明：通用近似

通用近似理论最初由 Cybenko[47]和 Hornik[102]建立。在原来的工作中，他们只考虑了一种非常简单的结构来组合多个神经元，俗称多层感知机（MLP），如图 8.6 所示。在多层感知机结构中，所有神经元在中间层（称为隐藏层）对齐，每个神经元从外部获取所有输入，并用自己的参数处理输入以生成输出。多层感知机的总输出就是所有神经元输出的总和。MLP 可视为多元函数 $y = f(x_1, x_2, \cdots, x_m)$，取决于隐藏层中所有神经元的参数。不同的参数集将产生不同的函数。假设在隐藏层中使用 N 个神经元，如果我们改变这 N 个神经元的所有可能参数，则多层感知机可以代表许多不同的函数。将所有这些函数表示为一个集合 Λ_N。如果在隐藏层（即 $N' > N$）中使用更多的神经元，则多层感知机可以表示更多的函数，即 Λ_N。

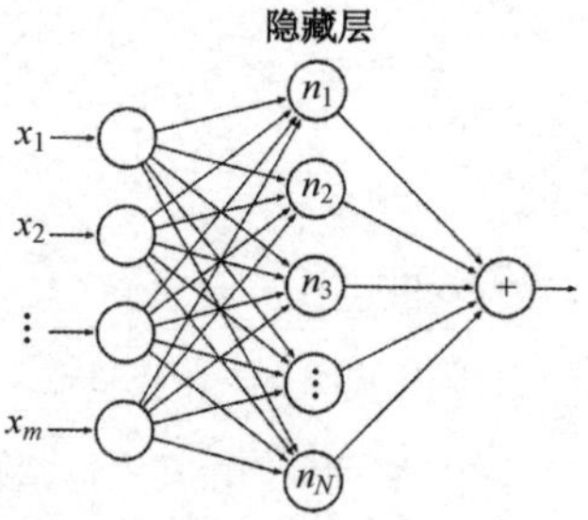

图 8.6　隐藏层中 N 个神经元的多层感知机（MLP）

通用近似理论指出，如果可以在隐层中使用大量神经元，并为所有神经元选择合适的通用非线性激活，则多层感知机可以近似任意精度的函数。下面的讨论给出了通用近似理论的两个主要结果，但没有证明。因为证明需要现代分析的许多技术，而这些内容超出了本书的范围，因此感兴趣的读者可以参考 Hornik[102]、Asadi 和 Jiang[3]了解更多详细信息。

定理 8.1.1 将所有在 $\boldsymbol{R}^m$ 上的连续函数表示为 C。如果非线性激活函数 $\phi(\cdot)$ 是连续的、有界的、非恒定的，则当 $N \to \infty$ 时，Λ_N 在 C 中是稠密的（即 $\lim_{N\to\infty}\Lambda_N = C$）。

这个定理适用于 S 形或 tanh 函数作为隐藏层神经元的激活函数的情况。正如定理 8.1.1 所述，随着我们在隐藏层中使用越来越多的神经元，多层感知机将能够表示 $\boldsymbol{R}^m$ 上的任何连续函数。

定理 8.1.2 将 $\mathbf{R}^m$ 上的所有 L^p 函数表示为 L^p。如果非线性激活函数 $\phi(\cdot)$ 是 ReLU 函数，则当 $N \to \infty$ 时，Λ_N 在 L^p 中是稠密的（即 $\lim_{N\to\infty}\Lambda_N = L^p$）。

定理 8.1.2 指出，随着在隐藏层中使用越来越多的 ReLU 神经元，多层感知机将能够表示任何 L^p 函数（$p>1$）。如前所述，由于能量限制，物理过程产生的任何函数都必须属于 L^2。粗略地说，由隐藏层中的大量 ReLU 神经元组成的 MLP 将能够表示人们在实际应用中遇到的任何函数，无论是线性还是非线性的。

图 8.7 显示了理解通用近似器理论概念的方法。如果用 $N=1,2,\cdots$ 隐层神经元表示多层感知机可以表示的函数集为 $\Lambda_1,\Lambda_2,\cdots$，在一些较小的条件下（例如，所有神经元的参数都有界），这些集合中的每一个都构成整个函数空间内的子集（C 或 L^p，取决于激活函数的选择）。由于在添加每一个新神经元后，多层感知机可以代表更多函数，因此这些集合形成嵌套结构。随着神经元数量的增加，多层感知机的建模能力不断增强，最终将占据整个函数空间。

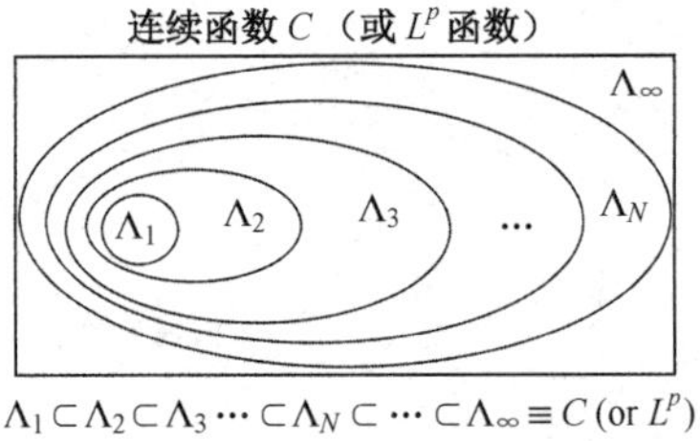

图 8.7　使用多层感知机的函数近似器嵌套结构

如前所述，通用近似器理论只考虑构造神经网络的一个非常简单的结构，即图 8.6 中的多层感知机。接下来将介绍许多构造神经网络的其他结构。其中一些结构将多层感知机作为特例，如多个隐藏层的深层结构。还有一些可能被视为多层感知机的特殊情况，如卷积层。一般来说，通用近似理论同样适用于这些定义良好的网络结构。这里的关键信息是，结构良好且足够大的神经网络能够代表人们所有感兴趣的现实世界问题任何函数。因此，人工神经网络代表了一类非常通用的机器学习非线性模型。接下来将介绍一些可以用来构建大规模神经网络的常用网络结构。

8.2 神经网络结构

一个人出生之后，生物神经网络在大脑中开始成型并逐渐生长，随着人们的学习，网络结构也在不断变化。然而，没有任何有效机器学习方法可以从数据中自动学习网络结构。当使用人工神经网络时，必须首先根据数据的性质，以及相关领域知识预先确定网络结构。然后使用一些强大的学习算法来学习神经网络中的所有参数，从而为底层任务生成一个良好的模型。本节介绍了神经网络的一些常见结构，以及选择每个特定结构的原因。

前面已经讨论过，神经元是构建所有神经网络的基本单元。从数学上讲，每个神经元代表一个变量，表示网络中隐藏单元的状态或计算中的中间结果。在实践中，人们更喜欢将多个神经元组合成一个更大的单元，这被称为层，用于网络构建。如图 8.8 所示，每一层由任意数量的神经元组成。每一层中的所有神经元通常不相互连接，而可以连接到其他层。从数学的角度上讲，每一层神经元在计算中代表一个向量。由此将看到，所有常见的神经网络结构都可以通过以某种方式组织不同层次的神经元来构建。因此，接下来将把每一层神经元作为基本单元，以此构建各种神经网络。

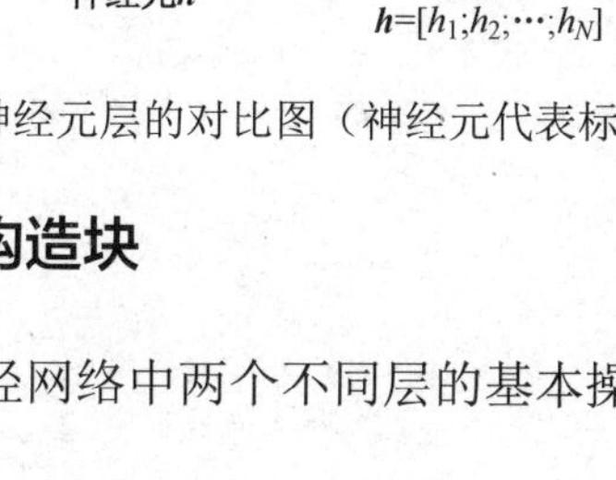

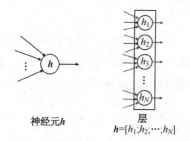

图 8.8 神经元与神经元层的对比图（神经元代表标量，层代表向量）

8.2.1 连接层的基本构造块

首先介绍一些用来连接神经网络中两个不同层的基本操作。这些简单的操作构成了所有复杂神经网络的基本构造块。

▸ 完全连接

连接两层的一种简单方法是在它们之间使用完全线性连接。第一层中每个神经元的输出通过一个带偏差的加权连接到第二层中的每个神经元，如图 8.9 所示。在这种情况下，第二层中每个节点的输入是第一层的所有输出的线性组合。这种完全连接中的计算可表示为以下矩阵形式：

$$\boldsymbol{y} = \boldsymbol{W}\boldsymbol{x} + \boldsymbol{b},$$

其中，$\boldsymbol{W} \in \mathbf{R}^{n \times d}$ 和 $\boldsymbol{b} \in \mathbf{R}^{n}$ 表示用于实现这种完全连接的所有参数。这里一共需要 $n \times (d+1)$ 个参数来将一层 d 神经元完全连接到另一层 n 神经元。建立完整连接的参数总数与层的大小成二次关系。这种完全连接的计算复杂度是 $O(n \times d)$。

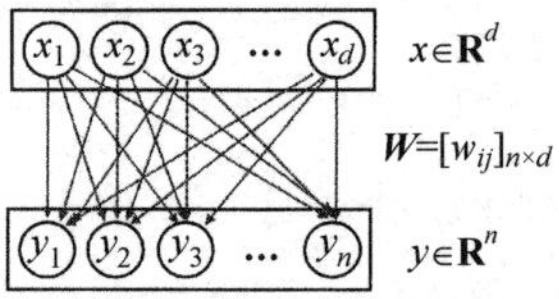

图 8.9　通过线性变换完全连接的两层

正如在多层感知机示例中所看到的，完全连接的层特别适合于构建通用函数近似的神经网络。在实践中，不必像多层感知机那样使用一个非常大的隐藏层，而是可以通过几个完全连接操作级联许多更窄的层（当然，每个线性连接后面都有一个非线性激活函数）。因此可以得出，在相同的近似精度下，这些级联层所需的参数远少于一个真正宽的层。

▸ 卷积

卷积和是数字信号处理著名的线性运算。该操作也可用于连接神经网络中的两层[76,141]如图 8.10 所示，使用核（也称为信号处理中的滤波器）$\boldsymbol{w} \in \mathbf{R}^{f}$ 扫描第一层中的所有位置。在每个位置，通过元素相乘计算输出并求和：

$$y_j = \sum_{i=1}^{f} w_i \times x_{j+i-1} \quad (\forall j = 1, 2, \cdots, n)$$ ①

为了方便起见，我们还可以使用通用符号来表示卷积运算。

①

$$\begin{aligned} y_1 &= w_1 \cdot x_1 + w_2 \cdot x_2 + w_3 \cdot x_3 + \cdots \\ y_2 &= w_1 \cdot x_2 + w_2 \cdot x_3 + w_3 \cdot x_4 + \cdots \\ y_3 &= w_1 \cdot x_3 + w_2 \cdot x_4 + w_3 \cdot x_5 + \cdots \\ &\vdots \end{aligned}$$

$$y = x * w \quad (x \in \mathbf{R}^d, w \in \mathbf{R}^f, y \in \mathbf{R}^n)$$

其中，核 w 代表每个卷积连接中的可学习参数。

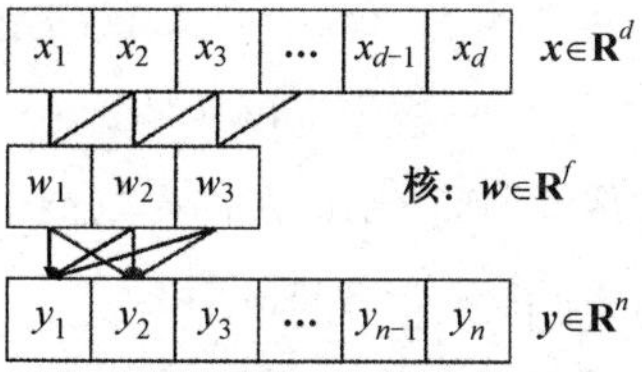

图 8.10　通过使用一个核的卷积和连接两个层

当使用卷积运算连接两层神经元时，第二层神经元的数量不能是任意的。例如，如果在第一层有 d 个神经元，并使用一个 f 权重的核，就可以很容易地计算出第二层神经元的数量为 $n = d - f + 1$。当然，还可以通过稍微改变操作来改变卷积的输出数量。例如，当滑动核穿过第一层时，可以采取不同的步幅 $s = 1, 2, \cdots$，如图 8.11 所示。若使用更大的步幅 $s > 1$ 时，将获得更少的输出。另一方面，可以在输入层的两端安装一些操作系统，以便在进行卷积和时，将核滑出输入层的原始端。这将使得第二层有更多输出。不管怎样，当使用卷积连接两层时，第二层中的神经元数量必须与卷积所用的设置相匹配。此外，可以看到这种卷积运算的计算复杂度是 $O(d \times f)$。

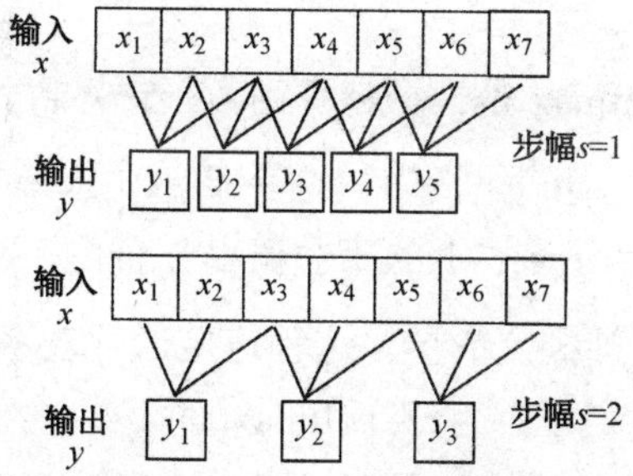

图 8.11　在连接两个层（d=7 和 f=3）的卷积运算中，两个不同步幅（s=1,2）

与完全连接相比，卷积连接有两个独特的特性。第一个特性，卷积适合于局部建模。第二层中的每个输出仅取决于输入层中的局部区域。当使用合适的核时，卷积可以很好地捕获输入中的某个局部特征。另一方面，在完全连接的层中，每个输出神经元都依赖于输入层中的所有神经元。第二个特性，卷积允许输出神经元之间的权重共享。每个输出神经元在不同的输入上使用相同的权重集生成。因此，如图 8.10 所示，当人们将一层 d 神经元连接到另一层 n 神经元时，只需要使用一个 f 权重的核（$f < d$）。如果用完全连接来连接

相同的层，需要使用 $n\times(d+1)$ 个参数。这大大节省了模型参数。

此外，可以证明，卷积连接能够视为完全连接的一种特殊情况，其中许多连接的权重为 0。或者，完全连接也可以视为使用特殊选择的核的卷积。这些都作为练习 Q8.1。

▸ 非线性激活

如前所述，每个神经元都包含一个非线性激活函数 $\phi(\cdot)$ 作为其计算的一部分。如图 8.12 所示，可以将该激活函数同时应用于一层中的所有神经元。在这种情况下，两层神经元的数量相同，激活函数应用于每对神经元，如下所示：$y_i=\phi(x_i)(\forall i=1,2,\cdots,n)$。将其表示为紧凑的向量形式：

$$\boldsymbol{y}=\phi(\boldsymbol{x}),$$

其中，激活函数 $\phi(\cdot)$ 应用于输入向量 $\boldsymbol{x}$ 元素。这里可以选择 ReLU、S 形或 tanh 函数作为 $\phi(\cdot)$。无论使用哪一个，这个激活连接中都没有可学习的参数。

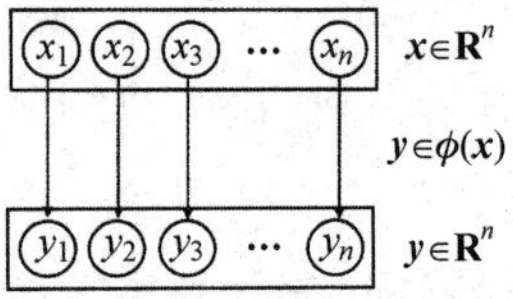

图 8.12　由非线性激活函数连接的两个层

▸ softmax

如等式（6.18）所示，softmax 是一个特殊函数，它将超立方体 $[0,1]^n$ [35,36]内的一个 n 维向量 $\boldsymbol{x}(\boldsymbol{x}\in\mathbf{R}^n)$ 映射到另一个 n 维向量 $\boldsymbol{y}$。$\boldsymbol{y}$ 中的每个元素都是介于[0,1]之间的正数，所有元素总和为 1。因此，$\boldsymbol{y}$ 类似于 n 类上的离散概率分布。如图 8.13 所示，这里使用 softmax 函数①连接两个具有相同数量神经元的层。这种连接通常表示为以下紧凑向量形式：

$$\boldsymbol{y}=\mathrm{softmax}(\boldsymbol{x})$$

softmax 连接通常用作神经网络的最后一层，这样神经网络就可以产生类似概率的输出。与激活连接类似，使用 softmax 函数的连接没有任何可学习的参数。

▸ 最大池化

最大池化是一种缩小层大小的方便方法[254]。在 m 的最大池化操作中，m 个神经元的

① 注意在 softmax 函数中，对于所有 $i=1,2,\cdots,n$，$\boldsymbol{y}=\mathrm{softmax}(\boldsymbol{x})$，因此可得

$$y_i=\frac{e^{x_i}}{\sum_{j=1}^{n}e^{x_j}}。$$

窗口以 m 的步幅在输入层上滑动，计算出窗口内的最大值，作为每个位置的输出。如果输入层包含 n 个神经元，那么输出层将有 $\frac{n}{m}$ 个神经元，每个神经元在对应窗口位置保持最大值。此操作通常表示为以下向量形式：

$$\boldsymbol{y} = \text{maxpool}_{/m}(\boldsymbol{x}) \quad \left(\boldsymbol{x} \in \mathbf{R}^n, \boldsymbol{y} \in \mathbf{R}^{\frac{n}{m}}\right)$$

最大池化操作也没有任何可学习的参数，需要将窗口大小 m 设置为超参数。可以看到，最大池化操作有助于降低输出对输入中微小翻译变化的敏感性。

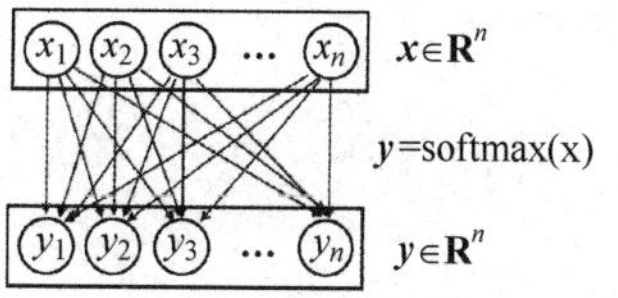

图 8.13　通过 softmax 函数连接的两个层

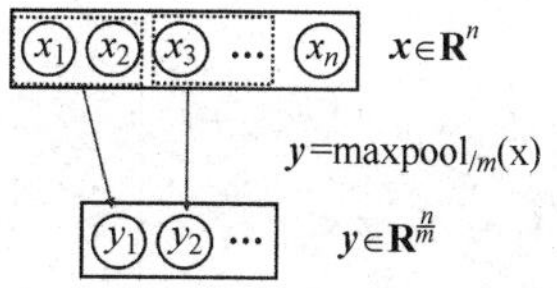

图 8.14　由 m 的最大池化函数连接的两个层

▸ 归一化

深度神经网络引入了一些归一化操作来归一化神经元输出的动态范围。在一个非常深的神经网络中，如果某些神经元的输入流经非常不同的路径，则其输出可能与网络不同部分的其他神经元的输出有很大的不同。良好的归一化有助于平滑化神经网络的损失函数，从而显著促进神经网络的学习。这些归一化操作通常基于一些局部统计数据及一些需要学习的重缩放参数。由于计算效率的原因，局部统计通常需要从当前小批量中累积，因为当前小批量的所有结果都可以随时在内存中获得。最常用的归一化是所谓的批处理归一化[108]。如图 8.15 所示，使用以下两个步骤，批处理归一化将输入向量 $\boldsymbol{x}(\in \mathbf{R}^n)$ 中的每个维度 x_i 归一化为输出向量 $\boldsymbol{y}(\in \mathbf{R}^n)$ 中的相应元素 y_i：

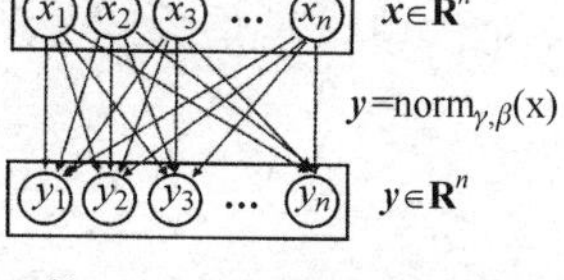

图 8.15　由归一化函数（两个重缩放参数为 $\boldsymbol{\gamma}$ 和 $\boldsymbol{\beta}$）连接的两个层

归一化：$\hat{x}_i = \dfrac{x_i - \mu_{\text{B}}(i)}{\sqrt{\sigma_{\text{B}}^2(i) + \epsilon}} \quad (\forall i \in \{1, 2, \cdots, n\})$

重缩放：$y_i = \gamma_i \hat{x}_i + \beta_i \quad (\forall i \in \{1, 2, \cdots, n\})$，

其中，$\mu_{\mathrm{B}}(i)$ 和 $\sigma_{\mathrm{B}}^2(i)$ 分别表示当前小批量的样本均值和样本方差①（见注释），$\boldsymbol{\gamma}(\in \mathbf{R}^n)$ 和 $\boldsymbol{\beta}(\in \mathbf{R}^n)$ 是每个批次归一化连接中的两个可学习参数向量。该批归一化通常表示为以下紧凑向量形式：

$$\boldsymbol{y} = \mathrm{BN}_{\gamma,\beta}(\boldsymbol{x}) \quad (\boldsymbol{x}, \boldsymbol{y} \in \mathbf{R}^n) \tag{8.1}$$

当在训练中使用非常小的小批量时，根据如此小的样本集估计的局部统计数据可能会不可靠。有一个稍微不同的归一化操作可以解决这一问题，称为层归一化[7]，层归一化在每个输入向量 $\boldsymbol{x}$ 的所有维度上估计局部统计信息：

$$\mu = \frac{1}{n}\sum_{i=1}^{n} x_i \quad \sigma^2 = \frac{1}{n}\sum_{i=1}^{n}(x_i - \mu)^2$$

然后，在前面描述的两步归一化中使用 μ 和 σ^2 来代替当前输入 $\mu_B(i)$ 和 $\sigma_B^2(i)$ 。类似地，层归一化由以下紧凑向量形式表示：

$$\boldsymbol{y} = \mathrm{LN}_{\gamma,\beta}(\boldsymbol{x}) \quad (\boldsymbol{x}, \boldsymbol{y} \in \mathbf{R}^n)$$

前面讨论过，使用归一化连接的主要原因是为了促进神经网络的学习，因为这些归一化操作可以使损失函数更加平滑。在这些情况下，训练时可能会使用一些较大的学习率，反过来，学习会更快地收敛。当人们讨论神经网络的学习算法时，将回到这些问题。

依靠上述连接各层的操作，已经可以构建许多非常强大的前馈神经网络，将每个固定大小的输入映射到另一个固定大小的输出。这些网络的缺点是它们通常没有存储能力。换句话说，递归输出完全取决于递归输入。因此这些网络不适合处理可变长度的序列数据，因为没有简单的方法将它们提供给这些网络。下面将介绍几种常见的操作，它们将为神经网络添加存储机制。添加这些操作后，神经网络将能够存储历史信息，因此当前输出不仅取决于当前输入，还取决于之前时间实例中的所有输入。

▸ 延时反馈

将存储机制引入神经网络的一个简单策略是添加一些延时反馈路径。如图 8.16 所示，

① 注意，$\mu_B(i)$ 和 $\sigma_B^2(i)$ 代表样本均值和输入 $\boldsymbol{x}$ 的 i 维 x_i 在当前小批量 B 上的样本方差。

$$\mu_{\mathrm{B}}(i) = \frac{1}{|B|}\sum_{\mathrm{x} \in B} x_i$$

$$\sigma_{\mathrm{B}}^2(i) = \frac{1}{|B|}\sum_{\mathrm{x} \in B}\left(x_i - \mu_{\mathrm{B}}(i)\right)^2$$

这里使用一个小的正数 $\varepsilon > 0$ 来稳定样本方差变得非常小的情况。

延时路径（灰色）用于将层 $\boldsymbol{y}$ 的状态发送回前一层（靠近输入端），作为其下一个输入的一部分。时间延迟单元表示为

$$\boldsymbol{y}_{t-1} = z^{-1}(\boldsymbol{y}_t),$$

其中，$\boldsymbol{y}_t$ 和 $\boldsymbol{y}_{t-1}$ 表示时间实例 t 和 $t-1$ 处层 $\boldsymbol{y}$ 的值，z^{-1} 表示时间延迟单元，该时间延迟单元在物理上作为存储下一时间实例 $\boldsymbol{y}$ 的当前值的存储器单元实现。在任何时间实例 t，较低级别的层 $\boldsymbol{x}$ 通常同时接受 $\boldsymbol{y}_{t-1}$ 和新输入来生成输出。延时反馈路径将周期引入网络。包含这种反馈路径的神经网络通常称为递归神经网络（RNN）。递归神经网络可以记住过去的过程，因为旧信息可能会沿着这些循环一次又一次地流动。我们知道，作为短期记忆的主要机制之一，生物神经元网络中存在大量的周期性反馈。然而，这些反馈路径给人工神经网络的学习带来了一些重大挑战。后面会详细讨论了递归神经网络。

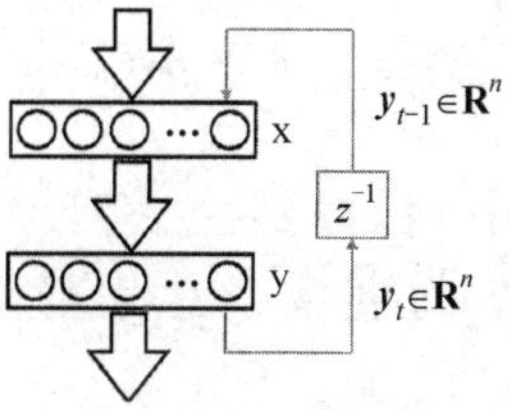

图 8.16　如何使用延时路径（灰色）在神经网络中引入循环反馈

▸ 抽头延迟线

在不使用任何循环反馈的情况下，将存储机制引入神经网络的另一种可能方法是使用一种称为抽头延迟线[246,262,265]的结构。抽头延迟线本质上是一条线中对齐的多个同步存储单元。如图 8.17 所示，同步这些存储单元，以存储所有以前时间实例（即 $\{\boldsymbol{y}_t, \boldsymbol{y}_{t-1}, \boldsymbol{y}_{t-2}, \cdots\}$）中层 $\boldsymbol{y}$ 的值。在下一次实例 $t+1$ 时，将保存在这些存储单元中的所有值右移 1 个单元。保存的历史值的数量取决于抽头延迟线的长度，即行中存储单元的总数。在某些情况下，可以使用大量的存储单元来存储输入序列中的所有历史值。在每个时间实例 t，抽头延迟线中的所有存储值通过一些可学习的参数（即，$\{a_0, a_1, a_2, \cdots\}$）线性组合，生成一个新的输出层，表示为 $\hat{\boldsymbol{z}}_t$：

$$\hat{\boldsymbol{z}}_t = \sum_{i=0}^{L-1} \boldsymbol{a}_i \otimes \boldsymbol{y}_{t-i},$$

其中，L 表示抽头延迟线的长度。这里，每个可学习参数 $\boldsymbol{a}_i$ 都可以被选作标量、向量或矩阵。如果 $\boldsymbol{a}_i$ 是标量，则 $\otimes$ 代表乘法；如果 $\boldsymbol{a}_i$ 是向量，则 $\otimes$ 代表两个向量之间的元素相

乘；如果 $\boldsymbol{a}_i$ 是矩阵，则 $\otimes$ 表示矩阵乘法。这种结构的一个重要方面是，生成的向量 $\hat{\boldsymbol{z}}_t$ 将被发送到下一层（更靠近输出端），以免在网络中引入任何循环。整个网络仍然是一个非递归前馈结构，但由于在抽头延迟线中引入了存储单元，因此具有强大的存储能力。这些网络结构的学习算法与其他前馈网络的学习算法相同。

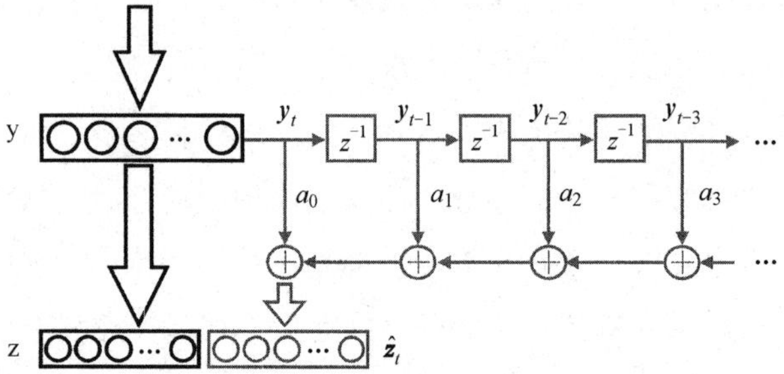

图 8.17　使用抽头延迟线结构（灰色）的非递归存储模块，串联 $\hat{\boldsymbol{z}}_t$ 和 $\boldsymbol{z}$ 以馈送到下一层

另一个注意事项是，如果允许在时间 t 到 $t+L'$ 延迟决策，抽头延迟线甚至可以前瞻。在这种情况下，当做出时间 t 的决策时，抽头延迟线已经存储了时间 $t-L't+L'$ 的所有 $\boldsymbol{y}$ 值。前瞻窗口 $[t+1,t+L']$ $[t+1,t+L']$ 中的未来信息也被合并到输出向量 $\hat{\boldsymbol{z}}_t$ 中。

▸ 注意

在抽头延迟线结构中，系数$\{a_0, a_1, a_2,\cdots\}$都是可学习的参数。一旦这些参数被学习，它们就像其他网络参数一样保持不变。注意机制旨在根据当前外部输入条件和/或网络当前内部状态，动态调整这些系数，从所有保存的历史信息中选择最显著的特征。对于在非常长的序列中建模长跨度依赖关系而言，注意机制至关重要[8]。长跨度依赖在自然语言中很普遍。例如，一个单词的解释可能取决于上下文中远处的另一个单词或短语。

注意机制通常使用特殊的抽头延迟线结构来实现，如图 8.18 所示，其中使用时变标量系数 $\{a_0(t),a_1(t),\cdots\}$ 来组合所有保存的历史值 $\{\boldsymbol{y}_t,\boldsymbol{y}_{t-1},\cdots\}$。这些时变标量系数由注意函数 $g(\cdot)$ 在每个时间实例 t 处动态计算，注意函数将把外部的当前输入条件和网络的当前内部状态作为两个输入，以生成一组标量，如下所示：

$$\boldsymbol{c}_t \triangleq \left[c_0(t) \quad c_1(t) \quad \cdots \quad c_{L-1}(t)\right]^{\mathrm{T}} = g(\boldsymbol{q}_t,\boldsymbol{k}_t)\text{①},$$

其中，两个向量 $\boldsymbol{q}_t$ 和 $\boldsymbol{k}_t$ 表示当前输入条件和时间 t 的内部系统状态，有时称为查询

① 注意函数 $g(\boldsymbol{q}_t,\boldsymbol{k}_t)\in\mathbf{R}^L$ 将两个向量作为输入，并生成一个 L 维向量作为输出。

$q_t \in \mathbf{R}^l$ 和密钥 $k_t \in \mathbf{R}^l$。接下来，注意函数的这些输出通常由 softmax 函数归一化，以确保所有注意系数均为正，并求和为 1：

$$a_t \triangleq [a_0(t) \quad a_1(t) \quad \cdots \quad a_{L-1}(t)]^{\mathrm{T}} = \mathrm{softmax}(c_t)$$ ①

在每次 t 时，注意模块生成输出 $\hat{z}_t$，如下所示：

$$\hat{z}_t = \sum_{i=0}^{L-1} a_i(t) y_{t-i} = [y_t \quad y_{t-1} \quad \cdots \quad y_{t-L+1}] a_t$$

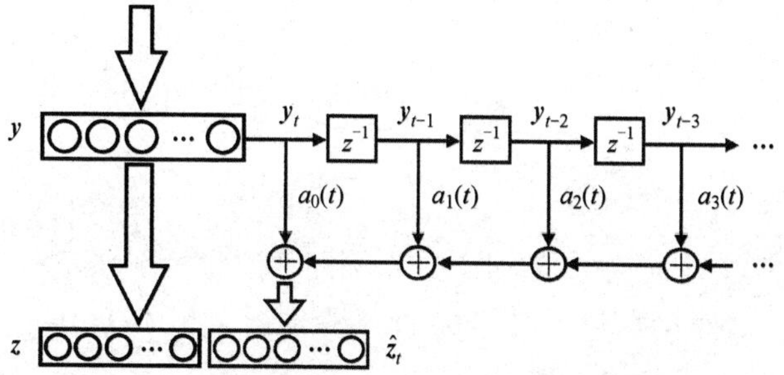

图 8.18 神经网络中注意机制的图示（其中时变系数 $\{a_0(t), a_1(t), \cdots\}$ 用于合并所有保存的历史值 $\{y_t, y_{t-1}, \cdots\}$，在每次 t 时生成 $\hat{z}_t$）

这种注意机制非常灵活，因为可以选择不同的注意函数 $g(\cdot)$，还可以为各种建模目的选择不同的向量作为查询和密钥。类似地，这里可以使用前瞻窗口来确保注意机制不仅可以选择过去的特征，还可以选择未来的特征。如果有足够的资源保证抽头延迟线的长度，则对于总 T 项的任何输入序列，可以将序列的所有 $y \in R^n$ 存储为一个大矩阵：

$$V = [y_T \quad y_{T-1} \quad \cdots \quad y_1]_{n \times T}$$

有时称这个矩阵 V 为值矩阵。在这种情况下，在任意时间 t，注意机制在 V 中的所有保存值上进行：

$$\hat{z}_t = V[\mathrm{softmax}(g(q_t, k_t))]_{T \times 1} \quad (\forall t \in 1, 2, \cdots, T) \tag{8.2}$$

此外，如果查询 q_t 和密钥 k_t 的选择方式不依赖于任何注意输出 $\hat{z}_t$，则可以提前计算所有查询 q_t 和密钥 $k_t (\forall t \in 1, 2, \cdots, T)$，并将其压缩到两个矩阵中，如下所示：

$$Q \triangleq [q_T \quad q_{T-1} \quad \cdots \quad q_1]_{l \times T}$$
$$K \triangleq [k_T \quad k_{T-1} \quad \cdots \quad k_1]_{l \times T}$$

① 简而言之，注意机制可以被视为一种动态方式，在抽头延迟线中为每个 t 生成时变系数，如下所示：$a_t = \mathrm{softmax}(g(q_t, k_t))$。

其中，$\boldsymbol{Q}$ 和 $\boldsymbol{K}$ 通常称为查询矩阵和密钥矩阵。因此，所有时间实例 $t=1,2,\cdots,T$ 的注意操作可以表示为以下紧凑矩阵形式：

$$\hat{\boldsymbol{Z}}=\boldsymbol{V}\ \mathrm{softmax}\left(g(\boldsymbol{Q},\boldsymbol{K})\right)^{①}, \tag{8.3}$$

其中，$\hat{\boldsymbol{Z}} \triangleq \left[\hat{z}_T \cdots \hat{z}_2 1\right]$ 和 softmax 函数按列应用于 $g(\boldsymbol{Q},\boldsymbol{K})(\in \boldsymbol{R}^{T\times T})$

因此，注意机制在神经网络中代表了一种非常灵活和复杂的计算，它取决于人们如何选择以下四个元素：

1．注意函数 $g(\cdot)$。

2．值矩阵 $\boldsymbol{V}$。

3．查询矩阵 $\boldsymbol{Q}$。

4．密钥矩阵 $\boldsymbol{K}$。

与其他仅用于连接两层神经元的引入操作不同，注意机制涉及网络中的许多层。注意机制在最近提出的一种处理长文本序列的流行神经网络结构中起着重要作用，称为 transformer (transformers) [244]，稍后将在第 184 页介绍。

现在已经学习了几种最基本的构建块，可以用来连接神经元层，以构建大型神经网络的各种架构。接下来将在案例研究中介绍几种流行的神经网络模型。特别是将探索传统的完全连接的深层神经网络、卷积神经网络、递归神经网络和最近的 transformer。

8.2.2 案例分析一：完全连接深度神经网络

完全连接的深度神经网络是最传统的深度学习体系结构，它通常由一个起始的输入层，一个结尾的输出层，以及中间任意数量的隐藏层组成。如图 8.19 所示，这些前馈网络没有存储能力，它们以固定大小的向量作为输入，通过几个完全连接的隐藏层依次处理输入，直到从输出层生成最终输出。

输入层只需获取一个输入向量 $\boldsymbol{x}$，并将其发送到第一个隐藏层。每个隐藏层基本上由两个子层组成，我们称之为线性子层和非线性子层，记为 $\boldsymbol{a}_l$ 和 $\boldsymbol{z}_l$，表示第 l 个隐藏层。如图 8.19 所示，线性子层 $\boldsymbol{a}_l$ 通过完全连接连接到先前的非线性子层 $\boldsymbol{z}_{l-1}$：

$$\boldsymbol{a}_l=\boldsymbol{W}^{(l)}\boldsymbol{z}_{l-1}+\boldsymbol{b}^{(l)} \quad (\forall l=1,2,\cdots,L-1),$$

其中，$\boldsymbol{W}^{(l)}$ 和 $\boldsymbol{b}^{(l)}$ 分别表示第 l 隐藏层中完全连接的权重矩阵和偏差向量。另一方面，线性

① 在这种情况下，注意函数 $g(\cdot)$ 以两个矩阵作为输入，生成一个 $T\times T$ 矩阵作为输出。输出矩阵的每一列都是根据每个输入矩阵中的一列计算的（如 $g(\boldsymbol{q}_t,\boldsymbol{k}_t)$）。

子层 $\boldsymbol{a}_l$ 通过非线性激活操作连接到 $\boldsymbol{z}_l$。如果使用 ReLU 作为所有隐藏层的激活函数 $\phi(\cdot)$，那么

$$\boldsymbol{z}_l = \text{ReLU}(\boldsymbol{a}_l) \quad (\forall l = 1,2,\cdots,L-1)$$

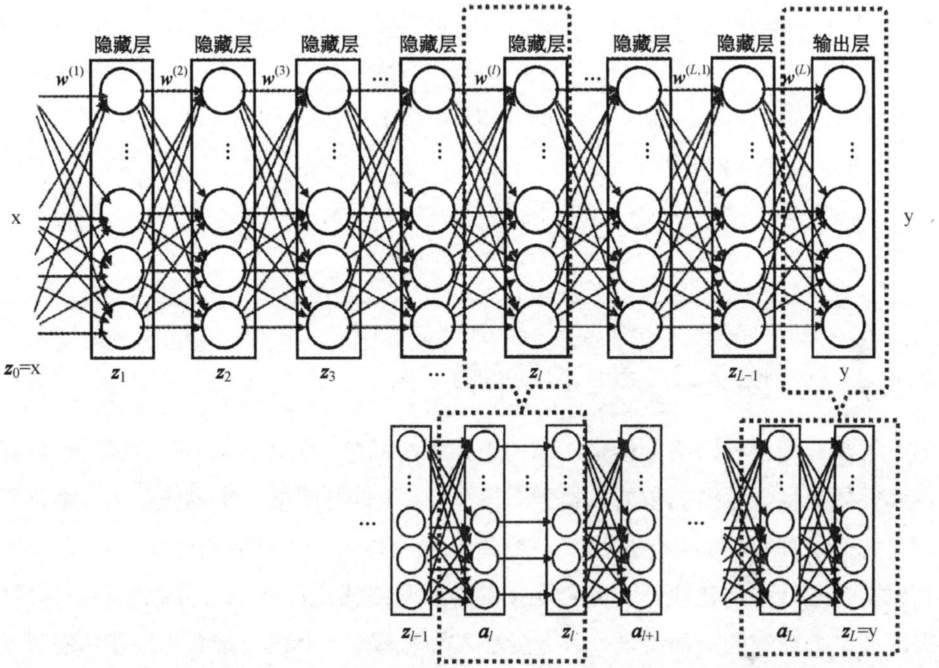

图 8.19　由 $L-1$ 隐藏层和一个 softmax 输出层组成的完全连接神经网络

许多隐藏层可以通过这种方式级联，形成一个深层神经网络。最后，最后一层是输出层，为这个深度神经网络生成最终输出 $\boldsymbol{y}$。如果网络用于分类，则输出层通常使用 softmax 函数为所有不同类别生成类似概率的输出。因此，输出层也可以分解为两个子层（即 $\boldsymbol{a}_L$ 和 $\boldsymbol{z}_L$）。此处，通过与之前相同的方式完全连接到之前的 $\boldsymbol{z}_{L-1}$：

$$\boldsymbol{a}_L = \boldsymbol{W}^{(L)}\boldsymbol{z}_{L-1} + \boldsymbol{b}^{(L)},$$

但通过以下 softmax 操作将 $\boldsymbol{a}_L$ 连接到 $\boldsymbol{z}_L$，等于整个网络的最终输出：

$$\boldsymbol{y} = \boldsymbol{z}_L = \text{softmax}(\boldsymbol{a}_L)$$

最后，总结一下完全连接深层神经网络的整个正向过程，如下所示：

全连接深度神经网络的正向传播

给定任何输入 $\boldsymbol{x}$，生成输出 $\boldsymbol{y}$，如下所示：

1．对于输入层：$\boldsymbol{z}_0 = \boldsymbol{x}$

2．对于每个隐藏层 $l = 1,2,\cdots,L-1$：

$$\boldsymbol{a}_l = \boldsymbol{W}^{(l)}\boldsymbol{z}_{l-1} + \boldsymbol{b}^{(l)}$$
$$\boldsymbol{z}_l = \text{ReLU}(\boldsymbol{a}_l)$$

3．对于输出层

$$\boldsymbol{a}_L = \boldsymbol{W}^{(L)}\boldsymbol{z}_{L-1} + \boldsymbol{b}^{(L)}$$
$$\boldsymbol{y} = \boldsymbol{z}_L = \text{softmax}(\boldsymbol{a}_L)$$

8.2.3 案例分析二：卷积神经网络

另一种流行的神经网络架构是所谓的卷积神经网络（CNN）。目前，卷积神经网络是处理图像和视频等视觉数据的主要机器学习模型。卷积神经网络也定期应用于许多涉及语音、音频和文本等序列数据的其他应用。从概念上讲，卷积神经网络利用卷积和背后的基本思想对高维数据进行局部建模。与完全连接的神经网络相比，卷积运算迫使卷积神经网络更多地关注高维数据中的局部特征，这更接近人类的感知。上述一维卷积连接本身过于简单，需要沿多个维度进行显著扩展，才能处理真实世界的数据。下面的列表在简单的一维卷积和的基础上介绍了四个主要的扩展，并展示了这些扩展如何最终形成流行的卷积神经网络结构。

▸ 扩展 1：允许在输入中使用多个特征层

在图 8.10 所示的简单一维卷积和中，假设每个输入位置只有一个特征。然而，许多真实世界的数据在每个位置可能包含多个特征。例如，彩色图像中的每个像素由三个值（R/G/B）表示。因此，这里可以扩展之前的设置，在每个输入位置允许多个特征。这些不同的特征在输入中形成多个层（也称为映射）。如图 8.20 所示，如果假设输入 $\boldsymbol{x}$ 包含 p 个特征层，则输入数据将变成一个 $p \times d$ 矩阵。为了处理输入中的多个层，还需要将核扩展为 $p \times f$ 矩阵。当进行卷积求和时，仍然将核 $\boldsymbol{w}$ 滑动到输入 $\boldsymbol{x}$ 上。在每个位置，核 $\boldsymbol{w}$ 覆盖了输入的一个 $p \times f$ 块，输出仍然通过元素级的相乘以及求和来计算。默认情况下，输出的总数为 $n = d - f + 1$。类似地，可以通过改变步幅和零填充设置来改变输出的数量。这种卷积可以表示为：

$$y_j = \sum_{k=1}^{p}\sum_{i=1}^{f} w_{i,k} \times x_{j+i-1,k} \quad (\forall j = 1,2,\cdots,n)$$

还使用以下通用矩阵表示法来表示这种卷积：

$$\boldsymbol{y} = \boldsymbol{x} * \boldsymbol{w} \quad (\boldsymbol{x} \in \mathbf{R}^{d\times p}, \boldsymbol{w} \in \mathbf{R}^{f\times p}, \boldsymbol{y} \in \mathbf{R}^{n})$$

这样可以计算出此卷积的计算复杂度是 $O(d \cdot f \cdot p)$ 。连接输入和输出需要的参数数量是 $p \times f$ 。核仍然关注输入维度上的局部特征，但局部特征是在所有特征层上计算的。

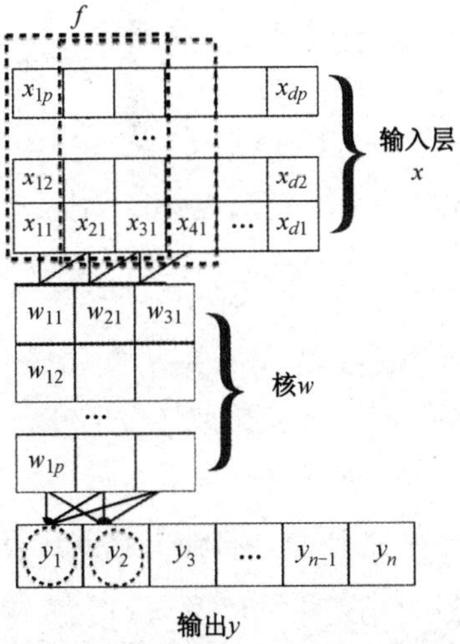

图 8.20　涉及多个输入特征层的一维卷积和

▸ 扩展 2：允许多个核

如果核的所有参数都设置正确，则只能捕获输入中的一个特定局部特征。如果我们想在输入中捕捉多个局部特征，则可以扩展模型，在卷积中使用多个核。如图 8.21 所示，每个核在输入映射上滑动，以生成一系列输出。假设使用 k 个不同的核，最终得到 k 个不同的输出序列，每个序列都像以前一样包含 n 个值。此 $k \times n$ 输出有时称为特征映射。同时，所有 k 核都可以表示为 $f \times p \times k$ 张量。在这种情况下，卷积计算如下：

$$y_{j_1,j_2} = \sum_{i_2=1}^{p}\sum_{i_1=1}^{f} w_{i_1,i_2,j_2} \times x_{j_1+i_1-1,i_2} \quad (\forall j_1 = 1,\cdots,n; j_2 = 1,\cdots,k)$$

类似地，这种卷积可以用以下紧凑形式表示：

$$\boldsymbol{y} = \boldsymbol{x} * \boldsymbol{w} \quad (\boldsymbol{x} \in \mathbf{R}^{d\times p}, \boldsymbol{w} \in \mathbf{R}^{f\times p\times k}, \boldsymbol{y} \in \mathbf{R}^{n\times k})$$

这种卷积的计算复杂度是$O(d\cdot f\cdot p\cdot k)$。参数总数增加到$f\times p\times k$。

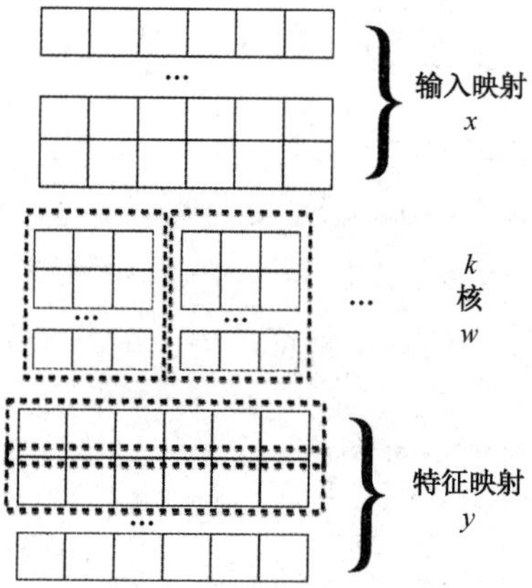

图 8.21　涉及多个输入特征层和多个核的一维卷积和

▸ 扩展 3：允许多个输入维度

在前面的讨论中，总是假设输入$\boldsymbol{x}$是从 1 到d的一维信号。当然，我们可以扩展输入维度来处理多维数据，例如，图像（二维）和视频（三维）。现在考虑如何将输入$\boldsymbol{x}$从一维扩展到二维。在这种情况下，输入$\boldsymbol{x}$变成$d\times d\times p$张量，如图 8.22 所示。还必须将每个核扩展成一个$f\times f\times p$张量。如图 8.22 所示，将核与输入进行卷积时，会将核滑动到整个二维空间。在每个位置，通过类似的元素相乘以及求和生成输出。使用核进行卷积会得到一个$n\times n$映射。如果有k个不同的核，所有这些核都可以表示为$f\times f\times p\times k$张量，卷积的输出相应地变成$n\times n\times k$张量。该二维卷积精确计算如下：

$$y_{j_1,j_2,j_3}=\sum_{i_3=1}^{p}\sum_{i_2=1}^{f}\sum_{i_1=1}^{f}w_{i_1,i_2,i_3,j_3}\times x_{j_1+i_1-1,j_2+i_2-1,i_3}\,(j_1=1,\cdots,n;j_2=1,\cdots,n;j_3=1,\cdots,k) \quad (8.4)$$

类似地，将这种二维卷积表示为以下紧凑张量形式：

$$\boldsymbol{y}=\boldsymbol{x}*\boldsymbol{w}\quad(\boldsymbol{x}\in\mathbf{R}^{d\times d\times p},\boldsymbol{w}\in\mathbf{R}^{f\times f\times p\times k},\boldsymbol{y}\in\mathbf{R}^{n\times n\times k}) \quad (8.5)$$

这种卷积的计算复杂度为$O(d^2\cdot f^2\cdot p\cdot k)$，参数总数为$f^2\times p\times k$。局部建模的特性仍然适用于二维卷积，但在这种情况下，实际捕获并建模了二维局部特征。

▸ 扩展 4：堆叠大量卷积层

如前所述，构建一个典型的卷积神经网络的最后一步是堆叠大量卷积层，以形成一个深层结构。因为卷积是一种线性运算，所以每个卷积层后面通常有一个非线性 ReLU 层，然后再级联到下一个卷积层。这样一来，叠加许多这样的层后，建模能力会显著提高。注意，两个线性函数的组合仍然是线性函数。有时，也会在中间插入最大池化层，以减小要传递到下层的图像的大小。图像分类的典型卷积神经网络结构如图 8.23 所示。

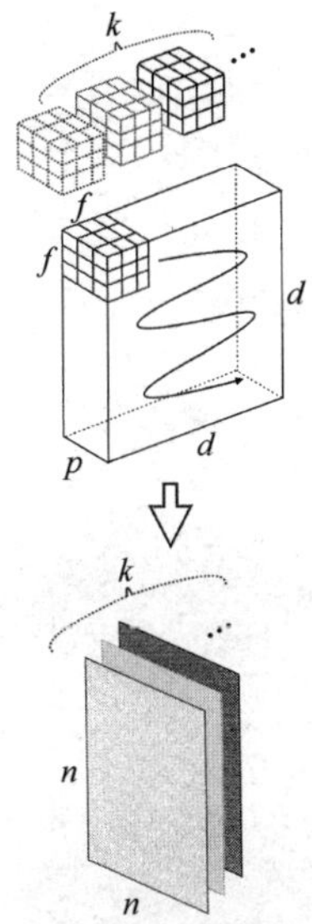

图 8.22　二维卷积图示（涉及多个输入特征层上的一个核（来源[208]））

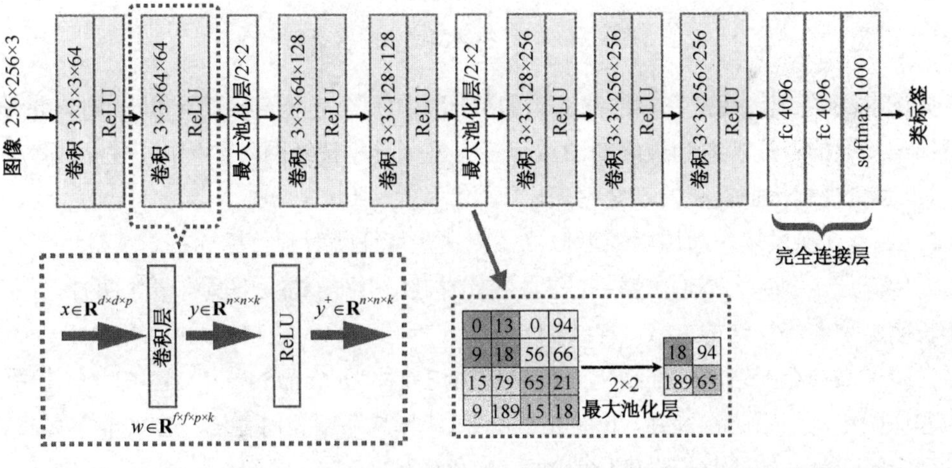

图 8.23　由卷积层、ReLU 层、最大池化层和完全连接层组成的典型卷积神经网络

在每个卷积层，输入/核/输出张量必须根据等式（8.5）中的二维卷积运算定义在大小上相互匹配。当我们像这样堆叠大量卷积层时，每一层对前一层的输出进行局部建模。多个卷积层的层次结构递归地结合在每一级上提取的局部特征，形成更高级别的特征。当处

理诸如图像之类的视觉数据时，这是有意义的：低级别卷积核首先考虑小局部区域，基于图像的附近像素提取低级别特征，而高级别卷积层将尝试局部地结合这些较小的局部特征来考虑图像中的更大区域。

如图 8.24 所示，来自卷积层的输出特征映射的每个位置都是基于前一层中的一个小区域进行局部计算的。如果我们一直向后跟踪，直至原始输入图像，则将识别图像的一个有助于计算该位置局部区域。输入中的这个局部区域通常称为这个特征映射的感受野。可以看到，随着我们进入卷积神经网络的更高层，感受野变得越来越大。

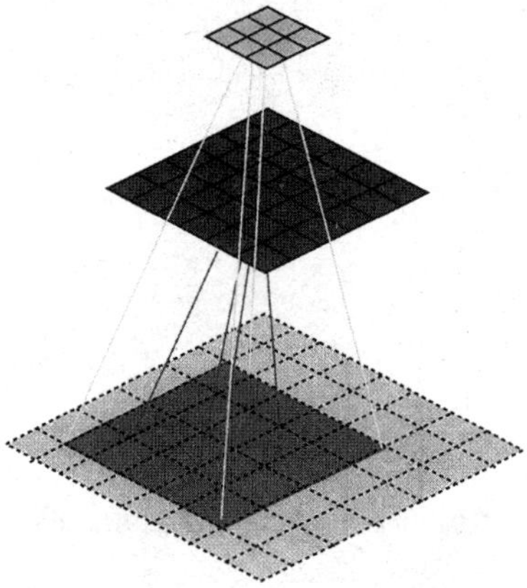

图 8.24　卷积神经网络中的感受野

如图 8.23 所示，通常在该层次结构的顶部添加几个完全连接的层和一个 softmax 层，以将局部提取的特征映射到最终的图像标签。整个卷积神经网络结构可分为两部分：

1．负责视觉特征提取的堆叠卷积层，

2．完全连接层用作通用函数近似器，将这些特征映射到目标标签。

已经介绍了固定大小输入数据的两种前馈神经网络结构，下面将研究两种适用于处理可变长度序列的流行结构。第一种结构基于递归反馈，称为递归神经网络（RNN），本书将简要介绍递归神经网络的标准结构。第二种结构被称为 transformer，它依赖于使用注意机制的非递归结构。由此将看到，transformer 在计算复杂度和内存消耗方面非常昂贵，但在长序列中具有良好的捕获长跨度依赖性。

8.2.4　案例分析三：递归神经网络

如前所述，递归神经网络是包含递归反馈的神经网络，通常会导致网络中出现一些循环。图 8.25 显示了早期提出的递归神经网络的简单递归结构，这种结构在文献中得到广泛研究。这个简单的递归神经网络只包含一个使用 tanh(·)作为非线性激活函数的隐藏层。这里使用激活函数 tanh(·)，因为它在[−1,1]之间既可以生成正值也可以生成负值，而 ReLU 和 S 形函数只生成非负值输出。延时反馈路径每次存储隐藏层 $\boldsymbol{h}$ 的当前值，然后将其发送回输入层，与到达下一时间实例的新输入连接。这样一来，历史信息将一次又一次地在网络中流动并持续存在。

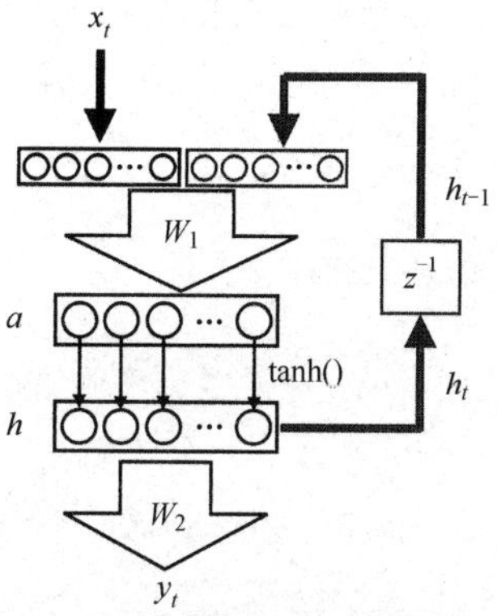

图 8.25　简单递归神经网络结构

如果该递归神经网络用于处理以下输入向量序列：

$$\{\boldsymbol{x}_1, \boldsymbol{x}_2, \cdots, \boldsymbol{x}_T\},$$

并假设隐藏层的初始状态为 $\boldsymbol{h}_0$，递归神经网络将在 $t = 1, 2, \cdots T$ 下运行：

$$\boldsymbol{a}_t = \boldsymbol{W}_1[\boldsymbol{x}_t; \boldsymbol{h}_{t-1}] + \boldsymbol{b}_1 \text{ ①}$$

$$\boldsymbol{h}_t = \tanh(\boldsymbol{a}_t)$$

$$\boldsymbol{y}_t = \boldsymbol{W}_2 \boldsymbol{h}_t + \boldsymbol{b}_2,$$

其中，$\boldsymbol{W}_1$，$\boldsymbol{b}_1$，$\boldsymbol{W}_2$，$\boldsymbol{b}_2$ 表示递归神经网络的两个完全连接中使用的参数。

分析递归神经网络中递归反馈行为的一种简便方法是，沿整个输入序列的时间步长展开递归计算。例如，如果我们沿着时间展开反馈，则递归计算相当于图 8.26 所示的非递归网络。如此一来，任何递归神经网络都可以视为在每个时间实例中复制相同的非当前网络，每个递归神经网络向其后续网络传递一条消息（如图 8.26 所示）。如果递归神经网络被用来处理一个长的输入序列，这个非递归网络就会变成一个非常深层的结构。如果 T 很大，则只需考虑从第一个输入 $\boldsymbol{x}_1$ 到最后一个输出 $\boldsymbol{y}_T$ 的路径。理论上讲，递归神经网络模型非常强大，能适用于所有序列。然而，在实践中，由于递归反馈引入的深层结构，递归神经网

① 此处，$[\boldsymbol{x}_t; \boldsymbol{h}_{t-1}]$ 表示将两个列向量（即 $\boldsymbol{x}_t$ 和 $\boldsymbol{h}_{t-1}$）连接成一个较长的列向量。

络的学习变得极其困难。经验结果表明，如图 8.25 所示的简单递归神经网络结构只擅长对序列中的短期依赖性进行建模，但无法捕获输入序列中跨越长距离的任何依赖性。为了解决这个问题，人们提出了许多递归神经网络的结构变体，例如，长短时记忆（LSTM）[101,177]、选通递归单元（GRU）[43]和高阶递归神经网络（HORNS）[228,95]。这些方法的基本思想是通过各种方式在深层结构中引入一些捷径，使信号在深层网络中更平滑地流动，这将显著提高递归神经网络的学习能力。增强递归神经网络的另一种可能方法是使用所谓的双向递归神经网络[217]，其中每个输出都是基于序列中上下文的左右两侧来计算的。有兴趣的读者可以参考原文章中改进的递归结构。

8.2.5 案例分析四：transformer

如前所述，最初设计递归神经网络是为了以顺序方式处理序列；一次获取一个输入项，并根据当前输入和内部状态生成一个输出项。从始至终递归地执行此操作，递归神经网络能够将任何输入序列映射到输出序列。然而，如果展开一个递归神经网络如图 8.26 所示，可以将这个展开的网络视为一个单一的非递归结构，将输入序列 $\{\boldsymbol{x}_1, \boldsymbol{x}_2, \cdots, \boldsymbol{x}_T\}$ 转换为另一个输出序列 $\{\boldsymbol{y}_1, \boldsymbol{y}_2, \cdots, \boldsymbol{y}_T\}$ 作为一个整体。这一观察结果表明，实际上可以使用任何构建块（如抽头延迟线或注意机制）构建这种非递归结构，而不仅仅是展开递归神经网络。从图 8.26 中展开的结构可以看出递归神经网络的局限性：当递归神经网络在时间步长 t 计算输出 $\boldsymbol{y}_t$ 时，$\boldsymbol{x}_t$ 需要流经一个子网副本，$\boldsymbol{x}_{t-1}$ 流经两个副本，$\boldsymbol{x}_{t-3}$ 流经三个副本，依此类推。距离远的贡献会显著衰减，因为它需要经过一条很长的路径才能达到当前的输出。

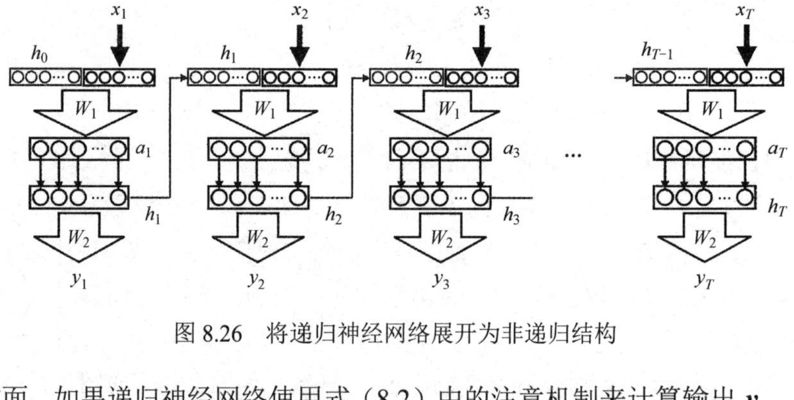

图 8.26　将递归神经网络展开为非递归结构

另一方面，如果递归神经网络使用式（8.2）中的注意机制来计算输出 $\boldsymbol{y}_t$，那么其与所有历史信息甚至未来信息的关系可以是人们喜欢的任何方式，这取决于人们如何选择注意函数 g(·)、查询 $\boldsymbol{q}_t$ 和密钥 $\boldsymbol{k}_t$ 来计算注意系数。从这个角度来看，注意是捕捉序列中长跨度依赖关系的更好方法。

接下来将探讨一种基于这一理念设计的流行网络结构。这种网络结构被称为 transformer[244]，将等式（8.3）中讨论的注意机制作为其主要构造块。transformer 是一个非常强大的模型，它依赖于所谓的自我注意机制，将任意输入序列转换为上下文感知的输出序列，该输出序列可以对长跨度依赖项进行编码。之所以称之为自我注意，是因为 transformer 对等式（8.3）中的注意机制采用了一种特殊结构，其中三个矩阵$\boldsymbol{V}$、$\boldsymbol{Q}$和$\boldsymbol{K}$都来自相同的输入序列。transformer 是一种非常流行的长文本文档机器学习模型，它在众多自然语言处理任务中取得了巨大的成功。

假设输入序列中的每个向量都是一个d维向量：$\boldsymbol{x}_t \in \mathbf{R}^d (\forall t = 1,2,\cdots,T)$。将所有输入向量对齐，形成以下$d \times T$矩阵：

$$\boldsymbol{X} = \begin{bmatrix} \boldsymbol{x}_T & \cdots & \boldsymbol{x}_2 & \boldsymbol{x}_1 \end{bmatrix}$$

接下来，定义三个矩阵$\boldsymbol{A} \in \mathbf{R}^{l \times d}$，$\boldsymbol{B} \in \mathbf{R}^{l \times d}$和$\boldsymbol{C} \in \mathbf{R}^{o \times d}$作为 transformer 的可学习参数。这三个矩阵将用作三个线性变换，将输入序列$\boldsymbol{X}$转换为查询矩阵$\boldsymbol{Q}$、密钥矩阵$\boldsymbol{K}$和值矩阵$\boldsymbol{V}$：

$$\boldsymbol{Q} = \boldsymbol{A}\boldsymbol{X} \quad \boldsymbol{K} = \boldsymbol{B}\boldsymbol{X} \quad \boldsymbol{V} = \boldsymbol{C}\boldsymbol{X} ,$$

其中，$\boldsymbol{Q},\boldsymbol{K} \in \mathbf{R}^{l \times T}$，$\boldsymbol{V} \in \mathbf{R}^{o \times T}$。我们进一步将注意函数定义为以下双线性函数：

$$g(\boldsymbol{Q},\boldsymbol{K}) = \boldsymbol{Q}^{\mathrm{T}}\boldsymbol{K} ,$$

其中，$g(\boldsymbol{Q},\boldsymbol{K})\mathbf{R}^{T \times T}$。

在此设置下，只需使用等式（8.3）中的注意公式将$\boldsymbol{X}$转换为另一个矩阵$\boldsymbol{Z} \in \mathbf{R}^{o \times T}$，如下所示：

$$\boldsymbol{Z} = (\boldsymbol{C}\boldsymbol{X})\ \mathrm{softmax}((\boldsymbol{A}\boldsymbol{X})^{\mathrm{T}}(\boldsymbol{B}\boldsymbol{X})) ,$$

对每列应用 softmax 函数，以确保所有条目均为正，且每列总和为 1。自我注意的过程也如图 8.27 所示。

此外，还可以通过使用多组参数$\boldsymbol{A}$、$\boldsymbol{B}$和$\boldsymbol{C}$来进一步增强 transformer 的能力。每组参数都称为 transformer 的头。将所有头的输出$\boldsymbol{Z}$串联起来，然后发送到一个由一个完全连接层和一个 ReLU 激活层组成的非线性模块，以生成多头 transformer 的最终输出。Vaswani 等人[244]仔细选择了这些矩阵的所有维度，以确保最终输出与输入$\boldsymbol{X}$的大小相同。通过这种方式，transformer 逐个堆叠多个这样的多头 transformer 非常容易，以此构建一个深层模型，该模型可以灵活地将任何输入序列转换为另一个上下文感知的输出序列。

以下方框简要总结了多头 transformer 的工作原理。

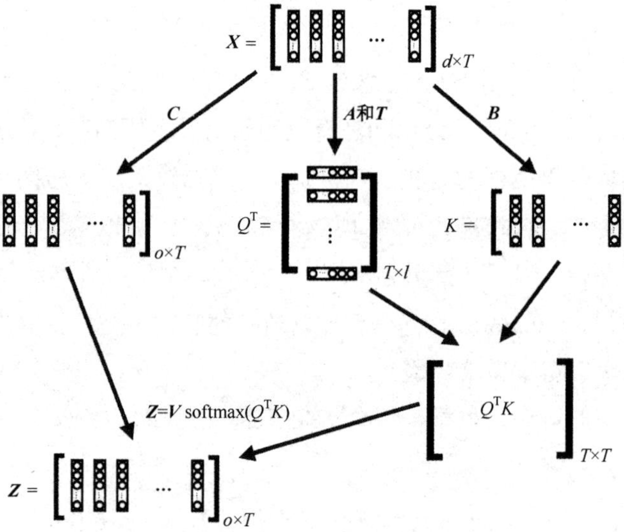

图 8.27　单头 transformer 计算流程

多头 transformer

选择 $d=512$， $o=64$， 多头 transformer 将把输入序列 $\boldsymbol{X}\in\boldsymbol{R}^{512\times T}$ 转换为 $\boldsymbol{Y}\in\boldsymbol{R}^{n\times T}$：

▸多头 transformer：使用 8 组参数：

$$\boldsymbol{A}^{(j)},\boldsymbol{B}^{(j)}\in\mathbf{R}^{l\times 512},\boldsymbol{C}^{(j)}\in\mathbf{R}^{64\times 512}\quad (j=1,2,\cdots,8)$$

▸对于 $j=1,2,\cdots,8$：

$$\boldsymbol{Z}^{(j)}\in\boldsymbol{R}^{64\times T}=(\boldsymbol{C}^{(j)}\boldsymbol{X})\,\mathrm{soft\,max}((\boldsymbol{A}^{(j)}\boldsymbol{X})^{\mathrm{T}}(\boldsymbol{B}^{(j)}\boldsymbol{X}))$$

▸连接所有头：

$$\boldsymbol{Z}\in\boldsymbol{R}^{512\times T}=\mathrm{concat}(\boldsymbol{Z}^{(1)},\boldsymbol{Z}^{(2)},\cdots,\boldsymbol{Z}^{(8)})$$

▸应用非线性：

$$\boldsymbol{Y}=\ \mathrm{feedforward}(\mathrm{LN}_{\gamma,\beta}(\boldsymbol{X}+\boldsymbol{Z}))$$ ①

---

① 注意，我们使用

$$\boldsymbol{Y}=\mathrm{feed\ forward}(\boldsymbol{X})$$

作为一个隐藏层的完全连接的神经网络的缩写。这里，我们发送 $\boldsymbol{X}$ 的每一列，表示为 $\boldsymbol{x}_t$，使其通过参数 $\boldsymbol{W}$ 和 $\boldsymbol{b}$ 的完全连接层，然后再通过 ReLU 非线性层：

$$\boldsymbol{y}_t=\mathrm{ReLU}\left(\boldsymbol{W}\boldsymbol{x}_t+\boldsymbol{b}\right)$$

所有输出按如下方式连接：

$$\boldsymbol{Y}=\left[\boldsymbol{y}_1\quad \boldsymbol{y}_2\quad \cdots\quad \boldsymbol{y}_T\right]$$

根据这个描述中可以很容易地看到，就计算复杂性而言，transformer 是一个非常昂贵的模型，因为它在每一步都涉及几个大矩阵的乘法。此外，它还需要相当大的内存空间来存储这些矩阵和其他中间结果。将在练习 Q8.9 中估计多头 transformer 的计算复杂度。

8.3 神经网络的学习算法

到目前为止，已经深入讨论了如何构造各种神经网络结构，并且还知道如何在给定所有网络参数的情况下，根据任意输入计算网络输出。现在，将讨论如何学习这些网络参数。一旦确定了网络的结构（$\boldsymbol{W}$ 表示所有参数），神经网络就可以视为一个多元向量值函数，如下所示：

$$\boldsymbol{y} = f(\boldsymbol{x};\boldsymbol{W})$$

与其他判别模型相同，神经网络参数 $\boldsymbol{W}$ 必须从训练集学习，训练集通常由许多输入输出对组成，如下所示：

$$\mathscr{D}_N = \{(\boldsymbol{x}_1,\boldsymbol{r}_1),(\boldsymbol{x}_2,\boldsymbol{r}_2),\cdots,(\boldsymbol{x}_N,\boldsymbol{r}_N)\}$$

其中，每个 $\boldsymbol{x}_i$ 表示一个输入样本，$\boldsymbol{r}_i$ 是其正确的标签。

8.3.1 损失函数

首先，探讨一些常见的损失函数，它们可以用来构造学习神经网络的目标函数。

如果将神经网络用于任何回归问题，最佳损失函数是均方误差（MSE）。在这种情况下，目标函数可以很容易地形成如下：

$$Q_{\mathrm{MSE}}(\boldsymbol{W};\mathscr{D}_N) = \sum_{i=1}^{N}\left\|f(\boldsymbol{x}_i;\boldsymbol{W}) - \boldsymbol{r}_i\right\|^2$$

接下来要考虑的是神经网络用于模式分类问题的情况。在分类问题中[①]，通常假设所有不同的类（假设总共有 K 个类）是互斥的。换句话说，任何输入只能分配给其中一个类。

① 如果一个分类问题中的基础类不是相互排斥的，那么这个问题总是可以分解为一些单独的分类问题。假设我们想识别图片中是猫还是狗。显然，存在一些同时包含猫和狗的图像。这个问题可以表述为两个独立的二进制分类问题，即“图片是否包含猫（是/否）”和“图片是否包含狗（是/否）”。可以重新配置输出层，同时适用于这两个问题。将在练习 Q8.2 中解决这个问题。

对于互斥类，通常使用所谓的 K 分之一独热策略为每个训练样本 $\boldsymbol{x}_i$ 编码正确的标签。其对应的标签 $\boldsymbol{r}_i$ 是一个 K 维向量，在对应于正确类的位置上包含所有 0 和一个 1。我们使用标量 r_i 来表示 1 在 $\boldsymbol{r}_i$ 的位置，其中 $r_i \in \{1,2,\cdots,K\}$ 。

对于互斥类，我们通常在神经网络中使用 softmax 输出层来产生类似概率的输出。同时，每个独热编码标签 $\boldsymbol{r}_i$ 都可视为所有类的期望概率分布：正确的类是 1，其他所有的都是 0。

在这种情况下，使用 $\boldsymbol{r}_i$ 和神经网络输出 $\boldsymbol{y}_i = f(\boldsymbol{x}_i;\boldsymbol{W})$ 之间的 Kullback-Leibler（KL）① 散度测量每个数据样本 $\boldsymbol{x}_i$ 的损失，通常称为交叉熵（CE）误差。因为 $\boldsymbol{r}_i$ 是在 r_i 处只包含一个 1 的独热向量，因此可得到

$$Q_{\mathrm{CE}}(\boldsymbol{W};\mathscr{D}_N) = -\sum_{i=1}^{N} \ln[\boldsymbol{y}_i]_{r_i} = -\sum_{i=1}^{N} \ln[f(\boldsymbol{x}_i;\boldsymbol{W})]_{r_i} , \tag{8.6}$$

其中，$[\cdot]_r$ 表示向量的第 r 个元素。

8.3.2 自动微分法

如果想通过优化目标函数 $Q(\boldsymbol{W})$ 来学习网络参数 $\boldsymbol{W}$ ，就需要知道如何计算目标函数的梯度（即 $\dfrac{\partial Q(\boldsymbol{W})}{\partial \boldsymbol{W}}$ ）。本节将介绍自动微分（AD）技术[145]，该技术保证以最有效的方式计算所有网络结构的梯度。这种技术还引出了著名的神经网络误差反向传播算法[249,204]。自动微分背后的关键思想是微积分中的简单链式规则。任何神经网络都可以视为由许多简单函数组合而成，每个函数都由一个较小的网络模块表示。自动微分基本上是沿着网络传递一些关键的“消息”，这样所有的梯度都可以根据这些消息局部计算出来。自动微分有两种不同的累积模式：正向和反向。接下来将探讨如何使用反向累积模式来计算神经网络的梯度，俗称误差反向传播算法。

首先，用一个简单的例子来说明自动微分中反向累积模式的本质。如图 8.28 所示，假设在神经网络中有一个模块，代表一个函数 $y = f_{\boldsymbol{w}}(\boldsymbol{x})$ ，以 $\boldsymbol{x} \in \boldsymbol{R}$ 为输入，生成输出 $y \in \boldsymbol{R}$ 。该模块内的所有可学习参数均表示为 $\boldsymbol{w}$。对于任何目标函数 $Q(\cdot)$ ，假设已经知道其对该模块直接输出的偏导数，通常称为该模块的误差信号，表示为 $e = \dfrac{\partial Q}{\partial y}$ 。根据链式规则，可以

① 很容易证明

$$\mathrm{KL}(\{\boldsymbol{r}_i\}\|\{\boldsymbol{y}_i\}) = -\ln[\boldsymbol{y}_i]_{r_i} 。$$

很容易地计算该模块中所有可学习参数的梯度，如下所示：

$$\frac{\partial Q}{\partial \boldsymbol{w}}=\frac{\partial Q}{\partial y}\frac{\partial y}{\partial \boldsymbol{w}}=e\frac{\partial f_{\mathrm{w}}(x)}{\partial \boldsymbol{w}},$$

其中，$\frac{\partial f_{\mathrm{w}}(x)}{\partial \boldsymbol{w}}$可以根据函数本身进行局部计算。换句话说，只要知道这个模块的误差信号，就可以局部计算模块中的所有可学习参数的梯度，与神经网络的其他部分无关。为了网络中的所有模块生成误差信号，必须以某种方式进行传播。从本模块的角度来看，至少需要将其从输出端传播到输入端，用作前一模块的误差信号。换句话说，即需要推导出关于(w.r.t.)这个模块输入的偏导数（即，$\frac{\partial Q}{\partial x}$）。继续这个过程，直到到达整个网络的第一个模块。同样，根据链式规则，误差信号从输出端传播到输入端是另一个可以局部完成的简单任务：

$$\frac{\partial Q}{\partial x}=\frac{\partial Q}{\partial y}\frac{\partial y}{\partial x}=e\frac{\mathrm{d}f_{\mathrm{w}}(x)}{\mathrm{d}x},$$

其中$\frac{\mathrm{d}f_{\mathrm{w}}(x)}{\mathrm{d}x}$仅可通过函数本身进行计算。

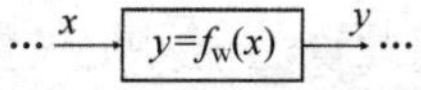

图 8.28　神经网络中表示简单函数的模块

这种想法可以扩展到更通用的情况，其中底层模块表示向量输入和向量输出函数（即$\boldsymbol{y}=f_{\mathrm{w}}(x)(\boldsymbol{x}\in\mathbf{R}^m,\boldsymbol{y}\in\mathbf{R}^n)$），如图 8.29 所示。在这种情况下，两个局部导数由两个雅可比（Jacobian）矩阵$\boldsymbol{J}_w$和$\boldsymbol{J}_X$表示，如下所示：

$$\boldsymbol{J}_w=\begin{bmatrix}\frac{\partial y_1}{\partial w_1} & \frac{\partial y_2}{\partial w_1} & \cdots & \frac{\partial y_n}{\partial w_1}\\ \frac{\partial y_1}{\partial w_2} & \frac{\partial y_2}{\partial w_2} & \cdots & \frac{\partial y_n}{\partial w_2}\\ \vdots & \vdots & \vdots & \vdots\\ \frac{\partial y_1}{\partial w_k} & \frac{\partial y_2}{\partial w_k} & \cdots & \frac{\partial y_n}{\partial w_k}\end{bmatrix}_{k\times n}=\left[\frac{\partial y_j}{\partial w_i}\right]_{k\times n}$$

其中，y_j 表示输出向量 $\boldsymbol{y}$ 的第 j 个元素，w_i 表示参数向量() $\boldsymbol{w}(\in \mathbf{R}^k)$ 的第 i 个元素①，且

$$\boldsymbol{J}_{\boldsymbol{x}} = \begin{bmatrix} \dfrac{\partial y_1}{\partial x_1} & \dfrac{\partial y_2}{\partial x_1} & \cdots & \dfrac{\partial y_n}{\partial x_1} \\ \dfrac{\partial y_1}{\partial x_2} & \dfrac{\partial y_2}{\partial x_2} & \cdots & \dfrac{\partial y_n}{\partial x_2} \\ \vdots & \vdots & \vdots & \vdots \\ \dfrac{\partial y_1}{\partial x_m} & \dfrac{\partial y_2}{\partial x_m} & \cdots & \dfrac{\partial y_n}{\partial x_m} \end{bmatrix}_{m\times n} = \left[\frac{\partial y_j}{\partial x_i}\right]_{m\times n},$$

其中，x_i 表示输入向量 $\boldsymbol{x}$ 的第 i 个元素。

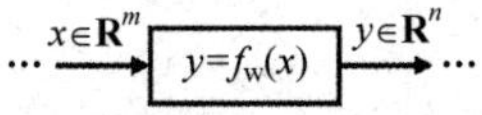

图 8.29　神经网络中表示向量输入和向量输出函数的模块

这两个雅可比矩阵都可以基于该网络模块单独进行局部计算。再一次假设已知这个模块的误差信号，它被类似地定义为关于模型即时输出的目标函数 $Q(\cdot)$ 的偏导数。在这种情况下，由于该模块生成矢量输出，因此误差信号是矢量：

$$\boldsymbol{e} \triangleq \frac{\partial Q}{\partial \boldsymbol{y}} \quad (\boldsymbol{e} \in \mathbf{R}^n)$$

类似地，可以执行自动微分反向累积所需的两个步骤，即两个简单的矩阵乘法：

1．反向传播

$$\frac{\partial Q}{\partial \boldsymbol{x}} = \boldsymbol{J}_{\boldsymbol{x}}\boldsymbol{e} \tag{8.7}$$

2．局部梯度

$$\frac{\partial Q}{\partial \boldsymbol{w}} = \boldsymbol{J}_{\boldsymbol{w}}\boldsymbol{e} \tag{8.8}$$

现在，考虑如何对前面讨论过的神经网络的共同构建块执行这两个步骤。

---

①

$$\boldsymbol{y} = \begin{bmatrix} y_1 \\ y_2 \\ \vdots \\ y_n \end{bmatrix} \quad \boldsymbol{x} = \begin{bmatrix} x_1 \\ x_2 \\ \vdots \\ x_m \end{bmatrix} \quad \boldsymbol{w} = \begin{bmatrix} w_1 \\ w_2 \\ \vdots \\ w_k \end{bmatrix}$$

▸ 完全连接

完全连接是一种线性变换，将输入 $\boldsymbol{x}\in\mathbf{R}^d$ 连接到输出 $\boldsymbol{y}\in\mathbf{R}^n$，即 $\boldsymbol{y}=\boldsymbol{W}\boldsymbol{x}+\boldsymbol{b}$，其中 $\boldsymbol{W}\in\mathbf{R}^{n\times d}$，$\boldsymbol{b}\in\mathbf{R}^n$。假设我们有该模块的误差信号（即 $\boldsymbol{e}=\dfrac{\partial Q}{\partial y}$）。考虑如何进行反向传播和计算该模块的局部梯度。

首先，因为有 $\boldsymbol{y}=\boldsymbol{W}\boldsymbol{x}+\boldsymbol{b}$，所以很容易推导出以下雅可比矩阵：

$$\boldsymbol{J}_{\boldsymbol{x}}=\left[\frac{\partial y_j}{\partial x_i}\right]_{d\times n}=\boldsymbol{W}^{\mathrm{T}}$$

因此，得到以下公式，将误差信号反向传播到输入端：

$$\frac{\partial Q}{\partial \boldsymbol{x}}=\boldsymbol{W}^{\mathrm{T}}\boldsymbol{e} \tag{8.9}$$

其次，如果使用 $\boldsymbol{w}_i^{\mathrm{T}}$ 来表示权重矩阵 $\boldsymbol{W}$ 的第 i 行，b_i 表示偏差 $\boldsymbol{b}$ 的第 i 行元素，则可以得到 $y_i=\boldsymbol{w}_i^{\mathrm{T}}+b_i$。此外，$\boldsymbol{w}_i$ 和 b_i 与 $\boldsymbol{y}$ 中除 y_i 以外的任何其他元素无关。

因此，对于任意 $i\in\{1,2,\cdots,n\}$，可得到

$$\frac{\partial Q}{\partial \boldsymbol{w}_i}=\frac{\partial Q}{\partial y_i}\frac{\partial y_i}{\partial \boldsymbol{w}_i}=\boldsymbol{x}\frac{\partial Q}{\partial y_i},$$

和

$$\frac{\partial Q}{\partial b_i}=\frac{\partial Q}{\partial y_i}\frac{\partial y_i}{\partial b_i}=\frac{\partial Q}{\partial y_i}$$

可以将所有 i 的结果排列成以下紧凑矩阵形式，以计算完全连接模块所有参数的局部梯度：

$$\frac{\partial Q}{\partial \boldsymbol{W}}\overset{①}{=}\begin{bmatrix}\dfrac{\partial Q}{\partial y_1}\\ \vdots \\ \dfrac{\partial Q}{\partial y_n}\end{bmatrix}\boldsymbol{x}^{\mathrm{T}}=\boldsymbol{e}\boldsymbol{x}^{\mathrm{T}} \tag{8.10}$$

$$\frac{\partial Q}{\partial \boldsymbol{b}}=\boldsymbol{e} \tag{8.11}$$

① 对于 $\boldsymbol{W}$ 的每一行向量，有

$$\frac{\partial Q}{\partial \boldsymbol{w}_i^{\mathrm{T}}}=\frac{\partial Q}{\partial y_i}\boldsymbol{x}^{\mathrm{T}}$$

▸ 非线性激活

如图 8.12 所示，非线性激活是将 $\boldsymbol{x}(\in \mathbf{R}^n)$ 连接到 $\boldsymbol{y}(\in \mathbf{R}^n)$ 的操作，表示为 $\boldsymbol{y}=\phi(x)$，其中非线性激活函数 $\phi(\cdot)$ 应用于输入向量 $\boldsymbol{x}$ 元素 $y_i=\phi(x_i)(\forall i=1,2,\cdots,n)$ 。

由于非线性激活模块中没有可学习的参数，因此不需要计算局部梯度。对于每一个这样的模块，只需要将误差信号从输出端反向传播到输入端。由于激活函数被用于每个输入组件元素来生成每个输出元素，因此雅可比矩阵 $\boldsymbol{J}_{\boldsymbol{x}}$ 是一个对角矩阵：

$$\boldsymbol{J}_{\boldsymbol{x}}=\left[\frac{\partial y_j}{\partial x_i}\right]_{n\times n}=\begin{bmatrix}\phi'(x_1) & & \\ & \ddots & \\ & & \phi'(x_n)\end{bmatrix}_{n\times n}$$

其中，表示 $\phi'(x)\triangleq\frac{\mathrm{d}}{\mathrm{d}x}\phi(x)$ 。

假设 $\boldsymbol{e}=\frac{\partial Q}{\partial y}$ 表示该模块的误差信号，则反向传播公式可以用以简洁的方式表示，用两个向量之间的元素相乘代替矩阵相乘：

$$\frac{\partial Q}{\partial \boldsymbol{x}}=\boldsymbol{J}_{\boldsymbol{x}}\boldsymbol{e}=\phi'(\boldsymbol{x})\odot\boldsymbol{e},$$

其中，$\phi'(x)$ 代表列向量 $\left[\phi'(x_i);\cdots;\phi'(x_n)\right]$，$\odot$代表元素相乘。

对于 ReLU 激活模块，有

$$\frac{\partial Q}{\partial \boldsymbol{x}}\overset{①}{=}H(\boldsymbol{x})\odot\boldsymbol{e},\tag{8.12}$$

其中，$H(\cdot)$ 代表阶跃函数，如图 6.4 所示。

对于 S 形激活模块，有

$$\frac{\partial Q}{\partial \boldsymbol{x}}=l(\boldsymbol{x})\odot(\mathbf{1}-l(\boldsymbol{x}))\odot\mathbf{e}^{②},\tag{8.13}$$

其中，$l(\boldsymbol{x})$ 表示在 $\boldsymbol{x}$ 元素方向上运用了 S 形函数 $l(\cdot)$，$\boldsymbol{l}$ 是由所有的 1 组成的 $n\times1$ 向量。

---

① 我们有

$$\frac{\mathrm{d}}{\mathrm{d}x}\mathrm{ReLU}(x)=\begin{cases}0 & 假如\ x<0\\ 1 & 其他\end{cases}$$
$$=H(x)$$

② 参考等式（6.15），可得到

$$\frac{\mathrm{d}}{\mathrm{d}x}l(x)=l(x)(1-l(x))$$

▸ softmax

如图 8.13 所示，softmax 是一个特殊函数，它将一个 n 维向量 $\boldsymbol{x}(\in \mathbf{R}^n)$ 映射到超立方体 $[0,1]^n$ 内的另一个 n 维向量 $\boldsymbol{y}$。与非线性激活类似，softmax 函数没有任何可学习的参数。对于每个 softmax 模块，我们只需要将误差信号从输出端反向传播到输入端。

基于等式（6.18）中的 softmax 函数，推导出其雅可比矩阵如下[①]（见注释）：

$$\boldsymbol{J}_{\mathrm{x}} = \left[\frac{\partial y_j}{\partial x_i}\right]_{n\times n} = \begin{bmatrix} y_1(1-y_1) & -y_1y_2 & \cdots & -y_1y_n \\ -y_1y_2 & y_2(1-y_2) & \cdots & -y_2y_n \\ \vdots & \vdots & \vdots & \vdots \\ -y_1y_n & -y_2y_n & \cdots & y_n(1-y_n) \end{bmatrix}_{n\times n}$$
$$\triangleq \boldsymbol{J}_{\mathrm{sm}}$$

假设 softmax 模块的误差信号为 $\boldsymbol{e} = \frac{\partial Q}{\partial \boldsymbol{y}}$，然后将其反向传播到输入端，如下所示：

$$\frac{\partial Q}{\partial \boldsymbol{x}} = \boldsymbol{J}_{\mathrm{sm}}\boldsymbol{e} \tag{8.14}$$

▸卷积

首先考虑图 8.10 中的简单卷积和，它通过 $\boldsymbol{y} = \boldsymbol{x} * \boldsymbol{w}$（其中 $\boldsymbol{w} \in \mathbf{R}^f$）将输入向量 $\boldsymbol{x}(\in \mathbf{R}^d)$ 连接到输出向量 $\boldsymbol{y}(\in \mathbf{R}^d)$。

---

① 在等式（6.18）中，softmax 函数定义为

$$y_j = \frac{e^{x_j}}{\sum_{i=1}^{n} e^{x_i}}$$

对任意对角线元素，$\frac{\partial y_j}{\partial x_i}(j=i)$，有

$$\frac{\partial y_i}{\partial x_i} = \frac{\partial}{\partial x_i}\frac{e^{x_i}}{\sum_{i=1}^{n} e^{x_i}} = \frac{e^{x_i}\left(\sum_{i=1}^{n} e^{x_i}\right) - e^{x_i}e^{x_i}}{\left(\sum_{i=1}^{n} e^{x_i}\right)^2} = y_i(1-y_i)$$

对任意不在对角线上的元素，$\frac{\partial y_j}{\partial x_i}(j \neq i)$，有

$$\frac{\partial y_j}{\partial x_i} = \frac{\partial}{\partial x_i}\frac{e^{x_j}}{\sum_{i=1}^{n} e^{x_i}} = \frac{-e^{x_j}e^{x_i}}{\left(\sum_{i=1}^{n} e^{x_i}\right)^2} = -y_jy_i$$

已知卷积和的计算如下所示：

$$y_j = \sum_{i=1}^{f} w_i \times x_{j+i-1}$$

对所有 $j = 1, 2, \cdots, n$ 成立。

由此很容易推导出雅克比矩阵 $\boldsymbol{J_x}$：

$$\boldsymbol{J_x} = \left[\frac{\partial y_j}{\partial x_i}\right]_{d\times n} = \begin{bmatrix} w_1 & & & \\ w_2 & w_1 & & \\ \vdots & \vdots & \ddots & \\ w_f & w_{f-1} & \ddots & w_1 \\ & w_f & & w_2 \\ & & \ddots & \vdots \\ & & & w_f \end{bmatrix}_{d\times n}$$

假设误差信号为；$\boldsymbol{e} = \frac{\partial Q}{\partial y}$ 可得到

$$\frac{\partial Q}{\partial \boldsymbol{x}} = \boldsymbol{J_x e} = \begin{bmatrix} w_1 & & & \\ w_2 & w_1 & & \\ \vdots & \vdots & \ddots & \\ w_f & w_{f-1} & \ddots & w_1 \\ & w_f & & w_2 \\ & & \ddots & \vdots \\ & & & w_f \end{bmatrix} \begin{bmatrix} \frac{\partial Q}{\partial y_1} \\ \frac{\partial Q}{\partial y_2} \\ \vdots \\ \frac{\partial Q}{\partial y_n} \end{bmatrix} = \begin{bmatrix} w_1 \frac{\partial Q}{\partial y_1} \\ w_2 \frac{\partial Q}{\partial y_1} + w_1 \frac{\partial Q}{\partial y_2} \\ \vdots \\ w_f \frac{\partial Q}{\partial y_n} \end{bmatrix}$$

经过一些检查，如图 8.30 所示，矩阵乘法可以表示为以下卷积和：

$$\frac{\partial Q}{\partial \boldsymbol{x}} = \boldsymbol{e}^{(\phi)} * \tilde{\boldsymbol{w}}, \tag{8.15}$$

其中，$\boldsymbol{e}^{(\phi)}$ 表示两端填充有 $f-10$s 的 $\boldsymbol{e}$，$\tilde{\boldsymbol{w}}$ 为元素 $\boldsymbol{w}$ 的相反顺序表示：$\tilde{\boldsymbol{w}} = [w_f \cdots w_2 w_1]^{\mathrm{T}}$。

接下来，让我们看看如何基于误差信号 $\boldsymbol{e}$ 计算核 $\boldsymbol{w}$ 的局部梯度。在这种情况下，关于 $\boldsymbol{w}$ 的雅可比矩阵可以计算如下：

$$\boldsymbol{J_w} = \left[\frac{\partial y_j}{\partial w_i}\right]_{f\times n} = \begin{bmatrix} x_1 & x_2 & \cdots & x_n \\ x_2 & x_3 & \cdots & x_{n+1} \\ \vdots & \vdots & \ddots & \vdots \\ x_f & x_{f+1} & \cdots & x_{n+f-1} \end{bmatrix}_{f\times n}$$

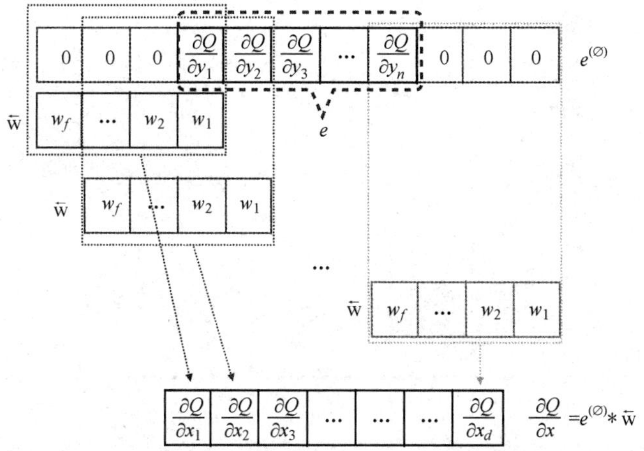

图 8.30　将一个卷积和的误差反向传播表示为另一个卷积和

局部梯度 $\frac{\partial Q}{\partial \boldsymbol{w}}$ 计算如下：

$$\frac{\partial Q}{\partial \boldsymbol{w}} = \boldsymbol{J}_w \boldsymbol{e} = \begin{bmatrix} x_1 & x_2 & \cdots & x_n \\ x_2 & x_3 & \cdots & x_{n+1} \\ \vdots & \vdots & \ddots & \vdots \\ x_f & x_{f+1} & \cdots & x_{n+f-1} \end{bmatrix} \begin{bmatrix} \frac{\partial Q}{\partial y_1} \\ \frac{\partial Q}{\partial y_2} \\ \vdots \\ \frac{\partial Q}{\partial y_n} \end{bmatrix} = \begin{bmatrix} \sum_{i=1}^{n} x_i e_i \\ \sum_{i=1}^{n} x_{i+1} e_i \\ \vdots \\ \sum_{i=1}^{n} x_{i+f-1} e_i \end{bmatrix}$$

同样地，该矩阵乘法可表示为以下卷积和：

$$\frac{\partial Q}{\partial \boldsymbol{w}} = \boldsymbol{x} * \boldsymbol{e}, \tag{8.16}$$

其中，$\boldsymbol{x}(\in \mathbf{R}^d)$ 且 $\boldsymbol{e}(\in \mathbf{R}^n)$ 。

使用卷积和进行误差反向传播和计算局部梯度的想法可以扩展到等式（8.5）中的多维卷积。练习 Q8.6 将推导细节，并给出最佳结果。假设我们使用 $\boldsymbol{x}_i(\in \mathbf{R}^{d\times d})$ 表示第 i 个输入特征层，$\boldsymbol{e}_j(\in \mathbf{R}^{n\times n})$ 表示第 j 个特征映射对应的误差信号，$\boldsymbol{w}_{ij}(\in \mathbf{R}^{f\times f})$ 表示将第 i 个输入特征层连接到第 j 个特征映射的内核，那么误差反向传播到输入端的计算如下：

$$\frac{\partial Q}{\partial \boldsymbol{x}_i} = \sum_{j=1}^{k} \boldsymbol{e}_j^{(\phi)} * \bar{\boldsymbol{w}}_{ij} \quad (i = 1, 2, \cdots, p) \tag{8.17}$$

在这种情况下，对二维矩阵进行类似的零填充和顺序反转，如图 8.31 中的简单示例所示。

此外，对于核的局部梯度，有

$$\frac{\partial Q}{\partial \boldsymbol{w}_{ij}} = \boldsymbol{x}_i * \boldsymbol{e}_j \quad (i=1,2\cdots p; \quad j=1,2,\cdots,k)^{①}, \tag{8.18}$$

其中，$\boldsymbol{x}_i \in \mathbf{R}^{d\times d}$，$\boldsymbol{e}_j \in \mathbf{R}^{n\times n}$。

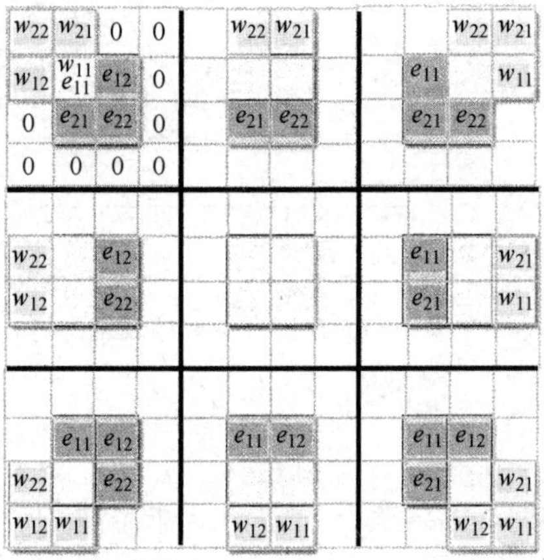

图 8.31　将二维卷积的误差反向传播表示为一个特征映射及其相应核的另一个卷积（这里，$f=2$，$d=3$，$n=2$）

▸归一化

归一化是训练深层神经网络的一项重要技术。这里仍然可以使用雅可比矩阵方法来推

---

① 给定 B 中的任何 $\boldsymbol{x}^{(m)}$，当考虑每个 $i=1,2,\cdots,n$ 的元素 $\frac{\partial Q}{\partial x_i^{(m)}}$ 时，可知 B 中的所有变量都依赖于 $x_i^{(m)}$，$\hat{x}_i^{(k)}$ 也依赖于 $\mu_{\mathrm{B}}(i)$ 和 $\sigma_{\mathrm{B}}^2(i)$，每一个都是 $x_i^{(m)}$ 的函数，此外，$\sigma_{\mathrm{B}}^2(i)$ 也取决于 $\mu_{\mathrm{B}}(i)$，因此，我们可以计算

$$\frac{\partial Q}{\partial x_i^{(m)}} = \sum_{k=1}^{M} \frac{\partial Q}{\partial y_i^{(k)}} \frac{\partial y_i^{(k)}}{\partial \hat{x}_i^{(k)}} \left[\frac{\partial \hat{x}_i^{(k)}}{\partial x_i^{(m)}} + \frac{\partial \hat{x}_i^{(k)}}{\partial \mu_{\mathrm{B}}(i)} \frac{\partial \mu_{\mathrm{B}}(i)}{\partial x_i^{(m)}} + \frac{\partial \hat{x}_i^{(k)}}{\partial \sigma_{\mathrm{B}}^2(i)} \left(\frac{\partial \sigma_{\mathrm{B}}^2(i)}{\partial \mu_{\mathrm{B}}(i)} \frac{\partial \mu_{\mathrm{B}}(i)}{\partial x_i^{(m)}} + \frac{\partial \sigma_{\mathrm{B}}^2(i)}{\partial x_i^{(m)}} \right) \right]$$

根据第 171 页的批量归一化定义，可以计算该方程中的所有偏导数。经过数学运算，可以推导出 $\frac{\partial Q}{\partial x_i^{(m)}}$：

$$\frac{\gamma_i M e_i^{(m)} - \gamma_i \sum_{k=1}^{M} e_i^{(k)} - \gamma_i \hat{x}_i^{(m)} \sum_{k=1}^{M} e_i^{(k)} \hat{x}_i^{(k)}}{M\sqrt{\sigma_B^2(i) + \in}}$$

$$(\forall i = 1,2\cdots,n)$$

更多细节请参见 Zakka[259]。

导误差信号的反向传播公式，并计算归一化参数的局部梯度。

这里我们以批量归一化为例。如第 171 页所示，首先基于当前小批量 B 中估计的局部均值 $\mu_{\mathrm{B}}(i)$ 和方差 $\sigma_{\mathrm{B}}^2(i)$，将每个输入元素 x_i 归一化为 $\hat{x}_i$，然后根据两个可学习的归一化参数 $\boldsymbol{\gamma}$ 和 $\boldsymbol{\beta}$，将其重新标度到相应的输出元素 y_i。假设当前小批量 B 由 M 个样本组成，如 $B=\{\boldsymbol{x}^{(1)},\boldsymbol{x}^{(2)},\cdots,\boldsymbol{x}^{(M)}\}$，以及 $\boldsymbol{x}^{(m)}$ 的相应输出表示为 $\boldsymbol{y}^{(m)}=\mathrm{BN}_{\boldsymbol{\gamma},\boldsymbol{\beta}}(\boldsymbol{x}^{(m)})$，我们将其相应的误差信号表示为

$$\boldsymbol{e}^{(m)}=\frac{\partial Q}{\partial \boldsymbol{y}^{(m)}}$$

为了将误差信号反向传播到输入端，需要计算雅可比矩阵 $\boldsymbol{J}_{\boldsymbol{x}}$。很容易验证 $\boldsymbol{J}_{\boldsymbol{x}}$ 是对角矩阵，但这取决于当前小批量 B 中的所有样本。经过一些数学推导（见注释），我们得到了 B 中每个 $\boldsymbol{x}^{(m)}$ 的误差反向传播公式，如下所示：

$$\frac{\partial Q}{\partial \boldsymbol{x}^{(m)}}=\frac{M\gamma\odot\boldsymbol{e}^{(m)}-\sum_{k=1}^{M}\gamma\odot\boldsymbol{e}^{(k)}-\gamma\odot\widehat{\boldsymbol{x}}^{(m)}\odot\left(\sum_{k=1}^{M}\boldsymbol{e}^{(k)}\odot\widehat{\boldsymbol{x}}^{(k)}\right)}{M\sqrt{\sigma_B^2(i)+\in}},$$

其中，$\odot$代表元素相乘。

类似地，我们可以得出 $\boldsymbol{\gamma}$ 和 $\boldsymbol{\beta}$ 局部梯度[①]（见注释），如下所示：

$$\frac{\partial Q}{\partial \gamma}=\sum_{k=1}^{M}\widehat{\boldsymbol{x}}^{(k)}\odot\boldsymbol{e}^{(k)}$$

$$\frac{\partial Q}{\partial \boldsymbol{\beta}}=\sum_{k=1}^{M}\boldsymbol{e}^{(k)}$$

可以将此技术扩展到其他归一化方法，例如层归一化。将在练习 Q8.7 中考虑这一问题。

▸ 最大池化

最大池化是一个简单的函数，在每个滑动窗口中选择最大值，并丢弃其他值。最大池化没有任何可学习的参数，因此对于每个最大池化模块，只需要将误差信号反向传播到输入端。为了做到这一点，我们需要跟踪每个最大值在输入中所处的位置。也就是说，对于

---

①

$$\frac{\partial Q}{\partial \gamma_i}=\sum_{k=1}^{M}\frac{\partial Q}{\partial y_i^{(k)}}\frac{\partial y_i^{(k)}}{\partial \gamma_i}=\sum_{k=1}^{M}e_i^{(k)}\hat{x}_i^{(k)}$$

$$\frac{\partial Q}{\partial \beta_i}=\sum_{k=1}^{M}\frac{\partial Q}{\partial y_i^{(k)}}\frac{\partial y_i^{(k)}}{\partial \beta_i}=\sum_{k=1}^{M}e_i^{(k)}$$

输出中的每个元素 y_j，我们将其对应的最大值在输入 $\boldsymbol{x}$ 中的位置记录为 $\hat{j}$（即 $y_j = x_{\hat{j}}$），如图 8.32 所示。假设误差信号为 $\boldsymbol{e} = \frac{\partial Q}{\partial y}$，使用以下简单规则反向传播误差信号：

$$\frac{\partial Q}{\partial x_i} = \begin{cases} \frac{\partial Q}{\partial y_j} & 假如\ i = \hat{j} \\ 0 & 其他 \end{cases}$$

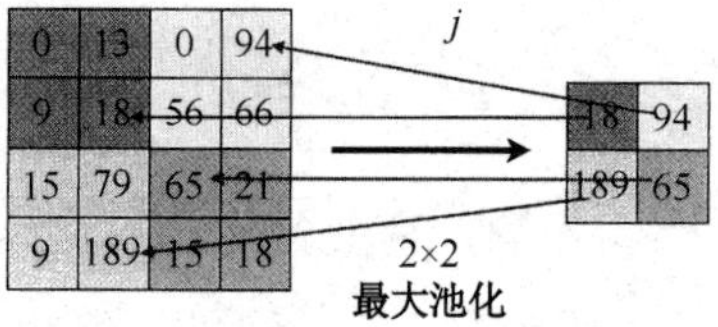

图 8.32　跟踪最大池化中反向传播的最大值索引

最后，基于雅可比矩阵的方法同样可以用于反向传播误差信号，并计算神经网络剩余构建块的局部梯度，包括延时反馈、抽头延迟线和注意。同样，这些内容在练习 Q8.8 中供感兴趣的读者参考。

当我们反向传播误差信号时，如果网络中的模块没有串行连接，我们就需要处理一些分支情况。在这里，考虑以下两个分支情况：

▸ 合并输入

如图 8.33 所示，如果一个模块从两个前面的模型（即 $\boldsymbol{x} = \boldsymbol{x}_1 + \boldsymbol{x}_2$）接收合并输入，则使用相同的反向传播方法从即时输入端传播误差信号（即 $\frac{\partial Q}{\partial \boldsymbol{x}}$）。随后可得

$$\frac{\partial Q}{\partial \boldsymbol{x}_1} = \frac{\partial Q}{\partial \boldsymbol{x}_2} = \frac{\partial Q}{\partial \boldsymbol{x}} \tag{8.19}$$

▸分割输出

如图 8.34 所示，考虑一个模块的输出分割到两个不同路径的情况（即，$\boldsymbol{y}_1 = \boldsymbol{y}_2 = \boldsymbol{y}$）。假设误差信号已经传播到 $\boldsymbol{y}_1$ 和 $\boldsymbol{y}_2$，并且已知偏导数 $\frac{\partial Q}{\partial \boldsymbol{y}_1}$ 和 $\frac{\partial Q}{\partial \boldsymbol{y}_2}$。

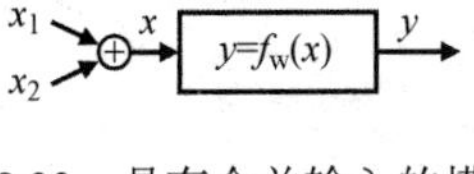

图 8.33　具有合并输入的模块

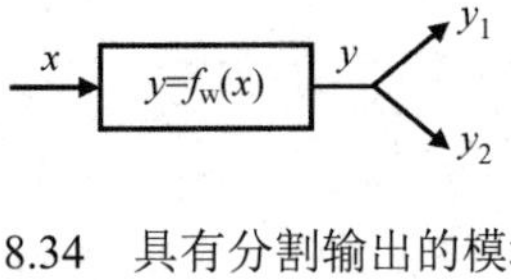

图 8.34　具有分割输出的模块

根据链式法则[①]（见注释），只需要在将其传播到输入端 $\boldsymbol{x}$ 之前计算

$$\frac{\partial Q}{\partial \boldsymbol{y}}=\frac{\partial Q}{\partial \boldsymbol{y}_1}+\frac{\partial Q}{\partial \boldsymbol{y}_2} \tag{8.20}$$

基于这些反向传播结果，我们能够推导出完整的自动微分程序，以计算任何神经网络结构中所有模型参数的梯度。接下来，考虑一种流行的神经网络结构，即如图 8.19 所示，以完全连接的深度神经网络为例，演示如何正确组合之前的结果，导出整个反向 AD 过程，从而计算所有网络参数的梯度。

例 8.3.1 完全连接深度神经网络

考虑到图 8.19（此处复制）中所示的完全连接的深度神经网络，假设使用 CE 误差作为损失函数，并推导出完整的反向过程来计算一个训练样本 $(\boldsymbol{x},\boldsymbol{r})$ 的所有网络参数的梯度，其中对 $\boldsymbol{r}$ 使用 K 分之 1 编码，并使用标量 r 来指示 1 在 $\boldsymbol{r}$ 中的位置。

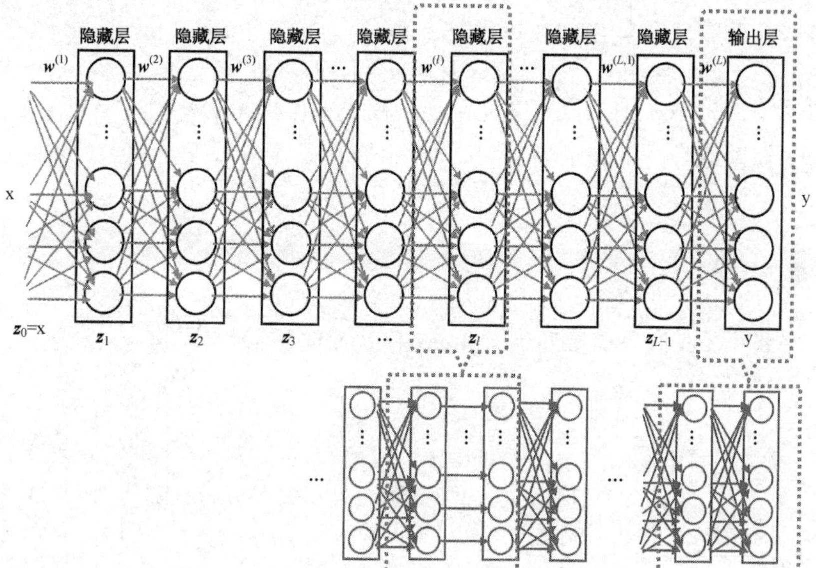

图 8.35 图 8.19 中的完全连接深度神经网络复制于此

① 根据链式法则，有

$$\frac{\partial}{\partial \boldsymbol{y}}Q(\boldsymbol{y}_1,\boldsymbol{y}_2)=\frac{\partial}{\partial \boldsymbol{y}_1}Q(\boldsymbol{y}_1,\boldsymbol{y}_2)\frac{\partial \boldsymbol{y}_1}{\partial \boldsymbol{y}}+\frac{\partial}{\partial \boldsymbol{y}_2}Q(\boldsymbol{y}_1,\boldsymbol{y}_2)\frac{\partial \boldsymbol{y}_2}{\partial \boldsymbol{y}}$$

如果代入 $\boldsymbol{y}_1=\boldsymbol{y}$ 和 $\boldsymbol{y}_2=\boldsymbol{y}$，可以推导出等式（8.20）。

首先，使用$\boldsymbol{W}$来表示神经网络中的所有网络参数，包括所有连接权重矩阵和所有层的偏差（即，$\boldsymbol{W}=\{\boldsymbol{W}^{(l)},\boldsymbol{b}^{(l)} \mid l=1,2\cdots L\}$）。给定一个训练样本$(\boldsymbol{x},\boldsymbol{r})$，根据 CE 误差导出目标函数，如下所示：

$$\boldsymbol{Q}(\boldsymbol{W};\boldsymbol{x})=-\ln[\boldsymbol{y}]_r=-\ln y_r$$

其中，$\boldsymbol{y}$表示当$\boldsymbol{x}$作为输入时神经网络的输出。可得

$$\frac{\partial \boldsymbol{Q}(\boldsymbol{W};\boldsymbol{x})}{\partial \boldsymbol{y}}=\begin{bmatrix} 0 \\ \vdots \\ 0 \\ -\dfrac{1}{y_r} \\ 0 \\ \vdots \\ 0 \end{bmatrix}$$

其中唯一的非零值$-\dfrac{1}{y_l}$出现在第$\boldsymbol{r}$行。

在这种网络结构中，因为只有在完全连接模块中可学习的参数，所以需要维护所有完全连接模块的误差信号，可表示为

$$\boldsymbol{e}^{(l)}=\frac{\partial Q(\boldsymbol{W};\boldsymbol{x})}{\partial \boldsymbol{a}_l}$$

对所有$l=L,\cdots,2,1$成立。

为了推导$\boldsymbol{e}^{(L)}$，我们只需要通过 softmax 模块反向传播$\dfrac{\partial Q(\boldsymbol{W};\boldsymbol{x})}{\partial \boldsymbol{y}}$，如下所示：

$$\boldsymbol{e}^{(L)}=\boldsymbol{J}_{sm}\frac{\partial Q(\boldsymbol{W};\boldsymbol{x})}{\partial \boldsymbol{y}}=\begin{bmatrix} y_1(1-y_1) & -y_1y_2 & \cdots & -y_1y_n \\ -y_1y_2 & y_2(1-y_2) & \cdots & -y_2y_n \\ \vdots & \vdots & \vdots & \vdots \\ -y_1y_n & -y_2y_n & \cdots & y_n(1-y_n) \end{bmatrix}\begin{bmatrix} 0 \\ \vdots \\ 0 \\ -\dfrac{1}{y_r} \\ 0 \\ \vdots \\ 0 \end{bmatrix}=\begin{bmatrix} y_1 \\ y_2 \\ \vdots \\ y_r-1 \\ \vdots \\ y_n \end{bmatrix} \tag{8.21}$$

接下来，对于$l=L-1,\cdots,2,1$，根据$\boldsymbol{e}^{(l+1)}$推导出$\boldsymbol{e}^{(l)}$，只需要通过$\{\boldsymbol{W}^{(l+1)},\boldsymbol{b}^{(l+1)}\}$的一个完全连接模块和一个 ReLU 激活模块进行反向传播：

$$\frac{\partial Q(\boldsymbol{W};\boldsymbol{x})}{\partial \boldsymbol{z}_l} = (\boldsymbol{W}^{(l+1)})^{\mathrm{T}} \boldsymbol{e}^{(l+1)}$$

$$\boldsymbol{e}^{(l)} = \frac{\partial Q(\boldsymbol{W};\boldsymbol{x})}{\partial \boldsymbol{z}_l} \odot H(\boldsymbol{z}_l) = ((\boldsymbol{W}^{(l+1)})^{\mathrm{T}} \boldsymbol{e}^{(l+1)}) \odot H(\boldsymbol{z}_l)$$

对第 l 层，连接权重矩阵 $\boldsymbol{W}^{(l)}$ 的局部梯度和偏差向量 $\boldsymbol{b}^{(l)}$ 可基于 $\boldsymbol{e}^{(l)}$ 导出，如下所示：

$$\frac{\partial Q(\boldsymbol{W};\boldsymbol{x})}{\partial \boldsymbol{W}^{(l)}} = \boldsymbol{e}^{(l)} (\boldsymbol{z}_{l-1})^{\mathrm{T}} \quad (l = L, \cdots, 2, 1)$$

$$\frac{\partial Q(\boldsymbol{W};\boldsymbol{x})}{\partial \boldsymbol{b}^{(l)}} = \boldsymbol{e}^{(l)} \quad (l = L, \cdots, 2, 1)$$

最后，可以通过总结整个反向过程来计算完全连接的深层神经网络的梯度，如下所示：

完全连通深度神经网络的反向传播

给定一个输入输出对 $(\boldsymbol{x},\boldsymbol{r})$，它生成有关所有网络参数梯度的 CE 误差。

1．对于输出层 L：

$$\boldsymbol{e}^{(L)} = \begin{bmatrix} y_1 & y_2 & \cdots & y_r - 1 & \cdots & y_n \end{bmatrix}^{\mathrm{T}}$$

2．对于每个隐藏层 $l = L-1, \cdots, 2, 1$：

$$\boldsymbol{e}^{(l)} = ((\boldsymbol{W}^{(l+1)})^{\mathrm{T}} \boldsymbol{e}^{(l+1)}) \odot H(\boldsymbol{z}_l)$$

3．对于所有层 $l = L, \cdots, 2, 1$：

$$\frac{\partial Q(\boldsymbol{W};\boldsymbol{x})}{\partial \boldsymbol{W}^{(l)}} = \boldsymbol{e}^{(l)} (\boldsymbol{z}_{l-1})^{\mathrm{T}}$$

$$\frac{\partial Q(\boldsymbol{W};\boldsymbol{x})}{\partial \boldsymbol{b}^{(l)}} = \boldsymbol{e}^{(l)}$$

此处，$\boldsymbol{y}$ 和 $\boldsymbol{z}_l (l = 0, 1, \cdots, L-1)$ 保存在正向传播中。

8.3.3 随机梯度下降优化

一旦知道如何计算网络参数的梯度，那么所有参数都可以基于任意梯度下降方法进行迭代学习。学习神经网络的传统方法是所谓的小批量随机梯度下降（SGD）算法。

如算法 8.8 所示，在学习收敛之前，通常需要在训练集中多次运行随机梯度下降算法。扫描所有训练数据的整个过程通常称为周期。在每个周期中，我们首先随机乱序处理所有训练数据，并将它们分成大小相同的小批量。必须正确选择小批量的大小，以获得最佳结果。对于每个小批量，我们运行之前描述的播正向传播和反向传播算法，以计算小批量中每个训练样本的梯度。这些梯度对同一小批量的数据进行累积和平均处理，然后根据预先指定的学习速率，使用平均梯度更新网络参数。更新后的模型以相同的方式处理下一个可用的小批量。在我们处理完训练集中的所有小批量之后，可能需要在每个周期结束时调整学习速率。在大多数情况下，随着训练的继续，需要根据特定的退火机制降低学习率。重复此过程，直到学习最终收敛。

算法 8.1　随机梯度下降学习神经网络

randomly initialize $\boldsymbol{W}^{(0)}$, and set η_0

set $n=0$ and $t=0$

while not converged **do**

randomly shuffle training data into mini-batches

for each mini-batch B **do**

for each $\boldsymbol{x} \in B$ **do**

i) forward pass: $\boldsymbol{x} \rightarrow \boldsymbol{y}$

ii) backward pass: $\{\boldsymbol{x}, \boldsymbol{y}\} \rightarrow \dfrac{\partial Q(\boldsymbol{W}^{(n)}; \boldsymbol{x})}{\partial \boldsymbol{W}}$

end for

update model: $\boldsymbol{W}^{(n+1)} = \boldsymbol{W}^{(n)} - \dfrac{\eta_t}{|B|} \sum_{x \in B} \dfrac{\partial Q(\boldsymbol{W}^{(n)}; \boldsymbol{x})}{\partial \boldsymbol{W}}$

$n = n+1$

end for

adjust $\eta_t \rightarrow \eta_{t+1}$ ①

$t = t+1$

end while

① 此处 η_t 表示在第 t 次周期中使用的学习速率，$|B|$ 表示样本数中 B 的大小。

8.4 优化的启发式和技巧

从概念上讲，神经网络的学习算法相当简单，关键是使用基于一阶梯度下降的随机优化方法。自动微分方法系统地导出任意神经网络结构的梯度。然而，有两个问题值得一提。首先，计算费用非常高，尤其是根据大量训练数据学习大规模模型时。无论使用何种网络结构，正向和反向传播通常都涉及大量矩阵乘法。此外，小批量随机梯度下降算法可能需要运行相当多的周期才能收敛。这些因素解释了为什么这些学习算法在几十年前广为人知，但直到最近，随着强大计算资源（如通用图形处理单元（GPU））的出现，它们才焕发出光彩。与常规中央处理器（CPU）相比，通用图形处理单元可以显著加快矩阵多应用程序的速度。在涉及大型矩阵时，人们通常期望通用图形处理单元可以将矩阵计算速度提高几个数量级，这使得通用图形处理单元成为神经网络的理想计算平台。使用通用图形处理单元可以有效地实现学习和推理算法。其次，概念上简单的随机梯度下降学习算法涉及许多超参数，这些超参数无法从数据中自动学习，必须根据一些启发式方法手动选择。更糟糕的是，这些启发式规则并不总是直观的，会受各种参数的影响，变得错综复杂。在许多情况下，当这些超参数从一个组合变为另一个组合时，学习算法的行为变得完全不可理解。神经网络的性能在很大程度上依赖于选择合适的超参数，但找到这些超参数的方法需要丰富的经验，通常需要仔细的试错微调过程。当从大型训练集中学习大型神经网络时，这种微调过程可能非常耗时。

在这里，先考虑与算法 8.8 相关的一些重要的超参数，例如，如何在开始时初始化网络权重，在终止之前需运行的周期数量，每个小批量的大小，如何初始化学习率，以及如何在学习过程中调整它。在接下来的讨论中，将简要探讨选择这些超参数背后的一般原则。

▸ 参数初始化

在实践中，经验告诉人们，随机初始化对神经网络很有效。在算法 8.8 的起始阶段，所有网络参数都是根据以 0 为中心的均匀分布或高斯分布随机设置的[82]。

▸ 周期数

在算法 8.8 中，我们需要确定在终止之前需要运行周期的数量。终止条件通常取决于学习曲线（将在后面讨论），有时也是运行时间和准确性之间的折衷。当训练数据有限时，可以通常采取称为提前停止的方法，以避免过度拟合。在这种情况下，神经网络的学习在训练数据的性能完全收敛之前终止，因为训练集的进一步优化可能会以增加泛化误差为代价。

▸ 小批量

当在算法 8.8 中使用较小的小批量时，梯度估计在每次模型更新时都会更加嘈杂。这些噪音可能会在学习过程中波动，最终会减慢学习的速度。另一方面，这些波动可能有利于学习过程摆脱糟糕的初始化或鞍点，甚至是糟糕的局部最优。当使用更大的小批量时，学习曲线通常更平滑，学习收敛速度更快。然而，它并不总是收敛到一个令人满意的局部最优点。使用更大的小批量的另一个优点是，我们可以并行处理每个小批量中所有样本的正/反传播。如果小批量足够大，就可以充分利用通用图形处理单元中的大量计算内核，从而显著缩短一个周期的总运行时间。

▸ 学习率

对于算法 8.8 来说，选择好学习率是获得最佳性能最关键的超参数。这包括如何在开始时选择初始学习率，以及如何在每个周期结束时调整学习率。与所有一阶优化方法一样，算法 8.8 无法获得基本损失函数的曲率，同时，由于模型参数的数量太多，因此无法手动调整不同模型参数的不同学习率。所以，一阶优化方法通常在每次更新时对所有模型参数使用相同的学习率。这迫使人们在每个时间步谨慎选择单一的学习率，因为需要确保这个学习率对于大多数模型参数来说不会太大。否则，在学习过程中，模型更新将超过局部最优值。另一方面，每个时间步保守选择过小的学习率，会使算法 8.8 收敛得非常慢，因为它需要运行多个周期。此外，随着学习的进行，会越来越接近一个局部最优点，通常必须使用更小的学习率来避免局部最优值的超调。因此，在算法 8.8 中，必须遵循预先指定的退火机制，以在每个周期结束时逐渐降低学习率。通常，使用乘法规则来更新学习率；例如，若满足某些条件，在每个周期结束时，学习率会减半或与另一个超参数 $\alpha \in (0,1)$ 相乘。最后，另一个复杂问题是，人们对选择不同学习率时学习算法的不同行为知之甚少。当在同一个任务中更改所选学习率，或者当切换到另一个任务时，学习算法的行为是高度不可预测的，除非实际进行所有实验。因此，为所有特定任务寻找最佳学习率的过程很艰难且耗时。

8.4.1 其他随机梯度下降变量优化方法：ADAM

假设有足够的计算资源可用于微调超参数，则算法 8.8 中的小批量随机梯度下降算法通常会在各种任务中产生强大的性能。然而，研究者们也提出了许多随机梯度下降变体算法，以减轻神经网络学习中可能需要的微调工作。一些典型的算法包括动量[192]、Adagrad[55]、Adadelta[260]、自适应矩估计（ADAM）[129]和 AdaMax[129]。这些方法引入了一些机制，以自调整随机梯度下降的学习速率。这样，我们只需要选择一个合适的初始学习率，算法将根据一些累积的统计数据自动调整不同模型参数的学习率。下面，我们将介绍由 Kingma 和 Ba 最初提出的流行 ADAM 算法[129]。

算法 8.2　ADAM 学习神经网络

randomly initialize $\boldsymbol{W}^{(0)}$, and set η_0

set $t=0$, $n=0$ and $\boldsymbol{u}_0=\boldsymbol{v}_0=0$

while not converged **do**

randomly shuffle training data into mini-batches

for each mini-batch B **do**

for each $\boldsymbol{x}\in B$ **do**

i) forward pass: $\boldsymbol{x}\to\boldsymbol{y}$

ii) backward pass: $\{\boldsymbol{x},\boldsymbol{y}\}\to\dfrac{\partial Q(\boldsymbol{W}^{(n)};\boldsymbol{x})}{\partial\boldsymbol{W}}$

end for

$$\boldsymbol{g}_n=\frac{1}{|B|}\sum_{x\in B}\frac{\partial Q(\boldsymbol{W}^{(n)};\boldsymbol{x})}{\partial\boldsymbol{W}}\text{①}$$

$$\boldsymbol{u}_{n+1}=\alpha\boldsymbol{u}_n+(1-\alpha)\boldsymbol{g}_n$$

$$\boldsymbol{v}_{n+1}=\beta\boldsymbol{v}_n+(1-\beta)\boldsymbol{g}_n\odot\boldsymbol{g}_n$$

$$\hat{\boldsymbol{u}}_{n+1}=\frac{\boldsymbol{u}_{n+1}}{1-\alpha^{n+1}}\text{及}\hat{\boldsymbol{v}}_{n+1}=\frac{\boldsymbol{v}_{n+1}}{1-\beta^{n+1}}$$

update model: $\boldsymbol{W}^{(n+1)}=\boldsymbol{W}^{(n)}-\eta\cdot\hat{\boldsymbol{u}}_{n+1}\odot\left(\hat{\boldsymbol{v}}_{n+1}+\in^{2^{-\frac{1}{2}}}\right)$②

$n=n+1$

---

① $\boldsymbol{g}_n$ 表示小批量的平均梯度。

$\boldsymbol{u}_{n+1}$ 和 $\boldsymbol{v}_{n+1}$ 表示梯度的一阶和二阶矩均值随时间的指数移动。

$\hat{\boldsymbol{u}}_{n+1}$ 和 $\hat{\boldsymbol{v}}_{n+1}$ 表示一阶矩和二阶矩的无偏估计。

② Kingma 和 Ba[129]建议使用以下默认值来设置 ADAM 中的所有超参数：

$$\eta=0.001,$$
$$\alpha=0.9,$$
$$\beta=0.999,$$
$$\in=10^{-8}$$

end for

$t = t + 1$

end while

如算法 8.9 所示，ADAM 算法使用指数移动均值 $\boldsymbol{u}_{n+1}$ 和 $\boldsymbol{v}_{n+1}$ 来估计平均梯度随时间变化的一阶和二阶矩。然后归一化这些移动均值，得出无偏估计值 $\hat{\boldsymbol{u}}_{n+1}$ 和 $\hat{\boldsymbol{v}}_{n+1}$。这些无偏估计值用于随时间自动调整学习率。因此，只需要设置初始学习速率 η，ADAM 算法就会在学习过程中自动对其进行退火。为了了解这种退火机制的工作原理，让我们看看这些估计的第 i 个元素，表示为 $u_{n+1}(i)$ 和 $v_{n+1}(i)$。在将其扩展到 n 之后，可得到

$$u_{n+1}(i) = (1-\alpha)(g_n(i) + \alpha \cdot g_{n-1}(i) + \alpha^2 \cdot g_{n-2}(i) + \cdots)$$
$$v_{n+1}(i) = (1-\beta)(g_n^2(i) + \beta \cdot g_{n-1}^2(i) + \beta^2 \cdot g_{n-2}^2(i) + \cdots),$$

其中，$g_n(i)$ 表示 $\boldsymbol{g}_n$ 的第 i 个元素。

此外，可以推导出计算无偏估计的第 i 个元素的公式，如下所示：

$$\hat{u}_{n+1}(i) = \frac{u_{n+1}(i)}{1-\alpha^{n+1}} = \frac{g_n(i) + \alpha \cdot g_{n-1}(i) + \alpha^2 \cdot g_{n-2}(i) + \cdots}{1 + \alpha + \alpha^2 + \cdots}$$
$$\hat{v}_{n+1}(i) = \frac{v_{n+1}(i)}{1-\beta^{n+1}} = \frac{g_n^2(i) + \beta \cdot g_{n-1}^2(i) + \beta^2 \cdot g_{n-2}^2(i) + \cdots}{1 + \beta + \beta^2 + \cdots}$$

此外，假设平均梯度 $g_n(i)$ 在 n 上缓慢变化（即，对于小的 $k = 1, 2, \cdots$，$E[g_{n-k}(i)] = E[g_n(i)]$）。因此之前两个公式清楚地表明

$$E[\hat{u}_{n+1}(i)] = E[g_n(i)] \quad E[\hat{v}_{n+1}(i)] = E[g_n^2(i)] \tag{8.22}$$

接下来看看算法 8.9 中的模型更新公式，它显示 $\boldsymbol{W}$ 中的第 i 个参数更新如下：

$$\boldsymbol{W}_i^{(n+1)} = \boldsymbol{W}_i^{(n)} - \eta \frac{\hat{u}_{n+1}(i)}{\sqrt{\hat{v}_{n+1}(i) + \in^2}},$$

其中，当估计的 $\hat{v}_{n+1}(i)$ 变得非常小时，需要添加一个小的正数 $\in$ 以确保数值稳定性。我们忽略 $\in$，并表示第 i 个参数的更新如下：

$$\Delta \boldsymbol{W}_i^{(n)} = \eta \frac{\hat{u}_{n+1}(i)}{\sqrt{\hat{v}_{n+1}(i)}},$$

其中，分子是梯度 $g_n(i)$ 的无偏估计，并通过二阶矩的估计进行归一化。根据式（8.22），其强度可大致估计如下：

$$\left\|\Delta \boldsymbol{W}_i^{(n)}\right\|^2 \simeq \eta^2 \frac{(E[\hat{u}_{n+1}(i)])^2}{E[\hat{v}_{n+1}(i)]} = \frac{\eta^2\left(E[g_n(i)]\right)^2}{\left(E[g_n(i)]\right)^2 + \mathrm{var}\,[g_n(i)]}$$ ①

正如在图 8.36（a）中所看到的，如果第 i 个参数围绕一个最佳值波动，其梯度在正负值之间交替变化（即 $E[g_n(i)] \to 0$ ），且 $\mathrm{var}[g_n(i)]$ 较大，则 ADAM 算法将自动将第 i 个参数的更新减少为 $\|\Delta W_i^{(n)}\|^2 \to 0$ 。另一方面，如果第 i 个参数仍然远离最佳值，如图 8.36（b）所示，所有梯度非负即正，因此 $(E[g_n(i)])^2$ 趋近于较大值，$\mathrm{var}[g_n(i)]$ 趋近于较小值。所以，在这种情况下，强度 $\|\Delta W_i^{(n)}\|^2$ 很大；即此参数的更新也将相对较大。因此，ADAM 算法将稳定地把该参数更新为最优值。

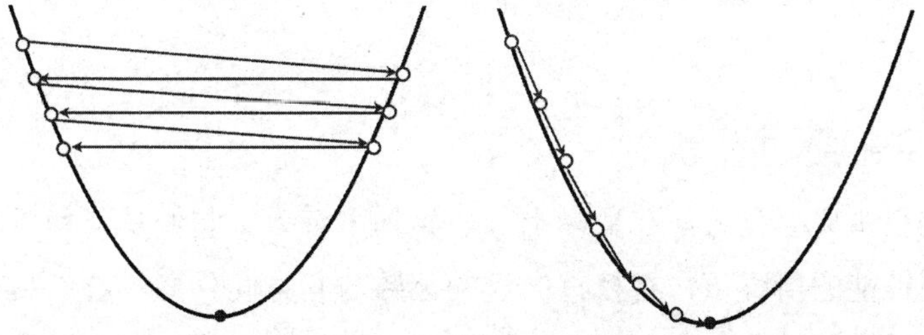

（a）顶部最佳值附近的波动　　（b）向底部的最佳状态稳步更新

图 8.36　SGD 中参数更新的两种情况

8.4.2　正则化

与其他判别模型类似，可以在神经网络学习中应用各种正则化方法。当训练集相对较小时，这些正则化技术发挥着重要作用。以下简要介绍了神经网络常用的几种正则化方法：

▸重量衰减

当我们构造学习神经网络的目标函数时，可以添加 L_p 范数正则化项。使用 L_2 范数[133]时生成的模型更新规则通常称为权重衰减。在这种情况下，组合目标函数可以表示为

$$Q(\boldsymbol{W}) + \frac{\lambda}{2}\cdot\|\boldsymbol{W}\|^2,$$

SGD 中该目标函数的模型更新公式可以很容易地导出为

$$\boldsymbol{W}^{(n+1)} = \boldsymbol{W}^{(n)} - \eta\frac{\partial Q(\boldsymbol{W}^{(n)})}{\partial \boldsymbol{W}} - \lambda\cdot\boldsymbol{W}^{(n)},$$

① 注意

$$E[x^2] = (E[x])^2 + \mathrm{var}\,[x]$$

其中，更新公式中的额外项（即 $\lambda \cdot \boldsymbol{W}^{(n)}$ ）倾向于降低模型参数的大小，并在学习过程中将其推向原点。这就是这种方法称为权重衰减的原因。

▸权重归一化

Zhang 等人[263]和 Salimans 及 Kingma[209]提出了一些重参数化方法来归一化神经网络中的权重向量。假设 $\boldsymbol{w}$ 是一个特定层中的权重向量，它生成神经网络中任何神经元的输入；在 Zhang 等人[263]中，$\boldsymbol{w}$ 被重新参数化为

$$\boldsymbol{w}=\gamma \cdot \boldsymbol{v} \quad \text{s.t.} \quad \|\boldsymbol{v}\| \leqslant 1,$$

其中，γ 是标量参数，$\boldsymbol{v}$ 是单位球体内约束的向量。

另一方面，在 Salimans 和 Kingma[209]中，权重向量被重新参数化为

$$\boldsymbol{w}=\frac{\gamma}{\|\boldsymbol{v}\|} \boldsymbol{v},$$

其中，标量 γ 和 $\boldsymbol{v}$ 都是自由参数。

显然，这些权重归一化方法在数学上与原始模型等效。它们是两种重新参数化，可用于在不牺牲模型性能的情况下，将权重向量的范数与其方向分离。它们具有与批量归一化类似的效果，即通过标准偏差归一化每个输入。与批量归一化一样，这些方法可以通过平滑损失函数来促进神经网络的学习。

▸ 数据增强和退出

数据增强代表了各种根据原始训练数据生成更多替代训练样本的便捷方法，例如，通过向原始数据中注入小噪声或稍微改变原始数据。众所周知，向训练数据中注入小噪声将提高学习模型的泛化能力。数据处理对于图像来说尤其方便，因为通过旋转、裁剪、平移、剪切、缩放、翻转、反射和颜色重正化，每个原始图像都可以微调为单独的训练副本。当使用数据增强时，该模型将在不同的训练时期得到同一训练样本的略有不同的副本。这将提高模型的泛化能力。

Srivastava 等人[230]提出了一种被称为“退出”的简单方法，将噪声注入到神经网络的学习过程中，其中一些神经元的激活输出在正向传播过程中下降，这些下降的神经元根据概率分布在每次随机选择。退出方法非常容易实现，并且同样适用于所有类型的训练数据。另一方面，退出方法通常会减慢学习算法的收敛速度，因此当使用退出方法时，需要运行更多的周期。

8.4.3 微调技巧

前面已讨论过，在学习大型神经网络以获得最佳性能时，微调所有超参数是一个艰难的过程。首先，高计算成本使我们无法对超参数的最佳组合进行完全网格搜索。第二，由于学习问题具有高维度，想象学习过程并检查正在发生的事情非常困难。由于设置的复杂性，确定出现问题的原因非常具有挑战性。本节介将绍一些在微调过程中提供指导的基本规则。有关更多微调技巧，感兴趣的读者可以参考其他来源，如 Ng[174]。

在微调过程中，监控以下三条学习曲线非常重要。通过比较这三条学习曲线，我们可以获得有关当前学习过程以及如何进一步调整超参数以提高性能的大量信息。

▸ 目标函数

绘制第一条学习曲线，作为每个周期结束时评估的目标函数。在每个阶段，我们使用最新的模型来计算训练集上的目标函数。如果训练集太大，则可以使用整个训练数据的固定子集来达到这一目的。这条学习曲线给出了优化从一个时期到下一个时期的大致情况，还提供了许多超参数的适用性信息。

如图 8.37 所示，根据学习曲线的形状，可以大致知道使用的学习率是太大还是太小。应该调整学习速率，使其与图 8.37 中的合适的学习率曲线相同。

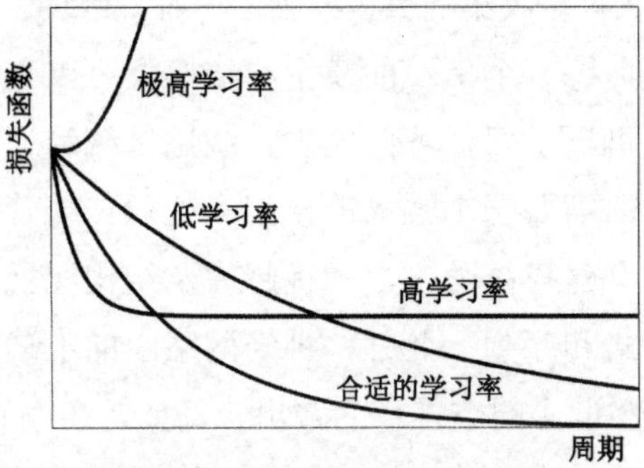

图 8.37　使用不同学习率的学习曲线

▸训练数据的性能

绘制第二条曲线，需要在每个周期结束时在训练集上评估模型性能。如果是分类任务，性能就是指训练集（或训练集的固定子集）上的分类错误率。这条学习曲线应该与第一条曲线密切相关。否则，这表明学习的制定或实施有问题。

▸发展数据的性能

绘制第三条曲线，需要在每个周期结束时，对一个不可见的开发集上的模型性能进行评估。该曲线是确定何时终止学习算法的一个良好指标。

此外，第二条和第三条曲线之间的间隙提供了大量关于当前学习模型是欠拟合还是过拟合的信息。根据这个差距的大小，可能需要相应地调整模型大小或修改使用的正则化方法。

8.5 端到端学习

构建一个传统的机器学习系统通常涉及几个单独的步骤，如特征提取和模型构建。对于一项复杂的任务，我们甚至会将这些步骤进一步划分为一些单独的模块。例如，在构建传统的语音识别系统时，通常将模型构造分解为至少三个模块：声学模型、词汇模型和语言模型。声学模型用于表示一种语言中的所有音素在特征空间中的分布情况，以及它们如何受到相邻音素的影响，汇编词典以表明每个单词的发音方式，训练语言模型以计算各种单词形成有意义句子的可能性。在大多数情况下，这些子模块通常是通过仅优化与每个模块相关的局部学习标准，从各自收集的数据中独立进行训练的。

而端到端学习指的是训练一个单一的模型，该模型可以直接从原始数据映射到最终目标，作为一些潜在复杂机器学习任务的输出，绕过传统管道设计中的所有中间模块。可以理解的是，端到端学习需要一个强大的模型来处理传统管道中的所有复杂影响。众所周知，深度神经网络具有建模能力方面的优越性及结构配置方面的灵活性，可以适应各种数据类型，如静态模式和序列。此外，神经网络中的上述标准结构可以通过特殊方式进一步定制，以生成真实世界的数据作为输出，例如，在编码器-解码器结构中生成单词序列[232]，从反卷积层输出密集图像[148]，并在波网模型中生成音频波形[178]。

利用神经网络中高度可配置的结构，能够构建灵活的深层神经网络，为各种实际应用进行端到端学习，其中每个网络层（或一组层）都可以学习，以专门处理传统管道设计中的中间任务。端到端学习更具吸引力，原因有很多。首先，端到端学习中的所有组成部分都基于与完成基本任务的最终目标密切相关的单一目标函数进行联合训练。相比之下，传统管道方法中的每个模块通常是单独学习的，因此在某些方面可能不太理想。第二，只要能够收集足够的端到端训练数据，就可以在没有太多领域知识的情况下快速构建新任务的机器学习系统。

这里，将以序列到序列学习[232]为例，简要介绍端到端学习的主要思想。

序列到序列学习是指学习一个深度神经网络，将一个输入序列映射到一个输出序列。这实际上代表了一个非常通用的学习框架，因为它涵盖了现实世界中的许多重要应用。例如，语音识别系统将语音音频流转换为单词序列，语音合成系统将单词序列转换回语音音频流。此外，许多自然语言处理任务也可以表述为序列到序列的学习问题。机器翻译系统将源语言中的一个单词序列转换为目标语言中的另一个单词序列。一个问答系统可以看作是将一个问题中的一系列单词映射成其答案中的一系列单词。

大多数序列到序列学习系统采用所谓的编码器-解码器结构，如图 8.38 所示，其中使用两个神经网络：一个作为编码器$\boldsymbol{V}$，另一个作为解码器$\boldsymbol{W}$①。对于$\boldsymbol{V}$和$\boldsymbol{W}$，可以选择任何适合处理序列的神经网络，如 RNN、LSTM 或 transformer。编码器$\boldsymbol{V}$旨在将每个输入序列转换为紧凑的固定大小表示$\boldsymbol{z}$，而解码器$\boldsymbol{W}$将$\boldsymbol{z}$作为输入生成输出序列。如图 8.38 所示，解码器的实现方式是，在每一步将$\boldsymbol{z}$和部分输出序列作为输入，并尝试预测输出序列中的下一个词。通常需要递归运行解码器，直到到达序列结束符号。与自动编码器类似，编码器$\boldsymbol{V}$和解码器$\boldsymbol{W}$都是从一些输入和输出序列对中联合学习的。

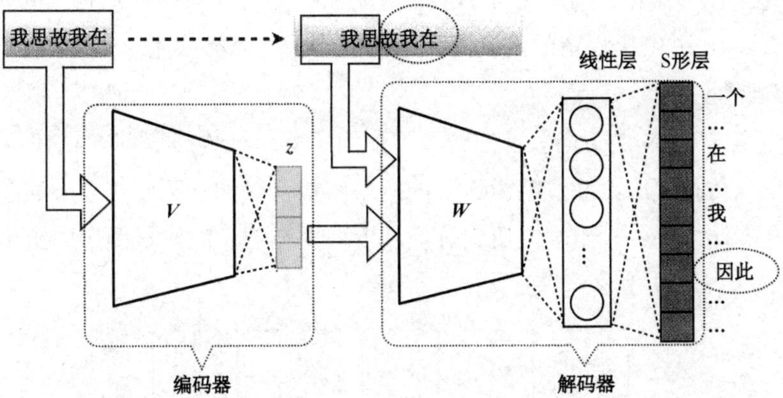

图 8.38 中译英机器翻译任务中用于序列到序列学习的编码器-解码器结构

① Vaswani 等人[244]提出了一种交叉注意机制，用于以 transformer 用作解码器 W 的情况。在每一步中，部分输出序列首先由常规的自我注意机制处理，如图 8.27 所示，然后将输出转发到另一个交叉注意模块中生成查询矩阵$\boldsymbol{Q}$，该模块也类似于图 8.27。除此之外，其他两个矩阵$\boldsymbol{K}$和$\boldsymbol{V}$生成于不同来源（即z）。

实验室项目四

在此项目中，将实现几种模式分类的判别模型。可以选择使用自己习惯的任何编程语言。只可使用库进行线性代数运算，如矩阵乘法、矩阵求逆、矩阵分解等。不能使用任何现有的机器学习、统计工具包或库，也不可以使用该项目的任何开源代码。为了练习本章中学习的各种算法，最好自己进行大多数模型学习和测试算法。这就是此项目的目的。

同时，将在本项目中使用 MNIST 数据集[142]。MNIST 数据集是一个手写数字集，包含 60000 个训练图像和 10000 个测试图像。每张图片的大小是 28×28。MNIST 数据集可以从 http://yann.lecun.com/exdb/mnist/下载。为了简单起见，在这个项目中，你只需使用像素作为以下模型的原始特征。

a．完全连接深度神经网络

对完全连接的深层神经网络进行正向和反向传播，如图 8.19 所示。使用所有训练数据学习一个 10 类的分类器，使用自己的反向传播程序，调查各种网络结构（例如，每层不同的层数和节点数），并给出保留的测试图像中可能的最佳分类性能。

b．卷积神经网络

在下图中实现 CNN 的正向和反向传播。使用所有训练数据学习一个 10 类分类器，并使用自己的反向传播程序，通过略微不同的网络结构（例如，不同核大小的卷积层、最大池化层和完全连接层的各种组合）研究分类精度，并在展示的测试图像中给出可能的最佳分类性能。

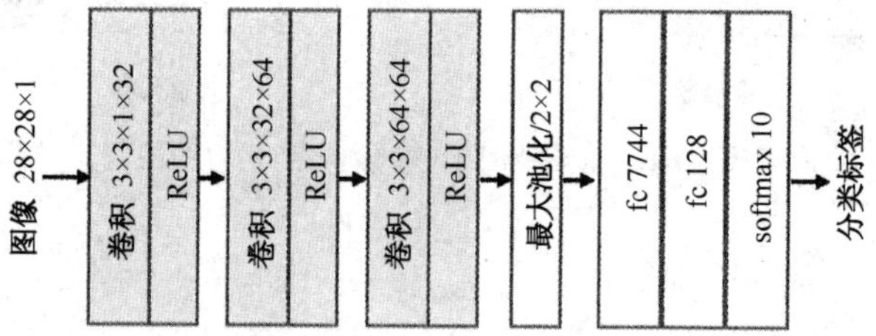

练习

Q8.1　完全连接和卷积密切相关：

a．证明卷积可以看作是全连接的一种特殊情况，其中 **W** 和 **b** 是特殊形式。**W** 和 **b** 的这种特殊形式是什么？

b．证明完全连接也可以看作是卷积的一种特殊情况，以某种方式选择核。这种特殊的核选择是什么？

Q8.2　如果我们使用图 8.19 中的完全连接深度神经网络进行一些涉及非排他性类别的模式分类任务，证明如何配置输出层，并制定 CE 损失函数以适应这些非排他性类别。

Q8.3　考虑一个简单的卷积神经网络，由卷积和 Relu 两个隐藏层组成。这两个隐藏层之后是最大池化层和 softmax 输出层。假设每个卷积使用 5×5 的 K 个核，每个方向的步幅为 1（无零填充）。所有这些核都表示为多维数组）$\boldsymbol{W}(f_1, f_2, p, k, l)$，其中 $1<f_1$，$f_2<5$，$1<k<K$，l 表示层数 $l\in\{1,2\}$，p 表示每个层中的特征图数量。最大池化层使用 4×4 补丁，每个方向的步幅为 4。推导反向传播程序，以计算使用 CE 损耗时该网络中所有核）$\boldsymbol{W}(f_1, f_2, p, k, l)$ 的梯度。

Q8.4　在物体识别中，将一幅图像向某个方向平移几个像素不应影响类别识别。假设考虑把前景中的物体放在统一的背景上。另外，假设感兴趣的对象始终距离图像的边界至少 10 个像素。Q8.3 中的卷积神经网络距离图像边界最多 10 个像素的平移是否不变？这里，平移仅应用于前景对象，同时保持背景固定。如果答案是肯定的，说明卷积神经网络将为两幅图像产生相同的输出，其中前景对象任意平移最多 10 个像素。如果你的答案是否定的，请提供一个反例，描述卷积神经网络对两幅图像生成不同输出的情况，其中前景对象最多平移 10 个像素。如果答案是否定的，能找到任意小于 10 像素的特定平移，卷积神经网络会为平移生成不变的输出吗？

Q8.5　在不使用任何反馈的情况下，将以下 HORNN[228]展开为前馈结构：

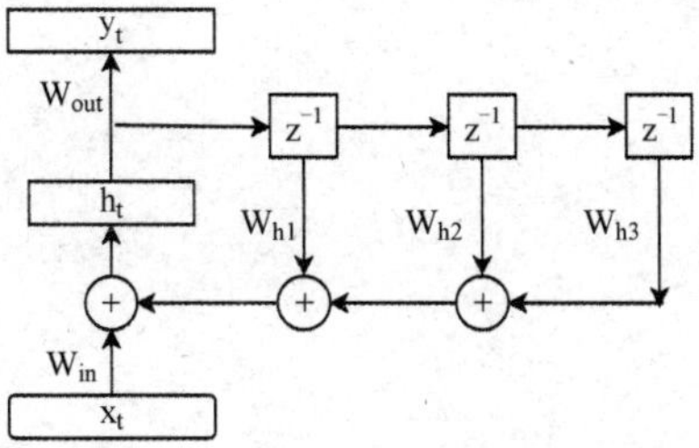

Q8.6　使用自动微分规则推导多维卷积等式（8.17）和（8.18）中的反向传播公式。

Q8.7　推导出批量归一化之后，推导层归一化的反向传播。

Q8.8　使用自动微分规则，推导以下层连接的反向传播：

a．图 8.16 中的延时反馈

b．图 8.17 中的抽头延迟线

c．图 8.18 中的注意

Q8.9　假设我们有一个如图 8.27 所示的多头 transformer，其中 $\boldsymbol{A}^{(j)},\boldsymbol{B}^{(j)} \in \mathbf{R}^{l\times d}$，$\boldsymbol{C}^{(j)} \in \boldsymbol{R}^{o\times d}(j=1\cdots J)$。

a．估计输入序列 $\boldsymbol{X} \in \mathbf{R}^{d\times T}$ 的 transformer 正向传播的计算复杂度。

b．当使用目标函数时 $\boldsymbol{Q}(\cdot)$，推导误差反向传播来计算 $\boldsymbol{A}^{(j)}$，$\boldsymbol{B}^{(j)}$ 和 $\boldsymbol{C}^{(j)}$ 的梯度。

Q8.10　与转换器相比，前馈顺序存储网络（FSMN）[262]是将上下文无关序列转换为上下文相关序列的更有效模型。FSMN 使用图 8.17 所示的抽头延迟线，通过一组双向参数 $\{\boldsymbol{a}_i \mid i=-L+1,\cdots,L-1,L\}$，将序列 $\{\boldsymbol{y}_1,\boldsymbol{y}_2,\cdots,\boldsymbol{y}_T\}$ 转换为 $\{\hat{\boldsymbol{z}}_1,\hat{\boldsymbol{z}}_2,\cdots,\hat{\boldsymbol{z}}_T\}(\hat{\boldsymbol{z}}_i \in \mathbf{R}^o)$。

a．如果每个 $\boldsymbol{a}_i$ 都是一个向量（即 $\boldsymbol{a}_i \in \mathbf{R}^{o\times n}$），估计 FSMN 层的计算复杂度。（请注意，在这种情况下 $o=n$。）

b．如果每个 $\boldsymbol{a}_i$ 都是一个矩阵（即 $\boldsymbol{a}_i \in \mathbf{R}^{o\times n}$），估计 FSMN 层的计算复杂度。

c．假设 $n=512$，$o=64$，$T=128$，$J=8$，$L=16$；比较第 186 页方框中一层矩阵参数化 FSMN 和一个多头 transformer 的正向传播中的操作总数。能否使用向量参数化的 FSMN（在本例中假设 $o=512$）？

第 9 章

集成学习

本章讨论了机器学习中学习强判别模型的另一种方法，该方法首先根据给定的训练数据构建多个简单的基础模型，然后用适合的方式将它们组合起来，形成最终决策的集合，以获得更好的预测性能。这些方法在文献中通常被称为集成学习。本章首先讨论了集成学习的通用概念，然后介绍了如何自动学习分类问题和回归问题的决策树，因为决策树目前仍然是集成学习中最流行的基础模型。接下来，介绍了组合多个基本模型的几种基本策略，如袋装法和提升法。最后，介绍了流行的 AdaBoost 和梯度树提升方法及其基本原理。

9.1 整体学习的模拟

在机器学习的早期，人们就已经观察到了一个有趣的现象，即只要这些系统之间存在显著差异，将一些单独训练的系统与一种相当简单的方法（如平均或多数投票）相结合，就可以显著提高机器学习任务的最终预测性能。这些经验观察激发了一种新的机器学习范式，通常称为集成学习，这种方法分别训练多个基础模型以解决同一问题，然后以某种方式组合模型，以便在同一任务上获得更准确或更具健壮性的预测性能[48,90,100,227, 63,179]。

在集成学习中，通常必须解决以下三个基本问题：

▸ 如何为集成选择基础模型

早期，人们通常选择线性模型或完全连接的前馈神经网络作为集成学习的基础模型[48,90]。近年来，决策树已成为集成学习中的主要基础模型，因为决策树具有很高的灵活性，可以适应各种类型的输入数据，而且根据数据自动生成决策树的效率也很高。与黑盒神经网络不同，决策树的一个显著优势是，学习的树结构具有高度的可解释性。在本节的最后一部分，我们将简要探讨一些学习回归和分类任务决策树的常用方法。

▸ 如何从同一训练集中学习多个基础模型，以保持它们之间的多样性

集合中的所有基础模型都是从同一个训练集中分别学习的，但在训练过程中必须应用一些技巧，以确保所有基础模型都是多样的。只有当基础模型的输出在某种程度上不同且互补时，最终的集合模型才能保证优于这些基础模型。常见的技巧包括为每个基础模型重新采样训练集，以便每个基础模型使用不同的训练数据子集，或以不同方式重新加权所有训练样本，以便构建每个基础模型，关注训练数据的不同方面。

▸ 如何组合这些基本模型，以确保集合模型的最佳性能

在许多集合学习方法中，学习的基础模型以相对简单的方式组合，例如，袋装法[30]或提升法[214,68,215]。在这些方法中，人们倾向于使用一个简单的加法模型来组合所有基础模型的输出，以生成集合模型的最终结果。例如，可以使用所有基础模型输出的均值（或加权均值）作为回归任务的最终结果，或者可以使用分类任务中所有基础分类器决策的多数投票结果。在其他集合学习方法中，如叠加（又称叠加泛化）[252,31]，可以训练一个通常称为元模型的高级模型，使用所有基础模型的预测作为输入进行最终预测。为了缓解过度拟合，我们通常使用一个训练集来学习所有基本模型，但使用一个单独的保持集来学习元模型。叠加中通常选择逻辑回归和神经网络作为元模型。

在这些问题中，组合所有基础模型的方式通常与实际学习每个基础模型的方式密切相关。在第 9.2 节中，我们将首先探讨袋装法，在该方法中，所有基础模型都是独立学习的，得到的基础模型是线性组合的，作为最终的集合模型。我们将特别介绍著名的随机森林法，作为装袋法的一个特例。在第 9.3 节中，将从梯度提升的角度探索提升法，在该方法中依次学习基础模型，并且在每个步骤中使用梯度下降法在模型空间中建立新的基础模型。之后，我们将重点介绍常见的 AdaBoost 和梯度树提升方法，作为梯度提升方法的两个特例。

本节剩余部分将简要探讨决策树的一些基本概念和学习算法，因为它们是集合学习中的主要基础模型。

决策树是用于回归或分类任务的一种流行的非参数机器学习方法，也称为分类和回归树（CARTs）[34,193]。这些任务通常可以视为一个以 $\boldsymbol{x}$ 为输入，以 $\boldsymbol{y}$ 为输出的系统①。假设输入特征向量 $\boldsymbol{x}\in\boldsymbol{R}^d$ 由以下几个特征组成：

$$\boldsymbol{x}=[x_1 \quad x_2 \quad \cdots \quad x_d]^{\mathrm{T}}$$

决策树模型可以表示为二叉树。例如，图 9.1 所示的简单示例使用二维输入向量 $\boldsymbol{x}=[\boldsymbol{x}_1\boldsymbol{x}_2]^{\mathrm{T}}$。在决策树模型中，每个非终结节点都与一个特征元素为 x_i、阈值为 t_j 的二元问题，表示为 $x_i \leqslant t_j$。每个叶节点代表输入空间中的一个区域 R_l。给定任意输入特征向量 $\boldsymbol{x}$，从根节点开始，询问与该节点相关的问题。如果答案为“是”，它将落在左边的子节点中。否则，它将落在右边的子节点中。一直持续这个过程，直到到达一个叶节点。因此，每个决策树都代表了将输入空间划分为一组不相交的矩形区域的特定方式。例如，图 9.1 中的决策树实际上划分了输入空间 $\boldsymbol{R}^2$，如图 9.2 所示。

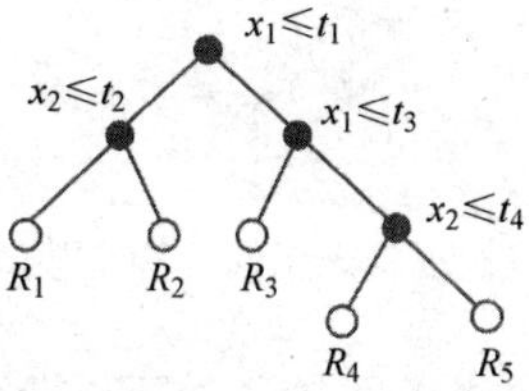

图 9.1 采用两个特征 $\boldsymbol{x}=[\boldsymbol{x}_1\boldsymbol{x}_2]^{\mathrm{T}}$ 作为输入的决策树模型

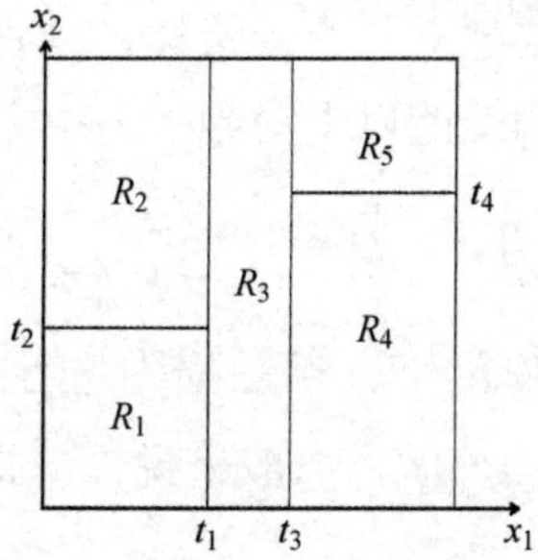

图 9.2 图 9.1 中决策树模型对输入空间的划分

在决策树模型中，通常对每个区域的所有 y 值拟合一个简单模型。对于回归问题，我们使用常数 c_l 来表示每个区域 R_l 中的所有 y 值。因此，对于回归问题，决策树模型基本上

① 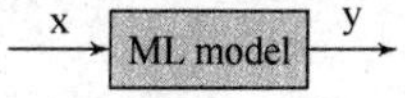

用分段常数函数近似输入和输出之间的未知目标函数（即 $y=\bar{f}(\boldsymbol{x})$），如图 9.3 所示。可以将此分段常数函数表示为：

$$y=f(\boldsymbol{x})=\sum_{l}c_l I(\boldsymbol{x}\in R_l)\text{，}\tag{9.1}$$

其中，$I(\cdot)$ 表示 0-1 指示器函数，如下所示：

$$I(\boldsymbol{x}\in R_l)=\begin{cases}1 & \text{假如 } \boldsymbol{x}\in R_l\\ 0 & \text{其他}\end{cases}$$

另一方面，在分类问题中，将每个区域 R_l 内的所有 $\boldsymbol{x}$ 值分配到一个特定类别中，如图 9.3 中的不同颜色所示。

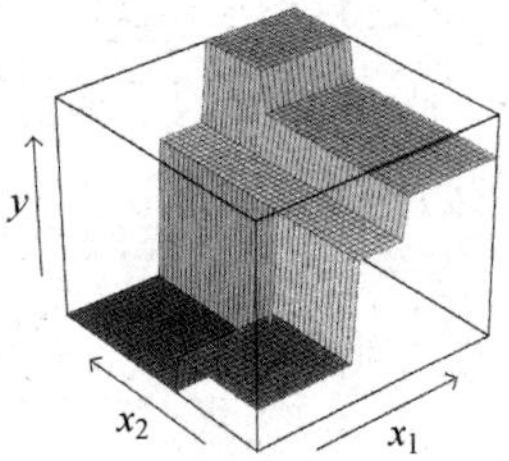

图 9.3　图 9.1 中的决策树模型表示的分段常数函数（图片来源：[92]）

接下来将探讨如何从给定的 N 个输入输出对训练集中自动学习决策树模型：

$$\mathscr{D}=\{(\boldsymbol{x}^{(n)},y^{(n)})\mid n=1,2,\cdots,N\}\text{，}$$

首先以回归为例，本质上想要建立一个决策树，以确保等式（9.1）中相应的分段常数函数 $y=f(\boldsymbol{x})$ 最小化在训练集中测量的以下经验损失：

$$L(f;\mathscr{D})=\frac{1}{N}\sum_{n=1}^{N}l(y^{(n)},f(\boldsymbol{x}^{(n)}))=\frac{1}{N}\sum_{n=1}^{N}(y^{(n)}-f(\boldsymbol{x}^{(n)}))^2\text{，}$$

其中，$l(\cdot)$ 表示损失函数，此处使用平方误差损失进行回归。根据前面的讨论可知函数 $y=f(\boldsymbol{x})$ 取决于图 9.2 所示的空间分区。一般来说，从损失函数最小化的角度来寻找最佳划分在计算上是不可行的。①

在实际应用中，人们必须依靠贪婪算法以递归的方式构造决策树。已知，基于任何特定二进制问题 $x_i\leqslant t_j$，总是可以将数据集 $\mathscr{D}$ 分为两部分：$\mathscr{D}_l=\{\boldsymbol{x}^{(n)},y^{(n)}\mid x_i^{(n)}\leqslant t_j\}$ 和 $\mathscr{D}_r=\{\boldsymbol{x}^{(n)},y^{(n)}\mid x_i^{(n)}>t_j\}$，其中 $x_i^{(n)}\leqslant t_j$ 表示第 n 个输入样本 $\boldsymbol{x}^{(n)}$ 的第 i 个元素不大于阈值

① 在计算机科学中，贪婪算法是指在每个阶段遵循一定的启发式规则，做出局部最优选择的所有算法。一般来说，贪婪算法不会产生全局最优解，但它可以在合理的时间内产生满意的解。

t_j，对于 $x_i^{(n)} > t_j$ 也是如此。因此，$\mathscr{D}_l$ 包括 $\mathscr{D}$ 中所有训练样本，其第 i 个元素不大于阈值 t_j，$\mathscr{D}_r$ 包含其余部分。

如果只关注一个部分，则通过解决以下最小化问题，很容易找到最佳的二元问题（即 $x_i^* \leqslant t_j^*$）：

$$\{x_i^*, t_j^*\} = \arg\min_{x_i, t_j} [\min_{c_l} \sum_{x^{(n)} \in \mathcal{D}_l} (y^{(n)} - c_l)^2 + \min_{c_r} \sum_{x^{(n)} \in \mathcal{D}_r} (y^{(n)} - c_r)^2],$$

其中，内部最小化问题可通过以下闭形公式轻松解决：

$$c_l^* = \arg\min_{c_l} \sum_{\boldsymbol{x}^{(n)} \in \mathscr{D}_l} (y^{(n)} - c_l)^2 \Rightarrow c_l^* = \frac{1}{|\mathscr{D}_l|} \sum_{\boldsymbol{x}^{(n)} \in \mathscr{D}_l} y^{(n)}$$

$$c_r^* = \arg\min_{c_r} \sum_{\boldsymbol{x}^{(n)} \in \mathscr{D}_r} (y^{(n)} - c_r)^2 \Rightarrow c_r^* = \frac{1}{|\mathscr{D}_r|} \sum_{\boldsymbol{x}^{(n)} \in \mathscr{D}_r} y^{(n)}$$

因此，可以进一步简化这个最小化为

$$\{x_i^*, t_j^*\} = \arg\min_{x_i, t_j} [\sum_{\boldsymbol{x}^{(n)} \in \mathscr{D}_l} (y^{(n)} - c_l^*)^2 + \sum_{\boldsymbol{x}^{(n)} \in \mathscr{D}_r} (y^{(n)} - c_r^*)^2]$$

可以简单地检查 $\boldsymbol{x}$ 中的所有输入元素和每个元素的所有可能阈值，以找到将数据集局部拆分为两个子集的最佳问题。计算复杂度与输入维度 d 和要考虑的阈值总数成二次关系。如果我们将两个子集 $\mathscr{D}_l$ 和 $\mathscr{D}_r$ 看作两个子节点，则可以继续此过程，进一步拆分这两个子节点以生成决策树，直到满足某些终止条件（例如，达到某个最小节点）。最后，为了减少过度拟合，通常使用一些成本复杂度标准[①]（见注释）来修剪生成的树，以惩罚过度复杂的结构。

---

① 例如，回归树的常见成本复杂性度量如下：

$$Q(f;\mathscr{D}) = \sum_{n=1}^{N} \sum_{\boldsymbol{x}^{(n)} \in \mathbf{R}_l} \overbrace{(y^{(n)} - c_l)^2}^{l(y^{(n)}), f(x^{(n)})} + \lambda \underbrace{\sum_l \| c_l \|^2}_{L_2 \text{ norm}} + \sum_l \alpha_t \tag{9.2}$$

其中，$\alpha > 0$ 表示添加新叶节点的惩罚。

计算每个非终结节点及其两个子节点的复杂性度量。如果两个子节点的总和不小于非终结节点的总和，则仅删除该非终结节点下的子树。

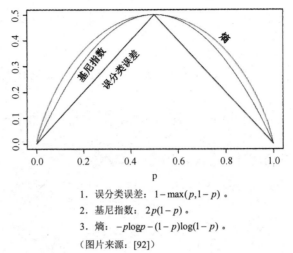

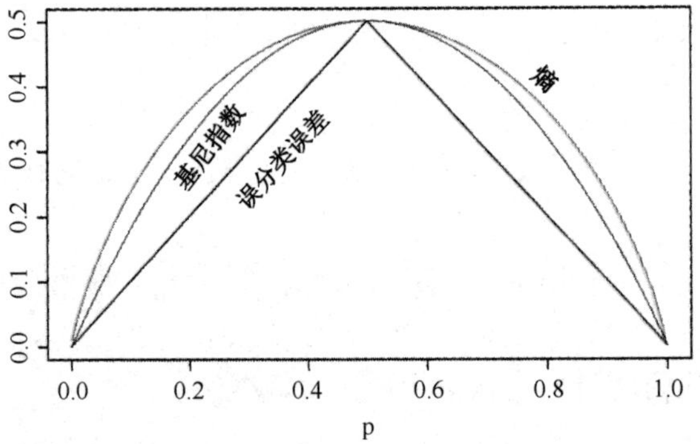

1．误分类误差：$1-\max(p,1-p)$。

2．基尼指数：$2p(1-p)$。

3．熵：$-p\log p-(1-p)\log(1-p)$。

（图片来源：[92]）

图 9.4　二元分类问题中建立决策树的三个拆分标准。如果 p 代表第一类的比例，可得：

递归树构建过程同样适用于涉及 K 类的分类问题（即 $\{\omega_1,\omega_2,\cdots,\omega_K\}$），只是需要使用不同的损失函数来分割节点和修剪树。对于任何表示输入空间中区域 R_l 的叶节点 l，我们使用 p_{lk}（对于所有 $k=1,2,\cdots,K$）表示分配给节点 l 的所有训练样本中 k 类的部分：

$$p_{lk}=\frac{1}{N_l}\sum_{x^{(n)}\in\mathbf{R}_l} I(y^{(n)}=\omega_k),$$

其中，N_l 表示分配给区域 R_l 的训练样本总数，一旦建立了决策树，将每个区域 R_l 中的所有输入 $\boldsymbol{x}$ 分类为多数类，如下所示：

$$k_l^*=\arg\max_k p_{lk}$$

当使用这种递归过程为分类建立决策树时，分类规则表明应该找到最好的问题来分割数据，使两个子节点尽可能同质。在实践中，我们可以使用以下标准之一来测量每个节点 l 的杂质：

- 误分类误差：$\frac{1}{N_l}\sum_{\boldsymbol{x}^{(n)}\in R_l} I(y^{(n)}\neq\omega_{k_l^*})=1-p_{lk_l^*}$。
- 基尼指数：$1-\sum_{k=1}^{K}p_{lk}^2$。
- 熵：$-\sum_{k=1}^{K}p_{lk}\log p_{lk}$。

二元分类问题的这些杂质度量如图 9.4 所示。当建立分类决策树时，每一步我们都应该使用这些标准中的一个来找到最佳问题（即，$\{x_i^*,t_j^*\}$），这将使得在两个分裂的子节点上求和的杂质分数最低。

9.2 袋装法

袋装法（也称为引导聚合（bootstrap aggregating））[30]是一种简单的集合学习方法，旨在提高分类问题和回归问题的稳定性和准确性。给定一个标准训练集$\mathscr{D}$，袋装法通过对$\mathscr{D}$进行均匀有放回抽样生成M个新子集，每个子集包含B个样本。通过有放回抽样，一些$\mathscr{D}$中的训练样本可能在几个子集中重复出现，而其他样本可能永远不会出现在任何子集中。在统计学中，每个子集被称为引导样本。接下来，使用这些M个引导样本作为单独的训练集，独立学习M个模型。在测试阶段，做出最终决策只需组合这M个模型的结果，例如，简单地对回归问题的所有M个结果进行平均，或对分类问题的M个分类器进行多数投票。

袋装法是模型平均法的一个特例，在使用复杂模型（如神经网络或决策树）时，它可以显著减少机器学习中的方差，以缓解过度拟合。袋装法的一个优点是，所有M基础模型的训练过程都是完全独立的，因此袋装法可以在多个处理器上并行实现。所以，我们能够在袋装法中高效地构建大量基础模型。

随机森林[99,33]是机器学习中最流行的装袋技术，使用决策树作为基础模型。换句话说，随机森林由大量决策树组成，每个决策树都是使用从上述装袋过程中获得的自举样本构建的。袋装法的成功在很大程度上取决于所有基础模型是否足够多样化，因为如果所有基础模型高度相关，组合集合模型肯定会产生类似的结果。随机森林将以下技术结合起来，以进一步提高所有决策树的多样性，这些决策树都是从同一训练集$\mathscr{D}$中学习的：

1．行抽样

我们使用袋装法法对$\mathscr{D}$进行有放回抽样，生成一个引导样本来学习每个决策树模型。

2．列取样

对于在步骤 1 中获得的每个引导样本，进一步对$\mathbf{x}$中的所有输入元素进行采样，仅保留用于每个树构建步骤的随机特征子集。

3．次优分裂

使用步骤 2 中的随机子集来生成决策树。在每一步中，只根据所有保留特征的随机选择搜索最佳问题，而非所有可用特征。

如文献[99,33]所示，步骤 2 和 3 中的特征抽样对于随机森林至关重要，因为它可以显著提高随机森林中所有决策树的多样性。这很容易理解：假设输入向量 $\boldsymbol{x}$ 包含一些强特征和其他相对较弱的特征，无论使用多少引导样本，它们都可能导致一些非常相似的只关注这些强特征的决策树。通过对特征随机抽样，将能够利用一些树中的弱特征，从而最终构建一个更加多样化的集合模型。一般来说，随机森林在实践中是一种非常强大的集合学习方法，因为它们显著优于纯决策树方法。

9.3 提升法

在许多集合学习方法中，如果使用线性方法来组合所有基础模型以形成最终的集合模型，基本上等同于学习相加模型，如下所示：

$$F_m(\boldsymbol{x}) = w_1 f_1(\boldsymbol{x}) + w_2 f_2(\boldsymbol{x}) + \cdots + w_m f_m(\boldsymbol{x}),$$

其中，每个基础模型 $f_{(m)}(\boldsymbol{x}) \in \boldsymbol{H}$ 都是从预先指定的模型空间 $\boldsymbol{H}$ 中学习的，$w_m \in \mathbf{R}$ 是其集合权重。即使从模型空间 $\boldsymbol{H}$ 中选择所有基本模型，集合模型 $F_m(\boldsymbol{x})$ 也不一定属于 $\boldsymbol{H}$，而是属于扩展模型空间，表示为 $\mathrm{lin}(\boldsymbol{H})$，包含 $\boldsymbol{H}$ 中任意函数的所有线性组合。一般来说，$\mathrm{lin}(\boldsymbol{H})$ 不等于 $\boldsymbol{H}$，但我们可以很容易地验证 $\mathrm{lin}(\boldsymbol{H}) \supseteq \boldsymbol{H}$。此外，如果将损失函数 $l(f(\boldsymbol{x}), y)$ 作为函数空间 $\mathrm{lin}(\boldsymbol{H})$ 中的一个函数，集合学习问题可视为以下函数最小化问题：①

$$F_m(\boldsymbol{x}) = \arg\min_{f \in \mathrm{lin}(\boldsymbol{H})} \sum_{n=1}^{N} l(f(\boldsymbol{x}_n), y_n) \text{②}$$

提升法[214]是一种特殊的集合学习方法，按顺序学习所有基础模型。我们旨在在每一步中学习一个新的基础模型 $f_{(m)}(\boldsymbol{x})$ 和一个集合权重 w_m，从而可以在加入集合后进一步改进集合模型 $F_{m-1}(\boldsymbol{x})$：

$$F_m(\boldsymbol{x}) = F_{m-1}(\boldsymbol{x}) + w_m f_m(\boldsymbol{x})$$

如果我们能学习每一种新的基础模式 $f_{(m)}$，且它的权重可以很好地保证 $F_m(\boldsymbol{x})$ 优于

① 泛函一词定义为函数的函数，它将函数空间中的任意函数映射为 $\mathbf{R}$ 中的实数。

② 在这种情况下，泛函 $l(f(\boldsymbol{x}), y)$ 是 $\mathrm{lin}(\boldsymbol{H})$ 中所有函数 $f(\cdot)$ 的函数，而 $f(\cdot)$ 又将 $\boldsymbol{x} \in \mathbf{R}^d$ 作为输入。

$F_{m-1}(\boldsymbol{x})$，就可以反复重复这个顺序学习过程，直到最终构建出一个非常强大的可感知模型。这是所有提升技术背后的基本动机。文献[214,68]证明提升是一种非常强大的机器学习技术，因为它最终可以通过简单地组合大量弱基模型，得到任意精确的集合模型。由于每个模型的性能都略优于随机猜测，因此称为弱模型。

接下来我们将首先探索提升法的核心步骤，即如何在每一步学习一个新的基础模型，以确保集合模型始终得到改进。随后我们将以 AdaBoost 和梯度提升法作为案例研究，探讨两种流行的提升法。

9.3.1 梯度提升

众所周知，提升法的目标是按顺序解决函数最小化问题。提升法的关键是如何在每一步选择一个新的基础模型，以确保在添加新的基础模型后，集合模型会得到改进。如果把损失函数 $l(f(\boldsymbol{x}),y)$ 看作函数空间上的函数，那么梯度 $\frac{\partial l(f(\boldsymbol{x}),y)}{\partial f}$ 表示函数空间中的一个新函数，该函数指向 $l(f(\boldsymbol{x}),y)$ 增长最快的方向。与常规梯度下降法中最陡下降相同，梯度增强法[32,161,72]旨在沿当前集合 F_{m-1} 的负梯度方向估计新的基础模型：

$$-\nabla l(F_{m-1}(\boldsymbol{x})) \triangleq -\left.\frac{\partial l(f(\boldsymbol{x}),y)}{\partial f}\right|_{f=F_{m-1}}$$

然而，由于通常不能直接使用负梯度 $-\nabla l(F_m(\boldsymbol{x}))$ 作为新的基础模型，因为它可能不属于模型空间 $\boldsymbol{H}$。梯度提升的关键思想是在 $\boldsymbol{H}$ 中搜索与指定梯度最相似的函数。

继 Mason 等人[161]之后，我们首先使用 $\mathscr{D}$ 中所有训练样本，定义任意函数 $f(\cdot)$ 和 $g(\cdot)$ 之间的内积，如下所示：

$$\langle f,g\rangle \triangleq \frac{1}{N}\sum_{i=1}^{N} f(\boldsymbol{x}_i)g(\boldsymbol{x}_i)$$

进行梯度提升的一种方法是在每一步的 $\boldsymbol{H}$ 内搜索一个基本模型，以最大化负梯度的内积：

$$f_m = \arg\max{}_{f\in\boldsymbol{H}}\left\langle f,-\nabla l(F_{m-1}(\boldsymbol{x}))\right\rangle \tag{9.3}$$

梯度提升的概念如图 9.5 所示。简单来讲，新的基础模型 f_m 是通过将 F_{m-1} 处的负梯度投影到由所有基础模型组成的模型空间 $\boldsymbol{H}$ 来估计的。

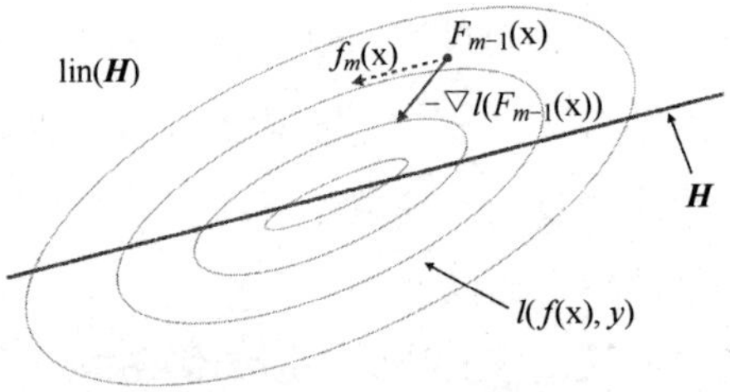

图 9.5 使用梯度提升法根据当前集合 F_{m-1} 的函数梯度估计新的基础模型 f_m，使用等高线图表示函数 $l(f(\boldsymbol{x}),y)$，使用直线来表示模型空间 $\mathbb{H}$ 。

此外，按照 Friedman[72,73]的想法，也可以使用 $\mathscr{D}$ 定义任意两个函数 $f(\cdot)$ 和 $g(\cdot)$ 之间的另一个度量，如下所示：

$$\| f-g\|^2=\frac{1}{N}\sum_{i=1}^{N}(f(\boldsymbol{x}_i)-g(\boldsymbol{x}_i))^2$$

使用该距离度量，可以通过搜索 $\mathbb{H}$ 中的基本模型，在每一步类似地进行梯度提升，该模型最小化到负梯度的距离，如下所示：

$$\begin{aligned} f_m &= \arg\min_{f\in \boldsymbol{H}} \left\| f+\nabla l(F_{m-1}(\boldsymbol{x}))\right\|^2 \\ &= \arg\min_{f\in \boldsymbol{H}} \sum_{n=1}^{N}\left(f(\boldsymbol{x}_n)+\nabla l(F_{m-1}(\boldsymbol{x}_n))\right)^2 \text{①} \end{aligned} \tag{9.4}$$

最后，一旦使用上述方法之一确定了新的基本模型 f_m，就可以通过进行以下最小化问题来进一步估计最佳集合权重：

$$w_m=\arg\min_w \sum_{n=1}^{N} l\left(F_{m-1}(\boldsymbol{x}_n)+wf_m(\boldsymbol{x}_n),y_n\right) \tag{9.5}$$

① 如果能计算出函数 $l(f(\boldsymbol{x}),y)$ 的二阶导数：

$$\nabla^2 l(f(\boldsymbol{x}))\triangleq\frac{\partial^2 l(f(\boldsymbol{x}),y)}{\partial f^2},$$

就可以用牛顿法代替梯度下降法来梯度提升[74]。

在这种情况下，在每一步估计一个新的基础模型，如下所示：

$$f_m=\arg\min_{f\in \boldsymbol{H}}\left\| f+\frac{\nabla l\left(F_{m-1}(\boldsymbol{x})\right)}{\nabla^2 l\left(F_{m-1}(\boldsymbol{x})\right)}\right\|^2$$

这种方法也称为牛顿提升法。

接下来，我们将用两个例子来演示如何解决与梯度提升法相关的最小化问题。

9.3.2 AdaBoost

现在把梯度提升的思想应用到一个简单的二元分类问题上。假设一个训练集

$$\mathscr{D}=\{(\boldsymbol{x}_1,y_1),(\boldsymbol{x}_2,y_2),\cdots,(\boldsymbol{x}_N,y_N)\},$$

其中，$\boldsymbol{x}_n\in\mathbf{R}^d$ 和 $y_n\in\{-1,+1\}$ 对所有 $n=1,2,\cdots,N$ 成立。进一步假设所有基本模型都来自一个包含所有二元函数的模型空间 $\boldsymbol{H}$ 。换句话说，对于任意 $\boldsymbol{x}\forall f\in\boldsymbol{H},f(\boldsymbol{x})\in\{-1,+1\}$ $\boldsymbol{x}$，$\forall f\in m\boldsymbol{H}$， $f(\boldsymbol{x})\in\{-1,+1\}$ 都成立。

此外，让我们使用表 7.1 中的指数损失函数作为任意集合模型 F [161,74]的损失函数，如下所示：

$$l(F(\boldsymbol{x}),y)=e^{-yF(\boldsymbol{x})}$$

按照等式（9.3）中的想法，在每一步中，我们在 $\mathbb{H}$ 中寻找一个新的基本模型，该模型最大化以下内积：①

$$\begin{aligned}f_m&=\arg\max_{f\in\boldsymbol{H}}\left\langle f,-\nabla l(F_{m-1}(\boldsymbol{x}))\right\rangle\\&=\arg\max_{f\in\boldsymbol{H}}\frac{1}{N}\sum_{n=1}^{N}y_nf(\boldsymbol{x}_n)e^{-y_nF_{m-1}(\boldsymbol{x}_n)}\end{aligned}$$

如果对于 m 处的所有 n，表示 $\alpha_n^{(m)}\triangleq\exp(-y_nF_{m-1}(\boldsymbol{x}_n))$，并根据 $y_n=f(\boldsymbol{x}_n)$ 是否成立来拆分总和，可得

① 可以导出指数损失函数的梯度，如下所示：

$$\nabla l\big(F_{m-1}(\boldsymbol{x})\big)\triangleq\left.\frac{\partial l(f(\boldsymbol{x}),y)}{\partial f}\right|_{f=F_{m-1}}=-ye^{-yF_{m-1}(\boldsymbol{x})}$$

根据

$$\begin{gathered}y_n\in\{-1,+1\}\\f(x_n)\in\{-1,+1\},\end{gathered}$$

可得

$$y_nf(\boldsymbol{x}_n)=\begin{cases}1 & \text{if}\quad y_n=f(\boldsymbol{x}_n)\\-1 & \text{if}\quad y_n\neq f(\boldsymbol{x}_n)\end{cases}$$

$$
\begin{aligned}
f_m &= \arg\max_{f\in \boldsymbol{H}}\left[\sum_{y_n=f(\boldsymbol{x}_n)}\alpha_n^{(m)} - \sum_{y_n\neq f(\boldsymbol{x}_n)}\alpha_n^{(m)}\right]\\
&= \arg\max_{f\in \boldsymbol{H}}\left[\sum_{n=1}^{N}\alpha_n^{(m)} - 2\sum_{y_n\neq f(\boldsymbol{x}_n)}\alpha_n^{(m)}\right]\\
&= \arg\min_{f\in \boldsymbol{H}}\sum_{y_n\neq f(\boldsymbol{x}_n)}\alpha_n^{(m)}\\
&= \arg\min_{f\in \boldsymbol{H}}\sum_{y_n\neq f(\boldsymbol{x}_n)}\bar{\alpha}_n^{(m)}
\end{aligned}
$$

最后一步中，将所有权重归一化为$\bar{\alpha}_n^{(m)}=\dfrac{\alpha_n^{(m)}}{\sum_{n=1}^{N}\alpha_n^{(m)}}$，以确保它们满足总和为 1 约束。这表明应该根据最小化以下权重分类误差的 $\boldsymbol{H}$ 学习二元分类器，来估计新的基本模型 f_m：

$$
\epsilon_m=\sum_{y_n\neq f_m(\boldsymbol{x}_n)}\bar{\alpha}_n^{(m)},
$$

此处由于所有 $\bar{\alpha}_n^{(m)}$ 已经归一化，因此可得 $0\leqslant\epsilon_m\leqslant 1$。

在构造学习目标函数时，可以简单地使用加权损失函数代替常规的 0-1 损失函数来学习这个二元分类器，对于所有 $n=1,2,\cdots,N$，步骤 m 处错误分类训练样本 $(\boldsymbol{x}_n, y_n)$ 时，视 $\bar{\alpha}_n^{(m)}$ 为确认损失。

一旦我们了解了新的基础模型 f_m，就可以通过解决等式（9.5）中的最小化问题来进一步估计其集合权重：

$$
w_m=\arg\min_w \sum_{n=1}^{N} e^{-y_n(F_{m-1}(\boldsymbol{x}_n)+wf_m(\boldsymbol{x}_n))}
$$

通过使该目标函数的导数消失，可以导出估计的闭形解①（见注释），如下所示：

①

$$
E_m=\sum_{n=1}^{N}e^{-y_n(F_{m-1}(\boldsymbol{x}_n)+wf_m(\boldsymbol{x}_n))}=\sum_{n=1}^{N}\alpha_n^{(m)}e^{-y_n wf_m(\boldsymbol{x}_n)}=\sum_{y_n=f_m(\boldsymbol{x}_n)}\alpha_n^{(m)}e^{-w}+\sum_{y_n\neq f_m(\boldsymbol{x}_n)}\alpha_n^{(m)}e^{w}
$$

$$
\frac{dE_m}{dw}=e^{w}\sum_{y_n\neq f_m(\boldsymbol{x}_n)}\alpha_n^{(m)}-e^{-w}\sum_{y_n=f_m(\boldsymbol{x}_n)}\alpha_n^{(m)}
$$

$$
\frac{dE_m}{dw}=0 \Rightarrow w_m=\frac{1}{2}\ln\left(\frac{\sum_{y_n=f_m(\boldsymbol{x}_n)}\alpha_n^{(m)}}{\sum_{y_n\neq f_m(\boldsymbol{x}_n)}\alpha_n^{(m)}}\right)=\frac{1}{2}\ln\left(\frac{\sum_{y_n=f_m(\boldsymbol{x}_n)}\bar{\alpha}_n^{(m)}}{\sum_{y_n\neq f_m(\boldsymbol{x}_n)}\bar{\alpha}_n^{(m)}}\right)
$$

$$w_m = \frac{1}{2}\ln\left(\frac{\sum\limits_{y_n=f_m(\boldsymbol{x}_n)} \bar{\alpha}_n^{(m)}}{\sum\limits_{y_n \neq f_m(\boldsymbol{x}_n)} \bar{\alpha}_n^{(m)}}\right) = \frac{1}{2}\ln\left(\frac{1-\epsilon_m}{\epsilon_m}\right)$$

算法 9.10 AdaBoost

Input: $\{(\boldsymbol{x}_1, y_1), \cdots, (\boldsymbol{x}_N, y_N)\}$ 其中 $\boldsymbol{x}_n \in \boldsymbol{R}^d$， $y_n \in \{-1, +1\}$

Output: an ensemble model $F_m(\boldsymbol{x})$

$m = 1$ and $F_0(\boldsymbol{x}) = 0$

initialize $\bar{\alpha}_n^{(1)} = \frac{1}{N}$, for all $n = 1, 2, \cdots, N$

while not converged **do**

learn a binary classifier $f_m(\boldsymbol{x})$ to minimize $\epsilon_m = \sum_{y_n \neq f_m(\boldsymbol{x}_n)} \bar{\alpha}_n^{(m)}$①

estimate ensemble weight: $w_m = \frac{1}{2}\ln\left(\frac{1-\epsilon_m}{\epsilon_m}\right)$

add to ensemble: $F_m(\boldsymbol{x}) = F_{m-1}(\boldsymbol{x}) + w_m f_m(\boldsymbol{x})$

update $\bar{\alpha}_n^{(m+1)} = \frac{\bar{\alpha}_n^{(m)} e^{-y_n w_m f_m(\boldsymbol{x}_n)}}{\sum_{n=1}^{N} \bar{\alpha}_n^{(m)} e^{-y_n w_m f_m(\boldsymbol{x}_n)}}$ for all $n = 1, 2, \cdots, N$.

$m = m + 1$

end while

如果重复这个过程，依次估计每个基础模型及其集合权重，并将它们逐个添加到集合模型中，就会产生著名的 AdaBoost（也称为自适应提升）算法[68]，由算法 9.10 总结。

① 根据定义

$$\bar{\alpha}_n^{(m+1)} = \frac{\alpha_n^{(m+1)}}{\sum\limits_{i=1}^{N} \alpha_n^{(m+1)}},$$

我们在哪里

$$\begin{aligned}\alpha_n^{(m+1)} &= \exp\ -y_n F_m(\boldsymbol{x}_n)) \\ &= \exp(-y_n(F_{m-1}(\boldsymbol{x}_n) + w_m f_m(\boldsymbol{x}_n)) \\ &= \alpha_n^{(m)} \exp(-y_n w_m f_m(\boldsymbol{x}_n))\end{aligned}$$

AdaBoost 是一种通用的元学习算法，可以灵活地选择任何二元分类器作为基础模型。在每次迭代中，通过最小化训练集上的加权误差来学习二元分类器，每个训练样本由自适应系数 $\bar{\alpha}_n^{(m)}$ 加权。

AdaBoost 算法在理论上表现出了一些很好的特性。例如，关于 AdaBoost 算法的收敛性，有以下定理：

定理 9.3.1 假设 AdaBoost 算法 9.10 生成了误差为 $\epsilon_1,\epsilon_2,\cdots,\epsilon_m$ 的 m 个基本模型；集合模型 $F_m(\boldsymbol{x})$ 的误差范围如下：

$$\varepsilon \leqslant 2^m \prod_{t=1}^{m} \sqrt{\epsilon_t\left(1-\epsilon_t\right)}$$

这个定理暗示了 AdaBoost 算法的另一个重要特性，即可以视其为将多个弱分类器组合成一个强分类器的通用学习算法。尽管在每次迭代时只能估计弱分类器，但只要它的性能优于随机猜测（即 $\epsilon_t \neq \frac{1}{2}$ ），当（ m 足够大（即随 $m \to \infty$ ，$\varepsilon \to \infty$ ）时，AdaBoost 算法就可以保证生成任意强分类器。

许多实证结果表明，除了对训练数据具有良好的收敛性，AdaBoost 算法还可以很好地推广到新的、不可见的数据中。在许多情况下，人们发现 AdaBoost 可以在训练误差达到 0 后继续优化泛化误差。理论分析[215]表明，AdaBoost 可以持续优化所有训练样本的边缘分布，这可以防止 AdaBoost 在训练误差达到 0 后，在向集合中添加越来越多的基础模型时过度拟合。

9.3.3 梯度树提升法

现在学习如何将梯度提升思想应用到回归问题中，可以使用决策树作为集合中的基础模型。假设使用平方误差作为损失函数，可以计算集合模型 $F_{m-1}(\boldsymbol{x})$ 处的函数梯度，如下所示：

$$\nabla l(F_{m-1}(\boldsymbol{x})) = F_{m-1}(\boldsymbol{x}) - y$$

基于等式（9.4）中的想法，我们只需要建立一个决策树 $f_m(\boldsymbol{x})$ 来适应所有训练样本的负梯度。将每个负梯度 $y_n - F_{m-1}(\boldsymbol{x}_n)$ （也称为残差）作为每个输入向量 $\boldsymbol{x}_n$ 的伪输出，就可以轻松实现。我们可以运行贪婪算法来适应这些伪输出，从而构建回归树 $f_m(\boldsymbol{x})$ ，给定

$$y = f_m(\boldsymbol{x}) = \sum_{l} c_{ml} I(\boldsymbol{x} \in \boldsymbol{R}_{ml}),$$

其中，计算 c_{ml} 作为属于区域 R_{ml} 的所有残差的均值，该区域 R_{ml} 对应于为该区域构建的决策树的第 l 叶节点。这种方法通常称为梯度树提升、梯度提升机（GBM）或梯度提升回归树（GBRT）[72-74,42]。

在梯度树提升方法中，我们通常不需要在等式（9.5）中进行另一次优化来估计每棵树的集合权重。相反，只需使用预设的“收缩”参数 v 来控制提升程序的学习率，①如下所示：

$$F_m(\boldsymbol{x}) = F_{m-1}(\boldsymbol{x}) + vf_m(\boldsymbol{x})$$

经验发现，较小的值（$0 \leqslant v \leqslant 0.1$）通常会产生更好的泛化误差[73]。最后，我们可以总结梯度树提升算法，如算法 9.11 所示。

算法 9.11　梯度树提升法

Input: $\{(\boldsymbol{x}_1, y_1), \cdots, (\boldsymbol{x}_N, y_N)\}$ 其中 $\boldsymbol{x}_n \in \mathbf{R}^d$， $y_n \in \{-1, +1\}$

Output: an ensemble model $F_m(\boldsymbol{x})$

fit a regression tree $f_0(\boldsymbol{x})$ to $\{(\boldsymbol{x}_1, y_1), \cdots, (\boldsymbol{x}_N, y_N)\}$

$F_0(\boldsymbol{x}) = vf_0(\boldsymbol{x})$

$m = 1$

while not converged **do**

compute the negative gradients as pseudo-outputs:

$\tilde{y}_n = -\nabla l(F_{m-1}(\boldsymbol{x}_n))$ for all $n = 1, 2, \cdots, N$

fit a regression tree $f_0(\boldsymbol{x})$ to $\{(\boldsymbol{x}_1, \tilde{y}_1), \cdots, (\boldsymbol{x}_N, \tilde{y}_N)\}$

$F_m(\boldsymbol{x}) = F_{m-1}(\boldsymbol{x}) + vf_m(\boldsymbol{x})$

$m = m + 1$

end while

梯度树提升法可以很容易地推广到回归问题的其他损失函数；请参阅练习 Q9.4。此外，还可以将梯度树提升过程扩展到分类问题，为每个类建立一个集成模型。请参阅练习 Q9.4 了解更多细节。

① 在统计学中，收缩指的是减少抽样变化影响的方法。

实验室项目五

在本项目中，将为回归和分类实行几种基于树的集成学习方法。可以选择使用自己习惯的任何编程语言。只可使用库进行线性代数运算，如矩阵乘法、矩阵求逆、矩阵分解等。不能使用任何现有的机器学习、统计工具包或库，也不可以使用该项目的任何开源代码。

在本项目中，将使用 Kaggle（https://www.kaggle.com/c/house-prices-advanced-regression-techniques/overview）提供的艾姆斯住房数据集[44]，该数据集中每个住宅都有 79 个解释变量描述房屋的（几乎）各个方面。你的任务是将其视为回归问题预测每套住房的最终售价，或者作为二元分类问题预测每套住房是否昂贵（如果一套住房的售价超过 15 万美元，则为昂贵）。

a．使用提供的训练数据建立回归树来预测售价。根据测试集的平均平方误差给出最佳结果。使用提供的训练数据建立二叉分类树，预测每套住房是否昂贵。在测试集上给出分类准确度方面的最佳结果。

b．使用提供的训练数据建立一个随机森林来预测售价。根据测试集的平均平方误差给出最佳结果。

c．使用 AdaBoost 算法 9.10 构建一个集成模型，预测每套住房是否昂贵，使用二叉分类树作为基础模型。在测试集上报告分类准确度方面的最佳结果。

d．使用梯度树提升算法 9.11 学习一个集成模型来预测售价。根据测试集的平均平方误差给出最佳结果。

e．在练习 Q9.5 中使用梯度树增强方法建立一个集成模型，预测每套住房是否昂贵。在测试集上给出分类准确度的最佳结果。

练习

Q9.1　在 AdaBoost 算法 9.10 中，假设在步骤 m 学习了一个基本模型 $f_m(\boldsymbol{x})$，该基本模型的性能差于随机猜测（即，其误差 $\epsilon_m > \frac{1}{2}$）。如果我们简单地把该模型转换到 $\bar{f}_m(\boldsymbol{x}) = -f_m(\boldsymbol{x})$，计算 $f_m(\boldsymbol{x})$ 的误差以及其最佳集合权重。证明在 AdaBoost 中使用 $f_m(\boldsymbol{x})$ 或 $\bar{f}_m(\boldsymbol{x})$ 效果相同。

Q9.2 在 AdaBoost 中，我们定义了基本模型 $f_m(x)^{\epsilon_m=\sum_{y_n \neq f_m(x_n)} \bar{\alpha}_n^{(m)}}$ 的误差为的误差为 $\epsilon_m = \sum_{y_n \neq f_m(\boldsymbol{x}_n)} \bar{\alpha}_n^{(m)}$。通常情况下，可得 $\epsilon_m < \frac{1}{2}$。然后重新加权下一轮的训练样本，如下所示：

$$\bar{\alpha}_n^{(m+1)} = \frac{\bar{\alpha}_n^{(m)} e^{-y_n w_m f_m(\boldsymbol{x}_n)}}{\sum_{n=1}^{N} \bar{\alpha}_n^{(m)} e^{-y_n w_m f_m(\boldsymbol{x}_n)}} \quad \forall n = 1, 2, \cdots, N$$

计算同一基础模型 $f_m(\boldsymbol{x})$ 在重新加权数据上的误差，即

$$\tilde{\epsilon}_m = \sum_{y_n \neq f_m(x_n)} \bar{\alpha}_n^{(m+1)}$$

并解释 $\bar{\epsilon}_m$ 与下一轮计算结果 ϵ_{m+1} 之间的差异。

Q9.3 通过将 AdaBoost 中的指数损失替换为逻辑损失导出 logitboost 算法：

$$l(F(\boldsymbol{x}), y) = \ln(1 + e^{-yF(\boldsymbol{x})})$$

Q9.4 当使用以下损失函数时，推导回归问题的梯度树提升程序：

a. 最小绝对偏差：

$$l(F(\boldsymbol{x}), y) = |y - F(\boldsymbol{x})|$$

b. Huber 损失：

$$l(F(\boldsymbol{x}), y) = \begin{cases} \frac{1}{2}(y - F(\boldsymbol{x}))^2 & \text{if } |y - F(\boldsymbol{x})| \leqslant \delta \\ \delta |y - F(\boldsymbol{x})| - \frac{\delta^2}{2} & \text{其他} \end{cases}$$

Q9.5 在 K 类的分类问题中（即，$\{\omega_1, \omega_2, \cdots, \omega_K\}$），假设我们对每个类别 ω_K（对于所有 $k = 1, 2, \cdots, K$）使用集成模型，如下所示：

$$F_m(\boldsymbol{x}; \omega_k) = f_1(\boldsymbol{x}; \omega_k) + f_2(\boldsymbol{x}; \omega_k) + \cdots + f_m(\boldsymbol{x}; \omega_k)$$

每个基本模型 $f_m(\boldsymbol{x}; \omega_k)$ 都是一棵回归树。通过最小化以下交叉熵损失函数，推导梯度树提升程序，以估计所有 K 类的集合模型：

$$l(F(\boldsymbol{x}), y) = -\ln\left[\frac{e^{F(\boldsymbol{x}; y)}}{\sum_{k=1}^{K} e^{F(\boldsymbol{x}; \omega_k)}}\right] \quad (y \in \{\omega_1, \omega_2, \cdots, \omega_K\})$$

Q9.6 利用牛顿提升法，推导出二次可微损失函数 $l(F(\boldsymbol{x}), y)$ 的梯度树提升程序。假设我们使用等式（9.2）中的 L_2 范数项和每个节点的惩罚 α 作为两个额外的正则化项和损失函数。

生成模型

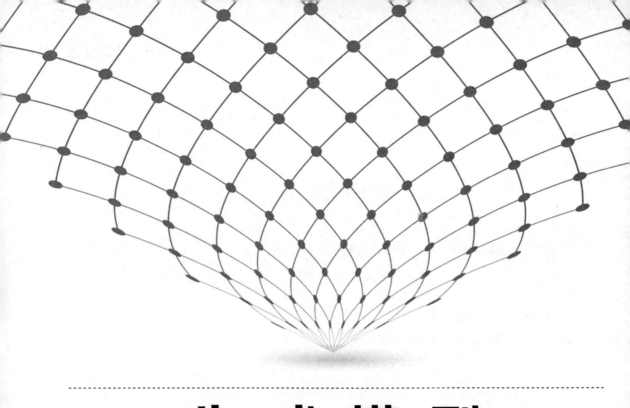

第10章

生成模型概述

在前面的章节中，已经详细讨论了机器学习中的判别模型。在本章及之后的章节中，我们将切换方向，探索机器学习模型的另一个重要流派，即生成模型。本章首先介绍了机器学习中的生成模型与判别模型的本质区别，然后为读者提供了以下章节中讨论的各种生成模型主题的导览图。

10.1 生成模型的形成

第 5.1 节介绍了判别模型的正式定义，并讨论了模式分类问题中学习判别模型的通用公式。已知判别模型可以被视为一个以特征向量 $\boldsymbol{x}$ 为输入、以生成目标标签 y 为输出的系统[①]，其中输入 $\boldsymbol{x}$ 是一个遵循未知分布 $p(\boldsymbol{x})$ 的随机向量，输入 $\boldsymbol{x}$ 和输出 y 之间的关系是确定的，由未知目标函数 $y=\bar{f}(\boldsymbol{x})$ 指定。学习判别模型的目的是基于系统生成的输入输出对的训练样本，在预先指定的模型空间内估计未知目标函数。

与判别模型类似，生成模型也可以被视为一个以特征向量 $\boldsymbol{x}$ 为输入、以生成目标标签 y 为输出的系统。然而，生成模型的显著差异包括：

①

1. $\mathbf{x}$ 和 y 都是随机变量。

2. $\mathbf{x}$ 和 y 之间的关系不是确定性的，而是随机的。

换句话说，输出 y 不能完全由相应的输入 $\mathbf{x}$ 确定。基础系统涉及一些随机性，即使对于相同的输入，也可能产生不同的输出。在这种情况下，$\mathbf{x}$ 和 y 之间的关系必须通过它们之间的联合概率分布来指定（即 $p(\mathbf{x}, y)$）。

现在，让我们首先用一个简单的例子来阐明确定性关系和随机关系之间的主要区别。

例 10.1.1 确定性与随机性

1. 假设系统是线性的（即 $y = \mathbf{w}^{\mathrm{T}}\mathbf{x}$），其中参数 $\mathbf{w}$ 未知但固定。在这种情况下，$\mathbf{x}$ 和 y 之间的关系是确定性的。如果我们输入相同的信息，即使不知道这是一个线性系统，也会得到相同的输出。

2. 假设输出被独立的高斯噪声破坏：$y = \mathbf{w}^{\mathrm{T}}\mathbf{x} + \epsilon$，其中 $\epsilon \sim N(0,1)$。在这种情况下，$\mathbf{x}$ 和 y 之间的关系是随机的。即使我们向系统提供相同的输入，由于附加噪声，输出也可能不同。

3. 假设该线性系统的参数 $\mathbf{w}$ 不是固定值，而是服从概率分布 $\mathbf{w} \sim p(\mathbf{w})$ 的随机向量。在这种情况下，$\mathbf{x}$ 和 y 之间的关系也是随机的，因为 $\mathbf{w}$ 在不同的时间取不同的值。◆

只有当 $\mathbf{x}$ 和 y 之间的关系是确定性的关系时，判别模型才有意义。因为只有在这种情况下，用于制定学习目标的损失函数，如平方误差、0-1 损失和边距，才是真正有意义的。当 $\mathbf{x}$ 和 y 都是随机变量，且它们的关系是随机的时，我们必须使用的数学工具是它们的联合概率分布：$p(\mathbf{x}, y)$。所有生成模型基本上都是为了模拟这种联合分布。

当生成模型用于机器学习问题时，如图 10.1 所示，$\mathbf{x}$ 和 y 都是由联合分布 $p(\mathbf{x}, y)$ 指定的随机变量。机器学习问题通常表述如下：当观察到输入变量为 $\mathbf{x}_0$ 时，希望对输入 $\mathbf{x}_0$ 上的随机输出 y 条件进行最佳猜测或估计。根据输出 y 是离散的还是连续的，判定基本问题是分类问题还是回归问题。

当然，联合分布 $p(\mathbf{x}, y)$ 在实践中总是未知的。在下一节中，我们首先考虑一些联合分布 $p(\mathbf{x}, y)$ 已知的生成模型的理想情况。如众所周知的贝叶斯决策理论所示，一旦联合分布 $p(\mathbf{x}, y)$ 已知，我们就可以用一种相当简单的方法导出基于任何特定输入 $\mathbf{x}_0$ 估计输出 y 的最优解。我们将看到，这一理论结果还将生成模型中的核心问题转化为如何估计未知的联合分布。

10.2 贝叶斯决策理论

贝叶斯决策理论关注的是生成模型的一些理想场景，这些场景下，输入和输出之间的联合分布 $p(\boldsymbol{x}, y)$ 已知。该理论指出如何根据给定的联合分布，对图 10.1 中任意特定输入的相应输出进行最佳估计。贝叶斯决策理论是生成模型的重要理论基础。接下来，我们将分别探讨分类和回归这两个重要的机器学习问题的贝叶斯决策理论。

图 10.1　机器学习中用于模拟输入和输出联合分布（即 $p(\boldsymbol{x}, y)$）的一般模型

10.2.1　分类生成模型

当生成模型用于模式分类问题时，如图 10.2 所示，输入特征向量 $\boldsymbol{x}$ 可能是连续的或离散的，甚至是两者的组合，但输出 y 必须是离散随机变量。在 K 类分类中，我们假设 y 是一个离散随机变量，从 K 个有限值中取一个值，$\{\omega_1, \omega_2, \cdots, \omega_K\}$，每个值都对应一个类标签。

根据概率论，联合分布 $p(\boldsymbol{x}, y)$ 可以分解为两项：

$$p(\boldsymbol{x}, y) = p(y)p(\boldsymbol{x} \mid y) \tag{10.1}$$

由于 y 是离散的，因此这两项可以进一步简化为：

- $p(y)$ 作为所有 K 类的先验概率：

$$p(y = \omega_k) \triangleq \Pr(\omega_k) \quad (\forall k = 1, 2, \cdots, K),$$

其中，$\Pr(\omega_k)$ 表示在观测任意数据之前出现 ω_k 的概率，因此通常称为 ω_k 的先验概率。

- $p(\boldsymbol{x} \mid y)$ 作为所有 K 类的类条件分布：

$$p(\boldsymbol{x} \mid y = \omega_k) \triangleq p(\boldsymbol{x} \mid \omega_k) \quad (\forall k = 1, 2, \cdots, K),$$

其中，类条件分布 $p(\boldsymbol{x} \mid \omega_k)$ 表示类 ω_k 中的所有数据在特征空间中的分布，如图 10.3 所示。

由于先验分布 $\Pr(\omega_k)$ 和类条件分布 $p(\boldsymbol{x} \mid \omega_k)$ 都是有效的概率分布，因此满足总和为 1 的约束。对于所有先验概率，有

$$\sum_{k=1}^{K} \Pr(\omega_k) = 1$$

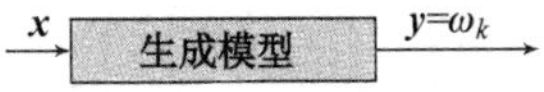

图 10.2　分类生成模型

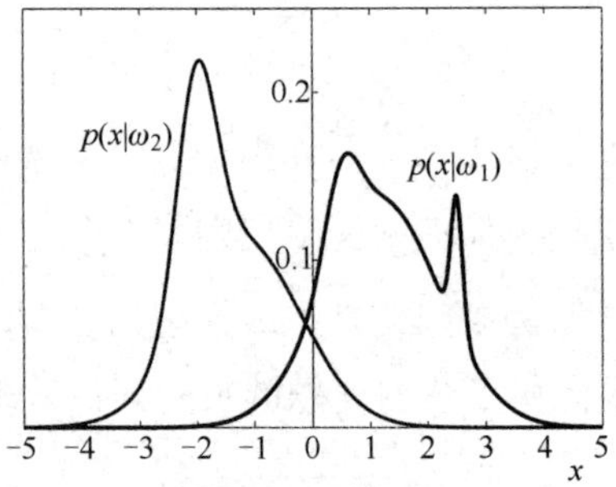

图 10.3　当输入特征 $\boldsymbol{x}$ 为实值时，类 ω_1 和 ω_2 的两个类的条件分布

对于类条件分布，如果输入特征向量 $\boldsymbol{x}$ 是连续的，则有

$$\int_{\boldsymbol{x}} p(\boldsymbol{x} \mid \omega_k)\mathrm{d}\boldsymbol{x} = 1 \quad (\forall k = 1,2,\cdots,K)$$

相反，如果 $\boldsymbol{x}$ 是离散的，我们有

$$\sum_{\boldsymbol{x}} p(\boldsymbol{x} \mid \omega_k) = 1 \quad (\forall k = 1,2,\cdots,K)$$

根据图 10.2 可知，在模式分类问题中，对于任何输入特征 $\boldsymbol{x}$，都尝试使用生成模型来估计相应的类标签。这个过程可以被视为决策规则 $g(\boldsymbol{x})$，它将任意特征向量 $\boldsymbol{x}$ 映射到 $\{\omega_1,\omega_2,\cdots,\omega_K\}$ 中的一类：

$$g(\boldsymbol{x}): \boldsymbol{x} \mapsto \omega_k \quad (\forall k = 1,2,\cdots,K)$$

此外，很容易看出，决策规则 $g(\boldsymbol{x})$ 将特征空间划分为 K 个不相交的区域，表示为 $O_1,O_2,\cdots,O_K$，如图 10.4 所示。对于所有的 $\boldsymbol{x} \in O_k (k = 1,2,\cdots,K)$，$g(\boldsymbol{x}) = \omega_k$。不同的决策规则以不同的方式划分相同的输入特征空间。

所有分类问题的关键在于如何构造产生最小分类误差的最优决策规则。根据贝叶斯决策理论，可以基于条件概率构造最优决策规则，如下所示：

$$g^*(\boldsymbol{x}) = \arg\max_k p(\omega_k \mid \boldsymbol{x})$$ ①

① 根据贝叶斯定理：

$$p(\omega_k \mid \boldsymbol{x}) = \frac{p(y = \omega_k, \boldsymbol{x})}{p(\boldsymbol{x})} = \frac{\Pr(\omega_k) \cdot p(\boldsymbol{x} \mid \omega_k)}{p(\boldsymbol{x})},$$

其中分母 $p(\boldsymbol{x})$ 可以去掉，因为它独立于 k。

$$= \arg\max_k \Pr(\omega_k) \cdot p(\boldsymbol{x} \mid \omega_k), \tag{10.2}$$

其中，$p(\omega_k \mid \boldsymbol{x})$ 表示观察到 $\boldsymbol{x}$ 后类 ω_k 的概率，因此称为类 ω_k 的后验概率。因此，这种最优决策规则 $g^*(\boldsymbol{x})$ 通常称为最大后验概率（MAP）决策规则或贝叶斯决策规则。

MAP 决策规则很容易理解。给定任何输入特征 $\boldsymbol{x}_0$，使用先验概率 $\Pr(\omega_k)$ 和类条件分布 $p(\boldsymbol{x} \mid \omega_k)$ 来计算所有 k 类的后验概率：

$$p(\omega_1 \mid \boldsymbol{x}_0), p(\omega_2 \mid \boldsymbol{x}_0), \cdots, p(\omega_K \mid \boldsymbol{x}_0),$$

然后将输入 $\boldsymbol{x}_0$ 分配给实现最大后验概率的类。

关于最大后验概率决策规则的最优性，存在以下定理：

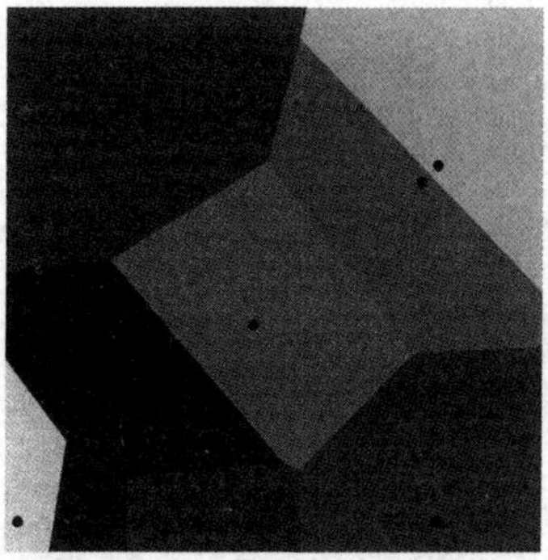

图 10.4　每个决策规则对应于输入特征空间的一个分区，其中每个颜色表示不同的 O_k。请注意，每个 O_k 可能由空间中许多断开连接的部分组成。

定理 10.2.1　（分类）假设 $p(\boldsymbol{x},\omega)$ 已知且 ω 是离散的，如果在模式分类中使用 $\boldsymbol{x}$ 来预测 ω，则等式（10.2）中的 MAP 规则会引起最低的预期风险（使用 0-1 损失）。[①]

证明：

因为 ω 是离散的，所以这对应于模式分类问题。在这种情况下，使用 0-1 损失函数来衡量预期风险：

$$l(\omega, \omega') = \begin{cases} 0 & \text{when } \omega = \omega' \\ 1 & \text{其他} \end{cases}$$

已知 $p(\boldsymbol{x},\omega)$ 是任意 $\boldsymbol{x}$ 及其相应的正确类标签 ω 的联合分布。对于任何决策规则 $g(\boldsymbol{x}) : \boldsymbol{x} \to g(\boldsymbol{x}) \in \{\omega_1, \cdots, \omega_K\}$，计算其预期风险如下：

① 请注意，对于预期风险，最大后验概率规则是最优的，而不是在判别模型中的经验损失。

$$R(g)=E_{p(\boldsymbol{x},\omega)}[l(\omega,g(\boldsymbol{x}))]=\int_{\boldsymbol{x}}\sum_{\omega}l(\omega,g(\boldsymbol{x}))p(\boldsymbol{x},\omega)\mathrm{d}\boldsymbol{x}$$
$$=\int_{\boldsymbol{x}}\sum_{k=1}^{K}l(\omega_k,g(\boldsymbol{x}))p(\boldsymbol{x},\omega_k)\mathrm{d}\boldsymbol{x}^{①}$$
$$=\int_{\boldsymbol{x}}\underbrace{\left[\sum_{k=1}^{K}l(\omega_k,g(\boldsymbol{x}))p(\omega_k\mid\boldsymbol{x})\right]}_{\sum_{\omega_k\neq g(\boldsymbol{x})}p(\omega_k|\boldsymbol{x})}p(\boldsymbol{x})\mathrm{d}\boldsymbol{x}$$

因为所有后验概率都满足$\sum_{k=1}^{K}p(\omega_k\mid\boldsymbol{x})=1$，所以有

$$\sum_{\omega_k\neq g(\boldsymbol{x})}p(\omega_k\mid\boldsymbol{x})=1-p(g(\boldsymbol{x})\mid\boldsymbol{x})$$

代入前面的方程式后，可以得出

$$R(g)=\int_{\boldsymbol{x}}[1-p(g(\boldsymbol{x})\mid\boldsymbol{x}\mid p(\boldsymbol{x})\mathrm{d}\boldsymbol{x}$$

从这个积分很容易看出，如果能够分别最小化每个$\boldsymbol{x}$的$1-p(g(\boldsymbol{x})\mid\boldsymbol{x})$，就能够将预期风险$R_{(g)}$作为一个整体进行最小化。因此，需要以这样的方式选择$g(\boldsymbol{x})$来最大化每个$\boldsymbol{x}$的$p(g(\boldsymbol{x})\mid\boldsymbol{x})$。由于$g(\boldsymbol{x})\in\{\omega_1,\cdots,\omega_K\}$，因此最大化$p(g(\boldsymbol{x})\mid\boldsymbol{x})$的方式是选择

$$g^{*}(\boldsymbol{x})=\arg\max_k p(\omega_k\mid\boldsymbol{x})$$

至此，在没有显式地计算预期风险$R_{(g)}$的情况下，成功地证明了定理 10.2.1。在模式分类问题中，这种预期风险本质上代表了分类误差的概率，这可以作为底层分类器的良好性能指标。我们将进一步研究如何计算$R_{(g)}$进行分类。如图 10.4 所示，任何决策规则$g(\boldsymbol{x})$都将整个特征空间划分为K个区域：$O_1,O_2,\cdots,O_K$，每个区域都对应一个类。因此可得：

$$R(g)=\Pr(\text{error})=1-\Pr(\text{correct})$$
$$=1-\sum_{k=1}^{K}\Pr(\boldsymbol{x}\in O_k,\omega_k)^{②}$$

---

① 注意

$$p(\boldsymbol{x},\omega_k)=p(\boldsymbol{x})p(\omega_k\mid\boldsymbol{x})$$
$$l(\omega_k,g(\boldsymbol{x}))=\begin{cases}0 & \omega_k=g(\boldsymbol{x})\\1 & \omega_k\neq g(\boldsymbol{x})\end{cases}$$

② $\Pr(\boldsymbol{x}\in O_k,\omega_k)$表示模式$\boldsymbol{x}$落入区域$O_k$内的概率，同时，其正确标签为$\omega_k$。根据定义，我们将所有$\boldsymbol{x}\in O_k$分类为$\omega_k$。因此，$\Pr(\boldsymbol{x}\in O_k,\omega_k)$代表$\omega_k$类的正确分类概率。

$$=1-\sum_{k=1}^{K}\Pr(\omega_k)\int_{\boldsymbol{x}\in O_k}p(\boldsymbol{x}\mid\omega_k)\mathrm{d}\boldsymbol{x} \tag{10.3}$$

在所有可能的决策规则中，最大后验概率决策规则 $g^*(\boldsymbol{x})$ 产生最低分类误差概率，$R(g^*)$ 也称为贝叶斯错误。如图 10.5 所示，任意决策规则总是包含一些可减少的错误，可以通过调整决策边界来消除这类错误。贝叶斯错误对应于基本问题规范中固有的最小不可减少错误。

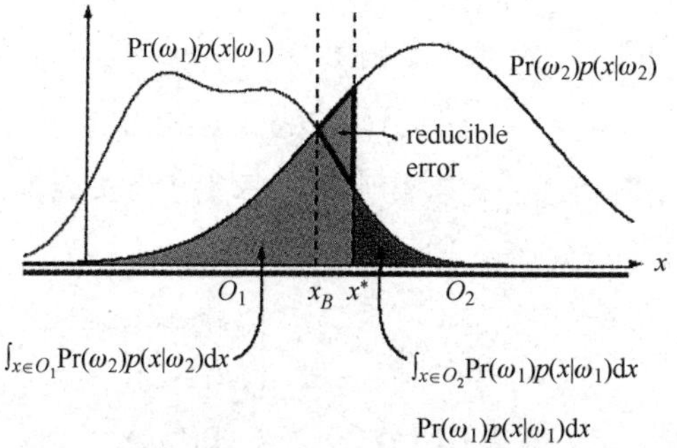

图 10.5　错误概率显示为一个简单的两类情况。可以通过将决策边界从 x^* 调整到 x_B 来消除可减少的错误，这代表了产生最低错误概率的最大后验概率决策规则，即贝叶斯错误（来源：文献[57]）。

当然，由于积分中决策区域的不连续性，即使对于许多简单的情况，等式（10.3）中的积分也不容易计算。通常必须依赖一些上界或下界来分析贝叶斯错误[93]。实践中的另一种常见方法是使用独立测试集对 $R(g)$ 进行经验评估。

在这里，让我们首先使用一个简单的例子，进一步探讨如何在某些完全指定联合分布的情况下，导出 MAP 决策规则。在下面的例子中，我们考虑一个只涉及独立二元特征的两类分类问题：

例 10.2.1　具有独立二元特征的分类

假设两类（ω_1 和 ω_2）的先验概率表示为 $\Pr(\omega_1)$ 和 $\Pr(\omega_2)$。假设每个样本都可以用 d 个二元问题进行评估。根据这些问题的答案（是/否），每个样本可以用 d 个独立的二元（0 或 1）特征表示为 $=[x_1,x_2,\cdots,x_d]^{\mathrm{T}}$，其中 $x_i\in\{0,1\},\forall i=1,2,\cdots,d$。推导出这两个类的 MAP 决策规则。

首先，$\Pr(x_i=1\mid\omega_1)$ 表示类 ω_1 中任意样本第 i 个问题的回答为“是”的概率，表示为 $\alpha_i\triangleq\Pr(x_i=1\mid\omega_1)$。类 ω_1 中任意样本第 i 个问题的回答为“否”的概率必须为 $1-\alpha_i$，因为

所有问题都是二元的（是/否）。同样，对于 ω_2 内所有样本，将第 i 个问题的回答为“是”的概率表示为 $\beta_i \triangleq \Pr(x_i = 1 | \omega_2)$。同样地，$\omega_2$ 中任意样本的回答为“否”的概率为 $1-\beta_i$。给定任意 $\boldsymbol{x}$，因为所有这些特征都是独立的，所以对于每一类，我们有以下伯努利分布：

$$p(\boldsymbol{x} | \omega_1) = \prod_{i=1}^{d} \alpha_i^{x_i} (1-\alpha_i)^{1-x_i}$$ ①

$$p(\boldsymbol{x} | \omega_2) = \prod_{i=1}^{d} \beta_i^{x_i} (1-\beta_i)^{1-x_i}$$

最大后验概率规则可以如下构造：$\boldsymbol{x}$ 归为 ω_1 类的条件是

$$\Pr(\omega_1) \cdot p(\boldsymbol{x} | \omega_1) \geqslant \Pr(\omega_2) \cdot p(\boldsymbol{x} | \omega_2),$$

否则归为 ω_2 类。如果取两边的对数，则可以导出 MAP 规则作为线性决策边界，如下所示：

$$g(\boldsymbol{x}) = \sum_{i=1}^{d} \lambda_i x_i + \lambda_0 = \begin{cases} \geqslant 0 \Rightarrow \omega_1 \\ < 0 \Rightarrow \omega_2 \end{cases},$$

其中，$\lambda_i = \ln \dfrac{\alpha_i (1-\beta_i)}{\beta_i (1-\alpha_i)}$，$\lambda_0 = \sum_{i=1}^{d} \ln \dfrac{1-\alpha_i}{1-\beta_i} + \ln \dfrac{\Pr(\omega_1)}{\Pr(\omega_2)}$。

请注意，由于底层特征的特性，贝叶斯决策理论将自然产生这种线性分类边界。这与第 6 章中的情况大不相同，在第 6 章首先假设了模型为线性模型。

10.2.2 回归生成模型

如果生成模型用于回归问题，如图 10.6 所示，则输出 y 是连续的（假设 $\boldsymbol{x} \in \mathbf{R}^d$，$y \in \mathbf{R}$）。与之前类似，$\boldsymbol{x}$ 和 y 都是随机变量，假设它们的联合分布为 $p(\boldsymbol{x}, y)$。与标准回归问题一样，如果观察到一个输入样本为 $\boldsymbol{x}_0$，我们会尝试对相应的输出 y 做出最佳估计。

图 10.6　回归生成模型的使用

同样，贝叶斯决策理论表明，该回归问题的最佳决策规则是使用以下条件均值：

① 已知 $x_i \in \{0,1\}$，可以证明

$$\alpha_i^{\boldsymbol{x}_i} (1-\alpha_i)^{1-\boldsymbol{x}_i} = \begin{cases} \alpha_i & \text{if } \boldsymbol{x}_i = 1 \\ 1-\alpha_i & \text{if } \boldsymbol{x}_i = 0 \end{cases}$$

$$g^*(\boldsymbol{x}_0)=E(y\mid\boldsymbol{x}_0)=\int_y y\cdot p(y\mid\boldsymbol{x}_0)\mathrm{d}\boldsymbol{y}$$ ①

此外，我们还有以下定理来证明使用该条件均值进行回归的最优性：

定理 10.2.2 （回归）假设 $p(\boldsymbol{x},y)$ 已知且 y 连续，当 $\boldsymbol{x}$ 用于预测 yl 时，条件均值 $\mathbb{E}(y\mid\boldsymbol{x})$ 产生最低预期风险（使用均方损失）。

证明：

因为所有回归问题都使用平方损失函数（即 $l(y,y')=(y-y')^2$ ），所以任何规则的预期风险为 $\boldsymbol{x}\to g(\boldsymbol{x})\in\mathbf{R}$ ：

$$\begin{aligned}R(g)&=E_{p(\boldsymbol{x},y)}[l(y,g(\boldsymbol{x}))]\\&=\int_x\int_y[y-g(\boldsymbol{x})]^2p(\boldsymbol{x},y)\mathrm{d}\boldsymbol{x}\mathrm{d}y\\&=\int_x\underbrace{\left[\int_y[y-g(\boldsymbol{x})]^2p(y\mid\boldsymbol{x})\mathrm{d}y\right]}_{Q(g|\boldsymbol{x})}p(\boldsymbol{x})\mathrm{d}\boldsymbol{x}\end{aligned}$$

因为 $p(\boldsymbol{x})>0$，因此如果我们可以最小化每个 $\boldsymbol{x}$ 的 $Q(g\mid\boldsymbol{x})$，就能够将 $R(g)$ 作为一个整体进行最小化。这里，我们计算 $Q(g\mid\boldsymbol{x})$ 对（w.r.t.） g 的偏导数，并将其化为零，如下所示：

$$\begin{aligned}&\frac{\partial Q(g\mid\boldsymbol{x})}{\partial g(\cdot)}=0\Rightarrow\int_y(g(\boldsymbol{x})-y)p(y\mid\boldsymbol{x})\mathrm{d}y=0\\&\Rightarrow g^*(\boldsymbol{x})=\int_y y\cdot p(y\mid\boldsymbol{x})\mathrm{d}y=E(y\mid\boldsymbol{x})。\end{aligned}$$

10.3 统计数据建模

我们从贝叶斯决策理论中已经了解到，只要给出真正的联合分布 $p(\boldsymbol{x},y)$，最优决策规则只依赖于条件分布，而条件分布可以很容易地从给定的联合分布中导出。但在任何实际情况下，都不知道真正的联合分布 $p(\boldsymbol{x},y)$。通常情况下，我们甚至不知道真实分布的函数

① 众所周知，这个条件分布可以很容易地从给定的联合分布 $p(\boldsymbol{x},y)$ 中导出：

$$p(y\mid\boldsymbol{x}_0)=\frac{p(\boldsymbol{x}_0,y)}{p(\boldsymbol{x}_0)}=\frac{p(\boldsymbol{x}_0,y)}{\int_y p(\boldsymbol{x}_0,y)\mathrm{d}y}$$

形式，更不用说真实分布本身了。因此，最优贝叶斯决策规则在实践中是不可行的。本节将探讨如何在无法获得输入和输出随机变量的真实联合分布的现实情况下做出最佳决策。之后，我们将以模式分类为例来解释该方法，该方法可以很容易地扩展到其他机器学习问题。

实际上，真正的联合分布 $p(\boldsymbol{x}, y)$ 通常未知，但可以从中收集一些训练样本，将其记为

$$\mathscr{D}_N = \{(\boldsymbol{x}_1, y_1), (\boldsymbol{x}_2, y_2), \cdots, (\boldsymbol{x}_N, y_N)\}$$

其中每一个都是从这个未知分布中抽取的随机样本，即，$(\boldsymbol{x}_i, y_i) \sim p(\boldsymbol{x}, y)$ ($\forall i = 1, 2, \cdots, N$)。在实践中，人们面临的关键问题不是如何基于未知的联合分布构造最佳决策，而是如何基于从该分布中随机抽取的有限训练样本集做出最佳决策。人们通常使用一种被称为统计数据建模的方法。换句话说，首先选择一些参数概率模型来近似未知的真实分布，然后使用收集的训练样本估计所有相关参数。完成后，将估计的统计模型代入最佳最大后验概率决策规则，就像它是真实的数据分布一样，这将产生所谓的插件最大后验概率决策规则[80,81,104]。如图 10.7 所示，未知数据分布首先通过一些简单的概率模型（如虚线所示）进行近似，然后将这些估计的概率模型代入最优贝叶斯决策规则，推导出插件最大后验概率决策规则。在这种情况下，这些概率模型也称为生成模型或统计模型。此后，本书将交替使用这三个术语，它们都代表用于近似未知真实数据分布的参数概率模型。

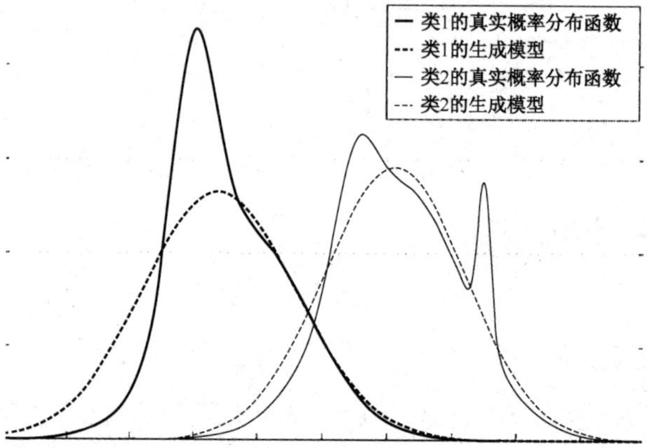

图 10.7　插件最大后验概率决策规则，该规则依赖于两个概率模型（虚线表示），用于近似未知的真实数据分布，但这可能很复杂。

此处，我们将以模式分类为例，阐明插件最大后验概率决策规则与从贝叶斯决策理论导出的最优最大后验概率规则之间的区别。如等式（10.2）所示，K 类分类问题的最优最

大后验概率决策规则依赖于后验概率 $p(\omega_k \mid \boldsymbol{x})(\forall k=1,2\cdots K)$，可根据先验概率 $\Pr(\omega_k)$ 和类条件分布 $p(\boldsymbol{x} \mid \omega_k)(\forall k=1,2\cdots K)$ 计算得出。实际上，因为无法获得真实的概率分布 $\Pr(\omega_k)$ 和 $p(\boldsymbol{x} \mid \omega_k)$，我们使用一些参数概率模型来近似它们，如下所示：

$$\Pr(\omega_k) \approx \hat{p}_\lambda(\omega_k)$$
$$p(\boldsymbol{x} \mid \omega_k) \approx \hat{p}_{\boldsymbol{\theta}_k}(\boldsymbol{x}) \quad (\forall k=1,2\cdots K)$$

其中，$\boldsymbol{\Lambda}=\{\lambda,\theta_1,\cdots,\theta_K\}$ 表示所选概率模型的模型参数。所选模型指定了分布的函数形式。此外，如果我们能够根据收集的训练样本 $\mathscr{D}_N$ 估计所有模型参数 $\boldsymbol{\Lambda}$，那么这些估计的概率模型可以作为未知真实分布的近似值。将这些估计模型替换为最优贝叶斯决策规则中的真实数据分布，导出插件 MAP 决策规则，如下所示：

$$\hat{g}(\boldsymbol{x})=\arg\max_k \hat{p}_\lambda(\omega_k)\hat{p}_{\boldsymbol{\theta}_k}(\boldsymbol{x}) \tag{10.4}$$

插件最大后验概率规则 $\hat{g}(\boldsymbol{x})$ 与最优最大后验概率规则 $g^*(\boldsymbol{x})$ 有根本不同，因为 $gN(\boldsymbol{x})$ 不能保证最佳性。然而，如 Glick[80]所示，如果所选择的概率模型是真实分布的一致无偏估计量，那么随着训练样本量 N 的增加①（$N \to \infty$），插件最大后验概率规则 $\hat{g}(\boldsymbol{x})$ 几乎肯定会收敛到最优最大后验概率决策规则 $g^*(\boldsymbol{x})$。

迄今为止讨论的模式分类统计数据建模过程中的关键步骤可总结如下：

统计数据建模

假设收集了一些训练样本：

$$\mathscr{D}_N=\{(\boldsymbol{x}_1,y_1),\cdots,(\boldsymbol{x}_N,y_N)\}$$

其中每个 $(\boldsymbol{x}_i,y_i)\sim p(\boldsymbol{x},y)(\forall i=1,2,\cdots,N)$。

1．选择一些概率模型：

$$\Pr(\omega_k) \approx \hat{p}_\lambda(\omega_k)$$
$$p(\boldsymbol{x} \mid \omega_k) \approx \hat{p}_{\boldsymbol{\theta}_k}(\boldsymbol{x})(\forall k=1,2,\cdots,K)$$

2．估计模型参数

$$\mathscr{D}_N \to \{\lambda,\boldsymbol{\theta}_1,\cdots,\boldsymbol{\theta}_K\}$$

3．运用插件 MAP 规则

$$\hat{g}(\boldsymbol{x})=\arg\max_k \hat{p}_\lambda\left(\omega_k\right)\cdot \hat{p}_{\boldsymbol{\theta}_k}(\boldsymbol{x})$$

① 当使用的数据点数量无限增加时，如果估计值在概率上收敛到真值，则称其为一致的。

在以上三个步骤中，一旦估计所选的概率模型，插件最大后验概率规则就相当简单。这里的核心问题是如何为底层任务选择合适的生成模型，以及如何有效地估计未知模型参数。第 10.4 节介绍了如何估计所选生成模型的参数，第 10.5 节解释了为潜在问题选择适当模型的基本原则，并概述了一些用于生成建模的重要模型类别。以下几章将把这些模型作为主要类别进行进一步研究：第 11 章中的单峰模型、第 12 章中的混合模型、第 13 章中的纠缠模型，以及第 15 章中更通用的图形模型。

10.4 密度估计

我们在统计数据建模过程的讨论中已经看到过，在应用插件最大后验概率决策规则之前，需要考虑的基本问题是如何基于可能从该分布中提取的有限训练样本集，估计未知数据分布。这是统计学中的一个标准问题，即密度估计。我们通常采用所谓的参数方法来解决这个问题。换句话说，首先选择一些参数概率模型，然后从有限的训练样本集中估计相关参数。这种方法的优点是，可以将一个极具挑战性的密度估计问题转化为一个相对简单的参数估计问题。通过估计参数，可以找到一些预先指定的生成模型族中未知数据分布的最佳拟合。与判别模型类似，生成模型的参数估计也可以表示为标准优化问题。主要区别在于需要依赖不同的标准来构建生成模型的目标函数。接下来将探讨最流行的参数密度估计方法，即最大似然估计（MLE）。

10.4.1 最大似然估计

假设我们有兴趣根据随机抽取的样本估计未知数据分布 $p(x)$，即 $\mathscr{D}_N = \{\boldsymbol{x}_1, \boldsymbol{x}_2 \cdots, \boldsymbol{x}_N\}$，其中每个样品 $\boldsymbol{x}_N \sim p(\boldsymbol{x})(\forall i = 1, 2 \cdots, N)$。密度估计中的一个重要假设是这些样本是独立恒等分布的 (i.i.d.)，这意味着所有这些样本都来自相同的概率分布，并且相互独立。我们稍后将看到，i.i.d. 假设将大大简化密度估计中的参数估计问题。在参数密度估计方法中，我们首先选择概率模型 $\hat{p}_{\boldsymbol{\theta}}(\boldsymbol{x})$，以近似该未知分布 $p(\boldsymbol{x})$，其中 $\boldsymbol{\theta}$ 表示所选模型的参数。然后根据收集的训练样本 $\mathscr{D}_N$ 估计未知模型参数 $\boldsymbol{\theta}$。该参数估计问题最常用的方法名为 MLE。MLE 的基本思想是基于假定的概率模型，最大化观测所有训练样本 $\mathscr{D}_N$ 的联合概率，从而估计未知参数。也就是，

$$\begin{aligned}\boldsymbol{\theta}_{\text{MLE}} &= \arg\max_{\boldsymbol{\theta}} \hat{p}_{\boldsymbol{\theta}}(\mathscr{D}_N) \\ &= \arg\max_{\boldsymbol{\theta}} \hat{p}_{\boldsymbol{\theta}}(\boldsymbol{x}_1, \boldsymbol{x}_2, \cdots, \boldsymbol{x}_N) \\ &= \arg\max_{\boldsymbol{\theta}} \prod_{i=1}^{N} \hat{p}_{\boldsymbol{\theta}}(\boldsymbol{x}_i)^{①}\end{aligned} \tag{10.5}$$

目标函数 $\hat{p}_{\boldsymbol{\theta}}(\boldsymbol{x}_1, \boldsymbol{x}_2 \cdots, \boldsymbol{x}_N)$ 通常称为似然函数②（原因见注释）。直观地说，最大似然估计在预先指定的模型族中搜索最佳模型，以匹配给定的训练样本，并提供对观测样本最合理的解释。在所有密度估计方法中，最大似然估计是最常用的方法，因为它总是得到最简单的解。此外，最大似然估计也有一些很好的理论性质。例如，最大似然估计理论上是一致的，这意味着如果模型 $\hat{p}_{\boldsymbol{\theta}}(\boldsymbol{x})$ 是真实的（即，样本是由基础模型真正生成的），那么随着样本越来越多，最大似然估计解逐渐收敛到其真实值。

在许多情况下，使用似然函数的对数比使用似然函数本身更方便。如果我们将对数似然函数表示为

$$l(\boldsymbol{\theta}) = \ln p_{\boldsymbol{\theta}}(\mathscr{D}_N) = \sum_{i=1}^{N} \ln p_{\boldsymbol{\theta}}(\boldsymbol{x}_i),$$

可以等效地将 MLE 写成如下：

$$\begin{aligned}\boldsymbol{\theta}_{\text{MLE}} &= \arg\max_{\boldsymbol{\theta}} l(\boldsymbol{\theta}) \\ &= \arg\max_{\boldsymbol{\theta}} \sum_{i=1}^{N} \ln p_{\boldsymbol{\theta}}(\boldsymbol{x}_i)\end{aligned} \tag{10.6}$$

注意，等式中的最大似然公式在等式（10.5）和等式（10.6）中是等价的，因为对数函数是一个单调递增函数，在目标函数的最佳点出现的位置不会发生变化。对于一些简单的概率模型，等式（10.6）中的优化问题可以用微分或拉格朗日乘子法轻松解决。对于混合

---

① 最后一步基于 i.i.d.假设，这表明所有训练样本都是相互独立的。

② 对于任意概率模型 $\hat{p}_{\boldsymbol{\theta}}(\boldsymbol{x})$：

a．如果给定并固定了模型参数 $\boldsymbol{\theta}$，则视 $\hat{p}_{\boldsymbol{\theta}}(\boldsymbol{x})$ 为 $\boldsymbol{x}$ 的函数。在这种情况下，它是整个有限元空间的概率函数，$\hat{p}_{\boldsymbol{\theta}}(\boldsymbol{x})$ 大致表示观测到每个 $\boldsymbol{x}$ 的概率。它满足所有 $\boldsymbol{x}$ 总和为 1 的约束：

$$\int_{\mathbf{x}} \hat{p}_{\boldsymbol{\theta}}(\boldsymbol{x}) \mathrm{d}\boldsymbol{x} = 1$$

b．如果 $\boldsymbol{x}$ 是固定的，则视 $\hat{p}_{\boldsymbol{\theta}}(\boldsymbol{x})$ 为模型参数 $\boldsymbol{\theta}$ 的函数，通常称为似然函数。请注意，对于模型空间中的所有 $\boldsymbol{\theta}$ 值，似然函数不满足总和为 1 的约束，即，

$$\int_{\boldsymbol{\theta}} \hat{p}_{\boldsymbol{\theta}}(\boldsymbol{x}) \mathrm{d}\boldsymbol{\theta} \neq 1$$

模型和图形模型等其他流行的生成模型，我们可以使用一些特殊的优化方法，如第 12.2 节中的期望最大化（EM）方法，这些方法比模型的通用梯度下降法更有效。我们将在后面的章节中回顾这些方法。

这里用一个简单的例子来说明，如何使用微分来推导一个简单高斯模型的最大似然估计的闭形解。

例 10.4.1 假设有一组从未知分布中提取的 i.i.d.真实标量的训练集：

$$\mathscr{D} = \{x_1, x_2, \cdots, x_N\} \quad (x_i \in \mathbf{R}, \forall i = 1, 2, \cdots N)$$

选择使用一元高斯近似未知分布，如下所示：

$$p_\theta(x) = \mathcal{N}(x \mid \mu, \sigma^2) = \frac{1}{\sqrt{2\pi\sigma^2}} e^{-\frac{(x-\mu)^2}{2\sigma^2}}$$

基于 $\mathscr{D}$ 推导未知参数的最大似然估计（即 μ 和 σ^2）。

首先，给定 $\mathscr{D}$，对数似然函数可以写成

$$l(\mu, \sigma^2) = \sum_{i=1}^{N} \ln p_\theta(x_i) = \sum_{i=1}^{N} \left[-\frac{\ln(2\pi\sigma^2)}{2} - \frac{(x_i - \mu)^2}{2\sigma^2} \right]$$

用一种简单的微分方法解决等式（10.6）中的优化问题：

$$\frac{\partial l(\mu, \sigma^2)}{\partial \mu} = 0 \Rightarrow \mu_{\text{MLE}} = \frac{1}{N} \sum_{i=1}^{N} x_i \text{ ①}$$

$$\frac{\partial l(\mu, \sigma^2)}{\partial \sigma^2} = 0 \Rightarrow \sigma^2_{\text{MLE}} = \frac{1}{N} \sum_{i=1}^{N} (x_i - \mu_{\text{MLE}})^2 \text{ ②}$$

对于这种简单的情况，高斯均值和高斯方差的最大似然估计等于给定训练样本的样本均值和样本方差。

---

①

$$\frac{\partial l(\mu, \sigma^2)}{\partial \mu} = -\frac{1}{\sigma^2} \sum_{i=1}^{N} (x_i - \mu)$$

②

$$\frac{\partial l(\mu, \sigma^2)}{\partial \sigma^2} = -\frac{N}{2\sigma^2} + \frac{1}{2(\sigma^2)^2} \sum_{i=1}^{N} (x_i - \mu)^2$$

10.4.2 最大似然分类器

在 K 类模式分类问题的统计数据建模过程中使用最大似然法估计模型参数时，我们首先选择 K 个概率模型 $\hat{p}_{\boldsymbol{\theta}_k}(\boldsymbol{x})$ 来近似所有类 $k=1,\cdots,K$ 的类相关分布 $p(\boldsymbol{x}\,|\,\omega_k)$。

然后，收集每一类的训练集：

$$\mathscr{D}_k \sim p(\boldsymbol{x}\,|\,\omega_k) \quad (k=1,\cdots,K)$$

接下来，我们应用最大似然法估计每一类的模型参数：

$$\boldsymbol{\theta}_k^* = \arg\max_{\boldsymbol{\theta}_k} \hat{p}_{\boldsymbol{\theta}_k}(\mathscr{D}_k) \quad (k=1,\cdots,K)$$

最后将估计模型 $\hat{p}_{\boldsymbol{\theta}_k^*}(\boldsymbol{x})(k=1,\cdots,K)$ 用于插件最大后验概率规则中，以代替未知类别条件分布，对所有新模式进行分类。

10.5 生成模型（概括）

根据前面内容可知从理论上讲，由于插件最大后验概率决策规则依赖于近似未知真实数据分布的密度估计器，因此不是最优的。实际上，插件最大后验概率规则的性能在很大程度上取决于我们是否为底层数据分布选择了良好的概率模型。一般来说，一个好的模型反映了底层数据的性质，并且需要足够复杂，以捕获数据中的关键依赖关系。另一方面，模型结构应足够简单，便于计算处理。图 10.8 列出了许多可用于各种数据类型的流行生成模型。模型的复杂性通常从左到右递增，每个箭头都表示一个更简单的生成模型扩展到一个更复杂的模型。在接下来的章节中，我们将详细探讨这些模型的定义，以及如何从训练样本中学习这些模型。这里首先快速概述一下这些生成模型。

如图 10.8 所示，将模型选择区分为连续数据和离散数据。出现连续数据时，高斯分布起着至关重要的作用。如果高维连续数据遵循单峰分布，则可以使用多元高斯模型。对于更复杂的分布，我们可以使用有限混合的思想，构造高斯混合模型（GMM）。此外，高斯混合模型还可以扩展到连续序列数据的连续密度隐马尔可夫模型（HMM）。第 12 章将这些模型作为混合模型进行了详细讨论。另一个想法是使用随机变量的一些变换，将简单的高斯转换为更复杂的高斯，例如因素分析、线性高斯模型和深层生成模型。第 13 章将这些模型作为纠缠模型进行讨论。生成模型可以通过在模型结构中引入任意依赖性而变得非常通用，这就形成了任意连续数据的通用高斯图形模型。第 15 章讨论了图形模型。另一方面，多项式分布是所有离散数据生成模型的基本组成部分。基于马尔可夫假设，为离散序列数据引入一组多项式分布，可以产生马尔可夫链（将在第 11 章中讨论）。这些模型的复杂性可以通过有限混合的相同想法得到增强，这形成了多项式（MMM）和离散密度马尔可夫模型的混合（见第 12 章）。此外，我们可以导出离散数据的任意相关多项式图形模型（见第 15 章）。

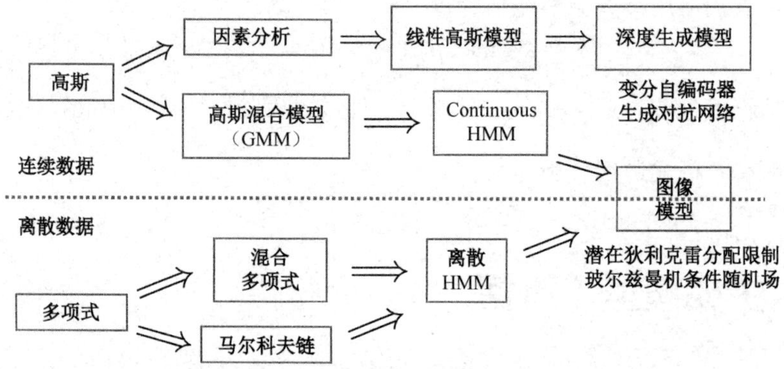

图 10.8　统计数据建模的一些重要生成模型的流程图（模型复杂度从左到右递增，每个箭头表示一个更简单的生成模型扩展到一个更复杂的模型）

随着将图 10.8 中的模型谱中从左向右移动，模型能力增加，因此这些模型可以用来近似越来越复杂的分布。然而，这些模型的计算复杂度通常也会从左向右增加。其中，马尔可夫模型是一个显著的里程碑：通常认为马尔可夫模型左边的所有模型（包括马尔可夫模型）计算效率高，因此这些模型可以应用于大规模任务，而不存在任何重大计算困难。另一方面，马尔可夫模型右边的所有模型（包括所有通用的图形模型）都不能以有效的方式计算，因此它们只适用于小规模问题，或者我们必须依赖近似方案来获得更大问题的粗略解。

最后，简要探讨机器学习中生成模型与判别模型的优缺点。生成模型代表了一个更通用的机器学习框架，在计算上比一般的判别模型更昂贵。以模式分类为例，判别模型的学习只需要关注如何学习不同类别之间的分离边界。一旦掌握了这些界限，任何新的模式都可以相应地进行分类。另一方面，生成模型关注的是学习整个特征空间中的数据分布。一旦数据分布已知，就可以通过最大后验概率规则（或插件最大后验概率规则）简单地导出决策边界。从概念上讲，密度估计比分离边界的学习困难得多。最后，生成模型的优势在于，它可以基于某些完全或部分已知的数据生成机制，显式地为基础数据的关键依赖项建模。通过明确探索这些先验知识来源，我们能够为特定应用场景中产生的数据推导出比使用判别模型的黑盒方法更精简的生成模型。这些问题将在第 15 章中进一步讨论。

练习

Q10.1 在图 10.2 生成模型 $p(\mathbf{x},\omega)$ 中，假设特征向量 $\mathbf{x}$ 由两部分组成，$\mathbf{x}=[\mathbf{x}_g;\mathbf{x}_b]$，其中 $\mathbf{x}_b$ 表示由于某种原因无法观察到的一些缺失分量。推导出最佳决策规则，使用 $p(\mathbf{x}_g,\mathbf{x}_b,\omega)$ 并仅根据观察到的部分 $\mathbf{x}_g$ 对任意输入 $\mathbf{x}$ 进行分类。

Q10.2 假设在两个维度中有三个类，其基本分布如下：

- 类别 ω_1： $p(\mathbf{x}\mid\omega_1)=N(0,\mathbf{I})$。
- 类别 ω_2： $p(\mathbf{x}\mid\omega_2)=N\left(\begin{bmatrix}1\\1\end{bmatrix},\mathbf{I}\right)$。
- 类别 ω_3： $p(\mathbf{x}\mid\omega_3)=\frac{1}{2}N\left(\begin{bmatrix}0.5\\0.5\end{bmatrix},\mathbf{I}\right)+\frac{1}{2}N\left(\begin{bmatrix}-0.5\\0.5\end{bmatrix},\mathbf{I}\right)$。

这里，$N(\boldsymbol{\mu},\boldsymbol{\Sigma})$ 表示一个二维高斯分布，均值向量为 $\boldsymbol{\mu}$，协方差矩阵为 $\boldsymbol{\Sigma}$，$\mathbf{I}$ 为单位矩阵。假设类先验概率 $\Pr(\omega_1)=1/3, i=1,2,3$。

a. 基于最大后验概率决策规则，对特征 $\mathbf{x}=\begin{bmatrix}0.25\\0.25\end{bmatrix}$ 进行分类。

b. 假设第一个特征缺失。使用 Q10.1 推导的最佳规则分类对 $\mathbf{x}=\begin{bmatrix}*\\0.25\end{bmatrix}$ 进行分类。

c. 假设第二个特征缺失。使用 Q10.1 中的最佳规则对 $\mathbf{x}=\begin{bmatrix}0.25\\*\end{bmatrix}$ 进行分类。

Q10.3 假设可以在模式分类任务中拒绝无法识别的输入。对于属于 ω 类的输入 $\mathbf{x}$，我们可以为任何决策规则 $g(\mathbf{x})$ 定义一个新的损失函数，如下所示：

$$l(\omega,g(\mathbf{x}))=\begin{cases}0 & : \quad g(\mathbf{x})=\omega\\ 1 & : \quad g(\mathbf{x})\neq\omega\\ \lambda_r & : \quad \text{rejection}\end{cases}$$

其中，$\lambda_r\in(0,1)$ 是选择拒绝行为所产生的损失。推导出该三方损失函数的最优决策规则。

Q10.4 给定一组数据样本$\{x_1, x_2, \cdots, x_n\}$，假设数据遵循如下指数分布：

$$p(x \mid \theta) = \begin{cases} \theta e^{-\theta x} & : \quad x \geqslant 0 \\ 0 & : \quad 其他 \end{cases}$$

推导参数$\boldsymbol{\theta}$的最大似然估计。

Q10.5 给定一组训练样本$\mathscr{D}_N = \{\boldsymbol{x}_1, \boldsymbol{x}_2 \cdots, \boldsymbol{x}_N\}$，对应于$\mathscr{D}_N$的经验分布定义如下：

$$S(\boldsymbol{x} \mid \mathscr{D}_N) = \frac{1}{N} \sum_{i=1}^{N} \delta(\boldsymbol{x} - \boldsymbol{x}_i)$$

其中$\delta(\cdot)$表示狄拉克的德尔塔函数。验证最大似然估计与最小化经验分布和生成模型$\hat{p}_{\boldsymbol{\theta}}(\boldsymbol{x})$描述的数据分布之间的库尔贝克-莱布尔（KL）差异相同：

$$\boldsymbol{\theta}_{\text{MLE}} = \arg\min_{\boldsymbol{\theta}} \text{KL}(S(\boldsymbol{x} \mid \mathscr{D}_N) \,\|\, \hat{p}_{\boldsymbol{\theta}}(\mathscr{D}_N))$$

第11章

单峰模型

本章首先考虑如何学习生成模型来近似一些简单的数据分布，在这类简单数据分布中，概率质量仅集中在特征空间的单个区域。

通常可以利用单峰模型很好地近似这类数据分布。一般来说，单峰模型表示具有单峰的概率分布。单峰函数可以很好地定义单峰性。如果一元函数具有唯一模式，即单个局部最大值（如图 11.1 所示），则将其视为单峰函数。我们可以进一步扩展这个定义，以涵盖所有有界单调函数（如图 11.2 所示）。在这个扩展定义下，大多数常见的单变量概率模型都是单峰的，包括正态分布、二项分布、泊松分布、均匀分布、学生 t 分布、γ 分布和指数分布。

另一方面，为多元函数定义单峰函数并非易事[53]。本章采用了一个简单直观的定义：如果多个随机变量联合概率分布的所有单变量边际分布都是单峰的，则称其为单峰。例如，多项式分布包含一个随机向量，我们知道每个元素的边际分布是一个二项式分布，也就是我们知道的单峰分布。基于这个定义，我们称所有的多项式分布都是单峰的。同样，我们可以验证多元高斯分布和所谓的广义线性模型[171]在这个意义上也是单峰的。

以下各节介绍了在机器学习中发挥重要作用的几种单峰模型，如第 11.1 节中高维连续数据的多元高斯模型和第 11.2 节中离散数据的多项式模型。此外，第 11.3 节介绍了马尔可夫链模型，该模型采用马尔可夫假设，对具有许多多项式分布的离散序列进行建模。最后，作为特例，我们将考虑一组称为广义线性模型[171]的单峰模型，包括逻辑回归、概率回归、泊松回归和对数线性模型。

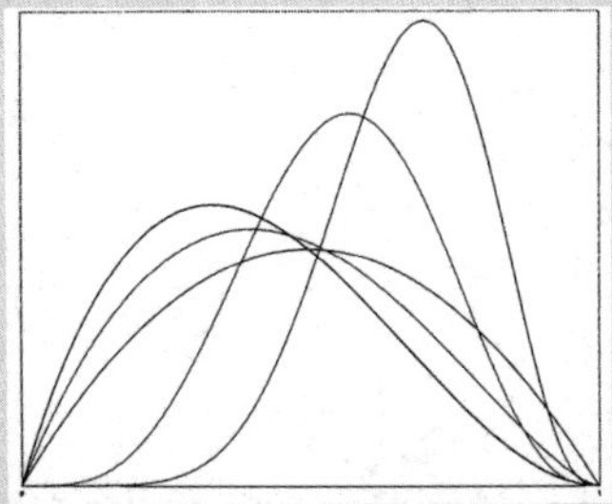

图 11.1　几种典型钟形单峰分布

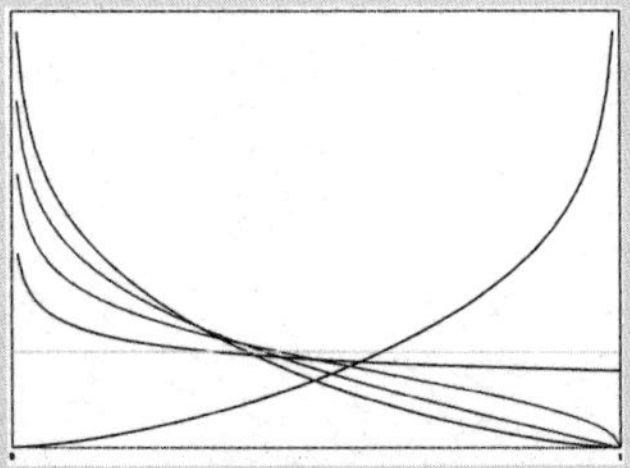

图 11.2　有界单调分布也是单峰的

11.1 高斯模型

例 10.4.1 展示了如何基于最大似然估计（MLE），用一组训练样本来估计单变量高斯模型。这里，将最大似然估计方法扩展到多元高斯模型，这些模型可以用来近似高维空间中的单峰分布。

假设拥有一组独立恒等分布（i.i.d.）的样本，这些样本是从 d 维空间中未知的单峰分布中随机抽取的：

$$\mathscr{D}=\{\boldsymbol{x}_1,\boldsymbol{x}_2,\cdots,\boldsymbol{x}_N\},$$

其中，对所有的 $i=1,2,\cdots,N$，$\boldsymbol{x}_i\in\mathbf{R}^d$。

在这里，我们选择使用多元高斯模型来近似未知的单峰分布：

$$p_{\mu,\Sigma}(\boldsymbol{x})=\mathcal{N}(\boldsymbol{x}\mid\boldsymbol{\mu},\boldsymbol{\Sigma})=\frac{1}{(2\pi)^{d/2}\mid\boldsymbol{\Sigma}\mid^{1/2}}\mathrm{e}^{-\frac{(\boldsymbol{x}-\mu)T_{\Sigma}^{-1}(x-\boldsymbol{\mu})}{2}} \quad (11.1)$$ ①

其中，$\boldsymbol{\mu}\in\mathbf{R}^d$ 表示均值向量，$\boldsymbol{\Sigma}\in\mathbf{R}^{d\times d}$ 表示协方差矩阵。这两个参数都是未知的模型参数，根据 $\mathscr{D}$ 中给定的训练样本对二者进行估计。接下来将了解如何使用最大似然估计方法从 $\mathscr{D}$ 中学习 $\boldsymbol{\mu}$ 和 $\boldsymbol{\Sigma}$。

首先，给定 $\mathscr{D}$，对数似然函数可以表示为：

① 多元高斯分布中的指数：

$$[(\boldsymbol{x}-\boldsymbol{\mu})^{\mathrm{T}}]_{1\times d}[\boldsymbol{\Sigma}^{-1}]_{d\times d}[\boldsymbol{x}-\boldsymbol{\mu}]_{d\times 1}=[\cdot]_{1\times 1}$$

$$l(\boldsymbol{\mu},\boldsymbol{\Sigma})=\sum_{i=1}^{N}\ln p_{\mu,\Sigma}(\boldsymbol{x}_i)$$
$$=C-\frac{N}{2}\ln|\boldsymbol{\Sigma}|-\frac{1}{2}\sum_{i=1}^{N}(\boldsymbol{x}_i-\boldsymbol{\mu})^{\mathrm{T}}\boldsymbol{\Sigma}^{-1}(\boldsymbol{x}_i-\boldsymbol{\mu}) \tag{11.2}$$

其中，C 是一个与模型参数 $\boldsymbol{\mu}$ 和 $\boldsymbol{\Sigma}$ 无关的常数。

为了最大化对数似然函数 $l(\boldsymbol{\mu},\boldsymbol{\Sigma})$，我们计算了 $\boldsymbol{\mu}$ 和 $\boldsymbol{\Sigma}$ 的偏导数，然后消除偏导数，得到最大点，可得

$$\frac{\partial l(\boldsymbol{\mu},\boldsymbol{\Sigma})}{\partial\boldsymbol{\mu}}=0$$ [①]
$$\Rightarrow\sum_{i=1}^{N}\boldsymbol{\Sigma}^{-1}(\boldsymbol{\mu}-\boldsymbol{x}_i)=0$$
$$\Rightarrow\boldsymbol{\mu}_{\mathrm{MLE}}=\frac{1}{N}\sum_{i=1}^{N}\boldsymbol{x}_i \tag{11.3}$$

参考右边的两个公式，进一步推导[②]

$$\frac{\partial l(\mu,\boldsymbol{\Sigma})}{\partial\boldsymbol{\Sigma}}=0$$
$$\Rightarrow-\frac{N}{2}(\boldsymbol{\Sigma}^{\mathrm{T}})^{-1}+\frac{1}{2}(\boldsymbol{\Sigma}^{\mathrm{T}})^{-1}\left[\sum_{i=1}^{N}(\boldsymbol{x}_i-\boldsymbol{\mu})(\boldsymbol{x}_i-\boldsymbol{\mu})^{\mathrm{T}}\right](\boldsymbol{\Sigma}^{\mathrm{T}})^{-1}=0$$

如果该等式的左右两侧同时乘以 $\boldsymbol{\Sigma}^{\mathrm{T}}$，并用代入等式（11.3）中的 $\boldsymbol{\mu}_{\mathrm{MLE}}$，可推导出

$$\Rightarrow\boldsymbol{\Sigma}_{\mathrm{MLE}}=\frac{1}{N}\sum_{i=1}^{N}(\boldsymbol{x}_i-\boldsymbol{\mu}_{\mathrm{MLE}})(\boldsymbol{x}_i-\boldsymbol{\mu}_{\mathrm{MLE}})^{\mathrm{T}} \tag{11.4}$$

对于等式（11.4）中的协方差矩阵，这种最大似然估计公式的一个问题是，它估计了 $\boldsymbol{\Sigma}$ 的无 d^2 参数，因此当 d 较大时，最终可能会得到病态矩阵 $\boldsymbol{\Sigma}_{\mathrm{MLE}}$。对等式（11.1）中的高斯模型进行反演时，病态矩阵 $\boldsymbol{\Sigma}_{\mathrm{MLE}}$ 可能会导致不稳定的结果。通常对未知协方差矩阵施加一

---

① 参考第 29 页的方框，可得

$$\frac{\partial}{\partial\boldsymbol{\mu}}(\boldsymbol{x}_i-\boldsymbol{\mu})^{\mathrm{T}}\boldsymbol{\Sigma}^{-1}(\boldsymbol{x}_i-\boldsymbol{\mu})=\boldsymbol{\Sigma}^{-1}(\boldsymbol{\mu}-\boldsymbol{x}_i)$$

② 对任意方形矩阵 $\boldsymbol{A}$，参考第 29 页的方框，可得

$$\frac{\partial}{\partial\boldsymbol{A}}(\boldsymbol{x}^{\mathrm{T}}\boldsymbol{A}^{-1}\boldsymbol{y})=-(\boldsymbol{A}^{\mathrm{T}})^{-1}\boldsymbol{x}\boldsymbol{y}^{\mathrm{T}}(\boldsymbol{A}^{\mathrm{T}})^{-1}$$
$$\frac{\partial}{\partial\boldsymbol{A}}(\ln|\boldsymbol{A}|)=(\boldsymbol{A}^{-1})^{\mathrm{T}}=(\boldsymbol{A}^{\mathrm{T}})^{-1}$$

些结构约束来解决这个问题，而不是将其估计为自由 $d \times d$ 矩阵。例如，强制未知协方差矩阵为对角矩阵。在这种情况下，我们可以类似地导出这个对角协方差矩阵的最大似然估计，它的对角元素恰好等于之前的 $\boldsymbol{\Sigma}_{\mathrm{MLE}}$ 的对角元素。更多细节见练习 Q11.2。对于其他类型的结构约束，感兴趣的读者可以参考第 13.2 节因子分析和线性高斯模型。

现在，用一个例子来看看如何使用高斯模型解决一些涉及高维特征向量的模式分类问题。

例 11.1.1　用于分类的高斯模型

在模式分类问题中，假设每个模式由一个 d 维连续特征向量表示，每个类别中的所有模式都遵循一个可以用多元高斯模型近似的单峰分布。使用高斯模型推导分类器的插件最大后验概率决策规则。

假设一个分类问题涉及 K 个类：$\{\omega_1,\cdots,\omega_K\}$。首先，对于每一类 $\omega_k (k=1,\cdots,K)$ 收集一个训练集 $\mathscr{D}_k$。此外，我们为每一类 ω_k（即 $N(\boldsymbol{\mu}^{(k)},\boldsymbol{\Sigma}^{(k)}) (k=1,2,\cdots,K)$ 选择一个多元高斯模型。

接下来，使用等式（11.3）和（11.4）来估计基于采集样本的所有高斯模型：

$$\mathscr{D}_k \to \{\boldsymbol{\mu}_{\mathrm{MLE}}^{(k)},\boldsymbol{\Sigma}_{\mathrm{MLE}}^{(k)}\} \quad (k=1,\cdots,K)$$

估计的高斯模型（即，$N(\boldsymbol{\mu}_{\mathrm{MLE}}^{(k)},\boldsymbol{\Sigma}_{\mathrm{MLE}}^{(k)})$）可用于近似所有类别 $k=1,\cdots,K$ 的未知类别条件分布 $p(\boldsymbol{x},\omega_k)$。因此，任何未知模式 $\boldsymbol{x}$ 都基于以下插件 MAP 决策规则：

$$g(\boldsymbol{x}) = \arg\max_k \Pr(\omega_k)p(\boldsymbol{x}\mid\omega_k) = \arg\max_k \mathscr{N}(\boldsymbol{x}\mid\boldsymbol{\mu}_{\mathrm{MLE}}^{(k)},\boldsymbol{\Sigma}_{\mathrm{MLE}}^{(k)}),$$

其中，为了简单起见，假设所有类的概率相等；也就是说，对于所有的 k，$\Pr(\omega_k)=\dfrac{1}{k}$。

此外，通过检查不同类之间的决策边界来研究该分类器的性质。例如，取任意两类 ω_i 和 ω_j，可以很容易地证明它们之间的决策边界可以表示为

$$\mathscr{N}(\boldsymbol{x}\mid\boldsymbol{\mu}_{\mathrm{MLE}}^{(i)},\boldsymbol{\Sigma}_{\mathrm{MLE}}^{(i)}) = \mathscr{N}(\boldsymbol{x}\mid\boldsymbol{\mu}_{\mathrm{MLE}}^{(j)},\boldsymbol{\Sigma}_{\mathrm{MLE}}^{(j)})$$

等式两边取对数后，我们可以确定这个边界实际上是 d 维空间中的抛物线状二次曲面，如图 11.3 所示。插件最大后验概率规则对应于每对类之间的一些成对二次分类器。这种方法在文献中有时称为二次判别分析（QDA）。请参阅练习 Q11.4 可了解更多有关二次判别分析的详细信息。

在二次判别分析方法中，我们需要学习所有 K 类的几个大型 $d \times d$ 协方差矩阵。当训练集相对较小或维数 d 较高时，可能会导致较差或不稳定的估计。另一种方法是让所有 K 类

共享一个共同的协方差矩阵，例如 $\boldsymbol{\Sigma}$ 。在这种设置下，每个类仍然由一个具有自己的均值向量 $\boldsymbol{\mu}^k (k=1,\cdots,K)$ 的多元高斯模型表示，但所有 K 个高斯模型共享相同的协方差矩阵 $\boldsymbol{\Sigma}$ 。在这种情况下，我们仍然使用每个训练集来学习等式（11.3）中的每个高斯均值：

$$\mathscr{D}_k \to \boldsymbol{\mu}_{\mathrm{MLE}}^{(k)} \quad (k=1,\cdots,K)$$

同时，我们将所有训练集汇集在一起，以估算公共协方差矩阵 $\boldsymbol{\Sigma}$（如等式（11.4）所示）：

$$\left\{\mathscr{D}_1,\mathscr{D}_2,\cdots,\mathscr{D}_K\right\} \to \boldsymbol{\Sigma}_{\mathrm{MLE}}$$

这些模型的插件 MAP 决策规则可以类似地编写如下：

$$g(\boldsymbol{x}) = \arg\max_k \mathscr{N}(\boldsymbol{x} \mid \boldsymbol{\mu}_{\mathrm{MLE}}^{(k)}, \boldsymbol{\Sigma}_{\mathrm{MLE}})$$

如前所述，可以用同样的方法检查这个分类器的决策边界（也可以参考练习 Q11.4）。可以很容易地证明，任意两类之间的决策边界退化为线性超平面，因为公共协方差矩阵抵消了二次项，如图 11.4 所示。前面的插件最大后验概率规则对应于一些成对线性分类器。这种方法也称为线性判别分析。在模式分类方面，该方法与第 6 章中讨论的线性判别模型有许多共同点。线性判别分析中最显著的区别在于，这些线性分类器的参数是通过最大似然估计方法学习的，而第 6 章中的线性方法主要是通过最小化一些错误计数来学习的。

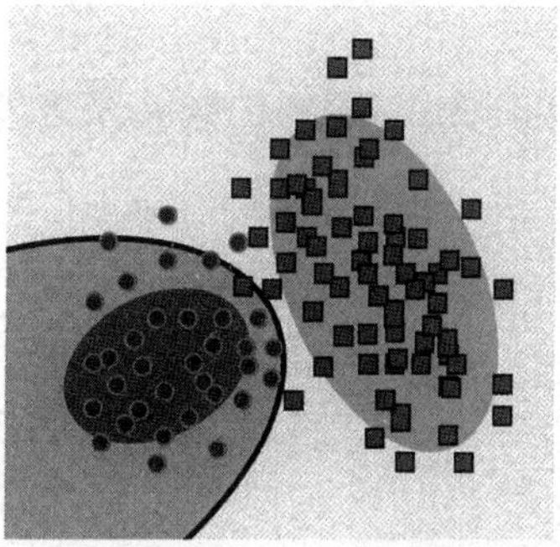

图 11.3　二次判别分析，其中每一类都由多元高斯模型建模，且任意两类间的决策边界都是类抛物线的二次曲面

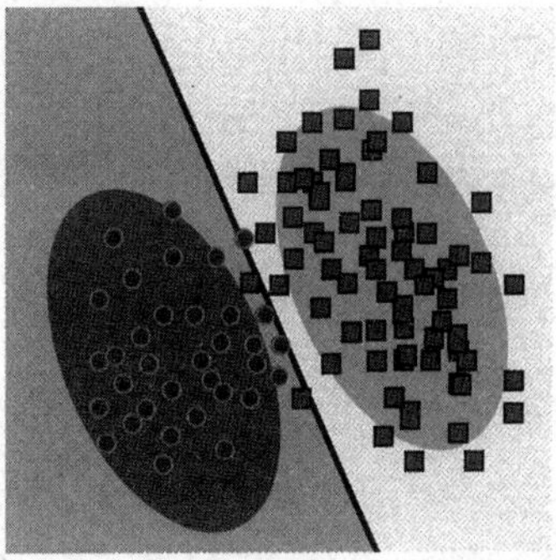

图 11.4　线性判别分析，其中类由公共协方差矩阵的多元高斯模型建模，任意两类之间的决策边界退化为线性超平面

11.2 多项式模型

高斯模型适用于处理涉及连续数据的一些问题，其中每个观测值可以表示为范式向量空间中的连续特征向量。但是，它们不适用于处理其他数据类型，如离散数据或分类数据。在这些问题中，每个样本通常由一些不同的符号组成，每个符号都来自一个有限的集合。例如，一个 DNA 序列只包含四种不同类型的核苷酸、G、A、T 和 C。不管 DNA 序列有多长，都只包含这四种核苷酸。另一个例子是文本文档。我们知道，每个文本文档可长可短，但可以看作是一些不同单词的序列。一种语言中所有可能的单词都来自词典；对于任何一种自然语言来说，这个词典都是相当大但绝对有限的。在众多选择中，多项式模型可能是处理离散数据或分类数据最简单的生成模型。

离散数据通常由单独的观测值组成，每个观测值都是来自有限集合的一个不同符号。假设集合中有 M 个不同的符号，并且对于所有 $i=1,2,\cdots,M$ ，假设观察每个符号的概率都为 $p_i(0 \leqslant p_i \leqslant 1)$ 。这些概率必须满足总和为 1 的约束：

$$\sum_{i=1}^{M} p_i = 1 \tag{11.5}$$

如果进一步假设任意样本中的所有观测值彼此独立，则观测样本的概率 $\boldsymbol{X}$ 可通过以下多项式分布计算：

$$\Pr(\boldsymbol{X} \mid p_1, p_2, \cdots p_M) = \frac{(r_1 + r_2 + \cdots + r_M)!}{r_1!r_2!\cdots r_M!} p_1^{r_1} p_2^{r_2} \cdots p_M^{r_M} ,$$

其中，$r_i(i=1,2,\cdots,M)$ 表示在 $\boldsymbol{X}$ 中所有观测值中出现第 i 个符号的频率。概率 $\{p_1,\cdots,p_M\}$ 是多项式模型的参数。一旦知道了这些概率，我们就可以计算出观察到任何由这些符号组成的样本的概率。

例 11.2.1　DNA 序列的多项式模型

如果忽略顺序信息，我们可以使用多项式模型来计算观察到以下 DNA 序列的概率 $\boldsymbol{X}$：

GAATTCTTCAAAGAGTTCCAGATATCCACAGGCAGATTCTACAAAAGAAG
TGTTTCAATACTGCTCTATCAAAAGATGTATTCCACTCAGTTACTTTCAT
GCACACATCTCAATGAAGTTCCTGAGAAAGCTTCTGTCTAGTTTTTATGT
GAAAATATTTCCTTTTCCATCATGGGCCTCAAAGCGCTCAAAATGAACCC
TTGCAGATACTAGAGAAAGACTGTTTCAAAACTGCTCTATCCA

在这种情况下，这个序列中的每个观察都是一个核苷酸。DNA 中总共有四种核苷酸。假设我们用 p_1、p_2、p_3、p_4 分别表示在任意位置观察到 G、A、T、C 的概率。显然，在这种情况下，有 $\sum_{i=1}^{4} p_i = 1$。如果进一步假设序列中的所有核苷酸彼此独立，则可以计算观察到该序列的概率为

$$\Pr(\boldsymbol{X} \mid p_1, p_2, p_3, p_4) = \frac{(r_1 + r_2 + r_3 + r_4)!}{r_1! r_2! r_3! r_4!} \prod_{i=1}^{4} p_i^{r_i} \tag{11.6}$$

其中，r_1、r_2、r_3、r_4 分别表示 G、A、T、C 在该序列中出现的频率。

如果知道所有参数，即四个概率 $\{p_1, p_2, p_3, p_4\}$，可以使用等式（11.6）中的多项式模型来计算观察到其他任意 DNA 序列的概率。对于每个给定的 DNA 序列，我们只需要计算每个核苷酸在序列中出现的次数。当然，我们需要事先从训练序列中估计这些概率。接下来，让我们考虑如何根据基于 MLE 的训练序列 $\boldsymbol{X}$ 估计这些概率。

根据等式（11.6），给定任意训练序列 $\boldsymbol{X}$，可以表示对数似然函数如下所示：

$$l(p_1, p_2, p_3, p_4) = \ln \Pr(\boldsymbol{X} \mid p_1, p_2, p_3, p_4) = C + \sum_{i=1}^{4} r_i \cdot \ln p_i , \tag{11.7}$$

其中，C 是一个与所有参数无关的常数。最大似然估计方法的目的是通过最大化这一似然函数来估计四个似然参数。该优化问题的一个重点是，这些参数必须满足等式（11.5）中总和为 1 的约束，才能形成有效的概率分布。这种约束优化[①]（见注释）可以用拉格朗日乘子法求解。我们首先为该约束引入拉格朗日乘子 λ，然后构造拉格朗日函数：

$$\mathscr{L}(p_1, p_2, p_3, p_4, \lambda) = C + \sum_{i=1}^{4} r_i \cdot \ln p_i - \lambda \cdot \left(\sum_{i=1}^{4} p_i - 1 \right)$$

对于所有 $i = 1,2,3,4$，有

$$\frac{\partial}{\partial p_i} \mathscr{L}(p_1, p_2, p_3, p_4, \lambda) = 0 \Rightarrow \frac{r_i}{p_i} - \lambda = 0 \Rightarrow p_i = \frac{r_i}{\lambda}$$

---

① MLE 的公式如下：

$$\arg\max_{p_1, p_2, p_3, p_4} l(p_1, p_2, p_3, p_4)$$

满足

$$\sum_{i=1}^{4} p_i - 1 = 0$$

将 $p_i = \frac{r_i}{\lambda}(i=1,\cdots,4)$ 代入总和为 1 的约束 $\sum_{i=1}^{4} p_i = 1$ 之后，可以导出 $\lambda = \sum_{i=1}^{4} r_i$。将其代入回前一个等式，最终得出该多项式模型的最大似然估计公式，如下所示：

$$p_i^{(\text{MLE})} = \frac{r_i}{\sum_{i=1}^{4} r_i} \quad (i=1,2,3,4) \tag{11.8}$$

多项式模型的最大似然估计公式相当简单。我们只需要计算训练集中所有不同符号的频率，所有概率的最大似然估计估计都计算为这些计数的比率。最后，这些估计的概率可用于等式（11.6）中，以计算观察到任意新序列的概率。

11.3 马尔可夫链模型

我们发现，当我们对离散序列使用多项式模型时，必须假设每个序列中的所有观测值彼此独立，这意味着我们完全忽略序列的顺序信息，而只是将其视为一些符号。因此，多项式模型是离散序列的一个非常弱的模型，因为它不能捕获任何序列信息。本节将介绍一种基于马尔可夫假设的序列模型，称为马尔可夫链模型，该模型基本上由许多不同的多项式模型组成。

首先考虑如何对序列进行建模。给定一系列 T 个随机变量：

$$\boldsymbol{X} = \{x_1 \quad x_2 \quad x_3 \cdots x_{t-1} \quad x_t \quad x_{t+1} \cdots x_T\},$$

根据概率论中的乘积法则，我们可以计算出观察到这个序列的概率

$$\Pr(\boldsymbol{X}) = p(x_1)p(x_2 \mid x_1)p(x_3 \mid x_1 x_2)\cdots p(x_t \mid x_1 \cdots x_{t-1})\cdots p(x_T \mid x_1 \cdots x_{T-1})$$

问题在于，这种计算依赖于条件概率，而随着序列变长，条件概率涉及的条件越来越多。例如，最后一项 $p(x_T \mid x_1 \cdots x_{T-1})$ 涉及 $T-1$ 条件变量，因此本质上是 T 变量的概率函数。随着序列越来越长，这种模型的复杂性将呈指数级增长。

为了解决这个问题，人们提出了著名的马尔可夫假设。在这种假设下，序列中的每个随机变量只取决于其最近的历史记录，而在给定最近历史记录的情况下，又变得独立于其他变量。如果最近的历史记录仅定义为序列中的前一个变量，则称为一阶马尔可夫假设。如果定义为前两个变量，则称为二阶马尔可夫假设。以同样的方式，我们可以把这个想法推广到高阶马尔可夫假设。

在一阶马尔可夫假设下，[1]有

$$p(x_t \mid x_1 \cdots x_{t-1}) = p(x_t \mid x_{t-1}) \quad \forall t = 2,3,\cdots,T$$

因此，我们可以计算观测序列 $\boldsymbol{X}$ 的概率如下：

$$\Pr(\boldsymbol{X}) = p(x_1)\prod_{t=2}^{T} p(x_t \mid x_{t-1}) \tag{11.9}$$

这个公式表示所谓的一阶马尔可夫链模型，包含一组条件分布作为参数。我们可以看到，这些概率函数都没有两个以上的自由变量。

接下来，如果采用以下两个假设，马尔可夫链模型可以进一步简化。

- 平稳假设：等式（11.9）中的所有条件概率不会因不同的 t 值而改变。即，

$$p(x_t \mid x_{t-1}) = p(x_{t'} \mid x_{t'-1})$$

对于 $1,2,\cdots,T$ 中的任意两个 t 和 t' 成立。由于相同的函数适用于序列中任何位置的 t，因此在平稳假设中，仅使用一个概率函数来计算序列中的所有条件概率。

- 离散观测假设：序列中的所有观测都是离散随机变量。此外，所有这些离散随机变量的值都来自同一个具有 M 个不同符号的有限集合（即，$\{\omega_1, \omega_2, \cdots, \omega_M\}$）。因此，可以将之前的条件分布 $p(x_t \mid x_{t-1})$ 表示为矩阵 $\boldsymbol{A}$：

$$\boldsymbol{A} = \left[a_{ij}\right]_{M \times M}$$

其中，每个元素 a_{ij} 表示一个条件概率：对于所有 $1 \leqslant i$，$j \leqslant M$，$a_{ij} = \Pr(x_t = \omega_j \mid (x_{t-1} = \omega_i)$。在一阶马尔可夫链模型中，每个不同的符号也称为马尔可夫状态。矩阵 $\boldsymbol{A}$ 通常称为转移矩阵。每个问题 a_{ij} 可以看作是从一个状态 ω_i 到另一个状态 ω_j 的转移概率。

在这些假设下，只要我们知道转移矩阵 $\boldsymbol{A}$，就能够计算任何离散序列的概率，如等式（11.9）所示。换句话说，马尔可夫链模型完全由马尔可夫状态和转移矩阵表示。此外，马尔可夫链模型也可以表示为有向图，其中每个节点表示马尔可夫状态，每个弧表示与转移概率相关的状态转移。任何序列都可以被视为是遍历这样一个图的路径，根据路径上的转移概率计算观察序列的概率。

---

① 类似地，在二阶马尔可夫假设下，可以导出如下二阶马尔可夫链模型：

$$\Pr(\boldsymbol{X}) = p(x_1)p(x_2 \mid x_1)$$

$$\prod_{t=3}^{T} p(x_t \mid x_{t-2}x_{t-1})$$

这些条件概率分布的变量不超过三个。

此处，再次使用例 11.2.1 来解释如何将一阶马尔可夫链模型应用于 DNA 序列。任意 DNA 序列只包含四个不同的核苷酸，即 G、A、T 和 C。我们可以进一步添加两个虚拟符号，“开始”（begin）和“结束”（end），以指示序列的开始和结束。在这种情况下，我们总共得到六个马尔可夫状态。该马尔可夫链模型可用图 11.5 中的有向图表示。每个弧都与一个转移概率 a_{ij} 相关联，总结如图 11.6 所示。

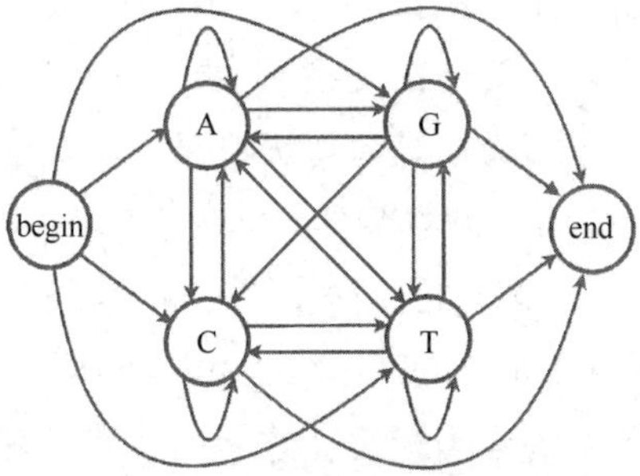

图 11.5　DNA 序列的一阶马尔可夫链模型

	begin	A	C	G	T	end
begin	0	0.28	0.24	0.25	0.23	0
A	0	0.18	0.27	0.42	0.12	0.01
C	0	0.17	0.36	0.27	0.19	0.01
G	0	0.16	0.34	0.37	0.12	0.01
T	0	0.08	0.35	0.38	0.18	0.01
end	0	0	0	0	0	1

图 11.6　DNA 序列的一阶马尔可夫链模型的转移矩阵

基于以上介绍，我们能够用这个马尔可夫链模型计算观察任意 DNA 序列的概率。例如：

$$\Pr(\text{GAATC}) = p(\text{G}\mid\text{begin})p(\text{A}\mid\text{G})p(\text{A}\mid\text{A})p(\text{T}\mid\text{A})p(\text{C}\mid\text{T})p(\text{end}\mid\text{C})$$
$$= 0.25\times 0.16\times 0.18\times 0.12\times 0.35\times 0.01$$

接下来，看看如何根据训练样本估计马尔可夫链模型，尤其是转移矩阵 $\boldsymbol{A}$ 。可以发现，实际上转移矩阵 $\boldsymbol{A}$ 的每一行都是一个多项式模型。因此，马尔可夫链模型的转移矩阵可以分解为多个不同的多项式模型，其中第 i 行是一个多项式模型，用于确定每个符号在序列中出现在第 i 行符号 ω_1 之后的可能性。在同样应用拉格朗日乘子方法后，我们推导了马尔可夫链模型的 MLE 公式，如下所示：

$$a_{ij}^{(\text{MLE})} = \frac{r(\omega_i\omega_j)}{r(\omega_i)} \quad (1 \leqslant i, j \leqslant M) \tag{11.10}$$

其中，$r(\omega_i)$ 表示符号 ω_i 出现在训练样本中的频率，$r(\omega_i\omega_j)$ 表示有序对 $\omega_i\omega_j$ 出现在训练集中的频率。这一思想可以推广到高阶马尔可夫链模型。参考练习 Q11.7 了解更多细节。

一旦我们知道如何根据训练数据学习马尔可夫链模型，就可以使用马尔可夫链模型对序列进行分类。例如，一阶马尔可夫链模型可用于确定未知 DNA 片段是否属于 CpG 或 GpC 位点。我们只需要从每个类别中收集一些 DNA 序列，并为它们估计两个马尔可夫链模型。任何新的未知 DNA 片段都可以使用这些估计模型进行分类。[①]

接下来介绍另一个使用马尔可夫链模型进行自然语言处理的例子。众所周知，任何语言的文本都可以视为从有限集合中选择的不同单词的离散序列，通常称为词汇表。词汇表包括可以在一种语言中使用的所有不同的单词。在大多数自然语言中，词汇表通常非常大，可能包含数万甚至数千万个不同的单词。在此设置下，任何文本文档都可以视为一系列离散符号，每个符号都是来自预定词汇表的一个单词。自然语言处理中的一个重要主题是语言建模，它代表了一组方法，可以将语言中自然的或有意义的句子与没有任何意义的随机单词序列区分开来。要做到这一点，语言模型应该能够对任何单词序列打分，对有意义的句子给出更高的分数，对随机单词序列给出更低的分数。因此，语言模型也可以用来预测下一个单词或部分句子中任何缺失的单词。良好的语言模型在许多成功的实际应用中起着关键作用，例如语音识别和机器翻译。

例 11.3.1　N-元语言模型

使用马尔可夫链模型为英语句子建立语言模型。

使用马尔可夫链模型进行语言建模时，先对语言采用马尔可夫假设，得到的模型通常称为 N-元语言模型。假设词汇表中有 M 个不同的单词。每个英语句子都是词汇表中的一系列单词。例如，给出以下英语句子 **S**：

I would like to fly from Toronto to San Francisco this Friday.

语言模型应该能够计算观察到这种序列的概率（即 Pr(**S**)）。首先，我们采用一阶马尔可夫假设，从而得到一阶马尔可夫链模型，也称为二元语言模型。在二元语言模型中，前一示例中的概率由以下条件概率计算：

$$\Pr(\mathbf{S}) = p(\text{I} \mid \text{begin})\, p(\text{would} \mid \text{I})\, p(\text{like} \mid \text{would}) \cdots p(\text{end} \mid \text{Friday})$$

因为词汇表中有 M 个不同的单词，所以二元语言模型有 $M \times M$ 个像这样的条件概率。

① 生物学中，CpG 位点是 DNA 在 CG 岛上更常见的区域，在基因表达中具有一定的意义。

只要有所有的 $M\times M$ 个条件概率，就能够计算观察所有单词序列的概率。二元语言模型可以类似地表示为有向图，如图 11.5 所示，其中每个顶点表示一个不同的单词，每个弧与条件概率相关联。这些 $M\times M$ 条件概率也可以组织为 $M\times M$ 转移矩阵，如图 11.6 所示。同时，二元语言模型也可以看作是一组 M 个不同的多项式模型，每个模型对应于该矩阵的一行。

二元语言模型只能对序列中两个连续单词之间的依赖关系进行建模。如果我们想用二元语言建模长跨度依赖关系，一个简单的扩展就是使用高阶马尔可夫链模型。①例如，在二阶马尔可夫链模型（通常称为三元语言模型）中，概率 $\Pr(\mathbf{S})$ 的计算如下：

$$p(\text{I}\mid\text{begin})\,p(\text{would}\mid\text{begin, I})\,p(\text{like}\mid\text{I, would})\cdots p(\text{end}\mid\text{this, Friday})$$

为了计算所有单词序列的概率，三元模型需要保持像这样的 $M\times M\times M$ 条件概率。

在二元语言建模中，通常先收集大量的英语句子以学习 N-元语言模型中的所有条件概率，称为训练语料库。N-元语言模型的 MLE 也可以用拉格朗日乘子法类似地导出。对于二元语言模型，有

$$p_{\text{MLE}}(w_j|\ w_i)=\frac{r(w_iw_j)}{r(w_i)}\quad(1\leqslant i,j\leqslant M)$$

同样地，对于三元语言模型，可得

$$p_{\text{MLE}}(w_k\mid w_i,w_j)=\frac{r(w_iw_jw_k)}{r(w_iw_j)}\quad(1\leqslant i,j,k\leqslant M),$$

其中，$r(\omega_i)$ 表示单词 ω_i 出现在训练语料库中的频率，$r(\omega_i\omega_j)$ 表示单词二元结构 $\omega_i\omega_j$ 的频率，$r(\omega_i\omega_j\omega_k)$ 表示这些单词三元结构 $\omega_i\omega_j\omega_k$ 的频率。我们可以很明显地从最大似然估计公式中看出，如果训练语料库中从未出现过二元 $\omega_i\omega_j$ 或三元 $\omega_i\omega_j\omega_k$，则其概率为 0（即 $p_{\text{MLE}}(w_j\mid w_i)=0$ 或 $p_{\text{MLE}}(w_k\mid w_i,w_j)=0$）。在像英语这样的自然语言中，通常会有大量这样的二、三元结构。如果一个项没有出现在训练语料库中，则通常意味着我们没有获得足够的样本来观察这个不常见的项，而不是说它不可能出现。在一个序列中，出现任何这样的看不见的项都会使观察整个序列的概率为 0，这会显著扭曲预测结果。

由于数据稀疏性，为了修正这 0 个概率，N-元语言模型的 MLE 公式必须与一些平滑技术相结合。感兴趣的读者可以参考图灵平滑（Good-Turing discounting）[83]或退避模型（back-off models）[125]，了解如何平滑 N-元语言模型的 MLE 估计。◆

① 这些朴素 N-元语言模型体积庞大。每个条件概率通常由一个模型参数表示。假设 $M=10^4$（一个仅适用于某些特定领域的相对较小的词汇表），则一个二元语言模型最终会有大约 1 亿（10^8）个参数，而一个三元语言模型有大约 1 万亿（10^{12}）个参数。

11.4 广义线性模型

本节介绍了另一类单峰模型，称为广义线性模型（GLM）[171]，该模型最初是从普通线性回归扩展而来的，以处理非高斯分布。目前，广义线性模型是统计学中处理二元、分类和计数数据的常用方法。在这里，我们将首先学习广义线性模型背后的基本思想，然后简要探讨几种在机器学习中特别重要的广义线性模型：概率回归、泊松回归和对数线性模型。①

广义线性模型背后的关键思想是构造一个简单的生成模型，以近似给定输入随机变量 $\boldsymbol{x}$（即 $p(y\,|\,\boldsymbol{x})$）的输出 y 的条件分布，如页边注①所示。广义线性模型的关键组成部分包括：

- 潜在的单峰概率分布

首先假设输出 y 遵循简单的单峰概率分布。该分布的概率函数的选择主要取决于输出 y 的性质。例如，如果 y 是二元的，则可以选择二项分布。如果 y 是一个 K-way 分类变量，则可以选择一个多项式分布。此外，如果 y 是计数数据（即，$y \in \{0, 1, 2, \cdots\}$），则可以使用泊松分布。

- 链接函数

我们进一步假设所选概率分布的均值通过链接函数 $g(\cdot)$ 与输入变量 $\boldsymbol{x}$ 的线性预测值相连，如下所示：

$$E\left[y\right] = g(\boldsymbol{w}^{\mathrm{T}}\boldsymbol{x}),$$

其中，线性系数 $\boldsymbol{w}$ 是广义线性模型的未知参数，必须通过一些训练样本进行估计。必须正确选择链接函数，以便确保链接函数的范围与分布的均值相匹配。例如，如果假设 y 遵循泊松分布，我们就可以选择指数函数作为链接函数，即 $E[y]=\exp(\boldsymbol{w}^{\mathrm{T}}\boldsymbol{x})$，因为泊松分布的均值总是正数。

一旦我们对这两个分量做出了选择，就能够在给定输入 $\boldsymbol{x}$ 的情况下，导出 y 的条件分布的参数概率函数 $\hat{p}_{\boldsymbol{w}}(y\,|\,\boldsymbol{x})$，即广义线性模型。其中 $\boldsymbol{w}$ 代表广义线性模型的未知参数，需

---

①

在统计学中，输入 $\boldsymbol{x}$ 通常称为解释变量，输出 y 通常称为响应变量。

要基于最大似然估计根据输入输出对的一些训练样本进行估计。对于大多数广义线性模型，不存在闭形解来推导模型参数的最大似然估计，相反，我们必须依赖迭代优化方法，如梯度下降法或牛顿法。

表 11.1 列出了这两个分量的一些常用选项，这些选项会引出统计中的几个著名广义线性模型。在下文中，我们将简要探讨其中一些广义线性模型及其在机器学习环境中的应用。我们即将看到，当输出 y 是离散随机变量时，广义线性模型是生成模型的良好选择。

表 11.1　一些流行的广义线性模型及其潜在概率分布和链接函数 $g(\cdot)$ 的相应选择

广义线性模型	y	分布	$g(\cdot)$
线性回归	$\mathbb{R}$	高斯	恒等
逻辑回归	二元	双峰	S 形
概率回归	二元	双峰	概率
泊松回归	计数	泊松	$\exp(\cdot)$
对数线性回归	分类	多峰	Softmax

11.4.1　概率回归

在输出 y 为二元（$y \in \{0,1\}$）的情况下，假设 y 遵循一次试验（$N=1$）的二项分布，[①]如下所示：

$$y \sim \mathrm{B}(y \mid N=1, p) = p^y (1-p)^{1-y}$$

其中，$0 \leqslant p \leqslant 1$ 代表二项分布的参数。我们知道，对于这个二项分布，随机变量 y 的均值可以计算为 $E[y]=p$。对于每一对 $(\boldsymbol{x}, y)$，我们都需要选择一个链接函数，将线性预测器 $\boldsymbol{w}^{\mathrm{T}}\boldsymbol{x}$ 映射到 $0 \leqslant p \leqslant 1$ 上。一种选择是使用等式（6.12）中的 S 形函数 $l(\cdot)$，即 $p = l(\boldsymbol{w}^{\mathrm{T}}\boldsymbol{x})$，这引出了第 6.4 节的逻辑回归。另一个流行的选择是使用所谓的概率函数 $\phi(x)$，该函数是基于高斯分布的误差函数定义的[②]。如图 11.7 所示，与 S 形函数类似，当 $\boldsymbol{x}$ 从 $-\infty$ 变为 ∞ 时，概率函数 $\phi(x)$ 也是一个从 0 到+1 单调递增的函数。概率函数的范围与 p 的域相匹配，因此

---

① 我们知道，一次试验的二项分布（$N=1$），

$$\mathrm{B}(y \mid N(1,p)),$$

也称为伯努利分布。

② 概率函数的定义如下：

$$\phi(x) = \frac{1}{2}(1+\mathrm{erf}(x)), \quad \mathrm{erf}\,(x) = \frac{2}{\sqrt{\pi}}\int_0^x \exp\left(-\frac{t^2}{2}\right)\mathrm{d}t$$

我们可以选择

$$p = \phi(\boldsymbol{w}^{\mathrm{T}}\boldsymbol{x}) \tag{11.11}$$

将等式（11.11）代入之前的二项式分布，可以导出任意输入输出对 $(\boldsymbol{x}, y)$ 的概率回归模型，如下所示：

$$\hat{p}_{\boldsymbol{w}}(y \mid \boldsymbol{x}) = (\phi(\boldsymbol{w}^{\mathrm{T}}\boldsymbol{x}))^{y}(1-\phi(\boldsymbol{w}^{\mathrm{T}}\boldsymbol{x}))^{1-y} \quad y \in \{0,1\} \tag{11.12}$$

其中，模型参数 $\boldsymbol{w}$ 可以根据基于最大似然估计的训练样本进行估计。推导概率回归模型的最大似然估计学习算法见练习 Q11.8。

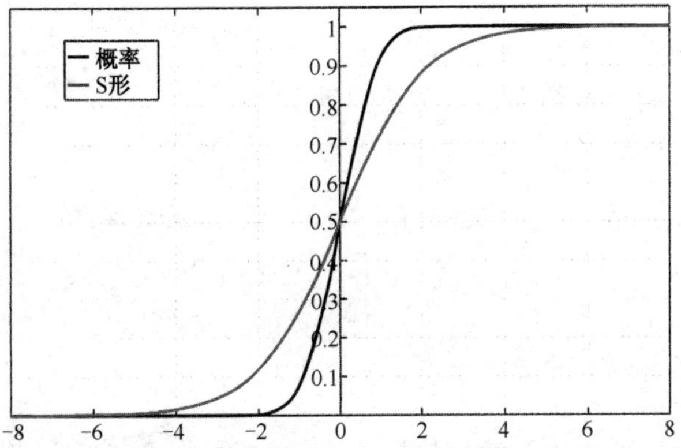

图 11.7 概率函数 $\phi(x)$ 和 S 形函数 $l(x)$ 的对比

11.4.2 泊松回归

在许多真实场景中，输出 y 可以表示一些计数数据，例如每个时间单位内发生的事件数。典型的例子包括每小时呼叫帮助中心的客户数量、每月访问网站的人数，以及每天数据中心的故障次数。在这些情况下，我们可以使用输入 $\boldsymbol{x}$ 来表示对过程进行的测量或观察。

泊松回归有助于我们根据观察值 $\boldsymbol{x}$ 来预测 y。如果假设所有事件都是随机独立发生的，并且任意两个连续事件之间的平均间隔是常数，那么可知 y 遵循泊松分布：[①]

$$y \sim p(y \mid \lambda) = \frac{\mathrm{e}^{-\lambda} \cdot \lambda^{y}}{y!} \quad \forall y = 0,1,2,\cdots$$

其中，$\lambda > 0$ 表示泊松分布的参数。也可知 $\mathbb{E}[y] = \lambda$ 适用于所有泊松分布。在这种情况下，使用指数函数 $\exp(\cdot)$来匹配 λ 的范围：

① 参考附录 A 中的泊松分布。

$$\lambda = \exp(\boldsymbol{w}^{\mathrm{T}}\boldsymbol{x})$$

将其代入之前的泊松分布，我们得出泊松回归模型如下：

$$\hat{p}_{\mathbf{w}}(y \mid \boldsymbol{x}) = \frac{1}{y!}\exp(-\exp(\boldsymbol{w}^{\mathrm{T}}\boldsymbol{x})) \cdot \exp(y\boldsymbol{w}^{\mathrm{T}}\boldsymbol{x}) \quad y = 0,1,2,\cdots \tag{11.13}$$

其中，$\boldsymbol{w}$ 表示泊松回归模型的未知参数。

推导该模型的最大似然估计见练习 Q11.9。

11.4.3 对数线性模型

在 K 类模式分类问题中，输出 y 是一个 K -way 类别（即 $y \in \{\omega_1, \omega_2, \cdots, \omega_K\}$）。我们可以使用 K 分之一表示将 y 编码为 K 维独热向量：

$$\boldsymbol{y} \triangleq [y_1 \quad y_2 \quad \cdots \quad y_K]^{\mathrm{T}},$$

其中，对所有 $k = 1,2,\cdots K,$， $y_k = \delta(y - \omega_k)$，使用 delta 函数。

$$\delta(y - \omega_k) = \begin{cases} 1 & \text{when } y = \omega_k \\ 0 & \text{when } y \neq \omega_k \end{cases}$$

进一步假设每个输出 y 遵循多项式分布，其中一次试验 $N=1$①，如下所示：

$$\boldsymbol{y} \sim \mathrm{Mult}(\boldsymbol{y} \mid N = 1, p_1, \cdots, p_K) \sim \prod_{k=1}^{K} p_k^{y_k}$$

根据这个多项式分布的性质，可得

$$E[\boldsymbol{y}] = [p_1 \quad p_2 \quad \cdots \quad p_K]^{\mathrm{T}},$$

其中，对于所有 k， $0 \leqslant p_k \leqslant 1$，且 $\sum_{k=1}^{K} p_k = 1$。

给定任意样本 $(\boldsymbol{x}, y)$，我们可以选择等式（6.18）中的 softmax 函数，将 $\boldsymbol{x}$ 的 K 个不同线性预测值（即所有 $k = 1,2,\cdots,K$ 的 $\boldsymbol{w}_k^{\mathrm{T}}\boldsymbol{x}$）映射到之前的 $\mathbb{E}[y]$ 的范围。换句话说，我们有

$$E[\boldsymbol{y}] = \mathrm{softmax}(\boldsymbol{x}) = \left[\frac{\mathrm{e}^{\boldsymbol{w}_1^{\mathrm{T}}\boldsymbol{x}}}{\sum_{k=1}^{K}\mathrm{e}^{\boldsymbol{w}_k^{\mathrm{T}}\boldsymbol{x}}} \frac{\mathrm{e}^{\boldsymbol{w}_2^{\mathrm{T}}\boldsymbol{x}}}{\sum_{k=1}^{K}\mathrm{e}^{\boldsymbol{w}_k^{\mathrm{T}}\boldsymbol{x}}} \cdots \frac{\mathrm{e}^{\boldsymbol{w}_K^{\mathrm{T}}\boldsymbol{x}}}{\sum_{k=1}^{K}\mathrm{e}^{\boldsymbol{w}_k^{\mathrm{T}}\boldsymbol{x}}}\right]^{\mathrm{T}}$$

其中，使用 softmax 函数以及 K 个不同的线性权重（即 $\{\boldsymbol{w}_1, \cdots, \boldsymbol{w}_K\}$），为所有 p_k 构建链接函数，如下所示：

---

① 已知一次试验的多项式分布（$N = 1$），

$$\mathrm{Mult}(\boldsymbol{y} \mid N = 1, p_1, \cdots, p_K),$$

也被称为分类分布。

$$p_k = \frac{e^{w_k^T x}}{\sum_{k=1}^K e^{w_k^T x}} \quad (k = 1, 2, \cdots, K)$$

将其代入多项式分布后，我们得出该设置下的基础广义线性模型，如下所示：

$$\hat{p}_{w_1,\cdots,w_K}(\boldsymbol{y} \mid \boldsymbol{x}) = \prod_{k=1}^{K} \left(\frac{e^{w_k^T x}}{\sum_{k=1}^K e^{w_k^T x}} \right)^{y_k} \tag{11.14}$$

这种广义线性模型有时称为机器学习中的对数线性模型，可以将其视为第 6.4 节中逻辑回归的多类版本。可以通过最大似然估计的一组训练样本来估计未知参数（$\{\boldsymbol{w}_1, \cdots, \boldsymbol{w}_K\}$）。

对数线性模型广泛用于解决自然语言处理中的各种问题。①在这里，我们将考虑一个重要的主题，称为文本分类，是一类将文本文档自动分类为不同类别的技术。文本分类包括许多常见任务，如垃圾邮件过滤、语言识别、情感分析和新闻文档分类。

例 11.4.1　文本分类的对数线性模型

如果可以使用一些预定义的规则（基于关键字、语法模式等），提取一个固定大小的特征向量 $\boldsymbol{x}$ 表示每个文本文档，②那么表明对数线性模型可以应用于文本分类。

假设总共有 K 个类，表示为 $\{\omega_1, \omega_2, \cdots, \omega_K\}$。如上所述，如果我们使用独热向量 $\boldsymbol{y}$ 来表示每个文档 $\boldsymbol{x}$ 的类标签，则可以使用等式（11.14）中的对数线性模型来近似条件概率分布 $p(\boldsymbol{y} \mid \boldsymbol{x})$。

给定由 N i.i.d. 样本组成的训练集，如下所示：

$$\mathscr{D} = \{(\boldsymbol{x}^{(i)}, \boldsymbol{y}^{(i)}) \mid i = 1, 2, \cdots, N\},$$

基于最大似然估计方法，我们可以学习所有参数 $\{\boldsymbol{w}_1, \cdots, \boldsymbol{w}_K\}$。

给定 $\mathscr{D}$，对数线性模型的对数似然函数可以表示为

$$l(\boldsymbol{w}_1, \cdots \boldsymbol{w}_K) = \sum_{i=1}^{N} \sum_{k=1}^{K} y_k^{(i)} \ln \left(\frac{e^{w_k^T x^{(i)}}}{\sum_{k=1}^K e^{w_k^T x^{(i)}}} \right), \tag{11.15}$$

其中，$y_k^{(i)} \in \{0,1\}$ 表示独热向量 $\boldsymbol{y}^{(i)}$ 的第 k 个元素。

我们可以证明这个对数似然函数是凹的，可以通过迭代梯度下降法找到唯一的全局最大值。

① 在自然语言处理领域，对数线性模型通常称为最大熵模型[20]。

② 有关如何提取文本文档的固定大小特征的更多详细信息，请参见 Berger 等人所著相关文档[20]。

因为我们可以应用链式规则来计算梯度（即，对于所有 $k=1,\cdots,K$，$\dfrac{\partial l(\cdot)}{\partial \boldsymbol{w}_k}$），所有参数的最大似然估计表示为 $\{\boldsymbol{w}_1^{(\mathrm{MLE})},\cdots,\boldsymbol{w}_K^{(\mathrm{MLE})}\}$，可以基于梯度下降算法导出。参见练习 Q11.11，学习如何推导该对数似然函数的最大似然估计学习算法。

一旦估计了所有模型参数，对于任何新的文本文件 $\boldsymbol{x}$，可根据以下插件最大后验概率规则将其归为 $\omega_{\hat{k}}$ 类：

$$\hat{k} = \arg\max_{k=1\cdots K} \boldsymbol{x}^{\mathrm{T}} \boldsymbol{w}_k^{(\mathrm{MLE})},$$

它本质上是一个成对线性分类器①。

练习

Q11.1　确定贝塔分布为单峰的条件。

Q11.2　推导具有对角协方差矩阵的多元高斯模型的最大似然估计，即有 $N(\boldsymbol{x}\mid\boldsymbol{\mu},\boldsymbol{\Sigma})$，其中 $\boldsymbol{x},\boldsymbol{\mu}\in\mathbf{R}^d$ 且 $\boldsymbol{\Sigma}=\begin{bmatrix}\sigma_1 & & \\ & \ddots & \\ & & \sigma_d\end{bmatrix}$。证明 $\boldsymbol{\mu}$ 的最大似然估计与等式（11.3）和 $\{\sigma_1,\cdots,\sigma_d\}$ 的最大似然估计相同，等于等式（11.4）中的对角线元素。

Q11.3　给定 K 个不同的类（即，$\{\omega_1,\omega_2,\cdots,\omega_K\}$），我们假设每一类 $\omega_k(k=1,2,\cdots,K)$ 由一个多元高斯分布建模，其均值向量为 $\boldsymbol{\mu}_k$，协方差矩阵为 $\boldsymbol{\Sigma}$；即 $p(\boldsymbol{x}\mid\omega_k)=N(\boldsymbol{x}\mid\boldsymbol{\mu}_k,\boldsymbol{\Sigma})$，其中，$\boldsymbol{\Sigma}$ 是所有 K 类的公共协方差矩阵。假设我们从这些 K 类（即，$\{\boldsymbol{x}_1,\boldsymbol{x}_2,\cdots,\boldsymbol{x}_N\}$）中收集了 N 个数据样本，并将 $\{l_1,l_2,\cdots,l_N\}$ 作为它们的标签，因此 $l_n=k$ 意味着数据样本 $\boldsymbol{x}_n$ 来

---

①

$$\begin{aligned}\hat{k} &= \arg\max_k \Pr(\omega_k\mid \boldsymbol{x})\\ &= \arg\max_k \frac{\mathrm{e}^{(\boldsymbol{w}_k^{(\mathrm{MLE})})^{\mathrm{T}}\boldsymbol{x}}}{\sum_{k=1}^K \mathrm{e}^{(\boldsymbol{w}_k^{(\mathrm{MLE})})^{\mathrm{T}}\boldsymbol{x}}}\\ &= \arg\max_k \mathrm{e}^{(\boldsymbol{w}_k^{(\mathrm{MLE})})^{\mathrm{T}}\boldsymbol{x}}\\ &= \arg\max_k (\boldsymbol{w}_k^{(\mathrm{MLE})})^{\mathrm{T}}\boldsymbol{x}\\ &= \arg\max_k \boldsymbol{x}^{\mathrm{T}}\boldsymbol{w}_k^{(\mathrm{MLE})}\end{aligned}$$

自第 k 类 ω_k。基于给定的数据集，推导所有模型参数（即所有均值向量（$\boldsymbol{\mu}_k(k=1,2,\cdots,K)$ 的 MLE）和公共协方差矩阵 $\boldsymbol{\Sigma}$。

Q11.4　给定 $\boldsymbol{x}\in\mathbf{R}^n$ 和 $y\in\{0,1\}$，假设对于所有 $k=0,1$，$\Pr(y=k)=\pi_k>0$ 且 $\pi_0+\pi_1=1$。给定 $\boldsymbol{x}$ 的条件分布为 $p(\boldsymbol{x}\mid y)=N(\boldsymbol{x}\mid\boldsymbol{\mu}_y,\boldsymbol{\Sigma}_y)$，其中 $\boldsymbol{\mu}_0,\boldsymbol{\mu}_1\in\mathbf{R}^n$ 是两个均值向量（$\boldsymbol{\mu}_0\neq\boldsymbol{\mu}_1$），$\boldsymbol{\Sigma}_0,\boldsymbol{\Sigma}_1\in\mathbf{R}^{d\times d}$ 是两个协方差矩阵。

a．$\boldsymbol{x}$（即 $p(\boldsymbol{x})$）的无条件密度是多少？

b．假设 $\boldsymbol{\Sigma}_0=\boldsymbol{\Sigma}_1=\boldsymbol{\Sigma}$ 是正定矩阵。推导最大后验概率决策规则。两类之间的界限是什么？请展示过程。

c．假设 $\boldsymbol{\Sigma}_0\neq\boldsymbol{\Sigma}_1$ 是两个正定矩阵。推导最大后验概率决策规则。两类之间的界限是什么？请展示过程。

Q11.5　将等式（11.8）中的最大似然估计扩展到涉及 M 个符号的通用多项式模型。

Q11.6　为 DNA 序列的二阶马尔可夫链模型绘制一个类似于图 11.5 的图形表示。

Q11.7　推导公式（11.10）中一阶马尔可夫链模型的最大似然估计。

Q11.8　推导公式（11.12）中概率回归模型的对数似然函数的梯度。在此基础上，利用梯度下降法推导出概率回归的学习算法。

Q11.9　使用（i）梯度下降法（ii）牛顿法，推导公式（11.13）中泊松回归的对数似然函数的梯度和海森矩阵，以及参数 $\boldsymbol{w}$ 的最大似然估计的学习算法。

Q11.10　证明等式（11.15）中对数线性模型的对数似然函数是凹的，只有一个全局最大值。

Q11.11　推导例 11.4.1 中对数线性模型所有参数的最大似然估计的梯度下降法。

第 12 章

混合模型

第 11 章讨论的单峰模型比较容易学习，但在近似真实世界应用程序中大量的复杂数据分布时会严重受限。许多物理过程产生的数据倾向于揭示其分布在特征空间上的多峰特性。例如，如果从大量男性和女性发言群体中收集语音信号，并提取一个主要的声学特征，可以观察到这一特征呈现多峰分布，如图 12.1 所示。显然，这里不能使用任何单峰模型来精确地近似这种类型的多峰分布。

在机器学习中，通常将单峰模型用作构造块，来构建更复杂的生成模型。一般来说，展开简单的单峰模型的方法至少有两种。本章介绍第一种方法，该方法基于有限混合分布[59239,162]，将多个不同的单峰模型组合为混合模型，以采集复杂多峰分布中的多个峰值。第 13 章将讨论第二种方法，第二种方法依赖于随机变量的转换，将比较简单的生成模型转换成更复杂的模型。

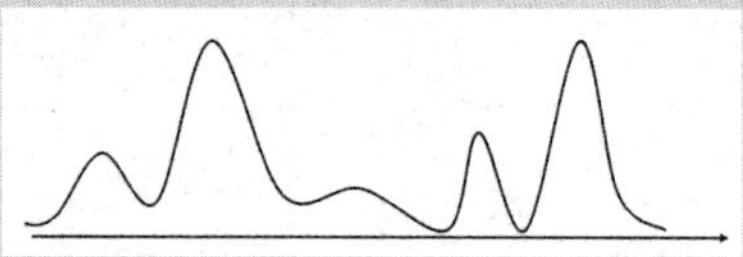

图 12.1　测量大量发言群体中一个主要语音特征的多峰分布图

12.1 构建混合模型

人们认为，混合模型将一组比较简单的分布（可能是单峰分布）进行线性组合，从而得到一个比较复杂的混合分布。生成的模型称为混合模型，每一个较为简单的分布通常称为分量模型。如果只使用有限数量的分量模型，就产生了所谓的有限混合模型。一般来说，$M(\in \boldsymbol{N})$ 分量的有限混合模型可以表示为：

$$p_{\theta}(\boldsymbol{x})=\sum\nolimits_{m=1}^{M} w_m \cdot f_{\theta_m}(\boldsymbol{x}) \tag{12.1}$$

其中，$\theta=\{w_m,\theta_m \mid m=1,2,\cdots,M\}$ 表示所有混合模型的模型参数，f_{θ_m} 表示分量模型，模型参数为 θ_m，w_m 为混合权重。所有混合权重满足总和为 1 的约束条件：$\sum\nolimits_{m=1}^{M} w_m=1$。

所有混合权重 $\{w_m,\theta_m \mid m=1,2,\cdots,M\}$ 可以看作是一个 M 值多项式模型。如果每个分量模型都表示有效的分布（自归一到 1），混合权重总和为 1 的约束会确保最终的混合模型 $p_{\theta}(\boldsymbol{x})$ 在空间上是有效的概率分布，同时也满足总和为 1 的约束①。

在有限混合模型中，根据特征向量的性质，我们通常选择分量模型作为单峰模型。例如，如果我们想要近似一个连续数据的多峰分布，可以选择高斯模型作为分量模型。在这种情况下，混合模型由多个具有不同均值向量和协方差矩阵的高斯模型组成，通常称为高斯混合模型（GMM）。将在第 12.3 节中进一步详细讨论高斯混合模型。同样，对于离散数据，我们可以选择多项模型作为分量模型，从而得到多项混合模型。②

如果我们想了解混合模型是如何形成的，就必须了解平均随机变量和平均概率函数之间的区别。

例 12.1.1　平均随机变量与概率函数

假设两个独立随机变量遵循两个单变量高斯分布：$x_1 \sim N(\mu_1,\sigma_1^2)$ 和 $x_2 \sim N(\mu_2,\sigma_2^2)$。如

① 已知总和为 1 的约束条件

$$\sum\nolimits_{m=1}^{M} w_m = 1,$$

则很容易证明：

$$\int_x p_{\theta}(\boldsymbol{x})\mathrm{d}\boldsymbol{x}=1$$

② 有关多项混合模型的更多细节，请参阅练习 Q12.6。

果我们通过取 x_1 和 x_2 的均值，得到一个新的随机变量 x，即 $x=\epsilon x_1+(1-\epsilon)x_2$，且常数：$0<\epsilon<1$，判断 x 是否遵循双峰混合分布。

因为 x_1 和 x_2 都遵循高斯分布，所以其中任何线性变换将产生一个新的随机变量，遵循另一个高斯分布，而不是混合分布。基于高斯分布的性质（请参阅练习 Q2.9），可以推导出 x 遵循如下高斯分布：

$$x \sim N(\epsilon\mu_1+(1-\epsilon)\mu_1, \epsilon^2\sigma_1^2+(1-\epsilon)^2\sigma_2^2)$$

此处，x 仍然遵循单峰分布，而不是两个高斯分布的混合分布。如果我们想要构建一个双峰混合模型，就必须直接平均密度函数，如下：

$$x' \sim \epsilon N(\mu_1,\sigma_1^2)+(1-\epsilon)N(x\mid\mu_2,\sigma_2^2)$$

如果我们恰当地选择 ϵ 和这两个高斯分布的参数，就可以近似许多双峰分布，如图 12.2 所示。

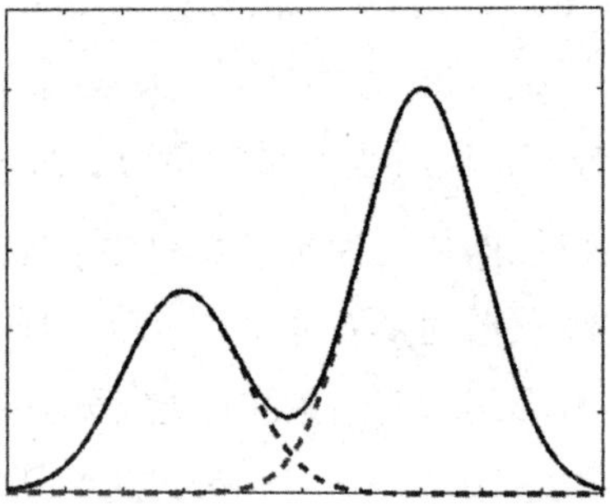

图 12.2　由两个不同的高斯分布的平均值形成的双峰分布

事实上，除了高斯分布和多项分布，可以从更广泛的概率分布分类中选择有限混合模型的分量模型，通常称为指数族分布。接下来，我们将首先学习指数族分布的性质，然后讨论如何根据训练的数据估计有限的混合模型。

12.1.1　指数族（e 族）

像之前一样，使用 $f_\theta(\boldsymbol{x})$ 代表随机变量 $\boldsymbol{x}$ 的参数概率分布，其中 θ 表示普通的模型参数。一般来说，如果可以将其重新参数化为以下指数形式：

$$f_{\boldsymbol{\theta}}(\boldsymbol{x})=\exp(A(\bar{\boldsymbol{x}})+\bar{\boldsymbol{x}}^{\mathrm{T}}\lambda-K(\lambda)),$$

则称，分布 $f_\theta(\boldsymbol{x})$ 属于指数族（简称 e 族）。在标准形式中，$\lambda=g(\theta)$ 通常被称为模型的自然参数，而且只取决于函数 $g(\cdot)$ 中的正则模型参数 θ（而非 $\boldsymbol{x}$）。同时，$\bar{\boldsymbol{x}}=h(\boldsymbol{x})$ 被称

为模型的充分统计量，因为只取决于另一个函数$h(\cdot)$中的$\boldsymbol{x}$（而非θ）。此处，$K(\lambda)$是一个标准化项，可以确保$f_\theta(\boldsymbol{x})$满足总和为 1 的约束条件。

所有 e 族分布都具有一个重要性质，由于指数可以抵消对数，所以其对数似然函数可以用一种相当简单的形式表示。如果把对数设置为$f_\theta(\boldsymbol{x})$，则会得到：①

$$\ln f_\theta(\boldsymbol{x}) = A(\overline{\boldsymbol{x}}) + \overline{\boldsymbol{x}}^{\mathrm{T}}\lambda - K(\lambda)$$

其中包括三个独立项：$A(\overline{\boldsymbol{x}})$项只取决于充分统计量$\overline{\boldsymbol{x}}$，$K(\lambda)$项只取决于自然参数$\lambda$和一个线性交叉项$\overline{\boldsymbol{x}}^{\mathrm{T}}\lambda$。这也表明，当我们用极大似然估计法（MLE）来估计 e 族模型时，使用对数似然函数总是比似然函数更方便。

e 族尽管形式相当有限，但也代表非常广泛的参数概率函数，包括几乎所有我们熟悉且常见的概率分布。例如，通过重新参数化多元高斯分布得到自然参数λ和充分统计量$\overline{\boldsymbol{x}}$，解释多元高斯分布为什么属于 e 族。根据等式（11.1）中多元高斯模型的原始形式，可以得到：②

$$\begin{aligned}\ln \mathcal{N}(\boldsymbol{x}\,|\,\boldsymbol{\mu},\boldsymbol{\Sigma}) &= -\frac{d}{2}\ln(2\pi) - \frac{1}{2}\ln|\boldsymbol{\Sigma}| - \frac{1}{2}(\boldsymbol{x}-\boldsymbol{\mu})^{\mathrm{T}}\boldsymbol{\Sigma}^{-1}(\boldsymbol{x}-\boldsymbol{\mu}) \\ &= -\frac{d}{2}\ln(2\pi) + \frac{1}{2}\ln|\boldsymbol{\Sigma}^{-1}| - \frac{1}{2}\boldsymbol{x}^{\mathrm{T}}\boldsymbol{\Sigma}^{-1}\boldsymbol{x} + \boldsymbol{x}^{\mathrm{T}}\boldsymbol{\Sigma}^{-1}\boldsymbol{\mu} - \frac{1}{2}\boldsymbol{\mu}^{\mathrm{T}}\boldsymbol{\Sigma}^{-1}\boldsymbol{\mu} \\ &= \underbrace{-\frac{d}{2}\ln(2\pi)}_{A(\overline{\boldsymbol{x}})} + \underbrace{\boldsymbol{x}\cdot(\overbrace{\boldsymbol{\Sigma}^{-1}\boldsymbol{\mu}}^{\lambda_1}) + \left(-\frac{1}{2}\boldsymbol{x}^{\mathrm{T}}\boldsymbol{x}\right)\cdot\overbrace{\boldsymbol{\Sigma}^{-1}}^{\lambda_2}}_{\overline{\boldsymbol{x}}\lambda} + \underbrace{\frac{1}{2}\ln|\boldsymbol{\Sigma}^{-1}| - \frac{1}{2}\boldsymbol{\mu}^{\mathrm{T}}\boldsymbol{\Sigma}^{-1}\boldsymbol{\mu}}_{K(\lambda)=\frac{1}{2}\ln|\lambda_2| - \frac{1}{2}\lambda_1^{\mathrm{T}}\lambda_2^{-1}\lambda_1}\end{aligned}$$

从以上推导中可以看到，多元高斯的自然参数为：$\lambda = [\lambda_1\lambda_2] = g(\mu,\Sigma) = [\Sigma^{-1}\mu\Sigma^{-1}]$，相应的充分统计量为$\overline{\boldsymbol{x}} = h(\boldsymbol{x}) = \left[\boldsymbol{x} - \frac{1}{2}\boldsymbol{x}^{\mathrm{T}}\boldsymbol{x}\right]$。标准化项$K(\lambda)$也可以同先前函数一样表示为$\lambda_1$和$\lambda_2$。因此，多元高斯分布属于 e 族。同样，我们可以证明二项分布、多项分布、伯努

① 如下，可以推导$K(\lambda)$：

$$\int_x f_\theta(\boldsymbol{x})\mathrm{d}\boldsymbol{x} = 1 \Rightarrow$$

$$K(\lambda) = \ln\left[\int_x \exp(A(h(\boldsymbol{x})) + (h(\boldsymbol{x}))^{\mathrm{T}}\lambda)\mathrm{d}\boldsymbol{x}\right]$$

② 很容易验证

$$-\frac{1}{2}\boldsymbol{x}^{\mathrm{T}}\boldsymbol{\Sigma}^{-1}\boldsymbol{x} = \left(-\frac{1}{2}\boldsymbol{x}^{\mathrm{T}}\boldsymbol{x}\right)\cdot\boldsymbol{\Sigma}^{-1}\boldsymbol{x}^{\mathrm{T}}\boldsymbol{\Sigma}^{-1}\boldsymbol{\mu} = \boldsymbol{x}\cdot(\boldsymbol{\Sigma}^{-1}\boldsymbol{\mu})$$

其中，表示元素积（两个向量或矩阵）的乘积和总和，即两个向量或矩阵的内积。

利分布、狄利克雷分布、beta 分布、伽马分布、von Mises-Fisher 分布和反 wishart 分布都可以被重新参数化为自然参数和充分统计量的指数形式。因此，所有这些概率分布都属于 e 族。

表 12.1 列出了机器学习中一些有用的分布的重参数化结果。例如，第三行为特殊的多元高斯模型，协方差矩阵已知，只有高斯平均向量被视为模型参数。第四行为多项分布的已知结果，其中，自然参数表示为：$\boldsymbol{\lambda}=[\lambda_1\lambda_2\cdots\lambda_D]=g(p_1,\cdots p_D)=[\ln p_1\ \ln p_2\cdots\ln p_D]$。对于该重参数化，我们注意到这些自然参数必须满足约束条件：$\sum_{d=1}^{D}e^{\lambda_d}=1$，源于原始参数 p_i 中总和为 1 的约束条件。

表 12.1　将一些分布重新参数化为为正则 e 族形式（包括自然参数和充分统计量）

$f_\theta(\boldsymbol{x})$	$\lambda=g(\boldsymbol{\theta})$	$\bar{\boldsymbol{x}}=h(\boldsymbol{x})$	$K(\lambda)$	$A(\bar{\boldsymbol{x}})$
一元高斯分布 $\mathcal{N}(x\mid\mu,\sigma^2)$	$[\overbrace{\mu/\sigma^2}^{\lambda_1},\overbrace{1/\sigma^2}^{\lambda_2}]$	$[x,-x^2/2]$	$-\frac{1}{2}\lambda_1^2/\lambda_2+\frac{1}{2}\ln(\lambda_2)$	$-\frac{1}{2}\ln(2\pi)$
多元高斯分布 $\mathcal{N}(\boldsymbol{x}\mid\boldsymbol{\mu},\boldsymbol{\Sigma})$	$[\overbrace{\boldsymbol{\Sigma}^{-1}\boldsymbol{\mu}}^{\lambda_1},\overbrace{\boldsymbol{\Sigma}^{-1}}^{\lambda_2}]$	$[\boldsymbol{x},-\frac{1}{2}\boldsymbol{x}\boldsymbol{x}^{\mathrm{T}}]$	$-\frac{1}{2}\lambda_1^{\mathrm{T}}\lambda_2^{-1}\lambda_1+\frac{1}{2}\ln\lvert\lambda_2\rvert$	$-\frac{d}{2}\ln(2\pi)$
高斯分布（仅均值） $\mathcal{N}(\boldsymbol{x}\mid\boldsymbol{\mu},\boldsymbol{\Sigma}_0)$	$\boldsymbol{\mu}$	$\boldsymbol{\Sigma}_0^{-1}\boldsymbol{x}$	$-\frac{1}{2}\lambda^{\mathrm{T}}\boldsymbol{\Sigma}_0^{-1}\lambda$	$-\frac{d}{2}\ln(2\pi)$ $-\frac{1}{2}\ln\lvert\boldsymbol{\Sigma}_0\rvert$ $-\frac{1}{2}\boldsymbol{x}^{\mathrm{T}}\boldsymbol{\Sigma}_0^{-1}\boldsymbol{x}$
多项分布 $C\cdot\prod_{d=1}^{D}p_d^{x_d}$	$[\ln p_1,\cdots,\ln p_D]$	$\boldsymbol{x}$	0	$\ln(C)$

e 族分布具有一个重要性质，即几乎所有的 e 族分布都呈单峰分布，只有少数例外。因此，人们认为所有的 e 族分布在数学上都是可处理的。此外，我们还注意到 e 族在乘法中是封闭的。换句话说，任意两个 e 族分布的乘积仍然是 e 族分布。根据 e 族分布的指数形式可以直接证明这个性质。另一方面，需要注意，e 族在加法中不是封闭的。这表明 e 族分布的有限混合不再属于 e 族。

12.1.2　混合模型的形式化定义

在本节的最后，可以正式定义有限混合模型。在本书中，有限混合模型被定义为一个由 M（$\in\boldsymbol{H}$）e 族分布组成的混合模型：$p_\theta(\boldsymbol{x})=\sum_{m=1}^{M}w_m\cdot f_{\theta_m}(\boldsymbol{x})$，其中 $\theta=\{w_m,\theta_m\mid m=1,2,\cdots,M\}$ 表示所有与混合模型相关的参数。

根据此定义，如果满足以下两个条件，则正式称模型 $p_\theta(\boldsymbol{x})$ 为有限混合模型：

1．所有混合权重均为正 $(0 < w_m < 1, \forall m)$，并满足总和为 1 的约束条件（即，$\sum_{m=1}^{M} w_m = 1$）。

2．所有分量模型 $f_{\theta_m}(\boldsymbol{x})(\forall m)$ 属于 e 族。

在 e 族中，不同的分量采用不同的功能形式。但为了简单起见，我们通常假设混合模型中的所有分量模型都具有相同的函数形式，只是每个分量中的参数 θ_m 不同。正如我们所讨论的，一般来说，当 $M > 1$ 时，$p_\theta(\boldsymbol{x})$ 不是 e 族分布。

接下来将讨论如何基于最大似然估计来学习混合模型中所有的参数 θ。

12.2 期望最大化方法

假设有一个由 N 个样本组成的训练集：$\mathscr{D} = \{\boldsymbol{x}_1, \boldsymbol{x}_2, \cdots, \boldsymbol{x}_N\}$，从复杂多峰分布中随机抽取样本。如果我们想使用有限混合模型 $p_\theta(\boldsymbol{x})$ 来近似这个未知的分布，需要通过给定的 $\mathscr{D}$ 中的训练样本来估计所有的模型参数 θ。[①]

首先，必须确定 M 的值，即混合模型中的分量数量。遗憾的是，目前还没有任何方法可以有效地从数据中自动识别出正确的分量数量。必须把 M 当作一个超参数，并根据一些试错实验给 M 赋一个合适的值。

12.2.1 辅助函数：消除对数和

选定 M 后，使用最大似然估计来学习 θ 中的所有参数。同样，写出混合模型的对数似然函数，如下：

$$l(\boldsymbol{\theta}) = \sum_{i=1}^{N} \ln p_\theta(\boldsymbol{x}_i) = \sum_{i=1}^{N} \ln\left(\sum_{m=1}^{M} w_m \cdot f_{\theta_m}(\boldsymbol{x}_i)\right) \tag{12.2}$$

不同于在单峰模型中获得的结果，在这里面临着巨大的计算挑战，因为混合模型的对数似然函数包含一些难以用数学方法处理的对数和项（在以上的方程中用红色突出显示）。假设每一个分量模型都是 e 族分布，如果我们能够交换上一个方程中对数与总和的顺序，那么对数将直接应用于每一个分量模型，从而抵消每一个分量模型中的指数。

① $p_\theta(\boldsymbol{x}) = \sum_{m=1}^{M} w_m \cdot f_{\theta_m}(\boldsymbol{x})$。

以下推导的关键想法在于使用数学技巧来交换对数和总和的顺序，从而得到数学方法更易于处理的结果。

为此，首先将等式（12.1）中的混合模型指数 m 视为一个潜变量，其本质上是一个隐藏的随机变量，值来自于有限集合 $\{1,2,\cdots,M\}$。①假设给定一组模型参数，记为：

$$\boldsymbol{\theta}^{(n)}=\{w_m^{(n)},\boldsymbol{\theta}_m^{(n)}\mid m=1,2,\cdots,M\}$$

可以基于每个 D 中的训练样本 $\boldsymbol{x}_i$ 计算潜变量 m 的条件概率分布，如下：

$$\Pr(m\mid\boldsymbol{x}_i,\boldsymbol{\theta}^{(n)})=\frac{w_m^{(n)}\cdot f_{\boldsymbol{\theta}_m^{(n)}}(\boldsymbol{x}_i)}{\sum_{m=1}^{M}w_m^{(n)}\cdot f_{\boldsymbol{\theta}_m^{(n)}}(\boldsymbol{x}_i)}\quad(\forall m=1,2,\cdots,M)\tag{12.3}$$

可以得到，对于任意 $\boldsymbol{x}_i=1$，$\sum_{m=1}^{M}\Pr(m\mid\boldsymbol{x}_i,\boldsymbol{\theta}^{(n)})$。

接下来，我们将 $\boldsymbol{\theta}$ 的辅助函数定义为潜变量 m 的条件期望：②

$$\begin{aligned}Q(\boldsymbol{\theta}\mid\boldsymbol{\theta}^{(n)})&=\sum_{i=1}^{N}\mathbb{E}_m[\overbrace{\ln(w_m\cdot f_{\boldsymbol{\theta}_m}(\boldsymbol{x}_i))}^{\text{这里使用}\,\boldsymbol{\theta}}\mid\boldsymbol{x}_i,\boldsymbol{\theta}^{(n)}]+C\\&=\sum_{i=1}^{N}\sum_{m=1}^{M}\ln[w_m\cdot f_{\boldsymbol{\theta}_m}(\boldsymbol{x}_i)]\cdot\Pr(m\mid\boldsymbol{x}_i,\boldsymbol{\theta}^{(n)})+C,\end{aligned}\tag{12.4}$$

其中，C 是一个常数，定义为条件概率分布的熵的总和：

$$C\triangleq H(\boldsymbol{\theta}^{(n)}\mid\boldsymbol{\theta}^{(n)})=-\sum_{i=1}^{N}\sum_{m=1}^{M}\ln\Pr(m\mid\boldsymbol{x}_i,\boldsymbol{\theta}^{(n)})\Pr(m\mid\boldsymbol{x}_i,\boldsymbol{\theta}^{(n)})$$

由此可以看到，C 与模型变量 $\boldsymbol{\theta}$ 无关。如果比较等式（12.2）和等式（12.4）中突出显示的部分（红色部分），可以看出，我们成功地切换了对数和总和的顺序，消除对数和项，构建了辅助函数。因此，辅助函数 $Q(\boldsymbol{\theta}\mid\boldsymbol{\theta}^{(n)})$ 的形式比原对数似然函数 $l(\boldsymbol{\theta})$ 更简单。此外，可以证明 $Q(\boldsymbol{\theta}\mid\boldsymbol{\theta}^{(n)})$ 也与 $l(\boldsymbol{\theta})$ 密切相关。以下定理正式总结了辅助函数 $Q(\boldsymbol{\theta}\mid\boldsymbol{\theta}^{(n)})$ 的三个重要性质，清晰地阐明了其与原对数似然函数 $l(\boldsymbol{\theta})$ 的关系。

定理 12.2.1 辅助函数 $Q(\boldsymbol{\theta}\mid\boldsymbol{\theta}^{(n)})$ 满足以下三个属性：

1. 在 $\boldsymbol{\theta}^{(n)}$ 处，$Q(\boldsymbol{\theta}\mid\boldsymbol{\theta}^{(n)})$ 和 $l(\boldsymbol{\theta})$ 的值相同：

$$Q(\boldsymbol{\theta}\mid\boldsymbol{\theta}^{(n)})\Big|_{\boldsymbol{\theta}=\boldsymbol{\theta}^{(n)}}=l(\boldsymbol{\theta})\Big|_{\boldsymbol{\theta}=\boldsymbol{\theta}^{(n)}}$$

① 此后，用 $\boldsymbol{\theta}$ 将模型参数表示为自由函数变量，并用 $\boldsymbol{\theta}^{(n)}$ 表示特定的给定参数集合。

② 参考 2.2 节中条件期望的定义。

2. 在$\boldsymbol{\theta}^{(n)}$处，$Q(\boldsymbol{\theta}|\boldsymbol{\theta}^{(n)})$是$l(\boldsymbol{\theta})$的值切线：

$$\left.\frac{\partial Q(\boldsymbol{\theta}|\boldsymbol{\theta}^{(n)})}{\partial \boldsymbol{\theta}}\right|_{\boldsymbol{\theta}=\boldsymbol{\theta}^{(n)}}=\left.\frac{\partial l(\boldsymbol{\theta})}{\partial \boldsymbol{\theta}}\right|_{\boldsymbol{\theta}=\boldsymbol{\theta}^{(n)}}$$

3. 当所有$\boldsymbol{\theta}\neq\boldsymbol{\theta}^{(n)}$时，$Q(\boldsymbol{\theta}|\boldsymbol{\theta}^{(n)})$严格小于$l(\boldsymbol{\theta})$：

$$Q(\boldsymbol{\theta}|\boldsymbol{\theta}^{(n)})<l(\boldsymbol{\theta})\quad(\forall\boldsymbol{\theta}\neq\boldsymbol{\theta}^{(n)})$$

证明：

步骤1：对于任意两个随机变量x和y，可以将贝叶斯定理重新排列：

$$p(y|x)=\frac{p(x,y)}{p(x)}\cdot p(x)=\frac{p(x,y)}{p(y|x)}$$

步骤2：我们将其应用于m和$\boldsymbol{x}$的联合分布，用生成模型$p_{\theta}(m,\boldsymbol{x})$和模型参数$\boldsymbol{\theta}$表示，得到：

$$p_{\theta}(\boldsymbol{x})=\frac{p_{\theta}(m,\boldsymbol{x})}{\Pr(m|\boldsymbol{x},\boldsymbol{\theta})}\Rightarrow \ln p_{\theta}(\boldsymbol{x})=\ln p_{\theta}(m,\boldsymbol{x})-\ln\Pr(m|\boldsymbol{x},\boldsymbol{\theta})$$

步骤3：我们将条件概率$\Pr(m|\boldsymbol{x}_i,\boldsymbol{\theta}^{(n)})$与之前等式的两边相乘，与所有$m\in\{1,2,\cdots,M\}$相加，得到：

$$\sum_{m=1}^{M}\ln p_{\theta}(\boldsymbol{x})\cdot\Pr(m|\boldsymbol{x},\boldsymbol{\theta}^{(n)})=\sum_{m=1}^{M}\ln p_{\theta}(m,\boldsymbol{x})\cdot\Pr(m|\boldsymbol{x},\boldsymbol{\theta}^{(n)})-\sum_{m=1}^{M}\ln\Pr(m|\boldsymbol{x},\boldsymbol{\theta})\cdot\Pr(m|\boldsymbol{x},\boldsymbol{\theta}^{(n)})$$

因为$\ln p_{\theta}(\boldsymbol{x})$独立于$m$，并且$\sum_{m=1}^{M}\Pr(m|\boldsymbol{x}_i,\boldsymbol{\theta}^{(n)})=1$，等式左侧（LHS）化简为

$$\sum_{m=1}^{M}\ln p_{\theta}(\boldsymbol{x})\cdot\Pr(m|\boldsymbol{x},\boldsymbol{\theta}^{(n)})=\ln p_{\theta}(\boldsymbol{x})$$

步骤4：将$\mathscr{D}$中的每个训练样本$\boldsymbol{x}$替换为$\boldsymbol{x}_i$，求所有N个样本的总和，可得到：

$$\sum_{i=1}^{N}\ln p_{\theta}(\boldsymbol{x}_i)=\sum_{i=1}^{N}\sum_{m=1}^{M}\ln p_{\theta}(m,\boldsymbol{x}_i)\cdot\Pr(m|\boldsymbol{x}_i,\boldsymbol{\theta}^{(n)})-\sum_{i=1}^{N}\sum_{m=1}^{M}\ln\Pr(m|\boldsymbol{x}_i,\boldsymbol{\theta})\cdot\Pr(m|\boldsymbol{x}_i,\boldsymbol{\theta}^{(n)})$$

步骤 5：注意，LHS 等于 $\boldsymbol{l(\theta)}$，我们得到：①

$$p_{\boldsymbol{\theta}}(m,\boldsymbol{x}_i)=\Pr(m\mid\boldsymbol{\theta})p_{\boldsymbol{\theta}}(\boldsymbol{x}_i\mid m)=w_m\cdot f_{\boldsymbol{\theta}_m}(\boldsymbol{x}_i)$$

将等式（12.4）中的 $\boldsymbol{Q(\theta\mid\theta^{(n)})}$ 代入先前的等式，我们得到：

$$\begin{aligned}
l(\boldsymbol{\theta})&=Q(\boldsymbol{\theta}\mid\boldsymbol{\theta}^{(n)})+\left[\sum_{i=1}^{N}\sum_{m=1}^{M}\ln\Pr(m\mid\boldsymbol{x}_i,\boldsymbol{\theta}^{(n)})\Pr(m\mid\boldsymbol{x}_i,\boldsymbol{\theta}^{(n)})\right.\\
&\quad\left.-\sum_{i=1}^{N}\sum_{m=1}^{M}\ln\Pr(m\mid\boldsymbol{x}_i,\boldsymbol{\theta})\Pr(m\mid\boldsymbol{x}_i,\boldsymbol{\theta}^{(n)})\right]\\
&=Q(\boldsymbol{\theta}\mid\boldsymbol{\theta}^{(n)})+\sum_{i=1}^{N}\underbrace{\left[\sum_{m=1}^{M}\ln\left(\frac{\Pr(m\mid\boldsymbol{x}_i,\boldsymbol{\theta}^{(n)})}{\Pr(m\mid\boldsymbol{x}_i,\boldsymbol{\theta})}\right)\Pr(m\mid\boldsymbol{x}_i,\boldsymbol{\theta}^{(n)})\right]}_{\mathrm{KL}(\Pr(m|\boldsymbol{x}_i,\boldsymbol{\theta}^{(n)})\|\Pr(m|\boldsymbol{x}_i,\boldsymbol{\theta}))\geqslant 0}\\
&\geqslant Q(\boldsymbol{\theta}\mid\boldsymbol{\theta}^{(n)})\text{②。}
\end{aligned}\tag{12.5}$$

根据 KL 散度的性质可知，仅当 $\boldsymbol{\theta}=\boldsymbol{\theta}^{(n)}$ 时等式才成立。因此，可以证明性质 1 和性质 3。

步骤 6： 根据等式（12.5），可以得到：③

$$\frac{\partial l(\boldsymbol{\theta})}{\partial\boldsymbol{\theta}}=\frac{\partial Q(\boldsymbol{\theta}\mid\boldsymbol{\theta}^{(n)})}{\partial\boldsymbol{\theta}}-\frac{\partial H(\boldsymbol{\theta}\mid\boldsymbol{\theta}^{(n)})}{\partial\boldsymbol{\theta}},$$

以及

---

① 根据定义，在等式（12.4）中，可以得到：

$$\begin{aligned}
&Q(\boldsymbol{\theta}\mid\boldsymbol{\theta}^{(n)})=\\
&\sum_{i=1}^{N}\sum_{m=1}^{M}\ln[w_m\cdot f_{\boldsymbol{\theta}_m}(\boldsymbol{x}_i)]\cdot\Pr(m\mid\boldsymbol{x}_i,\boldsymbol{\theta}^{(n)})\\
&-\sum_{i=1}^{N}\sum_{m=1}^{M}\ln\Pr(m\mid\boldsymbol{x}_i,\boldsymbol{\theta}^{(n)})\Pr(m\mid\boldsymbol{x}_i,\boldsymbol{\theta}^{(n)})
\end{aligned}$$

② 根据定理 2.3.1，Kullback-Leibler（KL）散度永远为非负值，只有当两个分布相同时才等于 0。

③ 在此，表示：

$$\begin{aligned}
&H(\boldsymbol{\theta}\mid\boldsymbol{\theta}^{(n)})=\\
&\sum_{i=1}^{N}\sum_{m=1}^{M}\ln\Pr(m\mid\boldsymbol{x}_i,\boldsymbol{\theta})\Pr(m\mid\boldsymbol{x}_i,\boldsymbol{\theta}^{(n)})
\end{aligned}$$

$$\left.\frac{\partial H(\boldsymbol{\theta}\mid\boldsymbol{\theta}^{(n)})}{\partial\boldsymbol{\theta}}\right|_{\boldsymbol{\theta}=\boldsymbol{\theta}^{(n)}}=\sum_{i=1}^{N}\left[\sum_{m=1}^{M}\frac{\Pr(m\mid\boldsymbol{x}_i,\boldsymbol{\theta}^{(n)})}{\Pr(m\mid\boldsymbol{x}_i,\boldsymbol{\theta})}\frac{\partial\Pr(m\mid\boldsymbol{x}_i,\boldsymbol{\theta})}{\partial\boldsymbol{\theta}}\right]_{\boldsymbol{\theta}=\boldsymbol{\theta}^{(n)}}$$
$$=\sum_{i=1}^{N}\left[\sum_{m=1}^{M}\frac{\partial\Pr(m\mid\boldsymbol{x},\boldsymbol{\theta})}{\partial\boldsymbol{\theta}}\right]_{\boldsymbol{\theta}=\boldsymbol{\theta}^{(n)}}$$
$$=\sum_{i=1}^{N}\frac{\partial}{\partial\boldsymbol{\theta}}\left[\sum_{m=1}^{M}\Pr(m\mid\boldsymbol{x},\boldsymbol{\theta})\right]_{\boldsymbol{\theta}=\boldsymbol{\theta}^{(n)}}$$
$$=\sum_{i=1}^{N}\left.\frac{\partial}{\partial\boldsymbol{\theta}}[1]\right|_{\boldsymbol{\theta}=\boldsymbol{\theta}^{(n)}}=0$$

这证明了性质 2。

我们已经知道，对数似然函数 $l(\boldsymbol{\theta})$ 是关于模型参数 $\boldsymbol{\theta}$ 的函数，横跨整个模型空间。同时，辅助函数 $Q(\boldsymbol{\theta}\mid\boldsymbol{\theta}^{(n)})$ 也是 $\boldsymbol{\theta}$ 的函数，但必须在给定模型 $\boldsymbol{\theta}^{(n)}$ 的基础上才能构建辅助函数 Q 。其关系如图 12.3 所示，其中函数 $l(\boldsymbol{\theta})$ 可能因为具有对数和项而显得复杂，但函数 $Q(\boldsymbol{\theta}\mid\boldsymbol{\theta}^{(n)})$ 相对简单，因为它消除了那些对数和项。可以为任意给定的模型 $\boldsymbol{\theta}^{(n)}$ 构建一个辅助函数。如图 12.3 所示，辅助函数在构建点 $\boldsymbol{\theta}^{(n)}$ 处与 $l(\boldsymbol{\theta})$ 正切，且均低于 $l(\boldsymbol{\theta})$ 。

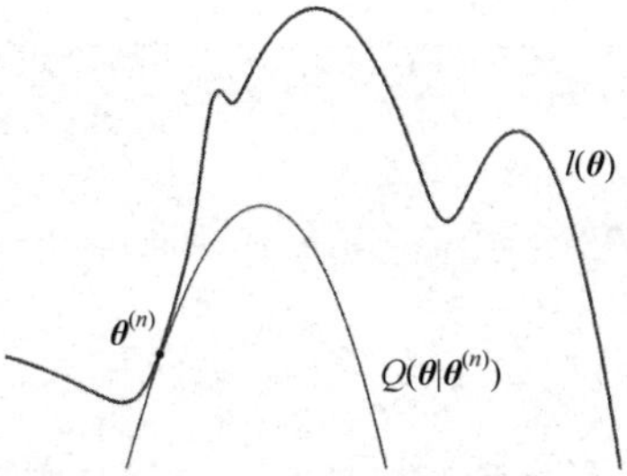

图 12.3 辅助函数 $Q(\boldsymbol{\theta}\mid\boldsymbol{\theta}^{(n)})$ 与原对数似然函数 $l(\boldsymbol{\theta})$ 的相关性

12.2.2 期望最大化算法

辅助函数 $Q(\boldsymbol{\theta}\mid\boldsymbol{\theta}^{(n)})$ 比原对数似然函数 $l(\boldsymbol{\theta})$ 更简单，因为辅助函数完全不具有对数和项。因此，最大化 $Q(\boldsymbol{\theta}\mid\boldsymbol{\theta}^{(n)})$ 应该比 $l(\boldsymbol{\theta})$ 更容易。事实上，我们可以证明 $Q(\boldsymbol{\theta}\mid\boldsymbol{\theta}^{(n)})$ 是一个凹函数，因为所有的分量模型属于 e 族（请参阅练习 Q12.4）。在许多情况下，我们甚至可以推导出一个闭形解来清楚地解决这个优化问题：

$$\boldsymbol{\theta}^{(n+1)}=\arg\max_{\boldsymbol{\theta}}Q(\boldsymbol{\theta}\mid\boldsymbol{\theta}^{(n)})$$

在定理 12.2.1 中，由于辅助函数具有优良性质，所以我们可以证明，解 $\boldsymbol{\theta}^{(n+1)}$ 也能够确

保改进原对数似然函数。在此基础上提出了一种优化方法来解决混合模型的 MLE——期望最大化（EM）算法[52]。如算法 12.12 所示，EM 算法是一种迭代优化方法，每次迭代包含两个步骤。第一步，如等式（12.4）所示，基于当前模型 $\boldsymbol{\theta}^{(n)}$ 构造辅助函数 $Q(\boldsymbol{\theta}\,|\,\boldsymbol{\theta}^{(n)})$。由于辅助函数根据潜变量的条件期望而定义，因此这个步骤通常称为期望步骤（E 步）。第二步，最大化辅助函数，得到一个新的模型 $\boldsymbol{\theta}^{(n+1)}$。这一步通常称为最大化步骤（M 步）。此外，可以基于 $\boldsymbol{\theta}^{(n+1)}$ 构造另一个辅助函数来继续其他 E 步和 M 步迭代，如图 12.4 所示。如果不断重复这个过程，EM 算法最终将收敛到对数似然函数的局部极大值。

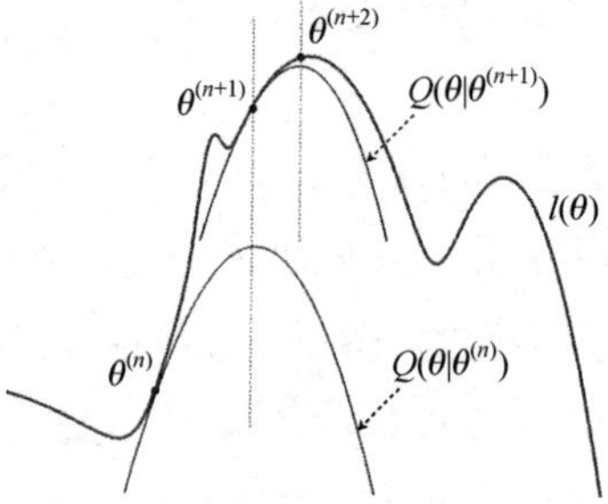

图 12.4　EM 算法的工作原理

算法 12.12　EM 算法

initialize $\boldsymbol{\theta}^{(0)}$, set $n=0$

while not converged **do**

E-step:

$$Q(\boldsymbol{\theta}\,|\,\boldsymbol{\theta}^{(n)})=\sum_{i=1}^{N}E_m[\ln(w_m\cdot f_{\boldsymbol{\theta}_m}(\boldsymbol{x}_i))\,|\,\boldsymbol{x}_i,\boldsymbol{\theta}^{(n)}]$$

M-step:

$$\boldsymbol{\theta}^{(n+1)}=\arg\max_{\boldsymbol{\theta}}Q(\boldsymbol{\theta}\,|\,\boldsymbol{\theta}^{(n)})$$

$$n=n+1$$

end while

此处我们介绍一些关于 EM 算法收敛性的关键理论成果。重要之处在于证明为什么新模型参数为 $\boldsymbol{\theta}^{(n+1)}$（通过辅助函数的最大化得到）能够保证对对数似然函数进行改进。

定理 12.2.2 每次 EM 迭代保证改进 $l(\boldsymbol{\theta})$：

$$l(\boldsymbol{\theta}^{(n+1)}) \geqslant l(\boldsymbol{\theta}^{(n)})$$

此外，对数似然函数的改进不小于辅助函数的改进：

$$l(\boldsymbol{\theta}^{(n+1)}) - l(\boldsymbol{\theta}^{(n)}) \geqslant Q(\boldsymbol{\theta} \mid \boldsymbol{\theta}^{(n)})\Big|_{\boldsymbol{\theta}=\boldsymbol{\theta}^{(n+1)}} - Q(\boldsymbol{\theta} \mid \boldsymbol{\theta}^{(n)})\Big|_{\boldsymbol{\theta}=\boldsymbol{\theta}^{(n)}}$$

证明：

步骤 1：根据定理 12.2.1 的性质 1 可得：

$$l(\boldsymbol{\theta}^{(n)}) = Q(\boldsymbol{\theta} \mid \boldsymbol{\theta}^{(n)})\Big|_{\boldsymbol{\theta}=\boldsymbol{\theta}^{(n)}}$$

步骤 2：由于我们在 M 步中已经最大化辅助函数，因此可得：

$$Q(\boldsymbol{\theta} \mid \boldsymbol{\theta}^{(n)})\Big|_{\boldsymbol{\theta}=\boldsymbol{\theta}^{(n+1)}} \geqslant Q(\boldsymbol{\theta} \mid \boldsymbol{\theta}^{(n)})\Big|_{\boldsymbol{\theta}=\boldsymbol{\theta}^{(n)}}$$

步骤 3：根据定理 12.2.1 中的性质 3 可得：

$$l(\boldsymbol{\theta}^{(n+1)}) \geqslant Q(\boldsymbol{\theta} \mid \boldsymbol{\theta}^{(n)})\Big|_{\boldsymbol{\theta}=\boldsymbol{\theta}^{(n+1)}}$$

步骤 4：如果我们组合前面三个步骤，可得：

$$l(\boldsymbol{\theta}^{(n+1)}) \geqslant Q(\boldsymbol{\theta} \mid \boldsymbol{\theta}^{(n)})\Big|_{\boldsymbol{\theta}=\boldsymbol{\theta}^{(n+1)}} \geqslant Q(\boldsymbol{\theta} \mid \boldsymbol{\theta}^{(n)})\Big|_{\boldsymbol{\theta}=\boldsymbol{\theta}^{(n)}} = l(\boldsymbol{\theta}^{(n)})$$

由此已经证明：$l(\boldsymbol{\theta}^{(n+1)}) \geqslant l(\boldsymbol{\theta}^{(n)})$

步骤 5：基于前面的不等式，很容易证明：

$$l(\boldsymbol{\theta}^{(n+1)}) - l(\boldsymbol{\theta}^{(n)}) \geqslant Q(\boldsymbol{\theta} \mid \boldsymbol{\theta}^{(n)})\Big|_{\boldsymbol{\theta}=\boldsymbol{\theta}^{(n+1)}} - Q(\boldsymbol{\theta} \mid \boldsymbol{\theta}^{(n)})\Big|_{\boldsymbol{\theta}=\boldsymbol{\theta}^{(n)}}$$

定理 12.2.2 保证了 EM 算法的正确性。也就是说，保证了 EM 算法会收敛到似然函数的局部最优点。此外，对数似然函数的改进一定大于辅助函数的改进，这便表明 EM 算法的收敛速度非常快。

如果将 EM 算法与梯度下降等其他迭代优化方法进行比较，EM 算法主要有两个优点。首先，使用梯度下降方法必须手动设置敏感学习速率，而 EM 算法不需要任何超参数。因此，EM 算法更容易实现，并且通常输出更稳定的结果。其次，根据定理 12.2.2，EM 算法的收敛速度比梯度下降算法快得多。另一方面，梯度下降法适用于所有可微的目标函数，而 EM 算法则局限于一些涉及对数和项且形式特殊的目标函数，如混合模型中的对数似然函数。一般来说，在所有 EM 算法适用的情况中，EM 算法比任何其他迭代优化方法都更有优势。

请注意，EM 算法并没有规定如何在开始时选择初始模型 $\boldsymbol{\theta}^{(0)}$，以及如何在 M 步中求解最大化问题。在下面的章节中将使用两种流行的混合模型，即高斯混合模型（GMM）和隐马尔可夫模型（HMM），来说明如何解决这些问题。

12.3 高斯混合模型

高斯混合模型大概是机器学习中最流行的混合模型，在机器学习中我们选择多元高斯模型作为分量模型。与第 11 章中的单峰模型不同，高斯混合模型是一种非常强大的生成模型，通常用于近似高维空间中的复杂多峰分布。在高斯混合模型中，多个不同的多元高斯分布可以共同捕获复杂概率分布中的多个峰值，如图 12.5 所示。

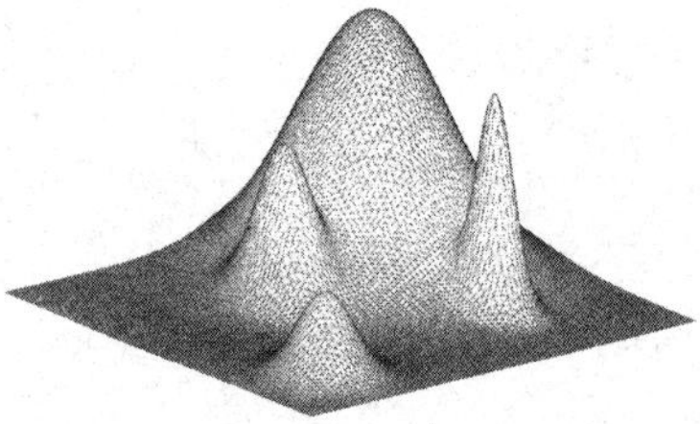

图 12.5　使用 GMM 近似二维空间中多峰分布的四峰

一般来说，当 $\boldsymbol{x} \in \mathbf{R}^d$ 时 GMM 可以表示为：①

$$p_{\boldsymbol{\theta}}(\boldsymbol{x}) = \sum_{m=1}^{M} w_m \cdot \mathcal{N}(\boldsymbol{x} \mid \boldsymbol{\mu}_m, \boldsymbol{\Sigma}_m), \tag{12.6}$$

其中，$\boldsymbol{\theta} = \{w_m, \boldsymbol{\mu}_m, \boldsymbol{\Sigma}_m \mid m = 1,2,\cdots M\}$ 表示高斯混合模型中的所有参数；所有混合权重 w_m 满足 $\sum_{m=1}^{M} w_m = 1$；$\boldsymbol{\mu}_m$ 和 $\boldsymbol{\Sigma}_m$ 分别表示为第 m 个高斯分量的均值向量和协方差矩阵。对于每个 $\boldsymbol{x} \in \mathbf{R}^d$，计算 $p_\theta(\boldsymbol{x})$ 的复杂度大致为 $O(M \cdot d^2)$。②

如果 M 足够大，则高斯混合模型表示一类数量众多的概率分布。根据 Sorenson 和 Alspach[229]及 Plataniotis 和 Hatzinakos[187]的理论成果，对于任何光滑概率密度函数，都存在一个将给定分布近似到任意精度的高斯混合模型（可能带有许多分量）。因此，高斯混合模型有时被称为概率密度的通用近似器。

① $\mathcal{N}(\boldsymbol{x} \mid \boldsymbol{\mu}_m, \boldsymbol{\Sigma}_m) = \dfrac{1}{(2\pi)^{d/2} \mid \boldsymbol{\Sigma}_m \mid^{1/2}} e^{-\frac{(\boldsymbol{x}-\boldsymbol{\mu}_m)^{\mathrm{T}} \boldsymbol{\Sigma}_m^{-1} (\boldsymbol{x}-\boldsymbol{\mu}_m)}{2}}$

② 该估计假设预算并存储了所有的行列 $|\boldsymbol{\Sigma}_m|$ 和逆矩阵 $\boldsymbol{\Sigma}_m^{-1}$。

给定一组训练数据：$\mathscr{D}=\{\boldsymbol{x}_1,\boldsymbol{x}_2,\cdots,\boldsymbol{x}_N\}$，我们考虑如何从这些样本中学习高斯混合模型。与任何其他混合模型类似，分量的数量 M 必须作为超参数手动预先指定。一旦设定 M，就可以使用 EM 算法来学习所有与高斯混合模型相关的模型参数$\boldsymbol{\theta}$。接下来，我们将研究如何将这两个 EM 步骤应用到高斯混合模型的最大似然估计中。

在 E 步中，需要根据给定的一组模型参数：$\boldsymbol{\theta}^n=\{w_m^{(n)},\boldsymbol{\mu}_m^{(n)},\boldsymbol{\Sigma}_m^{(n)}\mid m=1,2,\cdots,M\}$，来构造辅助函数，如等式（12.4）所示。要做到这一点，我们只需要基于模型参数$\boldsymbol{\theta}$计算潜变量m的条件概率及每个训练样本（即对于所有$m=1,\cdots,M$且$i=1,\cdots,N$，$\Pr(m\mid\boldsymbol{x}_i,\boldsymbol{\theta}^{(n)})$）。为方便使用符号，使用$\xi_m^{(n)}(\boldsymbol{x}_i)$来表示这些条件概率。此外，已知等式（12.6）中定义的高斯混合模型，计算等式（12.3）的条件概率为：

$$\xi_m^{(n)}(\boldsymbol{x}_i)\triangleq\Pr(m\mid\boldsymbol{x}_i,\boldsymbol{\theta}^{(n)})=\frac{w_m^{(n)}\mathscr{N}(\boldsymbol{x}_i\mid\boldsymbol{\mu}_m^{(n)},\boldsymbol{\Sigma}_m^{(n)})}{\sum_{m=1}^{M}w_m^{(n)}\mathscr{N}(\boldsymbol{x}_i\mid\boldsymbol{\mu}_m^{(n)},\boldsymbol{\Sigma}_m^{(n)})}(\forall m=1,\cdots,M;\forall i=1,\cdots,N)\tag{12.7}$$

将这些概率代入等式（12.4），构造高斯混合模型的辅助函数如下：

$$Q(\boldsymbol{\theta}\mid\boldsymbol{\theta}^{(n)})=\sum_{i=1}^{N}\sum_{m=1}^{M}\left[\ln w_m-\frac{\ln|\boldsymbol{\Sigma}_m|}{2}-\frac{(\boldsymbol{x}_i-\boldsymbol{\mu}_m)^{\mathrm{T}}\boldsymbol{\Sigma}_m^{-1}(\boldsymbol{x}_i-\boldsymbol{\mu}_m)}{2}\right]\xi_m^{(n)}(\boldsymbol{x}_i)+C'\tag{12.18}$$

接下来，在 M 步中，对于所有模型参数：$\boldsymbol{\theta}=\{w_m,\boldsymbol{\mu}_m,\boldsymbol{\Sigma}_m\mid m=1,2,\cdots,M\}$，需要最大化辅助函数$Q(\boldsymbol{\theta}\mid\boldsymbol{\theta}^{(n)})$。由于已经去除了所有对数和项，对于所有的$\boldsymbol{\mu}_m$和$\boldsymbol{\Sigma}_m$，辅助函数的函数形式实际上具有类似于等式（11.2）中多元高斯函数，对于所有的w_m，辅助函数则类似于等式（11.7）中多项式。

对于所有的$\boldsymbol{\mu}_m$和$\boldsymbol{\Sigma}_m$（$m=1,2,\cdots,M$）这里去除$\boldsymbol{\mu}_m$和$\boldsymbol{\Sigma}_m$的偏导数，得到更新等式如下：

$$\frac{\partial Q(\boldsymbol{\theta}\mid\boldsymbol{\theta}^{(n)})}{\partial\boldsymbol{\mu}_m}=0\quad(m=1,2,\cdots,M)$$

$$\Rightarrow\boldsymbol{\mu}_m^{(n+1)}=\frac{\sum_{i=1}^{N}\xi_m^{(n)}(\boldsymbol{x}_i)\boldsymbol{x}_i}{\sum_{i=1}^{N}\xi_m^{(n)}(\boldsymbol{x}_i)}\tag{12.9}$$

$$\frac{\partial Q(\boldsymbol{\theta} \mid \boldsymbol{\theta}^{(n)})}{\partial \boldsymbol{\Sigma}_m} = 0 \quad (m = 1, 2, \cdots, M)$$

$$\Rightarrow \boldsymbol{\Sigma}_m^{(n+1)} = \frac{\sum_{i=1}^{N} \xi_m^{(n)}(\boldsymbol{x}_i)(\boldsymbol{x}_i - \boldsymbol{\mu}_m^{(n+1)})(\boldsymbol{x}_i - \boldsymbol{\mu}_m^{(n+1)})^{\mathrm{T}}}{\sum_{i=1}^{N} \xi_m^{(n)}(\boldsymbol{x}_i)} \tag{12.10}$$

对于混合权重 w_m（$m = 1, 2, \cdots, M$），我们为约束条件 $\sum_{m=1}^{M} w_m$ 引入了语言乘数，推导出每个 w_m 的更新等式如下：

$$\frac{\partial}{w_m}\left[Q(\boldsymbol{\theta} \mid \boldsymbol{\theta}^{(n)}) - \lambda\left(\sum_{m=1}^{M} w_m - 1 \right) \right] = 0$$

$$\Rightarrow w_m^{(n+1)} = \frac{\sum_{i=1}^{N} \xi_m^{(n)}(\boldsymbol{x}_i)}{N} \tag{12.11}$$

最后，算法 12.13 总结了高斯混合模型的 EM 算法。在 E 步中，使用等式（12.7）根据当前的模型参数 $\boldsymbol{\theta}^n$ 更新了所有的条件概率。接下来，在 M 步中使用条件概率更新了所有的模型参数，如等式（12.9）、（12.10）和（12.11）所示，从而推导一组新的模型参数 $\boldsymbol{\theta}^{n+1}$。重复这个训练过程，直到收敛。

算法 12.13　高斯混合模型的 EM 算法

initialize $\left\{ w_m^{(0)}, \boldsymbol{\mu}_m^{(0)}, \boldsymbol{\Sigma}_m^{(0)} \right\}$, set $n = 0$

while not converged **do**

E-step: use Eq. (12.7) for all $m = 1, \cdots, M$ and $i = 1, \cdots, N$:

$$\left\{ w_m^{(0)}, \boldsymbol{\mu}_m^{(0)}, \boldsymbol{\Sigma}_m^{(0)} \right\} \cup \left\{ \boldsymbol{x}_i \right\} \rightarrow \left\{ \xi_m^{(n)}(\boldsymbol{x}_i) \right\}$$

M-step: use Eqs. (12.9), (12.10), and (12.11) for all $m = 1, \cdots, M$:

$$\left\{ \xi_m^{(n)}(\boldsymbol{x}_i) \right\} \cup \left\{ \boldsymbol{x}_i \right\} \rightarrow \left\{ w_m^{(n+1)}, \boldsymbol{\mu}_m^{(n+1)}, \boldsymbol{\Sigma}_m^{(n+1)} \right\}$$

$n = n + 1$

end while

正如人们所见，在算法 12.13 中，EM 算法没有表明如何选择初始模型参数：$\left\{ w_m^{(0)}, \boldsymbol{\mu}_m^{(0)}, \boldsymbol{\Sigma}_m^{(0)} \right\}$。在实践中，通常最好使用一些简单的自举方法来初始化模型参数，而不是使用随机初始化。对于高斯混合模型，我们通常使用 k-means 聚类方法将所有 N 个训练样本划分为 M 个齐次聚类。然后，每个聚类分别用于训练一个多元高斯，如 11.1 节所示。这些高斯模型用作 EM 算法中的初始 GMM 参数 $\boldsymbol{\theta}^{(0)}$ 。本节简要介绍 k-means 聚类方法，因为 k-means 是机器学习中比较流行的一种无监督学习算法[147,66]。

算法 12.14 表示自上而下的 k-means 聚类算法，输入一个含有 N 个的样本的训练集 $\mathscr{D}$ ，并最终输出由 $\mathscr{D}$ 分割成的 $M(M \ll N)$ 个不相交聚类。在 k-means 聚类中，每个聚类由质心表示，即分配给该聚类的所有数据样本的均值。我们首先随机初始化第一个聚类 C_1 的质心。在每次迭代中，首先，根据每个训练样本最接近的质心将所有训练样本重新分配到最近的聚类中。然后，在更新步骤中重新计算所有聚类的质心。重复这两个步骤，直到分配不再改变。此后，如果当前的聚类总数仍然小于 M ，就选择一个聚类，例如样本数量最大或方差最大的聚类，将其质心随机分成两个。然后返回重复赋值并更新步骤，直到赋值再次稳定。重复这个过程直到得到 M 个稳定的聚类。

算法 12.14　自上而下的 R-means 聚类

Input: $\mathscr{D} = \{\boldsymbol{x}_1, \boldsymbol{x}_2, \cdots, \boldsymbol{x}_N\}$

Output: M disjoint clusters: $C_1 \cup C_2 \cdots \cup C_M = \mathscr{D}$

$$k = 1$$

initialize the centroid of C_1

while $k \leqslant M$ **do**

repeat

assign each $\boldsymbol{x}_i \in D$ to the nearest cluster among $C_1, \cdots, C_k$

update the centroids for the first k clusters: $C_1, \cdots, C_k$

until assignments no longer change

split: split any cluster into two clusters

$$k = k + 1$$

end while

在进行 k-means 自举方法之后，每个聚类中的训练样本单独用于学习一个多元高斯模型，如 11.1 节所示[①]。同时，可以根据每个聚类的样本个数估计所有高斯分量的混合权重。使用这些参数作为算法 12.13 中的初始模型参数 $\left\{w_m^{(0)}, \boldsymbol{\mu}_m^{(0)}, \boldsymbol{\Sigma}_m^{(0)}\right\}$，然后使用 EM 算法进一步完善所有 GMM 参数。

12.4 隐马尔可夫模型

当我们将高斯模型扩展到高斯混合模型时，可以显著提高生成模型的建模能力。然而，高斯混合模型只适用于可用固定大小的特征向量表示的静态模式。这里将研究如何借鉴混合模型的思路，提高长度变量序列的建模能力。第 11.3 节将马尔可夫链模型作为序列生成模型引入。我们将在后面展示，由于马尔可夫链模型属于 e 族，因此对于序列来说是一个相当弱的单峰模型。本节将介绍一个更强大的序列生成模型，称为隐马尔可夫模型（HMM）。首先，我们将从有限混合模型的角度考虑与马尔可夫模型相关的一些基本概念，然后探讨几种马尔可夫模型中有效解决关键计算问题的重要算法。

12.4.1 马尔可夫模型：序列的混合模型

马尔可夫模型扩展了马尔可夫链模型，与 GMM 扩展单高斯模型的方式相似。让我们用一个简单的例子（具有三个状态：$\{\omega_1, \omega_2, \omega_3\}$）来重新审视马尔科夫链模型，如图 12.6 所示。如 11.3 节所述，我们可以使用转移概率 $\{a_{ij}\}$ 来计算观察到这种序列的概率：

$$\Pr(\boldsymbol{s}) = \Pr\left(\omega_2\omega_1\omega_1\omega_3\right) = \pi_2 \times a_{21} \times a_{11} \times a_{13} ,$$

其中，$\pi_2 = p(\omega_2)$ 表示序列从状态 ω_2 开始的初始概率。

---

① 对于所有的 $m = 1,2,\cdots,M$，有：

$$\boldsymbol{w}_m^{(0)} = \frac{|C_m|}{N}$$

$$\boldsymbol{\mu}_m^{(0)} = \frac{1}{|C_m|}\sum_{\boldsymbol{x}_i \in C_m} \boldsymbol{x}_i$$

$$\boldsymbol{\Sigma}_m^{(0)} = \frac{1}{|C_m|}\sum_{\boldsymbol{x}_i \in C_m} (\boldsymbol{x}_i - \boldsymbol{\mu}_m^{(0)})(\boldsymbol{x}_i - \boldsymbol{\mu}_m^{(0)})^{\mathrm{T}}$$

另一个马尔可夫链模型的等价设定是：假设不能直接观察状态，但每个状态确切地生成一个独特的观察符号，例如$s_1 \to v_1$，$s_2 \to v_2$，$s_3 \to v_3$，如图 12.7 所示。在这种情况下，该马尔可夫链将生成观察序列，例如：$\boldsymbol{o} = \{v_2 v_1 v_1 v_3\}$。虽然不直接观察底层的状态序列，但是由于每个状态总是生成唯一的观察符号，因此我们可以从每个观察序列推导出相应的状态序列，从而可以类似地计算出观察到该观察序列的概率，如下：

$$\Pr(\boldsymbol{o}) = \Pr(v_2 v_1 v_1 v_3) = \Pr(\omega_2 \omega_1 \omega_1 \omega_3) = \pi_2 \times a_{21} \times a_{11} \times a_{13}$$

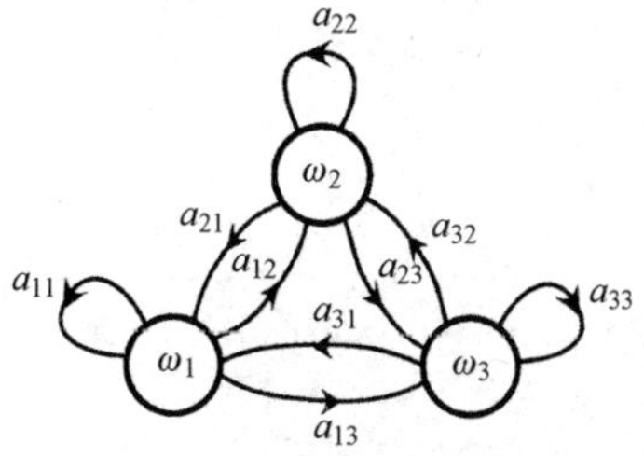

图 12.6　三种马尔可夫状态$\{\omega_1, \omega_2, \omega_3\}$的马尔可夫链模型，可以直接观察状态

这些例子与等式（11.9）都表明，在马尔可夫链模型中观察到序列的概率是许多条件概率的乘积。如果我们为这些条件概率（例如，多峰）选择 e 族分布，那么整个马尔可夫链模型也是 e 族分布。因此，马尔可夫链模型适用于一些简单的单峰分布序列的建模。

接下来将基于有限混合模型的思想，扩展这个简单的序列模型。最重要的扩展在于：假设每个状态都可以根据唯一的概率分布生成所有可能的符号，而不是像图 12.7 中那样一直生成同一个符号。这会生成新的设置，如图 12.8 所示。在这种情况下，有三个状态$\{\omega_1, \omega_2, \omega_3\}$，四个不同的观察符号$\{v_1, v_2, v_3, v_4\}$。注意，不同观察的数量在这里并不一定等于单一状态的数量。每个状态可以根据不同的概率生成任何符号。例如，状态ω_2生成符号v_1的概率可能为b_{21}，生成符号v_2的概率为b_{22}，以此类推。同样，状态ω_1生成符号v_1的概率也可能为 b_{11}，生成符号v_2的概率为b_{12}，以此类推。在这个模型中，该机制（生成观察序列）是一个双重嵌入的随机过程，观察序列在此过程中首先根据转移概率（即$\{a_{ij}\}$）随机遍历不同的状态，然后根据与该状态（即$\{b_{ik}\}$）相关的概率分布，在每个状态中随机生成一个符号。

此外，我们对随机过程采用以下两个假设：

1．马尔可夫假设：状态转移遵循一阶马尔可夫链。换句话说，当前状态的概率只依赖于前一个状态，可以完全由当前与先前之间的转移概率所确定（即：$a_{ij} = p(\omega_j \mid \omega_i)$）。

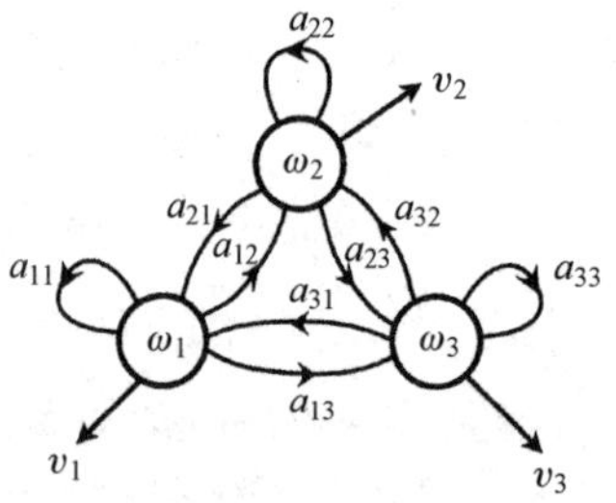

图 12.7　三种马尔可夫状态 $\{\omega_1,\omega_2,\omega_3\}$ 的马尔可夫链模型，没有直接观察状态，但每个状态确切生成一个独特的观察符号（$\omega_1 \to v_1$，$\omega_2 \to v_2$，$\omega_3 \to v_3$）

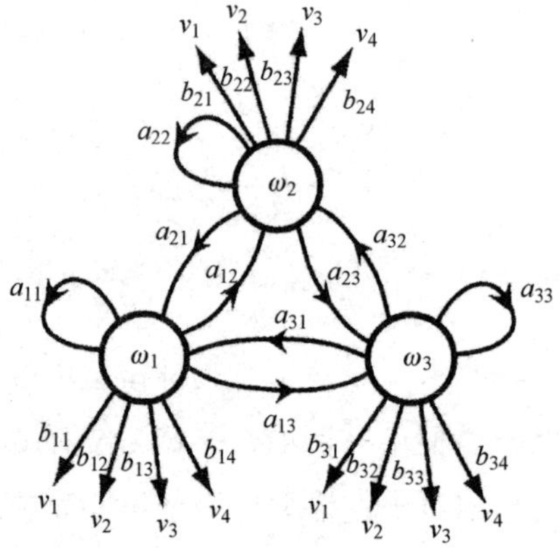

图 12.8　三种状态和四种不同观察符号的离散马尔可夫模型

2．输出独立假设：观察结果产生的概率仅取决于当前状态（即：$b_{ik}=p(v_k\mid s_i)$）。给定当前状态，由该状态生成的观察结果独立于其他状态以及序列中的所有其他观察结果。

在这两个假设下，如果观察到观察序列 $\boldsymbol{o}=\{v_2v_1v_1v_3\}$，同时我们碰巧知道观察序列的底层状态序列 $\boldsymbol{s}=\{\omega_2\omega_1\omega_1\omega_3\}$，可以很容易地计算出 $\boldsymbol{o}$ 沿该状态序列 $\boldsymbol{s}$ 生成的概率，如下：

$$\Pr(\boldsymbol{o},\boldsymbol{s})=\pi_2\times b_{22}\times a_{21}\times b_{11}\times a_{11}\times b_{11}\times a_{13}\times b_{33} \tag{12.12}$$

可以直接证明该模型也属于 e 族，并且与图 12.7 中的马尔可夫链模型没有根本性区别。

然而，如果进一步假设只能观察该观察序列 $\boldsymbol{o}=\{v_2v_1v_1v_3\}$，而无法观察底层状态序列，与图 12.7 中的模型不同，我们不能仅仅凭借一个观察序列确定底层状态序列。在此设置中，同样的观察序列实际上可以产生于许多不同的状态序列。每一个不同的状态序列都可以凭借不同的概率产生相同的观察序列，类似于公式（12.12）中计算的结果[①]。如果无法观察底层状态序列，那我们就必须把底层状态序列当作一个潜变量；在不知道底层状态序列的情况下，观察到观察序列 $\boldsymbol{o}$ 的概率必须对所有可能的状态序列求和。也就是说，计算观察任意观察序列的概率如下：

$$\Pr(\boldsymbol{o}) = \sum_{s\in\delta} \Pr(\boldsymbol{o},\boldsymbol{s}), \tag{12.13}$$

等式（12.13）中，δ 是所有可能产生 $\boldsymbol{o}$ 的状态序列的集合，每个 $\Pr(\boldsymbol{o},\boldsymbol{s})$ 的计算方法与等式（12.12）相同。该等式中使用的模型是马尔可夫模型。在前面的讨论中，我们已经假设每个观察序列 $\boldsymbol{o}$ 由离散符号组成。因此，观察序列通常被称为离散马尔可夫模型。马尔可夫模型的方法可以扩展到处理连续观察序列。如图 12.9 所示，每个状态都与一个单独的连续密度函数相关联。例如，当处于状态 ω_2 时，生成的连续向量 $\boldsymbol{x} = \mathbf{R}^d$ 是基于概率密度函数 $p_2(\boldsymbol{x})$ 的观察结果。假设我们已经观察了一个连续的观察序列 $\boldsymbol{o} = \{\boldsymbol{x}_1\boldsymbol{x}_2\boldsymbol{x}_3\boldsymbol{x}_4\}$，以及其底层状态序列 $\boldsymbol{s} = \{\omega_2\omega_1\omega_1\omega_3\}$，沿着 $\boldsymbol{s}$ 生成 $\boldsymbol{o}$ 的概率可以类似方法计算为：

$$\Pr(\boldsymbol{o},\boldsymbol{s}) = \pi_2 \times p_2(\boldsymbol{x}_1) \times a_{21} \times p_1(\boldsymbol{x}_2) \times a_{11} \times p_1(\boldsymbol{x}_3) \times a_{13} \times p_3(\boldsymbol{x}_4)$$

当无法观察底层的状态序列时，必须按照等式（12.13）的方法对所有可能的状态序列的概率求和，这通常被称为：连续密度马尔可夫模型。在实践中，我们可能会为每个状态选择任意的概率密度函数 $p_i(\boldsymbol{x})$，例如高斯模型，甚至高斯混合模型。

在离散或连续密度马尔可夫模型中，可以将联合概率分解为：

---

① 已知图 12.8 中的模型，观察序列 $\boldsymbol{o} = \{v_2v_1v_1v_3\}$ 可能产生于总共 $3^4 = 81$ 个不同的状态序列，每一个观察序列都具有不同的概率。除了 $\boldsymbol{s} = \{\omega_2\omega_1\omega_1\omega_3\}$，还可以再举两个例子：

$$\boldsymbol{s}' = \{\omega_2\omega_1\omega_1\omega_3\},$$

对于

$$\Pr(\boldsymbol{o},\boldsymbol{s}') = \pi_1 b_{12} a_{12} b_{21} a_{22} b_{21} a_{23} b_{33},$$

和

$$\boldsymbol{s}'' = \{\omega_3\omega_1\omega_2\omega_1\},$$

对于

$$\Pr(\boldsymbol{o},\boldsymbol{s}'') = \pi_3 b_{32} a_{31} b_{11} a_{12} b_{21} a_{21} b_{13}$$

$$\Pr(\boldsymbol{o},\boldsymbol{s}) = \Pr(\boldsymbol{s}) \cdot p(\boldsymbol{o} \mid \boldsymbol{s})$$ ①，

其中，$\Pr(\boldsymbol{s})$ 表示历遍某一特定状态序列 $\boldsymbol{s}$ 的概率，可以根据初始概率和转移概率计算，$p(\boldsymbol{o} \mid \boldsymbol{s})$ 表示沿该状态序列 $\boldsymbol{s}$（若已经给定 $\boldsymbol{s}$）生成观察序列 $\boldsymbol{o}$ 的概率，计算 $p(\boldsymbol{o} \mid \boldsymbol{s})$ 需要基于所有状态相关的密度函数，即离散马尔可夫模型中的 $\{b_{ik}\}$ 和连续密度马尔可夫模型中的 $p_i(\boldsymbol{x})$。此外，我们可以很容易地证明以下式子：

$$\sum_{s \in \delta} \Pr(\boldsymbol{s}) = 1$$

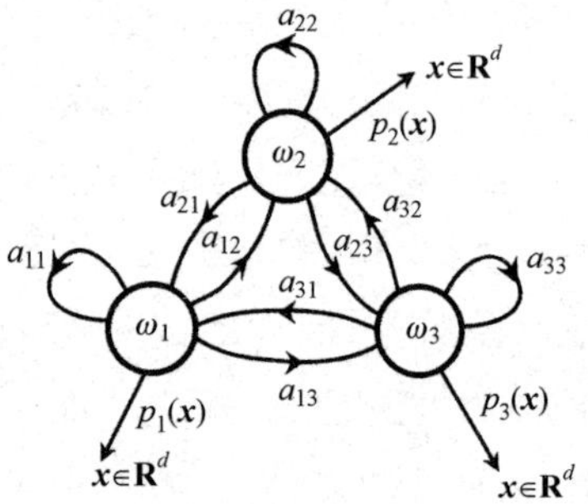

图 12.9　三个状态的连续密度马尔可夫模型，每个状态都与一个连续密度函数相关联

因此，离散马尔可夫模型和连续密度马尔可夫模型（假设每个密度函数 $p_i(\boldsymbol{x})$ 都选自 e 族）都可以看作是有限混合模型，定义见 12.1.2 节，因为马尔可夫模型可以表示为：

$$\Pr(\boldsymbol{o}) = \sum_{s \in \delta} \Pr(\boldsymbol{s}) \cdot p(\boldsymbol{o} \mid \boldsymbol{s}), \tag{12.14}$$

其中，隐状态序列 $\boldsymbol{s}$ 作为混合指数，$\Pr(\boldsymbol{s})$ 作为混合权重。给定任意状态序列 $\boldsymbol{s}$，条件分布 $p(\boldsymbol{o} \mid \boldsymbol{s})$ 可以看作是一个属于 e 族的分量模型，因为 $p(\boldsymbol{o} \mid \boldsymbol{s})$ 可以表示为许多简单 e 族分布的乘积。

最后，用一个更通用的马尔可夫模型定义来总结讨论。正如我们所描述，马尔可夫模型可以看作是序列的有限混合模型。每个观察序列生成于双嵌入随机过程，包含一些隐状态序列，模型中采用马尔可夫假设和输出无关假设。一般来说，马尔可夫模型（表示为 Λ）

---

① 在离散 HMM 中，可以得出：

$$\Pr(\boldsymbol{o},\boldsymbol{s}) = \underbrace{\pi_2 a_{21} a_{11} a_{13}}_{\Pr(\boldsymbol{s})} \times \underbrace{b_{22} b_{11} b_{11} b_{33}}_{p(\boldsymbol{o}|\boldsymbol{s})}$$

在连续密度马尔可夫模型中，可以得出：

$$\Pr(\mathbf{o},\mathbf{s}) = \underbrace{\pi_2 a_{21} a_{11} a_{13}}_{\Pr(\boldsymbol{s})} \times \underbrace{p_2(\boldsymbol{x}_1) p_1(\boldsymbol{x}2) p_1(\boldsymbol{x}_3) p_3(\boldsymbol{x}_4)}_{p(\boldsymbol{o}|\boldsymbol{s})}$$

由以下基本要素组成：

1. $\boldsymbol{\Omega}=\{\omega_1,\omega_2\cdots\omega_N\}$：N个马尔可夫状态的集合。

2. $\boldsymbol{\pi}=\{\pi_1\,|\,i=1,2,\cdots,N\}$：所有状态的初始概率的集合，如$\{\pi(\omega_1),\pi(\omega_2),\cdots\pi(\omega_N)\}$，即任一状态序列从每个状态开始的概率。我们将$\pi(\omega_1)$简单表示为$\pi_1$。①

3. $\boldsymbol{A}=\{a_{ij}\,|\,1\leqslant i,j\leqslant N\}$：$\boldsymbol{\Omega}$中任何一对状态从状态$\omega_i$到状态$\omega_j$的状态转换概率$a(\omega_i,\omega_j)$的集合。为简单起见，我们用$a_{ij}$表示$a(\omega_i,\omega_j)$。

4. $\boldsymbol{B}=\{b_i(\boldsymbol{x})\,|\,i=1,2,\cdots,N\}$：状态相关的概率分布$b(\boldsymbol{x}\,|\,\omega_i)$的集合，其中$\omega_i\in\boldsymbol{\Omega}$。我们也暂时用$b_i(\boldsymbol{x})$表示$b(\boldsymbol{x}\,|\,\omega_i)$。每个$b_i(\boldsymbol{x})$表明了根据$\omega_i$生成观察结果的可能性。我们必须根据$\boldsymbol{x}$为离散或是连续，为$b_i(\boldsymbol{x})$选择不同的概率函数。

前三个参数$\{\boldsymbol{\Omega},\boldsymbol{\pi},\boldsymbol{A}\}$定义了马尔可夫链模型，并明确了马尔可夫模型的拓扑结构。在一些包含许多状态的大型马尔可夫模型中，所有允许的状态转换可能都是稀疏的。换句话说，有效的状态序列只能从小型$\boldsymbol{\Omega}$子集开始，与此同时，每个状态只能转移到一个非常小的$\boldsymbol{\Omega}$子集中。在这种情况下，用有向图来表示$\{\boldsymbol{\Omega},\boldsymbol{\pi},\boldsymbol{A}\}$可能更方便，其中每一个节点表示一个状态，每一个弧表示一个允许的状态转移，以及相应的转移概率。

前面明确的马尔可夫模型$\Lambda=\{\boldsymbol{\Omega},\boldsymbol{\pi},\boldsymbol{A},\boldsymbol{B}\}$可以用来计算观察到任意$T$序列的概率：

$$\boldsymbol{o}=\{\boldsymbol{x}_1,\boldsymbol{x}_2,\cdots,\boldsymbol{x}_T\}$$

由于底层状态序列不可观察，所以必须对可能产生$\boldsymbol{o}$、长度为T的所有可能状态序列求和，用$\boldsymbol{s}=\{s_1,s_2,\cdots,s_T\}$表示，每个$s_t\in\boldsymbol{\Omega}$。因此，我们得到由HMM给出的$\boldsymbol{o}$的概率分布，如下：

$$\begin{aligned}p_\Lambda(\boldsymbol{o})&=\sum_{\boldsymbol{s}}p_\Lambda(\boldsymbol{o},\boldsymbol{s})=\sum_{s_1\cdots s_T}\pi(s_1)b(\boldsymbol{x}_1\,|\,s_1)\prod_{t=2}^{T}a\left(s_{t-1},s_t\right)b(\boldsymbol{x}_t\,|\,s_t)\\&=\sum_{s_1\cdots s_T}\pi(s_1)b(\boldsymbol{x}_1\,|\,s_1)a(s_1,s_2)b(\boldsymbol{x}_2\,|\,s_2)\cdots a(s_{T-1},s_T)b(\boldsymbol{x}_T\,|\,s_T)\end{aligned}\tag{12.15}$$

最初，马尔可夫模型以“马尔可夫链的概率函数”这一名称在统计学领域进行研究[16,17,15]，

① 注意，我们得到：$\sum_{i=1}^{N}\pi_i=1$

我们得到：

$$\sum_{j=1}^{N}a_{ij}=1,$$

其中$i=1,2,\cdots,N$。

而术语隐马尔可夫模型后来在工程中[194]被广泛采用，出现在许多现实世界应用中，如语音、手写、手势识别、自然语言处理和生物信息学。马尔可夫模型的规模包括从含有几个状态的小型样本到含有大量的状态不等。我们稍后将发现，由于存在解决所有马尔可夫模型中计算问题的有效算法，马尔可夫模型是少数几种可以实际应用于大规模真实世界任务的机器学习方法之一。例如，一些由数百万个状态组成的大型马尔可夫模型通常用于解决大词汇量语音识别问题[256,173,218]。

接下来将研究如何解决马尔可夫模型的三个主要计算问题，即评估问题、解码问题和训练问题。由于已有两个马尔可夫模型假设明确了结构约束，所以我们能够幸运地推导出非常有效的算法来解决所有问题。

12.4.2 评估问题：前向后退算法

马尔可夫模型的评估问题是在已知所有的马尔可夫模型参数 $\boldsymbol{\Lambda}$ 时，如何计算等式（12.15）中任意观察序列 $\boldsymbol{o}$ 的 $p_{\Lambda}(\boldsymbol{o})$。与高斯混合模型相反，我们禁止使用任何蛮力方法来计算等式（12.15）中的和项。这是因为不同状态序列的数量与序列的长度成指数相关。如图 12.9 所示，在一个遍历的马尔可夫模型结构中，我们可以估计可能生成具有 T 个观察结果的不同状态序列的数量大约为 $O(N^T)$。这个数字在任何有意义的情况下都是极大的。例如，即使对于具有 $N=5$ 个状态的小马尔可夫模型，要生成 $T=100$ 个观察序列，我们也必须对等式（12.15）中大约 10^{70} 个不同的状态序列求和。①

然而，马尔可夫模型采用了马尔可夫假设和输出无关假设，允许我们将联合概率 $p_{\Lambda}(\boldsymbol{o}\,|\,\boldsymbol{s})$ 分解为许多局部依赖条件概率的乘积，如等式（12.15）所示。这样可以进一步使用一种高效的动态规划方法，从左到右递归地计算这个和式，如下：

$$\sum_{s_1\cdots s_T} \underbrace{\pi(s_1)b(\boldsymbol{x}_1\,|\,s_1)}_{\alpha_1(s_1)} a(s_1,s_2)b(\boldsymbol{x}_2\,|\,s_2)\cdots a(s_{T-1},s_T)b(\boldsymbol{x}_T\,|\,s_T)$$

$$=\sum_{s_2\cdots s_T} \underbrace{\left(\sum_{s_1=1}^{N}\alpha_1(s_1)a(s_1,s_2)b(\boldsymbol{x}_2\,|\,s_2)\right)}_{\alpha_2(s_2)} a(s_2,s_3)\cdots a(s_{T-1},s_T)b(\boldsymbol{x}_T\,|\,s_T)$$

① 注意：$5^{100}\approx 10^{70}$。

$$= \sum_{s_3 \cdots s_T} \underbrace{\left(\sum_{s_2=1}^{N} \alpha_2(s_2) a(s_2, s_3) b(\boldsymbol{x}_3 \mid s_3) \right)}_{\alpha_3(s_3)} a(s_3, s_4) \cdots a(s_{T-1}, s_T) b(\boldsymbol{x}_T \mid s_T)$$

$$\vdots$$

$$= \sum_{s_T} \underbrace{\left(\sum_{s_{T-1}=1}^{N} \alpha_{T-1}(s_{T-1}) a(s_{T-1}, s_T) b(\boldsymbol{x}_T \mid s_T) \right)}_{\alpha_T(s_T)} = \sum_{s_T=1}^{N} \alpha_T(s_T)$$

这个过程通过重复执行 T 轮求和来计算 $p_{\boldsymbol{\Lambda}}(\boldsymbol{o})$ 。因此，计算复杂度显著降低到 $O(T \times N^2)$ 。由于执行这一递归计算的动态规划算法从序列的开端开始一直进行到序列结束，因此通常称为前项算法。这个过程中所有部分和 $\alpha_t(s_t)$ 称为正向概率。我们可以将所有 $t=1,\cdots,T$ 和 $i=1,\cdots,N$ 的正向概率表示为

$$\alpha_t(i) \triangleq \alpha_t(s_t)\big|_{s_t=\omega_i}$$

$\alpha_t(i)$ 的物理意义为：当遍历至 $t-1$ 的所有可能的部分状态序列，但 t 停止于状态 ω_i 时，直至时间 t （即 $\boldsymbol{x}_1 \cdots, \boldsymbol{x}_t$ ）前的部分观察序列的观察概率，即 $\alpha_t(i) = \Pr(\boldsymbol{x}_1 \cdots \boldsymbol{x}_t, s_t = \omega_i \mid \boldsymbol{\Lambda})$

该前项过程可以表示为一个 $N \times T$ 晶格，如图 12.10 所示，其中每一行对应一个状态，每一列对应一个实例。我们首先将第一列中的所有节点初始化为 $\alpha_1(s_1)$ ，然后下一列中的所有节点可以通过对上一列中的所有节点求和来计算，如下：

$$\alpha_t(j) = \sum_{i=1}^{N} \alpha_{t-1}(i) a_{ij} b_j(\boldsymbol{x}_t)$$

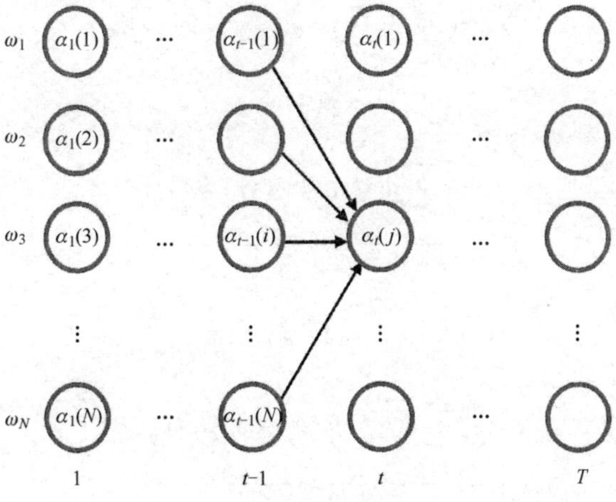

图 12.10　运行在二维格点中的 HMM 正向算法，每个节点代表一个部分概 $\alpha_t(j)$

从左到右递归地处理所有纵列。最后，通过对最后一列的所有节点求和，来计算评估概率 $p_{\Lambda}(\boldsymbol{o})$：

$$p_{\Lambda}(\boldsymbol{o}) = \sum_{i=1}^{N} \alpha_T(i) \tag{12.16}$$

此外，我们还可以从序列的末端进行递归求和，从后至前移动到开端[①]。这个过程称为反向算法。反向算法的计算复杂度与正向算法相同。在这个过程中，所有的部分项和 $\beta_t(s_t)$ 称为反向概率。我们以同样的方法将其表示为：

$$\beta_t(i) \triangleq \beta_t(s_t)\Big|_{s_t=\omega_i} \qquad \text{for all } t=1,\cdots T; i=1,\cdots,N$$

$\beta_t(i)$ 的物理意义为：从 t 处的状态 ω_i 开始，遍历所有部分状态序列，直到该序列结束，观测部分序列 $\boldsymbol{x}_{t+1}\cdots\boldsymbol{x}_T$ 的概率，通常记作 $\beta_t(i)=\Pr(\boldsymbol{x}_{t+1}\cdots\boldsymbol{x}_T \mid s_t=\omega_i,\Lambda)$ 。同样，反向算法可以用图 12.11 所示的格点表示。在本例中，我们首先初始化最后一列中的所有节点，然后通过反向操作递归地计算所有列，直到第一列为止。然后，通过对第一列中的所有节点求和，计算出评估概率 $p_{\Lambda}(\boldsymbol{o})$，如下：

$$p_{\Lambda}(\boldsymbol{o}) = \sum_{i=1}^{N} \pi_i b_i(\boldsymbol{x}_1)\beta_1(i) \tag{12.17}$$

最后，可以如算法 12.15 所示总结正、反向算法。给定任意马尔可夫模型 Λ，对于任意观察序列 $\boldsymbol{o}=\{\boldsymbol{x}_1,\boldsymbol{x}_2,\cdots,\boldsymbol{x}_T\}$ ，正反向算法 12.15 将生成所有正向和反向的概率作为输出：

---

① 反向递归执行如下：

$$\sum_{s_1\cdots s_T} \pi(s_1)b(\boldsymbol{x}_1 \mid s_1)\cdots a(s_{T-1},s_T)b(\boldsymbol{x}_T \mid s_T)$$

$$= \sum_{s_1\cdots s_{T-1}} \pi(s_1)\cdots \underbrace{\left(\sum_{s_T} a(s_{T-1},s_T)b(\boldsymbol{x}_T \mid s_T)\right)}_{\beta_{T-1}(s_{T-1})}$$

$$\vdots$$

$$= \sum_{s_1} \pi(s_1)b(\boldsymbol{x}_1 \mid s_1) \underbrace{\left(\sum_{s_2} a(s_1,s_2)b(\boldsymbol{x}_2 \mid s_2)\beta_2(s_2)\right)}_{\beta_1(s_1)}$$

$$= \sum_{s_1} \pi(s_1)b(\boldsymbol{x}_1 \mid s_1)\beta_1(s_1)$$

$$\{\alpha_t(i), \beta_t(i) \mid t = 1, 2, \cdots, T, i = 1, 2, \cdots, N\}$$

若我们得到这些部分概率，就可以使用正向概率（如等式（12.16））或后向概率（如等式（12.17））来推出 $p_{\Lambda}(\boldsymbol{o})$。

此外，我们还可以通过结合任意时刻 t 的前、后向概率来计算 $p_{\Lambda}(\boldsymbol{o})$，如下：

$$p_{\Lambda}(\boldsymbol{o}) = \sum_{i=1}^{N} \alpha_t(i)\beta_t(i) \quad (\forall t = 1, 2, \cdots, T) \tag{12.18}$$

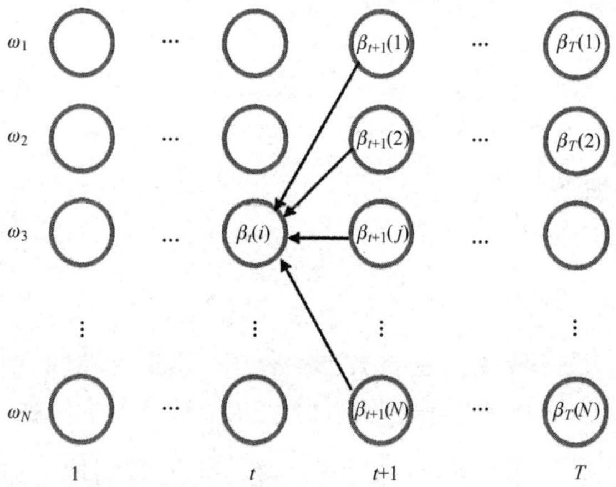

图 12.11　在二维格点中运行 HMM 反向算法，每个节点代表一个部分概率 $\beta_t(j)$

这对应于使用正向过程来计算直至时间 t 的初始部分序列，然后使用反向过程计算序列剩余部分的情况。有关这方面的更多详情，请参阅练习 Q12.8。

算法 12.15　马尔可夫模型正反向算法

Input: an HMM $\boldsymbol{\Lambda} = \{\boldsymbol{\Omega}, \boldsymbol{\pi}, \boldsymbol{A}, \boldsymbol{B}\}$ and a sequence $\boldsymbol{o} = \{\boldsymbol{x}_1, \boldsymbol{x}_2, \cdots \boldsymbol{x}_T\}$

Output: $\{\alpha_t(i)\beta_t(i) \mid t = 1, \cdots, T; i = 1, \cdots, N\}$

initiate $\alpha_1(j) = \pi_j b_j(\boldsymbol{x}_1)$ for all $j = 1, 2, \cdots, N$

for $t = 2, 3, \cdots, T$ **do**

  for $j = 1, 2, \cdots, N$ **do**

    $\alpha_t(j) = (\boldsymbol{\Sigma}_{i=1}^{N} \alpha_{t-1}(i) a_{ij}) b_j(\boldsymbol{x}_t)$

  end for

end for

initiate $\beta_T(j) = 1$ for all $j = 1, 2, \cdots, N$

for $t = T-1,\cdots,1$ do

  for $i = 1,2,\cdots,N$ do

    $\beta_t(i) = \boldsymbol{\Sigma}_{j=1}^{N} a_{ij} b_j(\boldsymbol{x}_{t+1}) \beta_{t+1}(j)$

  end for

end for

12.4.3 解码问题：维特比算法

给定 HMM $\boldsymbol{\Lambda}$，对于任何观察序列 $\boldsymbol{o}$，存在许多的不同状态序列 $\boldsymbol{s}$，这些这台序列生成 $\boldsymbol{o}$ 的概率为 $p_{\boldsymbol{\Lambda}}(\boldsymbol{o},\boldsymbol{s})$。有时，我们关心的是最可能的状态序列 $\boldsymbol{s}^*$，该序列产生沿着 δ 中单一状态序列生成 $\boldsymbol{o}$ 的最大概率。即：

$$\boldsymbol{s}^* = \arg\max_{s \in \mathcal{S}} p_{\boldsymbol{\Lambda}}(\boldsymbol{o},\boldsymbol{s})$$

马尔可夫模型中的解码问题与如何有效地发现最可能的状态序列 $\boldsymbol{s}^*$ 有关。同样，我们不能使用任何蛮力方法来搜索。最有效的做法是采用一种类似动态规划的方法，即：用最大化代替先前正向算法中的求和。如图 12.12 所示，当从 $t-1$ 运行到 t 时，我们以 $\gamma_t(j)$ 来跟踪每个节点的最大传入值，而不是对正向算法中所有的传入路径求和。此外，前一列的最大传入节点用反向跟踪指针 $\delta_t(j)$ 表示。这产生了所谓的维特比（Viterbi）解码算法 12.16[245]。最可能的状态序列 $\boldsymbol{s}^*$ 有时称为维特比路径。例如，如果我们使用图 12.9 中的三态 HMM 对观察序列 $\boldsymbol{o} = \{\boldsymbol{x}_1\boldsymbol{x}_2\boldsymbol{x}_3\boldsymbol{x}_4\boldsymbol{x}_5\}$ 运行维特比算法，如图 12.13 所示，假设保留所有反向跟踪指针 $\delta_t(j)$，假设 $\gamma_5(2)$ 是终止步骤中的最大结果。随 $\gamma_5(2)$ 处的反向跟踪指针返回，我们可以将维特比路径（用实箭头表示）恢复为 $\boldsymbol{s}^* = \{\omega_1\omega_2\omega_3\omega_3\omega_2\}$。

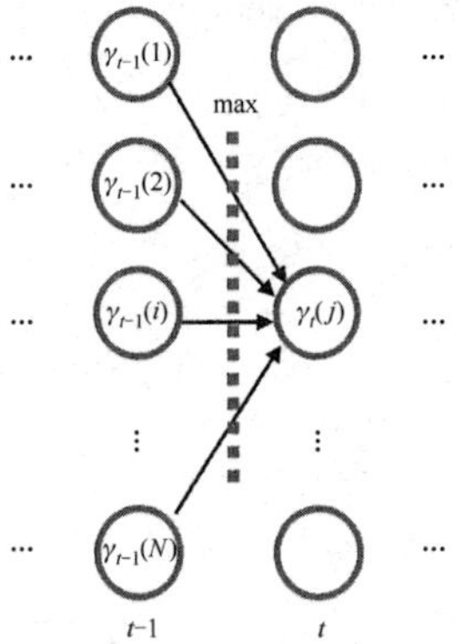

图 12.12　马尔可夫模型维特比算法在二维格点中从 $t-1$ 运行到 t，每个节点代表一个部分概率 $\gamma_t(j)$

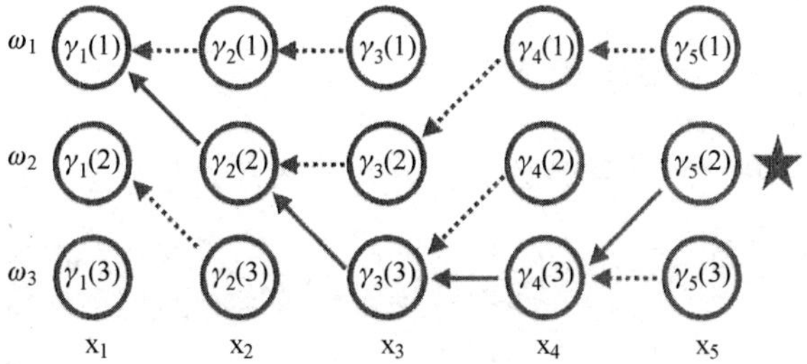

图 12.13 从反向跟踪指针中反向跟踪维特比路径（使用实线箭头覆盖维特比路径 $\boldsymbol{s}^* = \{\omega_1\omega_2\omega_3\omega_3\omega_2\}$，而不使用虚线箭头。在最可能路径上，图 12.9 中的状态 ω_1 处生成 $\boldsymbol{x}_1$，ω_2 处生成 $\boldsymbol{x}_2$，ω_3 处生成 $\boldsymbol{x}_3$，ω_4 处生成 $\boldsymbol{x}_4$，ω_5 处生成 $\boldsymbol{x}_5$）

算法 12.16 HMM 的维特比算法

Input: an HMM $\boldsymbol{\Lambda} = \{\boldsymbol{\Omega}, \boldsymbol{\pi}, \boldsymbol{A}, \boldsymbol{B}\}$ and a sequence $\boldsymbol{o} = \{\boldsymbol{x}_1, \boldsymbol{x}_2, \cdots \boldsymbol{x}_T\}$

Output: Viterbi path $\boldsymbol{s}^*$ and $p_\Lambda(\boldsymbol{o}, \boldsymbol{s}^*)$

initiate $\gamma_1(j) = \pi_j b_j(\boldsymbol{x}_1)$ for all $j = 1, 2, \cdots, N$

for $t = 2, 3, \cdots, T$ **do**

  for $j = 1, 2, \cdots, N$ **do**

    $\gamma_t(j) = (\max_{i=1}^{N} \gamma_{t-1}(i) a_{ij}) b_j(\boldsymbol{x}_t)$

    $\delta_t(j) = \arg\max_{i=1}^{N} \gamma_{t-1}(i) a_{ij}$

  end for

end for

termination: $p_{\boldsymbol{\Lambda}}(\boldsymbol{o}, \boldsymbol{s}^*) = \max_{i=1}^{N} \gamma_T(i)$

path backtracking: $\boldsymbol{s}^* = \{s_1^* s_2^* \cdots s_T^*\}$ with $s_T^* = \text{argmax}_{i=1}^{N} \gamma_t(i)$ and $s_{t-1}^* = \delta_t(s_t^*)$ for $t = T, \cdots, 2$

在语音识别中，维特比算法通常用于发现最可能的维特比路径，然后利用该路径生成最终的识别结果[173]。但是，对于大型马尔可夫模型，图 12.13 中二维格点是不可能实现的，因为存储这个格点需要非常大的空间。因此，语音识别中经常使用一种内存高效且准备妥当的方法，称为令牌传递算法[257]。

此外，如果观测序列 $\boldsymbol{o}$ 较长，则不同状态路径上的概率 $p_{\boldsymbol{\Lambda}}(\boldsymbol{o}, \boldsymbol{s})$ 通常变化很大，且数量级不同。因此，所有可能状态序列的概率总和始终以维特比路径上的最大值为主。这表明，我们也可以使用维特比算法的 $p_{\boldsymbol{\Lambda}}(\boldsymbol{o}, \boldsymbol{s}^*)$ 而非正反向算法作为对之前求值概率的良好近似：

$$p_{\boldsymbol{\Lambda}}(\boldsymbol{o}) \approx p_{\boldsymbol{\Lambda}}(\boldsymbol{o}, \boldsymbol{s}^*)$$

12.4.4 训练问题：马尔可夫算法

马尔可夫模型中的最后一个计算问题，在于如何针对任何特定的任务学习马尔可夫模型。通常，我们必须首先明确马尔可夫模型的结构，比如 $\boldsymbol{\Omega}$ 中状态的数量，以及马尔可夫模型的拓扑结构。然后才能够使用一些训练样本估计所有的模型参数，包括 $\boldsymbol{\Lambda}=\{\boldsymbol{\pi},\boldsymbol{A},\boldsymbol{B}\}$。因为马尔可夫模型用于建模序列，所以学习马尔可夫模型的训练集通常由许多长度可变的序列组成：

$$\mathscr{D}=\{\boldsymbol{o}^{(1)},\boldsymbol{o}^{(2)},\cdots,\boldsymbol{o}^{(R)}\}$$

其中每个 $\boldsymbol{o}^{(r)}=\{\boldsymbol{x}_1^{(r)},\boldsymbol{x}_2^{(r)},\cdots\boldsymbol{x}_{T_r}^{(r)}\}(r=1,2,\cdots,R)$ 表示观察序列的长度 T_r 。我们将再一次使用最大似然估计方法从 D 中学习所有模型参数 $\boldsymbol{\Lambda}$，如下：

$$\boldsymbol{\Lambda}_{\text{MLE}}^{*}=\arg\max_{\boldsymbol{\Lambda}}\sum_{r=1}^{R}\ln p_{\Lambda}(\boldsymbol{o}^{(r)})=\arg\max_{\boldsymbol{\Lambda}}\sum_{r=1}^{R}\ln\sum_{\boldsymbol{s}^{(r)}}p_{\Lambda}(\boldsymbol{o}^{(r)},\boldsymbol{s}^{(r)})\text{，}$$

其中，$\boldsymbol{s}^{(r)}$ 表示对应于 $\boldsymbol{o}^{(r)}$ 的隐藏序列状态，记为 $\boldsymbol{s}^{(r)}=\left\{s_1^{(r)},s_2^{(r)},\cdots s_{T_r}^{(r)}\right\}$，这是每次被占用的状态序列。因为马尔可夫模型本质上是有限的混合模型，所以我们将解释如何使用 EM 算法来解决马尔可夫模型的训练问题。这就引出了著名的 Baum-Welch 算法[17,15]。

在 E 步中，假设已知一组 HMM 参数 $\boldsymbol{\Lambda}^{(n)}$；让我们看看如何构建辅助函数 $Q(\boldsymbol{\Lambda}\,|\,\boldsymbol{\Lambda}^{(n)})$。由于隐状态序列是 HMM 中的潜变量，因此我们可以推导出等式（12.3）中 HMM 的条件概率，如下：

$$\Pr(\boldsymbol{s}^{(r)}\,|\,\boldsymbol{o}^{(r)},\boldsymbol{\Lambda}^{(n)})=\frac{p_{\boldsymbol{\Lambda}^{(n)}}(\boldsymbol{o}^{(r)},\boldsymbol{s}^{(r)})}{p_{\boldsymbol{\Lambda}^{(n)}}(\boldsymbol{o}^{(r)})}=\frac{p_{\boldsymbol{\Lambda}^{(n)}}(\boldsymbol{o}^{(r)},\boldsymbol{s}^{(r)})}{\sum_{\boldsymbol{s}^{(r)}}p_{\boldsymbol{\Lambda}^{(n)}}(\boldsymbol{o}^{(r)},\boldsymbol{s}^{(r)})} \tag{12.19}$$

如等式（12.4）所示，构造马尔可夫模型的辅助函数如下：

$$Q(\boldsymbol{\Lambda}\,|\,\boldsymbol{\Lambda}^{(n)})=\sum_{r=1}^{R}E_{\boldsymbol{s}^{(r)}}[\ln p_{\boldsymbol{\Lambda}}(\boldsymbol{o}^{(r)},\boldsymbol{s}^{(r)})\,|\,\boldsymbol{o}^{(r)},\boldsymbol{\Lambda}^{(n)}]=\sum_{r=1}^{R}\sum_{\boldsymbol{s}^{(r)}}\ln p_{\boldsymbol{\Lambda}}(\boldsymbol{o}^{(r)},\boldsymbol{s}^{(r)})\Pr(\boldsymbol{s}^{(r)}\,|\,\boldsymbol{o}^{(r)},\boldsymbol{\Lambda}^{(n)})$$

考虑到隐藏状态序列 $\boldsymbol{s}^{(r)}=\{s_1^{(r)},s_2^{(r)},\cdots s_{T_r}^{(r)}\}$，如果我们替换：

$$p_{\boldsymbol{\Lambda}}(\boldsymbol{o}^{(r)},\boldsymbol{s}^{(r)})=\pi(s_1^{(r)})b(\boldsymbol{x}_1^{(r)}\,|\,s_1^{(r)})\prod_{t=1}^{T_r-1}a(s_t^{(r)},s_{t+1}^{(r)})b(\boldsymbol{x}_{tt_+^+}^{(r)}\,|\,s_{t+1}^{(r)})$$

到之前的辅助函数中，可得到：

$$Q(\Lambda|\Lambda^{(n)})=\sum_{r=1}^{R}\sum_{s_1^{(r)}\dots s_{T_r}^{(r)}}\left[\ln\pi(s_1^{(r)})+\sum_{t=1}^{T_r-1}\ln a(s_t^{(r)},s_{t+1}^{(r)})+\sum_{t=1}^{T_r}\ln b(\boldsymbol{x}_t^{(r)}|s_t^{(r)})\right]$$

$$\Pr(s_1^{(r)}s_2^{(r)}\cdots s_{T_r}^{(r)}|\boldsymbol{o}^{(r)},\Lambda^{(n)})\text{。}$$

由于每个状态 $s_t^{(r)}\in\Omega=\{\omega_1,\omega_2,\cdots,\omega_N\}$，因根据 Ω 中的状态 ω_i 重新排列之前的总和，推导出辅助函数[①]，如下：

$$Q(\Lambda|\Lambda^{(n)})=\underbrace{\sum_{r=1}^{R}\sum_{i=1}^{N}\ln\pi_i\Pr(s_1^{(r)}=\omega_i|\boldsymbol{o}^{(r)},\Lambda^{(n)})}_{Q(\pi|\pi^{(n)})}$$

$$+\underbrace{\sum_{r=1}^{R}\sum_{t=1}^{T_r-1}\sum_{i=1}^{N}\sum_{j=1}^{N}\ln a_{ij}\Pr(s_t^{(r)}\overset{*}{=}_i\psi_i,s_{t+1}^{(r)}=\omega_j|\boldsymbol{o}^{(r)},\Lambda^{(n)})}_{Q(\Lambda\ \ \Lambda^{(n)})}$$

$$+\underbrace{\sum_{r=1}^{R}\sum_{t=1}^{T_r}\sum_{i=1}^{N}\ln b_i(\boldsymbol{x}_t^{(r)})\Pr(s_t^{(r)}=\omega_i|\ \mathbf{o}^{(r)},\Lambda^{(n)})}_{Q(\boldsymbol{B}|\ \boldsymbol{B}^{(n)})}$$

由此我们可以看出，整个辅助函数被分解为三个单独的部分，每个部分只与一组马尔可夫模型参数相关。因此可以分别推导出每一组的估计公式。在研究如何最大化 M 步中的每个部分（由辅助函数分解的三个部分）之前，我们首先研究一下如何计算前一个等式中的条件概率。[②]

---

① 以 $Q(\boldsymbol{A}|\boldsymbol{A}^{(n)})$ 为例，考虑 $s_{t-1}^{(r)}$ 和 $s_t^{(r)}$ 的不同组合，我们可以重新排列：

$$\sum_{r=1}^{R}\sum_{s_1^{(r)}\dots s_{Tr}^{(r)}}\sum_{t=1}^{T_r-1}\ln a(s_t^{(r)},s_{t+1}^{(r)})$$

$$\Pr(s_1^{(r)}s_2^{(r)}\cdots s_{T_r}^{(r)}|\ \boldsymbol{o}^{(r)},\boldsymbol{\Lambda}^{(n)})=\sum_{r=1}^{R}\sum_{t=1}^{T_r-1}\sum_{i=1}^{N}\sum_{j=1}^{N}\ln a_{ij}$$

$$\Pr(s_t^{(r)}=\omega_i,s_{t+1}^{(r)}=\omega_j|\ \boldsymbol{o}^{(r)},\boldsymbol{\Lambda}^{(n)})=Q(\boldsymbol{A}|\ \boldsymbol{A}^{(n)})$$

同样可以得到 $Q(\boldsymbol{\pi}|\boldsymbol{\pi}^{(n)})$ 和 $Q(\boldsymbol{B}|\boldsymbol{B}^{(n)})$。

② 索引符号：

n：第 n 次迭代时 HMM 参数

r：第 r 个训练序列

F：序列中第 t 个观测值

i：HMM 状态 ω_i

j：HMM 状态 ω_j

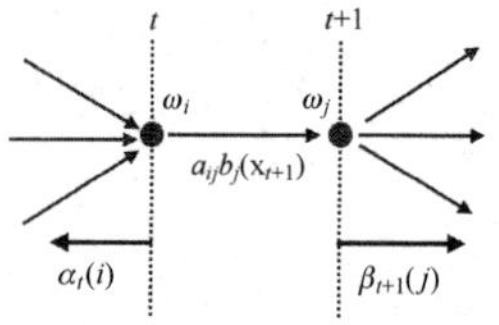

图 12.14　状态序列子集的总和（这些状态序列在 t 处传递 ω_i，在 $t+1$ 处传递 ω_j）

首先，使用紧密记法 $\eta_t^{(r)}(i,j)$ 表示 $(s_t^{(r)}=\omega_i, s_{t+1}^{(r)}=\omega_j \mid \boldsymbol{o}^{(r)}, \boldsymbol{\Lambda}^{(r)})$，这表示：在调节 $\boldsymbol{o}^{(r)}$ 和 $\boldsymbol{\Lambda}^{(n)}$ 时，在时间 t 传递状态 ω_i 和在时间 $t+1$ 传递 ω_j 的条件概率。根据等式（12.19），可以表示为

$$\eta_t^{(r)}(i,j) \triangleq \Pr(s_t^{(r)}=\omega_i, s_{t+1}^{(r)}=\omega_j \mid \boldsymbol{o}^{(r)}, \boldsymbol{\Lambda}^{(n)})$$

$$=\frac{\sum_{s_1^{(r)}\cdots s_{t-1}^{(r)} s_{t+2}^{(r)}\cdots s_{T_r}^{(r)}} P_{\Lambda^{(n)}}(\boldsymbol{o}^{(r)}, s_1^{(r)}, \cdots s_{t-1}^{(r)}, \omega_i, \omega j, s_{t+2}^{(r)} \cdots s_{T_r}^{(r)})}{\sum_{s_1^{(r)}\cdots s_{T_r}^{(r)}} P_{\Lambda^{(n)}}(\boldsymbol{o}^{(r)}, s_1^{(r)}, s_2^{(r)} \cdots s_{T_r}^{(r)})}$$

采用前后向算法可以有效地计算出分子和分母。我们首先使用当前的 HMM $\boldsymbol{\Lambda}^{(n)}$ 对训练序列 $\boldsymbol{o}^{(r)}$ 运行前后向算法，推导出 $\boldsymbol{o}^{(r)}$ 的所有前、后向概率的集合，表示为 $\{\alpha_t^{(r)}(i), \beta_t^{(r)}(i)\}$。分母是在评估问题中研究过的评估概率，可以通过等式（12.16）或等式（12.17）来计算。如图 12.14 所示，分子可分为三部分计算：

1．$\alpha_t^{(r)}(i)$：到 t 为止的所有部分状态序列之和；

2．$a_{ij}b_j(\boldsymbol{x}_{t+1})$：在 t 时刻 ω_i 到 ω_j 的转移；

3．$\beta_{t+1}^{(r)}(j)$：$t+1$ 之后所有部分状态序列的总和。

把这三部分放在一起，对应每个 $\boldsymbol{o}^{(r)}$，对于所有的 $1 \leqslant t \leqslant T_r$ 及 $1 \leqslant i,j \leqslant N$，我们可以计算

$$\eta_t^{(r)}(i,j)=\frac{\alpha_t^{(r)}(i)a_{ij}b_j(\boldsymbol{x}_{t+1})\beta_{t+1}^{(r)}(j)}{\sum_{i=1}^{N}\alpha_{T_r}^{(r)}(i)} \tag{12.20}$$

第二，我们可以利用 $\eta_t^{(r)}(i,j)$ 计算另一个条件概率，如下：

$$\Pr(s_t^{(r)}=\omega_i \mid \boldsymbol{o}^{(r)}, \boldsymbol{\Lambda}^{(n)})=\sum_{j=1}^{N}\eta_t^{(r)}(i,j)$$

使用所有条件概率的紧凑符号，我们重写三组 HMM 参数的辅助函数，[①]如下：

---

① 索引符号：

n：第 n 次迭代时 HMM 参数

r：第 r 个训练序列

F：序列中第 t 个观测值

i：HMM 状态 ω_i

j：HMM 状态 ω_j

$$Q(\pi \mid \pi^{(n)}) = \sum_{r=1}^{R}\sum_{i=1}^{N}\sum_{j=1}^{N} \ln\pi_i \cdot \eta_1^{(r)}(i,j)$$

$$Q(\boldsymbol{A} \mid \boldsymbol{A}^{(n)}) = \sum_{r=1}^{R}\sum_{t=1}^{T_r-1}\sum_{i=1}^{N}\sum_{j=1}^{N} \ln a_{ij} \cdot \eta_t^{(r)}(i,j)$$

$$Q(\boldsymbol{B} \mid \boldsymbol{B}^{(n)}) = \sum_{r=1}^{R}\sum_{t=1}^{T_r}\sum_{i=1}^{N}\sum_{j=1}^{N} \ln b_i(\boldsymbol{x}_t^{(r)}) \cdot \eta_t^{(r)}(i,j)$$

在M步中，最大化这些辅助函数，推导出三组马尔可夫模型参数的估计公式。

对于 π，考虑约束条件 $\sum_{i=1}^{N}\pi_i = 1$，得到：

$$\frac{\partial}{\partial \boldsymbol{\pi}}\left(Q(\boldsymbol{\pi} \mid \boldsymbol{\pi}^{(n)}) + \lambda\left(\sum_{i=1}^{N}\pi_i - 1\right)\right) = 0 \Rightarrow$$

$$\pi_i^{(n+1)} = \frac{\sum_{r=1}^{R}\sum_{j=1}^{N}\eta_1^{(r)}(i,j)}{\sum_{r=1}^{R}\sum_{i=1}^{N}\sum_{j=1}^{N}\eta_1^{(r)}(i,j)} \tag{12.21}$$

对于 $\boldsymbol{A}$，考虑所有 i 的约束条件 $\sum_j a_{ij} = 1$，我们同样推导出如下公式，其中所有 $i,j = 1,2,\cdots,N$：

$$a_{ij}^{(n+1)} = \frac{\sum_{r=1}^{R}\sum_{t=1}^{T_r-1}\eta_t^{(r)}(i,j)}{\sum_{r=1}^{R}\sum_{t=1}^{T_r-1}\sum_{j=1}^{N}\eta_t^{(r)}(i,j)} \tag{12.22}$$

对于 $\boldsymbol{B}$，我们必须考虑不同的马尔可夫模型类型。

1．估计离散马尔可夫模型的 $\boldsymbol{B}$

在离散马尔可夫模型中，所有的观察结果都是离散符号。我们假设所有的离散观察符号来自一个有限的集合，表示为 $\{v_1, v_2, \cdots, v_K\}$。在这种情况下，我们可以为马尔可夫模型状态中的每个状态依赖分布 $b_i(\boldsymbol{x})$ 选择一个多峰分布。因此，B包含了所有马尔可夫模型状态 $i = 1,2,\cdots,N$ 中的所有多峰模型：

$$\boldsymbol{B} = \{b_{ik} \mid 1 \leqslant i \leqslant N, 1 \leqslant k \leqslant K\}$$

其中 b_{ik} 表示：从状态 ω_i 生成第 k 个符号 v_k 的概率。

将所有概率 $\{b_{ik}\}$ 代入前面的 $Q(\boldsymbol{B} \mid \boldsymbol{B}^{(n)})$，我们可以得到离散马尔可夫模型的辅助函数，如下：①

---

①

$$\delta(\boldsymbol{x}_t^{(r)} - v_k) = \begin{cases} 1 & \text{if } \boldsymbol{x}_t^{(r)} = v_k \\ 0 & \text{其他} \end{cases}$$

$$Q(\boldsymbol{B} \mid \boldsymbol{B}^{(n)}) = \sum_{r=1}^{R}\sum_{t=1}^{T_r}\sum_{i=1}^{N}\sum_{j=1}^{N}\sum_{k=1}^{K} \ln b_{ik} \cdot \delta(\boldsymbol{x}_t^{(r)} - v_k) \cdot \eta_t^{(r)}(i,j)$$

在考虑到所有 i 的约束条件 $\sum_{k=1}^{K} b_{ik} = 1$ 之后，我们推导出所有 i 和 k 的估计公式：①

$$b_{ik}^{(n+1)} = \frac{\sum_{r=1}^{R}\sum_{t=1}^{T_r}\sum_{j=1}^{N} \eta_t^{(r)}(i,j) \cdot \delta(\boldsymbol{x}_t^{(r)} - v_k)}{\sum_{r=1}^{R}\sum_{t=1}^{T_r}\sum_{j=1}^{N} \eta_t^{(r)}(i,j)} \tag{12.23}$$

2．估计连续密度马尔可夫模型的 $\boldsymbol{B}$

在连续密度马尔可夫模型中，所有观察值 $\boldsymbol{x}_t^{(r)}$ 都是连续的特征向量。在这种情况下，我们必须为每个马尔可夫模型状态 ω_i 选择一个概率密度函数 $b_i(\boldsymbol{x})$。因为高斯混合模型能够近似普遍密度，所以我们通常在每个状态中使用高斯混合模型表示概率密度函数[120]，即：

$$b_i(\boldsymbol{x}) = \sum_{m=1}^{M} w_{im} \cdot \mathcal{N}(\boldsymbol{x} \mid \boldsymbol{\mu}_{im}, \boldsymbol{\Sigma}_{im})$$

其中，$\boldsymbol{\mu}_{im}$ 和 $\boldsymbol{\Sigma}_{im}$ 表示状态 ω_i 下第 m 个高斯分量的均值向量和协方差矩阵，ω_{im} 表示混合权重。我们得到，对于所有 i，$\sum_{m=1}^{M} \omega_{im} = 1$。

在本例中，$\boldsymbol{B}$ 由所有的 GMM 参数组成：

$$\boldsymbol{B} = \{\boldsymbol{\mu}_{im}, \boldsymbol{\Sigma}_{im}, w_{im} \mid 1 \leqslant i \leqslant N, 1 \leqslant m \leqslant M\}$$

对于高斯混合马尔可夫模型，我们可以将每个马尔可夫模型状态展开到 Ω 和 $\{1,\cdots,M\}$ 的乘积空间中，如图 12.15 所示。每个混合状态 $\{\omega_i, m\}$ 只包含一个高斯 $N(\boldsymbol{x} \mid \boldsymbol{\mu}_{im}, \boldsymbol{\Sigma}_{im})$。如果把混合状态序列 $\{s_t^{(r)}, l_t^{(r)}\}$（其中 $s_t^{(r)} \in \Omega$，$l_t^{(r)} \in \{1,\cdots,M\}$）作为潜变量，可以构造混合高斯马尔可夫模型中 B 的辅助函数为：②

$$Q(\boldsymbol{B} \mid \boldsymbol{B}^{(n)}) = \sum_{r=1}^{R}\sum_{t=1}^{T_r}\sum_{i=1}^{N}\sum_{m=1}^{M} \left[\ln w_{im} + \ln \mathcal{N}(\boldsymbol{x} \mid \mu_{im}, \boldsymbol{\Sigma}_{im})\right]$$
$$\Pr(s_t^{(r)} = \omega_i, l_t^{(r)} = m \mid \boldsymbol{o}^{(r)}, \boldsymbol{\Lambda}^{(n)})$$

---

① 索引符号：

n：第 n 次迭代时 HMM 参数，

r：第 r 个训练序列，

t：序列中第 t 个观测值，

i：HMM 状态 ω_i，

j：HMM 状态 ω_j，

k：第 k 个观察符号 v_k。

② 这里使用 $s_t^{(r)}$ 和 $l_t^{(r)}$ 来表示状态和高斯分量（$\boldsymbol{x}_t^{(r)}$ 可能从二者中生成）。

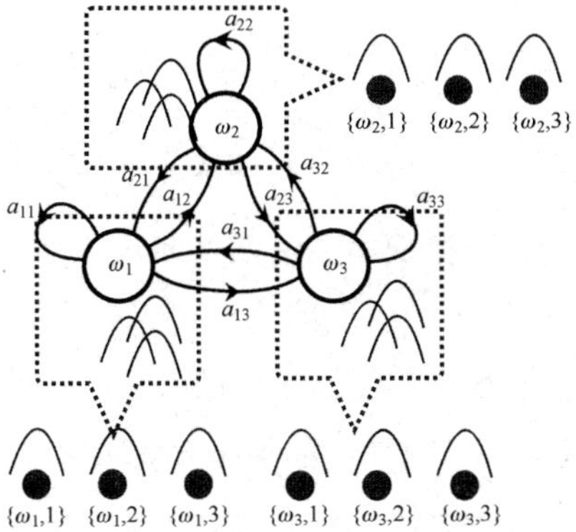

图 12.15 将高斯混合马尔可夫模型中每个状态扩展到一些 $\{\omega_i, m\}$ 的混合状态

条件概率可以计算为：

$$\begin{aligned}&\Pr(s_t^{(r)}=\omega_i, l_t^{(r)}=m \mid \boldsymbol{o}^{(r)}, \boldsymbol{\Lambda}^{(n)})\\&=\underbrace{\Pr(s_t^{(r)}=\omega_i \mid \boldsymbol{o}^{(r)}, \boldsymbol{\Lambda}^{(n)})}_{=\sum_{j=1}^{N}\eta_t^{(r)}(i,j)}\underbrace{\Pr(l_t^{(r)}=m \mid s_t^{(r)}=\omega_i, \boldsymbol{o}^{(r)}, \boldsymbol{\Lambda}^{(n)})}_{\triangleq\xi_t^{(r)}(i,m)}\end{aligned}$$

其中，$\xi_t^{(r)}(i,m)$ 称为各高斯分量的占用概率，其计算方法类似于等式（12.7），如下：

$$\begin{aligned}\xi_t^{(r)}(i,m)&=\Pr(l_t^{(r)}=m \mid s_t^{(r)}=\omega_i, \boldsymbol{x}_t^{(r)}, \boldsymbol{\Lambda}^{(n)})\\&=\frac{w_{im}^{(n)}\mathcal{N}(\boldsymbol{x}_t^{(r)} \mid \boldsymbol{\mu}_{im}^{(n)}, \boldsymbol{\Sigma}_{im}^{(n)})}{\sum_{m=1}^{M} w_m^{(n)}\mathcal{N}(\boldsymbol{x}_t^{(r)} \mid \boldsymbol{\mu}_{im}^{(n)}, \boldsymbol{\Sigma}_{im}^{(n)})}\end{aligned} \tag{12.24}$$

在我们将占用概率代入之前的辅助函数，并最大化辅助函数的混合权重、均值向量、协方差矩阵后，最终能推导出高斯混合马尔可夫模型的估计等式为：

$$w_{im}^{(n+1)}=\frac{\sum_{r=1}^{R}\sum_{t=1}^{T_r}\sum_{j=1}^{N}\eta_t^{(r)}(i,j)\xi_t^{(r)}(i,m)}{\sum_{r=1}^{R}\sum_{t=1}^{T_r}\sum_{j=1}^{N}\sum_{m=1}^{M}\eta_t^{(r)}(i,j)\xi_t^{(r)}(i,m)} \tag{12.25}$$

$$\boldsymbol{\mu}_{im}^{(n+1)}=\frac{\sum_{r=1}^{R}\sum_{t=1}^{T_r}\sum_{j=1}^{N}\eta_t^{(r)}(i,j)\xi_t^{(r)}(i,m)\cdot\boldsymbol{x}_t^{(r)}}{\sum_{r=1}^{R}\sum_{t=1}^{T_r}\sum_{j=1}^{N}\eta_t^{(r)}(i,j)\xi_t^{(r)}(i,m)}\ ① \tag{12.26}$$

---

① 索引符号：

n：第 *n* 次迭代时 HMM 参数，

r：第 *r* 个训练序列，

t：序列中第 *t* 个观测值，

i：马尔可夫模型状态 ω_i，

j：马尔可夫模型状态 ω_j，

m：第 *m* 个高斯分量。

$$\Sigma_{im}^{(n+1)} = \frac{\sum_{r=1}^{R}\sum_{t=1}^{T_r}\sum_{j=1}^{N}\eta_t^{(r)}(i,j)\xi_t^{(r)}(i,m)(\boldsymbol{x}_t^{(r)}-\boldsymbol{\mu}_{im}^{(n+1)})(\boldsymbol{x}_t^{(r)}-\boldsymbol{\mu}_{im}^{(n+1)})^{\mathrm{T}}}{\sum_{r=1}^{R}\sum_{t=1}^{T_r}\sum_{j=1}^{N}\eta_t^{(r)}(i,j)\xi_t^{(r)}(i,m)} \tag{12.27}$$

如我们所见，马尔可夫模型参数的所有估计公式都代表分子和分母中两个统计量之间的比值①。在每次迭代中，我们只需要使用当前的马尔可夫模型参数 $\boldsymbol{\Lambda}^{(n)}$ 累积整个训练集统计信息。在每次迭代结束时，推导出一组新的马尔可夫模型参数 $\boldsymbol{\Lambda}^{(n+1)}$，该参数等于统计量之间的比值。EM 算法保证了新参数对似然函数的改进。这个训练过程会不断重复，直到收敛为止。最后，我们总结了算法 12.17 中的 Baum-Welch 算法。

算法 12.17　马尔可夫模型的 Baum-Welch 算法

Input: a training set of observation sequences $\{\boldsymbol{o}^{(r)} \mid r=1,2,\cdots,R\}$

Output: HMM parameters $\boldsymbol{\Lambda}=\{\boldsymbol{\pi},\boldsymbol{A},\boldsymbol{B}\}$

set $n=0$

initialize $\boldsymbol{\Lambda}^{(0)}=\{\boldsymbol{\pi}^{(0)},\boldsymbol{A}^{(0)},\boldsymbol{B}^{(0)}\}$ ②

while not converged **do**

zero numerator/denominator accumulators for all parameters

for $r=1,2,\cdots,R$ **do**

1．run forward–backward algorithm on $\boldsymbol{o}^{(r)}$ using $\boldsymbol{\Lambda}^{(n)}$:
$\{\boldsymbol{o}^{(r)},\boldsymbol{\Lambda}^{(n)}\}\rightarrow\{\alpha_t^{(r)}(i),\beta_t^{(r)}(i)\}$

2．use Eqs. (12.20) and (12.24):
$\{\alpha_t^{(r)}(i),\beta_t^{(r)}(i)\}\rightarrow\{\eta_t^{(r)}(i,j),\xi_t^{(r)}(i,m)\}$

3．accumulate all numerator/denominator statistics

end for

update all parameters as the ratios of statistics $\rightarrow \boldsymbol{\Lambda}^{(n+1)}$

$n=n+1$

end while

---

① 以等式（12.26）为例：

$$\mu_{im}^{(n+1)} = \frac{\sum_{r=1}^{R}\sum_{t=1}^{T_r}\sum_{j=1}^{N}\overbrace{\eta_t^{(r)}(i,j)\xi_t^{(r)}(i,m)\cdot\boldsymbol{x}_t^{(r)}}^{\text{分子数据}}}{\sum_{r=1}^{R}\sum_{t=1}^{T_r}\sum_{j=1}^{N}\underbrace{\eta_t^{(r)}(i,j)\xi_t^{(r)}(i,m)}_{\text{分母数据}}}$$

② 对有关马尔可夫模型的 $\boldsymbol{\Lambda}^{(0)}$ 初始化问题感兴趣的读者，请参阅 Young 等人的均匀节段方法，以及 Juang 和 Rabiner 的节段性 k-means 方法[121]。

实验项目六

在这个项目中，将使用多元高斯模型解决一个简单的二元分类问题（A 分类与 B 分类）。假设两个分类具有相同的先验概率。每个观察特征都是一个三维向量。可以从 http://www.eecs.yorku.ca/-hj/MLF-gaussian-dataset.zip.中下载相关数据集。

你将使用几种不同的方法，基于提供的训练集构建分类器，在提供的测试集上评估已估计的模型。你可以使用自己喜欢的任何编程语言，但必须重新完成所有的训练和测试方法。

a. 首先，使用多元高斯模型构建简单的分类器。单一的三维高斯分布对每个分类建模。你应该考虑协方差矩阵的以下结构：

每个高斯函数使用一个独立的对角协方差矩阵。

每个高斯函数使用一个独立的全协方差矩阵。

两个高斯函数共用一个对角协方差矩阵。

两个高斯函数共用一个全协方差矩阵。

基于最大似然估计，使用所提供的训练数据估计各分类的高斯均值向量和协方差矩阵。对于协方差矩阵的每个选择，报告出测试集测量的最大似然估计-训练模型的分类精度。

b. 通过使用高斯混合模型对每个分类建模，改进前一步的高斯分类器。你需要使用 k-means 聚类方法初始化高斯混合模型中的所有参数，然后基于 EM 算法改进高斯混合模型。研究分别具有 2、4、8 或 16 个高斯分量的高斯混合模型。

c. 假设每个分类都由阶乘高斯混合模型建模，其中所有特征维都是独立的，一维高斯混合模型对每个维度单独建模。使用 k-means 聚类方法和 EM 算法来估计这两个阶乘高斯混合模型。在每个维度分别有 2、4 或 8 个高斯分量的情况下，研究两个阶乘高斯混合模型在测试数据上的性能。

d. 根据该数据集的高斯分量个数和协方差矩阵结构，确定最优模型配置。

csv 数据格式：所有训练样本均以 train-gaussian.csv 的文件形式呈现。test-gaussian.csv 文件给出所有的测试样本。每一行表示一个特征向量，格式如下：

$$\boldsymbol{y}, \boldsymbol{x}1, \boldsymbol{x}2, \boldsymbol{x}3,$$

其中，$\boldsymbol{y} \in \{A, B\}$ 为分类标签，$[\boldsymbol{x}1\ \boldsymbol{x}2\ \boldsymbol{x}3]$ 为三维特征向量。

练习

Q12.1　判断下列分布是否属于指数族：

a．狄利克雷分布

b．泊松分布

c．Inverse-Wishart 分布

d．von Mises-Fisher 分布

推导属于指数族的自然参数分布、充分统计量分布和标准化项分布。

Q12.2　判断：下列广义线性模型是否属于指数族：

a．逻辑回归

b．概率单位回归

c．泊松回归

d．对数线性模型

Q12.3　证明：指数族在乘法下是接近的。

Q12.4　证明：如果我们选择某一有限混合模型中所有的分量模型作为以下 e 族分布之一，则辅助函数 $Q(\boldsymbol{\theta} \mid \boldsymbol{\theta}^{(n)})$ 是凹形的（即 $-Q(\boldsymbol{\theta} \mid \boldsymbol{\theta}^{(n)})$ 是凸形的）：

a．多元高斯分布；

b．多项分布；

c．狄利克雷分布；

d．von Mises-Fisher 分布。

Q12.5　有限混合模型中的指数 m，如等式（12.1），可以扩展为连续变量 $y \in \mathbf{R}$：

$$p(\boldsymbol{x}) = \int w(y)\, p(\boldsymbol{x} \mid \boldsymbol{\theta}, y)\mathrm{d}y$$

当 $\int w(y)\mathrm{d}y = 1$ 及 $\int p(\boldsymbol{x} \mid \boldsymbol{\theta}, y)\mathrm{d}\boldsymbol{x} = 1(\forall \boldsymbol{\theta}, y)$ 成立时，称为有限混合模型。将 EM 算法推广到无限混合模型：

a．确定无限混合模型的辅助函数。

b．设计无限混合模型的 E 步和 M 步。

Q12.6 考虑元素为非负整数的 m 维变量 $\boldsymbol{r}$ 。假设该变量 $\boldsymbol{r}$ 的分布描述为混合多峰分布：

$$p(\boldsymbol{r})=\sum_{k=1}^{K}\pi_k \operatorname{Mult}(\boldsymbol{r}\mid \boldsymbol{p}_k)\propto \sum_{k=1}^{K}\pi_k\prod_{i=1}^{m}p_{ki}^{r_i}$$

其中，参数 p_{ki} 表示第 k 个分量中第 i 维度的概率，满足 $0\leqslant p_{ki}\leqslant 1(\forall k,i)$ 且 $\sum_i p_{ki}=1(\forall k)$ 。假设一组训练样本为 $\{\boldsymbol{r}^{(n)}\mid n=1,\cdots,N\}$ 。推导出 EM 算法中的 E 步和 M 步来优化混合权重 $\{\pi_k\}(\sum_k\pi_k=1)$ 和所有基于最大似然估计的分量参数 $\{p_{ki}\}$ 。

Q12.7 假设高斯混合模型如下所示：

$$p(\boldsymbol{x})=\sum_{m=1}^{M}w_m\mathcal{N}(\boldsymbol{x}\mid \boldsymbol{\mu}_m,\boldsymbol{\Sigma}_m)$$

如果我们把向量 $\boldsymbol{x}$ 分成两个部分，即 $\boldsymbol{x}=[\boldsymbol{x}_a,\boldsymbol{x}_b]$ ，然后：

a. 证明边际分布 $p(\boldsymbol{x}_a)$ 也是高斯混合模型，并求出混合权值和所有高斯均值的表达式，以及协方差矩阵。

b. 证明条件分布 $p(\boldsymbol{x}_a\mid \boldsymbol{x}_b)$ 也是高斯混合模型，并求出混合权值和所有高斯均值的表达式，以及协方差矩阵。

c. 求出条件平均值 $E[\boldsymbol{x}_a\mid \boldsymbol{x}_b]$ 的表达式。

Q12.8 证明：马尔可夫模型中 $\alpha_t(i)$ 和 $\beta_t(i)$ 对于任意 t 满足等式（12.18）。

Q12.9 在从左至右马尔可夫模型上运行维特比算法，状态只转移到自身，或到更高的状态。使用如图 12.13 所示的图表来展示马尔可夫模型拓扑如何影响维特比算法。

Q12.10 在等式（12.23）中推导离散马尔可夫模型中 $\boldsymbol{B}$ 的更新公式。

Q12.11 在等式（12.25）、（12.26）、（12.27）中推导高斯混合马尔可夫模型中 $\boldsymbol{B}$ 的更新公式。

Q12.12 推导出针对以下混合模型计算对数似然函数梯度的有效方法：

a. 高斯混合模型：$\frac{\partial}{\partial\boldsymbol{\theta}}\ln p_{\boldsymbol{\theta}}(\boldsymbol{x})$ ， $p_{\boldsymbol{\theta}}(\boldsymbol{x})$ 在等式（12.6）中已经给出。

b. 隐马尔可夫模型：$\frac{\partial}{\partial\boldsymbol{\Lambda}}\ln p_{\boldsymbol{\Lambda}}(\boldsymbol{o})$ ， $p_{\boldsymbol{\Lambda}}(\boldsymbol{o})$ 在等式（12.15）中已经给出。

Q12.13 当马尔可夫模型算法在长序列上运行时，由于需要将许多很小的正数相乘，所以经常会出现下溢错误。为了解决这个问题，我们经常在对数域中表示所有的正、反向概率。在这种情况下，可以进行以下算术操作：

$$\log(ab) = \log(a) + \log(b) \quad \log(a/b) = \log(a) - \log(b)$$
$$\log(a \pm b) = \log(a) + \log[1 \pm \exp(\log(b) - \log(a))]$$

使用这些例程重写对数域中的正反向算法 12.15。换句话说，使用 $\tilde{\alpha}_t(i) = \log(\alpha_t(i))$ 和 $\tilde{\beta}_t(i) = \log(\beta_t(i))$ 替代 $\alpha_t(i)$ 和 $\beta_t(i)$ 。

第13章

纠缠模型

除了有限的混合模型，机器学习中还有另一种方法，可以将简单的生成模型扩展成更复杂的模型。这种方法引出了大量流行的机器学习方法，在本书中称为纠缠模型。接下来我们将看到，这一类模型包括传统的因素分析、概率 PCA 和独立成分分析（ICA），以及较新的深度生成模型，如：变分自动编码器（VAE）和生成对抗网络（GAN）。本章首先介绍纠缠模型的核心思想，然后简要讨论此类模型中的代表。

13.1 纠缠模型的形成

在有限的混合模型中，通过叠加许多不同的简单生成模型，形成一个混合分布，以接近任意复杂分布。相比之下，纠缠模型采用了一种截然不同的方法来构建更高级的生成模型。所有纠缠模型背后的关键思想在于：我们可以依靠随机变量的转换，将简单的概率分布转换成任意分布。以下正式给出其理论论证：

定理 13.1.1 已知一个正态分布随机变量 $z \sim N(0,1)$，对于任一平滑概率分布 $p(\boldsymbol{x})(\boldsymbol{x} \in \mathbf{R}^d)$，存在一些 L^p 函数：$f_1(z), f_2(z), \cdots, f_d(z)$ 将 z 转换为向量 $\boldsymbol{f}(z) = [f_1(z) \cdots f_d(z)]^{\mathrm{T}}$ 使得 $f(z)$ 遵循此分布（即，$f(z) \sim p(\boldsymbol{x})$）。①

① 此定理的一般形式在测度理论中称为 Borel 同构定理[126]。

此外，该定理可以很容易地拓展到任何其他连续分布，而不是单变量正态分布。此定理表明，我们可以对简单的生成模型进行一些转换，为所有任意数据分布构造复杂的生成模型。如图 13.1 所示，可以从低维空间 $\mathbf{R}^n$ 中一个相当简单的生成模型 $p(\boldsymbol{z})$ 开始，同时从 $\mathbf{R}^n$ 到高维空间 $\mathbf{R}^d\,(d>n)$（即，$\boldsymbol{x}=f(\boldsymbol{z})$）中找到确定性的向量值函数，在 $\mathbf{R}^d$ 中推导出任意复杂生成模型 $p(\boldsymbol{x})$。所得模型 $p(\boldsymbol{x})$ 均称为纠缠模型。

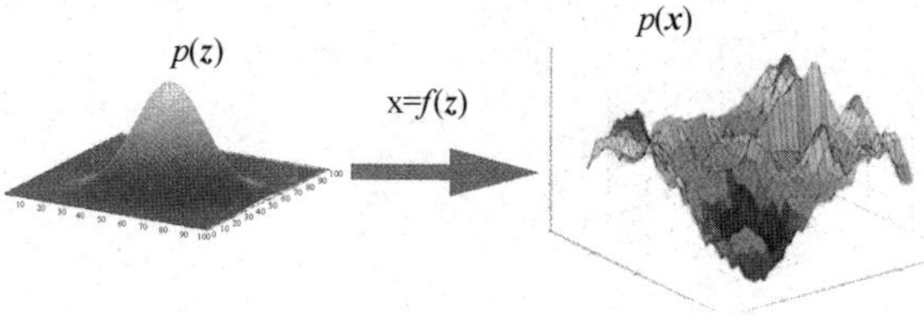

图 13.1　将简单的生成模型转换为更复杂的生成模型，从而构建纠缠模型

这种纠缠模型的观点与物理界中关于数据生成过程的普遍观点是一致的。正如我们所知，在实践中观察到的大多数真实世界的数据通常本质上是复杂的，并且在高维空间中遵循一个非常复杂的分布。然而，在大多数情况下，我们在这些高维数据中真正关心的，通常可以抽象表示为一些高级的关键信息，然而原始数据中的大多数细节与这些关键信息并不相关。这些关键信息实际上可以由少量的独立因素决定。例如，如果以某人的脸部照片为例，原始数据组成了一个相当复杂的高维图像。然而，我们从这幅图像中获得的关键信息实际上只能由少数主要因素确定，比如该人的身份，人脸方位，光线，是否戴眼镜，等等。因此，我们可以假设这幅图像由简单的两阶段随机过程生成。

1．从一个简单的分布中随机抽样，得到所有这些关键因素，记作 $\boldsymbol{z}$。由于所有这些关键因素在统计上都是独立的，因此可以假设这个分布是简单的。

2．这些抽样因素由一个固定的混合函数 $\boldsymbol{x}=f(\boldsymbol{z})$ 纠缠，生成最终观察到的图像，但是底层的抽样因素 $\boldsymbol{z}$ 是未知的。

正如定理 13.1.1 所示，可以假设这个混合函数具有确定性，因为一个确定性函数已经足够推导出任何复杂的分布，对任何数据进行建模。由于所有的独立因素都由一个可能的复杂混合函数纠缠，所以通常很难在观察到的数据 $\boldsymbol{x}$ 中察觉到潜在的关键因素 $\boldsymbol{z}$。

13.1.1　纠缠模型框架

在机器学习中，通常采用一种通用的纠缠模型框架，如图 13.2 所示。在这个框架中，

$\boldsymbol{z}$ 通常称为因素（在文献中又称为连续潜变量），遵循简单分布 $p_{\lambda}(\boldsymbol{z})$，参数为 $\boldsymbol{\lambda}$。确定性映射 $\boldsymbol{x}=f(\boldsymbol{z};\boldsymbol{W})$ 称为参数为 $\boldsymbol{W}$ 的混合函数。此外，我们假设混合函数的输出被独立的加性噪声 $\boldsymbol{\varepsilon}$（残差）所破坏。此处引入残差是为了适应过程中出现的一些观察或测量误差，我们假设残差 $\boldsymbol{\varepsilon}$ 遵循另一个简单分布（通常是高斯分布），即参数为 $\boldsymbol{v}$ 的 $p_{v}(\boldsymbol{\varepsilon})$。

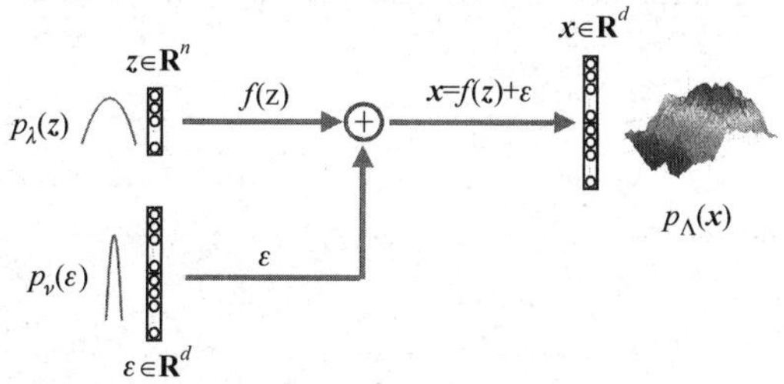

图 13.2　机器学习中普遍接受的纠缠模型框架，涉及三个分量：
1．因素分布 $p_{\lambda}(\boldsymbol{z})$；2．残差分布 $p_{v}(\boldsymbol{\varepsilon})$；3．混合函数 $f(\boldsymbol{z})$

在确定性映射 $\boldsymbol{x}=f(\boldsymbol{z})+\boldsymbol{\varepsilon}$ 后，我们可以推导出一个纠缠模型：$p_{\boldsymbol{\Lambda}}(\boldsymbol{x})$，其中 $\boldsymbol{\Lambda}=\{\boldsymbol{W},\boldsymbol{\lambda},\boldsymbol{v}\}$ 表示所有底层纠缠模型的模型参数。纠缠模型实际上取决于对因素分布 $p_{\lambda}(\boldsymbol{z})$、残差分布 $p_{v}(\boldsymbol{\varepsilon})$ 和混合函数 $f(\boldsymbol{z};\boldsymbol{W})$ 的选择。当我们以不同的方式选择这些分量时，会得到不同的纠缠模型。表 13.1 列出了一些文献中著名且具有代表性的纠缠模型，以及这些模型对这三个分量的相应选择。一般来说，我们可以将所有的纠缠模型归纳为三大类。在第一类中，我们选择 $p_{\lambda}(\boldsymbol{z})$ 和 $p_{v}(\boldsymbol{\varepsilon})$ 的高斯模型，以及 $f(\boldsymbol{z})$ 的线性函数。这将产生所谓的线性高斯模型，包括两种特殊情况：因素分析[231]和概率主成分分析（PCA）[2,38]。在第二类中，针对 $f(\boldsymbol{z})$，我们仍然使用线性函数，但是对于 $p_{\lambda}(\boldsymbol{z})$ 我们选择一些非高斯模型，例如重尾分布或混合模型。这将产生一些重要的机器学习方法，如 ICA[18,107]、独立因素分析（IFA）[4]和混合正交投影估计（HOPE）[261]。在第三类中，我们选择混合函数 $f(\boldsymbol{z})$ 作为 L^p 函数，如定理 13.1.1 所示。由于通用近似器定理非常著名，所以神经网络可以作为这一类模型中更普遍的非线性混合函数的替代。因此，这类纠缠模型通常称为深度生成模型；这些模型包括两种最近流行的方法：VAE[130]和 GAN[84]。下面几个小节将介绍这三类模型中一些具有代表性的纠缠模型。本节的其余部分将首先简要讨论一些与所有纠缠模型相关的普遍性问题，从而从更高层面概述本章剩余部分将讨论的所有话题。

表 13.1：对代表性纠缠模型及三个分量选择的总结，包括概率 PCA[238]、因素分析[231]、ICA[18,107]、IFA[4]、HOPE[261]、VAE[130]和 GAN[84]。GMM =高斯混合模型。movMF = von Mises-Fisher (vMF)分布的混合。

表 13.1　对代表性纠缠模型及三个分量选择的总结

纠缠模型	因素 $z \sim p(z)$	残差 $\varepsilon \sim p(\varepsilon)$	混合 $\boldsymbol{f}(z)$
概率 PCA	$\boldsymbol{N}(z \mid \boldsymbol{0}, \boldsymbol{I})$	$\boldsymbol{N}(\varepsilon \mid \boldsymbol{0}, \sigma^2\boldsymbol{I})$	$\boldsymbol{WZ}$ 线性
因素分析	$\boldsymbol{N}(z \mid \boldsymbol{0}, \boldsymbol{I})$	$\boldsymbol{N}(\varepsilon \mid \boldsymbol{0}, \boldsymbol{D})$ $\boldsymbol{D}$：对角	$\boldsymbol{WZ}$ 线性
ICA	$\prod_i p_i(z_i)$ 非高斯	—	$\boldsymbol{WZ}$ 线性
IFA	$\prod_i p_i(z_i)$ 阶乘 GMM	$\boldsymbol{N}(\varepsilon \mid \boldsymbol{0}, \boldsymbol{\Lambda})$	$\boldsymbol{WZ}$ 线性
HOPE	混合模型（movMF/GMM）	$\boldsymbol{N}(\varepsilon \mid \boldsymbol{0}, \sigma^2\boldsymbol{I})$	$\boldsymbol{WZ}$ $\boldsymbol{W}$：正交
VAE	$\boldsymbol{N}(z \mid \boldsymbol{0}, \boldsymbol{I})$	$\boldsymbol{N}(\varepsilon \mid \boldsymbol{0}, \sigma^2\boldsymbol{I})$	$\boldsymbol{f}(\cdot) \in L^p$ 神经网络
GAN	$\boldsymbol{N}(z \mid \boldsymbol{0}, \boldsymbol{I})$	—	$\boldsymbol{f}(\cdot) \in L^p$ 神经网络

13.1.2　一般纠缠模型的学习

一般来说，我们有两种不同的方法从这三个分量：$p_\lambda(\boldsymbol{z})$、$p_v(\boldsymbol{\varepsilon})$ 和 $f(\boldsymbol{z};\boldsymbol{W})$ 中直接推导出图 13.2 中底层纠缠模型。首先，如果混合函数 $f(\boldsymbol{z};\boldsymbol{W})$ 可逆且可微，利用混合函数的雅可比矩阵，可以得到如下的纠缠模型：①

$$p_\Lambda(\boldsymbol{x}) = |\boldsymbol{J}|\, p_\lambda(f_1^{-1}(\boldsymbol{x}))p_v(f_2^{-1}(\boldsymbol{x})) \tag{13.1}$$

其中，$f_1^{-1}(\boldsymbol{x})$ 表示逆混合函数从 $\boldsymbol{x}$ 转换回 $\boldsymbol{z}$，$f_2^{-1}(\boldsymbol{x})$ 表示逆函数从 $\boldsymbol{x}$ 转换到 $\boldsymbol{\varepsilon}$，$\boldsymbol{J}$

---

① $\boldsymbol{z}$ 和 $\boldsymbol{\varepsilon}$ 的联合分布为：

$$p(\boldsymbol{z},\boldsymbol{\varepsilon}) = p(\boldsymbol{z})(\boldsymbol{\varepsilon}),$$

其中通过将 $\boldsymbol{x}$ 转换为 $\boldsymbol{z}$ 和 $\boldsymbol{\varepsilon}$，从而得到 $p(\boldsymbol{x})$：

$$\boldsymbol{x} = f(\boldsymbol{z}) + \boldsymbol{\varepsilon}$$

参考等式（2.3）可知如何根据 $p(\boldsymbol{z},\boldsymbol{\varepsilon})$ 推导出 $p(\boldsymbol{x})$。

表示这些逆转换的雅可比矩阵。当混合函数为线性时，这种基于雅可比矩阵的方法十分适用。

其次，如果混合函数不可逆，或雅可比矩阵不可计算，那么我们可以使用边缘化方法推导出纠缠模型，如下：①

$$p_{\boldsymbol{\Lambda}}(\boldsymbol{x})=\int_{z}p_{\lambda}(\boldsymbol{z})p_{\nu}(\boldsymbol{x}-f(\boldsymbol{z};\boldsymbol{W}))\mathrm{d}\boldsymbol{z} \tag{13.2}$$

然而这个式子需要我们对因素 $\boldsymbol{z}$ 积分，但是在很多情况下这可能很难计算。

一旦得知图 13.2 中所有的三个分量，我们就可以使用前面描述的两种方法之一确定底层纠缠模型。与任何其他生成模型一样，纠缠模型也可以用于为复杂的数据分布建模，达到分类或回归的目的。此外，在某些情况下，我们可能会对基于观察结果 $\boldsymbol{x}$ 推断未观察到的因素 $\boldsymbol{z}$ 感兴趣。这个过程通常称为解纠缠，旨在探索未知的独立关键因素 $\boldsymbol{z}$ ，可以作为一种解释原始数据 $\boldsymbol{x}$ 的直观表示。这通常称为机器学习中的解纠缠表示学习。假设我们知道纠缠模型的所有参数，这里的解纠缠过程可以通过逆函数 $\boldsymbol{z}=f_1^{-1}(\boldsymbol{x})$（当混合函数可逆时），或通过从纠缠模型推导出的条件分布来完成，如下：

$$p(\boldsymbol{z}|\ \boldsymbol{x})=\frac{p(\boldsymbol{z},\boldsymbol{x})}{p(\boldsymbol{x})}=\frac{p_{\lambda}(\boldsymbol{z})p_{\nu}(\boldsymbol{x}-f(\boldsymbol{z};\boldsymbol{W}))}{\int_{\mathbf{z}}p_{\lambda}(\boldsymbol{z})p_{\nu}(\boldsymbol{x}-f(\boldsymbol{z};\boldsymbol{W}))\mathrm{d}\boldsymbol{z}} \tag{13.3}$$

纠缠模型另一个有趣的应用在于生成新的数据样本，例如 Goodfellow 等[84]和 Gregor 等[85]中图像的生成。在这种情况下，我们首先对因素分布和残差分布进行随机抽样，然后应用混合函数，映射这些样本，生成一个新的观察结果 $\boldsymbol{x}$ 。最近，在计算机视觉应用程序领域，这个数据生成策略吸引了大量的注意力[123,2]。

纠缠模型的最后一个问题在于，如何从观察样本的训练集（即：$\mathscr{D}_N=\{\boldsymbol{x}_1,\boldsymbol{x}_2,\cdots,\boldsymbol{x}_n\}$）中，评估所有的模型参数 $\boldsymbol{\Lambda}=\{\boldsymbol{W},\boldsymbol{\lambda},\boldsymbol{\nu}\}$ 。同于其他生成模型，我们可以使用极大似然估计（MLE）方法，如下：

---

① 根据 $\boldsymbol{x}$ 和 $\boldsymbol{z}$ 的联合分布的边际化可得：

$$\begin{aligned}p(\boldsymbol{x})&=\int_{z}p(\boldsymbol{x},\boldsymbol{z})\mathrm{d}\boldsymbol{z}\\&=\int_{z}p(\boldsymbol{z})p(\boldsymbol{x}\quad\boldsymbol{z})\mathrm{d}\boldsymbol{z}\end{aligned}$$

因为我们拥有 $\boldsymbol{\varepsilon}=\boldsymbol{x}-f(\boldsymbol{z};\boldsymbol{W})$ ，所以

$$p(\boldsymbol{x}\,|\,\boldsymbol{z})=p_{\boldsymbol{\nu}}(\boldsymbol{x}-f(\boldsymbol{z};\boldsymbol{W}))$$

$$\Lambda_{\text{MLE}} = \arg\max_{\Lambda} \sum_{i=1}^{N} \ln p_{\Lambda}\left(\boldsymbol{x}_i\right)$$

将等式（13.1）或等式（13.2）代入纠缠模型 $p_{\Lambda}(\boldsymbol{x})$，并应用一些合适的优化方法，解决这个最大化问题。然而很不幸的是，我们不能直接表示深度生成模型的 $p_{\Lambda}(\boldsymbol{x})$，因为等式（13.1）中的雅可比矩阵和等式（13.2）中的积分在神经网络中都不可计算。因此，必须使用一些替代方法来学习深度生成模型。将在第 13.4 节简要讨论这些方法。

13.2 线性高斯模型

如前所述，当为因素分布和残差分布选择高斯模型，对混合函数使用线性映射时，线性高斯模型表示图 13.2 中纠缠模型的一个子集。在保证模型一般性的条件下，假设因素 $\boldsymbol{z}$ 遵循均值多元高斯分布，如下：

$$p(\boldsymbol{z}) = \mathcal{N}\left(\boldsymbol{z}\,\boldsymbol{0}, \boldsymbol{\Sigma}_1\right)$$

其中，$\boldsymbol{\Sigma}_1 \in \mathbf{R}^{n\times n}$ 表示协方差矩阵，残差 $\boldsymbol{\varepsilon}$ 遵循另一个多元高斯分布，如下：

$$p(\boldsymbol{\varepsilon}) = \mathcal{N}\left(\boldsymbol{\varepsilon} \mid \boldsymbol{\mu}, \boldsymbol{\Sigma}_2\right)$$

$\boldsymbol{\mu} \in \mathbf{R}^{d}$ 和 $\boldsymbol{\Sigma}_2 \in \mathbf{R}^{d\times d}$ 分别代表均值向量和协方差矩阵。假设混合函数为线性，形式如下：

$$f(\boldsymbol{z};\boldsymbol{W}) = \boldsymbol{W}\boldsymbol{z}$$

$\boldsymbol{W} \in \mathbf{R}^{d\times n}$ 表示线性混合函数的参数。根据高斯随机变量的性质，我们可以将线性高斯模型直接推导为另一种高斯模型：①

$$p_{\Lambda}(\boldsymbol{x}) = \mathcal{N}\left(\boldsymbol{x} \mid \mu, \boldsymbol{W}\boldsymbol{\Sigma}_1\boldsymbol{W}^{\mathrm{T}} + \boldsymbol{\Sigma}_2\right) \tag{13.4}$$

$\Lambda = \left\{\boldsymbol{W}, \boldsymbol{\Sigma}_1, \boldsymbol{\mu}, \boldsymbol{\Sigma}_2\right\}$ 表示线性高斯模型的所有参数。此外，我们还可以推导出，等式（13.3）中的条件分布也是所有的线性高斯模型的另一种多元高斯分布。因此，线性高斯模型代表一组非常容易处理的纠缠模型。下面，我们将以概率主成分分析（PCA）[238]和因素分析[231]为例来解释如何处理线性高斯模型。

① 关于如何推导线性高斯模型的等式（13.4），请参阅练习 Q13.2。

13.2.1 概率 PCA

在概率 PCA 方法中，我们假设因素分布为零均值单位协方差高斯分布：

$$p(\boldsymbol{z}) = N(\boldsymbol{z} \mid 0, \boldsymbol{I})$$

上式的因素分布中不含参数。同时，假设残差分布为各向同性协方差高斯分布

$$p_{\sigma}(\boldsymbol{\varepsilon}) = \mathcal{N}\left(\boldsymbol{\varepsilon} \mid \boldsymbol{\mu}, \sigma^2 \boldsymbol{I}\right)$$

其中，σ^2 是表示每个维度中方差的唯一参数。根据等式（13.4），可以推导出概率 PCA 模型的公式为：

$$p_{\boldsymbol{\Lambda}}(\boldsymbol{x}) = \mathcal{N}\left(\boldsymbol{x} \mid \boldsymbol{\mu}, \boldsymbol{W}\boldsymbol{W}^{\mathrm{T}} + \sigma^2 \boldsymbol{I}\right)$$

其中，$\boldsymbol{\Lambda} = \left\{\boldsymbol{W}, \boldsymbol{\mu}, \sigma^2\right\}$ 表示概率 PCA 模型的所有参数。

$$\boldsymbol{S} = \frac{1}{N}\sum_{i=1}^{N}\left(\boldsymbol{x}_i - \overline{\boldsymbol{x}}\right)\left(\boldsymbol{x}_i - \overline{\boldsymbol{x}}\right)^{\mathrm{T}}$$

接下来，将考虑如何基于最大似然估计估计模型参数 $\boldsymbol{\Lambda}$。给定一组训练数据 $\mathscr{D}_N = \left\{\boldsymbol{x}_i \mid i = 1, 2, \cdots, N\right\}$，我们可以将对数似然函数表示为：

$$l\left(\boldsymbol{W}, \boldsymbol{\mu}, \sigma^2\right) = C - \frac{N}{2}\ln\left|\boldsymbol{W}\boldsymbol{W}^{\mathrm{T}} + \sigma^2 \boldsymbol{I}\right| - \frac{1}{2}\sum_{i=1}^{N}(\boldsymbol{x}_i - \mu)^{\mathrm{T}}\left(\boldsymbol{W}\boldsymbol{W}^{\mathrm{T}} + \sigma^2 \boldsymbol{I}\right)^{-1}(\boldsymbol{x}_i - \mu)$$ ①

如果我们计算关于 $\boldsymbol{\mu}$ 的对数似然函数的偏导数，并且使该偏导数趋于 0，则可以推导出估计 $\boldsymbol{\mu}$ 的公式为：

$$\boldsymbol{\mu}_{\mathrm{MLE}} = \overline{\boldsymbol{x}} = \frac{1}{N}\sum_{i=1}^{N}\boldsymbol{x}_i \tag{13.5}$$

将 $\boldsymbol{\mu}_{\mathrm{MLE}}$ 代入上式，可以推导出剩余参数的对数似然函数如下：

$$l\left(\boldsymbol{W}, \sigma^2\right) = C - \frac{N}{2}\left[\ln\left|\boldsymbol{W}\boldsymbol{W}^{\mathrm{T}} + \sigma^2 \boldsymbol{I}\right| + \mathrm{tr}\left(\left(\boldsymbol{W}\boldsymbol{W}^{\mathrm{T}} + \sigma^2 \boldsymbol{I}\right)^{-1}\boldsymbol{S}\right)\right] \tag{13.6}$$ ②

其中，$\boldsymbol{S}$ 为 $d \times d$ 样本协方差矩阵，计算方法与 4.2.1 节的 PCA 相同，tr 表示矩阵的轨迹。

如 Tipping 和 Bishop[237]所示，存在一个推导对数似然函数的全局极大值的闭形解，

---

① $C = -\frac{dN}{2}\ln(2\pi)$ 是一个常数

② $S = \frac{1}{N}\sum_{i=1}^{N}(\boldsymbol{x}_i - \overline{\boldsymbol{x}})(\boldsymbol{x}_i - \overline{\boldsymbol{x}})^{\mathrm{T}}$

如下：

$$W_{\mathrm{MLE}} = U_n\left(\Lambda_n - \sigma_{\mathrm{MLE}}^2\right)^{1/2} R$$

其中，Λ_n是由S中前n个最大特征值组成的$n \times n$对角矩阵，$d \times n$矩阵的每一纵列U_n都是与S对应的特征向量，R是任意的$n \times n$正交旋转矩阵。此外，也可以通过对剩余$d \times n$最小特征向量取均值来计算σ_{MLE}^2

$$\sigma_{\mathrm{MLE}}^2 = \frac{1}{d-n}\sum_{j=n+1}^{d} \lambda_j$$

这些等式表明，在此设置下，W_{MLE} 的估计值不是唯一的，因为我们可以选择任何旋转矩阵R①。当我们选择$R = I$时，如 4.2.1 节所述，纵列向量W_{MLE}对应于标准 PCA 程序的前n个主成分，由方差参数$\lambda_j - \sigma_{\mathrm{MLE}}^2$ 缩放。因此，生成模型通常称为概率 PCA 模型。概率 PCA 模型可以看作是随机扩展传统 PCA 方法后的生成模型。引入似然函数使得我们能够正式处理 PCA 模型，就像处理其他生成模型一样。例如，像 Tipping 和 Bishop[237]中的概率 PCA 混合模型等更高级的模型，可以像第 12 章中的常规混合模型那样，以一种有理论依据的方式表示。

最后，在概率 PCA 模型中，可以在等式（13.3）中直接表示条件分布，以便分解为如下的高斯分布：

$$p(z \mid x) = \mathcal{N}\left(z \mid M^{-1}W^{\mathrm{T}}(x-\mu), \sigma^{-2}M\right) \tag{13.7}$$

其中，M是一个$n \times n$矩阵，计算为$M = W^{\mathrm{T}}W + \sigma^2 I$。请注意，此条件分布的均值向量取决于$x$，但协方差矩阵完全与$x$无关。关于如何推导该条件分布，请参阅练习 Q13.3。

13.2.2 因素分析

因素分析是统计学中传统的数据分析方法，通常根据较少数量的未观察潜变量（称为因素）描述观察变量之间的可变性。因素分析也可以表述为线性高斯模型，这与前面提到的概率 PCA 方法密切相关。因素分析和概率 PCA 的唯一区别在于，我们用对角协方差高斯分布代替残差分布中的各向同性协方差高斯分布，如下：

$$p(\varepsilon) = \mathcal{N}(\varepsilon \mid \mu, D)$$

---

① 对于任意$n \times n$旋转矩阵R，我们得到$RR^{\mathrm{T}} = I$。

因此，消除WW^{T}中的R将导致等式（13.6）中任何的R都生成相同的似然值。

其中，$D \in R^{d\times d}$ 表示未知的对角协方差矩阵。同样，我们可以推导出因素分析模型中的数据分布为：

$$p_\Lambda(\boldsymbol{x}) = \mathcal{N}\left(\boldsymbol{x} \mid \boldsymbol{\mu}, \boldsymbol{W}\boldsymbol{W}^{\mathrm{T}} + \boldsymbol{D}\right)$$

其中，$\Lambda = \{\boldsymbol{W}, \boldsymbol{\mu}, \boldsymbol{D}\}$ 为因素分析中的所有参数。

我们也可以使用最大似然估计方法，从一些训练样本中学习所有的未知参数。已知训练集 $\mathscr{D}_N = \{\boldsymbol{x}_i \mid i = 1, 2, \cdots, N\}$，因素分析中的对数似然函数表示如下：

$$l(\boldsymbol{W}, \mu, \boldsymbol{D}) = C - \frac{N}{2}\ln\left|\boldsymbol{W}\boldsymbol{W}^{\mathrm{T}} + \boldsymbol{D}\right| - \frac{1}{2}\sum_{i=1}^{N}(\boldsymbol{x}_i - \mu)^{\mathrm{T}}\left(\boldsymbol{W}\boldsymbol{W}^{\mathrm{T}} + \boldsymbol{D}\right)^{-1}(\boldsymbol{x}_i - \boldsymbol{\mu})$$

首先，可以用同样的方法获得 $\boldsymbol{\mu}$ 的极大似然估计，同等式（13.5）。将 $\boldsymbol{\mu}_{\mathrm{MLE}}$ 代入等式（13.5）中后，将 $\boldsymbol{W}$ 和 $\boldsymbol{D}$ 的对数似然函数表示为：①

$$l(\boldsymbol{W}, \boldsymbol{D}) = C - \frac{N}{2}\left[\ln\left|\boldsymbol{W}\boldsymbol{W}^{\mathrm{T}} + \boldsymbol{D}\right| + \mathrm{tr}\left(\left(\boldsymbol{W}\boldsymbol{W}^{\mathrm{T}} + \boldsymbol{D}\right)^{-1}\mathbf{S}\right)\right]$$

算法 13.18 因素分析的交替 MLE

Input: the sample covariance matrix $\boldsymbol{S}$

Output: $\boldsymbol{W}$ and $\boldsymbol{D}$

randomly initialize $\boldsymbol{D}_0$; set $t = 1$

while not converged **do**

1. construct $\boldsymbol{P}_t$ using the n leading eigenvectors of $\boldsymbol{D}_{t-1}^{-\frac{1}{2}}\boldsymbol{S}\boldsymbol{D}_{t-1}^{-\frac{1}{2}}$
2. $\boldsymbol{W}_t = \boldsymbol{D}_{t-1}^{\frac{1}{2}}\boldsymbol{P}_t$
3. $\boldsymbol{D}_t = \mathrm{diag}(\boldsymbol{S} - \boldsymbol{W}_t\boldsymbol{W}_t^{\mathrm{T}})$
4. $t = t + 1$

end while

然而，由于残差分布的协方差矩阵已经改变，因此不存在对数似然函数最大化的闭形解。在进行因素分析时，我们必须依靠一些迭代优化方法来估计 $\boldsymbol{W}$ 和 $\boldsymbol{D}$。此处考虑一种交

① $\boldsymbol{\mu}_{\mathrm{MLE}} = \bar{\boldsymbol{x}} = \frac{1}{N}\sum_{i=1}^{N}\boldsymbol{x}_i$。

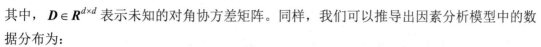

替的方法，如算法 13.18 所示，逐一估计 $\boldsymbol{W}$ 和 $\boldsymbol{D}$。首先随机初始化对角协方差矩阵 $\boldsymbol{D}$。然后仅针对 $\boldsymbol{W}$ 最大化 $l(\boldsymbol{W},\boldsymbol{D})$。根据 Bartholomew[14]，当 $\boldsymbol{D}$ 固定时，最优 $\boldsymbol{D}^{-\frac{1}{2}}\boldsymbol{W}$ 由 $d\times n$ 矩阵给出，该矩阵的纵列包括矩阵 $\boldsymbol{D}^{-\frac{1}{2}}\boldsymbol{S}\boldsymbol{D}^{-\frac{1}{2}}$ 的 n 个主要特征向量。在我们从最优 $\boldsymbol{D}^{-\frac{1}{2}}\boldsymbol{W}$ 中推导出一个新的 $\boldsymbol{W}$ 后，仅针对 $\boldsymbol{D}$ 最大化 $l(\boldsymbol{W},\boldsymbol{D})$。可以看出，当 $\boldsymbol{W}$ 固定时，$\boldsymbol{D}$ 的最优选择由 $\boldsymbol{S}-\boldsymbol{W}_t\boldsymbol{W}_t^{\mathrm{T}}$ 的对角元素给出。如算法 13.18 所示，可以选择对 $\boldsymbol{W}$ 和 $\boldsymbol{D}$ 进行优化，直至收敛。

类似于概率 PCA，由于因素分析的似然函数同样对 $\boldsymbol{z}$ 空间中任何旋转都保持不变，所以该数值方法得到的最大似然估计也不是唯一的。最后，我们还可以使用扩展期望最大化（EM）算法来解决最大似然估计对因素分析中 $\boldsymbol{W}$ 和 $\boldsymbol{D}$ 的估计。有关此方法的更多细节，请参阅练习 Q13.5。

13.3 非高斯模型

在第二类纠缠模型中，残差分布仍然采用线性混合函数和高斯模型，而因素分布则采用非高斯模型。因此，许多有趣的机器学习方法由此产生，其中一些方法已经成功应用于数个重要的现实任务。在本节中，我们将简要研究这类模型中一些有代表性的方法。

13.3.1 独立成分分析（ICA）

许多现实应用程序需要解决盲源分离问题。例如，假设几个人同时在一个房间里大声说话，如果我们在同一房间里放置几个麦克风，每个麦克风只能捕获来自所有讲话者的混合信号，那么盲源分离问题就是根据所有麦克风的录音来恢复每位讲话者的声音，如图 13.3 所示。这个问题可以表述为如图 13.2 所示的纠缠模型。在本例中，使用因素 $\boldsymbol{z}$ 中的每个元素，表示每一个讲话者的原始声音。可以合理假设所有的因素元素在统计学意义上都是独立的，线性函数将这些独立的元素混合，麦克风捕获所有由此产生的混合信号，记为观察值 $\boldsymbol{x}$。ICA 的关键问题在于学习一个纠缠模型，解决任何观察值 $\boldsymbol{x}$，获得 $\boldsymbol{z}$ 中所有独立分量。为了简单起见，我们通常假设观察值的维数等于 ICA 中隐藏因素元素（即 $n=d$）。此外，我们还在以下的 ICA 讨论中忽略了残差。

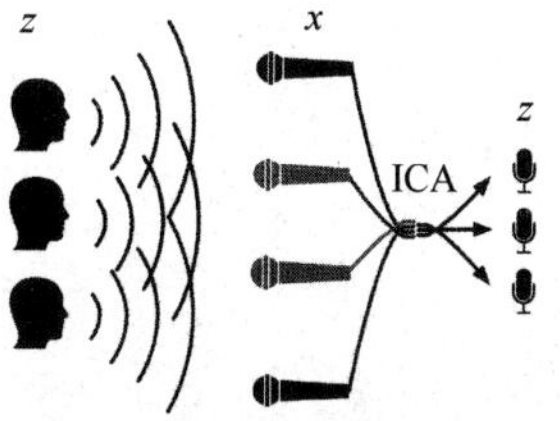

图 13.3 盲源分离任务使用四个麦克风捕获来自三个独立说话者的混合信号

对于因素分布 $p(\boldsymbol{z})$，由于我们假设所有的因素分量一开始都是独立的，所以可以假设将其分解为单个分量。由此可得：

$$p(\boldsymbol{z})=\prod_{j=1}^{n} p\left(z_j\right) \tag{13.8}$$

其中，$p(z_j)$ 表示 $\boldsymbol{z}$ 中某一元素的概率分布。根据 Hyvärinen 和 Oja[107]的观点，对 $p(z_j)$ 使用一些非高斯模型至关重要。从前面内容得知，线性高斯模型的似然函数对于 $\boldsymbol{z}$ 的任意旋转保持不变。换句话说，如果这些独立分量遵循任意高斯分布，那么我们不能使用任何线性变换解纠缠这些独立分量。在实践中，重尾分布是每个 $p(z_j)$ 常见的选择，如下：

$$p\left(z_j\right)=\frac{2}{\pi \cosh\left(z_j\right)}=\frac{4}{\pi\left(\mathrm{e}^{z_j}+\mathrm{e}^{-z_j}\right)}$$

为了比较，图 13.4 绘制了重尾分布和标准正态分布。请注意，此分布没有未知参数。

给定一个包含一些观察样本的训练集（即 $\mathscr{D}_N=\left\{\boldsymbol{x}_i \mid i=1,2,\cdots,N\right\}$），我们可以使用最大似然估计学习线性混合函数 $\boldsymbol{x}=\boldsymbol{W}\boldsymbol{z}$。当 $n=d$ 且 $\boldsymbol{W}$ 可逆时，可以得到 $\boldsymbol{z}=\boldsymbol{W}^{-1}\boldsymbol{x}$。根据等式（13.1），逆矩阵 $\boldsymbol{W}^{-1}$ 的对数似然函数可以表示为：

$$l\left(\boldsymbol{W}^{-1}\right)=\sum_{i=1}^{N}\sum_{j=1}^{n} \ln p\left(\boldsymbol{w}_j^{\mathrm{T}}\boldsymbol{x}_i\right)+N\ln\left|\boldsymbol{W}^{-1}\right|, \tag{13.9}$$

其中，从 $\boldsymbol{x}$ 到 $\boldsymbol{z}$ 的逆映射的雅可比矩阵等于 $\boldsymbol{W}^{-1}\in\mathbf{R}^{n\times n}$，$\boldsymbol{w}_j$ 表示 $\boldsymbol{W}^{-1}$ 的第 j 行向量。我们可以很容易地计算出这个目标函数的梯度，并使用任意梯度下降方法最大化 $l(\boldsymbol{W}^{-1})$（就 $\boldsymbol{W}^{-1}$ 而言）。在估计矩阵 $\boldsymbol{W}^{-1}$ 后，我们可以解纠缠任何观察值 $\boldsymbol{x}$，发现 $\boldsymbol{z}$ 中的所有独立分量为 $\boldsymbol{z}=\boldsymbol{W}^{-1}\boldsymbol{x}$。

除了最大似然估计方法，文献中也有许多不同的方法，可以用来估计 ICA 的混合函数。感兴趣的读者可以参考 Hyvärinen 和 Oja[107]，了解其他 ICA 方法。

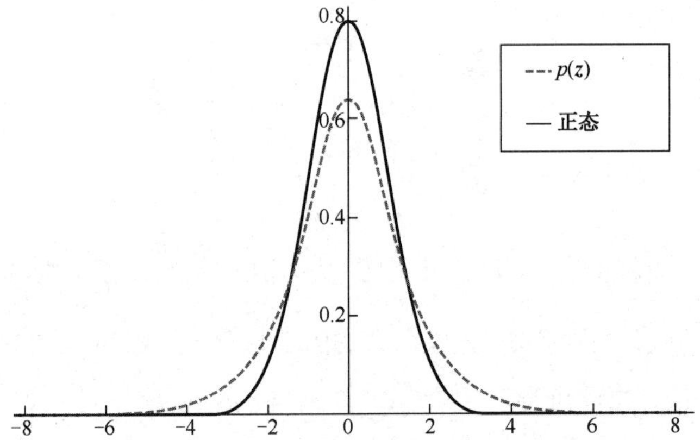

图 13.4　ICA 常用的正态分布与重尾分布的比较

13.3.2 独立因素分析（IFA）

Attias[4]提出了一种称为 IFA 的新纠缠模型，以扩展传统的 ICA 方法。在 IFA 中，假设 $\boldsymbol{z}$ 的每个分量都遵循高斯混合模型（GMM），如：

$$p\left(z_j\right)=\sum_{m=1}^{M}\boldsymbol{w}_{jm}\mathcal{N}\left(z_j\ \boldsymbol{\mu}_{jm},\boldsymbol{\sigma}_{jm}^2\right)$$

其中，所有的 $j=1,2,\cdots,n$ 。如果将这些高斯混合模型代入等式（13.8），可以证明 $p(\boldsymbol{z})$ 也是一个更大的高斯混合模型，其中每个分量对应于 $\boldsymbol{z}$ 中所有维度的一个高斯函数组合。这个极大的高斯混合模型称为阶乘高斯混合模型。在 IFA 中，也可以通过最大似然估计学习所有的未知参数。如果我们将阶乘高斯混合模型和线性混合函数代入等式（13.2）中，则 IFA 中的对数似然函数与常规混合模型中的对数似然函数非常相似。因此，我们可以使用 EM 算法，从任何给定的训练集中，迭代学习阶乘高斯混合模型和混合函数的所有未知参数。感兴趣的读者可以参考 Attias[4]了解有关 IFA 的更多细节。与普通的 ICA 方法相比，IFA 模型可以处理盲源分离中更普遍的情况（例如，当 $\boldsymbol{x}$ 和 $\boldsymbol{z}$ 的维数不同时，或者必须使用残差分布观察噪声时）。

13.3.3 混合正交投影与估计（HOPE）

Zhang 等人[261]提出了另一种名为 HOPE 的纠缠模型，用来对高维空间中的数据分布进行建模。在 HOPE 中，我们假设因素分布 $p(\boldsymbol{z})$ 是 $\mathbf{R}^n$ 中的一个混合模型，残差 $\boldsymbol{\varepsilon}$ 在独立空间 $\mathbf{R}^{d-n}$ 中遵循简单的零均值各向同性协方差高斯分布（即 $p(\boldsymbol{\varepsilon})=N(\boldsymbol{\varepsilon}\,|\,\mathbf{0},\sigma^2\boldsymbol{I})$ ）。在统计上，

因素 $\boldsymbol{z}$ 和残差 $\boldsymbol{\varepsilon}$ 是独立的，二者与一个正交线性函数混合，在高维空间 $\mathbf{R}^d$ 中生成最终的观差值 $\boldsymbol{x}$：

$$\boldsymbol{x} = \boldsymbol{W}\begin{bmatrix} z \\ \varepsilon \end{bmatrix},$$

其中，$\boldsymbol{W} \in \mathbf{R}^{d \times d}$ 为满秩正交矩阵（即 $\boldsymbol{W}\boldsymbol{W}^{\mathrm{T}} = \boldsymbol{I}\boldsymbol{W}\boldsymbol{W}^{\mathrm{T}} = \boldsymbol{I}$）

代入等式（13.1）可以得到 HOPE 模型，如下：

$$p(\boldsymbol{x}) = p(\boldsymbol{z})p(\boldsymbol{\varepsilon})$$

请注意，在这种情况下雅可比矩阵等于 $\boldsymbol{W}^{\mathrm{T}}$，所有正交矩阵的 $|\boldsymbol{W}^{\mathrm{T}}| = 1$（见例 2.2.4）。

在此设置下，我们可以轻松表示任意观察数据 $\boldsymbol{x}$ 的似然函数。因此，使用简单的梯度下降算法，可以有效地学习所有 HOPE 模型参数，直接最大化对数似然。Zhang 等人[261]表明，当我们选择因素分布 $p(\boldsymbol{z})$ 的混合 von Mises-Fisher (vMF)分布时，该纠缠模型在模型结构上相当于常规神经网络中的隐层。因此，HOPE 模型的 MLE 可应用于分层神经网络的无监督学习。

13.4 深度生成模型

在上述所有纠缠模型中，为了计算方便，坚持使用线性混合函数。然而，线性混合函数很大程度上限制了纠缠模型的合成。接下来将研究纠缠模型更一般的非线性混合函数。

与判别模型相似，在纠缠模型中，可以使用深度神经网络对底层非线性混合函数建模。理论上，我们可以使用神经网络近似任何 L^p 函数。这种混合函数的配置形成了一类强大的纠缠模型，在文献中通常称为深度生成模型。如定理 13.1.1 所示，只要底层的神经网络足够大，深度生成模型就会非常强大。即使因素分布和残差分布都非常简单，原则上深度生成模型也可以用来对所有数据分布建模。因此，对于深度生成模型，我们通常选择零均值单位协方差高斯分布作为因素分布（即 $p(\boldsymbol{z}) = N(\boldsymbol{z} \mid \boldsymbol{0}, \boldsymbol{I})$），选择零均值各向同性协方差作为高斯分布（即 $p(\boldsymbol{\varepsilon}) = N(\boldsymbol{\varepsilon} \mid \boldsymbol{0}, \sigma^2\boldsymbol{I})$），其中 σ^2 表示未知的方差参数。同时，我们假设混合函数由深度神经网络建模为 $f(\boldsymbol{z};\boldsymbol{W})$，其中 $\boldsymbol{W}$ 表示与底层神经网络相关的所有参数。

尽管深度神经网络在理论上具有较强的建模能力，但在实践中却面临着巨大的计算挑战。主要的困难在于不能明确地评估深度生成模型的似然函数。当神经网络用于混合函数时，等式（13.1）中的雅可比矩阵和等式（13.2）中的积分都不可计算。因此，将最大似然估计用于深度生成模型基本上很困难。以下我们将研究两种有趣的方法，设法绕过这个困难，以其他的方式学习深度生成模型。

13.4.1 变分自编码器（VAE）

由于不能直接评估深度生成模型的似然函数 $p_{\Lambda}(\boldsymbol{x})$，所以 VAE 方法的基本思想是构造一个代理目标函数，代替难以处理的似然函数进行参数估计。代理函数的构建以使用高斯分布近似真实条件分布 $p(\boldsymbol{z}\,|\,\boldsymbol{x})$ 为基础。在深度生成模型中，等式（13.3）中的真实条件分布 $p(\boldsymbol{z}\,|\,\boldsymbol{x})$ 也无法显式评估，因为该分部也同似然函数本身一样涉及到因素 $\boldsymbol{z}$ 的积分。基于线性高斯模型的条件分布，如等式（13.7），我们可以在深度生成模型中使用类似于 $\boldsymbol{x}$ 相关的多元高斯分布来近似真实条件分布 $p(\boldsymbol{z}\,|\,\boldsymbol{x})$：

$$p(\boldsymbol{z}\,|\,\boldsymbol{x}) \approx q(\boldsymbol{z}\,|\,\boldsymbol{x})$$

以及

$$q(\boldsymbol{z}\,|\,\boldsymbol{x}) = \mathcal{N}\left(\boldsymbol{z}\,|\,\boldsymbol{\mu}_{\boldsymbol{x}}, \boldsymbol{\Sigma}_{\boldsymbol{x}}\right)^{①} \tag{13.10}$$

其中，高斯平均向量 $\boldsymbol{\mu}_{\boldsymbol{x}}$ 和协方差矩阵 $\boldsymbol{\Sigma}_{\boldsymbol{x}}$ 两者都取决于给定的 $\boldsymbol{x}$。为了更灵活，我们假设可以使用另一个确定性 L^p 函数 $h(\cdot)$，通过 $\boldsymbol{x}$ 计算 $\boldsymbol{\mu}_{\boldsymbol{x}}$ 和 $\boldsymbol{\Sigma}_{\boldsymbol{x}}$，函数 $h(\cdot)$ 由另一种深度神经网络建模，如下：

---

① 将右侧的三项扩展为：

1. $\mathrm{KL}(q(\boldsymbol{z}|\,\boldsymbol{x}) \| p(\boldsymbol{z}|\,\boldsymbol{x})) = \cancel{\int_{\boldsymbol{z}} \ln q(\boldsymbol{z}|\,\boldsymbol{x}) q(\boldsymbol{z}|\,\boldsymbol{x}) \mathrm{d}\boldsymbol{z}} - \int_{\boldsymbol{z}} \ln p(\boldsymbol{z}|\,\boldsymbol{x}) q(\boldsymbol{z}|\,\boldsymbol{x}) \mathrm{d}\boldsymbol{z}$。
2. $E_{q(\boldsymbol{z}|\,\boldsymbol{x})}[\ln p(\boldsymbol{x}|\,\boldsymbol{z})] = \int_{\boldsymbol{z}} \ln p(\boldsymbol{x}|\,\boldsymbol{z}) q(\boldsymbol{z}|\,\boldsymbol{x}) \mathrm{d}\boldsymbol{z}$。
3. $-\mathrm{KL}(q(\boldsymbol{z}|\,\boldsymbol{x}) \| p(\boldsymbol{z})) = \int_{\boldsymbol{z}} \ln p(\boldsymbol{z}) q(\boldsymbol{z}|\,\boldsymbol{x}) \mathrm{d}\boldsymbol{z} \cancel{- \int_{\boldsymbol{z}} \ln q(\boldsymbol{z}|\,\boldsymbol{x}) q(\boldsymbol{z}|\,\boldsymbol{x}) \mathrm{d}\boldsymbol{z}}$。

将这三个等式相加，得到：

$$\begin{aligned}
&\Rightarrow \int_{\boldsymbol{z}} \ln \frac{p(\boldsymbol{z}) p(\boldsymbol{x}|\,\boldsymbol{z})}{p(\boldsymbol{z}|\,\boldsymbol{x})} q(\boldsymbol{z}|\,\boldsymbol{x}) \mathrm{d}\boldsymbol{z} \\
&= \int_{\boldsymbol{z}} \ln \frac{p(\boldsymbol{x}, \boldsymbol{z})}{p(\boldsymbol{z}|\,\boldsymbol{x})} q(\boldsymbol{z}|\,\boldsymbol{x}) \mathrm{d}\boldsymbol{z} \\
&= \int_{\boldsymbol{z}} \ln p(\boldsymbol{x}) q(\boldsymbol{z}\,|\,\boldsymbol{x}) d\boldsymbol{z} \\
&= \ln p(\boldsymbol{x})
\end{aligned}$$

$$\left[\boldsymbol{\mu}_x \boldsymbol{\Sigma}_x\right] = h(\boldsymbol{x};\boldsymbol{V})$$

其中，$\boldsymbol{V}$ 表示该神经网络的所有模型参数。该神经网络将任何观察值 $\boldsymbol{x}$ 映射到近似条件分布的均值向量和协方差矩阵中。因此，这个神经网络 $\boldsymbol{V}$ 称为概率编码器。

利用此高斯分布 $q(\boldsymbol{z}\,|\,\boldsymbol{x})$，经过一些简单的排列，可以将难以处理的对数似然表示为：

$$\overbrace{\ln p(\boldsymbol{x})}^{l(\boldsymbol{W},\sigma|\boldsymbol{x})} = \overbrace{\mathrm{KL}(q(\boldsymbol{z}\,|\,\boldsymbol{x}) \;\; p(\boldsymbol{z}\,|\,\boldsymbol{x}))}^{\geqslant 0} + \overbrace{\left\{E_{q(\boldsymbol{z}|\boldsymbol{x})}[\ln p(\boldsymbol{x}\,|\,\boldsymbol{z})] - \mathrm{KL}(q(\boldsymbol{z}\,|\,\boldsymbol{x}) \;\; p(\boldsymbol{z}))\right\}}^{L(\boldsymbol{W},\boldsymbol{V},\sigma|\boldsymbol{x})}$$

首先，验证这个方程很容易，展开右侧三项，然后相加，得到左侧的对数似然函数（见页边注）。

其次，可以从这个等式中整理出几个关键信息：

1．前两项实际上无法计算，即 $\ln p(\boldsymbol{z}\,|\,\boldsymbol{x})$ 和 $\mathrm{KL}\left(q(\boldsymbol{z}\,|\,\boldsymbol{x}) \,\|\, p(\boldsymbol{z}\,|\,\boldsymbol{x})\right)$，因为这两项涉及一些难以处理的未知分布的积分，这些分布取决于纠缠模型中的神经网络。

2．我们完全可以计算第三项 $L(\boldsymbol{W},\boldsymbol{V},\sigma\,|\,\boldsymbol{x})$，因为所有的积分都仅基于早期的近似高斯分布 $q(\boldsymbol{z}\,|\,\boldsymbol{x})$，而且这一项是所有模型参数的函数。①

3．此外，$L(\boldsymbol{W},\boldsymbol{V},\sigma\,|\,\boldsymbol{x})$ 实际上是真实对数似然函数的下界，所以可以用作模型学习的代理函数。

Kingma 和 Welling[130]提出了一种经验学习过程，通过最大化代理函数而非难以处理的似然函数，学习深度生成模型。由于代理函数通常称为对数似然函数的变分界，因此相应的学习方法通常称为变分自动编码器（VAE）。

给定一个训练集（即 $\mathscr{D}_N = \left\{\boldsymbol{x}_i \,|\, i = 1,2,\cdots,N\right\}$），VAE 将通过最大化代理函数 $L(\boldsymbol{W},\boldsymbol{V},\sigma\,|\,\boldsymbol{x})$ 学习所有模型参数，包括原来的纠缠模型和新引入的编码器，如下：

$$\arg\max_{\boldsymbol{W},\boldsymbol{V},\sigma} \sum_{i=1}^{N} L\left(\boldsymbol{W},\boldsymbol{V},\sigma\,|\,\boldsymbol{x}_i\right)$$

$$\Rightarrow \arg\max_{\boldsymbol{W},\boldsymbol{V},\sigma} \sum_{i=1}^{N} \left\{E_{q(\boldsymbol{z}|\boldsymbol{x}_i)}\left[\ln p\left(\boldsymbol{x}_i\,|\,\boldsymbol{z}\right)\right] - \mathrm{KL}\left(q\left(\boldsymbol{z}\,|\,\boldsymbol{x}_i\right) \;\; p(\boldsymbol{z})\right)\right\}$$

---

① 有

$$L(\boldsymbol{W},\boldsymbol{V},\sigma\,|\,\boldsymbol{x}) \leqslant \ln p(\boldsymbol{x})$$

因为

$$\mathrm{KL}(q(\boldsymbol{z}\,|\,\boldsymbol{x}) \;\; p(\boldsymbol{z}\,|\,\boldsymbol{x})) \geqslant 0$$

与其他神经网络一样，解决这个优化问题必须依赖随机梯度下降方法。关键在于如何计算所有模型参数中代理函数的梯度。因为$q\left(z \mid x_i\right)$和$p\left(z\right)$是高斯模型，所以可以将二者之间的 Kullback-Leibler（KL）散度以封闭的形式表示，这样可以很容易地计算出这一项的梯度①。

然而，另一项是$\ln p(x_i \mid z)$对近似高斯分布的期望值。由于没有其闭形解，因此必须依赖于抽样的方法。

我们首先从此高斯分布中随机抽样，然后大致地计算该期望值，将期望值作为这些样本的平均值。对于$j=1,2,\cdots,G$，我们对z_j进行抽样，如下：

$$z_j \sim q\left(z \mid x_i\right)=\mathcal{N}\left(z \mid \mu_{x_i}, \Sigma_{x_i}\right)$$

然后，我们得到：

$$E_{q(z \mid x_i)}\left[\ln p\left(x_i \mid z\right)\right] \approx \frac{1}{G} \sum_{j=1}^{G} \ln p\left(x_i \mid z_j\right)$$

然而，此过程中的一个问题在于，从分布中提取的样本依赖于神经网络$\mathbb{V}$，这提高了直接计算误差反向传播的梯度的难度。

Kingma 和 Welling[130]使用了一种重参数化方法，将程序重新表示为等效抽样过程，不依赖于任何模型参数。我们已知，对于任何来自零均值单位协方差高斯分布（即$\epsilon \sim N(\epsilon \mid 0, I)$）的样本$\epsilon$，线性变换$\Sigma^{\frac{1}{2}}\epsilon+\mu$将使样本$\epsilon$遵循高斯分布$N(z \mid \mu, \Sigma)$。

---

① 给定因素分布

$$p\left(z\right)=N\left(0, I\right)$$

以及近似高斯分布

$$q(z \mid x)=N(z \mid \mu_x, \Sigma_x)$$

可以计算二者之间的 KL 散度为

$$\mathrm{KL}(q(z \mid x) \| p(z))=$$

$$C+\frac{1}{2}\left(\operatorname{tr}\left(\Sigma_x\right)+\mu_x^{\mathrm{T}} \Sigma_x^{-1} \mu_x-\ln \left|\Sigma_x\right|\right)$$

其中C是常数。

对于 $j=1,2,\cdots,G$，以 $\boldsymbol{\epsilon}_j \sim N(\epsilon \mid 0,\boldsymbol{I})$ 形式抽样，将得到：①

$$E_{q(z\mid x_i)}\left[\ln p\left(\boldsymbol{x}_i \mid z\right)\right] \approx \frac{1}{G}\sum_{j=1}^{G}\ln p\left(\boldsymbol{x}_i \mid \boldsymbol{\Sigma}_{\boldsymbol{x}_i}^{\frac{1}{2}}\boldsymbol{\epsilon}_j + \boldsymbol{\mu}_{\boldsymbol{x}_i}\right)$$

$$= -\ln\sigma - \frac{1}{G}\sum_{j=1}^{G}\frac{\left(\boldsymbol{x}_i - f\left(\boldsymbol{\Sigma}_{\boldsymbol{x}_i}^{\frac{1}{2}}\boldsymbol{\epsilon}_j + \boldsymbol{\mu}_{\boldsymbol{x}_i};\boldsymbol{W}\right)\right)^2}{2\sigma^2}$$

其中，编码器基于 $\boldsymbol{x}_i$ 计算出 $\boldsymbol{\mu}_{\boldsymbol{x}_i}$ 和 $\boldsymbol{\Sigma}_{\boldsymbol{x}_i}^{\frac{1}{2}}$，将其作为 $h\left(\boldsymbol{x}_i;\boldsymbol{V}\right)$。因此，我们使用第 8 章讨论的自动微分方法，可以很容易地计算出所有模型参数梯度的总和（即 $\{\boldsymbol{W},\boldsymbol{V},\sigma\}$）。

图 13.5 总结了通过最大化之前的代理函数 $L(\boldsymbol{W},\boldsymbol{V},\sigma\mid\boldsymbol{x})$ 以学习纠缠模型的所有基于 VAE 的训练程序。如前所述，这介绍了另一种神经网络 $\boldsymbol{V}$ 作为补充模块来计算该代理函数。在每次迭代中，我们将任意训练样本 $\boldsymbol{x}$ 代入 $\boldsymbol{V}$ 中，计算近似高斯分布的均值和协方差。将其同正态分布中的一些随机样本一并代入纠缠模型，生成输出值。完成此步骤后，使用标准误差反向传播方法，从输出返回到输入，计算所有模型参数（即 $\{\boldsymbol{W},\boldsymbol{V},\sigma\}$）的代理函数的梯度。然后使用梯度来更新模型参数。不断重复这个过程，直至收敛。与图 4.15 中的自动编码器方法相比，我们可以看到，第一个神经网络 $\boldsymbol{V}$ 作为编码器，为每个样本 $\boldsymbol{x}$ 生成一些代码，第二个神经网络作为解码器，将代码转换回样本的估计值。代理函数中的期望项可以看作是初始输入 $\boldsymbol{x}$ 与解码器中恢复的输出之间的失真测度。

最后，请务必注意，VAE 训练方法中的代理函数与上一章讨论的 EM 算法中的辅助函数之间具有一些基本区别。与 EM 方法中的辅助函数不同，辅助代理函数 $L(\boldsymbol{W},\boldsymbol{V},\sigma\mid\boldsymbol{x})$ 并不一定能促进似然函数增长，更不用说最大化似然函数。只有当下界足够紧时，代理函数

---

① 基于残差分布

$$\mathcal{N}(\boldsymbol{\varepsilon}\mid\boldsymbol{0},\sigma^2\boldsymbol{I})$$

以及混合函数

$$\boldsymbol{x} = f\left(z;\boldsymbol{W}\right) + \varepsilon$$

我们得到

$$p(z\mid\boldsymbol{x}) = \mathcal{N}(\boldsymbol{x} - f(z;\boldsymbol{W})\mid 0,\sigma^2\boldsymbol{I})$$

因此，我们得到

$$\ln p(\boldsymbol{x}\mid z) = -\ln\sigma - \frac{\left(\boldsymbol{x} - f\left(z;\boldsymbol{W}\right)\right)^2}{2\sigma^2}$$

和对数似然函数才密切相关。我们可以看到，代理函数和对数似然函数之间的差距取决于近似高斯分布和真实条件分布之间的 KL 散度。因此，VAE 训练方法具有很强的探索性，最终的性能在很大程度上取决于能否在 VAE 训练中有效地缩小这一差距，而这又间接地取决于两个神经网络的配置是否吻合给定的数据。

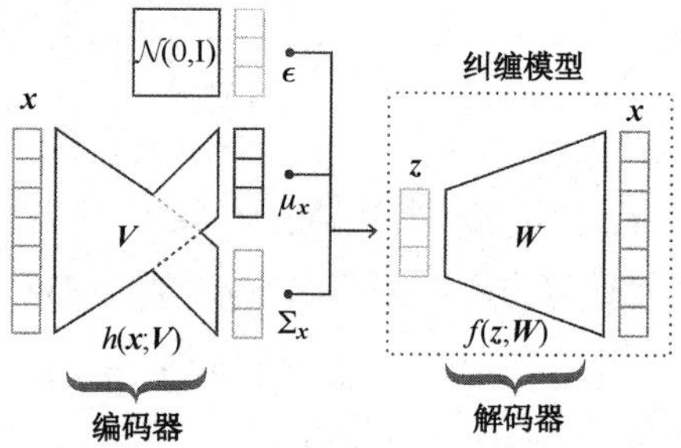

图 13.5　VAE 训练程序学习深度生成模型

13.4.2　生成式对抗网络（GAN）

如我们所见，由于不能直接评估似然函数，学习深层次的生成模型在根本上具有一定的困难性。在 VAE 训练过程中，我们试图通过最大化可处理的代理函数学习所有模型参数，该代理函数是对数似然函数的一个变分下界。

Goodfellow 等人[84]提出了一种仅基于抽样的训练程序学习深度生成模型，完全放弃了难以处理的似然函数。因为这种训练过程依赖于两个对抗神经网络之间的竞争，所以这个过程通常称为生成式对抗网络（GAN）。如图 13.6 所示，为了学习深度生成模型 $\boldsymbol{W}$，我们为 GAN 引入了另一个神经网络 $\boldsymbol{V}$ 作为补充模块。一方面，我们可以对因素分布 $p(\mathbf{z})$ 进行抽样，得到因素 z 的多个样本，将这些样本发送到混合函数 $\boldsymbol{x}=f(\boldsymbol{z};\boldsymbol{W})$，生成一些所谓的虚假数据样本。另一方面，我们可以直接对训练集进行抽样，得到所谓的真实样本。利用真实样本和虚假样本以及对应的真实/虚假的二进制标签训练神经网络 $\boldsymbol{V}$，以便区分真实样本和虚假样本。因此，神经网络 $\boldsymbol{V}$ 也称为鉴别器；同时，$\boldsymbol{W}$ 称为生成器，其目的是生成虚假样本，欺骗鉴别器。训练过程同时学习生成器 $\boldsymbol{W}$ 和鉴别器 $\boldsymbol{V}$。如 Goodfellow 等人所述[84]，如果训练达到一个平衡（即：鉴别器无法区分训练集中的虚假样本和真实样本），这就意味着学习了一个成功的纠缠模型，它代替生成器 $\boldsymbol{W}$ 工作，生成的优质样本所遵循的分布与训练数据的分布相同。学习的纠缠模型可用于从学习的分布中生成更多的数据样本 $\boldsymbol{x}$。该算法的优点是引入了鉴别器，这样就可以摆脱似然函数，学习纠缠模型。

最后，GAN 训练程序在许多图像生成应用中引起了广泛的关注。我们知道，GAN 训练与似然函数无关。然而，我们仍然不了解纠缠模型在对抗竞争过程中究竟学习了哪些信息。想要解答所有基于 GAN 方法的基本问题，需要进行更多的理论工作。

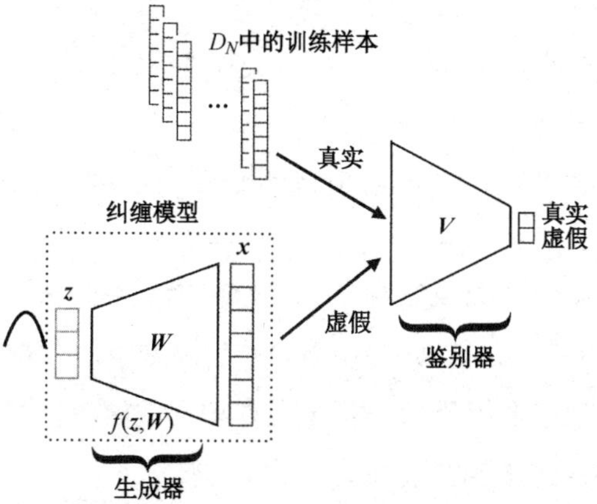

图 13.6　基于 GAN 的纠缠模型训练程序

练习

Q13.1　假设两个随机向量 $\boldsymbol{x}\in\mathbf{R}^n$ 和 $\boldsymbol{y}\in\mathbf{R}^n$ 的联合分布 $p(\boldsymbol{x},\boldsymbol{y})$ 为线性高斯模型，定义如下：

$$p(\boldsymbol{x})=\mathcal{N}\left(\boldsymbol{x}\mid\boldsymbol{\mu},\boldsymbol{\Lambda}^{-1}\right)$$

等式中，$\boldsymbol{\mu}\in\mathbf{R}^n$ 为平均向量；$\boldsymbol{\Lambda}\in\mathbf{R}^{n\times n}$ 为精度矩阵；以及

$$p(\boldsymbol{y}\mid\boldsymbol{x})=\mathcal{N}\left(\boldsymbol{y}\mid\boldsymbol{A}\boldsymbol{x}+\boldsymbol{b},\boldsymbol{L}^{-1}\right)$$

其中，$\boldsymbol{A}\in\mathbf{R}^{n\times n}$、$\boldsymbol{b}\in\mathbf{R}^n$ 及 $\boldsymbol{L}\in\mathbf{R}^{n\times n}$ 是精度矩阵。推导边际分布 $p(\boldsymbol{y})$ 的均值向量和协方差矩阵，其中变量 $\boldsymbol{x}$ 已经积分处理。

提示：

$$\begin{bmatrix}\boldsymbol{A} & \boldsymbol{B}\\ \boldsymbol{C} & \boldsymbol{D}\end{bmatrix}^{-1}=\begin{bmatrix}\boldsymbol{M} & -\mathrm{MBD}^{-1}\\ -\mathrm{D}^{-1}\mathrm{CM} & \mathrm{D}^{-1}+\mathrm{D}^{-1}\mathrm{CMBD}^{-1}\end{bmatrix}$$

其中，$\boldsymbol{M}=\left(\boldsymbol{A}-\boldsymbol{B}\boldsymbol{D}^{-1}\boldsymbol{C}\right)^{-1}$。

Q13.2　证明等式（13.4）中线性高斯模型的推导过程。

Q13.3　推导等式（13.7）中概率 PCA 模型的条件分布。

Q13.4　推导因素分析中的条件分布 $p(\boldsymbol{z} \mid \boldsymbol{x})$。

Q13.5　视 Q12.5 中因素分析为一个无限混合模型，因素 $\boldsymbol{z}$ 为连续混合指数，$p(\boldsymbol{z})$ 和 $p(\boldsymbol{x} \mid \boldsymbol{z})$ 分别为混合权重模型和成分模型。扩展 Q12.5 中无限混合模型的 EM 算法，推导用于因素分析的另一种 MLE 方法。

Q13.6　计算等式（13.9）中 ICA 对数似然函数的梯度，推导 ICA 中 MLE 的梯度下降法。

Q13.7　使用基于卷积层的编码器和基于反卷积层的解码器[148]，推导 VAE 的随机梯度下降（SGD）算法，训练基于卷积神经网 CNN）的深度生成模型以生成图像。

Q13.8　使用基于卷积层的编码器和基于反卷积层的解码器[148]，推导 GAN 的 SGD 算法，训练基于 CNN 的深度生成模型以生成图像。

第 14 章

贝叶斯学习

在前几章中已经深入讨论了机器学习中各种类型的生成模型。已经知道，生成模型本质上是参数概率函数，用于对数据分布进行建模，表示为 $p_{\boldsymbol{\theta}}(\boldsymbol{x})$。在前面的设置中，首先根据数据的性质选择 $p_{\boldsymbol{\theta}}(\boldsymbol{x})$ 的函数形式，然后根据一些训练样本来估计未知参数 $\boldsymbol{\theta}$。极大似然估计（MLE）是一种常用的参数估计方法。这一设置的一个重要含义在于，我们只视数据 $\boldsymbol{x}$ 为随机变量，而视模型参数 $\boldsymbol{\theta}$ 为未知的定量。MLE 方法通过最大化似然函数，为这些未知量提供特定的统计估计值。在本章中，我们将考虑一种完全不同的生成模型的处理方法，这引出了在前几章中所学的另一种类似的机器学习方法。由于这些方法都基于统计学中著名的贝叶斯定理，因此通常称为贝叶斯学习。本章介绍贝叶斯学习，将其作为学习生成模型的一种替代策略，并讨论如何在贝叶斯设置下进行推理。

14.1 构建贝叶斯学习

在贝叶斯学习框架中，有一个最重要的前提，即生成模型的模型参数 $\boldsymbol{\theta}$ 也被视为随机变量。与数据 $\boldsymbol{x}$ 类似，根据特定的概率分布，生成模型的模型参数 $\boldsymbol{\theta}$ 可以随机取不同的值，记为 $p(\boldsymbol{\theta})$[①]。在这种情况下，数据 $\boldsymbol{x}$ 和模型参数 $\boldsymbol{\theta}$ 之间没有根本区别。因此，在贝叶斯设置中，我们倾向于将生成模型 $p_{\boldsymbol{\theta}}(\boldsymbol{x})$ 重写为条件分布 $p(\boldsymbol{x}|\boldsymbol{\theta})$，当给定模型参数

① 因为 $p(\boldsymbol{\theta})$ 是一个有效的概率密度函数(p.d.f.)，所以满足总和为 1 的约束条件：$\int_{\boldsymbol{\theta}} p(\boldsymbol{\theta})\mathrm{d}\boldsymbol{\theta} = 1$。

$\boldsymbol{\theta}$ 时，生成模型 $p_{\boldsymbol{\theta}}(\boldsymbol{x})$ 描述数据 $\boldsymbol{x}$ 的分布情况。综上，可以将数据 $\boldsymbol{x}$ 与模型参数 $\boldsymbol{\theta}$ 的联合分布表示为：

$$p(\boldsymbol{x},\boldsymbol{\theta}) = p(\boldsymbol{\theta})p(\boldsymbol{x}\mid\boldsymbol{\theta})$$

把上式代入到著名的贝叶斯定理中，可得到：

$$p(\boldsymbol{\theta}\mid\boldsymbol{x}) = \frac{p(\boldsymbol{x},\boldsymbol{\theta})}{p(\boldsymbol{x})} = \frac{p(\boldsymbol{\theta})p(\boldsymbol{x}\mid\boldsymbol{\theta})}{p(\boldsymbol{x})}$$

如果关注模型参数 $\boldsymbol{\theta}$，可以看到分母 $p(\boldsymbol{x})$（通常称为证据）与 $\boldsymbol{\theta}$ 无关，模型参数 $\boldsymbol{\theta}$ 只是一个标准化因素，确保 $p(\boldsymbol{\theta}\mid\boldsymbol{x})$ 满足总和为 1 的约束条件（见注释）①。因此，我们可以将前面的等式简化为：

$$p(\boldsymbol{\theta}\mid\boldsymbol{x}) \propto p(\boldsymbol{\theta})p(\boldsymbol{x}\mid\boldsymbol{\theta})$$

这个等式强调了贝叶斯学习的基本原理。在贝叶斯设置中，模型参数被视为随机变量。如我们所见，描述随机变量的最好方法是指定随机变量的概率分布。其中，$p(\boldsymbol{\theta})$ 是在观测任何数据之前，模型参数在初始阶段的概率分布。因此，$p(\boldsymbol{\theta})$ 通常称为模型参数的先验分布，表示我们关于模型参数的最初置信和背景信息。另一方面，一旦观察到某些数据 $\boldsymbol{x}$，这个新的信息将基于先前所述的学习规则把先验分布转换成另一个分布（即：$p(\boldsymbol{\theta}\mid\boldsymbol{x})$）。模型参数的新分布通常称为后验分布，在添加一些新的信息后，后验分布完全指定关于模型参数的信息。之前已经学到过，$p(\boldsymbol{x}\mid\boldsymbol{\theta})$ 项是似然函数。贝叶斯学习规则表明，将先验知识与新信息结合的最优方式是遵循乘法规则，其概念表示如下：

$$\text{后验} \propto \text{先验} \times \text{似然}$$

此外，也可以将贝叶斯学习规则类似地应用于一组而非单个数据样本。例如，如果有一组独立恒等分布(i.i.d.)训练样本 $\mathscr{D} = \{\boldsymbol{x}_1, \boldsymbol{x}_2, \cdots, \boldsymbol{x}_N\}$，可能应用贝叶斯学习，如下：

$$p(\boldsymbol{\theta}\mid\mathscr{D}) \propto p(\boldsymbol{\theta})p(\mathscr{D}\mid\boldsymbol{\theta}) = p(\boldsymbol{\theta})\prod_{i=1}^{N} p(\boldsymbol{x}_i\mid\boldsymbol{\theta}) \tag{14.1}$$

其中，$p(\boldsymbol{\theta}\mid\mathscr{D})$ 表示在观察到整个训练集 $\mathscr{D}$ 后，模型参数的后验分布。贝叶斯理论表明，$p(\boldsymbol{\theta}\mid\mathscr{D})$ 以最优形式相结合先验分布中的初始信息与训练集提供的新信息。在贝叶斯设置中，任何新数据的最优推断必须完全依赖于后验分布。

---

① 分母 $p(\boldsymbol{x})$ 计算为：$p(\boldsymbol{x}) = \int_{\boldsymbol{\theta}} p(\boldsymbol{\theta})p(\boldsymbol{x}\mid\boldsymbol{\theta})\mathrm{d}\boldsymbol{\theta}$。

这符合总和为 1 的约束条件：$\int_{\boldsymbol{\theta}} p(\boldsymbol{\theta}\mid\boldsymbol{x})\mathrm{d}\boldsymbol{\theta} = 1$。

这里总结了任意贝叶斯机器学习方法中的三个关键步骤。

1. 先验规格

在所有贝叶斯方法中，首先我们始终需要为感兴趣的生成模型指定一个先验分布（即：$p(\boldsymbol{\theta})$）。先验分布用来描述用于机器学习任务先验知识模型。从理论上讲，先验分布应该非常灵活强大，足以反映基础模型的先验知识或初始置信。然而，在实践中，选择先验通常需要确保计算便捷。将在第 14.2 节详细讨论这个问题。

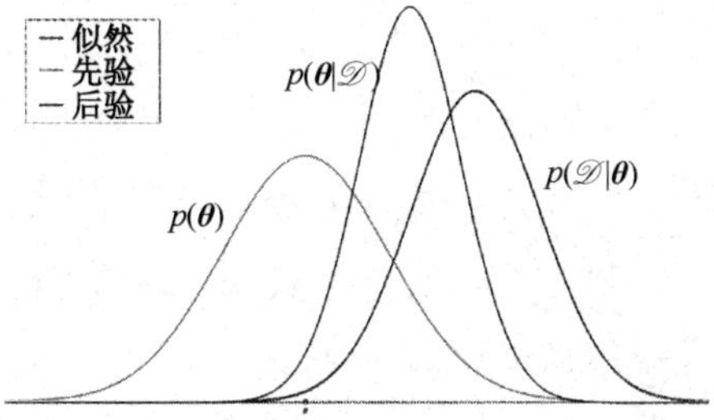

图 14.1 贝叶斯学习规则（先验与似然相乘，然后再重正化）

2. 贝叶斯学习

若观察到任何新的数据 $\mathscr{D}$，则遵循贝叶斯学习的乘法运算规则，更新底层模型上的置信，将先验分布 $p(\boldsymbol{\theta})$ 转换成一个新的后验分布 $p(\boldsymbol{\theta}\,|\,\mathscr{D})$。如前所示，贝叶斯学习本身的概念很简单，因为只涉及到先验分布和似然函数相乘，其次就是需要进行重正化操作以确保满足总和为 1 的约束条件，如图 14.1 所示。然而，从贝叶斯学习中得到的后验分布在本质上可能非常复杂（除了一些简单的情况）。在实践中，问题的重点在于如何近似真实的后验分布，从而用数学方法处理接下来的推理步骤。我们将在第 14.3 节中讨论这些近似方法。

3. 贝叶斯推理

在贝叶斯学习步骤后，人们认为所有关于底层模型的可用信息都包含在后验分布 $p(\boldsymbol{\theta}\,|\,\mathscr{D})$ 中。在贝叶斯理论中，任何推理或决策都必须完全依靠 $p(\boldsymbol{\theta}\,|\,\mathscr{D})$，包括分类、回归、预测等。在本节的剩余部分中，将继续讨论后验分布用于贝叶斯推理的一般原则。

14.1.1 贝叶斯推理

在贝叶斯设置中，从模型参数 $p(\boldsymbol{\theta})$ 的先验分布开始。若观察到训练样本 $\mathscr{D}$，则可以使用等式（14.1）中的贝叶斯学习规则，将先验分布更新为后验分布。贝叶斯推理关注如何基于已更新的后验分布 $p(\boldsymbol{\theta} \mid \mathscr{D})$，对任意新的数据 $\boldsymbol{x}$ 做出决策。根据贝叶斯理论，最优决策必须基于所谓的预测分布[78]，计算如下：

$$p(\boldsymbol{x} \mid \mathscr{D}) = \int_{\theta} p(\boldsymbol{x} \mid \boldsymbol{\theta}) p(\boldsymbol{\theta} \mid \mathscr{D}) \mathrm{d}\boldsymbol{\theta} \tag{14.2}$$

其中，$p(\boldsymbol{x} \mid \boldsymbol{\theta})$ 表示底层模型的似然函数。由于模型参数 $\boldsymbol{\theta}$ 是随机变量而非定量，因此我们将必须根据贝叶斯学习阶段得出的后验分布，取所有可能值的平均值。

例如，考虑如何将这个贝叶斯参考应用到模式分类任务中。假设有 K 个分类，表示为 $\{\omega_1, \omega_2, \cdots, \omega_K\}$。所有分类的先验概率记为 $\Pr(\omega_K)(k=1,2,\cdots,K)$。通过生成模型 θ_k，即 $p(\boldsymbol{x} \mid \omega_K, \theta_k)$，对每个分类条件分布进行建模。对于每个分类 $\omega_K\,(k=1,2,\cdots,K)$，假设模型参数 θ_k 为随机变量，先指定一个先验分布 $p(\theta_k)$，对每个模型的先验知识进行编码。假设为每个分类收集一个训练集，记为 $\mathscr{D}_k$，所有 $k=1,2,\cdots,K$。首先，我们对每个模型 θ_k 进行贝叶斯学习，将先验 $p(\theta_k)$ 转换为后验 $p(\theta_k \mid \mathscr{D}_k)$，如下：

$$p(\theta_k \mid \mathscr{D}_k) = \frac{p(\theta_k)\, p(\mathscr{D}_k \mid \omega_k, \theta_k)}{p(\mathscr{D}_k)} \propto p(\theta_k)\, p(\mathscr{D}_k \mid \omega_k, \theta_k)$$

给定任何新的数据 $\boldsymbol{x}$，我们根据所有分类的预测分布将数据分类到某一类中，如下：

$$g(\boldsymbol{x}) = \arg\max_{k=1}^{K} p(\boldsymbol{x} \mid \mathscr{D}_k) = \arg\max_{k=1}^{K} \Pr(\omega_k) \int_{\theta_k} p(\boldsymbol{x} \mid \omega_k, \theta_k)\, p(\theta_k \mid \mathscr{D}_k)\, \mathrm{d}\theta_k$$

这种方法通常称为贝叶斯分类。

14.1.2 最大化后验估计

众所周知，贝叶斯学习的中心基石在于模型参数的后验分布，因为后验分布以最优形式结合先验知识与观察数据中的新信息，表示底层模型的全部知识。然而，在实践中，从计算角度而言，使用后向分布具有挑战性，因为后向分布涉及一些在管道的几个阶段中难以处理的积分。首先，在贝叶斯学习中，必须处理积分，针对贝叶斯学习中的重正化，计算 $p(\boldsymbol{x})$①。其次，还必须处理等式（14.2）中的积分来计算贝叶斯推理的预测密度。然而，在大多数情况下，这些积分都难以处理。

已知后验分布是唯一完全指定所有贝叶斯设置中关于底层模型的置信的方法，有时，即使模型参数是随机变量，使用点估计来表示模型参数也会很方便。换句话说，想要使用

① $p(\boldsymbol{x}) = \int_{\theta} p(\boldsymbol{\theta}) p(\boldsymbol{x} \mid \boldsymbol{\theta}) \mathrm{d}\boldsymbol{\theta}$

后验分布计算一个单独的值来表示每个模型参数，由于在整个模型参数空间中确定了一个点，因此这个值通常称为点估计。与极大似然估计类似，一种常见的方法是将后验分布的最大值作为模型参数的点估计，如下：

$$\boldsymbol{\theta}_{\text{MAP}} = \arg\max_{\boldsymbol{\theta}} p(\boldsymbol{\theta} \mid \mathscr{D}) = \arg\max_{\boldsymbol{\theta}} p(\boldsymbol{\theta}) p(\mathscr{D} \mid \boldsymbol{\theta}) \tag{14.3}$$

这种方法通常称为最大后验概率。模型参数的最大后验概率估计（即：$\boldsymbol{\theta}_{\text{MAP}}$）的使用方法与极大似然估计（即：$\boldsymbol{\theta}_{\text{MLE}}$）的使用方法相同，如前几章所述。最大后验概率估计可以看作是最大似然估计的另一种方法。图 14.2 直观地展示了最大后验概率和极大似然估计之间的区别。与仅依赖于似然函数的极大似然估计相反，最大后验概率估计源自后验分布的一种模式，而后验分布又依赖于先验分布和似然函数。

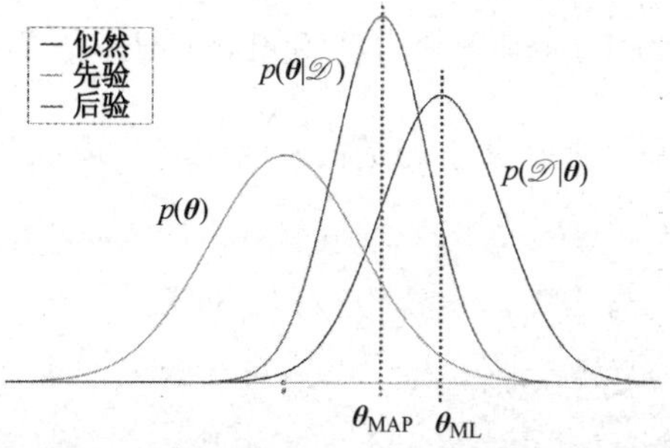

图 14.2　以单一模型参数的简单例子说明最大后验概率和极大似然估计之间的比较

若正确选择了先验分布，就可以选择一些标准的优化方法来推导等式（14.3）中的最大后验概率估计。例如，我们可以得到许多简单模型的闭形解，也可以使用 12.2 节中的期望最大化（EM）算法来推导混合模型[52]的最大后验概率估计。关于高斯混合模型的最大后验概率估计，请参阅练习 Q14.7。

14.1.3　顺序贝叶斯学习

贝叶斯学习也是一个优秀的在线学习工具，可以逐一地提供数据，而不是将所有训练数据当作一个数据块。如图 14.3 所示，在观察任何数据之前，我们仍然从先验分布 $p(\boldsymbol{\theta})$ 开始。观察第一个样本 $\boldsymbol{x}_1$ 后，我们可以应用贝叶斯学习规则将样本 $\boldsymbol{x}_1$ 更新到后验分布 $p(\boldsymbol{\theta} \mid \boldsymbol{x}_1)$，如下：

$$p(\boldsymbol{\theta} \mid \boldsymbol{x}_1) \propto p(\boldsymbol{\theta}) p(\boldsymbol{x}_1 \mid \boldsymbol{\theta})$$

现在可以用上式来做任何决策。当获得另一个样本 $\boldsymbol{x}_2$ 时，将 $p(\boldsymbol{\theta} \mid \boldsymbol{x}_1)$ 作为新的先验，

并重复应用同样的贝叶斯学习规则，推导出一个新的后验分布 $p(\boldsymbol{\theta} \mid \boldsymbol{x}_1, \boldsymbol{x}_2)$，如下：

$$p(\boldsymbol{\theta} \mid \boldsymbol{x}_1, \boldsymbol{x}_2) \propto p(\boldsymbol{\theta} \mid \boldsymbol{x}_1) p(\boldsymbol{x}_2 \mid \boldsymbol{\theta})$$

上式用于当下决策。当获得任何新数据时，都可以持续这个过程。任何时候，已更新的后验分布都可以为我们做出任何决策提供基础，因为本质上更新的后验分布结合了每个时间距离中所有可用的知识和信息。在一些较小的条件下，这种顺序贝叶斯学习收敛于等式（14.1）中相同的后向分布，所有数据只使用一次。

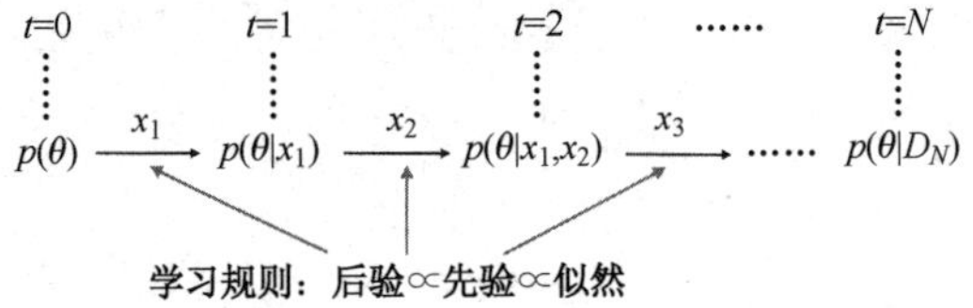

图 14.3　在线学习设置中的顺序贝叶斯学习，反复使用贝叶斯学习规则来更新模型参数的后向分布

在许多实际情况中，顺序贝叶斯学习是很好的策略，可以动态地调整底层模型，应对缓慢变化的环境，如机器人导航。

例 14.1.1　顺序贝叶斯学习

假设使用已知方差的单变量高斯模型，将数据分布表示为 $p(x \mid \mu) = N(x \mid \mu, \sigma_0^2)$，其中平均数 μ 是唯一的模型参数，σ_0^2 是已知的常数。如果在每个时间距离中逐一获取一些训练样本，即 $x_1, x_2, x_3, \cdots$，则每获得新的样本时，都要使用顺序贝叶斯学习方法来更新模型。

首先，将底层模型表示为：

$$p(x \mid \mu) = \mathcal{N}\left(x \mid \mu, \sigma_0^2\right) = \frac{1}{\sqrt{2\pi\sigma_0^2}} \mathrm{e}^{-\frac{(x-\mu)^2}{2\sigma_0^2}}$$

其中，μ 是模型中唯一的参数，假设 μ 为随机变量，且先验分布 $p(\mu)$ 是另一个单变量高斯分布[①]，如下：

$$p(\mu) = \mathcal{N}\left(\mu \mid \nu_0, \tau_0^2\right) = \frac{1}{\sqrt{2\pi\tau_0^2}} \mathrm{e}^{-\frac{(\mu-\nu_0)^2}{2\tau_0^2}}$$

本例选择先验的高斯分布，理由稍后将会解释。

① 在这种情况下，我们有一个很好的理由选择高斯分布作为先验，这将在后面解释。

其中，平均值v_0和方差τ_0^2是先验分布的参数，通常称为超参数。一般根据对模型参数μ的最初置信来设置平均值v_0和方差τ_0^2。例如，如果非常不确定μ，则方差τ_0^2应该很大，先验趋于相对平坦的分布，以此反映不确定性。

若观察第一个样本x_1，则应用贝叶斯学习，如下：

$$p(\mu \mid x_1) \propto p(\mu)p(x_1 \mid \mu) = \frac{1}{\sqrt{2\pi\tau_0^2}} \mathrm{e}^{-\frac{(\mu - v_0)^2}{2\tau_0^2}} \times \frac{1}{\sqrt{2\pi\sigma_0^2}} \mathrm{e}^{-\frac{(x_1 - \mu)^2}{2\sigma_0^2}}$$

重新调整上式[①]后，我们可以将后验分布表示为另一个高斯分布，其函数形式与先验相同，但均值和方差不同，如下：

$$p(\mu \mid x_1) = \mathcal{N}(\mu \mid v_1, \tau_1^2) = \frac{1}{\sqrt{2\pi\tau_1^2}} \mathrm{e}^{-\frac{(\mu - v_1)^2}{2\tau_1^2}}, \tag{14.4}$$

$$v_1 = \frac{\sigma_0^2}{\tau_0^2 + \sigma_0^2} v_0 + \frac{\tau_0^2}{\tau_0^2 + \sigma_0^2} x_1 \tag{14.5}$$

$$\tau_1^2 = \frac{\tau_0^2 \sigma_0^2}{\tau_0^2 + \sigma_0^2} \tag{14.6}$$

类似地，观察另一个样本x_2后，后验分布是另一个取不同均值和方差的单变量高斯分布，如下：

$$v_2 = \frac{\sigma_0^2}{\tau_1^2 + \sigma_0^2} v_1 + \frac{\tau_1^2}{\tau_1^2 + \sigma_0^2} x_2$$

---

① 关于

$$p(\mu \mid x_1) \propto \mathrm{e}^{-\frac{(\mu - v_0)^2}{2\tau_0^2} - \frac{(x_1 - \mu)^2}{2\sigma_0^2}},$$

我们对关于（w.r.t.）μ的指数进行配方：

$$-\frac{1}{2}\left[\frac{(\mu - v_0)^2}{\tau_0^2} + \frac{(x_1 - \mu)^2}{\sigma_0^2}\right] = -\frac{(\tau_0^2 + \sigma_0^2)\mu^2 - 2\mu(v_0\sigma_0^2 + x_1\tau_0^2)}{2\tau_0^2\sigma_0^2} + C = -\frac{\tau_0^2 + \sigma_0^2}{2\tau_0^2\sigma_0^2}\left(\mu^2 - 2\mu\frac{v_0\sigma_0^2 + x_1\tau_0^2}{\tau_0^2 + \sigma_0^2}\right) + C'$$

$$= -\frac{\tau_0^2 + \sigma_0^2}{2\tau_0^2\sigma_0^2}\left(\mu - \frac{v_0\sigma_0^2 + x_1\tau_0^2}{\tau_0^2 + \sigma_0^2}\right)^2 + C''$$

重新调整上式后，得到：

$$p(\mu \mid x_1) = \mathcal{N}(\mu \mid v_1, \tau_1^2)$$

如式（14.4）所示，其中均值v_1和方差τ_1^2在等式（14.5）和（14.6）中给出。

$$\tau_2^2 = \frac{\tau_1^2 \sigma_0^2}{\tau_1^2 + \sigma_0^2}$$

观察 n 个样本 $\{x_1, x_2, \cdots x_n\}$ 后，可以发现后验分布 $p(\mu \mid x_1, \cdots x_n)$ 仍然是高斯分布，记为 $N(\mu \mid v_n, \tau_n^2)$，更新后的均值和方差如下：

$$v_n = \frac{n\tau_0^2}{n\tau_0^2 + \sigma_0^2} \overline{x}_n + \frac{\sigma_0^2}{n\tau_0^2 + \sigma_0^2} v_0 \tag{14.7}$$

$$\tau_n^2 = \frac{\tau_0^2 \sigma_0^2}{n\tau_0^2 + \sigma_0^2} \tag{14.8}$$

其中，$\overline{x}_n = \frac{1}{n} \sum_{i=1}^{n} x_i$ 表示所有观察数据的样本均值。

如图 14.4 所示，当获得新的数据样本时，后验分布会逐渐更新。随着我们观察的数据越来越多，后验分布变得逐渐尖锐，可以从之前的等式中看到，随着 $n \to \infty$，方差 $\tau_n^2 \to 0$。这说明观察的数据样本越多，模型参数的确定程度越高。此外，我们还可以验证随着 $n \to \infty$，MAP 估计 $\mu_{\text{MAP}} = v_n$ 将收敛到极大似然估计 $\mu_{\text{MLE}} = \overline{x}_n$。

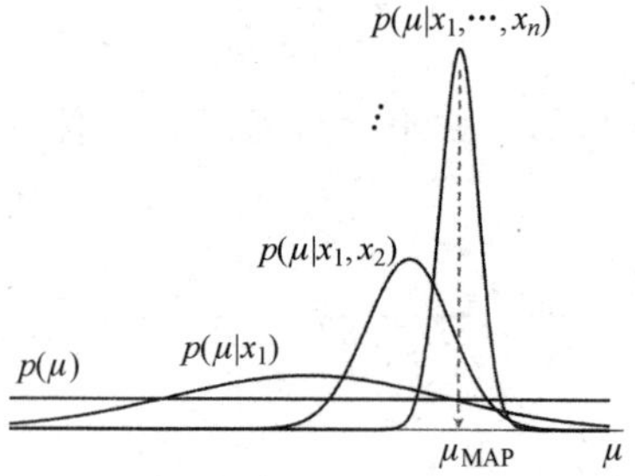

图 14.4　在单变量高斯模型的顺序贝叶斯学习中，后验分布的演变过程

14.2 共轭先验

如先前所讨论，虽然贝叶斯学习遵循简单的乘法法则，但是由于底层似然函数的复杂性和难以处理的重正化积分，生成的后验分布仍然会明显复杂于先验分布。另一方面，例 14.1.1 从计算的角度展示了一个很好的贝叶斯学习场景。在这种情况下，如果选择的先验分布为单变量高斯分布，我们就会发现，由贝叶斯学习规则推导出的后验分布恰好具有与先验分布相同的函数形式（即另一个单变量高斯分布），仅取更新后的参数。选择这种先

验分布可以在贝叶斯学习中极大程度减弱计算复杂性，因为先验函数和似然函数的乘法最终会与先验函数形式相同。此外，我们甚至可以重复地应用贝叶斯学习规则，就像在前面的顺序学习案例中一样，而不会将任何后验函数的形式复杂化。

一般来说，给定一个生成模型，如果能找到先验分布的特定函数形式，使得等式（14.1）中贝叶斯学习中合成后验分布的函数形式与先验函数相同，就称该先验分布为底层生成模型的共轭先验。在例 14.1.1 中，单变量高斯分布为该例中底层模型的共轭先验，即方差已知的高斯模型。然而，并非所有的生成模型都具有共轭先验，事实上，只有一小部分生成模型具有共轭先验。一旦底层模型具有共轭先验，我们就可以几乎始终在贝叶斯学习中选择共轭先验，因为它能够提供巨大的计算优势。统计文献[51,26]的研究结果表明，e 族中所有生成模型都具有共轭先验，共轭先验的确切形式因不同模型而异。

表 14.1　用于机器学习的一些常用 e 族模型的共轭先验列表

模型 $p(\boldsymbol{x}\mid\boldsymbol{\theta})$	共轭先验 $p(\boldsymbol{\theta})$
一维高斯（已知方差） $N(x\mid\mu,\sigma_0^2)$	1 维高斯 $N(\mu\mid\nu,\tau^2)$
一维高斯（已知均值） $N(x\mid\mu,\sigma_0^2)$	逆伽马① $\text{gamma}^{-1}(\sigma^2\mid\alpha,\beta)$
高斯（已知协方差） $N(\boldsymbol{x}\mid\boldsymbol{\mu},\boldsymbol{\Sigma}_0)$	高斯 $N(\boldsymbol{\mu}\mid\boldsymbol{\nu},\Phi)$
高斯（已知均值） $N(\boldsymbol{x}\mid\boldsymbol{\mu}_0,\boldsymbol{\Sigma})$	逆威沙特② $W^{-1}(\boldsymbol{\Sigma}\mid\boldsymbol{\nu},\Phi)$
多元高斯 $N(\boldsymbol{x}\mid\boldsymbol{\mu},\boldsymbol{\Sigma})$	高斯逆威沙特 $\text{GIW}(\boldsymbol{\mu},\boldsymbol{\Sigma}\mid\boldsymbol{\nu},\Phi,\lambda,\nu)=N(\boldsymbol{\mu}\mid\boldsymbol{\nu},\frac{1}{\lambda}\boldsymbol{\Sigma})W^{-1}(\boldsymbol{\mu}\mid\boldsymbol{\nu},\Phi)$

① 注意，逆伽马分布的形式如下：

$$\text{gamma}^{-1}(x\mid\alpha,\beta)=\frac{\beta^{\alpha}}{\Gamma(\alpha)}x^{-\alpha-1}e^{-\frac{\beta}{x}}$$

其中，所有的 $x>0$。

② 注意，逆威沙特分布的形式如下：

$$\mathcal{W}^{-1}(\Sigma\mid\Phi,\nu)=\frac{|\Phi|^{\nu/2}}{2^{\nu d/2}\Gamma\left(\frac{\nu}{2}\right)}|\Sigma|^{-\frac{\nu+d+1}{2}}e^{-\frac{1}{2}\text{tr}\left(\Phi\Sigma^{-1}\right)}$$

其中，$\boldsymbol{\Sigma}\in\mathbf{R}^{d\times d}$，$\boldsymbol{\Phi}\in\mathbf{R}^{d\times d}$，$\boldsymbol{\nu}\in\mathbf{R}^{+}$，而 $\Gamma(\cdot)$ 表示多元伽马函数，tr 表示矩阵轨迹。

续表

模型 $p(\boldsymbol{x}\mid\boldsymbol{\theta})$	共轭先验 $p(\boldsymbol{\theta})$
多项式 $\mathrm{Mult}(\boldsymbol{r}\mid\boldsymbol{w})=C(\boldsymbol{r})\cdot\prod_{i=1}^{M}w_i^{r_i}$ 其中 $C(\boldsymbol{r})=\dfrac{(r_1+\cdots+r_M)!}{r_1!\cdots r_M!}$	狄利克雷 $\mathrm{Dir}(\boldsymbol{w}\mid\alpha)=B(\alpha)\cdot\prod_{i=1}^{M}w_i^{\alpha_i-1}$ 其中 $B(\alpha)=\dfrac{\Gamma(\alpha_1+\cdots+\alpha_M)}{\Gamma(\alpha_1)\cdots\Gamma(\alpha_M)}$

表 14.1 列出了在机器学习中发挥重要作用的几个 e 族分布对应的共轭先验。例如，多项式模型的共轭先验是一个狄利克雷分布。对于高斯模型，如果我们知道协方差矩阵，那么共轭先验也是高斯分布的。如果知道高斯模型的平均向量，那么共轭先验就是所谓的逆威沙特分布（见注释）。如果均值和协方差都是未知参数，那么共轭先验是高斯分布和逆威沙特分布的乘积，通常称为高斯逆威沙特（GIW）分布。

例 14.2.1　多项式模型

如果我们使用多项式模型（即 $\mathrm{Mult}(\boldsymbol{r}\mid\boldsymbol{w})$）表示 M 个不同符号（即 $\boldsymbol{r}=[r_1r_2\cdots r_M]$，对于所有 $i=1,2,\cdots,M$，$r_i\in\boldsymbol{N}\cup\{0\}$）的分布，可以使用共轭先验来推导模型参数 $\boldsymbol{w}=[w_1\cdots w_M]$ 的最大后验概率估计。[①]

从表 14.1 中选择多项式模型的共轭先验，共轭先验为狄利克雷分布，如下：

$$p(\boldsymbol{w})=\mathrm{Dir}\left(\boldsymbol{w}\mid\boldsymbol{\alpha}^{(0)}\right)=B\left(\boldsymbol{\alpha}^{(0)}\right)\cdot\prod_{i=1}^{M}w_i^{\alpha_i^{(0)}-1}$$

根据模型参数 $\boldsymbol{w}$ 的先验知识，手动设置超参数 $\alpha^{(0)}=\left[\alpha_1^{(0)}\alpha_2^{(0)}\cdots\alpha_M^{(0)}\right]$。

在给定一些计数的样本（即 $\boldsymbol{r}=[r_1r_2\cdots r_M]$）的情况下，我们计算 $\boldsymbol{w}$ 的似然函数，如下：

$$p(\boldsymbol{r}\mid\boldsymbol{w})=\mathrm{Mult}\,(\boldsymbol{r}\mid\boldsymbol{w})=C(\boldsymbol{r})\cdot\prod_{i=1}^{M}w_i^{r_i}$$

在等式（14.1）中应用贝叶斯学习规则，如下：

$$p(\boldsymbol{w}\mid\boldsymbol{r})\propto p(\boldsymbol{w})p(\boldsymbol{r}\mid\boldsymbol{w})\propto\prod_{i=1}^{M}w_i^{\alpha_i^{(0)}+r_i-1}$$

如果用每个元素表示 $\alpha^{(1)}=\left[\alpha_1^{(1)}\cdots\alpha_M^{(1)}\right]$：

① 例如，图 4.1 中的单词袋特性是一组文本文档中不同单词的计数。

$$\alpha_i^{(1)}=\alpha_i^{(0)}+r_i\text{，其中 } i=1,2,\cdots,M$$

重新调整等式，得到后验分布如下：

$$p(\boldsymbol{w}\mid\boldsymbol{r})=\mathrm{Dir}\left(\boldsymbol{w}\mid\boldsymbol{\alpha}^{(1)}\right)=B\left(\boldsymbol{\alpha}^{(1)}\right)\cdot\prod_{i=1}^{M}w_i^{\alpha_i^{(1)}-1}$$

通过解决以下约束优化问题，计算模型参数 $\boldsymbol{w}$ 的 MAP 估计为：

$$\boldsymbol{w}^{(\mathrm{MAP})}=\arg\max_{\boldsymbol{w}}p(\boldsymbol{w}\mid\boldsymbol{r})\quad\text{subject to}\quad\sum_{i=1}^{M}w_i=1$$

利用拉格朗日乘子方法，可以解得 $\boldsymbol{w}^{(\mathrm{MAP})}$ 的闭形解。计算每个元素 $\boldsymbol{w}^{(\mathrm{MAP})}$ ①，如下：

$$w_i^{(\mathrm{MAP})}=\frac{\alpha_i^{(1)}-1}{\sum_{i=1}^{M}\alpha_i^{(1)}-M}=\frac{r_i+\alpha_i^{(0)}-1}{\sum_{i=1}^{M}\left(r_i+\alpha_i^{(0)}\right)-M}\quad\text{for all } i=1,2,\cdots,M$$

接下来，我们研究如何利用共轭先验来探索多元高斯模型的贝叶斯学习。

例 14.2.2 多元高斯模型

我们使用多元高斯分布表示 $\mathbf{R}^d$ 中的数据分布为 $p(\boldsymbol{x}\mid\boldsymbol{\mu},\Sigma)=N(\boldsymbol{x}\mid\boldsymbol{\mu},\Sigma)$，其中均值向量 $\boldsymbol{\mu}\in\mathbf{R}^d$ 和协方差矩阵 $\boldsymbol{\Sigma}\in\mathbf{R}^{d\times d}$ 都是未知模型参数。给定包括 N 个样本的训练集 $\mathcal{D}_N=\{\boldsymbol{x}_1,\boldsymbol{x}_2,\cdots,\boldsymbol{x}_N\}$，使用共轭先验来推导所有模型参数($\boldsymbol{\mu}$ 和 Σ)的最大后验概率估计。

首先，根据表 14.1，选择共轭先验的多元高斯模型，共轭先验为 GIW 分布，如下：

$$p(\mu,\boldsymbol{\Sigma})=\mathrm{GIW}\left(\mu,\boldsymbol{\Sigma}\mid v_0,\Phi_0,\lambda_0,v_0\right)=\mathcal{N}\left(\mu\mid v_0,\frac{1}{\lambda_0}\Sigma\right)\mathcal{W}^{-1}\left(\Sigma\mid\Phi_0,v_0\right)$$

$$=\frac{\lambda_0^{1/2}}{(2\pi)^{d/2}\mid\boldsymbol{\Sigma}\mid^{1/2}}e^{-\frac{\lambda_0(\boldsymbol{\mu}-v_0)^{\mathrm{T}}\Sigma^{-1}(\boldsymbol{\mu}-v_0)}{2}}\frac{|\varPhi_0|^{v_0/2}}{2^{v_0d/2}\Gamma\left(\frac{v_0}{2}\right)}|\Sigma|^{-\frac{v_0+d+1}{2}}e^{-\frac{1}{2}\mathrm{tr}\left(\Phi_0\Sigma^{-1}\right)}$$

$$=c_0\text{②}\left|\Sigma^{-1}\right|^{\frac{v_0+d+2}{2}}\exp\left[-\frac{1}{2}\lambda_0\left(\mu-v_0\right)^{\mathrm{T}}\Sigma^{-1}\left(\mu-v_0\right)-\frac{1}{2}\mathrm{tr}\left(\varPhi_0\Sigma^{-1}\right)\right]$$

---

① 显然，最大后验概率的估计依赖于先验 $\alpha^{(0)}$ 和训练数据 $\boldsymbol{r}$。

② 请注意：归一化因数

$$c_0=\frac{\lambda_0^{1/2}\cdot|\varPhi_0|^{v_0/2}}{(2\pi)^{d/2}\cdot2^{v_0d/2}\cdot\Gamma\left(\frac{v_0}{2}\right)}$$

是独立于 $\boldsymbol{\mu}$ 和 Σ 的常数

根据高斯模型参数的先验知识，必须手动设置超参数$\{\boldsymbol{v}_0,\Phi_0,\lambda_0,v_0\}$。

第二，如果我们将$\mathscr{D}_N$中所有训练样本的样本均值$\bar{\boldsymbol{x}}$和样本协方差矩阵$\boldsymbol{S}$表示为：

$$\bar{\boldsymbol{x}}=\frac{1}{N}\sum_{i=1}^{N}\boldsymbol{x}_i\text{，}\quad \boldsymbol{S}=\frac{1}{N}\sum_{i=1}^{N}\left(\boldsymbol{x}_i-\bar{\boldsymbol{x}}\right)\left(\boldsymbol{x}_i-\bar{\boldsymbol{x}}\right)^{\mathrm{T}}\text{①}$$

可以计算似然函数，如下：

$$p\left(\mathscr{D}_N\mid\boldsymbol{\mu},\boldsymbol{\Sigma}\right)=\prod_{i=1}^{N}p\left(\boldsymbol{x}_i\mid\boldsymbol{\mu},\boldsymbol{\Sigma}\right)$$

$$=\frac{\left|\Sigma^{-1}\right|^{\frac{N}{2}}}{(2\pi)^{Nd/2}}\exp[-\frac{1}{2}\underbrace{\sum_{i=1}^{N}\left(\boldsymbol{x}_i-\boldsymbol{\mu}\right)^{\mathrm{T}}\boldsymbol{\Sigma}^{-1}\left(\boldsymbol{x}_i-\boldsymbol{\mu}\right)}_{\text{参阅边注①}}]$$

$$=\frac{\left|\Sigma^{-1}\right|^{\frac{N}{2}}}{(2\pi)^{Nd/2}}\exp[-\frac{1}{2}\underbrace{\sum_{i=1}^{N}\left(\boldsymbol{x}_i-\bar{\boldsymbol{x}}\right)^{\mathrm{T}}\Sigma^{-1}\left(\boldsymbol{x}_i-\bar{x}\right)}_{\mathrm{tr}\left(\left(\sum_{i=1}^{N}\left(\boldsymbol{x}_i-\bar{\boldsymbol{x}}\right)\left(\boldsymbol{x}_i-\bar{\boldsymbol{x}}\right)^{\mathrm{T}}\right)\Sigma^{-1}\right)}-\frac{N}{2}(\mu-\bar{\boldsymbol{x}})^{\mathrm{T}}\Sigma^{-1}(\mu-\bar{\boldsymbol{x}})]$$

此外，我们可以用样本均值向量$\bar{\boldsymbol{x}}$和样本协方差矩阵$\boldsymbol{S}$来表示多元高斯模型之前的似然函数，如下：

$$p\left(\mathscr{D}_N\mid\boldsymbol{\mu},\boldsymbol{\Sigma}\right)=\frac{\left|\boldsymbol{\Sigma}^{-1}\right|^{\frac{N}{2}}}{(2\pi)^{Nd/2}}\exp\left[-\frac{1}{2}\mathrm{tr}\left(N\mathbf{S}\boldsymbol{\Sigma}^{-1}\right)-\frac{N}{2}(\mu-\bar{\boldsymbol{x}})^{\mathrm{T}}\boldsymbol{\Sigma}^{-1}(\boldsymbol{\mu}-\bar{\boldsymbol{x}})\right]$$

应用贝叶斯学习规则，就可以得到如下后验分布：

$$p\left(\boldsymbol{\mu},\boldsymbol{\Sigma}\mid\mathscr{D}_N\right)\propto\mathrm{GIW}\left(\boldsymbol{\mu},\boldsymbol{\Sigma}\mid v_0,\Phi_0,\lambda_0,v_0\right)\cdot p\left(\mathscr{D}_N\mid\boldsymbol{\mu},\boldsymbol{\Sigma}\right)$$

可以进一步表示如下：

$$\lambda_1=\lambda_0+N \tag{14.9}$$

$$v_1=v_0+N \tag{14.10}$$

---

① 请参阅练习 Q14.2：

$$\sum_{i=1}^{N}\left(\boldsymbol{x}_i-\boldsymbol{\mu}\right)^{\mathrm{T}}\boldsymbol{\Sigma}^{-1}\left(\boldsymbol{x}_i-\boldsymbol{\mu}\right)=\sum_{i=1}^{N}\left(\boldsymbol{x}_i-\bar{\boldsymbol{x}}\right)^{\mathrm{T}}\Sigma^{-1}\left(\boldsymbol{x}_i-\bar{\boldsymbol{x}}\right)+N(\boldsymbol{\mu}-\bar{\boldsymbol{x}})^{\mathrm{T}}\boldsymbol{\Sigma}^{-1}(\boldsymbol{\mu}-\bar{\boldsymbol{x}})$$

请参阅练习 Q14.2：

$$\sum_{i=1}^{N}\left(\boldsymbol{x}_i-\bar{\boldsymbol{x}}\right)^{\mathrm{T}}\Sigma^{-1}\left(\boldsymbol{x}_i-\bar{\boldsymbol{x}}\right)=\mathrm{tr}\left(\left(\sum_{i=1}^{N}\left(\boldsymbol{x}_i-\bar{\boldsymbol{x}}\right)\left(\boldsymbol{x}_i-\bar{\boldsymbol{x}}\right)^{\mathrm{T}}\right)\boldsymbol{\Sigma}^{-1}\right)=\mathrm{tr}\left(NS\Sigma^{-1}\right)$$

$$\boldsymbol{v}_1 = \frac{\lambda_0 \boldsymbol{v}_0 + N\overline{\boldsymbol{x}}}{\lambda_0 + N} \tag{14.11}$$

$$\Phi_1 = \Phi_0 + N\mathrm{S} + \frac{\lambda_0 N}{\lambda_0 + N}\left(\overline{\boldsymbol{x}} - v_0\right)\left(\overline{\boldsymbol{x}} - v_0\right)^{\mathrm{T}} \tag{14.12}$$

将先验函数和似然函数带入前面的等式中，并且合并项①（见注释），最终得到：

$$p\left(\boldsymbol{\mu}, \boldsymbol{\Sigma} \mid \mathscr{D}_N\right) \propto |\boldsymbol{\Sigma}|^{-\frac{v_1+d+2}{2}} \exp\left[-\frac{1}{2}\lambda_1\left(\boldsymbol{\mu} - \boldsymbol{v}_1\right)^{\mathrm{T}} \boldsymbol{\Sigma}^{-1}\left(\boldsymbol{\mu} - \boldsymbol{v}_1\right) - \frac{1}{2}\mathrm{tr}\left(\Phi_1 \boldsymbol{\Sigma}^{-1}\right)\right]$$

根据 Haff[89]，我们可以直接处理前一个等式关于 $\boldsymbol{\mu}$ 和 Σ 的积分，将其适当地调整为有效的概率分布：

$$p\left(\boldsymbol{\mu}, \boldsymbol{\Sigma} \mid \mathscr{D}_N\right) = c_1 \left|\boldsymbol{\Sigma}^{-1}\right|^{\frac{v_1+d+2}{2}} \exp\left[-\frac{1}{2}\lambda_1\left(\boldsymbol{\mu} - \boldsymbol{v}_1\right)^{\mathrm{T}} \boldsymbol{\Sigma}^{-1}\left(\boldsymbol{\mu} - \boldsymbol{v}_1\right) - \frac{1}{2}\mathrm{tr}\left(\Phi_1 \boldsymbol{\Sigma}^{-1}\right)\right]$$

新的归一化因数为：

$$c_1 = \frac{\lambda_1^{1/2} \cdot \left|\Phi_1\right|^{v_1/2}}{(2\pi)^{d/2} \cdot 2^{v_1 d/2} \cdot \Gamma\left(\frac{v_1}{2}\right)}$$

我们可以看到后验分布仍然是 GIW 分布，所有的超参数在等式（14.9）至等式（14.12）中更新：

$$p\left(\boldsymbol{\mu}, \boldsymbol{\Sigma} \mid \mathscr{D}_N\right) = \mathrm{GIW}\left(\boldsymbol{\mu}, \boldsymbol{\Sigma} \mid \boldsymbol{v}_1, \Phi_1, \lambda_1, v_1\right) \tag{14.13}$$

高斯模型参数的最大后验概率估计计算为：

$$\left\{\boldsymbol{\mu}_{\mathrm{MAP}}, \boldsymbol{\Sigma}_{\mathrm{MAP}}\right\} = \arg\max_{\boldsymbol{\mu}, \boldsymbol{\Sigma}} p\left(\boldsymbol{\mu}, \boldsymbol{\Sigma} \mid \mathscr{D}_N\right)$$

① 合并关于 $\boldsymbol{\mu}$ 的两项：

$$\begin{aligned}
&\lambda_0\left(\boldsymbol{\mu} - \boldsymbol{v}_0\right)^{\mathrm{T}} \boldsymbol{\Sigma}^{-1}\left(\boldsymbol{\mu} - \boldsymbol{v}_0\right) + N(\boldsymbol{\mu} - \overline{\boldsymbol{x}})^{\mathrm{T}} \boldsymbol{\Sigma}^{-1}(\boldsymbol{\mu} - \overline{\boldsymbol{x}}) \\
&= \left(\lambda_0 + N\right)\boldsymbol{\mu}^{\mathrm{T}} \boldsymbol{\Sigma}^{-1} \boldsymbol{\mu} - 2\boldsymbol{\mu}^{\mathrm{T}} \boldsymbol{\Sigma}^{-1}\left(\lambda_0 \boldsymbol{v}_0 + N\overline{\boldsymbol{x}}\right) + \lambda_0 \boldsymbol{v}_0^{\mathrm{T}} \boldsymbol{\Sigma}^{-1} \boldsymbol{v}_0 + N\overline{\boldsymbol{x}}^{\mathrm{T}} \boldsymbol{\Sigma}^{-1} \overline{\boldsymbol{x}} \\
&= \left(\lambda_0 + N\right)\left[\boldsymbol{\mu}^{\mathrm{T}} \boldsymbol{\Sigma}^{-1} \boldsymbol{\mu} - 2\boldsymbol{\mu}^{\mathrm{T}} \boldsymbol{\Sigma}^{-1} \frac{\lambda_0 \boldsymbol{v}_0 + N\overline{\boldsymbol{x}}}{\lambda_0 + N}\right] + \lambda_0 \boldsymbol{v}_0^{\mathrm{T}} \boldsymbol{\Sigma}^{-1} \boldsymbol{v}_0 + N\overline{\boldsymbol{x}}^{\mathrm{T}} \boldsymbol{\Sigma}^{-1} \overline{\boldsymbol{x}} \\
&= \lambda_1\left(\boldsymbol{\mu} - \boldsymbol{v}_1\right)^{\mathrm{T}} \boldsymbol{\Sigma}^{-1}\left(\boldsymbol{\mu} - \boldsymbol{v}_1\right) - \frac{\left(\lambda_0 \boldsymbol{v}_0 + N\overline{\boldsymbol{x}}\right)^{\mathrm{T}} \Sigma^{-1}\left(\lambda_0 \boldsymbol{v}_0 + N\overline{\boldsymbol{x}}\right)}{\lambda_0 + N} + \lambda_0 \boldsymbol{v}_0^{\mathrm{T}} \boldsymbol{\Sigma}^{-1} \boldsymbol{v}_0 + N\overline{\boldsymbol{x}}^{\mathrm{T}} \boldsymbol{\Sigma}^{-1} \overline{\boldsymbol{x}} \\
&= \lambda_1\left(\boldsymbol{\mu} - \boldsymbol{v}_1\right)^{\mathrm{T}} \boldsymbol{\Sigma}^{-1}\left(\boldsymbol{\mu} - \boldsymbol{v}_1\right) + \frac{\lambda_0 N}{\lambda_0 + N} \underbrace{\left(\overline{\boldsymbol{x}} - \boldsymbol{v}_0\right)^{\mathrm{T}} \boldsymbol{\Sigma}^{-1}\left(\overline{\boldsymbol{x}} - \boldsymbol{v}_0\right)}_{\mathrm{tr}\left(\left(\overline{\boldsymbol{x}} - \boldsymbol{v}_0\right)\left(\overline{\boldsymbol{x}} - \boldsymbol{v}_0\right)^{\mathrm{T}} \boldsymbol{\Sigma}^{-1}\right)}
\end{aligned}$$

根据 Kendall 等人[127]，高斯逆分布的模态可推导为如下的闭形解①：

$$\boldsymbol{\mu}_{\mathrm{MAP}} = \boldsymbol{v}_1 = \frac{\lambda_0 \boldsymbol{v}_0 + N\bar{\boldsymbol{x}}}{\lambda_0 + N} \quad \Sigma_{\mathrm{MAP}} = \frac{\Phi_1}{v_1 + d + 1} = \frac{\Phi_0 + N\mathrm{S} + \frac{\lambda_0 N}{\lambda_0 + N}\left(\bar{\boldsymbol{x}} - v_0\right)\left(\bar{\boldsymbol{x}} - v_0\right)^{\mathrm{T}}}{v_0 + N + d + 1}$$

与先验规格相关的另一个问题是如何在选定的先验分布中设置超参数。严格的贝叶斯理论认为，先验规格是一个主题，应该根据模型参数的先验知识和初始置信来设置所有超参数。在这些情况下，设置超参数与其说是一门科学，不如说是一门艺术。

另一方面，在所谓的经验贝叶斯方法[158]中，旨在从数据中估计先验分布。假设我们选择先验分布为 $p(\boldsymbol{\theta} \mid \boldsymbol{\alpha})$，其中 $\boldsymbol{\theta}$ 表示模型参数，$\boldsymbol{\alpha}$ 表示未知的超参数。给定包含一些数据样本的训练集 $\mathscr{D}$，我们可以在标准的似然函数中，通过边缘化模型参数来计算所谓边际似然，如下：

$$p(\mathscr{D} \mid \boldsymbol{\alpha}) = \int_{\boldsymbol{\theta}} p(\mathscr{D} \mid \boldsymbol{\theta}) p(\boldsymbol{\theta} \mid \boldsymbol{\alpha}) \mathrm{d}\boldsymbol{\theta}$$

在这种情况下，我们可以选择将边际概率 $p(\mathscr{D} \mid \boldsymbol{\alpha})$ 最大化的超参数：

$$\alpha^* = \arg\max_{\alpha} p(\mathscr{D} \mid \alpha)$$

这种为先验分布设置超参数的方法通常称为最大边缘似然估计。

14.3 近似推理

从前面的章节中已经了解到，共轭先验是一个非常方便的工具，可以简化贝叶斯学习中的计算。但是，共轭先验只存在于少数相对简单的生成模型中。对于机器学习中流行的大多数生成模型，不能依赖共轭先验来简化贝叶斯学习。对于这些生成模型，贝叶斯学习规则不可避免地会产生非常复杂甚至难以处理的后验分布。在实践中，人们广泛采用一种策略，使用可管理的概率函数来近似贝叶斯学习中真实但难以处理的后验分布。接下来，将考虑两种贝叶斯学习中常用的近似推理方法。第一种方法旨在利用可处理的高斯分布近似真实的后验分布，这便是传统的拉普拉斯方法[139]。第二种方法是最近提出的一种简便计算框架，名为变分贝叶斯（VB）方法[5]。该框架使用一族更易于管理的概率函数来近似真

① 我们可以看到，最大后验概率估计依赖于先验和训练数据。随着 $N \to \infty$，最大后验概率估计接近于最大似然估计。

实的后验分布，这些函数可以在各种模型参数之间分解。

14.3.1 拉普拉斯方法

拉普拉斯方法的关键思想在于，使用多元高斯分布来近似真实的后验分布。让我们讨论一下如何构造这样的高斯分布来近似任意的后验分布。首先，在真实后验分布 $p(\boldsymbol{\theta}\,|\,\mathscr{D})$ 的模式中找到最大后验概率估计值 $\boldsymbol{\theta}_{\text{MAP}}$。其次，根据泰勒定理，围绕 $\boldsymbol{\theta}_{\text{MAP}}$ 扩大真实分布的对数，表示为 $f(\boldsymbol{\theta})=\ln p(\boldsymbol{\theta}\,|\,\mathscr{D})$：

$$f(\boldsymbol{\theta})=f(\boldsymbol{\theta}_{\text{MAP}})+\nabla(\boldsymbol{\theta}_{\text{MAP}})(\boldsymbol{\theta}-\boldsymbol{\theta}_{\text{MAP}})+\frac{1}{2!}(\boldsymbol{\theta}-\boldsymbol{\theta}_{\text{MAP}})^{\text{T}}\text{H}(\boldsymbol{\theta}_{\text{MAP}})(\boldsymbol{\theta}-\boldsymbol{\theta}_{\text{MAP}})+\cdots$$

其中，$\nabla(\boldsymbol{\theta}_{\text{MAP}})$ 和 $\boldsymbol{H}(\boldsymbol{\theta}_{\text{MAP}})$ 分别表示在 $\boldsymbol{\theta}_{\text{MAP}}$ 中估计的 $f(\boldsymbol{\theta})$ 函数的梯度和 Hessian 矩阵。

因为最大后验概率估计值 $\boldsymbol{\theta}_{\text{MAP}}$ 是真实后验分布的最大值点，所以我们得到 $\nabla(\boldsymbol{\theta}_{\text{MAP}})=0$，$\mathbf{H}(\boldsymbol{\theta}_{\text{MAP}})$ 是一个负定矩阵。拉普拉斯方法[153,6]旨在利用二阶泰勒级数围绕驻点 $f(\boldsymbol{\theta})$ 近似 $\boldsymbol{\theta}_{\text{MAP}}$：

$$f(\boldsymbol{\theta})\approx f(\boldsymbol{\theta}_{\text{MAP}})+\frac{(\boldsymbol{\theta}-\boldsymbol{\theta}_{\text{MAP}})^{\text{T}}\text{H}(\boldsymbol{\theta}_{\text{MAP}})(\boldsymbol{\theta}-\boldsymbol{\theta}_{\text{MAP}})}{2}$$

取等式两侧指数并适当地归一化右侧指数之后，产生了能够很好地围绕 $\boldsymbol{\theta}_{\text{MAP}}$ 近似真实后验分布的多元高斯分布，如图 14.5 所示：

$$p(\boldsymbol{\theta}\,|\,\mathscr{D})\approx\underbrace{C\cdot\exp\left(\frac{1}{2}(\boldsymbol{\theta}-\boldsymbol{\theta}_{\text{MAP}})^{\text{T}}\text{H}(\boldsymbol{\theta}_{\text{MAP}})(\boldsymbol{\theta}-\boldsymbol{\theta}_{\text{MAP}})\right)}_{\mathcal{N}\left(\boldsymbol{\theta}_{\text{MAP}},-\text{H}^{-1}(\boldsymbol{\theta}_{\text{MAP}})\right)}$$

总之，拉普拉斯方法需要找到最大后验概率估计，然后就此计算 Hessian 矩阵，构造近似高斯分布。接下来，将以逻辑回归贝叶斯学习为例，展示如何用拉普拉斯方法构建近似高斯函数。

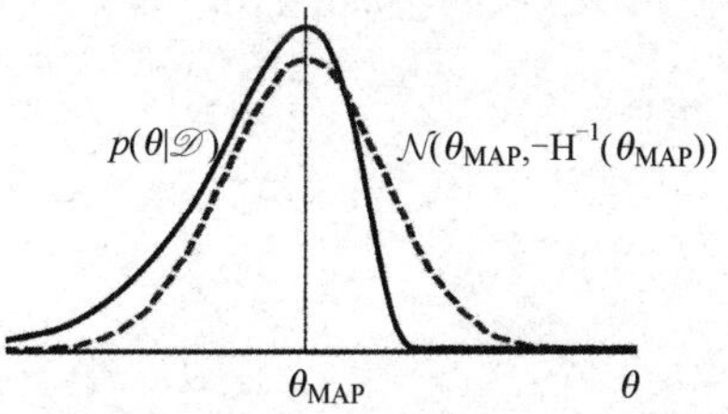

图 14.5　构造多元高斯分布近似拉普拉斯方法中的真实后验分布

如 11.4 节所示，逻辑回归是二元分类问题的生成模型。给定一个包含输入输出对的训

练集 $\mathscr{D}=\left(\left(\boldsymbol{x}_1,y_1\right),\left(\boldsymbol{x}_2,y_2\right),\cdots,\left(\boldsymbol{x}_N,y_N\right)\right)$，其中每个 $\boldsymbol{x}_i\in\mathbf{R}^d$ 且 $y_i\in\{0,1\}$，逻辑回归的似然函数表示为：

$$p(\mathscr{D}\mid\boldsymbol{w})=\prod_{i=1}^{N}\left(l\left(\boldsymbol{w}^{\mathrm{T}}\boldsymbol{x}_i\right)\right)^{y_i}\left(1-l\left(\boldsymbol{w}^{\mathrm{T}}\boldsymbol{x}_i\right)\right)^{1-y_i},$$

其中，$\boldsymbol{w}\in\mathbf{R}^d$ 为逻辑回归模型的参数，$l(\cdot)$ 为等式（6.12）中的 S 形函数。

在第 11.4 节中，包括逻辑回归在内的任何广义线性模型都不具有共轭先验。为了简化计算，我们选择高斯分布作为模型参数 $\boldsymbol{w}$ 的先验分布：

$$p(\boldsymbol{w})=\mathcal{N}\left(\boldsymbol{w}\mid\boldsymbol{w}_0,\boldsymbol{\Sigma}_0\right),$$

其中，超参数 $\boldsymbol{w}_0$ 和 $\boldsymbol{\Sigma}_0$ 分别表示先验分布的均值向量和协方差矩阵。

应用贝叶斯学习规则后，推导出 $\boldsymbol{w}$ 的后验分布如下：

$$p(\boldsymbol{w}\mid\mathscr{D})\propto p(\boldsymbol{w})p(\mathscr{D}\mid\boldsymbol{w})$$

在这种情况下，后验分布的形式相当复杂。接下来探讨如何使用拉普拉斯方法来获得后验分布的高斯近似。

如果我们取两边的对数，就会得到：

$$\ln p(\boldsymbol{w}\mid\mathscr{D})=C^{①}-\frac{1}{2}\left(\boldsymbol{w}-\boldsymbol{w}_0\right)^{\mathrm{T}}\Sigma_0^{-1}\left(\boldsymbol{w}-\boldsymbol{w}_0\right)+\sum_{i=1}^{N}\left(y_i\ln l\left(\boldsymbol{w}^{\mathrm{T}}\boldsymbol{x}_i\right)+\left(1-y_i\right)\ln\left(1-l\left(\boldsymbol{w}^{\mathrm{T}}\boldsymbol{x}_i\right)\right)\right)$$

首先，需要最大化后验分布，推导出定义高斯近似均值的最大后验概率估计 $\boldsymbol{w}_{\mathrm{MAP}}$。目前还没有从后验分布中推导出最大后验概率估计的闭形解。我们需要如下计算梯度：②

$$\nabla(\boldsymbol{w})=\nabla\ln p(\boldsymbol{w}\mid\mathscr{D})=-\boldsymbol{\Sigma}_0^{-1}\left(\boldsymbol{w}-\boldsymbol{w}_0\right)+\sum_{i=1}^{N}\left(y_i-l\left(\boldsymbol{w}^{\mathrm{T}}\boldsymbol{x}_i\right)\right)\boldsymbol{x}_i$$

并且使用梯度下降法来迭代推导最大后验概率估计 $\boldsymbol{w}_{\mathrm{MAP}}$。

此外，我们可以计算上一个函数的 Hessian 矩阵，如下：

$$\mathbf{H}(\boldsymbol{w})=\nabla\nabla\ln p(\boldsymbol{w}\mid\mathscr{D})=-\boldsymbol{\Sigma}_0^{-1}-\sum_{i=1}^{N}l\left(\boldsymbol{w}^{\mathrm{T}}\boldsymbol{x}_i\right)\left(1-l\left(\boldsymbol{w}^{\mathrm{T}}\boldsymbol{x}_i\right)\right)\boldsymbol{x}_i\boldsymbol{x}_i^{\mathrm{T}}$$

---

① 此处 C 是常数，独立于 $\boldsymbol{w}$。

② 回顾：

$$1-l(x)=l(-x)$$

$$\frac{d}{dx}l(x)=l(x)(1-l(x))。$$

最后，逻辑回归后验分布的高斯近似采取以下形式：

$$p(\boldsymbol{w} \mid \mathscr{D}) \approx \mathcal{N}\left(\boldsymbol{w} \mid \boldsymbol{w}_{\mathrm{MAP}}, -\mathbf{H}^{-1}\left(\boldsymbol{w}_{\mathrm{MAP}}\right)\right)$$

可以进一步在等式（14.2）中使用这种近似高斯，为贝叶斯推理推导出近似预测分布[151]。

拉普拉斯方法是贝叶斯学习中一种近似真实后验分布的简便方法。但是，由于函数形式被限制为高斯形式，因此只适用于无约束的实值模型参数。下一节将介绍一种更普遍的近似策略，该策略基于13.4节中描述的变分自动编码器(VAE)中使用的变分界。

14.3.2 变分贝叶斯（VB）方法

在VB方法[247,213,109,5]中，我们旨在从一族容易处理的概率函数中，近似真实后验分布 $p(\boldsymbol{\theta} \mid \mathscr{D})$ 与所谓的变分分布 $q(\boldsymbol{\theta})$。关键思想在于通过最小化这两个分布之间的库尔贝克·莱布勒（KL）散度，搜索易于处理族中的最优拟合：

$$q^*(\boldsymbol{\theta}) = \arg\min_q \mathrm{KL}\,(q(\boldsymbol{\theta}) \;\; p(\boldsymbol{\theta}^{①} \mid \mathscr{D}))$$

与VAE的变分界相似，将KL散度重新排列，表示为[170]：

$$\mathrm{KL}(q(\boldsymbol{\theta}) \,\|\, p(\boldsymbol{\theta} \mid \mathscr{D})) = \ln p(\mathscr{D}) - \underbrace{\int_{\boldsymbol{\theta}} q(\boldsymbol{\theta}) \ln \frac{p(\mathscr{D}, \boldsymbol{\theta})}{q(\boldsymbol{\theta})} \mathrm{d}\boldsymbol{\theta}}_{L(q)}$$

其中，$p(\mathscr{D})$ 是数据的证据，$L(q)$ 也称为证据下界，因为 $L(q)$ 是证据的一个下界。我们可以很容易地通过展开所有这些项来验证此等式（见页边注）。因为证据 $p(\mathscr{D})$ 独立于 $q(\boldsymbol{\theta})$，因此可得：

$$\min_q \mathrm{KL}(q(\boldsymbol{\theta}) \,\|\, p(\boldsymbol{\theta} \mid \mathscr{D})) \Leftrightarrow \max_q L(q)$$

换句话说，可以通过最大化证据下界，寻找最优拟合变分分布 $q^*(\boldsymbol{\theta})$。在某些条件下，人们甚至可以通过分析解决这个最大化问题，直接推导出最优拟合 $q^*(\boldsymbol{\theta})$。

---

① 将 $p(\boldsymbol{\theta} \mid \mathscr{D}) = \dfrac{p(\mathscr{D}, \boldsymbol{\theta})}{p(\mathscr{D})}$ 带入

$$\begin{aligned}
&\mathrm{KL}(q(\boldsymbol{\theta}) \,\|\, p(\boldsymbol{\theta} \mid \mathscr{D})) \\
&= \int_{\boldsymbol{\theta}} q(\boldsymbol{\theta}) \ln \frac{q(\boldsymbol{\theta})}{p(\boldsymbol{\theta} \mid \mathscr{D})} \mathrm{d}\boldsymbol{\theta} \\
&= \underbrace{\int_{\boldsymbol{\theta}} q(\boldsymbol{\theta}) \ln p(\mathscr{D}) \mathrm{d}\boldsymbol{\theta}}_{=\ln p(\mathscr{D})} - \int_{\boldsymbol{\theta}} q(\boldsymbol{\theta}) \ln \frac{p(\mathscr{D}, \boldsymbol{\theta})}{q(\boldsymbol{\theta})} \mathrm{d}\boldsymbol{\theta}
\end{aligned}$$

分析解决这个最大化问题有一个重要条件，即可以在$\boldsymbol{\theta}$的各种模型参数中分解变分分布$q(\boldsymbol{\theta})$。假设我们可以将$\boldsymbol{\theta}$中的所有模型参数分成一些不相交的子集$\boldsymbol{\theta}=\boldsymbol{\theta}_1 \cup \boldsymbol{\theta}_2 \cup \cdots \cup \boldsymbol{\theta}_I$，$q(\boldsymbol{\theta})$可分解为：

$$q(\boldsymbol{\theta}) = q_1(\boldsymbol{\theta}_1) q_2(\boldsymbol{\theta}_2) \cdots q_I(\boldsymbol{\theta}_I) \tag{14.14}$$

请注意：通常任何方法都不能分解真实后验分布$p(\boldsymbol{\theta} \mid \mathscr{D})$。然而，人们可以选择使用任意参数划分，以许多不同的方式分解变分分布$q(\boldsymbol{\theta})$。每个划分通常产生一种特定的近似格式。在等式（14.14）中，我们对$\boldsymbol{\theta}$划分得越多，解决最大化问题就越容易。与此同时，这意味着我们试图从一个更受限的概率函数族中近似$p(\boldsymbol{\theta} \mid \mathscr{D})$。在实践中，应该以适当的方式划分$\boldsymbol{\theta}$，确保平衡近似精确度和解决最大化问题的简单度。

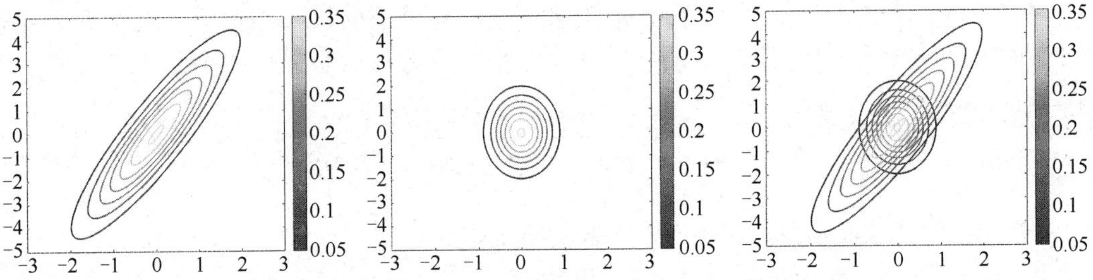

二维高斯分布和协方差矩阵 $\boldsymbol{\Sigma}=\begin{bmatrix}1 & 2\\ 2 & 5\end{bmatrix}$

通过最小化 KL 散度来发现最适合分解的二维高斯 $\begin{bmatrix}\sigma_1^2 & 0\\ 0 & \sigma_2^2\end{bmatrix}$

两种分布绘制在一起，表示当两个分量相关性很强时，平均场理论可以给出一个粗略的近似

图 14.6　平均场理论中的近似格式

这种分解对应物理学中平均场理论[40]的概念，其中所有其他分量对任意给定分量的影响由单一平均影响近似。以上操作基本上忽略了这些分量之间的相关性。如图 14.6 所示，通过分解两个独立高斯变量的模型，近似两个相关高斯随机变量的联合分布。如我们所见，平均场理论并不总是很好的近似方法，如果变量之间的相关性很强，平均场理论只能提供一个粗略的近似。

如果将等式（14.14）中先前分解的$q(\boldsymbol{\theta})$代入证据下界$L(q)$，可得：

$$\begin{aligned} L(q) &= \int_{\boldsymbol{\theta}} \prod_{i=1}^{I} q_i(\boldsymbol{\theta}_i) \left[\ln p(\mathscr{D}, \boldsymbol{\theta}) - \sum_{i=1}^{I} \ln q_i(\boldsymbol{\theta}_i) \right] \mathrm{d}\boldsymbol{\theta} \\ &= \int_{\boldsymbol{\theta}} \prod_{i=1}^{I} q_i(\boldsymbol{\theta}_i) \ln p(\mathscr{D}, \boldsymbol{\theta}) \mathrm{d}\boldsymbol{\theta} - \sum_{i=1}^{I} \int_{\boldsymbol{\theta}_i} q_i(\boldsymbol{\theta}_i) \ln q_i(\boldsymbol{\theta}_i) \mathrm{d}\boldsymbol{\theta}_i \end{aligned}$$

考虑分别将关于每个因素$q_i(\boldsymbol{\theta}_i)$的$L(q)$最大化。对于任意$i=1,2,\cdots,I$，我们得到：

$$\max_{q_i}\int_{\theta_i} q_i(\boldsymbol{\theta}_i)\underbrace{\left[\int_{\boldsymbol{\theta}_{j\neq i}}\prod_{j\neq i} q_j(\boldsymbol{\theta}_j)\ln p(\mathscr{D},\boldsymbol{\theta})\mathrm{d}\boldsymbol{\theta}_{j\neq i}\right]}_{E_{j\neq i}[\ln p(\mathscr{D},\boldsymbol{\theta})]}\mathrm{d}\boldsymbol{\theta}_i - \int_{\theta_i} q_i(\boldsymbol{\theta}_i)\ln q_i(\boldsymbol{\theta}_i)\mathrm{d}\boldsymbol{\theta}_i$$

若使用期望项 $E_{j\neq i}\left[\ln p\left(\mathscr{D},\boldsymbol{\theta}\right)\right]$，可以定义 $\boldsymbol{\theta}_i$ 的新分布，如下：

$$\tilde{p}\left(\boldsymbol{\theta}_i;\mathscr{D}\right)\propto\exp(E_{j\neq i}\text{[1]}[\ln p(\mathscr{D},\boldsymbol{\theta})])$$

根据这个新分布，可以以同样的方式将最大化问题表示为：

$$q_i^*\left(\boldsymbol{\theta}_i\right)=\arg\max_{q_i}\int_{\boldsymbol{\theta}_i} q_i\left(\boldsymbol{\theta}_i\right)\ln\frac{\tilde{p}\left(\boldsymbol{\theta}_i;\mathscr{D}\right)}{q_i\left(\boldsymbol{\theta}_i\right)}\mathrm{d}\boldsymbol{\theta}_i$$

$$\Rightarrow q_i^*\left(\boldsymbol{\theta}_i\right)=\arg\operatorname*{mix}_{q_i}\mathrm{KL}\left(q_i\left(\boldsymbol{\theta}_i\right)\ \ \tilde{p}\left(\boldsymbol{\theta}_i;\mathscr{D}\right)\right)$$

因为 KL 散度是非负的，且只有当两个分布相同时 KL 散度才达到最小值，因此可以推导：

$$q_i^*\left(\boldsymbol{\theta}_i\right)=\ \tilde{p}\left(\boldsymbol{\theta}_i;\mathscr{D}\right)\propto\exp\left(E_{j\neq i}[\ln p(\mathscr{D},\boldsymbol{\theta})]\right)\tag{14.15}$$

或者，

$$\ln q_i^*\left(\boldsymbol{\theta}_i\right)=E_{j\neq i}[\ln p(\mathscr{D},\boldsymbol{\theta})]+C\ ,\tag{14.16}$$

其中，C 是常数，独立于模型参数 $\boldsymbol{\theta}_i$。

可以对所有因素 q_i 重复这个过程，从而推导出 $q^*\left(\boldsymbol{\theta}_i\right)$ 的最优方程，其中所有 $i=1,2,\cdots,I$。然而，这些方程通常会在参数的不同划分之间产生循环依赖关系，因此无法得出最优 $q^*\left(\boldsymbol{\theta}\right)$ 的闭形解。在实践中，我们必须依赖于一些迭代方法。首先，随机猜测所有 q_i，然后根据初始 q_i 计算 $E_{j\neq i}\left[\ln p\left(\mathscr{D},\boldsymbol{\theta}\right)\right]$。接下来，使用所有在等式（14.15）中计算的 $E_{j\neq i}\left[\ln p\left(\mathscr{D},\boldsymbol{\theta}\right)\right]$，更新所有 q_i。多次重复这个过程。像普通的 EM 算法一样，该过程保证收敛到至少一个局部最优点。

有趣的是，变分贝叶斯方法并没有假设变分分布的函数形式，而是假设等式（14.14）中任何分解形式都将自动为 $q\left(\boldsymbol{\theta}\right)$ 生成一些适当的函数形式。这与拉普拉斯方法首先假设高斯分布是近似分布截然不同。

接下来，让我们用一个有趣的例子，即高斯混合模型的贝叶斯学习，考虑如何获得最优拟合的变分分布。

---

① 同样，我们得到：

$$E_{j\neq i}[\ln p(\mathscr{D},\boldsymbol{\theta})]=\ln\tilde{p}(\boldsymbol{\theta}_i;\mathscr{D})+C$$

例 14.3.1　变分贝叶斯高斯混合模型

假设高斯混合模型为：

$$p(\boldsymbol{x}\mid\boldsymbol{\theta})=\sum_{m=1}^{M} w_m\cdot\mathcal{N}\left(\boldsymbol{x}\mid\boldsymbol{\mu}_m,\boldsymbol{\Sigma}_m\right)$$

其中 $\boldsymbol{\theta}=\left\{w_m,\boldsymbol{\mu}_m,\Sigma_m\mid m=1,2,\cdots,M\right\}$ 表示所有参数。观察数据样本 $\boldsymbol{x}\in\mathbf{R}^d$ 后，使用变分贝叶斯方法来近似后验分布 $p(\boldsymbol{\theta}\mid\boldsymbol{x})$。

首先，遵循例 14.2.1 和 14.2.2 中的思想指定所有高斯混合模型参数的先验分布，如下：

$$p(\boldsymbol{\theta})=p\left(w_1,\cdots,w_M\right)\prod_{m=1}^{M}p\left(\boldsymbol{\mu}_m,\boldsymbol{\Sigma}_m\right),\tag{14.17}$$

以及

$$p\left(w_1,\cdots,w_M\right)=\mathrm{Dir}\left(w_1,\cdots,w_M\quad\alpha_1^{(0)},\cdots,\alpha_M^{(0)}\right)$$

$$p\left(\mu_m,\boldsymbol{\Sigma}_m\right)=\mathrm{GIW}\left(\boldsymbol{\mu}_m,\boldsymbol{\Sigma}_m\quad v_m^{(0)},\Phi_m^{(0)},\lambda_m^{(0)},v_m^{(0)}\right),$$

其中，$\left\{\alpha_m^{(0)},\boldsymbol{v}_m^{(0)},\Phi_m^{(0)},\lambda_m^{(0)},v_m^{(0)}\mid m=1,2,\cdots,M\right\}$ 是根据参数 $\boldsymbol{\theta}$ 的先验知识而预设的超参数。

其次，我们为 $\boldsymbol{x}$ 引入一个 M 分之 1 向量，记作 $\boldsymbol{z}$，表示 $\boldsymbol{x}$ 所属于的混合分量。把 $\boldsymbol{z}$ 当作一个潜变量①，可以将高斯混合模型的联合分布表示为：

$$p(\boldsymbol{x},\boldsymbol{z}\quad\boldsymbol{\theta})=\prod_{m=1}^{M}\left(w_m\right)^{z_m}\left(\mathcal{N}\left(\boldsymbol{x}\quad\boldsymbol{\mu}_m,\boldsymbol{\Sigma}_m\right)\right)^{z_m}\tag{14.18}$$

$$\rho_m=\exp\left(E\left[\ln w_m\right]-E\left[\frac{\ln\left|\Sigma_m\right|}{2}\right]-E\left[\frac{\left(\boldsymbol{x}-\boldsymbol{\mu}_m\right)^{\mathrm{T}}\Sigma_m^{-1}\left(\boldsymbol{x}-\boldsymbol{\mu}_m\right)}{2}\right]\right)\tag{14.19}$$

$$\Rightarrow r_m=\frac{\rho_m}{\sum_{m=1}^{M}\rho_m}$$

由于潜变量 $\boldsymbol{z}$ 和模型参数 $\boldsymbol{\theta}$ 都是未观察的随机变量，因此我们用以下相同的变分贝叶斯方法处理。建议使用变分分布 $q\left(\boldsymbol{z},\boldsymbol{\theta}\right)$ 来近似后验分布 $p(\boldsymbol{z},\boldsymbol{\theta}\mid\boldsymbol{x})$。我们进一步假设 $q\left(\boldsymbol{z},\boldsymbol{\theta}\right)$

① 潜变量 $\boldsymbol{z}=\left[z_1z_2\cdots z_M\right]$

可以取以下值之一：

$$\begin{bmatrix}1&0&\cdots&0\end{bmatrix}$$
$$\begin{bmatrix}0&1&\cdots&0\end{bmatrix}$$
$$\vdots$$
$$\begin{bmatrix}0&0&\cdots&1\end{bmatrix}$$

分解为：[①]

$$q(z,\theta)=q(z)q(\boldsymbol{\theta})=q(z)q\left(w_1,\cdots,w_M\right)\prod_{m=1}^{M}q\left(\boldsymbol{\mu}_m,\boldsymbol{\Sigma}_m\right)$$

接下来将利用等式（14.16）推导出最优拟合变分分布 $q^*(\boldsymbol{z},\boldsymbol{\theta})$。考虑第一个因素 $q^*(z)$：

$$\ln q^*(z)=E_{\boldsymbol{\theta}}[\ln p(\boldsymbol{x},z,\boldsymbol{\theta})]+C=E_{\boldsymbol{\theta}}[\ln p(\boldsymbol{\theta})+\ln p(\boldsymbol{x},z\,|\,\boldsymbol{\theta})]+C$$

将等式（14.17）和（14.18）代入前式，我们得到：

$$\ln q^*(z)=\sum_{m=1}^{M}z_m\underbrace{\left(E\left[\ln w_m\right]-E\left[\frac{\ln\left|\boldsymbol{\Sigma}_m\right|}{2}\right]-E\left[\frac{\left(\boldsymbol{x}-\boldsymbol{\mu}_m\right)^{\mathrm{T}}\boldsymbol{\Sigma}_m^{-1}\left(\boldsymbol{x}-\boldsymbol{\mu}_m\right)}{2}\right]\right)}_{\ln\rho_m}+C'$$

如果同时取两边的指数，就会得到：

$$q^*(z)\propto\prod_{m=1}^{M}\left(\rho_m\right)^{z_m}\ {}^{②}\propto\prod_{m=1}^{M}\left(r_m\right)^{z_m},$$

其中，对于所有的 m，$r_m=\dfrac{\rho_m}{\sum_{m=1}^{M}\rho_m}$。由此可知 $q^*(\mathbf{z})$ 是多项式分布，以及 z_m 的期望值可以计算如下：

$$E\left[z_m\right]=r_m=\frac{\rho_m}{\sum\limits_{m=1}^{M}\rho_m} \tag{14.20}$$

接下来，考虑因素 $q^*\left(w_1,\cdots,w_m\right)$，如下：

$$\begin{aligned}\ln q^*\left(w_1,\cdots,w_M\right)&=E_{z,\boldsymbol{\mu}_m,\boldsymbol{\Sigma}_m}[\ln p(\boldsymbol{\theta})+\ln p(\boldsymbol{x},z\,|\,\boldsymbol{\theta})]\\&=\sum_{m=1}^{M}\left(\alpha_m^{(0)}-1\right)\ln w_m+\sum_{m=1}^{M}r_m\ln w_m+C\end{aligned}$$

取两边的指数并适当将指数归一化后，可知其是狄利克雷分布，如下：

$$q^*\left(w_1,\cdots,w_M\right)=\operatorname{Dir}\left(w_1,\cdots,w_M\,|\,\alpha_1^{(1)},\cdots,\alpha_M^{(1)}\right), \tag{14.21}$$

其中，对于所有的 $m=1,2,\cdots,M$，$\alpha_m^{(1)}=\alpha_m^{(0)}+r_m$。

此外，考虑每个 m 的因素 $q^*\left(\boldsymbol{\mu}_m,\Sigma_m\right)$，如下：

$$\begin{aligned}\ln q^*\left(\mu_m,\boldsymbol{\Sigma}_m\right)&=E_{z,w_m}[\ln p(\boldsymbol{\theta})+\ln p(\boldsymbol{x},z\,|\,\boldsymbol{\theta})]+C\\&=\ln p\left(\mu_m,\boldsymbol{\Sigma}_m\right)+E\left[z_m\right]\ln\mathcal{N}\left(\boldsymbol{x}\,|\,\mu_m,\boldsymbol{\Sigma}_m\right)+C'\end{aligned}$$

---

① 这里，假设 $q(\boldsymbol{\theta})$ 的分解方式与等式（14.17）中先验 $p(\boldsymbol{\theta})$ 相同。

② 对于所有：$m=1,2,\cdots,M$

代入等式（14.20）并重新排列 $\boldsymbol{\mu}_m$ 和 $\boldsymbol{\Sigma}_m$ 后，可以证明 $q^*\left(\boldsymbol{\mu}_m,\Sigma_m\right)$ 也是 GIW 分布：

$$q^*\left(\boldsymbol{\mu}_m,\boldsymbol{\Sigma}_m\right)=\mathrm{GIW}\left(\boldsymbol{\mu}_m,\boldsymbol{\Sigma}_m \mid \nu_m^{(1)},\Phi_m^{(1)},\lambda_m^{(1)},\nu_m^{(1)}\right),\tag{14.22}$$

以及更新的超参数如下：

$$\lambda_m^{(1)}=\lambda_m^{(0)}+r_m$$

$$\nu_m^{(1)}=\nu_m^{(0)}+r_m$$

$$\boldsymbol{\nu}_m^{(1)}=\frac{\lambda_m^{(0)}\boldsymbol{\nu}_m^{(0)}+r_m\boldsymbol{x}}{\lambda_m^{(0)}+r_m}$$

$$\Phi_m^{(1)}=\Phi_m^{(0)}+\frac{\lambda^{(0)}r_m}{\lambda_m^{(0)}+r_m}\left(\boldsymbol{x}-\nu_m^{(0)}\right)\left(\boldsymbol{x}-\nu_m^{(0)}\right)^{\mathrm{T}}$$

最后，必须解决循环依赖关系，因为所有的更新公式都利用了式子（14.19）中 ρ_m 依次定义的 r_m。利用等式（14.21）和（14.22）中推导出的变分分布可以在等式（14.19）中计算出所需的期望值，如下：

$$\ln\pi_m \triangleq E\left[\ln w_k\right]=\psi\left(\alpha_m^{(1)}\right)-\psi\left(\sum_{m=1}^{M}\alpha_m^{(1)}\right)^{①}$$

$$\ln B_m \triangleq E\left[\ln\left|\Sigma_m\right|\right]=\sum_{i=1}^{d}\psi\left(\frac{\lambda_m+1-i}{2}\right)-\ln\left|\Phi_m^{(1)}\right|^{②}$$

$$E\left[\left(\boldsymbol{x}-\boldsymbol{\mu}_m\right)^{\mathrm{T}}\boldsymbol{\Sigma}_m^{-1}\left(\boldsymbol{x}-\boldsymbol{\mu}_m\right)\right]=\frac{d}{\nu_m^{(1)}}+\lambda_m^{(1)}\left(\boldsymbol{x}-\nu_m^{(1)}\right)^{\mathrm{T}}\left(\Phi_m^{(1)}\right)^{-1}\left(\boldsymbol{x}-\nu_m^{(1)}\right)$$

把这些放回等式（14.19）中并归一化为 1，由此可以推导出：

算法 14.19 变分贝叶斯高斯混合模型

Input: $\left\{\alpha_m^{(0)},\boldsymbol{\nu}_m^{(0)},\Phi_m^{(0)},\lambda_m^{(0)},\nu_m^{(0)} \mid m=1,2,\cdots,M\right\}$

set $n=0$

while not converge **do**

E-step: use Eq. (14.23) to collect statistics:

$$\left\{\alpha_m^{(n)},\boldsymbol{\nu}_m^{(n)},\Phi_m^{(n)},\lambda_m^{(n)},\nu_m^{(n)}\right\}+\boldsymbol{x}\rightarrow\left\{r_m\right\}$$

M-step: use Eqs. (14.21) and (14.22) to update all hyperparameters:

$$\left\{\alpha_m^{(n)},\boldsymbol{\nu}_m^{(n)},\Phi_m^{(n)},\lambda_m^{(n)},\nu_m^{(n)}\right\}+\left\{r_m\right\}+\boldsymbol{x}\rightarrow\left\{\alpha_m^{(n+1)},\boldsymbol{\nu}_m^{(n+1)},\Phi_m^{(n+!)},\lambda_m^{(n+!)},\nu_m^{(n+1)}\right\}$$

---

① 请参阅 Abramowitz 和 Stegun[1]中狄利克雷分布的性质。此处 $\psi(\cdot)$ 表示双函数。

② 参考附录 A 中逆威沙特分布的性质，以及 Abramowitz 和 Stegun[1]中 GIW 分布的性质。

$n = n + 1$

end while

r_m 的更新式子如下：

$$r_m \propto \pi_m B_m^{1/2} \exp\left(-\frac{d}{2v_m^{(1)}} - \frac{\lambda_m^{(1)}}{2}\left(\boldsymbol{x} - \boldsymbol{v}_m^{(1)}\right)^{\mathrm{T}} \left(\Phi_m^{(1)}\right)^{-1} \left(\boldsymbol{x} - \boldsymbol{v}_m^{(1)}\right)\right) \tag{14.23}$$

综上所述，人们可以使用算法 14.19 中类似 EM 的算法，迭代更新所有超参数，得到高斯混合模型的最优拟合变分分布。在此算法中，首先，我们在所谓的 E 步中使用当前超参数来计算统计数据 $\{r_m\}$。接下来，使用统计数据 $\{r_m\}$，在 M 步中推导出一组新的超参数。不断重复这个过程，直到收敛为止。

14.4 高斯过程

在前面讨论了如何为参数模型构建贝叶斯学习，该贝叶斯学习属于一族具有固定参数数量的假定形式概率函数。众所周知，参数模型的贝叶斯学习专注于参数估计，在底层模型参数的先验分布中对初始置信进行编码，贝叶斯学习的结果是相同模型参数的后验分布。

本节将讨论所谓的非参数模型的贝叶斯学习，这种模型的建模能力不受任何固定数量的参数限制，但可以随着给定数据的数量动态调整。这些方法在文献中通常被称为非参数贝叶斯方法。所有非参数贝叶斯方法背后的关键思想在于使用随机过程作为基础非参数模型的共轭先验分布。例如，高斯过程在所有可能非线性函数中用作先验分布，非线性函数可以在机器学习问题中用于拟合训练数据，包括回归和分类[152,196]。此外，狄利克雷过程用作所有可能离散概率分布的先验分布，该过程可以用于聚类或密度估计[61,169]。

接下来将以高斯过程为例，探讨非参数先验的基本思想，以及在回归和分类问题中进行非参数贝叶斯学习的关键步骤。

14.4.1 高斯过程作为非参数先验

对于所有参数模型，必须首先为底层分布 $p(\boldsymbol{x} \mid \boldsymbol{\theta})$ 选择一个特定的函数形式，例如高斯、逻辑回归或混合模型。每一个概率函数通常包含固定数量的参数 $\boldsymbol{\theta}$。因此，在贝叶斯设置中，我们只需要为这些参数指定先验分布（即 $p(\boldsymbol{\theta})$）。

对于非参数模型，我们不为底层模型或其相关参数指定任何函数形式。非参数贝叶斯方法中的第一个关键问题在于，当我们不知道某些函数或模型的确切形式时，应该如何指定该函数或模型的先验分布。答案是使用一些随机过程作为非参数先验。其中，高斯过程是最流行的工具，为一类相当强大的非线性函数指定非参数先验分布。

假设我们有一个任意函数 $f(\boldsymbol{x})$，将 $\mathbf{R}^d$ 中的一个输入特征映射到 $\mathbb{R}$ 中的一个实值。如果我们用 $f(\boldsymbol{x})$ 来评估 $\mathbf{R}^d$ 中的任意 $\boldsymbol{N}$ 个点（即 $\mathscr{D}=\{\boldsymbol{x}_1,\boldsymbol{x}_2,\cdots,\boldsymbol{x}_N\}$），这些点的对应函数值形成一个 N 维实值向量，表示为 $\boldsymbol{f}=\left[f(\boldsymbol{x}_1)f(\boldsymbol{x}_2)\cdots f(\boldsymbol{x}_N)\right]^{\mathrm{T}}$。尽管不知道底层函数 $f(\boldsymbol{x})$ 的确切形式，但如果我们知道向量 $\boldsymbol{f}$ 始终遵循如下多元高斯分布：

$$\boldsymbol{f}=\left[f(\boldsymbol{x}_1)f(\boldsymbol{x}_2)\cdots f(\boldsymbol{x}_N)\right]^{\mathrm{T}}\sim\mathcal{N}(\boldsymbol{\mu}_{\mathscr{D}},\boldsymbol{\Sigma}_{\mathscr{D}})$$

这也可能起到类似于 $f(\boldsymbol{x})$ 的先验分布的作用，因为它暗中约束了底层函数 $f(\boldsymbol{x})$。

在这里，$\boldsymbol{\mu}_{\mathscr{D}}\in\mathbf{R}^N$ 代表高斯平均向量，$\boldsymbol{\Sigma}_{\mathscr{D}}\in\mathbf{R}^{N\times N}$ 表示协方差矩阵。二者都依赖于 $\mathscr{D}$ 中 N 个选择的数据点。如果这个高斯约束对于 $\mathbf{R}^d$ 中随机选择的任意有限数量个点成立，那么我们说，底层函数 $f(\boldsymbol{x})$ 是高斯过程的一个样本：

$$f(\boldsymbol{x})\sim\mathrm{GP}\left(\mathbf{m}(\boldsymbol{x}),\Phi\left(\boldsymbol{x},\boldsymbol{x}'\right)\right)$$

其中，$\boldsymbol{m}(\boldsymbol{x})$ 称为高斯过程的均值函数，指定从 $\mathscr{D}$ 中任意有限数量数据点计算高斯均值 $\boldsymbol{\mu}_{\mathscr{D}}$ 的方法同样，$\Phi(\boldsymbol{x},\boldsymbol{x}')$ 称为协方差函数，对于任何已知的 $\mathscr{D}$，该协方差函数指定计算协方差矩阵 $\Sigma_{\mathscr{D}}$ 中所有元素的方法。如图 14.7 所示，如果随机从高斯过程中抽样，会得到许多不同的函数。虽然我们甚至不知道每个样本的确切函数形式，但可以知道所有这些函数都遵循由给定的高斯过程指定的概率分布。

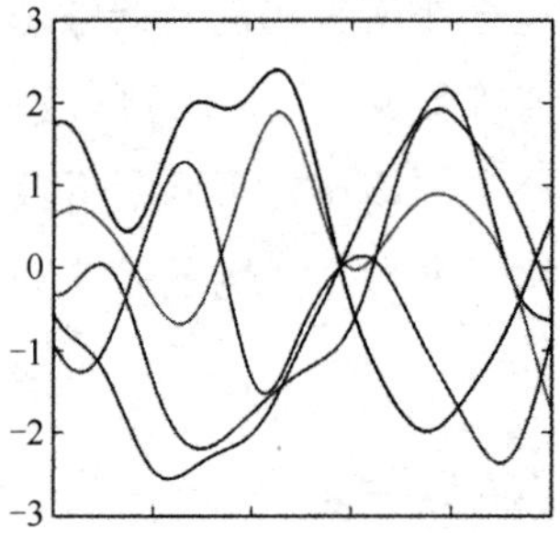

图 14.7　从给定的高斯过程中随机对许多不同的非参数函数抽样

（图片来源：Cdipaolo96/CC-BV^SA-4.0.）

高斯过程已经足够强大，即使只指定一个适当的协方差函数，仍然可以描述十分复杂的函数。因此，在大多数情况下，为了简单起见，我们通常使用零均值函数（即 $\boldsymbol{m}(\boldsymbol{x})=0$ ）。对于协方差函数，只要产生的协方差矩阵是正定的，我们就可以选择任意函数 $\Phi(\boldsymbol{x},\boldsymbol{x}')$ 来计算 $\boldsymbol{\Sigma}_{\mathscr{D}}$ 中的每个元素。协方差矩阵是一个 $N\times N$ 的对称矩阵：

$$\boldsymbol{\Sigma}_{\mathscr{D}}=\left[\boldsymbol{\Sigma}_{ij}\right]_{N\times N'}$$

其中，$\boldsymbol{\Sigma}_{ij}$ 用于表示位于第 i 行第 j 列的元素。如我们所知，$\boldsymbol{\Sigma}_{ij}$ 表示 $f(\boldsymbol{x}_i)$ 和 $f(\boldsymbol{x}_j)$ 之间的协方差，我们可以假设 $\boldsymbol{\Sigma}_{ij}$ 由所选协方差函数指定，如下：

$$\boldsymbol{\Sigma}_{ij}=\operatorname{cov}\left(f(\boldsymbol{x}_i),f(\boldsymbol{x}_j)\right)=\Phi(\boldsymbol{x}_i,\boldsymbol{x}_j)$$

根据第 6.5 节的非线性支持向量机中的核函数可知，$\Phi(\boldsymbol{x}_i,\boldsymbol{x}_j)$ 必须满足第 134 页的 Mercer 条件，确保 $\boldsymbol{\Sigma}_{\mathscr{D}}$ 是正定的。如果协方差函数是平移不变的，则说明其具有稳定性。稳定的协方差函数只依赖于两点之间的差值（即 $\Phi(\boldsymbol{x}_i-\boldsymbol{x}_j)$ ）。原则上，第 6.5 节中的任何核函数都可以用作高斯过程的协方差函数。在机器学习中，我们经常使用以下径向基函数（RBF）核作为协方差函数：

$$\Phi(\boldsymbol{x}_i,\boldsymbol{x}_j)=\sigma^2 e^{-\frac{\|\boldsymbol{x}_i-\boldsymbol{x}_j\|^2}{2l^2}} \tag{14.24}$$

其中，$\{\sigma^2,l^2\}$ 表示两个超参数：σ 为垂直标度，l 为水平标度。垂直标度 σ 粗略地描述了底层函数的动态范围，水平标度 l 粗略地描述了底层函数的平滑性。较高的 l 会给出一些相对平滑的函数，而较低的 l 则会生成一些波动的函数。图 14.8 给出了一些具有不同超参数选择的高斯过程的图例。

最后思考一下为什么高斯过程可以用作随机函数（确切形式和参数都未知）的先验分布。关键在于，以任何包含 N 个数据点的集合 $\mathscr{D}$ 为基础，可以间接计算先验分布。当我们将任何随机抽样函数 $f(\cdot)$ 应用于 $\mathscr{D}$ 中所有数据点时，便会知道数据点的函数值 $\boldsymbol{f}$ 遵循多元高斯分布，如高斯过程的定义所述。因此，我们可以利用这个高斯分布间接地计算出每个底层函数的先验分布为：

$$p(f\mid\mathscr{D})=\mathcal{N}\left(\boldsymbol{f}\mid\boldsymbol{0},\boldsymbol{\Sigma}_{\mathscr{D}}\right) \tag{14.25}$$

其中，使用等式（14.24）中的零均值函数和协方差函数来处理高斯过程。只要知道这两个超参数，我们就可以直接计算高斯分布，这两个超参数可以作为所有遵循该分布的非参数函数的先验分布。

接下来，我们将继续探讨如何根据此先验，对两个典型的机器学习问题进行贝叶斯学习。

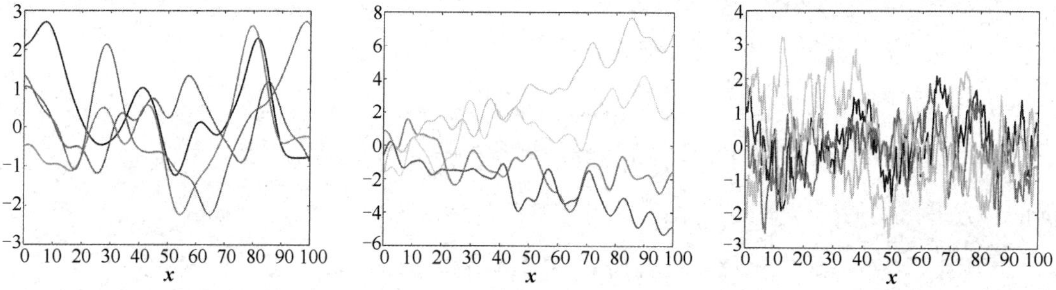

低 σ 和高 l　　　　高 σ 和高 l　　　　低 σ 和 l

图 14.8　根据三个具有不同超参数的高斯过程随机绘制的一些函数（Zoubin Ghahramani[79]提供）。

14.4.2　回归高斯过程

在回归问题中，我们旨在学习一个模型，将特征向量 $\boldsymbol{x}\in\mathbf{R}^d$ 映射到输出 $y\in\mathbf{R}$。此处使用高斯过程来学习这个回归问题的非参数函数 $f(\cdot)$。我们假设底层函数 $f(\cdot)$ 是高斯过程中的随机样本，该函数值被一个独立的高斯噪声所破坏，从而产生最终的输出 y：①

$$f(\boldsymbol{x})\sim\mathrm{GP}\left(0,\Phi\left(\boldsymbol{x},\boldsymbol{x}'\right)\right)$$

$$y=f(\boldsymbol{x})+\epsilon,\quad \text{where}\quad \epsilon\sim\mathcal{N}\left(0,\sigma_0^2\right)$$

假设已知一些输入输出对的训练样本：所有输入向量表示为 $\mathscr{D}=\{\boldsymbol{x}_1,\boldsymbol{x}_2,\cdots,\boldsymbol{x}_N\}$，相应的输出表示为向量 $\boldsymbol{y}=\left[y_1y_2\cdots y_N\right]^{\mathrm{T}}$。首先，思考如何学习该模型的参数，包括等式（14.24）中协方差函数 $\Phi\left(\boldsymbol{x},\boldsymbol{x}'\right)$ 的超参数和残差噪声 ϵ 的方差。

$\mathscr{D}$ 中所有输入向量的函数值表示如下：

$$\boldsymbol{f}=\left[f\left(\boldsymbol{x}_1\right)\cdots f\left(\boldsymbol{x}_N\right)\right]^{\mathrm{T}}$$

根据等式（14.25）中高斯过程所规定的非参数先验，我们得到：

$$p(\boldsymbol{f}\mid\mathscr{D})=\mathcal{N}\left(\boldsymbol{f}\mid\mathbf{0},\boldsymbol{\Sigma}_{\mathscr{D}}\right)$$

此外，由于残差噪声 ϵ 遵循高斯分布，因此我们得到：

$$p(\boldsymbol{y}\mid\boldsymbol{f},\mathscr{D})=\mathcal{N}\left(\boldsymbol{y}\mid\boldsymbol{f},\sigma_0^2\boldsymbol{I}\right)$$

① 

合并后，可以得到如下的边际似然函数：

$$\begin{aligned} p(\boldsymbol{y}\mid\mathscr{D}) &= \int_f p(\boldsymbol{y},f\mid\mathscr{D})\mathrm{d}f = \int_f p(\boldsymbol{y}\mid f,\mathscr{D})p(f\mid\mathscr{D})\mathrm{d}f \\ &= \int_f \mathcal{N}\left(\boldsymbol{y}\mid f,\sigma_0^2\boldsymbol{I}\right)\mathcal{N}\left(f\mid 0,\boldsymbol{\Sigma}_{\mathscr{D}}\right)\mathrm{d}f \\ &= \mathcal{N}\left(\boldsymbol{y}\mid 0,\boldsymbol{\Sigma}_{\mathscr{D}}+\sigma_0^2\boldsymbol{I}\right) = \mathcal{N}\left(\boldsymbol{y}\mid 0,C_N\right) \end{aligned} \tag{14.26}$$

可以看到这个边际似然函数是高斯函数，具有一个零均值向量和一个 $N\times N$ 协方差矩阵，表示为：

$$\boldsymbol{C}_N = \boldsymbol{\Sigma}_{\mathscr{D}} + \sigma_0^2\boldsymbol{I}$$

此外还可以看出，这个边际似然函数是所有模型参数（σ，l 和 σ_0）的函数。因此，可以明确地把边际似然表示为 $p(\boldsymbol{y}\mid\mathscr{D},\sigma,l,\sigma_0)$。基于极大边际似然估计的概念，我们可以通过最大化边际似然函数来估计所有模型参数，如下：

$$\left\{\sigma^*,l^*,\sigma_0^*\right\} = \arg\max_{\sigma,l,\sigma_0} p\left(\boldsymbol{y}\mid\mathscr{D},\sigma,l,\sigma_0\right) = \arg\max_{\sigma,l,\sigma_0} \ln\mathcal{N}\left(\boldsymbol{y}\mid 0,\boldsymbol{C}_N\right)$$

对于大多数协方差函数的选择，我们并没有解决最大化问题的闭形解。解决此问题通常必须依靠一些迭代梯度下降方法，因为关于所有参数的梯度都可以很容易地推导出来①。

如果我们学习了前面所描述的所有模型参数，就可以使用高斯过程模型来预测任何与新输入向量 $\tilde{\boldsymbol{x}}$ 相对应的输出 $\tilde{\boldsymbol{y}}$。与等式（14.26）的思路相同，可以推导出所有可用数据的边际似然函数为：

$$p(\boldsymbol{y},\tilde{\boldsymbol{y}}\mid\mathscr{D},\boldsymbol{x}) = \mathcal{N}\left(\boldsymbol{y},\tilde{\boldsymbol{y}}\mid 0,\boldsymbol{C}_{N+1}\right)$$

其中，协方差矩阵 $\boldsymbol{C}_{N+1}$ 是一个 $(N+1)\times(N+1)$ 矩阵，格式如下：

$$\boldsymbol{C}_{N+1} = \begin{bmatrix} \boldsymbol{C}_N & \boldsymbol{k} \\ \boldsymbol{k}^{\mathrm{T}} & \kappa^2 \end{bmatrix}$$

其中，$k^2 = \Phi\left(\tilde{\boldsymbol{x}},\tilde{\boldsymbol{x}}\right)+\sigma_0^2$，且 $\boldsymbol{k}$ 中的每个元素计算为 $\boldsymbol{k}_i = \Phi\left(\boldsymbol{x}_i,\tilde{\boldsymbol{x}}\right)$。

此外，我们可以推导出以下同为高斯分布的条件分布，用于回归的最终推断：

---

① 如果对于任意参数 θ 给出：

$$l = \ln\mathcal{N}\left(\boldsymbol{y}\mid 0,\boldsymbol{C}_N\right) = -\frac{1}{2}\ln\left|\boldsymbol{C}_N\right| - \frac{1}{2}\boldsymbol{y}^{\mathrm{T}}\boldsymbol{C}_N^{-1}\boldsymbol{y} - \frac{N}{2}\ln 2\pi$$

其梯度计算如下：

$$\frac{\partial l}{\partial\theta} = -\frac{1}{2}\mathrm{tr}\left(\boldsymbol{C}^{-1}\frac{\partial\boldsymbol{C}_N}{\partial\theta}\right) + \frac{1}{2}\boldsymbol{y}^{\mathrm{T}}\boldsymbol{C}_N^{-1}\frac{\partial\boldsymbol{C}_N}{\partial\theta}\boldsymbol{C}_N^{-1}\boldsymbol{y}$$

$$p(\tilde{y} \mid \mathscr{D}, \boldsymbol{y}, \tilde{\boldsymbol{x}}) = \frac{p(\boldsymbol{y}, \tilde{y} \mid \mathscr{D}, \tilde{\boldsymbol{x}})}{p(\boldsymbol{y} \mid \mathscr{D})} = \mathcal{N}\left(\tilde{y} \mid \boldsymbol{k}^{\mathrm{T}} \boldsymbol{C}_N^{-1} \boldsymbol{y}, \kappa^2 - \boldsymbol{k}^{\mathrm{T}} \boldsymbol{C}_N^{-1} \boldsymbol{k}\right) \tag{14.27}$$

等式（14.27）中的条件分布的推导过程请参阅练习 Q14.9。该条件分布指定了每个给定输入 $\tilde{\boldsymbol{x}}$ 对应的输出 $\tilde{\boldsymbol{y}}$ 的概率分布。在某些情况下，我们倾向于对每个输入 $\tilde{\boldsymbol{x}}$ 使用 $\tilde{\boldsymbol{y}}$ 的点估计，例如条件均值或 MAP 估计。由于条件分布是高斯分布，所以两个点估计相同，如下：

$$E[\tilde{\boldsymbol{y}} \mid \mathscr{D}, \boldsymbol{y}, \tilde{\boldsymbol{x}}] = \tilde{\boldsymbol{y}}_{\mathrm{MAP}} = \boldsymbol{k}^{\mathrm{T}} \boldsymbol{C}_N^{-1} \boldsymbol{y}$$

如图 14.9 所示，阴影区域强调每个输入 $\tilde{\boldsymbol{x}}$ 的所有极可能输出的范围，蓝色曲线表示每个 $\tilde{\boldsymbol{x}}$ 的点估计。

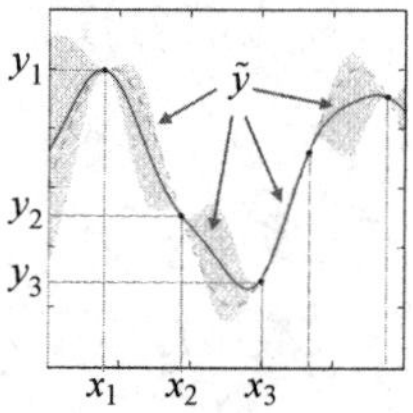

图 14.9　高斯过程模型的条件分布

（阴影区域表示每个输入的所有极可能输出的范围，曲线表示点估计）

（图像来源 Cdipaolo96/CC-BY-SA-4.0）

总结一下非参数贝叶斯学习的基本思想。根据 $\mathscr{D}$ 中的一组输入样本，我们可以像等式（14.25）中的那样表示非参数先验 $p(f \mid \mathscr{D})$，可以将其视为高斯过程，如图 14.10 的左侧部分所示。观察 $\boldsymbol{y}$ 中所有对应的函数值后，可以推导出等式（14.27）中的条件分布，该条件分布可以被视为由另一个高斯过程表示的非参数后验分布 $p(f \mid \mathscr{D}, \boldsymbol{y})$，如图 14.10 右侧部分所示。我们可以看到，由于等式（14.27）中的概率分布取决于所有这些输入输出对，因此来自这个高斯过程的所有非参数函数都被固定在观察样本上。

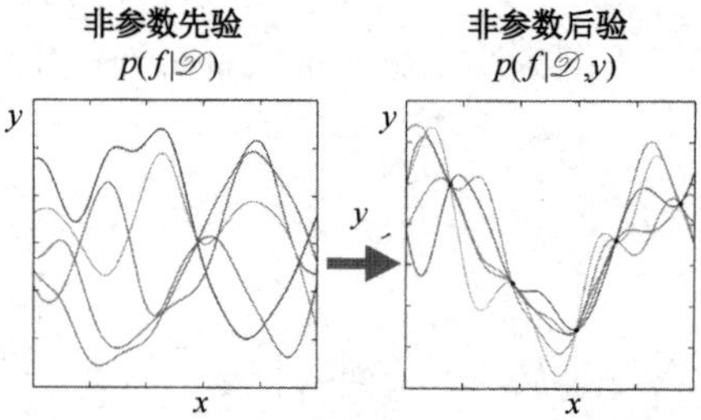

图 14.10　非参数贝叶斯学习如何将非参数先验更新到非参数后验中，二者皆由高斯过程所表示

（图片来源：Cdipaolo96/cc-sa-4.0）

如我们所见，所有的高斯过程方法都要求我们在训练或推理阶段反转一个 $N \times N$ 协方差矩阵。这个操作在计算上代价很大，因为任何精确算法的复杂度都是 $O\left(N^3\right)$。这一主要缺点使得高斯过程无法应用于任何 N 超过万的大规模任务。

14.4.3 分类高斯过程

高斯过程也可以用于输出 y 为离散的分类问题。因为从高斯过程中提取的任何非参数函数都会产生无约束的实值输出，所以我们必须引入另一个函数来将实值映射到每个分类的一些类似概率的输出中。①以输出为 $y = \{0,1\}$ 的二元分类问题为例，我们可以使用等式（6.12）中的 S 形函数 $l(\cdot)$ 来达到这个目的：

$$\Pr(y=1 \mid \boldsymbol{x}) = l(f(\boldsymbol{x})) = \frac{1}{1+e^{-f(\boldsymbol{x})}} \tag{14.28}$$

这种方法与逻辑回归非常相似，其中 $f(\boldsymbol{x})$ 选为线性函数 $\boldsymbol{w}^{\mathrm{T}}\boldsymbol{x}$。然而，在这种情况下，假设 $f(\boldsymbol{x})$ 是从高斯过程随机抽取的非参数函数：

$$f(\boldsymbol{x}) \sim \mathrm{GP}\left(0, \Phi\left(\boldsymbol{x}, \boldsymbol{x}'\right)\right)$$

假设有一些输入输出对的训练样本：所有输入向量表示为 $\mathscr{D} = \{\boldsymbol{x}_1, \boldsymbol{x}_2, \cdots, \boldsymbol{x}_N\}$，所有输入向量对应的二进制输出表示为向量 $\boldsymbol{y} = [y_1 y_2 \cdots y_N]^{\mathrm{T}}$，对于所有 $i = 1, 2, \cdots N$，$y_i \in \{0,1\}$。假设仍然使用 $\boldsymbol{f}$ 来表示 $\mathscr{D}$ 中所有输入向量的函数值。我们仍然可以在等式（14.25）中得到非参数先验（高斯）。

在这种情况下，可以这样表示似然函数：

$$p(\boldsymbol{y} \mid f, \mathscr{D}) = \prod_{i=1}^{N} \left(l\left(f\left(\boldsymbol{x}_i\right)\right)\right)^{y_i} \left(1 - l\left(f\left(\boldsymbol{x}_i\right)\right)\right)^{1-y_i} \tag{14.29}$$

之后可以根据等式（14.26）和(14.27）中的相同思路，推导出用于模型学习的边际似然函数 $p(\boldsymbol{y} \mid \mathscr{D})$ 和用于推理的条件分布 $p(\tilde{y} \mid \mathscr{D}, \boldsymbol{y}, \tilde{\boldsymbol{x}})$。然而，由于等式（14.29）中的似然函数是非高斯的，因此这里的主要困难在于我们不能依靠分析解析推导边际似然函数和条件分布。在实践中，我们将必须依赖一些近似方法。一个常见的解决方案，如 14.3 节所述，就是使用拉普拉斯方法，用一些高斯函数近似计算这些难以处理的分布。感兴趣的读者可以参考 Williams 和 Barber[251]，以及 Rasmussen 和 Williams[196]来了解更多关于高斯过程分类的细节。

---

① 

练习

Q14.1 证明例 14.1.1 中均值 ν_n 等式（14.7）和方差 τ_n^2 等式（14.8）的更新推导的过程。

Q14.2 证明多元高斯模型的贝叶斯学习中以下两个步骤的推导过程：

a．填方：

$$\sum_{i=1}^{N}(\boldsymbol{x}_i-\boldsymbol{\mu})^{\mathrm{T}}\Sigma^{-1}(\boldsymbol{x}_i-\boldsymbol{\mu})=\sum_{i=1}^{N}\left(\boldsymbol{x}_i-\overline{\boldsymbol{x}}\right)^{\mathrm{T}}\Sigma^{-1}\left(\boldsymbol{x}_i-\overline{\boldsymbol{x}}\right)+N(\boldsymbol{\mu}-\overline{\boldsymbol{x}})^{\mathrm{T}}\Sigma^{-1}(\boldsymbol{\mu}-\overline{\boldsymbol{x}})$$

其中
$$\overline{\boldsymbol{x}}=\frac{1}{N}\sum_{i=1}^{N}\boldsymbol{x}_i$$

b．
$$\sum_{i=1}^{N}\left(\boldsymbol{x}_i-\overline{\boldsymbol{x}}\right)^{\mathrm{T}}\Sigma^{-1}\left(\boldsymbol{x}_i-\overline{\boldsymbol{x}}\right)=\operatorname{tr}\left(\left(\sum_{i=1}^{N}\left(\boldsymbol{x}_i-\overline{\boldsymbol{x}}\right)\left(\boldsymbol{x}_i-\overline{\boldsymbol{x}}\right)^{\mathrm{T}}\right)\Sigma^{-1}\right)=\operatorname{tr}\left(N\mathbf{S}\Sigma^{-1}\right)$$

其中
$$\mathbf{S}=\frac{1}{N}\sum_{i=1}^{N}\left(\boldsymbol{x}_i-\overline{\boldsymbol{x}}\right)\left(\boldsymbol{x}_i-\overline{\boldsymbol{x}}\right)^{\mathrm{T}}$$

Q14.3 考虑从 $\boldsymbol{x}\in\mathbf{R}^n$ 到 $y\in\mathbf{R}$ 的线性回归模型：$\boldsymbol{y}=\boldsymbol{w}^{\mathrm{T}}\boldsymbol{x}+\varepsilon$，其中 $\boldsymbol{w}\in\mathbf{R}^n$ 为模型参数，ε 为独立的零均值高斯噪声 $\varepsilon\sim N\left(0,\sigma^2\right)$。假设我们选择高斯分布作为模型参数 $\boldsymbol{w}$ 的先验：$p(\boldsymbol{w})=N\left(\boldsymbol{w}_0,\Sigma_0\right)$。假设已经获得了训练集 $\mathscr{D}=\left\{\left(\boldsymbol{x}_1,y_1\right),\left(\boldsymbol{x}_2,y_2\right),\cdots,\left(\boldsymbol{x}_N,y_N\right)\right\}$，请推导后验分布 $p(\boldsymbol{w}\mid\mathscr{D})$，并给出模型参数 $\boldsymbol{w}_{\mathrm{MAP}}$ 的 MAP 估计值。

Q14.4 对于 11.4 节中的概率回归，使用拉普拉斯方法进行贝叶斯学习。

Q14.5 对于 11.4 节中的对数线性模型，使用拉普拉斯方法进行贝叶斯学习。

Q14.6 按照例 14.3.1 中的思路，使用变分贝叶斯方法推导多元高斯模型的变分分布。将推导出的变分分布与例 14.2.2 中的精确后验分布进行比较。

Q14.7 如例 14.3.1，假设我们为高斯混合模型选择了相同的先验分布。请使用 EM 算法推导出高斯混合模型的最大后验概率估计：

a．给出等式来迭代地更新所有高斯混合模型参数 $\boldsymbol{\theta}_{\mathrm{MAP}}$。

b．如果我们用另一个近似分布 $\tilde{q}(\boldsymbol{\theta})$ 来近似高斯混合模型 $p(\boldsymbol{\theta}\mid\boldsymbol{x})$ 的真实后验分布，如下：

$$\tilde{q}(\boldsymbol{\theta})\propto p(\boldsymbol{\theta})Q\left(\boldsymbol{\theta}\mid\boldsymbol{\theta}_{\mathrm{MAP}}\right)$$

其中，$Q(\cdot)$ 是 EM 算法中的辅助函数，请推导近似后验分布并将其与 14.3.1 中的变分分布进行比较。

Q14.8 按照例 14.3.1 的思路，请按照图 12.15 所示，推导 12.4 节中高斯混合隐马尔可夫模型的变分贝叶斯学习过程。

Q14.9 证明等式（14.27）中条件分布推导的过程。

Q14.10 请推导二元分类中高斯过程的拉普拉斯方法。

Q14.11 将等式（14.28）中的 S 形函数替换为 softmax 函数，并为多类的模式分类问题构建一个高斯过程。

第 15 章

图模型

本章介绍生成模型的图表示，在文献中通常称为图模型[118,22,13]。图模型旨在使用一些由节点和弧组成的图表示生成模型。众所周知，图模型以一种非常灵活的方式，从视觉上表示生成模型。图表示可以直观地显示生成模型中所有底层变量之间的内在依赖关系，有助于为生成模型开发一些通用的、基于图的推理算法。此外，图表示在分析不同类型随机变量之间的关系时也非常有用，如相关性、因果关系和中介关系。本章将首先介绍图模型的一些基本概念，然后介绍两种不同类型的图模型，即有向图模型和无向图模型，并从每一类中选取一些具有代表性的模型作为研究案例。

15.1 图模型概念

众所周知，生成模型本质上表示一些随机变量的概率分布。生成模型图表示背后的思想很简单：使用每个节点来表示生成模型中的随机变量，使用每个链接来表示随机变量之间的概率关系。节点之间的链接可以是有向的，也可以是无向的。如果使用所有的有向链接，那么每个生成模型最终会得到一个有向无环图，并且每个有向链接代表被链接的随机变量之间的条件分布。例如，如果存在一个从随机变量 x 到另一个随机变量 y 的有向链接，我们就说 x 是 y 的父节点，这个链接本质上表示条件分布 $p(y\,|\,x)$；请参阅图 15.1。使用所

有有向链接的图模型称为有向图模型，文献[181,113,182]中也称其为贝叶斯网络。一般来说，每个有向图模型都代表一种特定的方法，分解所有底层随机变量的联合分布：

$$p(x_1, x_2, \cdots, x_N) = \prod_{i=1}^{N} p(x_i | \mathbf{pa}(x_i)),$$

其中，$\mathrm{pa}(x_i)$ 表示图中 x_i 的所有父节点。

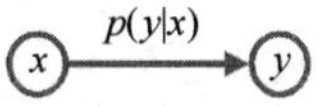

图 15.1　贝叶斯网络中两个随机变量之间的有向链接

另一方面，如果使用所有无向链接来连接随机变量，那么每个无向链接仅仅表示变量之间的某种相互依赖性，因为链接的无向性并没有显式地表示为条件。使用所有无向链接的图模型称为无向图模型或马尔可夫随机场[128,203]。如我们所见，在公式中需要对有向和无向图模型进行不同的处理，但在机器学习中这两种模型密切相关且互补。

首先，以一个简单的有向图模型为例，此例中使用贝叶斯网络，在图中表示一个含有五个随机变量（即 $p(x_1, x_2, x_3, x_4, x_5)$）的生成模型。如果我们不对该联合分布进行任何假设，也仍然可以根据概率中的乘积法则，对该生成模型进行分解，如下：

$$\begin{aligned}&p(x_1, x_2, x_3, x_4, x_5)\\&= p(x_1) \cdot p(x_2 | x_1) \cdot p(x_3 | x_1, x_2) \cdot p(x_4 | x_1, x_2, x_3) \cdot p(x_5 | x_1, x_2, x_3, x_4)\end{aligned}$$

如果我们使用节点来表示每个变量，并使用一些有向链接来恰当地表示所有的条件分布，那么最终将得到一个完全连接的图，如图 15.2 所示。然而，一个完全连接的图模型并不是特别有趣，因为除了代数表示 $p(x_1, x_2, x_3, x_4, x_5)$，没有提供额外的任何信息或任何便利。一个完全连接的图模型仅仅意味着所有底层变量具有相互依赖性，变量之间不可能存在任何独立性，由此可以进一步探讨，简化这种模型的计算。

事实上，在实践中使用的所有感知生成模型通常可以用稀疏连接的图模型表示，图中某些节点之间缺少许多链接。这些缺失的链接表明变量之间存在某种独立性。如果能够正确地探索，底层生成模型的计算将大大简化。例如，给出七个随机变量 $p(x_1, x_2, x_3, x_4, x_5, x_6, x_7)$ 的生成模型，如图 15.3 中的贝叶斯网络所示，可以很容易地确定，这不是一个完全连接图，因为某些节点之间缺失了许多链接。根据前面对有向图模型的定义，可以将图 15.3 中基于所有有向链接的联合分布分解为：

$$\begin{aligned}&p(x_1, x_2, x_3, x_4, x_5, x_6, x_7)\\&= p(x_1)p(x_2)p(x_3)p(x_4 | x_1, x_2, x_3)p(x_5 | x_1, x_3)p(x_6 | x_4)p(x_7 | x_4, x_5)\end{aligned}$$

其中，节点 $p(x_1)$、$p(x_2)$ 和 $p(x_3)$ 没有任何父节点，因此没有条件，而且由于节点 x_4 有三个父节点，因此写为 $p(x_4 \mid x_1, x_2, x_3)$，以此类推。当比较图 15.2 和图 15.3 中的两个贝叶斯网络时，可以看到图 15.3 中的稀疏结构展现了一种特殊的分解联合分布的方法，如之前的方法一样。如果利用这种分解方法而不是乘积规则的泛型方法，计算将大大简化。此外，这种稀疏结构也展现了底层随机变量中的一些潜在独立性影响。下节将再次回到这个主题，并讨论如何识别。

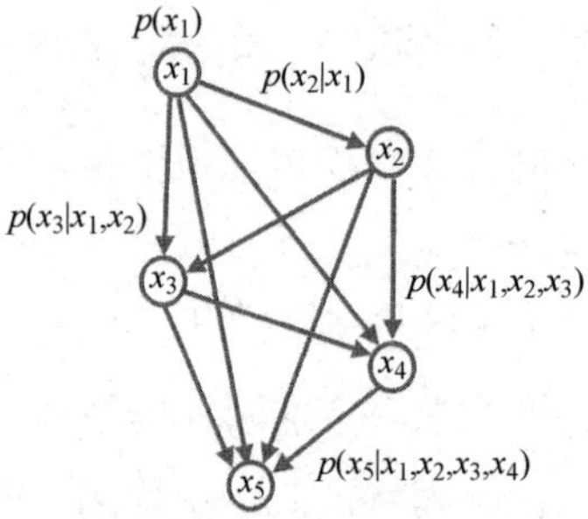

图 15.2　完全连接的贝叶斯网络表示五个随机变量 $p(x_1, x_2, x_3, x_4, x_5)$ 的联合分布

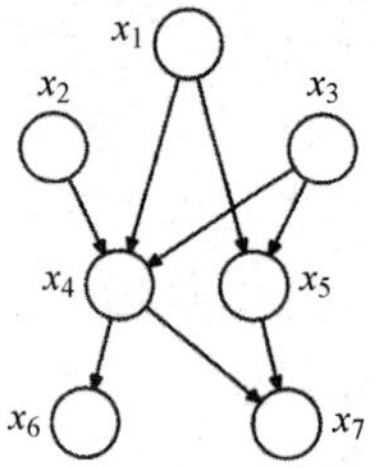

图 15.3　稀疏连接的贝叶斯网络表示七个随机变量 $p(x_1, x_2, x_3, x_4, x_5, x_6, x_7)$ 的联合分布

（来源：Bishop[22]）

这里，讨论如何为贝叶斯网络选择所有的条件分布。一般来说，对于贝叶斯网络中的每一个条件分布，我们通常倾向于选择一个相对简单的模型，如 e 族分布①。如果为贝叶斯网络中的每个条件分布选择一个 e 族分布，我们可以看到所有随机变量的联合分布也属于 e 族，因为该联合分布是许多 e 族分布的乘积。此外，如果贝叶斯网络中的随机变量是连续的，则通常假设这些随机变量的条件分布是具有不同均值和协方差参数的高斯模型。这种选择产生了所谓的高斯贝叶斯网络，本质上是在第 13.2 节中讨论的线性高斯

① 关于 e 族分布的定义，请参阅第 12.1 节。

模型的复杂版本。[①]

本章将更多地关注所有离散随机变量的贝叶斯网络。假设 $\boldsymbol{x}$ 是一个离散随机变量，取 M 个不同值。为了便于记数，我们通常使用一个 M 分之一向量 $\boldsymbol{x}$ 编码这个随机变量，表示为 $\boldsymbol{x}=\left[x_1x_2\cdots x_M\right]^{\mathrm{T}}$（见脚注）。同样，因为另一个离散随机变量 y 取 N 个不同值，所以我们可以使用另一个 N 分之一向量 $\boldsymbol{y}$，表示为 $\boldsymbol{y}=\left[y_1y_2\cdots y_N\right]^{\mathrm{T}}$。在这种情况下，条件分布 $p(x\mid y)$ 可以表示为 $M\times N$ 表格，如图 15.4 所示，其中每个元素 μ_{ij}（$1\leqslant i\leqslant M$ 且 $1\leqslant j\leqslant N$）表示条件概率，如下：

$$\mu_{ij}\triangleq \Pr(x=i\mid y=j)=\Pr\left(x_i=1\mid y_j=1\right)$$

其中，x_i 表示 M 分之一向量 $\boldsymbol{x}$ 中第 i 个元素，y_j 表示 N 分之一向量 $\boldsymbol{y}$ 中第 j 个元素。我们可以很快意识到，表格中每一纵列形成了多项分布，满足总和等于 1 的约束条件：$\sum_{i=1}^{M}\mu_{ij}=1$，其中 $j=1,2,\cdots,N$。利用这种表示法，可以很容易表示条件分布，如下：

$$p(x\mid y)=p(\boldsymbol{x}\mid \boldsymbol{y})=\prod_{i=1}^{M}\prod_{j=1}^{N}\mu_{ij}^{x_iy_j}$$

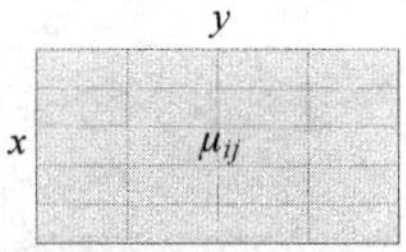

图 15.4　两个离散随机变量之间的条件分布 $p(x\mid y)$

同样，可以将前面的表示法扩展到包含更多离散随机变量的条件分布中。例如，在如图 15.5 所示的三维表格中对 $p(x\mid y,z)$ 进行编码，表示为 $\left\{\mu_{ijk}\right\}$。因此，可以将这种条件分布表示为：

$$p(x\mid y,z)=p(\boldsymbol{x}\mid \boldsymbol{y},\boldsymbol{z})=\prod_{i=1}^{M}\prod_{j=1}^{N}\prod_{k=1}^{K}\mu_{ijk}^{x_iy_jz_k}$$

---

① M 分之一向量 $\boldsymbol{x}$ 取以下 M 个不同值中的一个：

$$\begin{bmatrix}1 & 0 & \cdots & 0\end{bmatrix}$$
$$\begin{bmatrix}0 & 1 & \cdots & 0\end{bmatrix}$$
$$\vdots$$
$$\begin{bmatrix}0 & 0 & \cdots & 1\end{bmatrix}$$

另一方面，可以在一维表格中对无条件概率分布 $p(x)$ 进行编码，表示为 $\{\mu_i\}$。因此，我们得到：

$$p(x)=p(\boldsymbol{x})=\prod_{i=1}^{M}\mu_i^{x_i}$$

将在第 15.3 节讨论如何表示无向图模型的联合分布。[①]

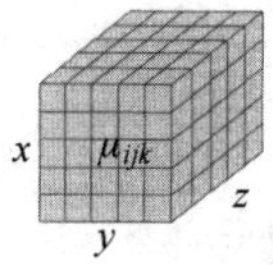

图 15.5　包含三个离散随机变量的条件分布 $p(x\mid y,z)$

15.2 贝叶斯网络

接下来继续讨论与贝叶斯网络相关的几个主题，包括如何解释贝叶斯网络中的条件依赖关系，如何使用贝叶斯网络来表示生成模型，以及如何学习和推断贝叶斯网络。

15.2.1 条件独立

在考虑识别贝叶斯网络中独立性的任何一般规则之前，先讨论一些贝叶斯网络中常用的基本连接模式。

首先，我们从只有两个随机变量的两个简单网络开始。如图 15.6 的左半部分所示，如果两个随机变量 x 和 y 没有连接，则由于二者隐含了分解 $p(x,y)=p(x)p(y)$，因此从统计角度来讲具有独立性，通常表示为 $x\perp y$。这可以扩展到任何贝叶斯网络中断开连接的随机变量。如果两个随机变量没有任何路径连接，那么可以立即断言——二者是独立的。另一方面，如图 15.6 的右半部分所示，如果两个变量 x 和 y 由一个从 y 到 x 的有向链接所连接，表示条件分布 $p(x\mid y)$，则表明二者是相互依赖的。在常规的贝叶斯网络中，链接的方向并不重要，因为我们可以通过表示相反的条件分布 $p(y\mid x)=\dfrac{p(y)p(x\mid y)}{p(x)}$，将链接的方向翻转为从 x 到 y。在这种情况下，任意一个有向链

① 很容易验证条件分布 $p(x_1,x_2,x_3,x_4)$ 可以表示为四维表格 $\{\mu_{ijkl}\}$。

接都指向有效的贝叶斯网络，表示相同的生成模型。然而，在某些情况下，我们更倾向于使用链接的方向来表示两个随机变量之间的因果关系；这就产生了一种特殊类型的贝叶斯网络，通常称为因果贝叶斯网络[184]。在因果贝叶斯网络中，从 y 到 x 的有向链接表示随机变量 x 与 y 存在因果关系。也就是说，在这两个变量之间的物理作用中，y 是原因，x 是结果。请注意，因果关系不能仅根据数据分布判断，在因果贝叶斯网络中，通常需要额外的物理过程信息才能正确指定链接的方向[183,186]。

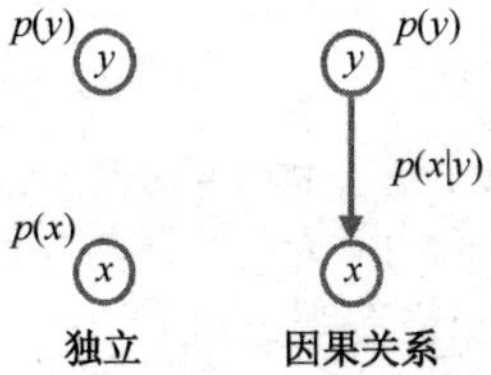

图 15.6　贝叶斯网络中涉及两个变量的两个基本模式

1. x 和 y 是独立的　2. x 和 y 是因果关系

接下来，将继续考虑因果贝叶斯网络中涉及三个变量的一些基本连接模式。假设关注两个变量 x 和 y，研究在以下三种情况下，第三个变量 z 如何影响 x 和 y 的关系。

混淆

如图 15.7 所示，在所谓的叉形指令连接模式$(x \leftarrow z \rightarrow y)$中，随机变量 x 和 y 有一个共同的原因变量 z，通常称为混淆器。在这个叉形指令连接中，我们可以将联合分布分解为：

$$p(x,y,z) = p(z) \cdot p(x \mid z) \cdot p(y \mid z) \tag{15.1}$$

在这种情况下，很容易证明混淆器 z 导致了 x 和 y 之间的虚假关联，因为二者不是独立的，即 $p(x,y) \neq p(x)p(y)$ ①，通常表示为 $x \not\perp y$。

$$x \not\perp y \quad \Leftrightarrow \quad p(x,y) \neq p(x)p(y)$$

然而，一旦给定混淆器 z，则在此条件下 x 和 y 具有独立性。这很容易证明，因为我

①根据等式（15.1），可以分别计算边际分布 $p(x)$、$p(y)$ 和 $p(x,y)$。很容易验证：

$$\begin{aligned} p(x,y) &= \sum_z p(z)p(x \mid z)p(y \mid z) \\ &\neq p(x)p(y) \end{aligned}$$

们可以根据等式（15.1）中的混淆因素分解[①]推导出 $p(x,y\mid z)=p(x\mid z)p(y\mid z)$。于是，我们称在给定 z 的条件下，x 和 y 相对独立，表示为 $x\perp y\mid z$：

$$x\perp y\mid z \quad\Leftrightarrow\quad p(x,y\mid z)=p(x\mid z)p(y\mid z)$$

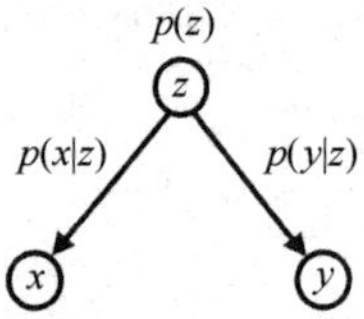

图 15.7　在所谓的叉形指令连接模式 $(x\leftarrow z\rightarrow y)$ 中，混淆变量 z 对两个不同结果 x 和 y 的关系的影响

众所周知，混淆器会导致两个随机变量之间产生一些虚假关联（或相关性），更糟糕的是，在实践中，底层混淆器通常是隐藏的。因此，人们经常将一些隐藏的混淆因素误认为是观察变量之间的直接因果关系。这是数据分析中常见的错误。例如，有人观察到，当一个地区内在游泳池中溺死的人数增加时，该地区内冰淇淋的销量往往会上升。当然，不应该得出吃冰淇淋会导致在泳池中溺死的荒谬结论，正确的解释如图 15.8 所示，这两个变量不是因果关系，而是由于一些隐藏的混杂因素而间接相关，如炎热的天气。当天气变热时，想吃冰淇淋的人会增多，同时，去游泳的人也会增多。引起多发的溺水事故的因素是炎热的天气，而不是吃冰淇淋。另一方面，如果只看一些炎热天气（或凉爽天气）的数据，我们很快就会意识到冰淇淋的销量和溺死实际上是相互独立的。这就是之前讨论过的所谓的相对独立性。

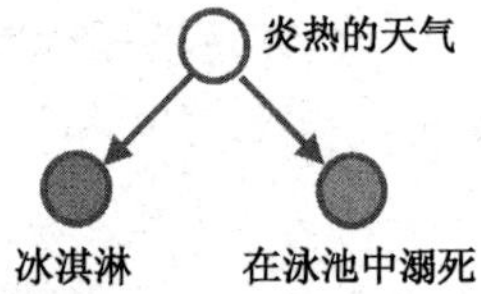

图 15.8　隐藏的混淆器将两个独立的结果变量相关联的方式，观察到了两个阴影变量，但观察不到混淆器

---

① 对于等式（15.1）中的混淆，得到：

$$p(x,y\mid z)=\frac{p(x,y,z)}{p(z)}=\frac{\cancel{p(z)}\,p(x\mid z)p(y\mid z)}{\cancel{p(z)}}=p(x\mid z)p(y\mid z)$$

链接

如图 15.9 所示，在链接节点模式$(x \to z \to y)$下，变量z称为中介器，将x的结果传递到y。在链接节点中，我们可以将联合分布分解为：

$$p(x,y,z) = p(x) \cdot p(z \mid x) \cdot p(y \mid z) \tag{15.2}$$

与混淆器类似，由于可以很容易地验证x和y不独立于等式（15.2）中的链接分解①（见注释），因此中介器z也在x和y之间创建了一个虚假关联。换句话说，由此可得到：

$$x \not\perp y \Leftrightarrow p(x,y) \neq p(x)p(y)$$

但是，如果给定中介器z（或受控），则会阻止信息从x传递到y，反之亦然。这是正确的，因为我们可以根据等式（15.2）②（见注释）推导出如下相对独立性：

$$x \perp y \mid z \quad \Leftrightarrow \quad p(x,y \mid z) = p(x \mid z)p(y \mid z)$$

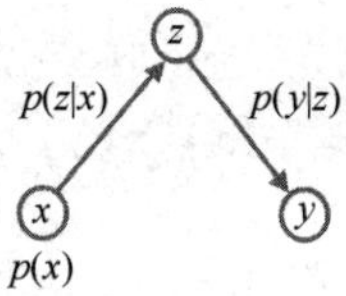

图 15.9　在所谓的链接节点模式$(x \to z \to y)$中，中介器z对两个变量x和y关系的影响

中介器还可以在两个观察变量之间创建虚假关联。在实践中，相比于混淆器创建的虚假关联，依靠常识或直觉通常会帮助我们更容易地识别中介器创建的虚假关联。例如，如图 15.10 所示，如果有人感到饥饿，那么他可能会开始做饭。他做饭时可能会割到手指。很明显，从这个观察中很少有人会得出饥饿会导致割到手指的结论。然而，如果我们控制了中介器，那么两个观察变量就会变得独立。如果无论多饿都不做饭，就不会割到手指。另一方面，无论饥饿与否，只要做饭就可能会割到手指。这便是类似于混淆案例的条件独

---

① $$\begin{aligned} p(x,y) &= \sum_z p(x,y,z) \\ &= \sum_z p(x)p(y)p(z \mid x,y) \\ &= p(x)p(y)\sum_z p(z \mid x,y) = p(x)p(y) \end{aligned}$$

② $$\begin{aligned} p(x,y \mid z) &= \frac{p(x,y,z)}{p(z)} \\ &= \frac{p(x)p(y)p(z \mid x,y)}{p(z)} \\ &\neq p(x \mid z)p(y \mid z) \end{aligned}$$

立性。

$$p(x,y)=\sum_z p(x)p(z|x)p(y|z)=p(x)\sum_z p(z|x)p(y|z)\neq p(x)p(y)$$

$$p(x,y|z)=\frac{p(x,y,z)}{p(z)}=\frac{p(x)p(z|x)p(y|z)}{p(z)}=\frac{p(x,z)p(y|z)}{p(z)}=p(x|z)p(y|z)$$

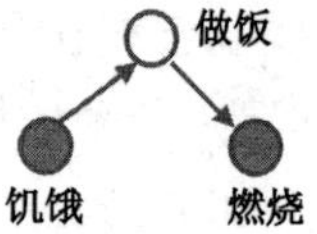

图 15.10　中介器变量将两个随机变量相关联的方式。观察两个阴影变量

碰撞

如图 15.11 所示，碰撞节点模式$(x\rightarrow z\leftarrow y)$中，两个随机变量$x$和$y$有共同结果$z$，通常称为对撞机。在碰撞节点中，我们可以将联合分布分解为：

$$p(x,y,z)=p(x)\cdot p(y)\cdot p(z|x,y) \tag{15.3}$$

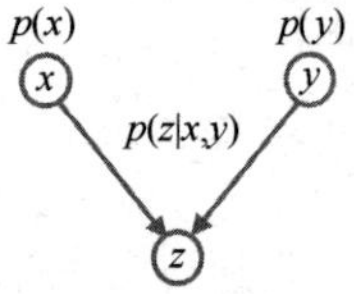

图 15.11　在所谓的碰撞节点模式$(x\rightarrow z\leftarrow y)$中，对撞机$z$（共同结果）对两个独立原因$x$和$y$关系的影响

有趣的是，在这种碰撞分解背景下，我们可以很容易地证明x和y实际上是独立的，因为我们可以证明$p(x,y)=p(x)p(y)$[①]。因此，我们得到：

$$x\perp y \quad \Leftrightarrow \quad p(x,y)=p(x)p(y)$$

---

① $$\begin{aligned}p(x,y)&=\sum_z p(x,y,z)\\&=\sum_z p(x)p(y)p(z|x,y)\\&=p(x)p(y)\sum_z p(z|x,y)=p(x)p(y)\end{aligned}$$

另一方面，由于可以证明对于碰撞节点，$p(x,y|z) \neq p(x|z)p(y|z)$ 成立[①]，因此一旦给定对撞机 z，x 则不再独立于 y，通常表示如下：

$$x \not\perp y \quad z \iff p(x,y|z) \neq p(x|z)p(y|z)$$

机器学习中有一个有趣的现象叫作辩解（explain away），产生于碰撞节点。假设存在一个共同结果（对撞机）z（可能是由两个独立原因 x 或 y 产生），如果只观察 z，就会知道 z 可能是由 x 或 y 或两者共同产生的。然而，如果我们观察 z 且知道原因 x 已经发生，就可以以此辩解，消除另一个原因 y 的因素。换句话说，给定 z 和 x，y 的条件概率总是小于只给定 z 时 y 的条件概率。我们使用一个简单的例子来进一步解释这个有趣的现象：辩解。

例 15.2.1　辩解

如图 15.12 所示，车道的潮湿(W)可能是由两个独立的原因引起的：（1）下雨(R)，或（2）水管漏水(L)。证明如何通过观察一个原因 L 来辩解另一个原因 R。

假设图 15.12 中的三个随机变量都是二进制的（是/否）（即 $R,L,W \in \{0,1\}$）。[②]我们进一步假设给定所有的条件分布，如下：

$$\Pr(R=1)=0.1 \quad \Pr(L=1)=0.01$$

$$\Pr(W=1|R=1,L=1)=0.90 \quad \Pr(W=1|R=1,L=0)=0.80$$

$$\Pr(W=1|R=0,L=1)=0.50 \quad \Pr(W=1|R=0,L=0)=0.20$$

第一，在我们观察任意对象之前，下雨的先验概率为 $\Pr(R=1)=0.1$。

---

①
$$\begin{aligned} p(x,y|z) &= \frac{p(x,y,z)}{p(z)} \\ &= \frac{p(x)p(y)p(z|x,y)}{p(z)} \\ &\neq p(x|z)p(y|z) \end{aligned}$$

② 显然，得到

$$\Pr(\boldsymbol{R}=0)=1-\Pr(\boldsymbol{R}=1)=0.9$$

$$\Pr(\boldsymbol{L}=0)=1-\Pr(\boldsymbol{L}=1)=0.99$$

$$\Pr(\boldsymbol{W}=0|\boldsymbol{R}=1,\ \boldsymbol{L}=1)$$

$$=1-\Pr(\boldsymbol{W}=1|\ \boldsymbol{R}=1,\boldsymbol{L}=1)$$

等等。

第二，假设我们已经观察到车道是潮湿的（即，$W=1$）。计算下雨的条件概率①：

$$\Pr(R=1\mid W=1)=\frac{\Pr(W=1,R=1)}{\Pr(W=1)}=0.3048$$

如我们所见，该观察结果（$W=1$）显著地增加了任何可能原因的概率。下雨的概率从 0.1 上升到 0.3048。

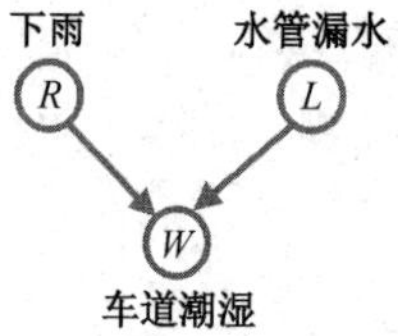

图 15.12　辩解现象，共同结果可能由两个独立原因产生

第三，假设我们观察到车道潮湿后，也发现水管漏水（$L=1$）。计算这种情况下下雨的条件概率，如下：

$$\Pr(R=1\mid W=1,L=1)=\frac{\Pr(W=1,L=1,R=1)}{\Pr(W=1,L=1)}=0.1667$$

这说明在我们知道水管漏水（一个原因）后，下雨（另一个原因）的概率从 0.3048 大幅降低到 0.1667。换句话说，观察一个原因很明显地辩解了所有其他独立原因的可能性，而在通常情况下，这两个因素（下雨和水管漏水）是完全独立的。

最后，我们可以将之前关于条件独立性的讨论，从三种简单情况扩展到更普遍的贝叶

---

① $$\begin{aligned}\Pr(W=1,R=1)&=\Pr(W=1,L=1,R=1)+\Pr(W=1,L=0,R=1)\\&=0.1\times0.01\times0.9+0.99\times0.1\times0.8\\&=0.0801\end{aligned}$$

$$\begin{aligned}\Pr(W=1,R=0)&=\Pr(W=1,L=1,R=0)+\Pr(W=1,L=0,R=0)\\&=0.01\times0.9\times0.5+0.99\times0.9\times0.2=0.1827\end{aligned}$$

$$\begin{aligned}\Pr(W=1)&=\Pr(W=1,R=1)+\Pr(W=1,R=0)\\&=0.2628\end{aligned}$$

$$\begin{aligned}\Pr(W=1,L=1)&=\Pr(W=1,L=1,R=1)+\Pr(W=1,L=1,R=0)\\&=0.1\times0.01\times0.9+0.9\times0.01\times0.5\\&=0.0054\end{aligned}$$

斯网络中，从而得到著名的 d 分离规则[182]。般来说，给定变量 A 、B 、C 的任意三个不相交的子集，对于贝叶斯网络中从 A 到 B 的任意一条路径，如果同时满足以下两个条件，则称该路径被 C 阻塞：

1. 路径上的所有混淆器和中介器都属于 C 。
2. 任何对撞机及其子节点都不属于 C 。

如果所有从 A 到 B 的路径被 C 阻塞，则称：C d 分离 A 和 B ，表示为 $A \perp B \mid C$ 。换句话说，给定 C 中所有变量，任何 A 中的随机变量都相对独立于 B 中所有变量。相反，如果任何路径都不是阻塞的，则称在给定 C 的情况下，A 和 B 并不相对独立，表示为：$A \not\perp B \mid C$ 。

以图 15.13 中简单因果贝叶斯网络为例，应用 d 分离规则后，可以得到如下结果：

$$a \not\perp f \mid c \quad a \not\perp b \mid c$$

$$a \not\perp c \mid f \quad a \perp b \mid f \quad e \perp b \mid f$$

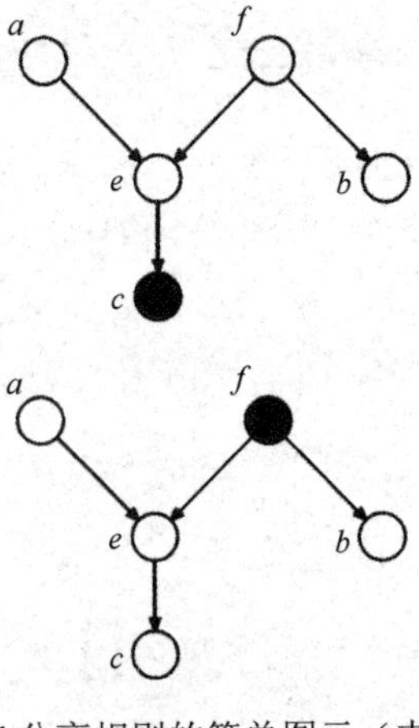

图 15.13 解释 d 分离规则的简单图示（来源：Bishop[22]）

15.2.2 用贝叶斯网络表示生成模型

图模型在机器学习中的一处重要用途就是用图直观地表示许多生成模型，直接显示各种随机变量的底层依赖结构。接下来，将讨论如何用贝叶斯网络表示一些流行的生成模型。请记住，贝叶斯网络的基本规则为：节点表示随机变量，有向链接表示一些变量之间的条件分布。请注意，有些随机变量被标记为“已观察”，其余随机变量为“未观察”，但二者均被视为潜变量。在贝叶斯网络中，必须明确区分这两种类型的节点。

先从多元高斯模型入手。如图 15.14 所示，高斯模型可以用由一些未连接的节点组成的贝叶斯网络表示，每个节点代表一个独立恒等分布（i.i.d.）数据样本 $\boldsymbol{x}_i$ 。阴影为所有节点，表示一些已观察的随机变量。每个节点表示由高斯模型指定的分布，即对所有 $i=1,2,\cdots,N$ ，有 $p(\boldsymbol{x}_i)=N(\boldsymbol{x}_i \mid \boldsymbol{\mu},\boldsymbol{\Sigma})$ 。在实践中，为了简化图 15.14 中的贝叶斯网络，通常采用图 15.15 所示的紧凑板极符号。在这种情况下，板极符号表示同一网络结构中 N 个副本的重复。

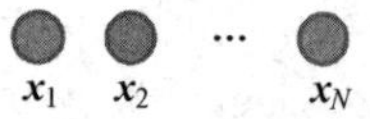

图 15.14　将高斯模型表示为 N 个独立恒等分布数据样本的贝叶斯网络
（阴影节点表示已观察随机变量）

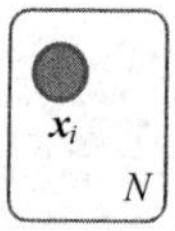

图 15.15　使用板极符号将高斯模型表示为 N 个独立恒等分布数据样本的贝叶斯网络

此外，还可以用图 15.16 所示的贝叶斯网络表示高斯模型的贝叶斯学习，其中已知协方差矩阵为 $\boldsymbol{\Sigma}_0$。众所周知，在贝叶斯学习中，所有未知的模型参数都被视为随机变量。因此，必须添加一个新的节点，表示未知的高斯均值向量 $\boldsymbol{\mu}$ ，这个节点无阴影，表示新的节点在贝叶斯学习中未被观察，所以必须把高斯视为一个潜变量。在贝叶斯网络中，指定 $\boldsymbol{\mu}$ 节点的先验分布为 $p(\boldsymbol{\mu})$ 。有向链接表示条件分布 $p(\boldsymbol{x}_i \mid \boldsymbol{\mu})=N(\boldsymbol{x}_i \mid \boldsymbol{\mu},\Sigma_0)$ 。根据贝叶斯网络的规则，该结构意味着联合分布的分解方法如下：

$$p(\boldsymbol{\mu},\boldsymbol{x}_1,\cdots \boldsymbol{x}_N)=p(\boldsymbol{\mu})\prod_{i=1}^{N} p(\boldsymbol{x}_i \mid \boldsymbol{\mu})$$

我们可以证明这种分解与等式（14.1）中的贝叶斯学习规则是一致的。

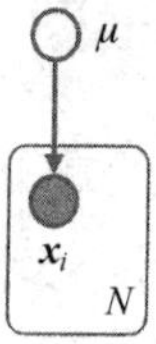

图 15.16　使用贝叶斯网络来表示具有 N 个独立恒等分布数据样本的高斯模型的贝叶斯学习
（已知协方差矩阵）（阴影节点表示已观察变量，非阴影节点表示潜变量）

接下来，我们考虑如何使用贝叶斯网络来表示 M 个高斯分量的高斯混合模型（GMM）。

对于每个数据样本 $\boldsymbol{x}_i$，我们引入一个 M 分之一潜变量 $\boldsymbol{z}_i$ 表示 $\boldsymbol{x}_i$ 所属分量。每个 $\boldsymbol{z}_i$ 可以取 M 分之一个不同的值。我们可以用图 15.17 所示的贝叶斯网络来表示 N 个独立恒等分布数据样本的高斯混合模型。我们用无阴影节点来表示每个潜变量 $\boldsymbol{z}_i$ 。①此外，还可以为 $\boldsymbol{z}_i$ 的每个节点指定一个分布，如下：

$$p(\boldsymbol{z}_i)=\prod_{m=1}^{M}(w_m)^{z_{im}},$$

其中，w_m 表示第 m 个高斯分量的混合权重。此外，有向链接表示以下条件分布：

$$p(\boldsymbol{x}_i \mid \boldsymbol{z}_i)=\prod_{m=1}^{M}\left(\mathcal{N}(\boldsymbol{x}_i \mid \boldsymbol{\mu}_m,\boldsymbol{\Sigma}_m)\right)^{z_{im}}$$

其中，$N(\boldsymbol{\mu}_m,\boldsymbol{\Sigma}_m)$ 表示第 m 个高斯分量。图 15.17 的模型结构给出联合分布的分解如下：

$$p(\boldsymbol{x}_1,\cdots,\boldsymbol{x}_N,\boldsymbol{z}_1,\cdots,\boldsymbol{z}_N)=\prod_{i=1}^{N}p(\boldsymbol{z}_i)p(\boldsymbol{x}_i \mid \boldsymbol{z}_i)$$

如果边缘化所有潜变量 $\{\boldsymbol{z}_1,\cdots,\boldsymbol{z}_N\}$，就会得到所有数据样本的边缘分布，如下：

$$p(\boldsymbol{x}_1,\cdots,\boldsymbol{x}_N)=\prod_{i=1}^{N}\underbrace{(\sum_{\boldsymbol{z}_i}p(\boldsymbol{z}_i)p(\boldsymbol{x}_i \mid \boldsymbol{z}_i))}_{p(\boldsymbol{x}_i)}$$

考虑每个 $\boldsymbol{z}_1$ 仅取 M 个不同的值（如前所述），我们可以验证此 $p(\boldsymbol{x}_i)$ 与等式（12.6）中高斯混合模型的原始定义相同。

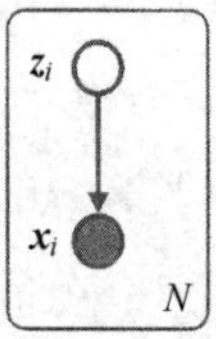

图 15.17　用贝叶斯网络表示 M 个高斯混合分量的高斯混合模型

---

① 潜变量：

$$\mathbf{z}_i=[z_{i1}z_{i2}\cdots z_{iM}]$$

可能取以下值之一：

$$\begin{matrix}[1 & 0 & \cdots & 0]\\ [0 & 1 & \cdots & 0]\\ & & \vdots & \\ [0 & 0 & \cdots & 1]\end{matrix}$$

此外，可以扩展例 14.3.1 中讨论的高斯混合模型贝叶斯学习的图表示。在这种情况下，我们需要添加一些无阴影节点来表示所有的高斯混合模型参数：一个包含所有混合权值 $\boldsymbol{w}=\left[w_1\cdots w_m\right]^{\mathrm{T}}$ 的向量，以及所有高斯均值向量和协方差矩阵 $\{\boldsymbol{\mu}_m,\boldsymbol{\Sigma}_m\}$。如图 15.18 所示，如果我们指定所有随机变量之间的依赖关系，并为所有有向链接选择如下条件分布：

$$p(\boldsymbol{w})=\mathrm{Dir}\left(\boldsymbol{w}\mid\boldsymbol{\alpha}^{(0)}\right)$$

$$p\left(\boldsymbol{z}_i\mid\boldsymbol{w}\right)=\prod_{m=1}^{M}\left(w_m\right)^{z_{im}}\quad\forall i=1,2,\cdots N$$

$$p\left(\boldsymbol{\Sigma}_m\right)=\mathcal{W}^{-1}\left(\boldsymbol{\Sigma}_m\mid\boldsymbol{\Phi}_m^{(0)},\nu_m^{(0)}\right)\quad\forall m=1,2,\cdots M$$

$$p\left(\mu_m\mid\boldsymbol{\Sigma}_m\right)=\mathcal{N}\left(\boldsymbol{\mu}_m\mid\boldsymbol{v}_m^{(0)},\frac{1}{\lambda_m^{(0)}}\boldsymbol{\Sigma}_m\right)\ \forall m=1,2,\cdots M$$

$$p\left(\boldsymbol{x}_i\mid z_i,\{\mu_m,\boldsymbol{\Sigma}_m\}\right)=\prod_{m=1}^{M}\left(\mathcal{N}\left(\boldsymbol{x}_i\mid\mu_m,\boldsymbol{\Sigma}_m\right)\right)^{z_{im}}\quad\forall i=1,2,\cdots N$$

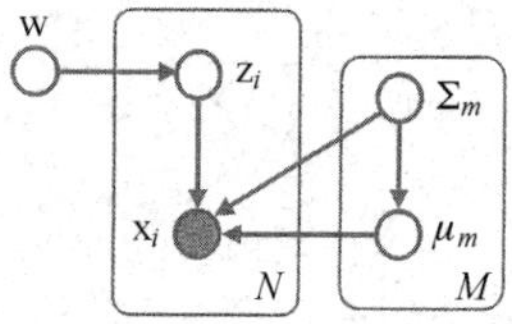

图 15.18　用贝叶斯网络表示例 14.3.1 中 M 个高斯混合分量的高斯混合模型的贝叶斯学习

我们就可以验证这些指定是否与例 14.3.1 中的公式完全相同。

按照同样的思路，可以将 11.3 节中讨论的马尔可夫链模型表示为任意的序列 $\{x_1,x_2,x_3,x_4\cdots\}$ 和图 15.19 所示的贝叶斯网络。在一阶马尔可夫链模型中，每个状态只取决于先前状态，表示为 $p(x_i\mid x_{i-1})$，即从一个观察到下一个观察的有向链接。在二阶马尔可夫链模型中，每个状态都依赖于前两个状态，表示为 $p(x_i\mid x_{i-1})$，即从两个父节点开始的有向链接。我们可以看到，马尔可夫链模型中没有潜变量。

另一方面，图 15.20 所示的贝叶斯网络可以将第 12.4 节中讨论的隐马尔可夫模型表示为观测序列 $\{\boldsymbol{x}_1,\boldsymbol{x}_2\cdots,\boldsymbol{x}_T\}$。在这里，我们引入了所有对应的马尔可夫状态 s_t，作为所有 $t=1,2,\cdots,T$ 的潜变量。如马尔可夫模型所定义，每个观察值 $\boldsymbol{x}_t$ 只取决于当前马尔可夫状态 s_t，而 s_t 又取决于先前状态 s_{t-1}。图 15.20 中的模型结构表示对联合分布进行分解，如下：

$$p\left(s_1,\cdots,s_T,\boldsymbol{x}_1,\cdots,\boldsymbol{x}_T\right)=p\left(s_1\right)p\left(\boldsymbol{x}_1\mid s_1\right)\prod_{t=2}^{T}p\left(s_t\mid s_{t-1}\right)p\left(\boldsymbol{x}_t\mid s_t\right)$$

如果边缘化所有的潜变量$\{s_t,\cdots,s_T\}$，则可以推导出所有观察值的边际分布如下：

$$p(\boldsymbol{x}_1,\cdots,\boldsymbol{x}_T)=\sum_{s_1,\cdots,s_T} p(s_1,\cdots,s_T,\boldsymbol{x}_1,\cdots,\boldsymbol{x}_T)$$

计算得出的等式（12.15）与第 12.4 节中马尔可夫模型的原始定义相同。

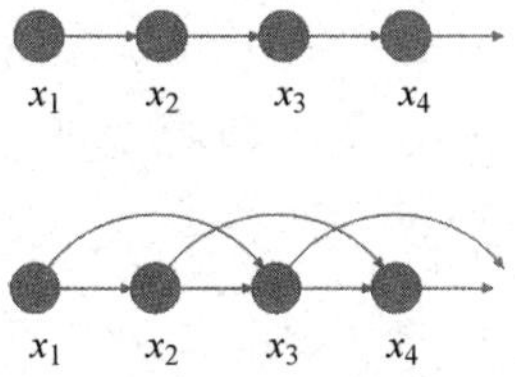

1．一阶马尔科夫链

2．二阶马尔科夫链

图 15.19　贝叶斯网络表示一个序列的马尔可夫链模型

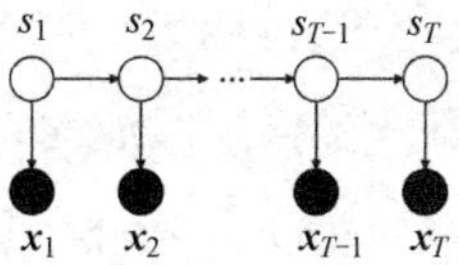

图 15.20　贝叶斯网络表示序列$\{\boldsymbol{x}_1,\cdots,\boldsymbol{x}_T\}$的马尔可夫模型

15.2.3　学习贝叶斯网络

众所周知，贝叶斯网络可以灵活地用图表示各种生成模型。一个有趣的问题是，我们如何根据可用的训练数据自动学习贝叶斯网络。这一学习问题通常包括两个不同的部分。

1．结构学习

在结构学习中，我们需要回答一些图结构相关问题。例如，实际存在多少潜变量？模型中哪些随机变量是相互关联的，哪些不是？我们如何确定连接节点的链接方向？然而，在机器学习中，结构学习在很大程度上是一个开放问题。模型结构很大程度上依赖于底层数据生成机制，因此我们通常认为数据分布本身不能提供足够的信息来推断模型结构是否正确。对于给定的数据分布，我们通常可以提出大量产生相同数据分布的不同结构模型（请参阅练习 Q15.1 和 Q15.2）。在实践中，我们必须根据对给定数据的理解，以及对物理数据生成过程的一般假设，手动指定模型结构。

2. 参数估计

我们如何学习给定模型结构中所有有向链接的条件分布？假设所有的随机变量都是离散的，这些条件分布本质上是许多不同的多项分布。这种情况下，这一步将归结为一个参数估计问题，即如何估计这些多项分布中的所有参数。相比之下，参数估计在机器学习中不是难题。正如我们在前几章中学到的，我们可以通过优化各种目标函数来估计未知参数，例如极大似然估计或最大后验概率。

一旦指定了结构，贝叶斯网络则通常表示一种分解许多不同随机变量联合分布的特殊方式：

$$p_{\boldsymbol{\theta}}\left(x_1, x_2, x_3, \cdots\right)$$

其中 $\boldsymbol{\theta}$ 表示所有未知参数。

如果可以观察到联合分布中的所有随机变量，那么参数估计实际上就是一个相当简单的问题。假设我们收集了由多个随机变量样本组成的训练集，如下：

$$\left\{\left(x_1^{(1)}, x_2^{(1)}, x_3^{(1)}, \cdots\right), \left(x_1^{(2)}, x_2^{(2)}, x_3^{(2)}, \cdots\right), \cdots \left(x_1^{(i)}, x_2^{(i)}, x_3^{(i)}, \cdots\right), \cdots\right\}$$

如我们所见，可以通过最大化以下对数似然函数，估计未知模型参数 $\boldsymbol{\theta}$：

$$l(\boldsymbol{\theta}) = \sum_i \ln p_{\boldsymbol{\theta}}\left(x_1^{(i)}, x_2^{(i)}, x_3^{(i)}, \cdots\right)$$

对联合分布进行分解后，会生成一些简单的表达式，这是因为对数可以直接应用于每一个条件分布，通常假设该条件分布属于 e 族。在这种情况下，对于所有的未知参数 $\boldsymbol{\theta}$，我们通常可以推导出最大似然估计的一个闭形解，如 11.3 节中的马尔可夫链模型。

在其他许多情况下，当底层模型包含一些潜变量时，我们就无法完全观察联合分布中的所有随机变量。例如，我们只能在可用的训练样本中观察随机变量的一个子集：

$$\left\{\left(x_1^{(1)}, *, x_3^{(1)}, \cdots\right), \left(x_1^{(2)}, *, x_3^{(2)}, \cdots\right), \cdots, \left(x_1^{(i)}, *, x_3^{(i)}, \cdots\right), \cdots\right\},$$

其中，假设在训练集中没有观察到潜变量 x_2。在这种情况下，必须边缘化所有的潜变量，从而得到进行参数估计的对数似然函数，如下：

$$l(\boldsymbol{\theta}) = \sum_i \ln \sum_{x_2} p_{\boldsymbol{\theta}}\left(x_1^{(1)}, x_2, x_3^{(1)}, \cdots\right)$$

与第 12 章中描述的混合模型相似，这个对数似然函数包含一些对数和项。在这种情况下，可以使用期望最大化（EM）方法，以迭代的方式估计所有模型参数 $\boldsymbol{\theta}$。

15.2.4 推理算法

一旦学习了贝叶斯网络，贝叶斯网络就可以完全指定所有底层随机变量的联合分布，如下：

$$p(\underbrace{x_1, x_2, x_3}_{\text{已观察 } \boldsymbol{x}}, \underbrace{x_4, x_5, x_6}_{\text{感兴趣 } \boldsymbol{y}}, \underbrace{x_7, x_8, \cdots}_{\text{未观察 } \boldsymbol{z}})$$

如前所述，可以将所有随机变量分成三组：

1．所有已观察的变量，记作 $\boldsymbol{x}$；

2．一些我们感兴趣但未观测的变量，记作 $\boldsymbol{y}$；

3．其余未观察的变量，记作 $\boldsymbol{z}$。

中心推理问题在于，我们想要使用给定的贝叶斯网络，基于已观察的变量 $\boldsymbol{x}$，对感兴趣的变量 $\boldsymbol{y}$ 做出一些决策。正如我们在第 10 章对贝叶斯决策理论的讨论中所见，最优决策必须基于条件分布 $p(\boldsymbol{y}\,|\,\boldsymbol{x})$。贝叶斯网络指定了联合分布 $p(\boldsymbol{x}, \boldsymbol{y}, \boldsymbol{z})$，可以很容易地计算出所需的条件分布，如下：①

$$p(\boldsymbol{y}\,|\,\boldsymbol{x}) = \frac{p(\boldsymbol{x}, \boldsymbol{y})}{p(\boldsymbol{x})} = \frac{\sum_{\boldsymbol{z}} p(\boldsymbol{x}, \boldsymbol{y}, \boldsymbol{z})}{\sum_{\boldsymbol{y}, \boldsymbol{z}} p(\boldsymbol{x}, \boldsymbol{y}, \boldsymbol{z})} \tag{15.4}$$

一旦（至少在原则上）给定贝叶斯网络，就可以对 $\boldsymbol{y}$ 和 $\boldsymbol{z}$ 的所有组合求和，计算分子和分母，从而得出所需的条件分布。然而，任何蛮力算法在计算上都需要付出非常高的代价。假设 $\boldsymbol{y}$ 和 $\boldsymbol{z}$ 中的变量总数为 T，每个离散随机变量最多可以取 K 个不同值。对分母求和的计算复杂度呈指数递增（即 $O(K)^T$ ），在实际运用中代价很高。因此，当我们使用任意贝叶斯网络进行推理时，关键的问题在于如何设计更高效的算法，以更灵活的方式计算总和。

表 15.1 列出了文献中针对图模型提出的常用推理算法。一般来说，这些推理算法分为两大类：精确推理和近似推理。

① 假设所有随机变量都是离散的。对于连续随机变量，只需要使用 $\boldsymbol{y}$ 或 $\boldsymbol{z}$ 的积分替换所有的总和。

表 15.1 各种图模型的代表性推理算法总结①

	推理算法	适用图形	复杂度
精确推理	蛮力法	所有	$O(K)^T$
	正反向算法	链	$O(T \cdot K^2)$
	和积算法（置信传播算法）	树	$O(T \cdot K^2)$
	最大和算法	树	$O(T \cdot K^2)$
	联合树算法	所有	$O(K^p)$
近似推理	环路置信传播	所有	—
	变分推理	所有	—
	期望传播	所有	—
	蒙特卡罗抽样	所有	—

所有的精确推理算法都是为了高效地、精确地计算条件分布。精确推理方法背后的基本思想是通过探索图的结构，使用动态规划局部地、递归地计算总和，例如链结构图的正反向算法[194]、树结构图的和积算法[180,140,134,22]以及最大和算法[245,22]。一般来说，这些算法非常高效，因为可以通过非循环图中的一些局部操作来计算总和，比如两个相邻节点之间的信息传递。因此，这些算法的计算复杂度通常为二次方（即$O(T \cdot K^2)$）。

然而，对于更一般的图，动态规划引出了著名的联合树算法[140,13]。联合树算法的计算代价随着图像的树宽（记为p）呈指数增长，树宽是图中相互连通的最大节点数。因此，联合树算法通常不适用于大量、密集连接的图。

① 1. 蛮力法
2. 正反向算法
3. 和积算法（又称置信传播算法）
4. 最大和算法
5. 联合树算法
6. 环路置信传播
7. 变分推理
8. 期望传播
9. 蒙特卡罗抽样
其中，T为离散图模型中随机变量的总数，K为每个离散变量可以取的不同值的最大数量，p为图的树宽。

另一方面，近似推理方法旨在使用不同的策略来近似条件分布。在所谓的环路置信传播方法[182,71]中，低计算成本的和积算法直接运行于可能包含环路的一般图上。虽然这种方法对任何循环图都不会产生正确的结果，但人们发现在某些应用中，此方法可能产生的结果也可以令人接受[70,154]。

变分推理[119,5]和期望传播[164,22]方法会使用一些变分分布 $q(\boldsymbol{y})$ 来近似真实条件分布 $pT(\boldsymbol{y}\,|\,\boldsymbol{x})$。类似于 14.3.2 节，在某些分解假设下，使用一些迭代方法可以推导出最优拟合变分分布。在此之后，基于最优拟合变分分布而非真实条件分布进行推理。

最后，在蒙特卡罗方法[155]中，可以直接对图模型指定的联合分布进行抽样，生成多个独立样本。然后根据所有随机抽取的样本估计条件分布。如果我们的资源能够生成大量的样本，那么这种方法通常就可以得到相当准确的估计。

本章不会完全介绍表 15.1 中的推理算法，只是想使用一些简单的案例来强调其背后的关键思想。例如，我们将简要介绍正反向算法，解释如何在链结构图上执行信息传递，并使用一个简单的例子展示如何实现蒙特卡罗抽样，以生成样本来估计所需的条件分布。感兴趣的读者可以参阅给定参考资料，获取有关其他推理算法的更多细节。

正反向推理：在链上传递信息

如图 15.21 所示，给定一个由 T 个离散随机变量组成的贝叶斯网络，每个离散随机变量具有 K 个不同的值，链结构表示这些变量的联合分布进行如下分解：

让我们考虑如何根据等式（15.4）中条件分布的要求，计算这个贝叶斯网络中的总和。例如，我们将计算任意一个变量 x_n 的边际分布 $p(x_n)$。根据定义，我们需要边缘化联合分布中所有的其他变量，如下：

$$p(x_n) = \sum_{x_1} \cdots \sum_{x_{n-1}} \sum_{x_{n+1}} \cdots \sum_{x_T} p(x_1, x_2, \cdots, x_T)$$

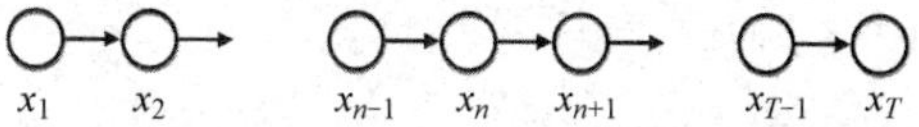

图 15.21　T 个随机变量（即 $x_1, x_2, \cdots, x_T$）的链结构贝叶斯网络

总和包含 K^{T-1} 个不同的项，计算复杂度一般为指数级的。然而，如果我们探究网络的链结构，就可以显著地简化计算。

将等式（15.5）中的链式分解代入之前的总和中后，可以将总和分成两部分的乘积；其一是从 x_1 到 x_{n-1} 的总和，其二是从 x_{n+1} 到 x_T 的总和，如下：

$$
\begin{aligned}
p(x_n) &= \sum_{x_1}\cdots\sum_{x_{n-1}}\sum_{x_{n+1}}\cdots\sum_{x_T} p(x_1)\,p(x_2 \quad x_1)\,p(x_3 \quad x_2)\cdots p(x_T \quad x_{T-1}) \\
&= \left(\sum_{x_1\cdots x_{n-1}} p(x_1)\ldots p(x_n \mid x_{n-1})\right)\left(\sum_{x_{n+1}\cdots x_T} p(x_{n+1} \mid x_n)\cdots p(x_T \mid x_{T-1})\right)
\end{aligned}
$$

此外，这种链式分解允许我们使用动态规划，递归地对两个部分中每个单独变量逐一求和[①]，如下：

$$
\begin{aligned}
p(x_n) = &\overbrace{\left(\sum_{x_{n-1}} p(x_n \mid x_{n-1})\cdots \overbrace{\left(\sum_{x_2} p(x_3 \mid x_2)\overbrace{(\sum_{x_1} \overbrace{p(x_1)}^{\alpha_1(x_1)} p(x_2 \mid x_1))}^{\alpha_2(x_2)}\right)}^{\alpha_3(x_3)}\right)}^{\alpha_n(x_n)} \\
&\underbrace{\left(\sum_{x_{n+1}} p(x_{n+1} \mid x_n)\cdots \underbrace{\left(\sum_{x_{T-1}} p(x_{T-1} \mid x_{T-2})\underbrace{\left(\sum_{x_T} p(x_T \mid x_{T-1})\right)}_{\beta_{T-1}(x_{T-1})}\right)}_{\beta_{T-2}(x_{T-2})}\right)}_{\beta_n(x_n)}
\end{aligned}
$$

可以递归地计算每个 $\alpha_t(x_t)$ 和 $\beta_t(x_t)$ 的总和，如下：

$$
\alpha_t(x_t) = \sum_{x_{t-1}} p(x_t \quad x_{t-1})\,\alpha_{t-1}(x_{t-1}) \quad (\forall t = 2,\cdots,n)
$$

$$
\beta_t(x_t) = \sum_{x_{t+1}} p(x_{t+1} \quad x_t)\,\beta_{t+1}(x_{t+1}) \quad (\forall t = T-1,\cdots,n)
$$

如果我们使用图 15.4 中的矩阵形式将每个条件分布 $p(x_t \mid x_{t-1})$ 表示为 $K \times K$ 矩阵 $\left[\boldsymbol{\mu}_{ij}^{(t)}\right]$，并使用两个 $K \times 1$ 向量（即 $\boldsymbol{\alpha}_t$ 和 $\boldsymbol{\beta}_t$）表示 x_t 的 K 个不同值的 $\alpha_t(x_t)$ 和 $\beta_t(x_t)$，前两个等式可以用矩阵乘法简洁地表示为：

$$
\boldsymbol{\alpha}_t = \left[\boldsymbol{\mu}_i^{(t)}\right]\boldsymbol{\alpha}_{t-1} \quad (\forall t = 2,\cdots,n)
$$

$$
\boldsymbol{\beta}_t = \left[\boldsymbol{\mu}_i^{(t+1)}\right]^{\mathrm{T}}\boldsymbol{\beta}_{t+1} \quad (\forall t = T-1,\cdots,n)
$$

很容易验证每个更新的计算复杂度为 $O(K^2)$。每个局部更新都如图 15.22 所示。

有趣的是，前面的计算可以作为图中的一些局部操作轻松实现。假设我们已知一条信

① 请注意：此递归总和技巧大体上类似于在 12.4 节讨论的马尔可夫模型的正反向算法。

息，向量为$\boldsymbol{\alpha}_t$，对应于图中每个节点x_t。初始化链上的第一个节点x_1后，我们可以使用前面的等式从左到右递归地更新链上的所有消息，如图 15.23 所示。

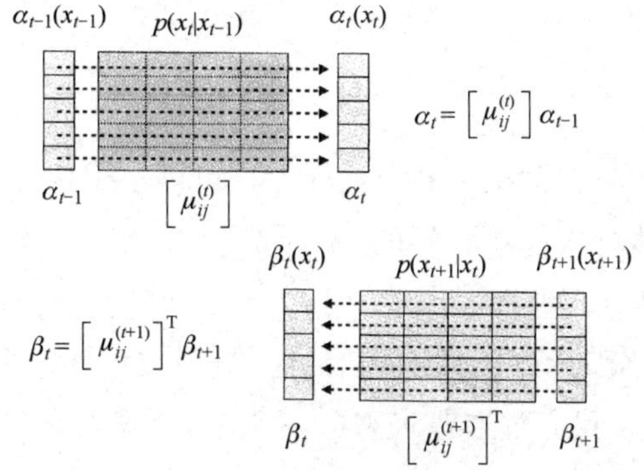

图 15.22　使用矩阵乘法对链上的每个节点进行局部消息更新：
（上）从左到右正向更新；（下）从右到左反向更新。

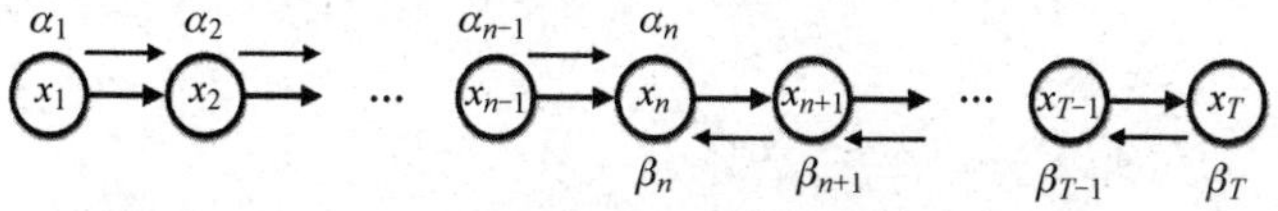

图 15.23　沿着链结构贝叶斯网络进行消息传递，
图中，在正向过程中从x_{n-1}到x_n传递消息$\boldsymbol{\alpha}_n$，而在反向过程中从x_{n+1}到x_n传递消息$\boldsymbol{\beta}_n$。

这些局部图操作通常称为消息传递（也称为置信传播）。消息传递的思想也可以应用于图中的所有向量$\boldsymbol{\beta}_t$。我们首先初始化链x_T上的最后一个节点为$\boldsymbol{\beta}_T = 1$，然后使用前面的等式以类似的方法将消息逐一反向传递到x_1，如图 15.23 所示。

一旦得到了图中所有节点的$\boldsymbol{\alpha}_t$和$\boldsymbol{\beta}_t$，我们就可以计算许多边际分布，比如$p(x_n) = \alpha_n(x_n)\beta_n(x_n)$和$p(x_n, x_{n+1}) = \alpha_n(x_n)p(x_{n+1} | x_n)\beta_{n+1}(x_{n+1})$，等等。

可以很容易地修改消息传递机制，适应已观察的变量。例如，如果我们已观察一个变量$x_t = \omega_t$，该变量属于等式（15.4）中的$\boldsymbol{x}$组，那么在图上传递消息时，就不需要对所有不同x_t值求和，而只需将总和替换为观察值ω_t，如下：

$$\alpha_{t+1}(x_{t+1}) = p(x_{t+1} | x_t)\alpha_t(x_t)\Big|_{x_t=\omega_k}$$

$$\beta_{t-1}(x_{t-1}) = p(x_t | x_{t-1})\beta_t(x_t)\Big|_{x_t=\omega_k}$$

最后，图上的局部信息传递操作可以扩展到处理更一般的图模型。然而，对于无链结构，消息传递算法通常不能直接运行于给定模型的原始图，必须创建一些中间代理图来传递消息，例如：构建所谓的树形结构模型的因素图像[134]，或循环图模型的联合树[140]。在此之后，相邻节点之间的相同消息传递操作可以类似地通过代理图实现，从而为这些图模型推导出精确推理算法。

蒙特卡罗抽样

对于任意结构的图，基于蒙特卡罗的抽样方法可以用于估计等式（15.4）中的任何条件分布[155]。抽样方法的概念很简单。这里，我们考虑一个简单的例子来解释如何进行抽样，生成适合于估计特定条件分布的样本。考虑由 7 个离散随机变量组成的简单贝叶斯网络，如图 15.24 所示，其中所有的条件分布都是已知。假设已观察三个变量 x_1 、 x_3 和 x_5 ，其值相应地表示为 $\hat{x}_1$ 、 $\hat{x}_3$ 和 $\hat{x}_5$ 。我们对推理 x_6 和 x_7 感兴趣。考虑如何对该贝叶斯网络进行抽样，以此估计条件分布 $p(x_6,x_7 \mid \hat{x}_1,\hat{x}_3,\hat{x}_5)$ 。

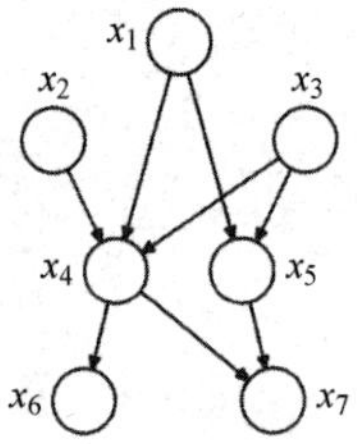

图 15.24　由 7 个离散随机变量 $p(x_1,x_2,x_3,x_4,x_5,x_6,x_7)$ 组成的贝叶斯网络，由以下条件分布定义：

$$p(x_1),\quad p(x_2),\quad p(x_3)$$

$$p(x_4 \mid x_1,x_2,x_3)$$

$$p(x_5 \mid x_1,x_3)$$

$$p(x_6 \mid x_4)$$

$$pN(x_7 \mid x_4,x_5)$$

可以设计算法 15.20 中的抽样方案，生成该条件分布的 N 个训练样本。在每一步中，我们只是从一个多项分布中随机地生成一个样本。根据给定的条件，每个多项分布基本上对应于图 15.4 中的一纵列或图 15.5 中的一部分。得到 $\mathscr{D}$ 中所有的随机样本后，我们只使用 $\mathscr{D}$ 估计 x_6 和 x_7 的联合分布，只要 N 足够大， $p(x_6,x_7 \mid \hat{x}_1,\hat{x}_3,\hat{x}_5)$ 的估计就会非常乐观。

算法 15.20 $p(x_6, x_7 \mid \hat{x}_1, \hat{x}_3, \hat{x}_5)$ 的蒙特卡罗抽样

$\mathscr{D} = \emptyset$； $n = 0$

while $n < N$ **do**

1. sampling $\hat{x}_2^{(n)} \sim p(x_2)$
2. sampling $\hat{x}_4^{(n)} \sim p(x_4 \mid \hat{x}_1, \hat{x}_2^{(n)}, \hat{x}_3)$
3. sampling $\hat{x}_6^{(n)} \sim p(x_6 \mid \hat{x}_4^{(n)})$
4. sampling $\hat{x}_7^{(n)} \sim p(x_7 \mid \hat{x}_4^{(n)}, \hat{x}_5)$
5. $\mathscr{D} \Leftarrow \mathscr{D} \cup \left\{ \left(\hat{x}_6^{(n)}, \hat{x}_7^{(n)} \right) \right\}$
6. $n = n + 1$

end while

15.2.5 案例研究一：朴素贝叶斯分类器

在模式分类任务中，旨在基于大量观察某一未知对象的特征$\{x_1, x_2, \cdots, x_d\}$，将该未知对象分类为$K$分之一个预定义类，表示为$y \in \{\omega_1, \omega_2, \cdots, \omega_K\}$。所谓的朴素贝叶斯假设[159]表明，所有这些特征都相对独立于给定的类标签y。这种相对独立假设产生了图 15.25 所示的朴素贝叶斯分类器，这是机器学习中最简单的贝叶斯网络之一。由于类标签y是所有已观察特征的混淆器，因此在该模型结构中隐含了朴素贝叶斯假设，这意味着可以对联合分布进行以下分解：

$$p(y, x_1, x_2, \cdots, x_d) = p(y) p(x_1 \mid y) p(x_2 \mid y) \cdots p(x_d \mid y) = p(y) \prod_{i=1}^{d} p(x_i \mid y)$$

朴素贝叶斯分类器使用所有已观察的特征来推断未知的类标签y，如下：

$$y^* = \arg\max_y p(y \mid x_1, x_2, \cdots, x_d) = \arg\max_y p(y) \prod_{i=1}^{d} p(x_i \mid y)$$

朴素贝叶斯分类器可以灵活地处理各种特征类型。例如，我们可以根据特征x_i的性质，分别选择每个条件分布$p(x_i \mid y)$，例如，二元特征的伯努利分布、非二元离散特征的多项分布以及连续特征的高斯分布。朴素贝叶斯分类器中参数的总数与特征的数量成线性关系。可以用一些闭形解来完成朴素贝叶斯分类器的学习和推理，这些解与不同特征的数量也成线性关系。因此，朴素贝叶斯分类器十分适用于涉及大量不同特征的大型问题，如信息检索[159]和文本文档分类。

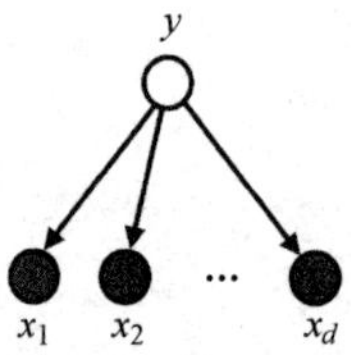

图 15.25　朴素贝叶斯分类器可以表示为贝叶斯网络，其中所有已观察的特征 $\{x_i\}$ 用于推理未知的类标签 y

威廉·伦道夫·赫斯特基金会将向林肯中心、大都会歌剧院、纽约爱乐乐团和茱莉亚音乐学院捐赠 125 万美元。董事会认为，有了这些拨款，我们才有真正的机会，可以在表演艺术的发展中留下自己的印记。这项拨款与我们在健康、医学研究、教育和社会服务等传统领域的支持一样重要。赫斯特基金会主席伦道夫 A.赫斯特在星期一宣布拨款时说道。林肯中心将投资 20 万美元用于新建筑建设，为年轻艺术家提供场地以及新的公共设施。大都会歌剧院和纽约爱乐乐团将各获得 40 万美元。教授音乐和表演艺术的茱莉亚音乐学院将获得 25 万美元。赫斯特基金会是林肯中心联合企业基金主要支持者，每年将会捐赠 10 万美元。

图 15.26　使用主题模型（如 LDA）为文本文档建模（假设所有标注相同颜色的单词都来自同一主题）（图片来源：Blei 等人[23]）

15.2.6　案例研究二：潜在狄利克雷分配

对文本文档进行建模是机器学习中的一个重要应用。通常，我们认为简单的词袋模型是一个浅层模型，因为它同等地处理文档中的所有单词，而不考虑文档的文本结构。由于文本结构在自然语言的语义传达方面至关重要，因此一个理想的文档生成模型应该能够探索文本的内在结构。主题建模是一种常用的技术，用于探索文档中一些更精细的结构。主题模型背后的关键观察在于，每个文档通常只涉及少量的连贯主题，且一些单词往往更高频地出现在对某一主题的描述中。换句话说，可以使用主题分布来描述文档，使用所有单词的偏态分布来描述每个主题。另一方面，因为只能观察文档中的单词，而不能观察底层的主题，所以必须将主题视为主题模型中的潜变量。

潜在狄利克雷分配（LDA）[23]是一种流行的主题模型，对文档中的每个单词采用分层建模方法。如图 15.26 所示，在 LDA 中，我们假设每个文档的所有可能主题都只有唯一分布，并且文档中的每个单词都来自一个特定的主题（用颜色标记）。在这种情况下，来自同一主题（具有相同颜色）的所有单词都来自于相同的单词分布，而不同的主题通常有不同的单词分布。由于 LDA 是实际应用中使用最为广泛、最流行的贝叶斯网络之一，因此接下来我们将简单地将 LDA 作为贝叶斯网络的一个案例研究。

假设我们的语料库有 M 个文档，每个文档包含 $N_i\left(i=1,2,\cdots,M\right)$ 个单词。另外，假设共有 K 个不同的主题，语料库中所有的文档共包含 V 个不同的单词。在 LDA 中，我们假设这些文本文档由以下随机过程生成：

1．对于每个文档 $i=1,2,\cdots,M$ ，我们首先从狄利克雷分布中抽取一个主题分布 $\boldsymbol{\theta}_i$ ：

$$\boldsymbol{\theta}_i \sim p\left(\boldsymbol{\theta}\right)=\mathrm{Dir}(\boldsymbol{\theta} \mid \alpha)$$

其中，$\alpha \in \mathbf{R}^K$ 表示狄利克雷分布的未知参数。这里，$\boldsymbol{\theta}_i$ 本质上表示主题分布的模型参数，该主题分布是具有 K 个类别的多项分布（每个主题对应一个类别）。此外，如果我们限制 α 中的所有参数都小于 1，那么狄利克雷分布将更多地集中于 K -简单词的角落，如图 15.27 所示；也就是说，对于 $\boldsymbol{\theta}$ ，狄利克雷分布更倾向于稀疏值而不是稠密值。由于文档中通常只涉及较少数量的连贯主题，因此在 LDA 中，稀疏的狄利克雷分布总是更为可取。

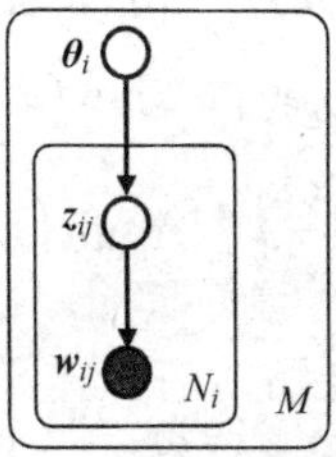

图 15.27　将 LDA 表示为贝叶斯网络，其中每个文档从狄利克雷分布中抽取主题分布 $\boldsymbol{\theta}_i$，然后在每个文档的位置，首先从主题中抽取主题 $\boldsymbol{z}_{ij}$ ，然后从与该主题相关的单词分布中抽取单词 $\boldsymbol{w}_{ij}$

2．对于第 i 个文档中的每个位置 $j=i=1,2,\cdots,N_i$ [①]

a．首先，我们从模型参数为 $\boldsymbol{\theta}_i$ 的多项分布中抽取一个主题 $\boldsymbol{z}_{ij}$ ：

$$\boldsymbol{z}_{ij} \sim p(\boldsymbol{z} \mid \boldsymbol{\theta}_i)=\mathrm{Mult}(\boldsymbol{z} \mid \boldsymbol{\theta}_i)\text{，}$$

其中，每个 $\boldsymbol{z}_{ij}=\left[\boldsymbol{z}_{ij1} \cdots \boldsymbol{z}_{ijK}\right]$ 表示为 K 分之一向量，针对每个主题取 K 分之一个不同的值。

b．在 LDA 中，我们为所有 K 个不同的主题保持 K 个不同的单词分布。本质上，每个单词分布都是一个 V 类的多项式分布（即：$\mathrm{Mult}(\boldsymbol{w} \mid \boldsymbol{\beta}_k)$），其中 $\boldsymbol{\beta}_k$ 表示第 k 个主题

① 我们选择多项分布作为主题分布或单词分布，因为主题和单词都被视为离散随机变量。选择狄利克雷分布作为各种主题分布的分布，因为狄利克雷分布是多项分布的共轭先验。

($k=1,2,\cdots,K$)的单词分布的未知参数。根据 $\boldsymbol{z}_{ij}$，进一步对与该主题相关的单词分布进行抽样，生成该位置的单词 $\boldsymbol{w}_{ij}$：

$$\boldsymbol{w}_{ij} \sim \prod_{k=1}^{K}\left(\text{Mult}\left(\boldsymbol{w}_{ij} \mid \boldsymbol{\beta}_k\right)\right)^{z_{ijk}}$$

我们还将每个 $\boldsymbol{w}_{ij}=\left[w_{ij1}\cdots w_{ijV}\right]$ 表示为 V 分之一向量，针对每个唯一的单词取 K 分之一个不同的值。

合并后，可以将 LDA 模型表示为贝叶斯网络，如图 15.27 所示。如果将所有的主题分布表示为 $\boldsymbol{\Theta}=\{\boldsymbol{\theta}_i \mid 1\leqslant i\leqslant M\}$，将所有文档中的所有单词表示为 $\boldsymbol{W}=\left\{\boldsymbol{w}_{ij} \mid 1\leqslant i\leqslant M;1\leqslant j\leqslant N_i\right\}$，将所有的抽样主题表示为 $\boldsymbol{Z}=\left\{\boldsymbol{z}_{ij} \mid 1\leqslant i\leqslant M;1\leqslant j\leqslant N_i\right\}$，那么根据图 15.27 中的模型结构，我们可以采用以下方式对联合分布进行分解：

$$p(\boldsymbol{\Theta},\boldsymbol{Z},\boldsymbol{W})=\prod_{i=1}^{M}p\left(\boldsymbol{\theta}_i\right)\prod_{j=1}^{N_i}p\left(\boldsymbol{z}_{ij} \mid \boldsymbol{\theta}_i\right)p\left(\boldsymbol{w}_{ij} \mid \boldsymbol{z}_{ij}\right)$$

其中，每个条件分布的进一步表示如下：

$$p\left(\boldsymbol{\theta}_i\right)=\text{Dir}\left(\boldsymbol{\theta}_i \mid \boldsymbol{\alpha}\right)$$
$$p\left(\boldsymbol{z}_{ij} \mid \boldsymbol{\theta}_i\right)=\text{Mult}\left(\boldsymbol{z}_{ij} \mid \boldsymbol{\theta}_i\right)$$
$$p\left(\boldsymbol{w}_{ij} \mid \boldsymbol{z}_{ij}\right)=\prod_{k=1}^{K}\left(\text{Mult}\left(\boldsymbol{w}_{ij} \mid \boldsymbol{\beta}_k\right)\right)^{z_{ijk}}$$

大多数任务涉及自然语言处理，通常含有大量不同单词（即 V）。Blei 等人[23]建议，最好添加一个对称的狄利克雷分布作为普遍背景，平滑化 $p(\boldsymbol{w}_{ij} \mid \boldsymbol{z}_{ij})$ 中陌生单词的 0 概率。因此，我们可以修改之前的 $p(\boldsymbol{w}_{ij} \mid \boldsymbol{z}_{ij})$①，如下：

$$p\left(\boldsymbol{w}_{ij} \mid \boldsymbol{z}_{ij}\right)=\text{Dir}\left(\boldsymbol{w}_{ij} \mid \eta\cdot\mathbf{1}\right)\prod_{k=1}^{K}\left(\text{Mult}\left(\boldsymbol{w}_{ij} \mid \boldsymbol{\beta}_k\right)\right)^{z_{ijk}}$$

如果将这些条件分布代入前面的分解等式，则联合分布表示如下：

$$p\left(\boldsymbol{\Theta},\boldsymbol{Z},\boldsymbol{W};\boldsymbol{\alpha},\boldsymbol{\beta},\eta\right),$$

其中 $\alpha\in\mathbf{R}^K$，$\beta\in\mathbf{R}^{K\times V}$，以及 $\eta\in\mathbf{R}$ 表示 LDA 模型中所有未知参数。最大化观察文档的似然函数，对模型参数进行估计，如下：

---

① 若所有参数相等，则称狄利克雷分布具有对称性，如：

$$\text{Dir}\left(\boldsymbol{w} \mid \eta\cdot\mathbf{1}\right)$$
$$\text{where } \mathbf{1}=[1\cdots1]^{\text{T}}$$

$$p(\boldsymbol{W};\alpha,\boldsymbol{\beta},\eta)=\iiint_{\theta_1\cdots\theta_M}\prod_{i=1}^{M}p(\boldsymbol{\theta}_i)\prod_{j=1}^{N_i}\sum_{\mathbf{z}_{ij}}p\left(\boldsymbol{z}_{ij}\mid\boldsymbol{\theta}_i\right)p\left(\boldsymbol{w}_{ij}\mid\boldsymbol{z}_{ij}\right)\mathrm{d}\boldsymbol{\theta}_1\cdots\mathrm{d}\boldsymbol{\theta}_M$$

另一方面，LDA 中的推理问题在于如何推理每个文档的底层主题分布 $\boldsymbol{\theta}_i$，以及所有文档中每个单词最可能的主题 $\boldsymbol{z}_{ij}$。这些推理决策依赖于以下条件分布：

$$p(\boldsymbol{\Theta},\boldsymbol{Z}\mid\boldsymbol{W})=\frac{p(\boldsymbol{\Theta},\boldsymbol{Z},\boldsymbol{W})}{p(\boldsymbol{W})}=\frac{p(\boldsymbol{\Theta},\boldsymbol{Z},\boldsymbol{W})}{\iiint_{\boldsymbol{\Theta}}\Sigma_{\mathbf{Z}}\,p(\boldsymbol{\Theta},\boldsymbol{Z},\boldsymbol{W})\mathrm{d}\boldsymbol{\Theta}}$$

然而，LDA 中的学习和推理问题在计算上都很棘手，因为二者都需要计算一些复杂的多重积分。此处必须使用一些近似推理方法来减轻计算难度。Blei 等人[23]提出了一种变分推理方法，利用以下变分分布：

$$q(\boldsymbol{\Theta},\boldsymbol{Z})=\prod_{i=1}^{M}q\left(\boldsymbol{\theta}_i\mid\boldsymbol{\gamma}\right)\prod_{j=1}^{N_i}q\left(z_{ij}\mid\phi_{ij}\right)\tag{15.6}$$

来近似真实条件分布 $p(\boldsymbol{\Theta},\boldsymbol{Z}\mid\boldsymbol{W})$。遵循与 14.3.2 节中相同的变分贝叶斯过程，我们可以证明 $q(\boldsymbol{\theta}_i\mid\boldsymbol{\gamma})$ 为狄利克雷分布，每个 $q(\boldsymbol{z}_{ij}\mid\phi_{ij})$ 都是多项分布，可以根据已观察的 $\boldsymbol{W}$ 迭代地估计所有变分参数 $\boldsymbol{\gamma}$ 和 ϕ_{ij}。依靠估计变分分布，我们可以通过最大化前一个 $p\left(\boldsymbol{W};\boldsymbol{\alpha},\boldsymbol{\beta},\eta\right)$ 的下界，推导出一种迭代算法来学习所有的 LDA 参数 $\left\{\boldsymbol{\alpha},\boldsymbol{\beta},\eta\right\}$，还可以推导出所有 $\boldsymbol{\theta}_i$ 和 $\mathbf{z}_{ij}$ 的 MAP 估计①。感兴趣的读者可以参考 Blei 等人[23]了解更多相关细节。

15.3 马尔可夫随机场

本节介绍第二类图模型，即无向图模型（又称马尔可夫随机场）[128,203]。该模型利用图中节点之间的无向链接，表示各种随机变量之间的关系。另外，我们将简要介绍这类模型的两个代表性模型，即条件随机场[138,233]和限制玻尔兹曼机[226,97]。

15.3.1 等式：势函数和配分函数

马尔可夫随机场（MRF）与贝叶斯网络相似，是另一种描述随机变量的联合分布的图表示。在 MRF 中，尽管随机变量仍由节点表示，但随机变量之间的依赖性由无向链接表示。

① 学习 $\left\{\boldsymbol{\alpha},\boldsymbol{\beta},\eta\right\}$ 的迭代训练过程与 13.4 节中的变分自动编码器（VAE）的迭代训练过程相似。

与贝叶斯网络不同，MRF 的显著区别在于，每个链接并不直接表示条件分布，而仅表示链接变量之间的某种相互依赖关系。例如，图 15.28 展示了一个简单的 MRF，表示 7 个随机变量的联合概率分布（即 $p(x_1,x_2,\cdots,x_7)$）。根据图，我们可以立即发现 x_3 和 x_6 在统计上是独立的（即 $x_3 \perp x_6$），因为二者之间不存在直接链接。另一方面， x_4 必须依赖于 x_5（即 $x_4 \not\perp x_5$），因为二者之间为无向链接。

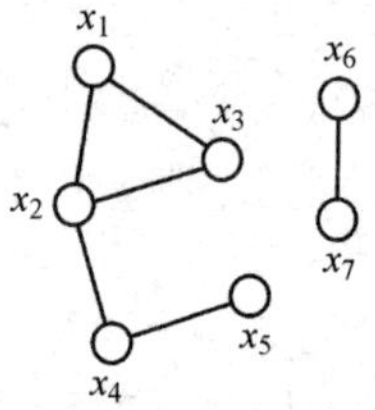

图 15.28　表示 7 个随机变量 $\{x_1,x_2,\cdots,x_7\}$ 的联合分布的 MRF 示例

首先，讨论一下如何在 MRF 中制定联合分布。我们先在 MRF 中将团定义为图中相互连接的节点的子集。换句话说，团内的所有节点对之间都存在着链接。例如，如图 15.28 所示，$\{x_1,x_2\}$、$\{x_1,x_2,x_3\}$ 和 $\{x_2,x_4\}$ 是 MRF 中的三个团。此外，如果一个团没有被另一个更大的团所包含，那么这个团就称为极大团。在图 15.28 中，由于 $\{x_1,x_2\}$ 是另一个更大的团 $\{x_1,x_2,x_3\}$ 的子集，因此不是极大团。另一方面，$\{x_1,x_2,x_3\}$ 和 $\{x_2,x_4\}$ 都是极大团，因为我们不能把它们再扩大成更大的团。经过检查，我们可以发现图 15.28 中的 MRF 共有 4 个极大团（即 $c_1=\{x_1,x_2,x_3\}$， $c_2=\{x_2,x_4\}$）， $c_3=\{x_4,x_5\}$ 和 $c_4=\{x_6,x_7\}$。

通常，每个 MRF 包含的极大团数量有限。若我们制定一个 MRF 的联合概率分布，则需要在每个极大团 c 中定义所有随机变量的所谓势函数 $\psi(\cdot)$，表示为 $\boldsymbol{x}_c$。MRF 的联合分布定义为：图中所有极大团的势函数的乘积，除以一个归一化项：

$$p(\boldsymbol{x})=\frac{1}{Z}\prod_c \psi_c(\boldsymbol{x}_c), \tag{15.7}$$

其中 Z[①]项是归一化项，通常称为配分函数，是所有随机变量在整个空间上的所有势函数的乘积的总和：

$$Z=\sum_{\boldsymbol{x}}\prod_c \psi_c(\boldsymbol{x}_c)$$

此外，我们始终选择非负势函数 $\psi_c(\boldsymbol{x}_c)\geqslant 0$，以确保对于任何 x， $p(\boldsymbol{x})\geqslant 0$ 都成立。因

① Z 中总和被连续随机变量的积分所代替。

此，我们可以看到前面等式（15.7）中定义的 $p(\boldsymbol{x})$ 始终是 $\boldsymbol{x}$ 的有效概率分布，因为对于任何 $\boldsymbol{x}$ 都是非负的，在 $\boldsymbol{x}$ 整个空间中满足总和等于 1 的约束条件。

例如，我们可以看到图 15.28 中 MRF 定义了一个联合分布，如下：

$$p(x_1,x_2,\cdots,x_7)=\frac{\psi_1(x_1,x_2,x_3)\psi_2(x_2,x_4)\psi_3(x_4,x_5)\psi_4(x_6,x_7)}{\sum_{x_1\cdots x_7}\psi_1(x_1,x_2,x_3)\psi_2(x_2,x_4)\psi_3(x_4,x_5)\psi_4(x_6,x_7)},$$

其中 $\psi_1(\cdot)$、$\psi_2(\cdot)$、$\psi_3(\cdot)$ 和 $\psi_4(\cdot)$ 是四个我们可以任意选择的势函数。

由于势函数必须是非负的，因此我们容易将其表示为指数函数：

$$\psi_c(\boldsymbol{x}_c)=\exp(-E(\boldsymbol{x}_c)),$$

其中，$E(\boldsymbol{x}_c)$ 称为能量函数，可以用多种方式定义（如：线性函数、二次函数或高阶多项式函数）。在接下来的案例研究中，我们将进一步探讨如何为 MRF 选择能量函数。由先前指数形成的势函数所表示的联合分布 $p(\boldsymbol{x})$ 通常称为玻尔兹曼分布。

与贝叶斯网络相比，使用 MRF 有一个主要的优点，我们可以仅依靠图像分离来快速确定等式（15.7）中定义的联合分布中随机变量的相对独立性。给定 MRF 中任意三个不相交的节点子集（例如：A，B，C），通过检查从 A 到 B 的所有路径在 C 中是否被至少一个节点阻碍，可以确定以下相对独立性质：

$$A\perp B\,|\,C$$

换句话说，当我们删除所有 C 中的节点，以及所有从图像中连接这些节点的链接，如果仍然存在一个路径连接 A 中到 B 中的任意节点，则我们称 A 和 B 并不相对独立于已知的 C。否则，如果不存在这样的路径，那么相对独立属性仍然有效。例如，在图 15.29 所示的 MRF 中，可以证明 A 和 B 相对独立于已知的 C。

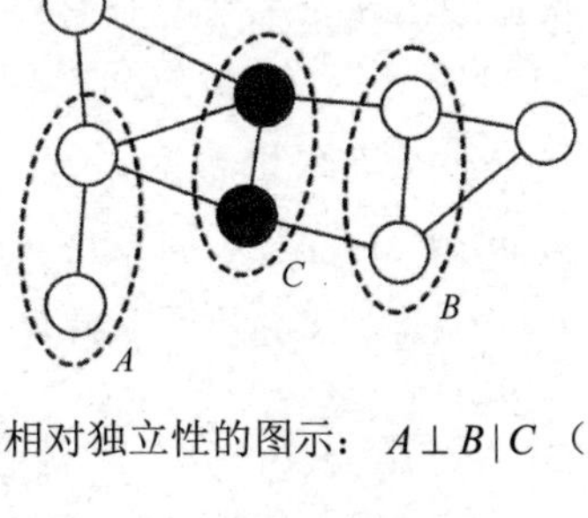

图 15.29　MRF 中相对独立性的图示：$A\perp B\,|\,C$（来源：Bishop[22]）

当我们从一些训练样本中学习 MRF 的模型参数时，仍然可以像在贝叶斯网络中一样使用 MLE 方法。然而，由于任何 MRF 的对数似然函数都需要根据等式（15.7）中的联合分布构造，因此始终包含配分函数 Z。配分函数要求我们对整个输入空间求和，所以具有一定的难度。一般来说，学习 MRF 比学习贝叶斯网络困难得多。在实际应用中，配分函数是使用 MRF 的主要限制。在接下来的案例研究中，我们将简要探讨学习 MRF 时，如何使用抽样方法来处理棘手的配分函数。

另一方面，MRF 一般不会在推理阶段造成任何困难。当我们在等式（15.4）中计算 MRF 的条件分布时，可以看到棘手的配分函数 Z 实际上在分子和分母中抵消了。因此，表 15.1 中的所有推理算法都同样适用于 MRF。

15.3.2 案例研究三：条件随机场

假设我们考虑两组随机变量，即 $\boldsymbol{X}=\left\{\boldsymbol{x}_1,\boldsymbol{x}_2,\cdots,\boldsymbol{x}_T\right\}$ 和 $\boldsymbol{Y}=\left\{\boldsymbol{y}_1,\boldsymbol{y}_2,\cdots,\boldsymbol{y}_T\right\}$。正则 MRF 旨在建立这些随机变量的联合分布 $p\left(\boldsymbol{X},\boldsymbol{Y}\right)$。另外，条件随机场（CRF）[138]是一种无向图模型，旨在指定条件分布 $p(\boldsymbol{Y}\mid\boldsymbol{X})$。CRF 设置始终假设给定一组随机变量 $\boldsymbol{X}$，而 CRF 模型旨在建立另一组随机变量 $\boldsymbol{Y}$ 的概率分布，原理与常规 MRF 中的势函数相同。在任意 CRF 的图像中，可以首先假设删除 $\boldsymbol{X}$ 中的所有节点，以及与 $\boldsymbol{X}$ 中任何节点相关的所有链接。然后，只需考虑所有 $\boldsymbol{Y}$ 节点的剩余图像中的所有极大团，图中为每个极大团都定义了一个势函数。基于这些势函数，定义 CRF 的条件分布如下：

$$p(\boldsymbol{Y}\mid\boldsymbol{X})=\frac{\prod_{c}\psi_C\left(\boldsymbol{Y}_c,\boldsymbol{X}\right)}{\sum_{\mathbf{Y}}\prod_{c}\psi_C\left(\boldsymbol{Y}_c,\boldsymbol{X}\right)'}$$

其中，分子是所有极大团的势函数的乘积。请注意，每个 CRF 势函数都应用于剩余图像的极大团中所有 $\boldsymbol{Y}$ 节点，以及 $\boldsymbol{X}$ 中所有删除的节点。由于我们始终假设在一开始就给出 $\boldsymbol{X}$ 中的所有随机变量，因此在 CFR 中出现以上情况是有可能的。

例如，在图 15.30 的 CRF 中，$\boldsymbol{Y}$ 的剩余图像（黑色标记）包含两个极大团，$c_1=\left\{\boldsymbol{y}_1,\boldsymbol{y}_2,\boldsymbol{y}_3\right\}$ 和 $c_2=\left\{\boldsymbol{y}_2,\boldsymbol{y}_3,\boldsymbol{y}_4\right\}$。因此，CRF 的条件分布可以表示如下：

$$p(\boldsymbol{Y}\mid\boldsymbol{X})=\frac{\psi_1\left(\boldsymbol{y}_1,\boldsymbol{y}_2,\boldsymbol{y}_3,\boldsymbol{X}\right)\psi_2\left(\boldsymbol{y}_2,\boldsymbol{y}_3,\boldsymbol{y}_4,\boldsymbol{X}\right)}{\sum_{\boldsymbol{y}_1\boldsymbol{y}_2\boldsymbol{y}_3\boldsymbol{y}_4}\psi_1\left(\boldsymbol{y}_1,\boldsymbol{y}_2,\boldsymbol{y}_3,\boldsymbol{X}\right)\psi_2\left(\boldsymbol{y}_2,\boldsymbol{y}_3,\boldsymbol{y}_4,\boldsymbol{X}\right)}$$

最常用的 CRF 是所谓的线性链条件随机场[138,233]，其中所有 $\boldsymbol{Y}$ 节点构成一个链结构。如图 15.31 所示，$\boldsymbol{Y}$ 的剩余图像中的极大团是链上的连续变量对，即 $\left\{\boldsymbol{y}_1,\boldsymbol{y}_2\right\},\left\{\boldsymbol{y}_2,\boldsymbol{y}_3\right\},\cdots,\left\{\boldsymbol{y}_{T-1},\boldsymbol{y}_T\right\}$。根据前面的定义，线性链 CRF 的条件分布如下：

$$p(\boldsymbol{Y}|\ \boldsymbol{X}) = \frac{\prod_{t=1}^{T-1}\psi\left(\boldsymbol{y}_t, \boldsymbol{y}_{t+1}, \boldsymbol{X}\right)}{\sum_{\mathbf{Y}}\prod_{t=1}^{T-1}\psi\left(\boldsymbol{y}_t, \boldsymbol{y}_{t+1}, \boldsymbol{X}\right)}$$

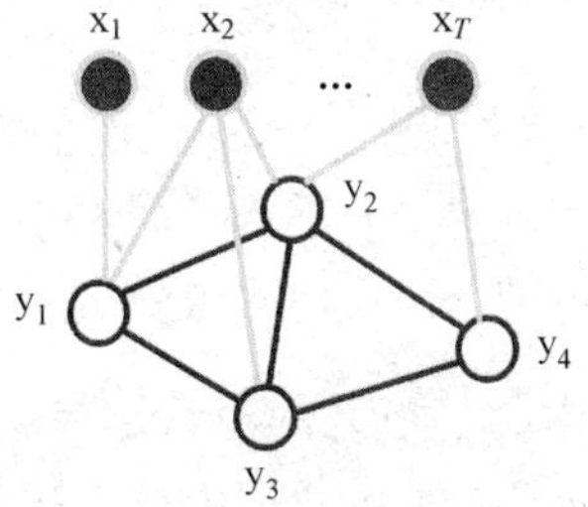

图 15.30　定义条件分布 $p(\boldsymbol{Y}\,|\,\boldsymbol{X})$ 的 CRF

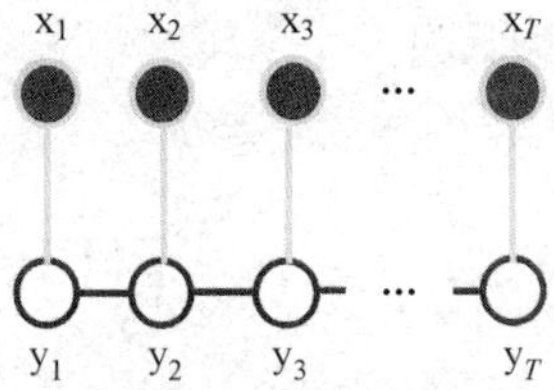

图 15.31　定义两个序列的条件分布的线性链 CRF

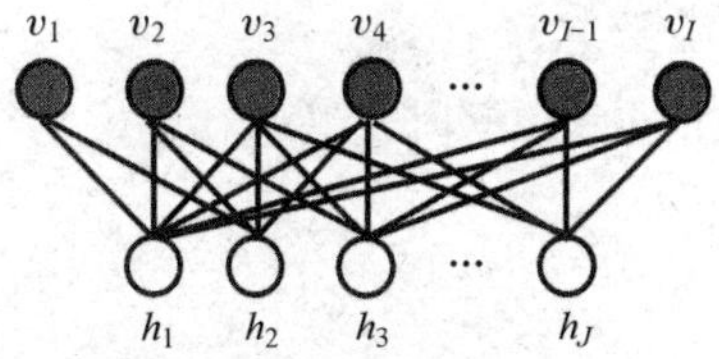

图 15.32　表示两组二元随机变量 $\{v_i\}$ 和 $\{h_i\}$ 的联合分布的限制玻尔兹曼机器

此外，我们可以用一些特征函数来指定前面的势函数的线性能量函数，如下：

$$\psi\left(\boldsymbol{y}_t, \boldsymbol{y}_{t+1}, \boldsymbol{X}\right) = \exp\left(\sum_{k=1}^{K} w_k \cdot f_k\left(\boldsymbol{y}_t, \boldsymbol{y}_{t+1}, \boldsymbol{X}\right)\right)$$

其中，$f_k(\cdot)$ 表示第 k 个特征函数，通常手动指定，反映链上局部位置的输入-输出对的某一特定方面，w_k 为第 k 个特性函数的未知权重。通常，所有的特征函数 $f_k(\cdot)$ 都不具有任何可学的参数，而且所有权重 $\{w_k\,|\,1 \leqslant k \leqslant K\}$ 构成线性链 CRF 模型的模型参数。利用极大似然法可以估计模型参数。在此设置下，线性链 CRF 的对数似然函数为凹函数，可采用一

些梯度下降算法迭代优化该凹函数。此外，我们可以使用 380 页中描述的正反向推理算法，以非常有效的方式推理任意线性链 CRF。因此，线性链 CRF 被广泛应用于自然语言处理和生物信息学领域中许多大规模的序列标记问题[233]。

15.3.3 案例研究四：限制玻尔兹曼机器

限制玻尔兹曼机器（PBM）[226,97]是另一种热门的的 MRF 机器学习，可以指定两组二进制随机变量的联合分布，即可视变量 v_i，和隐藏变量 h_j，对于 $1 \leqslant i \leqslant I$ 和 $1 \leqslant j \leqslant J$，每个 $v_i \in \{0,1\}$，$h_j \in \{0,1\}$。如图 15.32 所示，这些二进制随机变量构成一个二部图，两组之间的每一对节点都是链接的，而组内的节点之间没有连接。我们可以看到这个图像的极大团包括所有 i 和 j 的所有节点对 $\{v_i, h_j\}$。假设我们为每个极大团定义一个势函数，如下：

$$\psi\left(v_i, h_j\right) = \exp\left(a_i v_i + b_j h_j + w_{ij} v_i h_j\right)$$

其中，a_i、b_j 和 w_{ij} 是 RBM 模型的可学参数。组合所有极大团的势函数，可以将这些随机变量的联合分布表示为：

$$p\left(v_1, \cdots, v_I, h_1, \cdots, h_J\right) = \frac{1}{Z} \prod_{i=1}^{I} \prod_{j=1}^{J} \Psi\left(v_i, h_j\right)$$

其中，Z 表示配分函数①。代入前面的势函数，我们可以得到 RBM 模型的联合分布，如下：

$$p\left(v_1, \cdots, v_I, h_1, \cdots, h_J\right) = \frac{1}{Z} \exp\left(\sum_{i=1}^{I} a_i v_i + \sum_{j=1}^{J} b_j h_j + \sum_{i=1}^{I} \sum_{j=1}^{J} w_{ij} v_i h_j\right)$$

如果用下列向量和矩阵表示所有的变量：

---

① RBM 中配分函数的计算如下：

$$\begin{aligned} Z &= \sum_{v_1 \cdots v_I} \sum_{h_1 \cdots h_J} \prod_{i=1}^{I} \prod_{j=1}^{J} \psi\left(v_i, h_j\right) \\ &= \sum_{v_1 \cdots v_I} \sum_{h_1 \cdots h_J} \exp\left(\sum_{i=1}^{I} a_i v_i + \sum_{j=1}^{J} b_j h_j + \sum_{i=1}^{I} \sum_{j=1}^{J} w_{ij} v_i h_j\right) \\ &= \sum_{v} \sum_{h} \exp\left(a^{\mathrm{T}} v + b^{\mathrm{T}} h + v^{\mathrm{T}} W h\right) \end{aligned}$$

$$\boldsymbol{a}=\begin{bmatrix}a_1\\ \vdots\\ a_I\end{bmatrix}\quad \boldsymbol{b}=\begin{bmatrix}b_1\\ \vdots\\ b_J\end{bmatrix}\quad \boldsymbol{v}=\begin{bmatrix}v_1\\ \vdots\\ v_I\end{bmatrix}\quad \boldsymbol{h}=\begin{bmatrix}h_1\\ \vdots\\ h_J\end{bmatrix}\quad \boldsymbol{W}=\left[w_{ij}\right]_{I\times J}$$

则可以用下列矩阵形式表示 RBM 模型：

$$p(\boldsymbol{v},\boldsymbol{h})=\frac{1}{Z}\exp\left(\boldsymbol{a}^{\mathrm{T}}\boldsymbol{v}+\boldsymbol{b}^{\mathrm{T}}\boldsymbol{h}+\boldsymbol{v}^{\mathrm{T}}\boldsymbol{W}\boldsymbol{h}\right) \tag{15.8}$$

其中，$\boldsymbol{a}$、$\boldsymbol{b}$ 和 $\boldsymbol{W}$ 表示需要从训练样本中估计的 RBM 的模型参数。

RBM 常用于表示学习。例如，如果将黑白图像的所有二进制像素作为可视变量输入到 RBM 中，我们希望可以在其隐藏变量中提取一些有意义的特征，以此学习 RBM。可以通过最大化所有可视变量的对数似然函数来学习 RBM 参数：①

$$\arg\max_{\boldsymbol{a},\boldsymbol{b},\boldsymbol{W}}\prod_{\boldsymbol{v}_i\in\mathscr{D}}p\left(\boldsymbol{v}_i\right)=\arg\max_{\boldsymbol{a},\boldsymbol{b},\boldsymbol{W}}\prod_{\boldsymbol{v}_i\in\mathscr{D}}\frac{\sum_{\mathbf{h}}\exp\left(\boldsymbol{a}^{\mathrm{T}}\boldsymbol{v}_i+\boldsymbol{b}^{\mathrm{T}}\boldsymbol{h}+\boldsymbol{v}_i^{\mathrm{T}}\boldsymbol{W}\boldsymbol{h}\right)}{\sum_{\mathbf{h}}\sum_{\mathbf{v}}\exp\left(\boldsymbol{a}^{\mathrm{T}}\boldsymbol{v}+\boldsymbol{b}^{\top}\boldsymbol{h}+\boldsymbol{v}^{\mathrm{T}}\boldsymbol{W}\boldsymbol{h}\right)}$$

其中，$\mathscr{D}$ 表示包含一些可视节点 $\{\boldsymbol{v}_i\}$ 样本的训练集。Hinton[96]提出了所谓的对比发散算法，通过在梯度下降过程中嵌入随机抽样来学习 RBM 参数。该抽样方法用于处理目标函数中复杂的求和操作。

一旦给定 RBM，RBM 中的推理问题就变得相当简单。由于 RBM 具有如图 15.32 所示的二部图的形状，所以我们可以证明：若给出所有可视节点，则所有隐藏节点都是相对独立的，反之，若给出隐藏节点，则所有可视节点都是相对独立的。换句话说，我们得到：

$$p(\boldsymbol{h}\mid\boldsymbol{v})=\prod_{j=1}^{J}p\left(h_j\mid\boldsymbol{v}\right)$$

$$p(\boldsymbol{v}\mid\boldsymbol{h})=\prod_{i=1}^{I}p\left(v_i\mid\boldsymbol{h}\right)$$

将等式（15.8）中的 RBM 分布代入前式，可以进一步推导：

---

① $$\begin{aligned}p\left(\boldsymbol{v}_i\right)&=\sum_{\boldsymbol{h}}p\left(\boldsymbol{v}_i,\boldsymbol{h}\right)\\&=\frac{1}{Z}\sum_{\boldsymbol{h}}\exp\left(\boldsymbol{a}^{\mathrm{T}}\boldsymbol{v}_i+\boldsymbol{b}^{\mathrm{T}}\boldsymbol{h}+\boldsymbol{v}_i^{\mathrm{T}}\boldsymbol{W}\boldsymbol{h}\right)\\&=\frac{\sum_{\boldsymbol{h}}\exp\left(\boldsymbol{a}^{\mathrm{T}}\boldsymbol{v}_i+\boldsymbol{b}^{\mathrm{T}}\boldsymbol{h}+\boldsymbol{v}_i^{\mathrm{T}}\boldsymbol{W}\boldsymbol{h}\right)}{\sum_{\boldsymbol{h}}\sum_{\boldsymbol{v}}\exp\left(\boldsymbol{a}^{\mathrm{T}}\boldsymbol{v}+\boldsymbol{b}^{\mathrm{T}}\boldsymbol{h}+\boldsymbol{v}^{\mathrm{T}}\boldsymbol{W}\boldsymbol{h}\right)}\end{aligned}$$

其中，在 $\boldsymbol{h}$ 和 $\boldsymbol{v}$ 的整个空间中对所有可能的 $\boldsymbol{h}$ 和 $\boldsymbol{v}$ 的值求和。

$$\Pr\left(h_j=1\mid \mathrm{v}\right)=l\left(b_j+\sum_{i=1}w_{ij}v_i\right)$$

$$\Pr\left(v_i=1\mid \mathrm{h}\right)=l\left(a_i+\sum_{j=1}w_{ij}h_j\right)$$

其中，$l(\cdot)$表示等式（6.12）中的 S 形函数。

一旦学习了所有的 RBM 参数，对于任何可视变量 $\boldsymbol{v}$ 的新样本，我们都可以使用这个等式来计算所有隐藏节点的条件概率（即对所有 $j=1,2,\cdots,J$，都有 $\Pr(h_j=1)$）。这些概率随后可以用于估计所有的隐藏变量 $\boldsymbol{h}$，隐藏变量 $\boldsymbol{h}$ 可以作为 $\boldsymbol{v}$ 的特征表示。

练习

Q15.1　假设三个二进制随机变量 $a,b,c\in\{0,1\}$ 具有如下联合分布：

a	b	c	$p(a,b,c)$
0	0	0	0.024
0	0	1	0.056
0	1	0	0.108
0	1	1	0.012
1	0	0	0.120
1	0	1	0.280
1	1	0	0.360
1	1	1	0.040

请通过直接求值，证明该分布具有 a 和 c 为边际相关的性质（即 $p(a,c)\neq p(a)p(c)$），但在 b 的条件下（即 $p(a,c\mid b)=p(a\mid b)p(c\mid b)$），$a$ 和 c 具有独立性。基于此联合分布，请画出 a、b、c 的所有可能的有向图，并计算每个图的所有条件概率。

Q15.2　假设三个二进制随机变量 $a,b,c\in\{0,1\}$ 具有如下联合分布：

a	b	c	$p(a,b,c)$
0	0	0	0.072
0	0	1	0.024
0	1	0	0.008
0	1	1	0.096
1	0	0	0.096
1	0	1	0.048
1	1	0	0.224
1	1	1	0.432

请通过直接求值，证明该分布具有 a 和 c 为边际相关的性质（即 $p(a,c) \neq p(a)p(c)$），但在 b 的条件下（即 $p(a,c|b) = p(a|b)p(c|b)$），a 和 c 具有独立性。基于此联合分布，请画出 a、b、c 的所有可能的有向图，并计算每个图的所有条件概率。

Q15.3 给定图 15.12 中的因果贝叶斯网络，请计算以下概率：

a. $\Pr(W=1)$

b. $\Pr(L=1|\ W=1)$ and $\Pr(L=1|\ W=0)$

c. $\Pr(L=1|\ R=1)$ and $\Pr(R=0|\ L=0)$

Q15.4 如果图 15.12 中因果贝叶斯网络的所有条件概率都是未知的，请问需要用什么类型的数据来估计这些概率？你将如何收集这些数据？

Q15.5 对于图 15.24 中的贝叶斯网络，请设计一个生成样本的抽样方案来估计以下条件分布：

- $p\left(x_1, x_2 |\ \hat{x}_6, \hat{x}_7\right)$
- $p\left(x_3, x_7 |\ \hat{x}_4, \hat{x}_5\right)$

Q15.6 请按照第 13.4 节中 VAE 的思路，利用等式（15.6）中的变分分布，推导出 LDA 模型（即 $p(\boldsymbol{W};\boldsymbol{\alpha},\boldsymbol{\beta},\Sigma)$）的似然函数的代理函数。请迭代地最大化这个代理函数，推导出所有 LDA 参数的学习算法。

Q15.7 请使用等式（15.8）中 RBM 的联合分布，证明 RBM 的相对独立性，并进一步推导出可以使用 S 形函数来计算 $\Pr(h_j=1|\boldsymbol{v})$ 和 $\Pr(v_i=1|\boldsymbol{h})$。

附 录 A

A 其他概率分布

除了在第 2.2.4 节回顾的内容，本附录还进一步介绍一些偶尔会在一些机器学习方法中使用的概率分布。

1. 均匀分布

均匀分布通常用来描述在空间中的约束区域内，等概率地取任何值的随机变量。例如，n 维超立方体内部的均匀分布 $[a,b]^n$ 采用以下形式表示：

$$U\left(\boldsymbol{x} \mid [a,b]^n\right) = \begin{cases} \dfrac{1}{(b-a)^n} & \boldsymbol{x} \in [a,b]^n \\ 0 & \text{其他} \end{cases}$$

2. 泊松分布

泊松分布通常用来描述可以取任何非负整数的离散随机变量 X，如计算数据。泊松分布采用如下形式表示：

$$\text{Poisson}\,(n|\ \lambda) \triangleq \Pr\,(X = n) = \frac{e^{-\lambda} \cdot \lambda^n}{n!} \quad \forall n = 0,1,2\cdots,$$

其中，λ 为分布的参数。泊松分布的关键结果总结如下：

▸参数：$\lambda > 0$

▸支持：随机变量的范围

$$n = 0,1,2,\cdots$$

▸均值和方差：

$E[X] = \lambda$，以及 $\text{var}(X) = \lambda$

▸总和为 1 的限制条件：

$$\sum_{n=0}^{\infty} \text{Poisson}(n \mid \lambda) = 1$$

如图 A.1 所示，泊松分布为单峰分布，参数λ表示分布的中心和集中度。

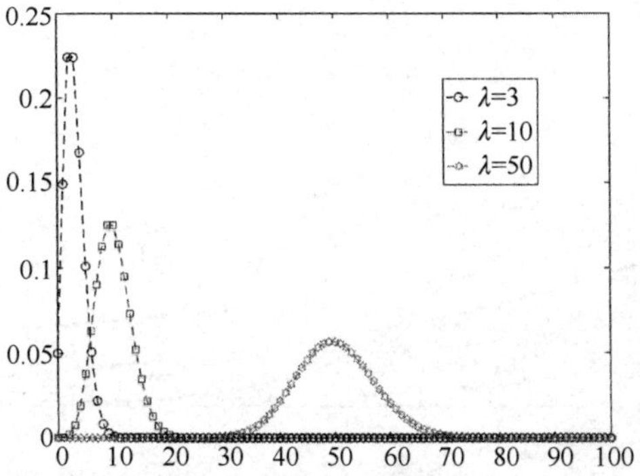

图 A.1　具有三种参数λ选择的泊松分布

3. 伽马分布

伽马分布用来描述可以取任何正实值的连续随机变量X。在机器学习中，伽马分布主要用作方差参数σ^2的先验分布，在贝叶斯学习中，伽马分布必须为正。伽马分布的一般形式如下：

$$\text{gamma}(x \mid \alpha, \beta) = \frac{\beta^{\alpha}}{\Gamma(\alpha)} x^{\alpha-1} e^{-\beta x} \quad \forall x > 0$$

其中，α和β是分布的两个参数。伽马分布的关键结果总结如下：

- 参数：$\alpha > 0$和$\beta > 0$
- 支持：随机变量的范围为$x > 0$。
- 均值、方差和众数：

$$E[X] = \frac{\alpha}{\beta} \quad 和 \quad \text{var}(X) = \frac{\alpha}{\beta^2}$$

当$\alpha > 1$时，伽马分布为单峰钟形曲线；当$\alpha \geqslant 0$时，分布的模式为$\frac{\alpha-1}{\beta}$。

- 总和为 1 的限制条件：

$$\int_0^{\infty} \text{gamma}(x \mid \alpha, \beta) \mathrm{d}x = 1$$

伽马分布的形状取决于选择两个参数α和β。图 A.2 绘制了几个典型参数选择的伽马分布。

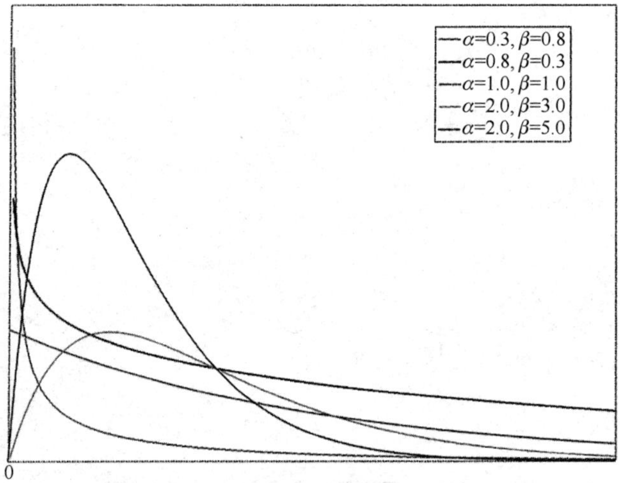

图 A.2　参数 α 和 β 的几种选择的伽马分布

4. 逆威沙特分布

逆威沙特分布是伽马分布的一种多元概括。逆威沙特分布可以用来描述多维连续随机变量，该变量在所有正定矩阵 $\boldsymbol{X} \in \mathbf{R}^{d\times d}$ 上取一个值。在机器学习中，主要使用逆威沙特分布作为贝叶斯学习中多元高斯模型针对于精度矩阵 Σ^{-1} 的先验分布。已知精度矩阵必须为正定的。逆威沙特分布采用如下形式表示：

$$\mathcal{W}^{-1}(\boldsymbol{X} \mid \Phi, \nu) = \frac{|\Phi|^{\nu/2}}{2^{\nu d/2}\Gamma_d\left(\frac{\nu}{2}\right)} |\boldsymbol{X}|^{-\frac{\nu+d+1}{2}} e^{-\frac{1}{2}\operatorname{tr}\left(\Phi \boldsymbol{X}^{-1}\right)}$$

其中，$\Phi \in \mathbf{R}^{d\times d}$ 及 $\nu \in \mathbb{R}^{+}$ 为分布的两个参数，$\Gamma_d(\cdot)$ 为多元伽马函数[1]，$\operatorname{tr}(\cdot)$ 为矩阵跟踪。逆威沙特分布的几个关键结果总结如下：

- 参数：$\Phi \in \mathbf{R}^{d\times d}$ 是正定的（$\Phi > 0$），$\upsilon \in \mathbf{R}$ 大于 $d-1(\nu > d-1)$。
- 支持：随机变量的范围为 $\boldsymbol{X} > 0$。
- 均值和众数：

$$E[\boldsymbol{X}] = \frac{\Phi}{\nu - d - 1}$$

分布的众数为：$\dfrac{\Phi}{\nu + d + 1}$。

- 总和为 1 的限制条件：

$$\int \cdots \int_{\boldsymbol{X}>0} \mathcal{W}^{-1}(\boldsymbol{X} \mid \Phi, \nu) \mathrm{d}\boldsymbol{X} = 1$$

5. 冯米塞斯-费舍尔分布

冯米塞斯-费舍尔（vMF）分布是多元高斯分布的扩展，用来描述只在单位超球表面取一个值的随机向量$\boldsymbol{x} \in \mathbf{R}^d$。在机器学习中，vMF 分布在处理范数有噪声且不可靠的高维特征向量时非常有用。冯米塞斯-费舍尔（vMF）分布的形式如下：

$$\mathrm{vMF}(\boldsymbol{x} \mid \boldsymbol{\mu}) = \frac{\|\boldsymbol{\mu}\|^{d/2-1}}{(2\pi)^{d/2} I_{d/2-1}(\|\boldsymbol{\mu}\|)} \exp\left(\boldsymbol{\mu}^{\mathrm{T}} \boldsymbol{x}\right)$$

其中，$\boldsymbol{\mu} \in \mathbf{R}^d$ 表示分布的参数，$I_v(\cdot)$ 为 v [1]阶的第一类修正贝塞尔函数。

vMF 分布的一些关键结果总结如下。

▸参数：$\boldsymbol{\mu} \in \mathbf{R}^d$

▸支持：随机向量的范围是单位超球的表面（即 $\boldsymbol{x} \in \mathbf{R}^d$ 和$\|\boldsymbol{x}\| = 1$）。

▸均值和众数：

$$E[\boldsymbol{x}] = \frac{\boldsymbol{\mu}}{\|\boldsymbol{\mu}\|}$$

分布的众数与均值相同。

▸总和为 1 的限制条件：

$$\int \cdots \int_{\|\boldsymbol{x}\|=1} \mathrm{vMF}(\boldsymbol{x} \mid \boldsymbol{\mu}) \mathrm{d}\boldsymbol{x} = 1$$

如图 A.3 所示，vMF 指定一个单位超球的表面分布，其中均值 $\frac{\boldsymbol{\mu}}{\|\boldsymbol{\mu}\|}$ 表示分布中心，范数$\|\boldsymbol{\mu}\|$表示分布的集中度。

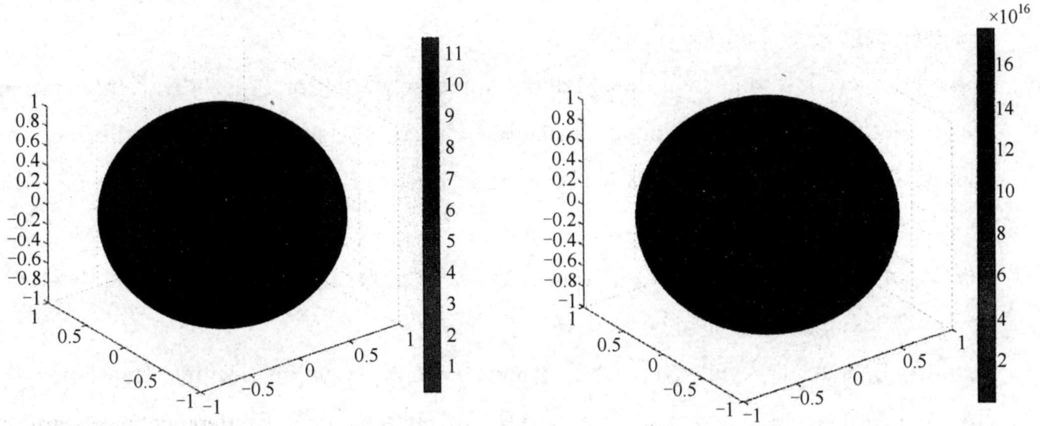

图 A.3　三维（3D）空间中的两个 vMF 分布（上面板：$\boldsymbol{\mu} = [-1\ -2\ 1]^{\mathrm{T}}$；下面板：$\boldsymbol{\mu} = [-10\ -20\ 30]^{\mathrm{T}}$

参考文献

[1] Milton Abramowitz, Irene A. Stegun. Handbook of Mathematical Functions with Formulas, Graphs, and Mathematical Tables[M]. Mineola, NY: Dover, 1964 (cited on pages 331,379).

[2] Martin Arjovsky, Soumith Chintala, Leon Bottou. Wasserstein Generative Adversarial Networks. Proceedings of the 34th International Conference on Machine Learning. Doina Precup and Yee Whye Teh. Vol. 70. Sydne y, Australia: PMLR, 2017, 214-223 (cited on page 295)

[3] Behnam Asadi, Hui Jiang. On Approximation Capabilities of ReLU Activation and Softmax Output Layer in Neural Networks[J]. CoRR abs/2002.04060 (2020) (cited on page 155).

[4] Hagai Attias. Independent Factor Analysis[J]. Neural Computation 11.4 (1999), 803-851. DOI:10. 1162/ 089976699300016458 (cited on pages 293, 294, 301, 302).

[5] Hagai Attias. A Variational Bayesian Framework for Graphical Models[J]. Advances in Neural Information Processing Systems 12. Cambridge, MA: MIT Press, 2000, 209-215 (cited on pages 324,326, 357).

[6] Adriano Azevedo-Filho. Laplace's Method Approximations for Probabilistic Inference in Belief Net-works with Continuous Variables. Uncertainty in Art ificial Intelligence. by Ramon Lopez de Mantaras, David Poole. San Francisco, CA: Morgan Kaufmann, 1994, 28-36 (cited on page 324).

[7] Lei Jimmy Ba, Jamie Ryan Kiros, Geoffrey E. Hinton. Layer Normalization[J]. CoRR abs/1607.06450 (2016) (cited on page 16).

[8] Dzmitry Bahdanau, Kyunghyun Cho, Yoshua Bengio. Neur al Machine Translation by Jointly Learning to Align and Translate[J]. 3rd International Conference on Learning Representations, ICLR 2015, San Diego, CA, May 7-9, 2015, Conference Track Proceedings. ICLR, 2015 (cited on page 163)

[9] Jame s Baker. The DRAGON System—An Over view[J]. IEEE Transactions on Acoustics, Speech, Signal Processing 23.1 (1975), 24-29 (cited on pages 2, 3)

[10] Gi.ikhan H. Bakir et al. Predicting Structured Data (Neural Information Processing) [J]. Cambridge, MA: MIT Press, 2007 (cited on page 4).

[11] P. Baldi and K. Horni k. Ne ural Networks and Principal Component Analysis: Learning from Examples without Local Minima[J]. Neural Networks 2.1 Oan. 1989), 53-58. DOI: 10. 1016/ 0893 - 6080(89) 90014-2 (cited on page 91)

[12] Arindam Banerjee et al. Clustering on the Unit Hypersphere Using von Mises-Fisher Distributions[J]. Journal of Machine Learning Research 6 (Dec. 2005), 1345- 1382 (cited on page 379)

[13] David Barber. Bayesian Reasoning and Machine Learning[M]. Cambridge, England: Cambridge University Press, 2012 (cited on pages 343,357)

[14] David Bar tholomew. Latent Variable Mod els and Factor Analysis[J]. A Unified Approach. Chichester, England: Wiley, 2011 (cited on page 299).

[15] Leonard E. Baum. An Inequality and Associated Maximization Technique in Statistical Estima tion for Probabilistic Functions of Markov Processes[J]. Inequalities 3 (1972), 1-8 (cited on pages 276, 281).

[16] Leonard E. Baum, Ted Petrie. Statistical Inference for Probabilistic Functions of Finite State Markov Chains[J]. Annals of Mathematical Statistics 37.6 (Dec. 1966), 1554-1563. DOI: 10. 1214 I aoms I1177699147 (cited on page 276).

[17] Leonard E. Baum et al. A Maximization Technique Occurring in the Statistical Analysis of Probabilistic Functions of Markov Chains[J]. Annals of M athematical S tatistics 41.1 (Feb. 1970), 164-171. DOI: 10 . 1214/aoms/1177697196 (cited on pages 276, 281).

[18] A. J. Bell and T. J. Sejnowski. An Information Maximization Approach to Blind Separation and Blind Deconvolution[J]. Neural Computation 7 (1995), 1129-1159 (cited on pages 293, 294).

[19] Shai Ben-David et al. A Theory of Learning from Different Domains[J]. Machine Learning 79.1-2 (May 2010), 151 一 175. DOI: 10 . 1007Is10994 - 009 ” 5152 『 4 (cited on page 16).

[20] Adam L. Berger, Stephen A. Della Pietra, Vincent J. Della Pietra. A Maximum Entropy

Approach to Natural Language Processing[J]. Computational Linguistics 22 (1996), 39-71 (cited on page 254).

[21] Dimitri Bertsekas and John Tsitsiklis. Introduction to Probabilit y. Nashua, NH: Athena Scientific, 2002 (cited on page 40).

[22] Christopher M. Bishop. Pattern Recognition and Machine Learning (Information Science and Statistics). 1st ed.New York, NY: Springer, 2007 (cited on pages 343, 344, 350, 357, 368).

[23] David M. Blei, rew Y. Ng, Michael I.Jordan. 'Latent'Dirichlet Allocation[J]. Journal of M achine Learning Research 3 (Mar. 2003),993-1022 (cited on pages 363, 365, 366).

[24] Leon Bottou. On-Line Learning and Stochastic Approximations[J]. On-Line Learning in Neural Networks.Ed. by D. Saad. Cambridge, England: Cambridge University Press, 1998, 9-42 (cited on page 61).

[25] Olivier Bousquet, Stephane Boucheron, Gabor Lugosi. Introduction to Statistical Learning Theory[J]. Advanced Lectures on M achine Learning. Ed. by Olivier Bousquet, Ulrike von Luxburg, Gunnar Ratsch. Vol. 3176 . Springer, 2003, 169-207 (cited on pages 102, 103).

[26] G. E. P. Box and G. C. Tiao. Bayesian Inference in Statistical Analysis. Reading, MA: Addison (cited on page 318).

[27] M. J. Box, D. Davies, W. H. Swann. Non-Linear Optimisation Techniques. Edinburgh, Scotland: Oliver & Boyd, 1969 (cited on page 71).

[28] Stephen Boyd and Lieven Vandenberghe. Convex Optimization. Cambridge, England: Cambridge University Press, 2004 (cited on page 50).

[29] Stephen Boyd et al. Distributed Optimization and Statistical Learning via the Alternating Direction Method of Multipliers[J]. Foundations and Trends in 儿 1achine Learning 3.1 (Jan. 2011), 1-122. DOI: 10 . 1561/2200000016 (cited on page 71).

[30] Leo Breiman . Bagging Predictors[J]. Machine Learning 24.2 (1996), 123 140 (cited on pages 204,208).

[31] Leo Breirnan. Stacked Regressions[J]. Machine Learning 24.l (July 1996), 49-64. DOI: 10 . 1023/ A: 1018046112532 (cited on page 204).

[32] Leo Breiman. Prediction Games and Arcing Algorithms[J]. Neural Computation 11.7 (Oct.

1999), 1493-1517. DOI: 10 . 1162/089976699300016106 (cited on page 210).

[33] Leo Breiman. Random Forests[J]. Machine Learning 45.l (2001), 5-32. DOI: 10 . 1023/A: 1010933404324 (cited on pages 208, 209).

[34] Leo Breiman et al. Classification and Regression Trees. Monterey, CA: Wadsworth and Brooks, 1984 (cited on pages 7,205).

[35] John S. Bridle. Probabilistic Interpretation of Feedforward Classification Network Outputs, with Relationships to Statistical Pattern Recogni tion[J]. Neurocomputing. Ed. by Franc;oise Fogelman Soulie and Jeanny Herault. Berlin, Germany: Springer, 1990, 227-236 (cited on pages 115, 159)

[36] John S. Bridle . Training Stochastic Model Recognition Algorithms as Networks Can Lead to Maximum Mutual Information Estimation of Parameters[J]. Advances in Neural Information Processing Systems (NIPS). Vol. 2. San Mateo, CA: Morgan Kaufmann, 1990, 211-217 (cited on pages 115, 159).

[37] Peter Brown, Chin-Hui Lee, J. Spohrer. Bayesian Adaptation in Speech Recognition[J]. ICASSP '83. IEEE International Conference on Acoustics, Speech, Signal Processing. Vol. 8. Washington, D.C.: IEEE Computer Society, 1983, 761-764 (cited on page 16)

[38] Peter Brown et al. A Statistical Approach to Language Translation[J]. Proceedings of the 12th Conference on Computational Linguistics- Volume 1. COLING'88. Budapest, Hungary: Association for Computational Linguistics, 1988, 71-76. DOI: 10.3115/991635. 991651 (cited on pages 2, 3).

[39] E. J. Candes and M. B. Wakin. An Introduction to Compressive Sampling[J]. IEEE Signal Processing Magazine 25.2 (2008), 21-30 (cited on page 146).

[40] P. M. Chaikin and T. C. Lubensky. Principles of Condensed Matter Physics. Cambridge, England: Cambridge University Press, 1995 (cited on page 327).

[41] Chih-Chung Chang and Chih-Jen Lin. LIBSVM: A Library for Support Vector Machines[J]. ACM Transactions on Intelligent Systems and Technology 2.3 (2011). Software available at http://WWW . csie. ntu.edu. tw/-cj li n/ li bs mv, 27:1- 27:27 (cited on page 125).

[42] Tianqi Chen and Carlos Guestrin. XGBoost: A Scalable Tree Boosting System[J]. Proceedings of the 22nd ACM SIGKDD International Conference on Knowledge Discovery

and Data Mining. Ed. by Balaji Krishnapuram. New York, NY: Association for Computing Machinery, Aug. 2016. DOI: 10. 1145 / 2939672. 2939785 (cited on page 215).

[43] Kyunghyun Cho et al. Learning Phrase Representations Using RNN Encoder-Decoder for Statistical Machine Translation. [J]. EMNLP. Ed. by Alessandro Moschitti, Bo Pang, Walter Daelemans. Stroudsburg, PA: Association for Computational Linguistics, 2014, 1724-1734 (cited on page 171)

[44] Dean Cock. Ames, Iowa: Alternative to the Boston Housing Data as an End of Semester Regression Project[J]. Journal of Statistics Education 19 (Nov. 2011). DOI: 10.1080/ 10691898. 2011. 11889627 (cited on page 216).

[45] Corinna Cortes and Vladimir Vapnik. Support-Vector Networks[J]. Machine Learning 20.3 (Sept. 1995), 273-297. DOI: 10.1023/A: 1022627411411 (cited on page 124).

[46] Koby Crammer and Yoram Singer. On the Algorithmic Implementation of Multiclass Kernel-Based Vector Machines[J]. Journal of Machin e Learning Research 2 (Mar. 2002), 265-292 (cited on page 127)

[47] G. Cybenko. Approximation by Superpositions of a Sigmoidal Func tion[J]. Mathematics of Control, Signals, Systems (MCSS) 2.4 (Dec. 1989), 303-314. DOI: 10.1007 /BF02551274 (cited on page 154)

[48] B. V. Dasarathy and B. V. Sheela. A Composite Classifier System Design: Concep ts and Methodology[J]. Proceedings of the IEEE. Vol. 67. Washington, D.C: IEEE Computer Society, 1979, 708-713 (cited on page 203).

[49] Steven B. Davis and Paul Mermelstein. Comparison of Parametric Representations for Monosyllabic Word Recognition in Continuously Spoken Sentences[J]. IEEE Transactions on Acoustics, Speech and Signal Processing 28.4 (1980), 357-366 (cited on page 77)

[50] Scott Deerwester et al. Indexing by Latent Semantic Analysis[J]. Journal of the American Society for Information Science 41.6 (1990), 391-407 (cited on page 142)

[51] M. H. DeGroot. Optimal Statis tical Decisions. New York, NY: McGraw-Hill, 1970 (cited on page 318).

[52] AP. Dempster, N. M. Laird, D. B. Rubin. Maximum Likelihood from Incomplete Data via the EM Algorithm[J]. Journal of the Royal Statistical Society, Series B 39.1 (1977), 1-38

(cited on pages 265, 315).

[53] S. W. Dharmadhikari and Kumar Jogdeo. 'Multivariate Unimodality'[J]. Annals of Statistics 4.3 (May 1976), 607-613. DOI: 10. 1214/ aos / 1176343466 (cited on page 239).

[54] Pedro Domingos. A Few Useful Things to Know about Machine Learning[J]. Communications of the ACM 55.10 (Oct. 2012), 78-87. DOI: 10.1145/2347736. 234 7755 (cited on pages 14, 15).

[55] John Duchi, Elad Hazan, Yoram Singer. Adaptive Subgradient Methods for Online Learning and Stochastic Optimization[J]. Journal of Machine Learning Research 12 (July 2011), 2121-2159 (cited on page 192).

[56] Richard O. Duda and Peter E. Hart. Pattern Classification and Scene Analysis. New York, NY: John Wiley &Sons, 1973 (cited on page 2)

[57] Richard0 . Duda, Peter E. Hart, David G. Stork. Pattern Classification. 2nd ed. New York, NY: Wiley, 2001 (cited on pages 7, 11, 226).

[58] Mehdi Elahi, Francesco Ricci, Neil Rubens. A Survey of Active Learning in Collaborative Filtering Recommender Systems[J]. Computer Science Review 20.C (May 2016), 29-50. DOI: 10. 1016/ j . cos rev. 2016 . 05. 002 (cited on page 17).

[59] B. Everitt and D. J. Hand . Finite Mixture Distributions. Monographs on Applied Probability and Statistics New York, NY: Springer, 1981 (cited on page 257).

[60] Scott E. Fahlman. An Empirical Study of Learning Speed in Back-Propagation Networks. Tech. rep. CMU- CS-88-162. Pittsburgh, PA: Computer Science Department, Carnegie Mellon University, 1988 (cited on page 63).

[61] Thomas S. Ferguson. A Bayesian Analysis of Some Nonparametric Problems[J]. The Annals of Statistics 1 (1973), 209-230 (cited on page 333)

[62] Lev Finkelstein et al. Placing Search in Context: The Concept Revisited[J]. Proceedings of the 10th International Conference on World Wide Web. New York, NY: Association for Computing Machinery, 2001, 406-414. DOI: 10.1145/503104.503110 (cited on page 149).

[63] Jonathan Fiscus. A Post-Processing System to Yield Reduced Word Error Rates: Recognizer Output Voting Error Reduction (ROVER) [J]. EEE Workshop on Automatic Speech Recogn 山 on and Understanding Proceedings. Washington, D.C: IEEE Computer Society, Aug.

1997, 347-354 (cited on page 203)

[64] R. A Fisher. The Use of Multiple Measurements in Taxonomic Problems[J]. Annals of Eugenics 7.7 (1936), 179-188 (cited on page 85)

[65] R. Fletcher . Pra ctical Methods of Optimization. 2nd ed. Hoboken, NJ: Wiley-Interscience, 1987 (cited on page 63).

[66] E. Forgy. Cluster Analysis of Multivariate Data: Efficiency versus Interpretability of Classification[J]. Biometrics 21.3 (1965), 768—7 69 (cited on pages 5, 270).

[67] Simon Foucart and Holger Rauhut. A Mathematical Introduction to Compressive Sensing. Basel, Switzerland: Birkhauser, 2013 (cited on page 146).

[68] Yoav Freund and Robert E Schapire. A Decision-Theoretic Generalization of On-Line Learning and an Application to Boosting[J]. Journal of Computer and System Sciences 55.1 (Aug. 1997), 119-139. DOI 10 . 1006/ j cs s .1997 .1504 (cited on pages 204, 210, 214).

[69] Yoav Freund and Robert E. Schapire. Large Margin Classification Using the Perceptron Algorithm[J]. Proceedings of the Eleventh Annual Conference on Computational Learning Theory. COLT'98. Madison, Wisconsin: ACM, 1998, 209-217. DOI: 10. 1145/ 279 943. 279985 (cited on page 111).

[70] Brendan J. Frey. Graphical Models for Machine Learning and Digital Communication. Cambridge, MA: MIT Press, 1998 (cited on page 357).

[71] Brendan J. Frey and David J. C. MacKay. A Revolution: Belief Propagation in Graphs with Cycles[J]. Advances in Neural Information Processing Systems 10. Ed. by M. I. Jord an, M. J. Kearns, S. A Solla. Cambridge, MA: MIT Press, 1998, 479--485 (cited on page 357)

[72] Jerome H. Friedman. Greedy Function Approximation: A Gradient Boosting Machine[J]. Annals of Statistics 29 (2000), 1189-1232 (cited on pages 210,211,215).

[73] Jerome H. Friedman. Stochastic Gradient Boosting[J]. Computational Statistics and Data Analysis 38.4 (Feb. 2002), 367-378. DOI: 10. 1016/50167 - 9473 (01) 00065- 2 (cited on pages 211, 215).

[74] Jerome Friedman, Trevor Hastie, Rob Tibshirani. Additive Logistic Regression: a Statistical View of Boosting [J]. The Annals of Statistics 38.2 (2000) (cited on pages 211, 212, 215)

[75] Jerome Friedman, Trevor Hastie, Rob Tibshirani. Regularization Paths for Generalized

Linear Models via Coordinate Descent[J]. Journal of Statistical Software 33.l (2010), 1-22. DOI: 10. 18637 / j s s. v033. i01 (cited on page 140).

[76] Kunihiko Fukushima. Neocognitron: A Self-Organizing Neural Network Model for a Mechanism of Pattern Recognition Unaffected by Shift in Position[J]. Biological Cybernetics 36 (1980), 193-202 (cited on page 157).

[77] J. Gauvain and Chin-Hui Lee. Maximum a Posteriori Estimation for Multivariate Gaussian Mixture Observations of Markov Chains[J]. IEEE Transactions on Speech and Audio Processing 2.2 (1994), 291- 298 (cited on page 16)

[78] S. Geisser. Predictive Inference: An Introduction. New York, NY: Chapman & Hall, 1993 (cited on page 314)

[79] Zoubin Ghahramani. Non-Parametric Bayesian Methods. 2005. URL: http:/mlg.eng.cam.ac.uk/zoubin/talks/uai05tutorial-b. pdf (visited on 03/ 10/2020) (cited on page 335).

[80] Ned Glick. Sample-Based Classification Procedures Derived from Density Estimators[J]. Jou rnal of the American Statistical Association 67 (1972), 116-122 (cited on pages 229,230)

[81] Ned Glick. Sample -Based Classification Procedures Related to Empiric Distributions[J]. IEEE Transactions on Information Theory 22 (1976), pp. 454-461 (cited on page 229).

[82] Xavier Glorot and Yoshua Bengio. Understanding the Difficulty of Training Deep Feedforward Neural Networks[J]. Proceedings of the Int ernational Conference on Artificial Intelligence and Statistics (AISTATS'lO) Society for Artificial Intelligence and Statistics, 2010, 249-256 (cited on pages 153, 190)

[83] I. J. Good. The Population Frequencies of Species and the Estimation of Population Parameters[J]. Biometrika 40.3-4(Dec. 1953), 237-264. DOI: 10. 1093/biomet/ 40. 3- 4. 237 (cited on page 250).

[84] Ian Goodfellow et al. Generative Adversarial Nets[J]. Advances in Neural Information Processing Systems 27. Ed. by Z. Ghahramani et al. Red Hook, NY: Curran Associates, Inc., 2014, 2672-2680 (cited on pages 293-295, 307, 308).

[85] Karol Gregor et al. DRAW: A Recurrent Neural Network for Image Generation[J]. Proceedings of the 32nd International Conference on Machine Learning. Ed. by Francis Bach and David Blei. Vol. 37. Proceedings of Machine Learning Research. Lille, France:

PMLR, July 2015, 1462-1471 (cited on page 295).

[86] F. Grezl et al. Probabilistic and Bottle-Neck Features for LVCSR of Meetings[J]. 2007 IEEE International Conference on Acoustics, Speech and Signal Processing. Vol. 4. Washington, D.C.: IEEE Computer Society, 2007, 757-760 (cited on page 91).

[87] M. H.J. Gruber. Improving Efficiency by Shrinkage: The James-Stein and Ridge Regression Estimators. Boca Raton, FL: CRC Press, 1998, 7—15 (cited on page 139)

[88] Isabelle Guyon and Andre Elisseeff. An Introduction to Variable and Feature Selection[J]. Journal of Machine Learning Research 3 (M ar. 2003), 1157-1182 (cited on page 78)

[89] L. R. Haff. An Identity for the Wishart Distribution with Applications[J]. Journal of Multivariate Analysis 9.4 (Dec. 1979), 531-544 (cited on page 322)

[90] L. K. Hansen and P. Salamon. Neural Network Ensembles[J]. IEEE Transactions on Pattern Analysis and Machine Intelligence 12.10 (Oct. 1990), 993-1001. DOI: 10.1109/34. 58871 (cited on page 203)

[91] Zellig Harris. Distributional Structure[J]. Word 10.23 (1954), 146-162 (cited on pages 5, 77, 142)

[92] Trevor Hastie, Robert Tibshirani, Jerome Friedman. The Elements of Statistical Learning. Springer Series in Statistics. New York, NY: Springer, 2001 (cited on pages 138,205,207).

[93] Martin E. Hellman and Josef Raviv. Probability of Error, Equivocation and the Chernoff Bound[J]. IEEE Transactions on Information TheonJ 16 (1970), 368-372 (cited on page 226)

[94] H. Hermansky, D. P. W. Ellis, S. Sharma. Tandem Co1mectionist Feature Extraction for Conventional HMM Systems[J]. 2000 IEEE International Conference on Acoustics, Speech, Signal Processing Proceedings. Vol. 3. Washington, D.C.: IEEE Computer Society, 2000, 1635-1638 (cited on page 91)

[95] Salah El Hihi and Yoshua Bengio Hierarchical Recurrent Neural Networks for Long-Term Dependencies[J]. Advances in Neural Information Processing Systems 8. Ed. by D.S. Touretzky, M. C. Mozer, M. E. Hasselmo. Cambridge, MA: MIT Press, 1996, 493-499 (cited on page 171).

[96] Geoffrey E. Hinton. Training Products of Experts by Minimizing Contrastive Divergence[J]. Neural Computation 14.8 (2002), 1771-1800. DOI: 10.1162/089976602760128018 (cited on

page 371).

[97] Geoffrey E. Hinton. A Practical Guide to Training Restricted Boltzmann Machines[J]. In: Neural Networks: Tricks of the Trade. Ed. by Gregoire Montavon, Genevieve B. Orr, Klaus-Robert Muller. 2nd ed. Vol. 7700. New York, NY: Springer, 2012, 599-619 (cited on pages 366,370).

[98] Geoffrey Hinton and Sam Roweis. Stochastic Neighbor Embedding[J]. Advances in Neural Information Processing Systems. Ed. by S. Thrun S. Becker and K. Obermayer. Vol. 15. Cambridge, MA: MIT Press, 2003, 833-840 (cited on page 89)

[99] Tin Kam Ho. Random Decision Forests[J]. Proceedings of the Third International Conference on Document Analysis and Recognition (Volume 1). ICDAR'95. Washington, D.C.: IEEE Computer Society, 1995, p. 278 (cited on pages 208, 209)

[100] Tin Kam Ho, Jonathan J. Hull, Sargur N. Srihari. Decision Combination in Multiple Classifier Systems[J]. IEEE Transactions on Pattern Ana lysis and Machine Intelligence 16.1 (Jan. 1994), 66-75. DOI 10.1109/34. 273716 (cited on page 203).

[101] Sepp Hochreiter and Jurgen Schmidhuber. Long Short-Term Memory[J]. Neural Computation 9.8 (Nov 1997), pp. 1735—178 0. DOI: 10. 1162/ ne co .1997. 9. 8. 1735 (cited on page 171).

[102] Kurt Hornik. Approximation Capabilities of Multilayer Feedforward Networks[J]. Neural Networks 4.2 (Mar. 1991), 251-257. DOI: 10.1016/ 0893- 6080 (91) 90009 - T (cited on pages 154, 155).

[103] H. Hotelling. Arlalysis of a Complex of Statistical Variables into Principal Components. In: Journal of Educational Psychology 24.6 (1933), 417-441. DOI: 10.1037 /h0071325 (cited on page 80).

[104] Qiang Huo. An Introduction to Decision Rules for Automatic Speech Recognition[J]. Technical Report TR-99-07. Hong Kong: Department of Computer Science a d Information Systems, University of Hong Kong, 1999 (cited on page 229).

[105] Qiang Huo and Chin-Hui Lee. On-Line Adaptive Learning of the Continuous Density Hidden Markov Model Based on Approximate Recursive Bayes Estimate[J]. IEEE Transactions on Speech and Audio Processing 5.2 (1997), 161-172 (cited on page 17)

[106] Ahmed Hussein et al. Imitation Learning: A Survey of Learning Methods[J]. ACM Computing Surveys 50.2 (Apr. 2017). DOI: 10.1145/3054912 (cited on page 17).

[107] Aapo Hyvarinen and Erkki Oja. Independent Component Analysis: Algorithms and Applications[J]. Neural Networks 13 (2000), 411-430 (cited on pages 293, 294, 301).

[108] Serge y Ioffe and Christian Szegedy. Batch Normalization: Accelerating Deep Network Training by Reducing Internal Covariate Shift[J]. Proceedings of the 32nd International Conference on International Conference on Machine Learning-Volume 37. ICML'15. Lille, France: Journal of Machine Learning Research, 2015, pp. 448-456 (cited on page 160).

[109] Tommi S. Jaakkola and Michael I. Jordan. A Variational Approach to Bayesian Logistic Regression Models and Their Extensions. 1996. URL: https://people.csail.mit.edu/tommi/papers/aistat96.ps (visited on 11/ 10/ 2019) (cited on page 326).

[110] Peter Jackson. Introduction to Expert Systems. 2nd ed[M]. USA: Addison-Wesley Longman Publishing Co., Inc., 1990 (cited on page 2).

[111] Kevin Jarrett et al. What Is the Best Multi-Stage Architecture for Object Recognition?[C] In: 2009 IEEE 12th International Conference on Computer Vision. Washington, D.C.: IEEE Computer Society, 2009, 2146- 2153 (cited on page 153).

[112] F. Jelinek, L. R. Bahl, R. L. Mercer. Design of a Linguistic Statistical Decoder for the Recognition of Continuous Speech[J]. IEEE Transactions on Information Theory 21 (1975), 250-256 (cited on pages 2, 3).

[113] Finn V. Jensen. Introdu ction to Bayesian Networks. 1st ed[M]. Berlin, Germany: Springer-Verlag, 1996 (cited on page 343).

[114] J. L. W. V. Jensen. Sur les fonctions convexes et les inegalites entre les valeurs moyennes[J]. Acta Mathematica 30.1 (1906), pp. 175-193 (cited on page 46).

[115] Hui Jiang. A New Perspective on Machine Learning: How to Do Perfect Supervised Learning[J]. CoRR abs / 1901.02046 (2019) (cited on page 13).

[116] Richard Arnold Johnson and Dean W. Wichern. Applied Multivariate Statistical Analysis. 5th ed[M]. Upper Saddle River, NJ: Prentice Hall, 2002 (cited on page 378).

[117] Karen Sparck Jones. A Statistical Interpretation of Term Specificity and Its Application in

Retrieval[J]. Journal of Documentation 28 (1972), 11—21 (cited on page 78)

[118] Michael I. Jordan, ed. Learning in Graphical Models[M]. Cambridge, MA: MIT Press, 1999 (cited on page 343)

[119] Michael I. Jordan et al. An Introduction to Variational Methods for Graphical Models[J]. Learning in Graphical Models. Ed. by Michael I. Jordan. Dordrecht, Netherlands: Springer, 1998, 105-161. DOI: 10.1007 / 978 - 94- 011 - 5014-9_ 5 (cited on page 357).

[120] B. H. Juang. Maximum-Likelihood Estimation for Mixture Multivariate Stochastic Observations of Markov Chains[J]. AT&T Technical Journal 64.6 (July 1985), 1235-1249. DOI: 10. 1002 / j.1538 - 7305. 1985. t b0027 3. x (cited on page 284).

[121] B. H. Juang and L. R. Rabiner. The Segmental K-Means Algorithm for Estimating Parameters of Hidden Markov Models[J]. IEEE Transactions on Acoustics, Speech, Signal Processing 38.9 (Sept. 1990), 1639—1 641. DOI: 10.1109/29. 60082 (cited on page 286).

[122] Rudolph Emil Kalman. A New Approach to Linear Filtering and Prediction Problems[J]. Journal of Basic Engineering 82.1 (1960), 35-45 (cited on page 69)

[123] Tero Karras, Samuli Laine, Timo Aila. A Style-Based Generator Architecture for Generative Adversarial Networks. In: CoRR abs/1812.04948 (2018) (cited on page 295).

[124] William Karush. Minima of Functions of Several Variables with Inequalities as Side Conditions . MA thesis. Chicago, IL: Department of Mathematics, University of Chicago, 1939 (cited on page 57)

[125] Slava M. Katz. Estimation of Probabilities from Sparse Data for the Language Model Component of a Speech Recognizer[J]. IEEE Transactions on Acoustics, Speech and Signal Processing. 1987, pp. 400-401 (cited on page 250).

[126] Alexander S. Kechris. Classical Descriptive Set Theory. Berlin, Germany: Springer-Verlag, 1995 (cited on page 291).

[127] M. G. Kendall, A Stuart, J. K. Ord. Kendall's Advanced Theory of Statistics[M]. Oxford, England: Oxford University Press, 1987 (cited on page 323)

[128] R. Kinderman and S. L. Snell. Markov Random Fields and Their Applications[M]. Ann Arbor, MI: American Mathematical Society, 1980 (cited on pages 344,366).

[129] Diederik P. Kingma and Jimmy Ba. ADAM: A Method for Stochastic Optimization. In: CoRR abs/1412.6980 (2014) (cited on page 192).

[130] Diederik P. Kingma and Max Welling. Auto-Encoding Variational Bayes [J]. 2nd Int ernationa l Conference on Learning Representations, ICLR 2014, Banff, AB, Canada, April 14-16, 2014, Conference Track Proceedings ICLR, 2014 (cited on pages 293,294,305,306)

[131] Yehuda Koren, Robert Bell, Chris Volinsky. Matrix Factorization Techniques for Recommender Systems[J]. Computer 42.8 (Aug. 2009), pp. 30- 37. DOI: 10.1109/MC. 2009. 263 (cited on page 143)

[132] Mark A Kramer. Nonlinear Principal Component Analysis Using Autoassociative Neural Networks [J]. AIChE Journal 37.2 (1991), p p. 233- 243. DOI: 10.1002/ ai c. 690370209 (cit ed on page 90)

[133] Anders Krogh and John A. Hertz. A Simple Weight Decay Can Improve Generalization[J]. Advances m Neural Information Processing Systems 4. Ed. by J. E. Moody, S. J. Hanson, R. P. Lippmann. Burlington, MA: Morgan-Kaufmann, 1992, 950—957 (cited on page 194)

[134] F. R. Kschischang, B. J. Frey, H. A. Loeliger. Factor Graphs and the Sum-Product Algorithm[J]. IEEE Transactions on Information Theory 47.2 (Sept. 2006), 498-519. DOI: 10.1109/18. 910572 (cited on pages 357, 360).

[135] H. W. Kuhn and A. W. Tucker. 'Nonlinear Programing[J]. Proceedings of the Second Berkeley Symposium on Mathematical Statistics and Probability. Berkeley, CA: University of California Press, 1951, pp. 481-492 (cited on page 57).

[136] Brian Kulis. Metric Learning: A Survey[J]. Foundations and Trends in Machine Learning 5.4 (2013), 287-364. DOI: 10.1561/2200000019 (cited on page 13).

[137] S. Kullback and R. A. Leibler. 'On Information and Sufficiency[J]. Annals of Mathematical Statistics 22.1 (1951), 79-86 (cited on page 41)

[138] John D. Lafferty, Andrew McCallum, and Fernando C. N. Pereira. Conditional Random Fields: Probabilistic Models for Segmenting and Labeling Sequence Data[J]. Proceedings of the Eighteenth International Conference on Machine Learning. ICML '01. San

Francisco, CA: Morgan Kaufmann Publishers Inc., 2001, 282-289 (cited on pages 366,368,369).

[139] Pierre Simon Laplace. Memoir on the Probability of the Causes of Events[J]. Statistical Science 1.3 (1986), 364-378 (cited on page 324)

[140] S. L. Lauritzen and D. J. Spiegelhalter. Local Computations with Probabilities on Graphical Structures and Their Application to Expert Systems[J]. Journal of the Royal Statistical Society. Series B (Methodological) 50.2 (1988), pp. 157-224 (cited on pages 357,361).

[141] Yann LeCun and Yoshua Bengio. Convolutional Networks for Images, Speech, Time Series[J]. The Handbook of Brain Theory and Neural Networks. Ed. by Michael A. Arbib. Cambridge, MA: MIT Press, 1998, 255-258 (cited on page 157).

[142] Yann LeCun et al. Gradient-Based Learning Applied to Document Recognition[J]. Proceedings of the IEEE 86.11 (1998), 2278-2324 (cited on pages 92, 129, 200).

[143] Chin-Hui Lee and Qiang Huo. On Adaptive Decision Rules and Decision Parameter Adaptation for Automatic Speech Recognition[J]. Proceedings of the IEEE 88.8 (2000), pp. 1241-1269 (cited on page 16)

[144] C. J. Leggetter and P. C. Woodland. Maximum Likelihood Linear Regression for Speaker Adaptation of Continuous Density Hidden Markov Models[J]. Computer Speech & Language 9.2 (1995), 171-185 DOI: https://doi.org/10.1006/csla.1995. 0010 (cited on page 16).

[145] Seppo Linnainmaa. Taylor Expansion of the Accumulated Rounding Error[J]. BIT Numerical Mathematics 16.2 Gune 1976), pp. 146-160. DOI: 10. 1007/BF01931367 (cited on page 176).

[146] Quan Liu et al. Learning Semantic Word Embeddings Based on Ordinal Knowledge Constraints[C]. In Proceedings of the 53rd Annual Meeting of the Association for Computational Linguistics and the 7th International Joint Conference on Natural Language Processing (Volume 1: Long Papers). Beijing, China: Association for Computational Linguistics, July 2015, 1501-1511. DOI: 10.3115/vl/PIS-1145 (cited on page 149)

[147] Stuart P. Lloyd. 'Least Squares Quantization in PCM[J]. IEEE Transactions on Information Theory 28 (1982), 129-137 (cited on page 270)

[148] Jonathan Long, Evan Shelhamer, Trevor Darrel l. Fully Convolutional Networks for Semantic Segmentation[J]. The IEEE Conference on Computer Vision and Pattern Recognition (CVPR). Washington, D.C.: IEEE Computer Society, June 2015 (cited on pages 198, 309)

[149] David G. Lowe. Object Recognition from Local Scale-Invariant Features[J]. Proceedigns of the Int erna- tional Conference on Computer Vision. ICCV '99. Washington, D.C.: IEEE Computer Society, 1999, p. 1150 (cited on page 77).

[150] Laurens van der Maaten and Geoffrey Hinton. Visualizing Data Using t-SNE[J]. Journal of Machine Learning Research 9 (2008), p p. 2579-2605 (cited on page 89)

[151] David J. C. MacKay. The Evidence Framework Applied to Classification Networks[J]. Neural Computation 4.5 (1992), pp. 720- 736. DOI: 10.1162/neco. 1992.4.5. 720 (cited on page 326).

[152] David J.C. MacKay. Introduction to Gaussian Processes[J]. Neural Networks and Machine Learning. Ed. by C. M. Bishop. NATO ASI Series. Amsterdam, Netherlands: Kluwer Academic Press, 1998, 133-166 (cited on page 333).

[153] David J. C. MacKay. Information Theory, Inference, Learning Algorithms. Cambridge, England: Cam- bridge University Press, 2003 (cited on page 324)

[154] David J.C. MacKay. Good Error-Correcting Codes Based on Very Sparse Matrices[J]. IEEE Transactions on Information Theory 45.2 (Sept. 2006), 399-431. DOI: 10.1109/18. 748992 (cited on page 357).

[155] David J.C. Mackay. Introduction to Monte Carlo Methods[J]. Learning in Graphical Models. Ed. by Michael I. Jord an. Dordrecht, Netherlands: Springer, 1998, 175- 204. DOI: 10. 1007 /978- 94- 011-5014- 9_ 7 (cited on pages 357, 361)

[156] Matt Mahoney. Large Text Compression Benchmark. 2011. URL:http:/ m/ html (visited on 11/ 10/ 2019) (cited on page 149).at tma h oney. net / dc/ t ext dat a .

[157] Julien Mairal et al. Online Learning for Matrix Factorization and Sparse Coding[J]. Journal of Machine Learning Research 11 (Mar. 2010), 19-60 (cited on page 145)

[158] J. S. Maritz and T. Lwin. Empirical Bayes Methods. London, England: Chapman & Hall, 1989 (cited on page 323).

[159] M. E. Maron. Automatic Indexing: An Experimental Inquiry[J]. Journal of the ACM 8.3 (July 1961), pp. 404-417. DOI: 10.1145/321075.321084 (cited on page 362).

[160] James Martens. Deep Learning via Hessian-Free Optimization[J]. Proceedings of the 27th International Conference on International Conference on Machine Learning. ICML'lO. Haifa, Israel: Omnipress, 2010, 735-742 (cited on page 63).

[161] Llew Mason et al. Boosting Algorithms as Gradient Descent[J]. Proceedings of the 12th International Conference on Neural Information Processing Systems. NIPS' 99. Denver, CO: MIT Press, 1999, pp. 512-518 (cited on pages 210, 212).

[162] G. J. Mclachlan and D. Peel. Finite Mixture Models. New York, NY: Wiley, 2000 (cited on page 257).

[163] A. Mead. Review of the Development of Multidimensional Scaling Methods[J]. Journal of the Royal Statistical Society. Series D (The Statistician) 41.1 (1992), pp. 27-39 (cited on page 88)

[164] T. P. Minka. Expectation Propagation for Approximate Bayesian Inference[J]. Uncertainty in Artificial Intelligence. Vol. 17. Association for Uncertainty in Artificial Intelligence, 2001, 362-369 (cited on page 357)

[165] Tom M. Mitchell. Machine Learning. New York, NY: McGraw-Hill, 1997 (cited on page 2)

[166] Volodymyr Mnih et al. Playing Atari with Deep Reinforcement Learning[J]. arXiv (2013). arXiv:1312.5602 (cited on page 15).

[167] Volodymyr Mn 山 et al. Human-Level Control through Deep Reinforcement Learning[J]. Nature 518.7540 (Feb. 2015), 529-533 (cited on page 16).

[168] Vinod Nair and Geoffrey E. Hinton. Rectified Linear Units Improve Restricted Boltzmann Machines[J]. Proceedings of the 27th International Conference on Machine Learning (ICML-10). ICML, 2010, 807-814 (cited on page 153).

[169] Radford M. Neal. Bayesian Mixture Modeling[J]. Maximum Entropy and Bayesian Methods: Seattle, 1991 Ed. by C. Ray Smith, Gary J. Erickson, Paul 0. Neudorfer.

Dordrecht, Netherlands: Springer, 1992, 197-211. DOI: 10.1007 /978- 94 - 017 - 2219 - 3_14 (cited on page 333).

[170] Radford M. Neal and Geoffrey E. Hinton. A View of the EM Algorithm That Justifies Incremental, Sparse, Other Variants[J]. Learning in Graphical Models. Ed. by Michael I. Jordan. Dordrecht, Netherlands: Springer, 1998, 355-368. DOI: 10.1007/ 978 - 94- 011 - 5014- 9_12 (cited on page 327).

[171] J. A. Nelder and R. W. M. Wedderburn. Generalized Linear Models[J]. Journal of the Royal Statistical Society, Series A, General 135 (1972), 370-384 (cited on pages 239, 250).

[172] Yurii Nesterov. Introductory Lectures on Convex Optimization: A Basic Course. 1st ed. New York, NY: Springer, 2014 (cited on pages 49, 50)

[173] H. Ney and S. Ortmanns. Progress in Dynamic Programming Search for LVCSR[J]. Proceedings of the IEEE 88.8 (Aug. 2000), 1224-1240. DOI: 10.1109/5. 880081 (cited on pages 276,280).

[174] Andrew Ng. Machine Learning Yearning. 2018. URL: http://www. deep learning. ai.machine - learning - yearning/ (visited on 12/10/2019) (cited on page 196)

[175] Jorge Nocedal and Stephen J. Wright. Numerical Optimization. 2nd ed. Springer Series in Operations Research and Financial Engineering. New York, NY: Springer, 2006, XXII, 664 (cited on page 63).

[176] A. B. Novikoff. On Convergence Proofs on Perceptrons[J]. Proceedings of the Symposium on the Mathematical Theory of Automata. Vol. 12. New York, NY: Polytechnic Institute of Brooklyn, 1962, pp. 615-622 (cited on page 108).

[177] Christopher Olah. Understanding LSTM Networks. 2015. URL: http: //colah. g 江 hub. i o/ post s/2 015- 08 - Understanding-LSTMs/ (visited on 11/10/2019) (cited on page 171).

[178] Aaron van den Oord et al. WaveNet: A Generative Model for Raw Audio[J]. CoRR abs/1609.03499 (2016) (cited on page 198)

[179] David Opitz and Richard Maclin. Popular Ensemble Methods: An Empirical Study[J]. Journal of Artificial Intelligence Research 11.1 (July 1999), 169-198 (cited on page 203)

[180] Judea Pearl. Reverend Bayes on Inference Engines: A Distributed Hierarchical

Approach[J]. Proceedings of the National Conference on Artrificial Intelligence. Menlo Park, CA: Association for the Advancement of Artificial Intelligence, 1982, 133-136 (cited on page 357)

[181] Judea Pearl. Bayesian Networks: A Model of Self-Activated Memory for Evidential Reasoning[J]. Proceedings of the Cognitive Science Society (CSS-7). 1985 (cited on page 343)

[182] Judea Pearl. Probabilistic Reasoning in Intelligent Systems: Networks of Plausible Inference. San Francisco, CA: Morgan Kaufmann Publishers Inc., 1988 (cited on pages 343,350, 357).

[183] Judea Pearl. Causal Inference in Statistics: An Overview [J]. Statistics Surveys 3 (Jan. 2009), 96—1 46. DOI: 10. 1214/ 09 - 55057 (cited on pages 16, 347).

[184] Judea Pearl. Causality: Models, Reasoning and Inference. 2nd ed. Cambridge, MA: Cambridge University Press, 2009 (cited on pages 16, 347)

[185] Karl Pearson. On Lines and Planes of Closest Fit to Systems of Points in Space[J]. Philosophical Magazine 2 (1901), 559-572 (cited on page 80).

[186] Jonas Peters, Dominik Janzing, Bernhard Schlkopf. Elements of Causal Inference: Foundations and Learning Algorithms. Cambridge, MA: MIT Press, 2017 (cited on pages 16, 347)

[187] K. N. Plataniotis and D. Hatzinakos. Gaussian Mixtures and Their Applications to Signal Processing[J]. Advanced Signal Processing Handbook: Theory and Implementation for Radar, Sonar, Medical Imaging Real Time Systems. Ed. by Stergios Stergiopoulos. Boca Raton, FL: CRC Press, 2000, Chapter 3 (cited on page 268).

[188] John C. Platt. Fast Training of Support Vector Machines Using Sequential Minimal Optimization. In Advances in Kernel Methods. Ed. by Bernhard Scholkopf, Christopher J. C. Burges, Alexander J. Smola Cambridge, MA: MIT Press, 1999, 185-208 (cited on page 127).

[189] John C. Platt, Nello Cristianini, John Shawe-Taylor. Large Margin DAGs for Multiclass Classification[J]. Advances in Neural Information Processing Systems 12. Ed. by S. A. Solla, T. K. Leen, K. Muller. Cambridge, MA: MIT Press, 2000, 547-553 (cited on page

127).

[190] L. Y. Pratt. Discriminability-Based Transfer between Neural Networks[J]. Advances in Neural Information Processing Systems 5. Ed. by S. J. Hanson, J. D. Cowan, C. L. Giles. Burlington, MA: Morgan- Kaufmann, 1993, pp. 204-211 (cited on page 16)

[191] S. James Press. Applied Multivariate Analysis. 2nd ed. Malabar, FL: R. E. Krieger, 1982 (cited on page 378)

[192] Ning Qian. On the Momentum Term in Gradient Descent Learning Algorithms[J]. Neural Networks 12.1 (Jan. 1999), pp. 145-151. DOI: 10. 1016/50893- 6080 (98) 00116 - 6 (cited on page 192).

[193] J. R. Quinlan. Induction of Decision Trees[J]. Machine Learning 1.1 (Mar. 1986), 81-106. DOI :10. 1023/ A: 1022643204877 (cited on page 205).

[194] Lawrence R. Rabiner. A Tutorial on Hidden Markov Models and Selected Applications in Speech Recognition[J]. Proceedings of the IEEE 77.2 (1989), 257-286 (cited on pages 276, 357)

[195] Piyush Rai. Matrix Factorization and Matrix Completion. 2016. URL: https: //cse. iitk. ac. in/users/piyush / courses /mL a ut mu nl 6/ 771A_ 1 ecl 4_ s li des. pdf (visited on 11/10/2019) (cited on page 144)

[196] Carl Edward Rasmussen and Christopher K. I. Williams. Gaussian Processes for Machine Learning (Adaptive Computation and Machine Learning). Cambridge, MA: MIT Press, 2005 (cited on pages 333,339)

[197] Francesco Ricci, Lior Rokach, Bracha Shapira. Introduction to Recommender Systems Handbook[J]. Rccommender Systems Handbook. Ed. by Francesco 伩 cci et al. Boston, MA: Springer, 2011, 1-35 DOI: 10.1007 /978- 0- 387- 85820 - 3_1 (cited on page 141).

[198] Jorma Rissanen. Modeling by Shortest Data Description.[J]. Automatica 14.5 (1978), pp. 465--471 (cited on page 11).

[199] Joseph Rocca. Understanding Variational Autoencoders (VAEs). 2019. URL: https: //towa rdsdatascience. com/understanding - variational - autoencode rs - vaes - f70510919f73 (visited on 03/03/2020) (cited on page 306).

[200] F. Rosenblatt. The Perceptron: A Probabilistic Model for Information Storage and

Organization in the Brain[J]. Psychological Review (1958), pp. 65-386 (cited on pages 2, 108)

[201] Sam T. Roweis and Lawrence K. Saul. Nonlinear Dimensionality Reduction by Locally Linear Embedding[J]. Science 290.5500 (2000), 2323-2326. DOI: 10.1126/ science. 290. 5500. 2323 (cited on page 87).

[202] R. Rubinstein, A. M. Bruckstein, M. Elad 'Dictionaries for Sparse Representation Modeling[J]. Proceedings of the IEEE 98.6 (June 2010), 1045-1057. DOI: 10. 1109/ JPROC. 2010. 2040551 (cited on page 145).

[203] Havard Rue and Leonhard Held. Gaussian Markov Random Fields: Theory and Applications (Monographs on Statistics and Applied Probability). Boca Raton, FL: Chapman & Hall/CRC, 2005 (cited on pages 344,366)

[204] David E. Rumelhart, Geoffrey E. Hinton, Ronald J. Williams. Learning Representations by Back- Propagating Errors[J]. Nature 323.6088 (1986), 533-536. DOI: 10. 1038/323533a0 (cited on pages 153, 176).

[205] David E. Rumelhart, James L. McClelland, et al., eds. Parallel Distributed Processing: Explorations in the Microstructure of Cognition, Vol. 2: Psychological and Biological Models. Cambridge, MA: MIT Press, 1986 (cited on page 2).

[206] David E. Rumelhart, James L. McClelland, PDP Research Group, eds. Parallel Distributed Processing Explorations in the Microstructure of Cognition, Vol. 1: Foundations. Cambridge, MA: MIT Press, 1986 (cited on page 2).

[207] Stuart Russell and Peter Norvig. Artificial Intelligence: A Modern Approach. 3rd ed. Upper Saddle River, NJ: Prentice Hall, 2010 (cited on pages 1, 2).

[208] SwnitSaha. A Comprehensive Guide to Convolutional Neural Networks. 2018. URL: http:/ /towardsdatascience. com/ a - comprehensive - guide - to - convolutional - neural - networks - the - e li5 - way - 3bd2b1164a53 (visited on 11/10/2019) (cited on page 169)

[209] Tim Salimans and Diederik P. Kingma. Weight Normalization: A Simple Reparameterization to Accelerate Training of Deep Neural Networks[J]. Proceedings of the 30th International Conference on Neural Information Processing Systems. NIPS'16. Barcelona, Spain: Curran Associates Inc., 2016, 901-909 (cited on pages 194, 195)

[210] Mostafa Samir. Machine Learning Theory—P art 2: Generalization Bounds. 2016. URL: https: / /mostafasamir. github. io/ml- theory- pt2/ (visited on 11/10/2019) (cited on page 103).

[211] John W. Sammon. A Nonlinear Mapping for Data Structure Analysis[J]. IEEE Tansactions on Computers 18.5 (1969), 401-409 (cited on page 88)

[212] A. L. Samuel. Some Studies in Machine Learning Using the Game of Checkers[J]. IBM Journal of Research and Development 3.3 (July 1959), 210-229. DOI: 10.1147 /rd. 33.0210 (cited on page 2)

[213] Lawrence K. Saul, Tommi Jaakkola, Michael I. Jordan. Mean Field Theory for Sigmoid Belief Networks[J]. Journal of Artificial Intelligence Research 4 (1996), 61—76 (cited on page 326)

[214] Robert E. Schapire. The Strength of Weak Learnability[J]. Machine Learning 5.2 (1990), 197—227. DOI:10.1023/A: 1022648800760 (cited on pages 204, 209, 210).

[215] Robert E. Schapire et al. Boosting the Margin: A New Explanation for the Effectiveness of Voting Methods[J]. Proceedings of the Fourteenth International Conference on Machine Learning. ICML'97. San Francisco, CA: Morgan Kaufmann Publishers Inc., 1997, 322-330 (cited on pages 204, 214)

[216] Bernhard Scholkopf, Alexander Smola, Klaus-Robert Muller. Nonlinear Component Analysis as a Kernel Eigenvalue Problem[J]. Neural Computation 10.5 (July 1998), pp. 1299-1319. DOI: 10.1162/ 089976698300017467 (cited on page 125).

[217] M. Schuster and K. K. Paliwal. Bidirectional Recurrent Neural Networks[J]. IEEE Transactions on Signal Processing 45.11 (Nov. 1997), 2673-2681. DOI: 10. 1109/78. 650093 (cited on page 171)

[218] Frank Seide, Gang Li, Dong Yu. Conversational Speech Transcription Using Context-Dependent Deep Neural Networks[J]. Proceedings of Interspeech. Baixas, France: International Speech Communication Association, 2011, 437-440 (cited on page 276).

[219] Burr Settles. Active Learning Literature Survey. Computer Sciences Technical Report 1648. Madison, WI: University of Wisconsin-Madison, 2009 (cited on page 17).

[220] Shai Shalev-Shwartz and Shai Ben-David Understanding Machine Learning: From

Theory to Algorithms Cambridge, England: Cambridge University Press, 2014 (cited on pages 11, 14).

[221] Shai Shalev-Shwartz and Yoram Singer. A New Perspective on an Old Perceptron Algorithm[J]. International Conference on Computational Learning Theory. New York, NY: Springer, 2005, 264-278 (cited on page 111).

[222] C. E. Shannon. A Mathematical Theory of Communication[J]. Bell System Technical Journal 27.3 (1948), p p. 379-423. DOI: 10.1002/j.1538-7305. 1948. tb01338. x (cited on page 41).

[223] N. Z. Shor, Krzysztof C. Kiwiel, Andrzej Ruszcaynski. Minimization Methods for Non-Differentiable Functions. Ber lin, Germany: Springer-Verlag, 1985 (cited on page 71).

[224] David Silver et al. Mastering the Game of Go with Deep Neural Networks and Tree Search[J]. Nature 529.7587 (Jan. 2016), 484-489. DOI: 10. 1038/ nat u rel6961 (cited on page 16).

[225] Morton Slater. Lagrange Multipliers Revisited. Cowles Foundation Discussion Papers 80. New Haven, CT: Cowles Foundation for Research in Economics, Yale University, 1959 (cited on page 57).

[226] P. Smolensky. Information Processing in Dynamical Systems: Foundations of Harmony Theory. In Parallel Distributed Processing: Explorations in the Microstructur e of Cognition, Vol. 1: Foundations. Ed. by David E. Rume lliart, James L. McClelland, PDP Research Group. Cambridge, MA: MIT Press, 1986, 194-281 (cited on pages 366, 370)

[227] Peter Sollich and Anders Krogh. Learning with Ensembles: How Overfitting Can Be Useful[J]. Advances in Neural Information Processing Systems 7. Ed. by David S. Touretzky, Michael Mozer, Michael E Hasselmo. Cambridge, MA: MIT Press, 1995, 190-196 (cited on page 203)

[228] Rohollah Soltani and Hui Jiang. Higher Order Recurrent Neural Networks[J]. CoRR abs/1605.00064 (2016) (cited on pages 171, 201)

[229] H. W. Sorenson and D. L. Alspach. Recursive Bayesian Estimation Using Gaussian Sums[J]. Automatica 7.4 (1971), 465-479. DOI: https: / / doi. o rg/ 10. 1016/0005 - 1098

(71) 90097 - 5 (cited on page 268)

[230] Nitish Srivastava et al. Dropout: A Simple Way to Prevent Neural Networks from Overfitting. In Journal of Machine Learning Research 15.1 (Jan. 2014), 1929-1958 (cited on page 195)

[231] W. Step henson. Techn ique of Factor Analysis[J]. Nature 136.297 (1935). DOI: https: / /doi. org/10. 1038/136297b0 (cited on pages 293,294, 296, 298).

[232] Ilya Sutskever, Oriol Vinyals, Quoc V Le. Sequence to Sequence Learning with Neural Networks[J]. Advances in Neural Information Processing Systems 27. Ed. by Z. Ghahramani et al. Red Hook, NY: Curran Associates, Inc., 2014, 3104-3112 (cited on page 198).

[233] C. Sutton and A McCallum. An Introduction to Conditional Random Fields for Relational Learning[J]. Introduction to Statistical Relational Learning. Ed. by Lise Getoor and Ben Taskar. Cambridge, MA: MIT Press, 2007 (cited on pages 366,369)

[234] Richard S. Sutton and Andrew G. Barto. Reinforcement Learning: An Introduction. 2nd ed. Cambridge, MA: MIT Press, 2018 (cited on page 15).

[235] Joshua B. Tenenbaum, Vin de Silva, John C. Lang ford. A Global Geometric Framework for Nonlinear Dimensionality Red uction[J]. Science 290.5500 (2000), p. 2319 (cited on page 88)

[236] Robert Tibshirani. Regression Shrinkage and Selection Via the LASSO[J]. Journal of the Royal Statistical Society, Series B 58 (1994), pp. 267—288 (cited on page 140)

[237] M. E. Tipping and Christopher Bishop. Mixtures of Probabilistic Principal Component Analyzers . In Neural Computation 11 Gan. 1999), 443-482 (cited on pages 297, 298)

[238] Michael E. Tipping and Chris M. Bishop. Probabilistic Principal Component Analysis[J]. Journal of the Royal Statistical Society, Series B 61.3 (1999), 611-622 (cited on pages 293,294,296)

[239] D. M. Titterington, AF. M. Smith, U. E. Makov. Statistical Analy sis of Finite Mixture Distributions. New York, NY: Wiley, 1985 (cited on page 257).

[240] Peter D. Turney and Patrick Pante!. From Frequency to Meaning: Vector Space Models of Semantics[J]. Journal of Artificial Intelligence Research 37.1 (Jan. 2010), 141-188 (cited

on pages 142, 149).

[241] Joaquin Vanschoren. Meta-Learning[J]. Automated Machine Learning: Methods, Systems, Challenges. Ed. by Frank Hutter, Lars Kotthoff, Joaquin Vanschoren. Cham, Switzerland: Springer International Publishing, 2019, pp. 35-61. DOI: 10. 1007 /978- 3- 030 - 05318-5_ 2 (cited on page 16).

[242] Vladimir N. Vapnik. The Nature of Statistical Learning Theory. Berlin, Germany: Springer-Verlag, 1995 (cited on pages 102, 103)

[243] Vladimir N. Vapnik. Statistical Learning Theory. Hoboken, NJ: Wiley-Interscience, 1998 (cited on pages 102, 103).

[244] Ashish Vaswani et al. Attention Is All You Need[J]. Advances in Neural Information Processing Systems 30. Ed. by U. Von Luxburg. Red Hook, NY: Curran Associates, Inc., 2017, 5998-6008 (cited on pages 164, 172, 173, 199).

[245] Andrew J. Viterbi. Error Bounds for Convolutional Codes and an Asymptotically Optimum Decoding Algorithm[J]. IEEE Transactions on Information Theory 13.2 (1967), 260-269 (cited on pages 279, 357)

[246] Alexander Waibel et al. Phoneme Recognition Using Time-Delay Neural Networks[J]. IEEE Transactions on Acoustics, Speech, Signal Processing 37.3 (1989), 328-339 (cited on page 161)

[247] Steve R. Waterhouse, David MacKay, Anthony J. Robinson. Bayesian Methods for Mixtures of Experts[J]. Advances in Neural Information Processing Systems 8. Ed. by D.S. Touretzky, M. C. Mozer, M. E. Hasselmo. Cambridge, MA: MIT Press, 1996, 351-357 (cited on page 326).

[248] C. J. C. H. Watkins. Learning from Delayed Rewards. PhD thesis. Oxford, England:King's College, 1989 (cited on page 15)

[249] P. J. Werbos. Beyond Regression: New Tools for Prediction and Analysis in the Behavioral Sciences. PhD thesis. Cambridge, MA: Harvard University, 1974 (cited on pages 153, 176)

[250] J. Weston and C. Watkins. Support Vector Machines for Multiclass Pattern Recognition. 111: Proceedings of the Seventh European Symposium on Artificial Neural Networks.

European Symposium on Artificial Neural Networks, Apr. 1999 (cited on page 127)

[251] C. K. I. Williams and D. Barber. Bayesian Classification with Gaussian Processes[J]. IEEE Transactions on Pattern Analysis and Machine Intelligence 20.12 (1998), 1342—1351 (cited on page 339)

[252] David H. Wolpert. Stacked Generalization [J]. Neural Networks 5.2 (1992), 241-259. DOI: https: I I doi. org/ 10. 1016/ S0893- 6080 (05) 80023 - 1 (cited on page 204).

[253] David H. Wolpert. The Lack of a Priori Distinctions between Learning Algorithm s[J]. Neural Computation 8.7 (Oct. 1996), 1341- 1390. DOI: 10.1162/neco.1996. 8.7.1341 (cited on page 11).

[254] Kouichi Yamaguchi et al. A Neural Network for Speaker-Independent Isolated Word Recognition[J]. First International Conference on Spoken Language Processing (ICSLP 90). International Symposium on Computer Architecture, 1990, pp. 1077-1080 (cited on page 159)

[255] Liu Yang and Rong Jin. Dis tance Metric Learning: A Comprehensive Survey. 2006. URL: https:/ /www. cs. cmu. edu/ ～liuy/ frame_ survey_v2. pdf (cited on page 13)

[256] Steve Young. A Review of Large Vocabulary Continuous Speech Recognition[J]. IEEE Signal Processing Magazine 13.5 (Sept. 1996), pp. 45-57. DOI: 10. 1109/79. 536824 (cited on page 276)

[257] Steve J. Young, N. H. Russell, J. H. S Thornton. Token Passing: A Simple Conceptual Model for Connected Speech Recognition Systems. Tech. rep. Cambridge, MA: Cambridge University Engineering Department, 1989 (cited on page 280).

[258] Steve Young et al. The HTK Book. Tech. rep. Cambridge, MA: Cambridge University Engineering Department, 2002 (cited on page 286).

[259] Kevin Zakka. Deriving the Gradient for the Backward Pass of Batch Normalization. 2016. URL: http: //kevinzakka. github. io/2016/09/14/batch_normalization/ (visited on 11/ 20/ 2019) (cited on page 183).

[260] Matthew D. Zeiler. ADADELTA:An Adaptive Learning Rate Method [J]. CoRR abs / 1212.5701 (2012) (cited on page 192).

[261] Shiliang Zhang, Hui Jiang, Lirong Dai. Hybrid Orthogonal Projection and Estimation

(HOPE): A New Framework to Learn Neural Networks[J]. Journal of Machine Learning Research 17.37 (2016), 1- 33. DOI: http:// jml r. org/papers/vl7/15 - 335. html (cited on pages 293, 294, 302,303,379).

[262] Shiliang Zhang et al. Feedforward Sequential Memory Networks: A New Structure to Learn Long-Term Dependency[J]. CoRR abs / 1512.08301(2015) (cited on pages 161,202)

[263] Shiliang Zhang et al . Rectified Linear Neural Networks with Tied-Scalar Regularization for LVCSR[C]. INTERSPEECH 2015, 16th Annual Conference of the International Speech Communication Association, Dresden, Germany, September 6-10, 2015. International Speech Communication Association, 2015, 2635-2639 (cited on page 194).

[264] Shiliang Zhang et al. The Fixed-Size Ordinally-Forgetting Encoding Method for Neural Network Language Models[C]. Proceedings of the 53rd Annual Meeting of the Association for Computational Linguistics and the 7th International Joint Conference on Natural Language Processing. Beijing, China: Association for Computational Linguistics, July 2015, 495-500. DOI: 10.3115/vl/Pl5- 2081 (cited on page 78)

[265] Shiliang Zhang et al. Nonrecurrent Neural Structure for Long-Term Dependence[J]. IEEE/ACM-Transactions on Audio, Speech, Language Processing 25.4 (2017), 871-884 (cited on page 161)

反侵权盗版声明